普通高等教育制药类“十三五”规划教材

编委会

普 通 高 等 教 育
制药类“十三五”规划教材

化工原理

（制药专业适用）

齐鸣斋　主编
丛 梅　郭永学　孙 浩　编写

HUAGONG YUANLI

·北京·

《化工原理》以传递过程作为贯穿制药过程（包括中药制药、生物制药、化学制药）单元操作的主线，注意从典型实例的分析中提炼若干重要的工程观点，以期提高读者处理实际工程问题的能力。《化工原理》包括绪论、流体流动和流体输送机械、非均相物系的分离、传热、液体精馏、萃取和浸取、固体干燥、其他单元操作共八章。书中配有例题、习题和思考题。《化工原理》内容体系完整，概念论述清楚，突出工程特点，注重应用实践。

《化工原理》可作为医药大学、理工院校制药及相关专业的本科生教材，也可供制药及相关专业部门从事科研、设计和生产的技术人员参考。

图书在版编目（CIP）数据

化工原理：制药专业适用/齐鸣斋主编；丛梅，郭永学，孙浩编写．—北京：化学工业出版社，2018.11

ISBN 978-7-122-33008-6

Ⅰ.①化… Ⅱ.①齐…②丛…③郭…④孙… Ⅲ.①化工原理-高等学校-教材 Ⅳ.①TQ02

中国版本图书馆CIP数据核字（2018）第209982号

责任编辑：徐雅妮　傅四周　任睿婷

责任校对：边　涛　　　装帧设计：王晓宇

出版发行：化学工业出版社（北京市东城区青年湖南街13号　邮政编码100011）

印　　刷：三河市延风印装有限公司

装　　订：三河市宇新装订厂

787mm×1092mm　1/16　印张　21½　字数　556千字　2019年5月北京第1版第1次印刷

购书咨询：010-64518888　售后服务：010-64518899

网　　址：http://www.cip.com.cn

凡购买本书，如有缺损质量问题，本社销售中心负责调换。

定　　价：59.00元

序

普通高等教育制药类“十三五”规划教材是为贯彻落实国家教育部有关普通高等教育教材建设与改革的文件精神，依据中药制药、制药工程和生物制药等制药类专业人才培养目标和需求，在化学工业出版社精心组织下，由全国12所高等院校15位著名教授主编，集合20余所高等院校百余位老师编写而成。

本系列教材适应中药制药、制药工程和生物制药等制药类专业需求，坚持育人为本，突出教材在人才培养中的基础和引导作用，充分展现制药行业的创新成果，力争体现科学性、先进性和实用性的特点，全面推进素质教育，可供全国高等中医药院校、药科大学及综合院校、西医院校医药学院的相关专业使用，也可供其他从事制药相关的教学、科研、医疗、生产、经营及管理工作者参考和使用。

本系列教材由下列分册组成：

《无机化学及实验》北京中医药大学铁步荣教授主编

《有机化学及实验》广东药科大学申东升教授主编

《分析化学及实验》广东药科大学王淑美教授主编

《物理化学及实验》天津中医药大学张师愚教授主编

《化工原理》华东理工大学齐鸣斋教授主编

《制药设备设计基础》沈阳药科大学韩静教授主编

《中药材概论》辽宁中医药大学孟宪生教授主编

《中药化学》河南中医药大学冯卫生教授主编

《中药药剂学》广东药科大学王岩教授主编

《中药制剂分析》南京中医药大学张丽教授主编

《中药炮制工程学》南京中医药大学陆兔林教授主编

《中药制药设备与车间工艺设计》中国药科大学柯学教授主编

《中药制药工程学》江中医药大学万海同教授主编

《中药制剂工程学》江西中医药大学杨明教授主编

本系列教材在编写过程中，得到了各参编院校和化学工业出版社的大力支持，在此一并表示感谢。由于编者水平有限，本系列教材不妥之处在所难免，敬请各教学单位、教学人员及广大学生在使用过程中，发现问题并提出宝贵意见，以便在重印或再版时予以修正，不断提升教材质量。

清华大学

罗国安

2018年元月

前言

本书以制药生产过程中典型的单元操作为主要内容进行编写。制药生产包括中药制药、生物制药、化学制药。制药过程包含着众多的单元操作，且新的单元操作随着科学技术的发展还在不断涌现。但是，不同的单元操作有不同的工艺目的，基于不同的原理，采用了不同的研究方法、不同的数学表达方式。总体上，它们可分成流体输送和非均相分离过程、传热过程、传质分离过程三部分。因此，本书以“一条主线、三个面向”为框架，即“以传递过程为主线，面向科学研究，面向工业应用，面向技术经济”，将制药过程单元操作按传递过程共性归类；以动量传递为基础叙述流体输送、过滤、沉降、搅拌等操作；以热量传递为基础阐述换热、蒸发操作，以质量传递的原理说明精馏、萃取、浸取、吸附、结晶、膜分离、干燥等传质单元操作。本书还结合了多年来应用发展的新技术、新设备。

本书各章的编写按认识论原理叙述教学内容。由表及里、由浅入深是人们认识事物的基本原理。各章节的教学内容按照“定性-定量-应用”的程式展开，体现过程分析、数学表达、工程应用的不同层次，便于读者由浅入深、循序渐进地进行学习。各章末附有习题、思考题，书末附有习题答案以便读者自学。

将过程的数学表达用于实际时，本书从设计、操作两方面着手讨论，便于读者理论联系实际，也为读者解决综合性问题打好基础。

化工原理的工程实践性很强，很多知识和能力需通过应用实例分析、实验等环节才能使读者真正掌握。为此，我们还编写了化工原理实验内容，包括带泵管路、过滤、传热、精馏、萃取、干燥等典型单元操作实验，读者可通过扫描第300页的二维码下载附赠化工原理实验内容。

本书由华东理工大学齐鸣斋主编，其中非均相物系的分离、液体精馏、膜分离章节由丛梅编写，搅拌、溶液结晶、化工原理实验章节由郭永学编写，传热、固体干燥章节由孙浩编写，流体流动和流体输送机械、萃取和浸取、蒸发、吸附分离章节由齐鸣斋编写。本书是普通高等教育制药类“十三五”规划教材中的一本，编写中得到了系列教材编委会和编委会主任清华大学罗国安教授的指导，在此表示衷心感谢。

因作者水平有限，书中难免有疏漏之处，如蒙读者赐教，则预致谢忱，以便再版时更正。

编者
2019 年 1 月

前言

目　　录

第 0 章
绪论

0.1 制药过程与单元操作

随着科学技术的进步和人类社会的发展，制药工业已成为越来越重要的产业，它包括了原料药的生产和药物制剂的生产。制药包含了中药制药、生物制药和化学制药。例如，中药制药中，原料药通过药材的浸取、反应、分离、干燥等步骤获得，它是药品的基础物质，但最终需制成适当的药物制剂，才能供医疗使用。如果加工不当，会使药用成分流失或变性，使之“虽有药名，终无药实”，在医疗中出现“脉准、方对、不治病”的现象。药品种类繁多，每一种药品的生产都有独特的工艺过程，但是，各种不同的工艺过程都是由若干个单元操作和单元反应组成的。这些单元操作在不同的药品生产中都会或多或少地出现，它们的实质是相同的。化工原理课程研究这些单元操作，主要有流体输送、搅拌、换热、蒸发、精馏、萃取、浸取、干燥、结晶、吸附、膜分离等。每一个单元操作都是基于一个物理的、物理化学的基本原理，实现一个过程。例如，精馏是基于各组分挥发度的差异而实现液体混合物分离，液液萃取是基于各组分在溶剂中的溶解度的差异而实现液体混合物分离，吸附是基于流体混合物中各组分与固体吸附剂表面分子结合力的不同而实现混合物分离，结晶是基于各组分在溶剂中的溶解度的差异而实现混合物分离，等等。

0.2 化工原理课程的性质与任务

化工原理课程的先修课程是数学、物理、物理化学，本课程的任务是利用先修课程的知识来解决制药生产中的单元操作问题，研究各单元操作的共性问题。各单元操作的共性问题就是传递过程：动量传递、热量传递、质量传递。流体输送、搅拌涉及的主要是动量传递，换热、蒸发涉及的主要是热量传递，精馏、萃取、浸取、干燥、结晶、吸附、膜分离涉及的主要是质量传递，各单元操作的目的、物态、原理、传递过程如表 0-1 所示。

各单元操作包括过程和设备两个方面的内容。各单元操作中所发生的过程都有内在的规律。例如，液-固非均相混合物的沉降分离中所进行的过程实质是细颗粒在液体中的自由沉降；过滤过程的实质是液体通过滤饼（颗粒层）的流动。又如，液体的萃取分离过程的实质是传质-溶解。研究各单元操作就是为了掌握过程的规律，并设计设备的结构和大小，使过程在有利的条件下进行。从表 0-1 可见，贯穿化工原理课程的主线就是传递过程，它是本课程统一的研究对象，也是联系各单元操作的主线。

表 0-1 制药常用单元操作

单元操作	目的	物态	原理	传递过程
流体输送	输送	液或气	输入机械能	动量传递
搅拌	混合或分散	气-液、液-液、固-液	输入机械能	动量传递
过滤	非均相混合物分离	液-固、气-固	尺度不同的截留	动量传递
沉降	非均相混合物分离	液-固、气-固	密度差引起的沉降运动	动量传递
加热、冷却	升温、降温，改变相态	气或液	利用温度差而传入或移出热量	热量传递
蒸发	溶剂与不挥发性溶质的分离	液	供热以汽化溶剂	热量传递
液体精馏	均相混合物分离	液	各组分挥发度的不同	质量传递
萃取	均相混合物分离	液	各组分在溶剂中溶解度的不同	质量传递
浸取	均相混合物分离	固	各组分在溶剂中溶解度的不同	质量传递
干燥	去湿	固	供热汽化	热、质同时传递
吸附	均相混合物分离	液或气	各组分在吸附剂中的吸附能力不同	质量传递
结晶	均相混合物分离	液	溶质在溶剂中的过饱和	质量传递
反渗透	均相混合物分离	液	各组分尺度不同的截留	质量传递
电渗析	均相混合物分离	液	电解质离子选择性的传递	质量传递

0.3 单位换算

物理量是通过描述自然规律的方程或定义新的物理量的方程而相互联系的。可把少数几个物理量作为相互独立的，其他的物理量可根据这几个量来定义。这少数几个相互独立的物理量为基本量，可由基本量导出的物理量为导出量，在国际单位制（SI 制）中共有七个基本量：长度，质量，时间，电流，热力学温度，物质的量和发光强度。其他的量，都可以由这七个基本量导出。

一个物理量是由数值和单位组合表示的。与七个基本量对应，国际单位制共有七个基本单位：长度 m，质量 kg，时间 s，电流 A，温度 K，物质的量 mol，发光强度 cd（坎德拉）。与导出量对应的是导出单位，如密度 kg/m^3，加速度 m/s^2，力 $N(=kg \cdot m/s^2)$。

不同单位制所定义的基本量不同，其单位也不同。同一个物理量用不同的单位表示时，就涉及其数值的换算问题。化工原理课程采用 SI 制，但因历史原因，涉及的单位制还有：CGS 制、工程单位制。表 0-2 所示为常用单位制的基本单位。

表 0-2 常用单位制的基本单位

SI 制			CGS 制			工程单位制		
长度	质量	时间	长度	质量	时间	长度	力	时间
m	kg	s	cm	g	s	m	kgf	s

在工程单位制中，力是基本单位，将作用在 1kg 质量上的重力定义为 1kgf。换算关系为

$$1kgf=1kg\times9.81\ m/s^2=9.81N=1000g\times981cm/s^2=9.81\times10^5dyn$$

在使用力、压强等物理量时，常需要进行工程单位制、CGS 制与 SI 制的换算。

第 1 章 流体流动和流体输送机械

气体、液体、超临界物质、悬浮液、气溶胶都是流体。制药生产涉及大量流体物料，涉及的过程大多在流动条件下进行。流体流动的规律是本课程的重要基础。涉及流体流动规律的主要有：流动阻力及流量计量；流动对传热、传质及化学反应的影响；流体的混合。

当流体从低能位向高能位输送时，须使用流体输送机械。用以输送液体的机械通称为泵，用以输送气体的机械则按不同的情况分别称为通风机、鼓风机、压缩机和真空泵等。学习常用流体输送机械的工作原理和特性，可恰当选择和使用这些流体输送机械。

1.1 概述

1.1.1 流体流动中的作用力

连续性 流体由大量单个分子组成，彼此间有一定间隙。但是，工程上关心的是流体的宏观运动，可将流体看作是由无数质点组成的、彼此间没有间隙的连续介质，即流体是连续的。这样，可用连续函数描述流体的物理性质及运动参数。例如，对于速度，可作如下描述

$$u_x = f_x(x, y, z, t), \quad u_y = f_y(x, y, z, t), \quad u_z = f_z(x, y, z, t) \tag{1-1}$$

式中，x、y、z 为位置坐标；t 为时间；u_x、u_y、u_z 为坐标点的速度在三个坐标方向上的分量。

定态流动 若流体运动空间各点的状态不随时间变化，则该流动被称为定态流动。反之，为非定态流动。

流线 同一时刻不同流体质点在速度方向上的空间连线就是流线。流线上切线表示切点流体的速度方向，如图 1-1 所示。

控制体 制药生产中往往关心某些固定空间（如某一设备）中的流体运动。当划定一固定的空间体积来考察问题时，该空间体积称为控制体。

流动中的流体受到的作用力可分为体积力和表面力两种。

体积力 体积力作用于流体的每一个质点上，并与流体的质量成正比，也称质量力，对于均质流体也与流体的体积成正比。重力与离心力都是典型的体积力。

表面力——压力与剪力 表面力与表面积成正比。表面力可分解为垂直于表面的力和平行于表面的力。前者称为压力，后者称为剪力（或切力）。单位面积上所受的压力称为压强；单位面积上所受的剪力称为剪应力。

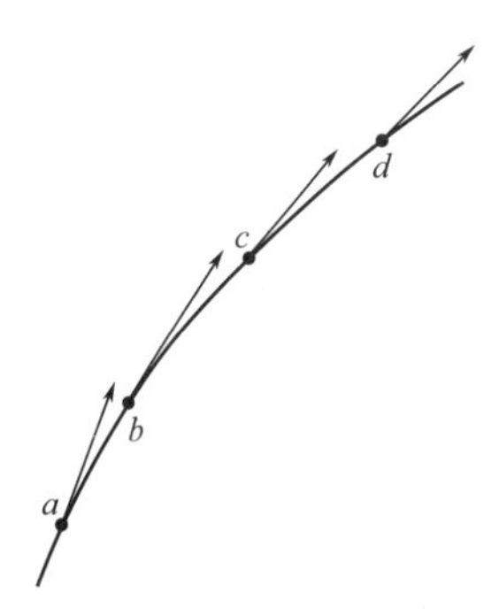

图 1-1 流线

压强的单位 压强用 p 表示，其单位是 N/m^2，也称为帕斯卡（Pa），其 10^6 倍称为兆帕（MPa），即

$$1MPa = 10^6 Pa$$

工程上常用兆帕作压强的计量单位。

密度 体积力与密度密切相关。单位物质体积具有的质量称为密度，用 ρ 表示，其单位是 kg/m^3。液体的密度随压强变化很小，当压强不是很大时，它可视作与压强无关，称为不可压缩流体。

气体的密度随压强和温度变化，称为可压缩流体。压强不是很大时，可按理想气体状态方程计算气体密度

$$\rho = \frac{m}{V} = \frac{Mp}{RT} \tag{1-2}$$

式中，m 为质量，kg；V 为体积，m^3；M 为摩尔质量；R 为气体常数，$R = 8.314 kJ/(kmol \cdot K)$；$T$ 为热力学温度，K。

剪应力 设有间距甚小的两平行平板，其间充满流体（见图 1-2）。下板固定，上板施加一切向力 F 使平板以速度 u 作匀速运动。流体在固体表面不会滑脱，保持与固体表面相同的速度，板间各层流体的速度大小不同，如图中箭头所示。对大多数流体，单位面积的切向力 F/A，即剪应力 τ 服从下列牛顿黏性定律

$$\tau = \mu \frac{du}{dy} \tag{1-3}$$

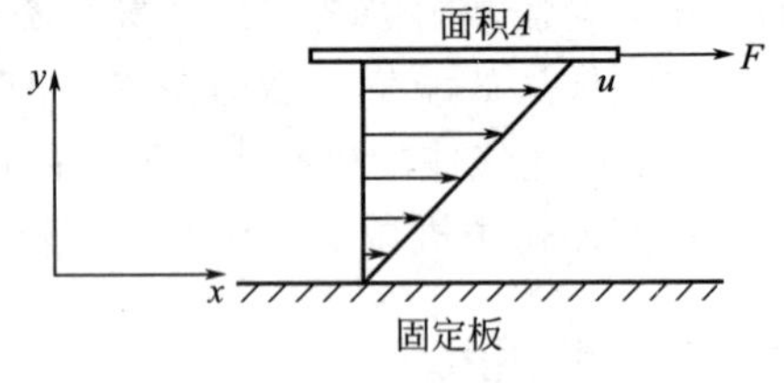

图 1-2 剪应力与速度梯度

式中，$\frac{du}{dy}$ 为法向速度梯度，1/s；μ 为流体的黏度，$N \cdot s/m^2$，即 $Pa \cdot s$；τ 为剪应力，Pa。

黏度 黏度因流体而异，是流体的物性。式(1-3) 表明，相邻流体层的速度只能连续变化。黏性的物理本质是分子间的引力和分子的运动与碰撞。常用流体的黏度可从附录查取。通常液体的黏度随温度增加而减小。气体的黏度通常比液体的黏度小两个数量级，其值随温度上升而增大。

黏度的单位是 $Pa \cdot s$，较早也常用泊（达因·秒/厘米^2）或厘泊（0.01 泊）表示。其间的关系为

$$1cP(\text{厘泊}) = \frac{1}{100}P(\text{泊}) = \frac{1}{100}dyn \cdot s/cm^2\left(\frac{\text{达因} \cdot \text{秒}}{\text{厘米}^2}\right) = 10^{-3} Pa \cdot s$$

黏度 μ 和密度 ρ 常以比值的形式出现，为简便起见，定义

$$\nu = \frac{\mu}{\rho} \tag{1-4}$$

ν 称为运动黏度，在 SI 单位中以 m^2/s 表示，CGS 单位为沲（厘米^2/秒），其百分之一为厘沲。为示区别，黏度 μ 又称为动力黏度。

理想流体 当流体无黏性，即 $\mu = 0$ 时，称为理想流体。实际流体都有黏性。

1.1.2 流体流动中的机械能

流体所含的能量包括内能和机械能。流动流体中除位能、动能外还存在另一种机械能——压强能。流体在重力场中运动时，如自低位向高位对抗重力运动，流体将获得位能。与之相仿，流体自低压向高压对抗压力流动时，流体也将由此而获得能量，这种能量称为压强能。流体的压强能也称为流动功。流体流动时将存在着三种机械能的相互转换。

气体在流动过程中因压强变化而发生密度变化，从而在内能与机械能之间也存在相互转换。

1.1.3　流体输送机械的分类

制药生产涉及的流体可能是强腐蚀性的、易燃易爆的、温度很高或很低的、或含有固体悬浮物的，其性质千差万别。在不同场合下，对输送量和补加能量的要求也相差悬殊。依作用原理不同，可将流体输送机械作如下分类。

动力式（叶轮式）：包括离心式、轴流式等。

容积式（正位移式）：包括往复式、旋转式等。

其他类型：指不属于上述两类的其他型式，如喷射式等。

气体的密度及压缩性与液体有显著区别，从而导致气体与液体输送机械在结构和特性上有不同之处。

1.2　流体静力学

1.2.1　流体静力学方程

静压强　在静止流体中，作用于某一点不同方向上的压强在数值上是相等的，即一点的压强只要说明它的数值即可。静压强的数值与位置有关，即

$$p=f(x,y,z) \tag{1-5}$$

静力学方程　在静止流体中，取一底面积为 A 的垂直柱形控制体，柱体上平面的坐标为(x,y,z_1)，下平面的坐标为(x,y,z_2)，如图 1-3 所示。因流体是静止的，不受任何剪应力，且处于力平衡状态，该柱体在垂直方向上所受的力为：①向下的表面力 p_1A；②向上的表面力 p_2A；③向下的体积力 $A(z_1-z_2)\rho g$。由力平衡可得

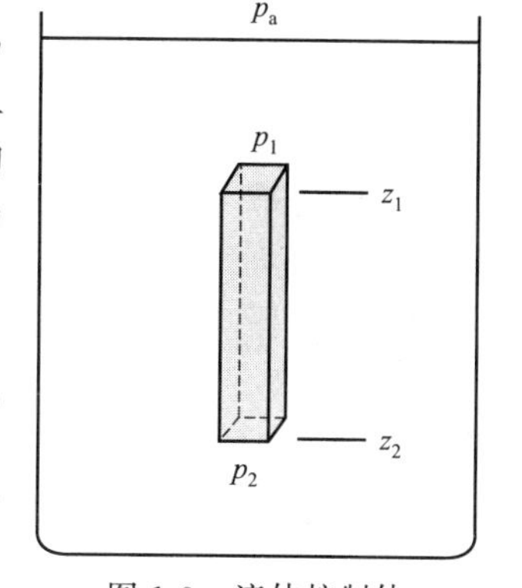

图 1-3　流体控制体的受力平衡

$$p_2A-p_1A-A(z_1-z_2)\rho g=0$$

即

$$p_2=p_1+(z_1-z_2)\rho g= p_1+\rho gh \tag{1-6}$$

或

$$\frac{p_1}{\rho}+gz_1=\frac{p_2}{\rho}+gz_2 \tag{1-7}$$

式(1-6) 中，$h=z_1-z_2$。

式(1-7) 被称为流体静力学方程。应当指出，式(1-6)、式(1-7) 仅适用于在重力场中静止的不可压缩流体。上列各式表明静压强仅与垂直位置有关，而与水平位置无关，即等高等压，水平面就是等压面。这正是由于流体仅处于重力场中的缘故。若流体处于离心力场中，静压强分布将遵循不同的规律。对于气体，原则上须按式(1-6) 的微分式 $\mathrm{d}p=-\rho g\,\mathrm{d}z$ 由密度与压强的关系进行积分。压强变化不大时，密度可近似地取其平均值而视为常数，式(1-7) 仍可应用。

1.2.2　流体静力学方程的应用

虚拟压强　式(1-7) 中，gz 项是单位质量流体的位能，$\frac{p}{\rho}$是单位质量流体的压强能。位能与压强能都是势能。式(1-7) 表明，在同种静止流体中，不同位置的流体，其位能和压强能各不相同，但其和即总势能保持不变。若以符号$\frac{\mathscr{P}}{\rho}$表示单位质量流体的总势能，则

$$\frac{\mathscr{P}}{\rho}=gz+\frac{p}{\rho} \tag{1-8}$$

式中，$\mathscr{P}$具有与压强相同的量纲，可理解为一种虚拟的压强。

$$\mathscr{P}=\rho gz+p \tag{1-9}$$

对不可压缩流体，式(1-8) 表示同种静止流体各点的虚拟压强处处相等。由于$\mathscr{P}$的大小与密度 ρ 有关，在使用虚拟压强时，必须注意所指定的流体种类以及高度基准。

压强的其他表示方法 压强的大小除直接以 Pa 表示外，在压强不太大的场合，工程上常间接地以流体柱高度表示，如用米水柱或毫米汞柱等。液柱高度 h 与压强的关系为

$$p=\rho gh \tag{1-10}$$

注意：当以液柱高度 h 表示压强时，必须同时指明为何种流体。例如，1atm（标准大气压）$=1.013\times10^5$ Pa，即 0.1013MPa，相当于 760mmHg 或 $10.33mH_2O$。

压强的基准 压强的大小常用两种不同的基准来表示：一是绝对真空；二是大气压强。以绝对真空为基准测得的压强称为绝对压强，以大气压强为基准测得的压强称为表压或真空度。表压是压强表直接测得的读数，其数值就是绝对压强与大气压强之差，即

表压＝绝对压－大气压

真空度是真空表直接测量的读数，其数值表示绝对压比大气压低多少，即

真空度＝大气压－绝对压

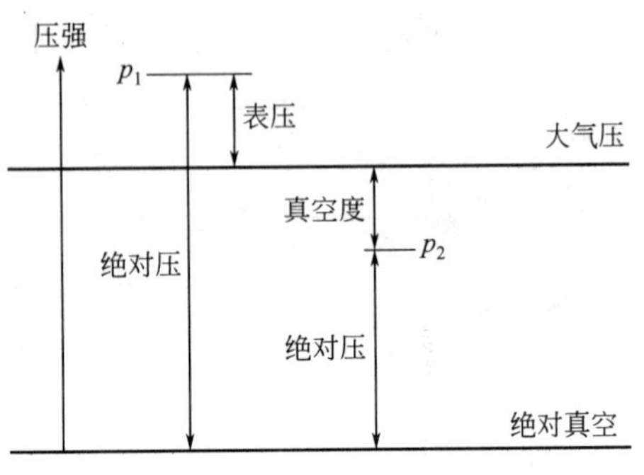

图 1-4 压强的基准和度量

图 1-4 表示绝对压、表压或真空度之间的关系。为免混淆，用表压或真空度表示压强数值时，须加说明，如 0.3MPa（表压），0.05MPa（真空度）。

简单测压管 简单测压管如图 1-5 所示。储液罐的 A 点为测压口。测压口与一玻管连接，玻管的另一端与大气相通。由玻管中的液面高度获得读数 R，用静力学方程即式(1-6) 得

$$p_A=p_a+R\rho g$$

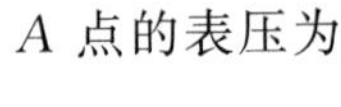

A 点的表压为

$$p_A-p_a=R\rho g \tag{1-11}$$

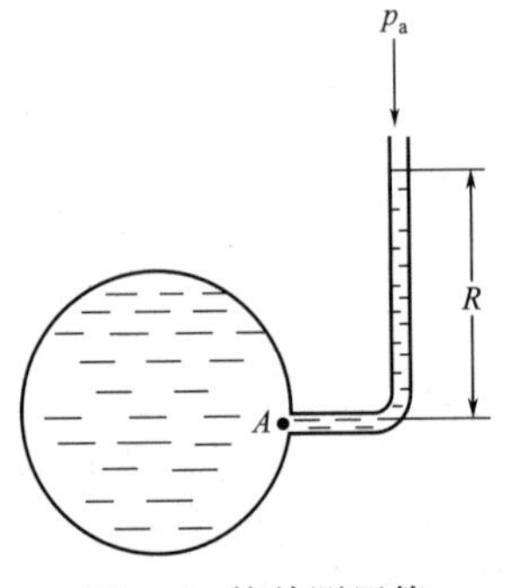

图 1-5 简单测压管

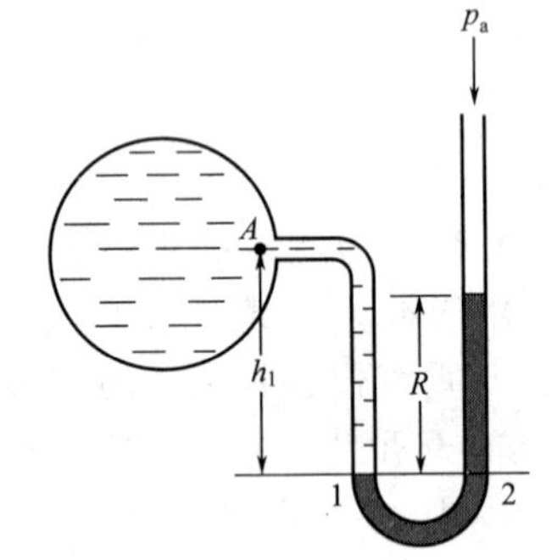

图 1-6 U 形测压管

U 形测压管 在图 1-6 中，用 U 形测压管测量容器中的 A 点压强。U 形玻璃管内放有某种液体作为指示液。指示液必须与被测流体不发生化学反应且不互溶，其密度 ρ_i 大于被测流体的密度 ρ。由等高等压可知，图中 1、2 两点的压强

$$p_1=p_A+\rho gh_1$$

与

$$p_2=p_a+\rho_i gR$$

相等，由此可求得 A 点的压强为

$$p_A=p_a+\rho_i gR-\rho gh_1$$

A 点的表压为

$$p_A-p_a=\rho_i gR-\rho gh_1 \tag{1-12}$$

如果容器内为气体，则由气柱 h_1 造成的静压差可忽略，得

$$p_A - p_a = \rho_i g R \tag{1-13}$$

此时U形测压管的指示液读数 R 表示 A 点压强与大气压之差，读数 R 即为 A 点的表压。

U形压差计　若U形测压管的两端分别与两个测压口相连，则可以测得两测压点之间的压差，故称为压差计。图1-7表示U形压差计测量直管内作定态流动时 A、B 两点的压差。因U形管内的指示液处于静止，位于同一水平面1、2两点的压强

$$p_1 = p_A + \rho g h_1$$

与

$$p_2 = p_B + \rho g (h_2 - R) + \rho_i g R$$

相等，故有

$$(p_A + \rho g z_A) - (p_B + \rho g z_B) = Rg(\rho_i - \rho)$$

或

$$\mathscr{P}_A - \mathscr{P}_B = Rg(\rho_i - \rho) \tag{1-14}$$

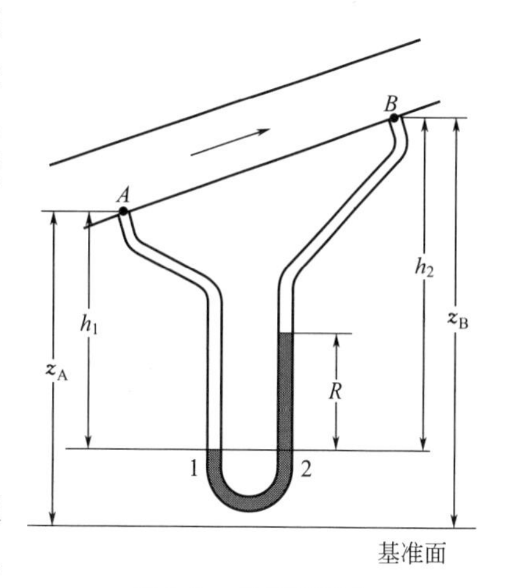

图1-7　虚拟压强差

由式(1-14)可见，当压差计两端的流体相同时，U形压差计直接测得的读数 R 实际上并不是真正的压差，而是 A、B 两点虚拟压强之差 $\Delta\mathscr{P}$。只有当两测压口处于等高面上时，$\mathscr{P}_A - \mathscr{P}_B = p_A - p_B$，U形压差计才能直接测得两点的压差。

当压差一定时，用U形压差计测量的读数 R 与密度差（$\rho_i - \rho$）有关。有时，也可以用密度较小的流体（如空气）作指示剂，采用倒U形管测量压差。

【例1-1】　静压强计算

某容器上装有一复式U形水银测压计，如图1-8所示。截面2、4间充满水。已知对某基准面而言各点的标高为 $z_0 = 2.1\text{m}$，$z_2 = 0.9\text{m}$，$z_4 = 2.0\text{m}$，$z_6 = 0.7\text{m}$，$z_7 = 2.5\text{m}$。试求该容器内水面上的压强。

解： 按静力学方程，同种静止流体的连通器内，等高等压，故有

$$p_1 = p_2, \quad p_3 = p_4, \quad p_5 = p_6$$

对水平面1-2而言，$p_2 = p_1$，即

$$p_2 = p_a + \rho_i g (z_0 - z_1)$$

对水平面3-4而言

$$p_4 = p_3 = p_2 - \rho g (z_4 - z_2)$$

对水平面5-6而言

$$p_6 = p_4 + \rho_i g (z_4 - z_5)$$

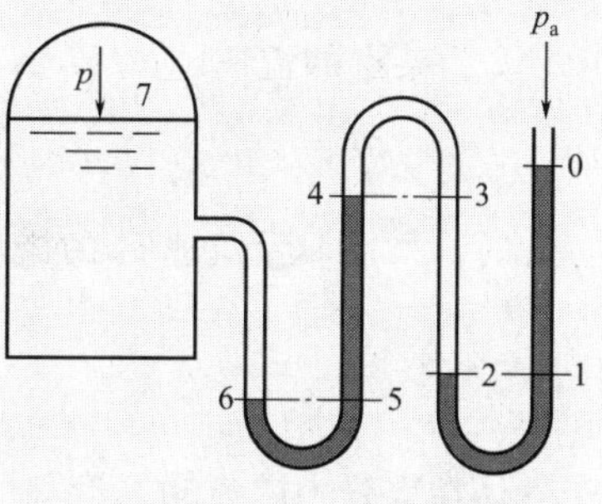

图1-8　复式U形水银测压计

容器内水面上的压强

$$p = p_6 - \rho g (z_7 - z_6)$$

$$p = p_a + \rho_i g (z_0 - z_1) + \rho_i g (z_4 - z_5) - \rho g (z_4 - z_2) - \rho g (z_7 - z_6)$$

则表压为

$$\begin{aligned} p - p_a &= \rho_i g (z_0 - z_1 + z_4 - z_5) - \rho g (z_4 - z_2 + z_7 - z_6) \\ &= 13600 \times 9.81 \times (2.1 - 0.9 + 2.0 - 0.7) - 1000 \times 9.81 \times (2.0 - 0.9 + \\ &\quad 2.5 - 0.7) \\ &= 3.05 \times 10^5 \text{Pa} = 305\text{kPa} \end{aligned}$$

1.3 流体流动中的守恒原理

弄清流速、压强等运动参数在流体流动过程中的相互关系是研究其规律的基础。流体流动应当服从一般的守恒原理：质量守恒、机械能守恒。本节将导出这些守恒原理在流体流动中的具体表达形式。

1.3.1 质量守恒

流量 单位时间内流过管道某一截面的物质量称为流量。流过的量若以体积表示，称为体积流量，以符号 q_V 表示，常用的单位有 m^3/s 或 m^3/h。若以质量表示，则称为质量流量，以符号 q_m 表示，常用的单位有 kg/s 或 kg/h。

体积流量 q_V 与质量流量 q_m 之间存在下列关系

$$q_m = q_V \rho \tag{1-15}$$

流量是一种瞬时的特性，不是某段时间内累计流过的量。它可因时而异。当流体作定态流动时，流量不随时间而变。

平均流速 流体质点在单位时间内流动方向上流经的距离称为流速，用符号 u 表示，单位为 m/s。管内流体流动时，因黏性的存在，流速沿管截面形成某种分布。在工程计算中，常用一个平均速度来代替这一速度分布。定义物理量的平均值时应按其目的采用相应的平均方法。在流体流动中按体积流量相等的原则来定义平均流速。平均速度以符号 $\overline{u}$ 表示，即

$$\overline{u} = \frac{q_V}{A} = \frac{\int_A u \mathrm{d}A}{A} \tag{1-16}$$

式中，u 为某点的流速，m/s；A 为垂直于流动方向的管截面积，m^2。

从而

$$q_m = q_V \rho = \overline{u} A \rho \tag{1-17}$$

有时，采用质量流速 G 的概念，亦称为质量通量，其单位为 $kg/(m^2 \cdot s)$。

$$G = \frac{q_m}{A} = \overline{u} \rho \tag{1-18}$$

对于气体在直管中的流动，沿程的平均速度和密度都会发生变化，而质量流速 G 是沿程不变的。

质量守恒方程 考察图 1-9 中截面 1-1 至 2-2 之间的管段控制体，定态流动时，控制体内没有积累量，单位时间内流进和流出控制体的质量应相等，即

$$\rho_1 \overline{u}_1 A_1 = \rho_2 \overline{u}_2 A_2 \tag{1-19}$$

这就是流体在管道中作定态流动时的质量守恒方程，也称为连续性方程。式中，A_1、A_2 为管段两端的横截面积，m^2；$\overline{u}_1$、$\overline{u}_2$ 为管段两端面的平均流速，m/s；ρ_1、ρ_2 为管段两端面处的流体密度，kg/m^3。对不可压缩流体，ρ 为常数，则有

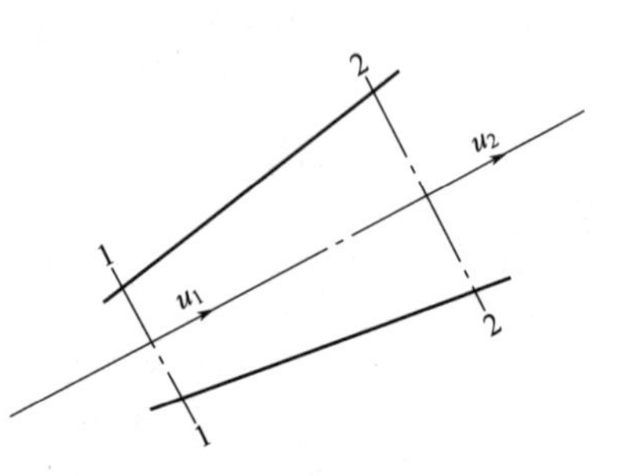

图 1-9 控制体中的质量守恒

$$\bar{u}_1 A_1 = \bar{u}_2 A_2 \quad \text{或} \quad \frac{\bar{u}_2}{\bar{u}_1} = \frac{A_1}{A_2} \tag{1-20}$$

由式(1-20)可见，不可压缩流体的平均流速与管截面面积成反比，截面面积增加，流速减小；截面面积减小，流速增加。流体在均匀直管内作定态流动时，平均流速 $\bar{u}$ 沿程保持定值，不因内摩擦而减速。

1.3.2 机械能守恒

在流体黏性作用下，流动流体会有机械能损失。本节先讨论理想流体的机械能守恒。随后再考虑机械能损失，使之能应用于实际流体。

动能 在1.2.2节中已经叙述了流体的位能和压强能，在流动流体中还有一项机械能，即动能，由物理学知识可知，单位质量流体的动能为 $u^2/2$。

伯努利方程 对于不可压缩流体，根据能量守恒原理，理想流体在流动过程中既没有机械能损失，也没有机械能增加，总机械能保持恒定，即位能、压强能、动能之和为常数

$$gz + \frac{p}{\rho} + \frac{u^2}{2} = \text{常数} \tag{1-21}$$

这就是伯努利方程（Bernoulli）方程。伯努利方程适用于重力场不可压缩的理想流体作定态流动的情况。伯努利方程表明在流体流动中这三种机械能可相互转换，但总和保持不变。伯努利方程又可写成

$$\frac{\mathscr{P}}{\rho} + \frac{u^2}{2} = \text{常数} \tag{1-22}$$

如图1-10所示，伯努利方程用于管流时，从1-1截面至2-2截面可得到如下关系式

$$gz_1 + \frac{p_1}{\rho} + \frac{u_1^2}{2} = gz_2 + \frac{p_2}{\rho} + \frac{u_2^2}{2} \tag{1-23}$$

下标1、2分别代表管流中位于截面1-1和截面2-2。

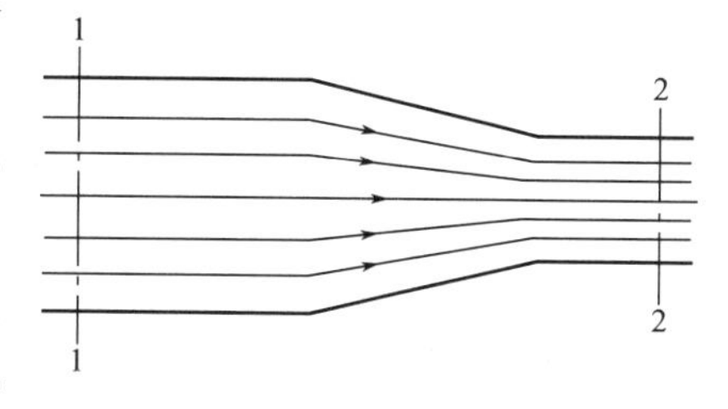

图1-10 管流中的流线

机械能衡算式 实际流体具有黏性，但图1-10中截面上各点的总势能仍然相等。此外，黏性流体流动时因内摩擦而导致机械能损失，称为阻力损失 h_f。流体输送机械也可对流体加入机械能 h_e。在对截面1-1与2-2间作机械能衡算时计入这两项，可得机械能衡算式

$$\frac{\mathscr{P}_1}{\rho} + \frac{u_1^2}{2} + h_e = \frac{\mathscr{P}_2}{\rho} + \frac{u_2^2}{2} + h_f \tag{1-24}$$

式中，h_e 为截面1-1至截面2-2间外界对单位质量流体加入的机械能，J/kg；h_f 为单位质量流体由截面1-1流至截面2-2的机械能损失（即阻力损失），J/kg。

伯努利方程的应用举例

（1）重力射流 如图1-11所示，某容器中盛有液体，液面 A 维持不变。距液面 h 处开有一小孔，液体在重力作用下从小孔流出，液面 A 处及小孔出口处的压强均为大气压 p_a。液体自小孔流出时由于流体的惯性造成液流的收缩现象，液流的最小截面位于 C 处。以图中水平面0-0作为位能基准面，取 A 与 C 作为考察截面，列伯努利方程可得

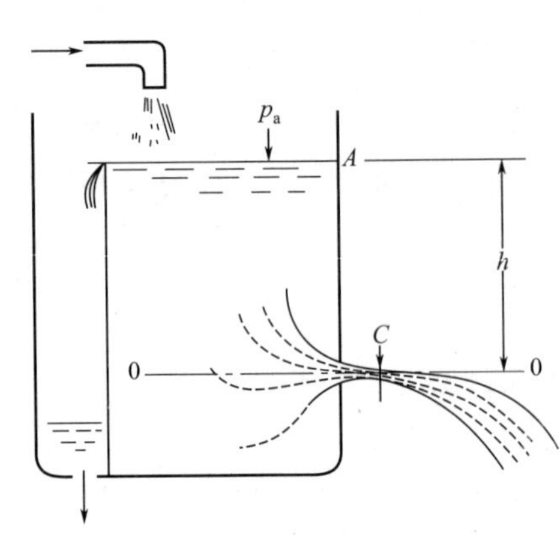

图 1-11 重力射流

$$\frac{p_a}{\rho}+\frac{u_A^2}{2}+gh=\frac{p_a}{\rho}+\frac{u_C^2}{2}$$ [1]

因 $u_A \ll u_C$，$\frac{u_A^2}{2}$远小于$\frac{u_C^2}{2}$而可略去，于是

$$u_C=\sqrt{2gh} \tag{1-25}$$

为计算流量，须确定流动截面积。C 处截面积无法确定，小孔面积却是已知的。因此，工程计算时希望以小孔平均流速 u 代替 u_C，同时考虑流体流动时的能量损失，而引入一校正系数 C_0，将式(1-25) 写成

$$u=C_0\sqrt{2gh} \tag{1-26}$$

式中，C_0 称为孔流系数，它与开孔的形状有关，锐孔的 C_0 一般在 0.61～0.62 之间。

此例说明位能与动能的相互转换，A 处的位能在 C 处转化为动能。

(2) 压力射流　容器中流体的压强为 p，其值大于外界大气压 p_a，流体从壁面小孔流出，如图 1-12 所示。设容器内的流体不断得到补充，p 保持不变。取 1-1 和 2-2 截面，列伯努利方程可得

$$\frac{p}{\rho}+\frac{u_1^2}{2}=\frac{p_a}{\rho}+\frac{u_2^2}{2}$$

由于 $u_1^2 \ll u_2^2$，略去 $u_1^2/2$ 后可得

$$u_2=\sqrt{\frac{2(p-p_a)}{\rho}} \tag{1-27}$$

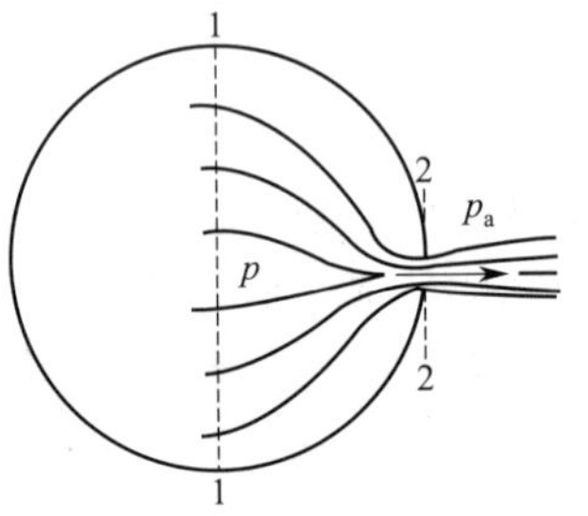

图 1-12 压力射流

用小孔平均流速 u 代替 u_2，并引入孔流系数 C_0，得

$$u=C_0\sqrt{\frac{2(p-p_a)}{\rho}}=C_0\sqrt{\frac{2\Delta p}{\rho}} \tag{1-28}$$

当容器内外压强差 Δp 较小时，气体密度也可视为常数，式(1-28)也可用于气体。此例说明压强能与动能的相互转换。

压头　式(1-23) 两边除以 g 可获得伯努利方程的另一种——以单位重量流体为基准的表达形式

$$z+\frac{p}{\rho g}+\frac{u^2}{2g}=\text{常数} \tag{1-29}$$

式中各项为每牛顿流体具有的能量（焦耳），即 J/N＝m，与高度单位一致，其中，z 称为位头；$\frac{p}{\rho g}$称为压头；$\frac{u^2}{2g}$称为速度头。由式(1-24)可导出

$$z_1+\frac{p_1}{\rho g}+\frac{u_1^2}{2g}+H_e=z_2+\frac{p_2}{\rho g}+\frac{u_2^2}{2g}+H_f \tag{1-30}$$

式中，H_e 为截面 1-1 至截面 2-2 间外界对单位重量流体加入的机械能，J/N（或 m）；H_f 为单位重量流体由截面 1-1 流至截面 2-2 的机械能损失（阻力损失），J/N（或 m）。

式(1-24)、式(1-30) 都称为流体流动的机械能衡算式。在计算时，因等式两边都有压

[1] 如无特殊需要，均以 u 表示平均流速 $\bar{u}$。

强项，两边可同时取绝对压强作为计算基准，或都用表压作为计算基准。

【例 1-2】　虹吸

水从高位槽通过虹吸管流出，如图 1-13 所示，其中 $h=6\text{m}$，$H=5\text{m}$。设槽中水面保持不变，不计流动阻力损失，试求管出口处水的流速及虹吸管最高处水的压强。

解：取水槽液面 1-1 及管出口截面 2-2 列伯努利方程，忽略截面 1-1 的动能可得

$$u_2=\sqrt{2gH}=\sqrt{2\times 9.81\times 5}=9.90\text{m/s}$$

为求虹吸管最高处（截面 3-3）水的压强，可取截面 3-3 与截面 2-2 列伯努利方程得

$$\frac{p_3}{\rho}+\frac{u_3^2}{2}+hg=\frac{p_a}{\rho}+\frac{u_2^2}{2}$$

图 1-13　虹吸管

因 $u_2=u_3$

$$p_3=p_a-\rho gh$$
$$=1.013\times 10^5-1000\times 9.81\times 6=4.244\times 10^4\text{Pa}=42.44\text{kPa}$$

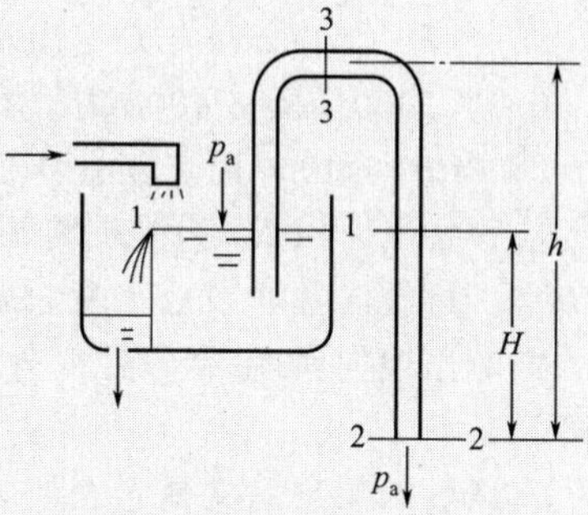

该截面的真空度为

$$p_a-p_3=\rho gh$$
$$=1000\times 9.81\times 6=5.886\times 10^4\text{Pa}=58.86\text{kPa}(\text{真空度})$$

1.4　流体在管内的流动阻力

流体流动的阻力损失与其内部结构紧密相关。此外，流体的热量传递和质量传递也都与流动的内部结构紧密相关。

1.4.1　流动的类型

两种流型——层流和湍流　1883 年著名的雷诺（Reynold）实验揭示了流体流动的两种不同型态。图 1-14 为雷诺实验装置示意图。在一玻璃水箱内，溢流装置保证水面高度稳定，水面下装有一带喇叭形进口的玻璃管。管下游有一流量调节阀门。在喇叭形进口处中心有一根针形小管，从小管流出一丝红色水流，其密度与水几乎相同。

当水流量较小时，玻管水流中呈现一条稳定而明显的红色直线。现逐渐增加流量，起初红色线仍然保持平直；当流量增大到某临界值时，红色线开始抖动、弯曲，继而断裂。最后完全与水流主体混在一起，无法分辨，使整个水流染上了红色。

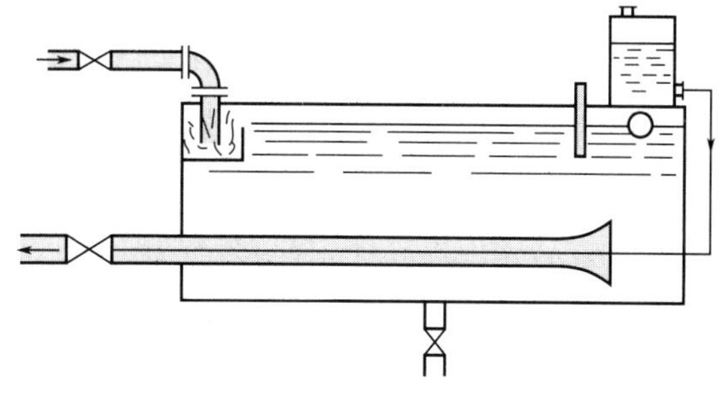

图 1-14　雷诺实验装置

雷诺实验揭示了一个重要的事实，即存在着两种截然不同的流体流动类型。在前一种流型中，流体质点作直线运动，流体层次分明，层与层之间互不混杂（此处仅指宏观运动，不是指分子扩散），而使红色线流保持着线形。这种流型称为层流或滞流。在后一种流型中，流体质点在总体上沿管道向前运动，同时还在各个方向作随机的脉动，这种随机脉动使红色线抖动、弯曲，以至冲断、分散。这种流型称为湍流或紊流。

流型的判据——雷诺数 *Re* 不同的流动类型对流体中的动量、热量和质量传递产生不同的影响。对管流而言，实验表明流动的几何尺寸（管径 d）、流动的平均速度 u 及流体物性（密度 ρ、黏度 μ）对流型从层流到湍流的转变有影响。将这些影响因素综合成一个无量纲的数群 $\frac{du\rho}{\mu}$ 可作为流型的判据，该数群称为雷诺数，以符号 Re 表示。实验表明：

① 当 $Re<2000$ 时，必定出现层流，此为层流区。

② 当 $2000\leqslant Re<4000$ 时，有时出现层流，有时出现湍流，依赖于环境。此为过渡区。

③ 当 $Re\geqslant 4000$ 时，工业条件下，一般都出现湍流，此为湍流区。

应该指出，以 Re 为判据将流动划分为三个区：层流区、过渡区、湍流区，但是只有两种流型。过渡区并非表示一种过渡的流型，它仅表示在此区内可能出现层流也可能出现湍流。究竟出现何种流型，需视外界扰动而定，但在一般工程计算中 $Re\geqslant 2000$ 可作湍流处理。

雷诺数的物理意义是它表征了流动流体惯性力与黏性力之比，它在研究动量传递、热量传递、质量传递中非常重要。

时均速度与脉动速度 湍流状态下，流体质点在沿管轴流动的同时还作着随机的脉动，流场中任一点的速度（包括方向和大小）都随时变化。在某点测定沿管轴 x 方向的流速 u_x 随时间的变化，可得图 1-15 所示的波形。在其他方向上，该点速度的分量也有类似的波形。

从图 1-15 的曲线看，在时间段 T 内有一速度的时间平均值，称为时间平均速度 $\overline{u}_x$。湍流时其他流动参数（如压强 p 等）也有类似图 1-15 的曲线。这样，质点的瞬时流速可写成

$$u_x=\overline{u}_x+u_x' \tag{1-31}$$

式中，u_x' 表示 x 方向上随机的脉动速度。其他方向上也有类似的公式。脉动速度值可正可负，是一个随机量。对沿 x 方向的一维流动，$\overline{u}_y$、$\overline{u}_z$ 均为零，但脉动速度 u_y'、u_z' 仍然存在。

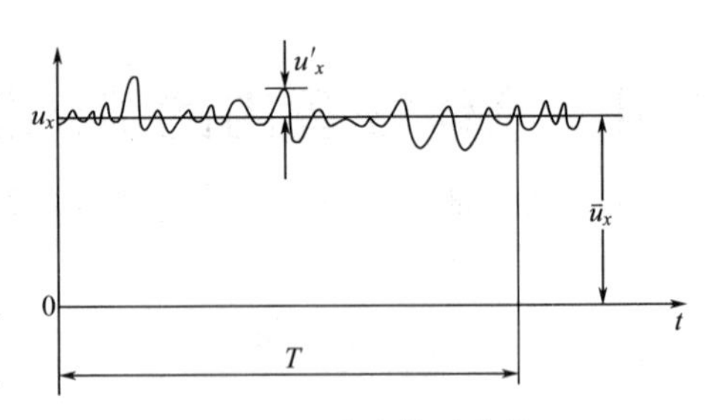

图 1-15 速度脉动曲线

湍流的强度 湍流也可用另一种方法描述，即把湍流看作是在一个主体流动上叠加各种不同尺度、强弱不等的旋涡。大旋涡不断生成，并从主流的势能中获得能量。与此同时，大旋涡逐渐分裂成越来越小的旋涡，其中最小的旋涡中存在大的速度梯度，机械能因流体黏性而最终变为热能，小旋涡随之消亡。因此，湍流流动时的机械能损失比层流时大得多。

湍流强度通常用脉动速度的均方根值与平均流速的比值表示，即 $I_x=\sqrt{\overline{u'^2_x}}/\overline{u}$，其数值与旋涡的旋转速度有关。无障碍物的湍流流场的湍流强度约在 0.5%～2%，但在障碍物后的高度湍流区，湍流强度可达 5%～10%。

湍流的尺度 湍流尺度与旋涡大小有关，它是以相邻两点的脉动速度是否有相关性为基础来度量的。当空气以 12m/s 的流速在管内流过，湍流尺度为 10mm，这是对管内旋涡平均尺度的大致度量。同一设备中，随 Re 的增加，湍流尺度降低。比如，液液非均相分散时，分散相液滴破碎变小到一定程度，湍流尺度大的流场对它已无能为力了，要获得更小的分散相液滴，须用湍流尺度更小的流场来实现。

湍流黏度 湍流的基本特征是出现了脉动速度。当流体在圆管内湍流流动时，脉动速度加快了径向的动量、热量和质量的传递。湍流时，流体不再服从牛顿黏性定律式(1-3)。若仍用牛顿黏性定律的形式来表示，可写成

$$\tau=(\mu+\mu')\frac{\mathrm{d}\bar{u}_x}{\mathrm{d}y} \tag{1-32}$$

式中，μ'称为湍流黏度。它不再是流体的物理性质，它随不同流场及离壁的距离而变化。

边界层　边界层学说是普朗特于1904年提出的。当流速均匀的实际流体与一个固体界面接触时，与壁面直接接触的流体速度立即降为零。由于流体黏性的作用，近壁面的流体将相继受阻而降速，形成速度梯度。随着流体沿壁面向前流动，流速受影响的区域逐渐扩大。通常定义，流速降为来流速度u_0的99%以内的区域为边界层。

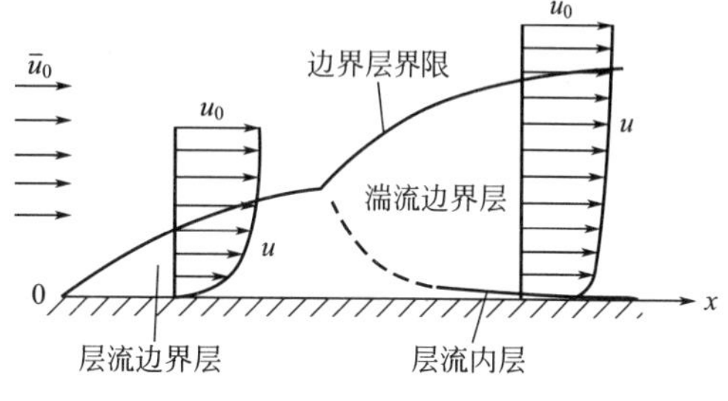

图1-16　平壁上的边界层

由图1-16可见，边界层内存在着速度梯度，须考虑黏度的影响；而边界层外，速度梯度小，可忽略黏性的影响。边界层按流型仍可分为层流边界层和湍流边界层。如图1-16所示，在平壁上的前一段，边界层内的流型为层流，称为层流边界层。离平壁前缘一定距离后，边界层内的流型转为湍流，称为湍流边界层。

湍流时的层流内层和过渡层　湍流边界层内，离壁面越近速度脉动越小。近壁处速度脉动很小，流动仍保持层流特征。因此，即使在高度湍流条件下，近壁面处仍有一薄层保持着层流特征，该薄层称为层流内层，见图1-16。在湍流区和层流内层间还有一过渡层。层流内层一般很薄，其厚度随Re的增大而减小。在湍流核心内，径向的传递过程因质点的脉动而大大强化。在层流内层中，径向的传递只能依赖于分子运动。因此，层流内层是传递过程主要阻力所在。

管流入口段　当流体在圆管内流动时，只在进口处一段距离内（入口段L_0）有边界层内外之分。经过入口段距离后，边界层扩大到管中心，如图1-17所示。在管中心汇合时，若边界层内流动是层流，则以后的管流为层流。若在汇合点之前流动已发展成湍流边界层，则以后的管流为湍流。速度分布至汇合点处才发展成稳定的定态流动时管流的速度分布。入口段中的动量、热量、质量传递速率比充分发展段的大。例如，雷诺数等于9×10^5时，入口段长度约为40倍管直径。

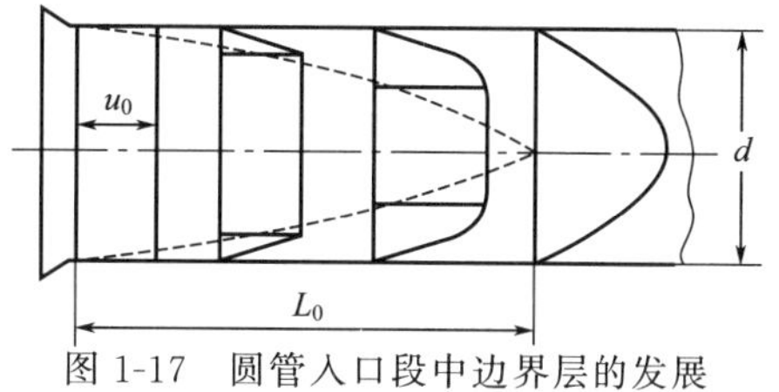

图1-17　圆管入口段中边界层的发展

1.4.2　流体在圆管内的速度分布

流体的力平衡　图1-18表示流体在一圆直管内作定态流动的情况。在流体流动的圆直管内，以管轴为中心，取一半径为r，长度为l的圆柱形积分控制体，对它作受力平衡分析。该圆柱体所受诸力是：两端面上的压力$F_1=\pi r^2 p_1$、$F_2=\pi r^2 p_2$；侧表面上的剪切力$F=2\pi rl\tau$；圆柱体的重力$F_g=\pi r^2 l\rho g$；式中，p_1、p_2为两端面中心处的压强，$\mathrm{N/m^2}$；τ为圆柱体外表面上所受的剪应力，$\mathrm{N/m^2}$。

流体在圆直管内作定态流动，没有加速度，合外力必须等于零，即

$$F_1-F_2+F_g\sin\alpha-F=0$$

因$l\sin\alpha=z_1-z_2$，代入上式可得

$$\pi r^2(p_1-p_2)+\pi r^2\rho g(z_1-z_2)=2\pi rl\tau \tag{1-33}$$

将式(1-33)整理可得

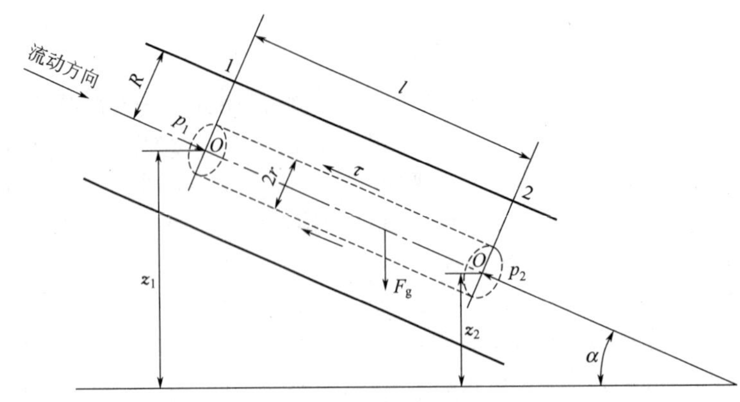

图 1-18 圆柱形流体上的受力

$$\tau=\frac{\mathscr{P}_1-\mathscr{P}_2}{2l}r \tag{1-34}$$

式(1-34) 表示了圆直管内沿径向的剪应力分布。此式与流体种类无关，且对层流和湍流皆适用。此式表明，在圆直管内剪应力与半径 r 成正比，管中心处剪应力为零。

层流时的速度分布 流体在圆直管内层流流动时，剪应力与速度梯度的关系服从牛顿黏性定律，即

$$\tau=-\mu\frac{\mathrm{d}u}{\mathrm{d}r} \tag{1-35}$$

由于管内流动的 $\mathrm{d}u/\mathrm{d}r$ 为负，为使剪应力保持正号，式(1-35) 右方加一负号。将式(1-35) 代入式(1-34)，并利用管壁上流体速度为零（即 $r=R$ 时，$u=0$）的边界条件进行积分，得到圆直管内层流速度分布为

$$u=\frac{\mathscr{P}_1-\mathscr{P}_2}{4\mu l}(R^2-r^2)$$

$$u=u_{\max}\left[1-\left(\frac{r}{R}\right)^2\right] \tag{1-36}$$

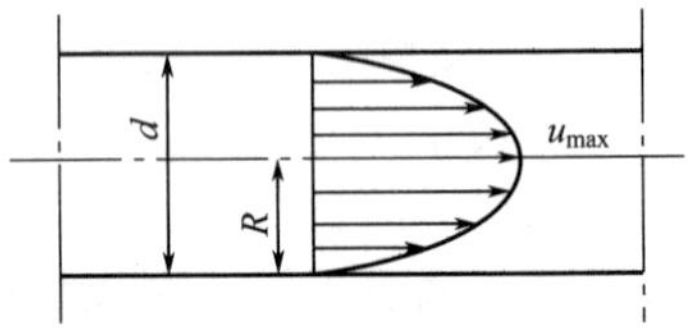

其中，管中心的最大流速为

$$u_{\max}=\frac{\mathscr{P}_1-\mathscr{P}_2}{4\mu l}R^2 \tag{1-37}$$

图 1-19 层流时圆管截面上的速度分布

从式(1-36) 可知，层流时圆管截面上的速度呈抛物线分布，如图 1-19 所示。

层流时的平均速度 由速度分布式(1-36) 在管截面上积分，可求出管内的平均流速为

$$\overline{u}=\frac{\int_A u\,\mathrm{d}A}{A}=\frac{u_{\max}\int_0^R\left[1-\left(\frac{r}{R}\right)^2\right]2\pi r\,\mathrm{d}r}{\pi R^2}=\frac{1}{2}u_{\max}=\frac{\mathscr{P}_1-\mathscr{P}_2}{8\mu l}R^2 \tag{1-38}$$

即圆管内作层流流动时的平均速度为管中心最大速度的一半。

圆管内湍流的速度分布 当流体作湍流流动时，虽然剪应力也可写成牛顿黏性定律的形式[见式(1-32)]，但式中湍流黏度 μ' 并非物性常数，它随 Re 及离壁距离而变，因此无法用数学分析法推导出湍流的速度分布。在大量实验测量和研究的基础上，湍流时的速度分布被关联成如下经验关系式

$$\frac{u}{u_{\max}}=\left(1-\frac{r}{R}\right)^n \tag{1-39}$$

式中，指数 n 的值与 Re 有关，在不同的 Re 范围内取不同的值

$$4\times10^4<Re\leqslant1.1\times10^5 \text{ 时}, n=\frac{1}{6}$$

$$1.1\times10^5<Re\leqslant3.2\times10^6 \text{ 时}, n=\frac{1}{7}$$

$$Re>3.2\times10^6 \text{ 时}, n=\frac{1}{10}$$

图 1-20 表示了圆直管中湍流的速度分布。Re 数越大，近壁区以外的速度分布越均匀。

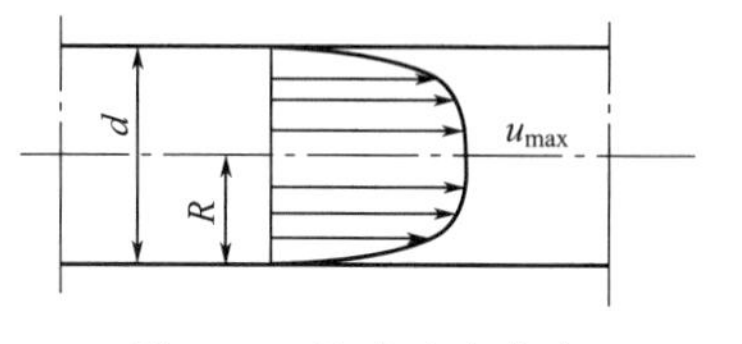

图 1-20　湍流速度分布

湍流时的平均速度　由图 1-20 可见，湍流时截面速度分布比层流时均匀得多。这表明，湍流时的平均速度应比层流时更接近于管中心的最大速度 u_{max}。在发达的湍流情况下，其平均速度约为最大流速的 0.8 倍，即

$$\overline{u}=0.8u_{max} \tag{1-40}$$

1.4.3　流体在管内流动的阻力损失

直管阻力和局部阻力　常用化工管路主要由两部分组成：一种是直管；另一种是弯头、三通、阀门等管阀件。无论是直管或管阀件都对流动流体造成一定的阻力，消耗一定的机械能。直管造成的机械能损失称为直管阻力损失（也称沿程阻力损失）；管阀件造成的机械能损失称为局部阻力损失。这种划分便于工程计算，本质并无不同，都是由黏性和内摩擦力造成的。

阻力损失表现为流体势能的降低　如图 1-21 所示，当流体在均匀直管中作定态流动时，可取 1-1 截面和 2-2 截面，$u_1=u_2$。在截面 1-1、2-2 之间未加入机械能，$h_e=0$。由机械能衡算式(1-24)可知

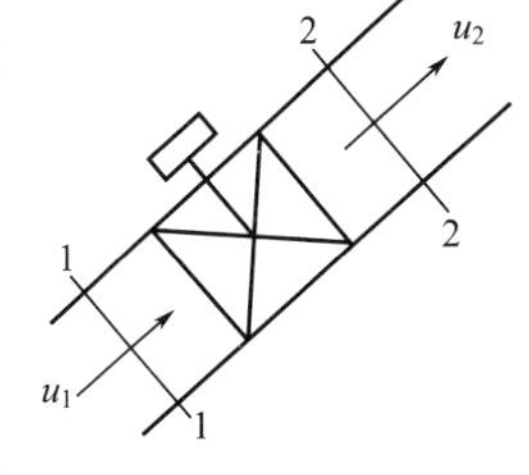

图 1-21　阻力损失

$$h_f=\left(\frac{p_1}{\rho}+z_1g\right)-\left(\frac{p_2}{\rho}+z_2g\right)=\frac{\mathscr{P}_1-\mathscr{P}_2}{\rho} \tag{1-41}$$

由式(1-41) 可知，对于通常的管路，无论是直管阻力或是局部阻力，也不论是层流或湍流，阻力损失均主要表现为流体势能的降低，即 $\Delta\mathscr{P}/\rho$。只有水平等径管道，阻力损失表现为压强的降低。

层流直管阻力损失　直管内流体层流时，阻力损失造成的势能差可由式(1-38) 求出

$$\Delta\mathscr{P}=\frac{32\mu lu}{d^2} \tag{1-42}$$

式(1-42) 称为泊谡叶 (Poiseuille) 方程。层流时的直管阻力损失为

$$h_f=\frac{32\mu lu}{\rho d^2} \tag{1-43}$$

湍流直管阻力损失　湍流时无法获得解析解，可通过量纲分析法进行实验研究，获得经验的计算式。影响湍流直管阻力损失 h_f 的主要因素，除了式(1-43)中的物性因素：密度 ρ、黏度 μ 和操作因素：流速 u，以及设备因素：管径 d、管长 l 之外，还有管壁粗糙度 ε（管内壁表面高低不平）。

量纲分析法是通过将变量组合成无量纲数群，从而减少实验自变量的个数，大幅度地减少实验次数，因此在化工过程的研究中广为应用。量纲分析法的依据是：任何物理方程的等

式两边或方程中的每一项均具有相同的量纲，称为量纲一致性。

以层流为例，式(1-43) 可以写成如下形式

$$\left(\frac{h_f}{u^2}\right)=32\left(\frac{l}{d}\right)\left(\frac{\mu}{du\rho}\right) \tag{1-44}$$

式中每一项都不带量纲，称为无量纲数群。湍流时可写成如下的无量纲形式

$$\left(\frac{h_f}{u^2}\right)=\varphi\left(\frac{du\rho}{\mu},\frac{l}{d},\frac{\varepsilon}{d}\right) \tag{1-45}$$

式中，$\frac{du\rho}{\mu}$即为雷诺数Re；$\frac{\varepsilon}{d}$称为相对粗糙度。

对式(1-45) 而言，根据经验，阻力损失与管长 l 成正比，u^2 习惯写成动能项 ($u^2/2$)，该式可改写为

$$\left(\frac{h_f}{u^2/2}\right)=\frac{l}{d}\varphi\left(Re,\frac{\varepsilon}{d}\right) \tag{1-46}$$

特别重要的是，若按式(1-46) 组织实验时，可以将水、空气等介质的实验结果推广应用于其他流体，将小尺寸模型的实验结果应用于大型装置。函数 $\varphi\left(Re，\frac{\varepsilon}{d}\right)$的具体形式可按实验结果用图线或方程式表达。

统一的表达方式 无论是层流或湍流，对于直管阻力损失，可将式(1-44) 和式(1-46) 统一成如下形式，以便工程计算

$$h_f=\lambda\ \frac{l}{d}\times\frac{u^2}{2} \tag{1-47}$$

式中，摩擦系数 λ 为雷诺数 Re 和相对粗糙度 ε/d 的函数，即

$$\lambda=\varphi\left(Re,\frac{\varepsilon}{d}\right) \tag{1-48}$$

摩擦系数 λ 对 $Re<2000$ 的层流直管流动，将式(1-43) 改写成 (1-47) 的形式后，可得

$$\lambda=\frac{64}{Re}\qquad (Re<2000) \tag{1-49}$$

研究结果表明，湍流时的摩擦系数 λ 可用式(1-50) 计算

$$\frac{1}{\sqrt{\lambda}}=1.74-2\lg\left(\frac{2\varepsilon}{d}+\frac{18.7}{Re\sqrt{\lambda}}\right) \tag{1-50}$$

当已知 Re 和 ε/d 时，通过迭代可求出 λ 值，工程上为避免试差迭代，也为了使 λ 与 Re、ε/d 的关系形象化，将式(1-49)、式(1-50) 制成图线，见图 1-22 (莫迪图)。

该图为双对数坐标。在 $Re=2000\sim4000$ 的过渡区内，管内流型因环境而异，摩擦系数波动。工程上为安全计，常作湍流处理。当 $Re\geqslant4000$，流动进入湍流区，摩擦系数 λ 随雷诺数 Re 的增大而减小。当 Re 足够大后，λ 不再随 Re 而变，其值仅取决于相对粗糙度 ε/d。由式(1-47) 可知，阻力损失 h_f 与流速 u 的平方成正比。该区域称为充分湍流区或阻力平方区。

粗糙度对 λ 的影响 层流时，粗糙度对 λ 值无影响。在湍流区，管内壁高低不平的凸出物对 λ 的影响是相继出现的。当 Re 大到一定程度，λ 值不再变化，管流便进入阻力平方区。

实际管的当量粗糙度 管壁粗糙度对阻力系数 λ 的影响首先是用人工粗糙管测定的。人工粗糙管是将大小相同的砂粒均匀地黏着在普通管壁上，人为地造成粗糙度，因而其粗糙度

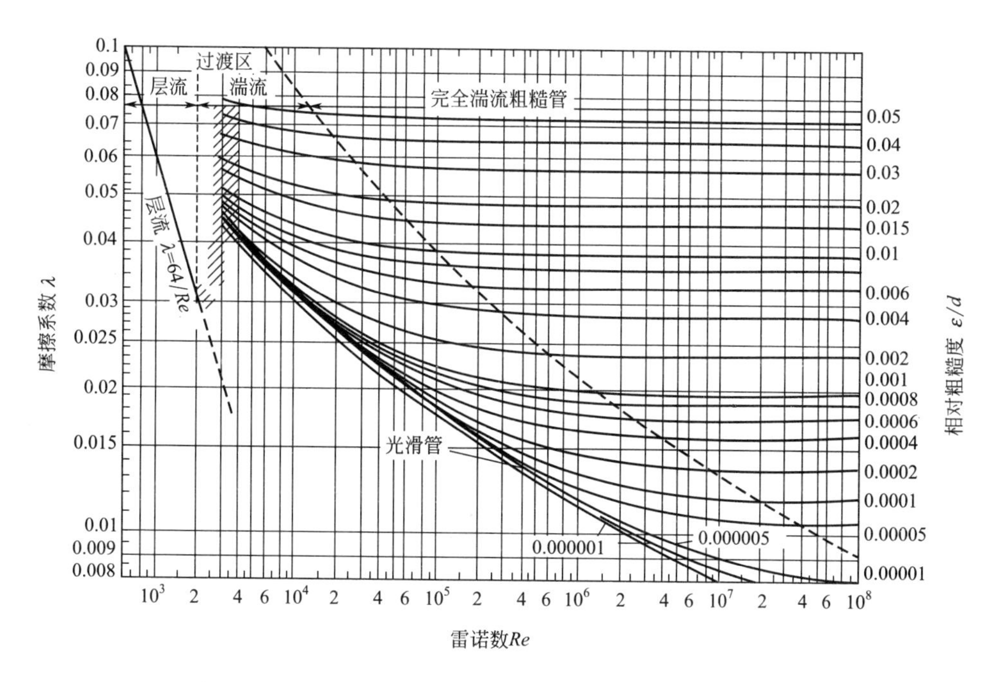

图 1-22　摩擦系数 λ 与雷诺数 Re 及相对粗糙度 ε/d 的关系

可以精确测定。工业管道内壁的凸出物形状不同，高度也参差不齐，粗糙度无法精确测定。实践上是通过实验测定阻力损失并计算出 λ 值，然后由图 1-22 反求出相当的相对粗糙度，称为实际管道的当量相对粗糙度。由当量相对粗糙度可求出当量的绝对粗糙度 ε。

化工常用管道的当量绝对粗糙度示于表 1-1。

表 1-1　化工常用管道的当量绝对粗糙度

管道类别		绝对粗糙度 ε/mm	管道类别		绝对粗糙度 ε/mm
金属管	无缝黄铜管、铜管及铅管	0.01～0.05	非金属管	干净玻璃管	0.0015～0.01
	新的无缝钢管、镀锌铁管	0.1～0.2		橡皮软管	0.01～0.03
	新的铸铁管	0.3		木管道	0.25～1.25
	具有轻度腐蚀的无缝钢管	0.2～0.3		陶土排水管	0.45～6.0
	具有显著腐蚀的无缝钢管	0.5 以上		很好整平的水泥管	0.33
	旧的铸铁管	0.85 以上		石棉水泥管	0.03～0.8

非圆形管的当量直径　前面讨论了圆直管的阻力损失。实验证明，对于非圆形管内的湍流流动，如采用下面定义的当量直径 d_e 代替圆管直径，其阻力损失仍可按式(1-47)和图 1-22 进行计算。

$$d_e=\frac{4\times 管道截面积}{浸润周边}=\frac{4A}{\Pi} \tag{1-51}$$

当量直径的定义是经验性的，理论根据并不充分。对于层流流动还应改变式(1-49) 中的 64 这一常数，如正方形管为 57，环隙为 96。对于长宽比大于 3 的矩形管道使用式(1-51)将有相当大的误差。

用当量直径 d_e 计算的 Re 也用以判断非圆形管中的流型。非圆形管中稳定层流的临界雷诺数同样是 2000。

局部阻力损失计算　局部阻力损失是由于流道的急剧变化使流动产生大量旋涡消耗了机械能。常见的管件和阀件的局部阻力系数如表 1-2 所示。局部阻力损失因管阀件种类繁多，规格不一，难以精确计算。通常采用以下两种近似方法。

表 1-2 管件和阀件的局部阻力系数 ζ 值

管件和阀件名称	ζ 值	
标准弯头	45°，ζ=0.35	90°，ζ=0.75
90°方形弯头	1.3	
180°回弯头	1.5	
活管接	0.4	

弯管	R/d \ φ	30°	45°	60°	75°	90°	105°	120°
	1.5	0.08	0.11	0.14	0.16	0.175	0.19	0.20
	2.0	0.07	0.10	0.12	0.14	0.15	0.16	0.17

突然扩大：$\zeta=(1-A_1/A_2)^2 \quad h_f=\zeta u_1^2/2$

突然扩大	A_1/A_2	0	0.1	0.2	0.3	0.4	0.5	0.6	0.7	0.8	0.9	1.0
	ζ	1	0.81	0.64	0.49	0.36	0.25	0.16	0.09	0.04	0.01	0

突然缩小：$\zeta=0.5(1-A_2/A_1) \quad h_f=\zeta u_2^2/2$

突然缩小	A_2/A_1	0	0.1	0.2	0.3	0.4	0.5	0.6	0.7	0.8	0.9	1.0
	ζ	0.5	0.45	0.40	0.35	0.30	0.25	0.20	0.15	0.10	0.05	0

管件和阀件名称	ζ 值
流入大容器的出口	ζ=1（用管中流速）
入管口（容器→管）	ζ=0.5

水泵进口									
没有底阀	2～3								
有底阀	d/mm	40	50	75	100	150	200	250	300
	ζ	12	10	8.5	7.0	6.0	5.2	4.4	3.7

闸阀	全开	3/4 开	1/2 开	1/4 开
	0.17	0.9	4.5	24

标准截止阀（球心阀）	全开 ζ=6.4	1/2 开 ζ=9.5

蝶阀	α	5°	10°	20°	30°	40°	45°	50°	60°	70°
	ζ	0.24	0.52	1.54	3.91	10.8	18.7	30.6	118	751

旋塞	θ	5°	10°	20°	40°	60°
	ζ	0.05	0.29	1.56	17.3	206

管件和阀件名称	ζ 值	
角阀（90°）	5	
单向阀	摇板式 ζ=2	球形单向阀 ζ=70
水表（盘形）	7	

注：其他管件、阀件等的 l_e 或 ζ 值，可参阅有关资料。

(1) 近似地认为局部阻力损失服从平方定律

$$h_f=\zeta \frac{u^2}{2} \tag{1-52}$$

式中，ζ 为局部阻力系数，由实验测定。

(2) 近似地认为局部阻力损失相当于某个长度的直管

$$h_f=\lambda \frac{l_e}{d}\times\frac{u^2}{2} \tag{1-53}$$

式中，l_e 为管阀件的当量长度，由实验测得。

显然，式(1-52)、式(1-53) 两种计算方法所得结果不会一致，它们都是近似的估算值。

从图 1-23～图 1-25 和表 1-2 中可查得常用管阀件的 ζ 和 l_e 值。对于突然扩大和缩小，值得注意的是式(1-52)和式(1-53)中的 u 须用小管截面的平均速度。

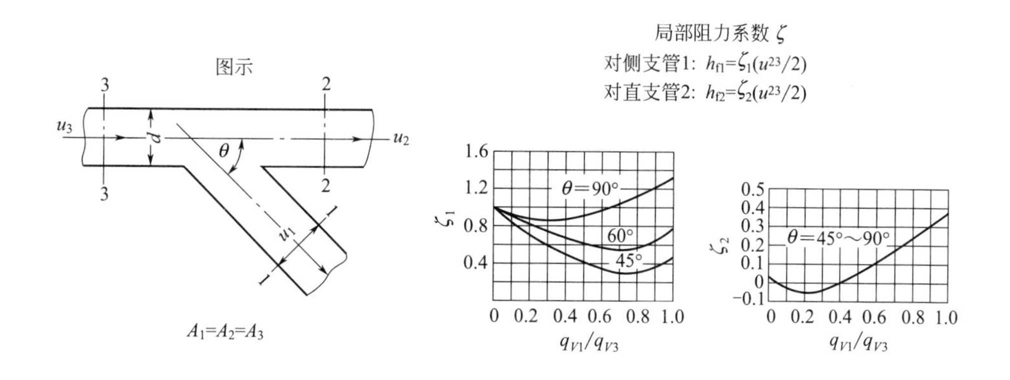

图 1-23　分流时三通的阻力系数

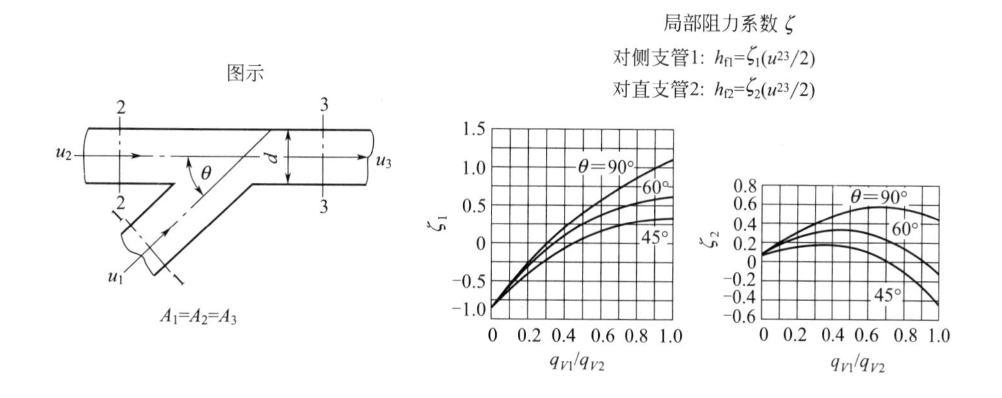

图 1-24　合流时三通的阻力系数

实际应用时，长距离输送以直管阻力损失为主；车间管路则往往以局部阻力为主。

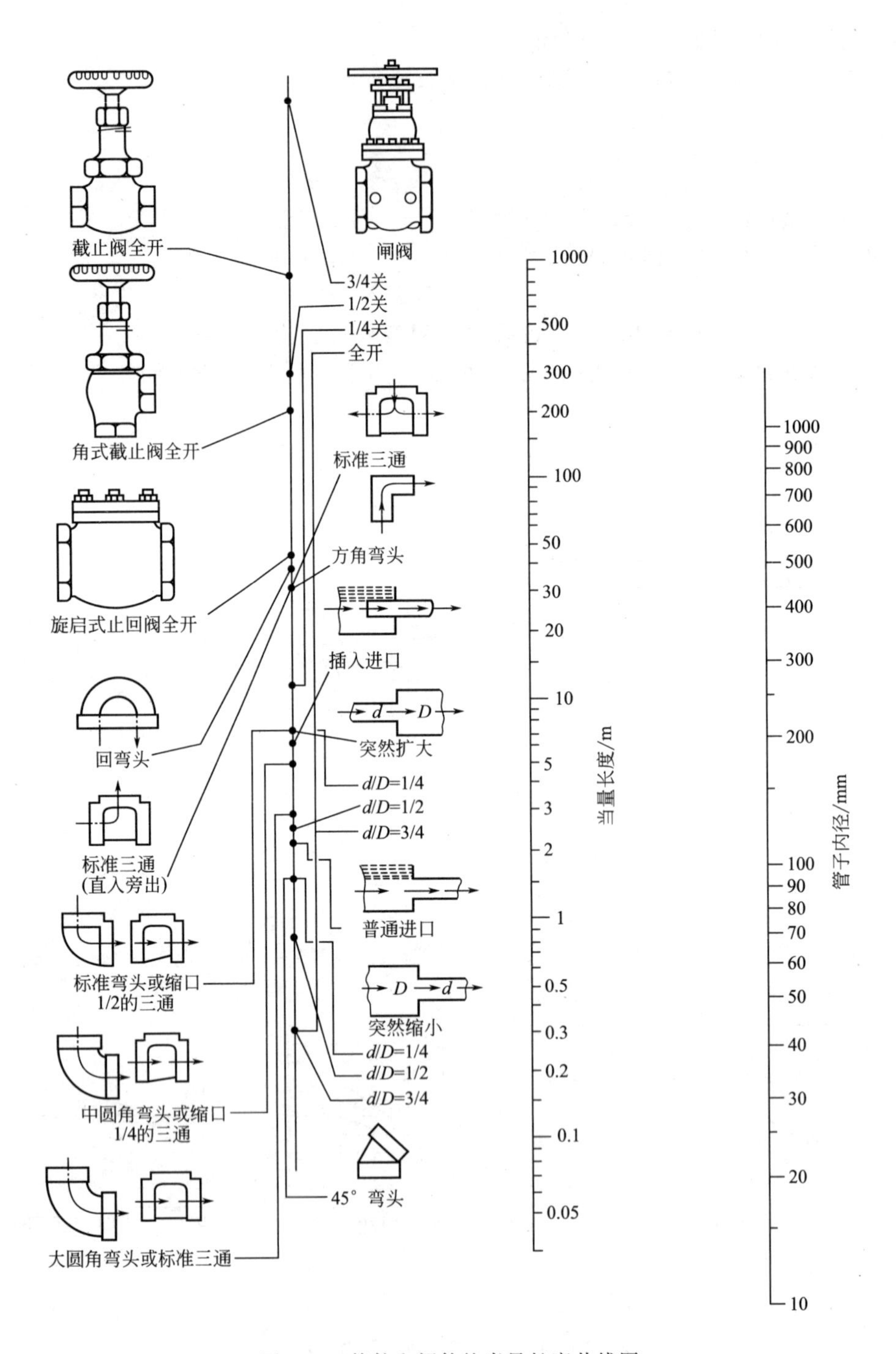

图 1-25 管件和阀件的当量长度共线图

【例 1-3】 阻力损失的计算

如图 1-26 所示，溶剂从敞口的高位槽流入某塔设备。塔内压强为 0.01MPa（表压），输送管道为 $\phi 38\text{mm}\times 3\text{mm}$[1] 无缝钢管，直管长 10m。管路中装有 90°标准弯头两个，180°回弯头一个，球心阀（全开）一个。为保证溶剂流量达到 $3.3\text{m}^3/\text{h}$，问高位槽所应放置的高度即位差 z 应为多少米？

操作温度下溶剂的物性为：密度 $\rho=998\text{kg/m}^3$，黏度 $\mu=1.0\times 10^{-3}\text{Pa}\cdot\text{s}$。

解：选取管子进塔处的水平面为 $z=0$，从高位槽液面 1-1 至管出口截面 2-2 列机械能衡算式得

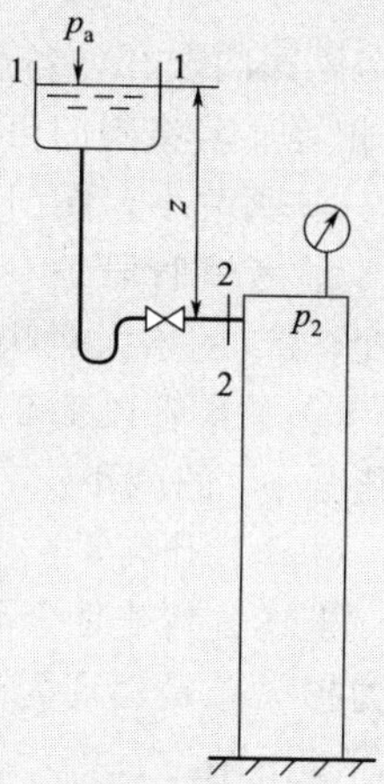

$$\frac{p_a}{\rho}+zg=\frac{p_2}{\rho}+0+\frac{u_2^2}{2}+h_f$$

溶剂在管中的流速

$$u_2=\frac{q_V}{\frac{\pi}{4}d^2}=\frac{3.3/3600}{0.785\times 0.032^2}=1.14\text{m/s}$$

$$Re=\frac{du\rho}{\mu}=\frac{0.032\times 1.14\times 998}{1\times 10^{-3}}=3.64\times 10^4$$

由表 1-1 可取管壁绝对粗糙度 $\varepsilon=0.2\text{mm}$，$\varepsilon/d=0.00625$；由图 1-22 查得摩擦系数 $\lambda=0.035$。由表 1-2 查得有关管阀件的局部阻力系数分别是：

图 1-26　例 1-3 附图

进口突然收缩 $\zeta=0.5$；90°标准弯头 $\zeta=0.75$；180°回弯头 $\zeta=1.5$；球心阀（全开）$\zeta=6.4$。

$$h_f=\left(\lambda\frac{l}{d}+\sum\zeta\right)\frac{u_2^2}{2}=\left(0.035\times\frac{10}{0.032}+0.5+0.75\times 2+1.5+6.4\right)\times\frac{1.14^2}{2}=13.5\text{J/kg}$$

所需位差

$$z=\frac{p_2}{\rho g}+\frac{u_2^2}{2g}+\frac{h_f}{g}=\frac{0.01\times 10^6}{998\times 9.81}+\frac{1.14^2}{2\times 9.81}+\frac{13.5}{9.81}=2.47\text{m}$$

本题也可将截面 2-2 取在管出口外端，此时流体流入大空间后速度为零。但应计及突然扩大损失 $\zeta=1$，故两种方法的结果相同。

计算管道阻力损失时，若能估计出旧管路的 ε 值，应以此查取 λ，而不用新管的 ε。更常用的方法是采用安全系数，即用新管的 ε 查出 λ 后，按使用情况将 λ 乘上一个大于 1 的安全系数。如平均使用 5～10 年的钢管，其安全系数取 1.2～1.3，以适应粗糙度的变化。

1.5　流体输送管路的计算

前面已导出了质量守恒式、机械能衡算式以及阻力损失的计算式。据此，可以进行不可压缩流体输送管路的计算。对于可压缩流体输送管路的计算，还须用到气体的状态方程。

管路按配置情况可分为简单管路和复杂管路。简单管路为单一管线，复杂管路则存在着分流与合流。

[1] 管子直径与壁厚的表示方法，ϕ 符号后为外径，× 符号后为壁厚。

本节首先对管内流动做一定性分析，然后介绍简单管路和典型的复杂管路的计算方程。

1.5.1 管路分析

简单管路分析 图 1-27 所示为一典型的简单管路。假定$\mathscr{P}_1>\mathscr{P}_2$，各管段的直径相同，高位槽和低位槽内液面均保持恒定，液体作定态流动。考察从 1 至 2 的能量衡算

$$\frac{\mathscr{P}_1}{\rho}=\frac{\mathscr{P}_2}{\rho}+h_{f1-2}=\frac{\mathscr{P}_2}{\rho}+\left[\left(\lambda\frac{l+l_e}{d}\right)_{1-A}+\zeta+\left(\lambda\frac{l+l_e}{d}\right)_{B-2}\right]\frac{8q_V^2}{\pi^2 d^4} \tag{1-54}$$

假定原阀门全开，各点虚拟压强分别为$\mathscr{P}_1$、$\mathscr{P}_A$、$\mathscr{P}_B$和$\mathscr{P}_2$。因管路串联，各管段内的流量 q_V 相等。若将阀门由全开转为半开，上述各处的流动参数发生如下变化：

① 阀关小，阀门的阻力系数 ζ 增大，流量 q_V 随之减小。

② 考察管段 1-A，流量降低使 h_{f1-A} 随之减小，A 处虚拟压强$\mathscr{P}_A$将增大。因 A 点高度未变，$\mathscr{P}_A$的增大意味着压强 p_A 的升高。

③ 考察管段 B-2，流量降低使 h_{fB-2} 随之减小，虚拟压强$\mathscr{P}_B$将下降。$\mathscr{P}_B$的下降即意味着压强 p_B 的减小。

④ p_A 升高，p_B 减小，即 h_{fA-B} 增大。

上述分析表明，管路是个整体，某部位的阻力系数增加会使串联管路各处的流量下降。阻力损失总是表现为流体机械能的降低，在等径管中则为总势能（虚拟压强$\mathscr{P}$）降低。还可引出如下结论：

① 阀门关小将使上游压强上升；

② 阀门关小将使下游压强下降。

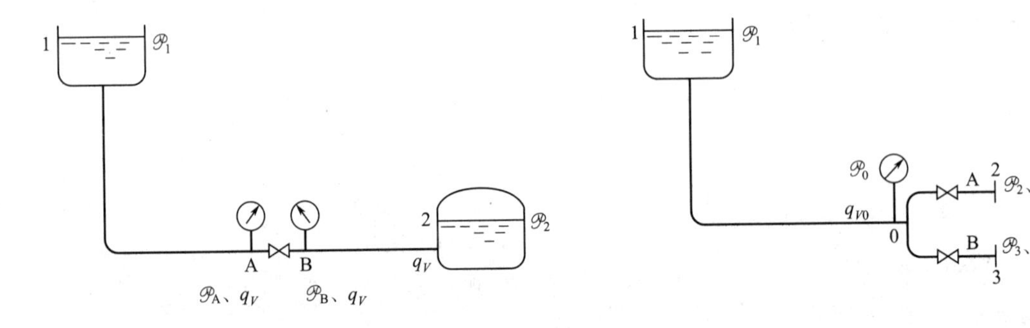

图 1-27 简单管路

图 1-28 分支管路

分支管路分析 现考察流体由一高位槽经总管分流至两支管的情况，在两阀门全开时各处的流动参数如图 1-28 所示。考察从 1 至 2 的能量衡算

$$\frac{\mathscr{P}_1}{\rho}=\frac{\mathscr{P}_2}{\rho}+h_{f1-0}+h_{f0-2}+\frac{u_2^2}{2}=\frac{\mathscr{P}_2}{\rho}+\left(\lambda\frac{l+l_e}{d}\right)_{1-0}\frac{8q_{V0}^2}{\pi^2 d^4}+\left(\zeta_A+\lambda\frac{l+l_e}{d}+1\right)_{0-2}\frac{8q_{V2}^2}{\pi^2 d^4} \tag{1-55}$$

若将支管 2 的阀门 A 关小，ζ_A 增大，则

① 考察整个管路，由于阀门 A 阻力增加而使流量 q_{V0}、q_{V2} 均下降；

② 在截面 1～0 间考察，因流量 q_{V0} 下降使$\mathscr{P}_0$上升；

③ 在截面 0～3 间考察，ζ_B 不变，因$\mathscr{P}_0$上升而使 q_{V3} 增加。

由上述分析可知，关小阀门使所在的支管流量下降，与之平行的支管内流量上升，但总管的流量还是减少了。

以上为一般情况，下面分析两种极端情况：

(1) 支管阻力控制　若总管阻力可以忽略、支管阻力为主，这时$\mathscr{P}_0 \approx \mathscr{P}_1$且接近为一常数。阀A关小仅使支管A的流量$q_{V2}$变小，但对支管B的流量几乎没有影响，即任一支管情况的改变不影响其他支管的流量。显然，车间供水管线的铺设应尽可能属于这种情况。

(2) 总管阻力控制　若总管阻力为主，支管阻力可以忽略，这时$\mathscr{P}_0$与下游出口端虚拟压强$\mathscr{P}_2$或$\mathscr{P}_3$相近，总管中的总流量将不因支管情况而变。阀A的启闭不影响总流量，仅改变了各支管间的流量的分配。显然这是车间供水管路不希望出现的情况。

1.5.2 管路计算

简单管路的数学描述　对图1-27简单管路进行考察，表示管路中各参数之间关系的方程只有三个：

质量守恒式
$$q_V=\frac{\pi}{4}d^2u \tag{1-56a}$$

机械能衡算式
$$\left(\frac{p_1}{\rho}+gz_1\right)=\left(\frac{p_2}{\rho}+gz_2\right)+\left(\lambda\frac{l}{d}+\sum\zeta\right)\frac{u^2}{2} \tag{1-56b}$$

或
$$\frac{\mathscr{P}_1}{\rho}=\frac{\mathscr{P}_2}{\rho}+\left(\lambda\frac{l}{d}+\sum\zeta\right)\frac{u^2}{2}$$

摩擦系数计算式
$$\lambda=\varphi\left(\frac{du\rho}{\mu},\frac{\varepsilon}{d}\right) \tag{1-56c}$$

当被输送的流体已定，其物性μ、ρ已知，上述方程组共包含9个变量（q_V、d、u、$\mathscr{P}_1$、$\mathscr{P}_2$、λ、l、$\sum\zeta$、ε）。若能给定其中独立的6个变量，其他3个就可求出。

工程计算问题按其目的可分为设计型计算、操作型计算、综合型计算三类。管路计算也如此，不同类型计算问题给出的已知量不同，过程都是上述方程组联立求解，但各类计算问题有各自的特点。作为教学过程，先应掌握设计型、操作型计算，在此基础上再涉及综合型计算。

简单管路的设计型计算　设计型计算通常是给定生产能力，设计计算设备情况。管路的设计型计算是管路尚未存在时给定输送任务，设计经济上合理的管路。典型的设计型命题如下。

给定条件：

① 输送量q_V，需液点的势能$\mathscr{P}_2/\rho$；

② 供液与需液点间的距离，即管长l，管道材料及管阀件配置，即ε及$\sum\zeta$。

要求：确定最经济的管径d及供液点须提供的势能$\mathscr{P}_1/\rho$。

上述命题只给定了5个变量，方程组（1-56）仍无定解，须再补充一个条件才能满足方程求解的需要。例如，可指定流速u。指定不同的流速u，可对应地求得一组管径d及所需的供液点势能$\mathscr{P}_1/\rho$。设计的任务就在于从这一系列计算结果中，选出最经济合理的管径d_{opt}。可见，设计型问题一般都包含着“选择”或“优化”的问题。

流量一定时，流速u越小，管径越大，设备费用就越大，所需的能量$\mathscr{P}_1/\rho$则越小，这意味着操作费用的降低。最经济合理的流速应使操作费与按使用年限计的设备折旧费之和为最小，如图1-29所示。表1-3列出了常用流速范围，供设计时使用。

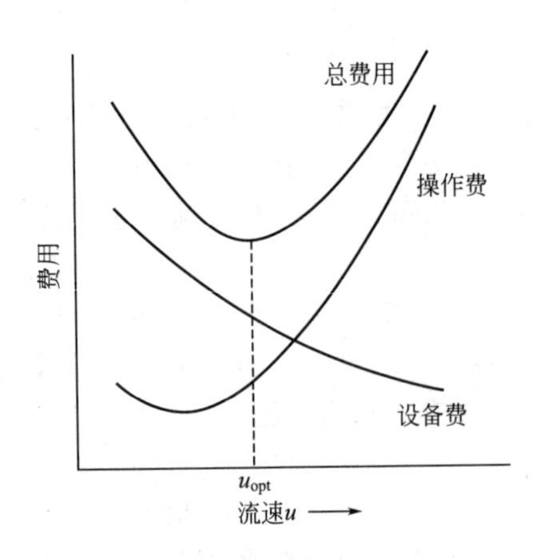

图 1-29 管径的最优化

表 1-3 某些流体在管道中的常用流速范围

流体种类及状况	常用流速范围/(m/s)
水及一般液体	1～3
黏度较大的液体	0.5～1
低压气体	8～15
易燃、易爆的低压气体(如乙炔等)	<8
压强较高的气体	15～25
饱和水蒸气：0.8MPa(8atm)以下	40～60
0.3MPa(3atm)以下	20～40
过热水蒸气	30～50

【例 1-4】 泵送液体所需的机械能

用泵将地面敞口贮槽中的溶液送往 12m 高的容器中去（参见图 1-30），容器上方的压强为 0.03MPa（表压）。经选定，泵的吸入管路为 ϕ57mm×3.5mm 的无缝钢管，管长 6m，管路中设有一个止逆底阀，一个 90°弯头。压出管路为 ϕ48mm×4mm 无缝钢管，管长 25m，其中装有闸阀（全开）一个，90°弯头 10 个。操作温度下溶液的特性为：$\rho=900\text{kg/m}^3$；$\mu=1.5\text{mPa·s}$。求流量为 $4.5\times10^{-3}\text{m}^3/\text{s}$ 时需向单位重量（每牛顿）液体补加的能量。

解： 从 1-1 截面至 2-2 截面作机械能衡算

$$\frac{p_1}{\rho g}+z_1+H_e=\frac{p_2}{\rho g}+z_2+H_f$$

可得
$$H_e=\frac{p_2-p_1}{\rho g}+(z_2-z_1)+H_f$$

而
$$\frac{p_2-p_1}{\rho g}+(z_2-z_1)=\frac{0.03\times10^6}{900\times9.81}+12=15.4\text{m}$$

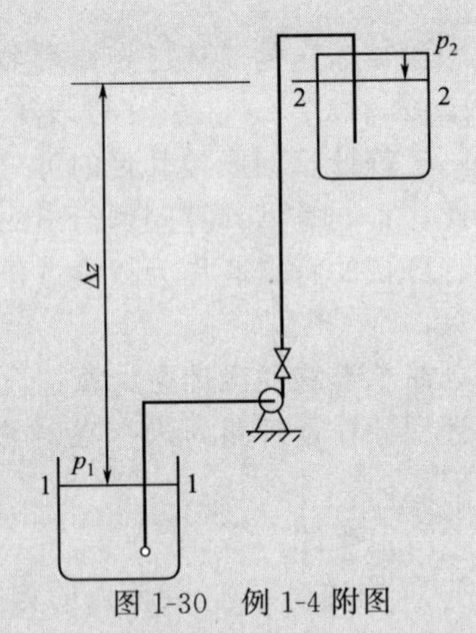

图 1-30 例 1-4 附图

吸入管路中的流速

$$u_1=\frac{q_V}{\frac{\pi}{4}d_1^2}=\frac{4.5\times10^{-3}}{0.785\times0.05^2}=2.29\text{m/s}$$

$$Re_1=\frac{d_1u_1\rho}{\mu}=\frac{0.05\times2.29\times900}{1.5\times10^{-3}}=6.88\times10^4$$

管壁粗糙度 ε 取 0.2mm，$\varepsilon/d=0.004$，查图 1-22 得 $\lambda_1=0.030$。

吸入管路的局部阻力系数 $\sum\zeta_1=0.75+12=12.75$

压出管路中的流速
$$u_2=\frac{q_V}{\frac{\pi}{4}d_2^2}=\frac{4.5\times10^{-3}}{0.785\times0.04^2}=3.58\text{m/s}$$

$$Re_2=\frac{d_2u_2\rho}{\mu}=\frac{0.04\times3.58\times900}{1.5\times10^{-3}}=8.60\times10^4$$

取 $\varepsilon=0.2\text{mm}$，得 $\varepsilon/d=0.005$，$\lambda_2=0.031$，$\sum\zeta_2=0.17+10\times0.75+1=8.67$

$$H_f=\left(\lambda_1\frac{l_1}{d_1}+\sum\zeta_1\right)\frac{u_1^2}{2g}+\left(\lambda_2\frac{l_2}{d_2}+\sum\zeta_2\right)\frac{u_2^2}{2g}$$

$$=\left(0.03\times\frac{6}{0.05}+12.75\right)\times\frac{2.29^2}{2\times9.81}+\left(0.031\times\frac{25}{0.04}+8.67\right)\times\frac{3.58^2}{2\times9.81}$$

$$=22.7\text{m}$$

单位重量流体所需补加的能量为

$$H_e=15.4+22.7=38.1\text{m}$$

简单管路的操作型计算　操作型计算问题是管路已定，要求核算在某给定条件下管路的输送能力或源头所需压强。这类问题的命题如下。

给定条件：d、l、$\sum\zeta$、ε、$\mathscr{P}_1$（即$\mathscr{P}_1+\rho g z_1$）、$\mathscr{P}_2$（即$\mathscr{P}_2+\rho g z_2$）；

计算目的：输送量 q_V。

或　给定条件：d、l、$\sum\zeta$、ε、$\mathscr{P}_2$、q_V；

计算目的：所需的$\mathscr{P}_1$。

计算的目的不同，命题中需给定的条件亦不同。但在各种操作型问题中，都是给定了 6 个变量，方程组有确定的唯一解。在第一种命题中，为求得流量 q_V 必须联立求解方程组（1-56）中的（b）、（c）两式，计算流速 u 和 λ，然后再用方程组中的（a）式求得 q_V。由于式(1-50)或图 1-22 是非线性函数，上述求解过程需试差或迭代。

因λ 的变化范围不大，试差计算时，可将摩擦系数λ 作试差变量。通常可取流动已进入阻力平方区的λ 作为计算初值。

例如，当已知 d、l、$\sum\zeta$、ε、$\mathscr{P}_1$、$\mathscr{P}_2$，求流量 q_V，其计算步骤可用图 1-31 的框图表示。其中的迭代过程实际上就是非线性方程组（1-56）的求解过程。

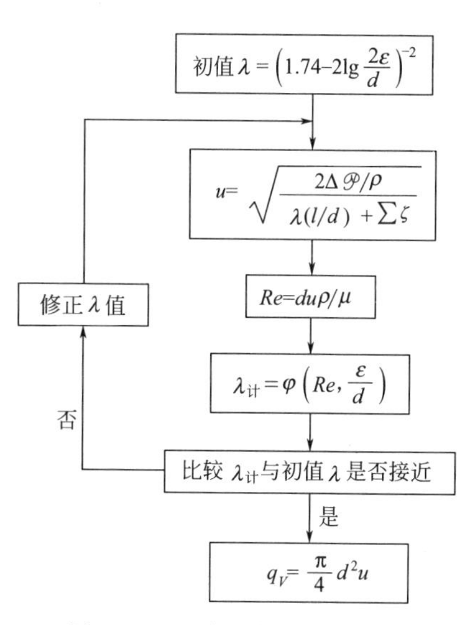

图 1-31　迭代法求流量的框图

【例 1-5】　简单管路的流量计算

某输水管路如图 1-32 所示。截面 1 至截面 3 全长 300m（包括局部阻力的当量长度），截面 3 至截面 2 间有一闸阀，其间的直管阻力可以忽略。输水管为 ϕ60mm×3.5mm 水煤气管，$\varepsilon/d=0.004$。水温 20℃。在阀门全开时，试求：(1) 管路的输水量 q_V，m^3/s；(2) 截面 3 处的表压 p_3，mH_2O。

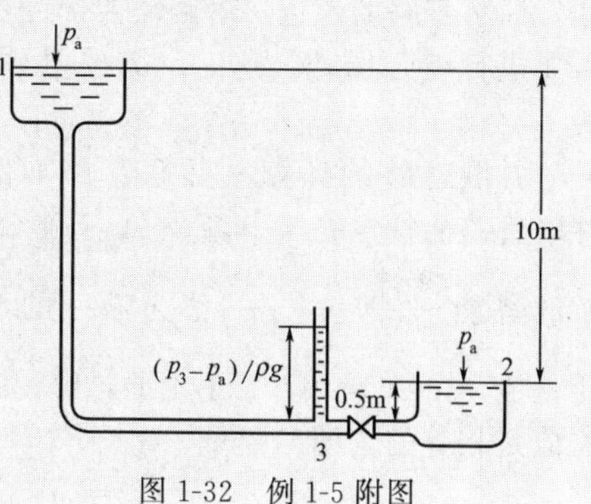

图 1-32　例 1-5 附图

解：(1) 这是操作型计算问题，输送管路的总阻力损失已给定，即

$$h_f=\frac{\Delta\mathscr{P}}{\rho}=g\Delta z=9.81\times10=98.1\ \text{J/kg}$$

查图 1-22，设流动已进入阻力平方区，取初值$\lambda_1=0.028$。

闸门阀全开时的局部阻力系数 $\zeta=0.17$；进口突然缩小 $\zeta=0.5$；出口突然扩大 $\zeta=1.0$；从截面 1 至截面 2 列机械能衡算式。

$$\frac{\mathscr{P}_1}{\rho}=\frac{\mathscr{P}_2}{\rho}+\left(\lambda\frac{l}{d}+\sum\zeta\right)\frac{u^2}{2}$$

$$u=\sqrt{\frac{2\Delta\mathscr{P}/\rho}{\lambda_1 l/d+\sum\zeta}}=\sqrt{\frac{2\times98.1}{0.028\times300/0.053+0.5+0.17+1}}=1.11\text{m/s}$$

由附录查得 20℃的水 $\rho=1000\text{kg/m}^3$，$\mu=1\text{mPa}\cdot\text{s}$

$$Re=\frac{du\rho}{\mu}=\frac{0.053\times1.11\times1000}{1\times10^{-3}}=5.87\times10^4$$

查图 1-22 得 $\lambda_2=0.030$，与假设值 λ_1 有些差别。重新计算速度如下

$$u=\sqrt{\frac{2\Delta\mathscr{P}/\rho}{\lambda_2 l/d+\sum\zeta}}=\sqrt{\frac{2\times98.1}{0.030\times300/0.053+0.5+0.17+1}}=1.07\text{m/s}$$

$$Re=\frac{du\rho}{\mu}=\frac{0.053\times1.07\times1000}{1\times10^{-3}}=5.68\times10^4$$

查得 $\lambda_3=0.030$，与假设值 λ_2 相同，所得流速 $u=1.07\text{m/s}$ 正确。

流量 $$q_V=\frac{\pi}{4}d^2u=0.785\times0.053^2\times1.07=2.36\times10^{-3}\text{m}^3/\text{s}$$

(2) 为求截面 3 处的表压，可从截面 3 至截面 2 列机械能衡算式

$$\frac{p_3}{\rho g}+\frac{u^2}{2g}=\frac{p_a}{\rho g}+z_2+\sum\zeta\frac{u^2}{2g}$$

所求表压为 $\dfrac{p_3-p_a}{\rho g}=z_2+(\sum\zeta-1)\dfrac{u^2}{2g}=0.5+0.17\times\dfrac{1.07^2}{2\times9.81}=0.51\text{m}$

本题如将闸阀关小至 1/4 开度，重复上述计算，可将两种情况下的计算结果作一比较：

闸阀情况	ζ	λ	$q_V/(\text{m}^3/\text{s})$	$\dfrac{p_3-p_a}{\rho g}/\text{m}$
闸阀全开	0.17	0.030	2.36×10^{-3}	0.51
闸阀 1/4 开	24	0.031	2.18×10^{-3}	1.70

可知阀门关小，阀的阻力系数增大，流量减小。同时，阀上游截面 3 处的压强明显增加。

综合型计算 在实际工作中，复杂些的管路问题不局限于设计型计算和操作型计算，比如，原有管路的改造，管路需要部分更新、部分利旧。或管路处理能力需要增加，新旧管路需要进行组合操作。这时，需要具体情况具体分析，这类问题的命题也不再是一成不变的了。

并联管路的计算 并联管路如图 1-33 所示。并联管路的特点在于分流点 A 上游和合流点 B 下游的势能 $\dfrac{\mathscr{P}}{\rho}\left(即\dfrac{p}{\rho}+gz\right)$ 值为唯一的，因此，单位质量流体由 A 流到 B，不论通过哪一支管，阻力损失应是相等的，即

图 1-33 并联管路

$$h_{f1}=h_{f2}=h_{f3}=h_f \tag{1-57}$$

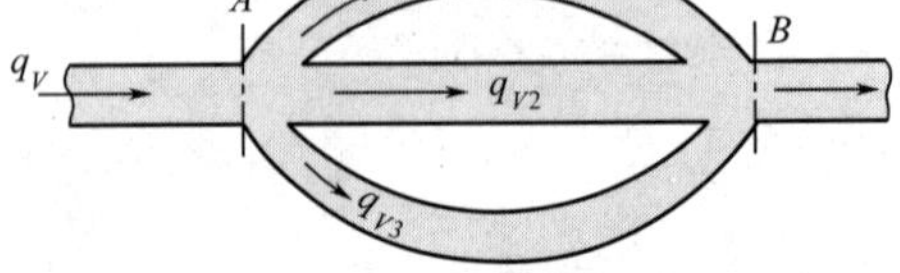

若忽略分流点与合流点的局部阻力损失，各管段的阻力损失可按式(1-58) 计算

$$h_{fi}=\lambda_i \frac{l_i}{d_i}\times\frac{u_i^2}{2} \tag{1-58}$$

式中，l_i 为支管总长，包括了各局部阻力的当量长度。

在一般情况下，各支管的长度、直径、粗糙度情况均不同，但各支管中流动的流体是由相同的势能差推动的，故各支管流速 u_i 也不同，将 $u_i=\frac{4q_V}{\pi d_i^2}$代入式(1-58）经整理得

$$q_{Vi}=\frac{\pi\sqrt{2}}{4}\sqrt{\frac{d_i^5 h_{fi}}{\lambda_i l_i}} \tag{1-59}$$

由此式可求出各支管的流量分配。若只有三个支管，则

$$q_{V1}:q_{V2}:q_{V3}=\sqrt{\frac{d_1^5}{\lambda_1 l_1}}:\sqrt{\frac{d_2^5}{\lambda_2 l_2}}:\sqrt{\frac{d_3^5}{\lambda_3 l_3}} \tag{1-60}$$

总流量

$$q_V=q_{V1}+q_{V2}+q_{V3} \tag{1-61}$$

当总流量 q_V、各支管的 l_i、d_i、λ_i 均已知时，由式(1-60）和式(1-61）可联立求解出 q_{V1}、q_{V2}、q_{V3}三个未知数。选任一支管用式(1-58）算出 h_{fi}，亦即 AB 两点间的阻力损失 h_f。

【例 1-6】 计算并联管路的流量

在图 1-33 所示的输水管路中，已知水的总流量为 3m^3/s，水温为 20℃。各支管总长度分别为 $l_1=1200$m，$l_2=1500$m，$l_3=800$m；管径 $d_1=600$mm，$d_2=500$mm，$d_3=800$mm；求 AB 间的阻力损失及各管的流量。已知输水管为铸铁管，$\varepsilon=0.3$mm。

解：由式(1-61）和式(1-60）可联立求解 q_{V1}、q_{V2}、q_{V3}。但因 λ_1、λ_2、λ_3 均未知，须用试差法求解。

设各支管的流动皆进入阻力平方区，由

$$\frac{\varepsilon_1}{d_1}=\frac{0.3}{600}=0.0005,\quad \frac{\varepsilon_2}{d_2}=\frac{0.3}{500}=0.0006,\quad \frac{\varepsilon_3}{d_3}=\frac{0.3}{800}=0.000375$$

从图 1-22 查得摩擦系数分别为：$\lambda_1=0.017$；$\lambda_2=0.0177$；$\lambda_3=0.0156$。由式(1-60)

$$q_{V1}:q_{V2}:q_{V3}=\sqrt{\frac{0.6^5}{0.017\times1200}}:\sqrt{\frac{0.5^5}{0.0177\times1500}}:\sqrt{\frac{0.8^5}{0.0156\times800}}$$
$$=0.0617:0.0343:0.162$$

又
$$q_{V1}+q_{V2}+q_{V3}=3\text{m}^3/\text{s}$$

故
$$q_{V1}=\frac{0.0617\times3}{0.0617+0.0343+0.162}=0.72\text{m/s}$$

$$q_{V2}=\frac{0.0343\times3}{0.0617+0.0343+0.162}=0.40\text{m/s}$$

$$q_{V3}=\frac{0.162\times3}{0.0617+0.0343+0.162}=1.88\text{m/s}$$

再校核 λ 值。

$$Re=\frac{du\rho}{\mu}=d\frac{q_V}{\frac{\pi}{4}d^2}\times\frac{\rho}{\mu}=\frac{4q_V\rho}{\pi d\mu}$$

查表得水在 20℃下 $\mu=1\times10^{-3}$Pa·s；$\rho=1000\text{kg/m}^3$

代入得

$$Re=\frac{4\times1000q_V}{0.001\pi d}=1.273\times10^6\ \frac{q_V}{d}$$

故
$$Re_1=1.273\times10^6\times\frac{0.72}{0.6}=1.528\times10^6$$

$$Re_2=1.273\times10^6\times\frac{0.4}{0.5}=1.019\times10^6$$

$$Re_3=1.273\times10^6\times\frac{1.88}{0.8}=2.99\times10^6$$

由图 1-22 可以看出，各支管已进入或十分接近阻力平方区，原假设成立，以上计算结果正确。

A、B 间的阻力损失 h_f 可由式(1-58)求出

$$h_f=\frac{8\lambda_1 l_1 q_{V1}^2}{\pi^2 d_1^5}=\frac{8\times0.017\times1200\times0.72^2}{\pi^2\times0.6^5}=111\text{J/kg}$$

黏性可压缩气体的管路计算 对于气体输送管路，考虑阻力损失 h_f 的管路计算式为

$$gz_1+\frac{u_1^2}{2}+\int_{p_2}^{p_1}\frac{\mathrm{d}p}{\rho}=gz_2+\frac{u_2^2}{2}+h_f \tag{1-62}$$

气体体积流量和平均流速是沿管长变化的，在等径管输送时，因质量流速 G（kg·m^{-2}·s^{-1}）沿管长为一常数，则

$$Re=\frac{du\rho}{\mu}=\frac{dG}{\mu} \tag{1-63}$$

只与气体的温度有关。因此，对等温或温度变化不大的流动过程，λ 可看成是沿管长不变的常数。

考虑到气体密度很小，位能项和其他各项相比小得多，可将式(1-62) 中的 gz 项忽略。对于等温流动，经推导可得

$$\frac{p_1-p_2}{\rho_m}=\lambda\ \frac{l}{2d}\left(\frac{G}{\rho_m}\right)^2+\left(\frac{G}{\rho_m}\right)^2\ln\frac{p_1}{p_2} \tag{1-64}$$

式中，ρ_m 为平均压强 $p_m=\dfrac{p_1+p_2}{2}$下的密度。

如果管内压降 Δp 很小，则式(1-64) 右边第二项动能差可忽略，这时式(1-64) 就是不可压缩流体的能量方程式对水平管的特殊形式。对于高压气体的输送，$\ln\dfrac{p_1}{p_2}$较小，可作为不可压缩流体处理；而真空下的气体流动，$\ln\dfrac{p_1}{p_2}$一般较大，往往必须考虑其压缩性。

【例 1-7】 有一真空管路，管长 $l=30$m，管径 $d=150$mm，$\varepsilon=0.3$mm，进口是 295K 的空气。已知真空管路两端的压强分别为 1.3kPa 和 0.13kPa，假设空气在管内作等温流动。试求真空管路中的质量流量 q_m 为多少（kg/s)？

解：管路进口处空气的比体积

$$v_1=\frac{22.4}{29}\times\frac{295}{273}\times\frac{101.3}{1.3}=65\mathrm{m^3/kg}$$

假定管内流动已进入阻力平方区，由

$$\frac{\varepsilon}{d}=\frac{0.3}{150}=0.002$$

查图 1-22 得 $\lambda=0.024$。

对等温流动，并忽略两端高差，用式(1-64)

$$G^2\ln\frac{p_1}{p_2}+\frac{p_2^2-p_1^2}{2p_1v_1}+\lambda\frac{l}{2d}G^2=0$$

$$G^2\ln\frac{1.3}{0.13}+\frac{(130+1300)\times(130-1300)}{2\times1300\times65}+0.024\times\frac{30}{2\times0.15}G^2=0$$

$$G^2(2.3+2.4)=9.9$$

$$G=1.45\mathrm{kg/(m^2\cdot s)}$$

质量流量 $q_m=GA=0.785\times0.15^2\times1.45=0.0256\mathrm{kg/s}$

由 $T=295\mathrm{K}$ 查得空气的黏度 $\mu=1.8\times10^{-5}\mathrm{Pa\cdot s}$

$$Re=G\frac{d}{\mu}=\frac{1.45\times0.15}{1.8\times10^{-5}}=1.21\times10^4$$

从图 1-22 看出，管内流动状态离阻力平方区较远，须再进行试差。设 $\lambda=0.032$，则

$$G^2\ln\frac{1.3}{0.13}+\frac{(130-1300)\times(130+1300)}{2\times1300\times65}+0.032\times\frac{30}{2\times0.15}G^2=0$$

$$G^2(2.3+3.2)=9.9$$

$$G=1.34\mathrm{kg/(m^2\cdot s)}$$

质量流量 $q_m=GA=0.0237\mathrm{kg/s}$

$$Re=\frac{dG}{\mu}=\frac{0.15\times1.34}{1.8\times10^{-5}}=1.12\times10^4$$

从图 1-22 查得 λ 值与假定值 0.032 十分接近，上述计算有效。

1.6 流速和流量的测定

流量测量是生产过程监测和控制的基本手段。各种反应器、搅拌釜中流速分布的测量，更是改进操作性能、开发新型设备的重要途径。迄今，已成功地研制出多种流场显示和测量的方法，如热线测速仪、激光多普勒测速仪以及摄像仪等。

流量测量的方法很多，原理各异。这里仅说明以流体运动的守恒原理为基础的三种测量装置的工作原理。

1.6.1 毕托管

毕托管（Pitot tube）的测速原理 毕托管测速装置如图 1-34 所示。考察图中从 A 点到 B 点的流线，由于 B 点速度为零，所以 B 点的总势能应等于 A 点的势能与动能之和。B 点称为驻点，利用驻点与 A 点的势能差可以测得管中的流速。

$$\frac{p_A}{\rho}+gz_A+\frac{u_A^2}{2}=\frac{p_B}{\rho}+gz_B \tag{1-65}$$

于是

$$u_A=\sqrt{\frac{2(\mathscr{P}_B-\mathscr{P}_A)}{\rho}} \tag{1-66}$$

由式(1-14)可知，U 形管测得的压差为 A、B 两点的虚拟压强差（$\mathscr{P}_A-\mathscr{P}_B$），则有

$$u_A=\sqrt{\frac{2R(\rho_i-\rho)g}{\rho}} \tag{1-67}$$

式中，ρ_i 为 U 形压差计中指示液的密度。

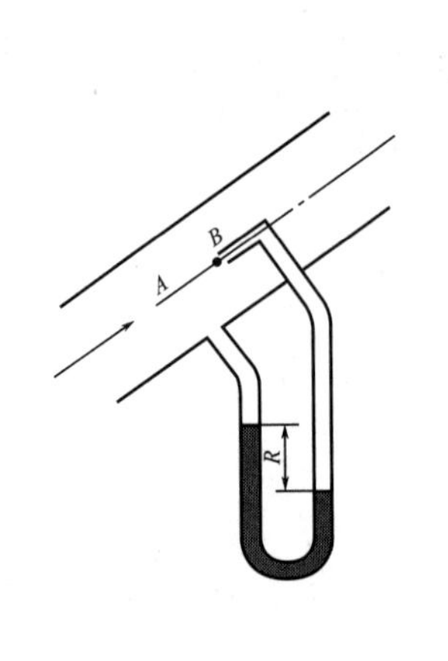

图 1-34 毕托管测速装置

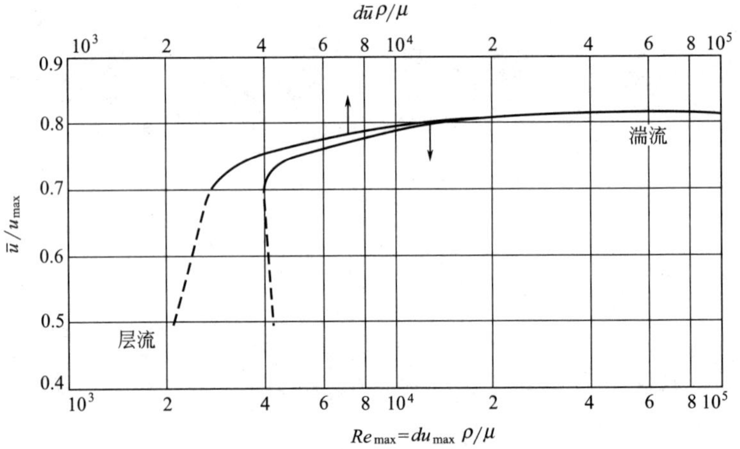

图 1-35 $\frac{\bar{u}}{u_{max}}$ 与 Re_{max} 的关系

可见，毕托管测得的是点速度。利用毕托管可以测得沿截面的速度分布。为测得流量，必须先测出截面的速度分布，然后进行积分。对于圆管，速度分布规律为已知。因此，常用的方法是测量管中心的最大流速 u_{max}。然后根据最大速度与平均速度 $\bar{u}$ 的关系，求出截面的平均流速，再计算出流量。

图 1-35 表示了 $\frac{\bar{u}}{u_{max}}$ 与 Re_{max} 的关系，Re_{max} 是以最大流速 u_{max} 计算的雷诺数。

实际毕托管制成如图 1-36 所示的形式。

【例 1-8】 20℃的空气流经直径为 300mm 的管道，管中心放置毕托管以测量其流量。已知压差计指示剂为水，读数 R 为 18mm，测量点压强为 500mmH_2O（表压）。试求管道中空气的质量流量（kg/s）。

解： 管道中空气的密度

$$\rho=\frac{29}{22.4}\times\frac{273}{293}\times\frac{10336+500}{10336}=1.265\text{kg/m}^3$$

$$R=18\text{mm}=0.018\text{m}$$

由式(1-67)

$$u_{max}=\sqrt{\frac{2gR(\rho_i-\rho)}{\rho}}=\sqrt{\frac{2\times9.81\times0.018\times(1000-1.265)}{1.265}}=16.7\text{m/s}$$

查得空气的黏度 $\mu=1.81\times10^{-5}\,\text{Pa}\cdot\text{s}$

$$Re_{\max}=\frac{du_{\max}\rho}{\mu}=\frac{0.3\times16.7\times1.265}{1.81\times10^{-5}}=3.50\times10^{5}$$

由图 1-35 查得 $\frac{\overline{u}}{u_{\max}}=0.82$

故 $\overline{u}=0.82\times16.7=13.7\text{m/s}$

管道中的质量流量

$$q_m=\frac{\pi}{4}d^2\overline{u}\rho=0.785\times0.3^2\times13.7\times1.265=1.22\text{kg/s}$$

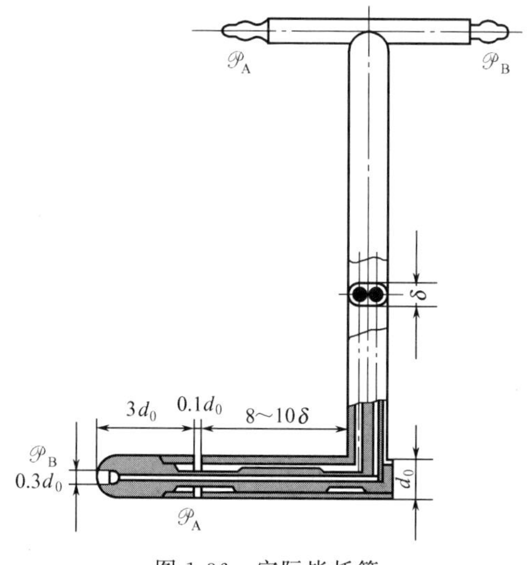

图 1-36 实际毕托管

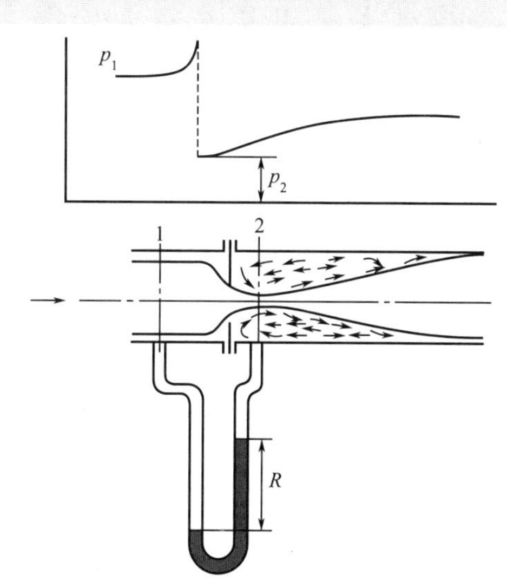

图 1-37 孔板流量计

1.6.2 孔板流量计

孔板流量计的测量原理 图 1-37 所示为孔板流量计。流体通过孔板时，因流道缩小而使流速增加，势能降低。流体流过孔板后，由于惯性，实际流道将继续缩小至截面 2（缩脉）为止。暂不考虑阻力损失，在截面 1 和 2 之间列伯努利方程可得

$$\frac{p_1}{\rho}+gz_1+\frac{u_1^2}{2}=\frac{p_2}{\rho}+gz_2+\frac{u_2^2}{2}$$

$$\sqrt{u_2^2-u_1^2}=\sqrt{\frac{2(\mathscr{P}_1-\mathscr{P}_2)}{\rho}}$$

由于缩脉的面积 A_2 无法知道，工程上以孔口速度 u_0 代替上式中的 u_2。同时，实际流体流过孔口时有阻力损失，考虑到这些因素，引入一校正系数 C，于是

$$\sqrt{u_0^2-u_1^2}=C\sqrt{\frac{2(\mathscr{P}_1-\mathscr{P}_2)}{\rho}} \tag{1-68}$$

按质量守恒 $u_1A_1=u_0A_0$

令

$$m=\frac{A_0}{A_1} \tag{1-69}$$

$$u_1=mu_0 \tag{1-70}$$

根据式(1-14)可得

$$\mathscr{P}_1-\mathscr{P}_2=Rg(\rho_i-\rho)$$

将此式和式(1-70)代入式(1-68)可得

$$u_0=\frac{C}{\sqrt{1-m^2}}\sqrt{\frac{2gR(\rho_i-\rho)}{\rho}} \tag{1-71}$$

或

$$u_0=C_0\sqrt{\frac{2gR(\rho_i-\rho)}{\rho}} \tag{1-72}$$

式中

$$C_0=\frac{C}{\sqrt{1-m^2}} \tag{1-73}$$

C_0 称为孔板的流量系数。于是，孔板的流量计算式为

$$q_V=C_0A_0\sqrt{\frac{2gR(\rho_i-\rho)}{\rho}} \tag{1-74}$$

通常的孔板是在一薄板中心车削出一个比管径小得多的圆孔。流量系数 C_0 除与面积比 m 有关外还与收缩、阻力等因素有关。流量系数 C_0 的数值只能通过实验测定。C_0 主要取决于管道流动的 Re_d 和面积比 m，测压方式、孔口形状、加工光洁度、孔板厚度和管壁粗糙度也对流量系数 C_0 有些影响。对于测压方式、结构尺寸、加工状况等均已规定的标准孔板，流量系数 C_0 可以表示成

$$C_0=f(Re_d,m) \tag{1-75}$$

式中，Re_d 是以管径计算的雷诺数，即 $Re_d=\dfrac{du_1\rho}{\mu}$。标准孔板流量系数见图 1-38。

由图 1-38 可见，当 Re 增大到一定值后，C_0 不再随 Re 而变，成为一个仅决定于 m 的常数。选用孔板流量计时应尽量使常用流量的 Re 在该范围内。

孔板流量计的缺点是阻力损失大。孔板流量计的阻力损失 h_f 可写成

$$h_f=\zeta\frac{u_0^2}{2}=\zeta C_0^2\frac{Rg(\rho_i-\rho)}{\rho} \tag{1-76}$$

式中，ζ 值一般在 0.8 左右。

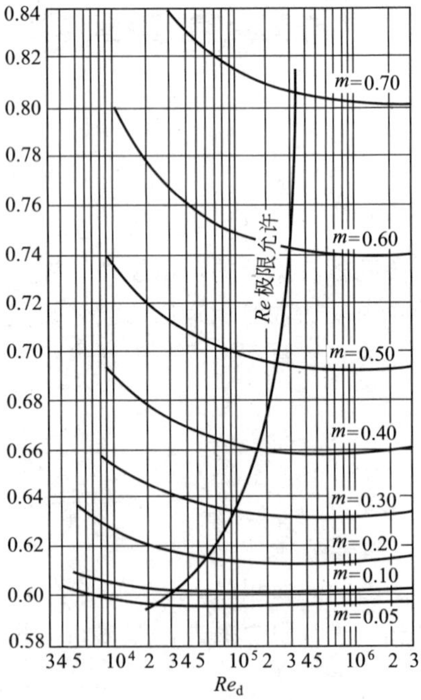

图 1-38　标准孔板流量系数

文丘里流量计　若将测量管段制成如图 1-39 所示的渐缩渐扩管，可大大降低阻力损失。这种管称为文丘里管，用于测量流量时，亦称为文丘里流量计。

文丘里流量计的收缩角通常为 15°～25°，扩大角一般为 5°～7°，此时流量也用式(1-74) 计算，但以 C_V 代替 C_0。文丘里管的流量系数 C_V 约为 0.98～0.99，阻力损失降为

$$h_f=0.1u_0^2 \tag{1-77}$$

式中，u_0 为喉孔流速，m/s。

文丘里管的主要优点是能耗少，大多用于低压气体的测量。

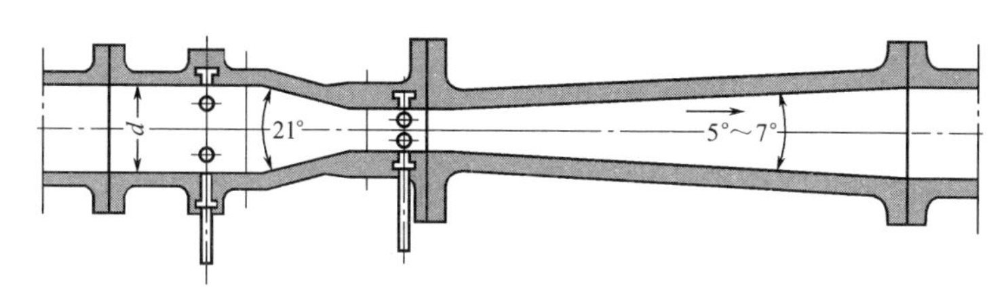

图 1-39 文丘里流量计

1.6.3 转子流量计

转子流量计的工作原理 转子流量计应用很广，其结构如图 1-40 所示。转子流量计的主体是一锥形的玻璃管，锥角约为 4°，下端截面积略小于上端。管内有一直径略小于玻璃管内径的转子（或称浮子），形成一个较小的环隙截面积。转子可由不同材料制成不同形状，其密度大于被测流体的密度。管中无流体通过时，转子将沉于管底部。当被测流体以一定的流量通过转子流量计时，流体在环隙中的速度较大，环隙和转子上部的压强较小，于是在转子的上、下形成一个压差，方向向上，另外，流体对转子的剪应力也是方向向上的，转子将“浮起”。随着转子的上浮，环隙面积逐渐增大，环隙中流速将减小，转子所受的向上的压差力与剪应力之和随之降低。当转子上浮至某一定高度，转子所受的向上的压差力与剪应力之和等于转子的重力时，转子不再上升，悬浮于该高度上。

当流量增大，转子在原来位置的力平衡被破坏，转子将上升至另一高度达到新的力平衡。

由此可见，转子的悬浮高度随流量而变，转子的位置一般是上端平面指示流量的大小。

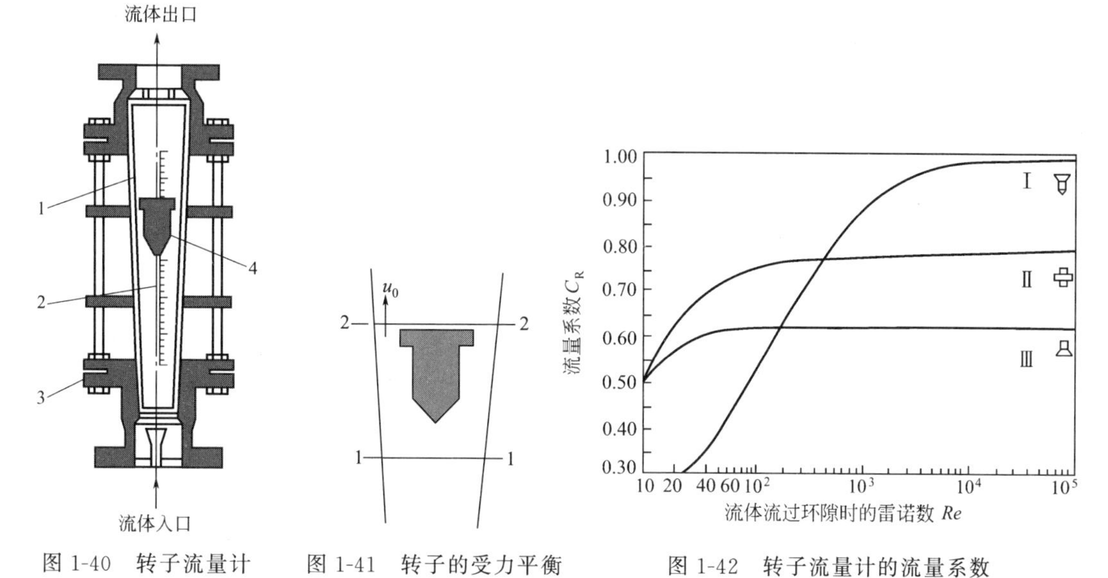

图 1-40 转子流量计
1—锥形硬玻璃管；2—刻度；
3—突缘填函盖板；4—转子

图 1-41 转子的受力平衡

图 1-42 转子流量计的流量系数

转子流量计的计算式可由转子受力平衡导出，参见图 1-41。众所周知，转子在静止流体中也受到下大上小的压力差，这个压差力就是浮力，等于 $V_f\rho g$，式中 V_f 为转子体积，ρ 为流体密度。当流体向上流动时，向上的压差力增加，并对转子产生向上剪应力，增加的压差力与产生的剪应力之和称为曳力，用 F_D 表示

$$F_D=\zeta A_f\rho\frac{u_0^2}{2} \tag{1-78}$$

式中，ζ 为曳力系数；A_f 为转子的投影面积；u_0 为环隙中的流速。当转子处于平衡位置时，转子重力应与浮力和曳力之和相等，即

$$V_f\rho_f g = V_f\rho g + \zeta A_f \rho \frac{u_0^2}{2} \tag{1-79}$$

式中，ρ_f 为转子的密度。将环隙流速 u_0 整理成表达式

$$u_0 = \frac{1}{\sqrt{\zeta}}\sqrt{\frac{2V_f(\rho_f-\rho)g}{A_f\rho}} \tag{1-80}$$

或

$$u_0 = C_R\sqrt{\frac{2V_f(\rho_f-\rho)g}{A_f\rho}} \tag{1-81}$$

式中，C_R 为流量系数。C_R 与转子形状及环隙流动雷诺数 Re 有关，参见图 1-42。转子流量计的体积流量为

$$q_V = C_R A_0\sqrt{\frac{2V_f(\rho_f-\rho)g}{\rho A_f}} \tag{1-82}$$

式中，A_0 为环隙面积。

转子流量计的刻度换算 转子流量计出厂前，直接用 20℃的水或 20℃、101.3kPa 的空气进行标定，将流量值刻于玻管上。当被测流体与上述条件不符时，应作刻度换算。在同一刻度下，A_0 相同

$$\frac{q_{V,B}}{q_{V,A}} = \sqrt{\frac{\rho_A(\rho_f-\rho_B)}{\rho_B(\rho_f-\rho_A)}} \tag{1-83}$$

质量流量之比

$$\frac{q_{m,B}}{q_{m,A}} = \sqrt{\frac{\rho_B(\rho_f-\rho_B)}{\rho_A(\rho_f-\rho_A)}} \tag{1-84}$$

式中，$q_{V,A}$、$q_{m,A}$、ρ_A 分别为标定流体（水或空气）的体积流量、质量流量和密度；$q_{V,B}$、$q_{m,B}$、ρ_B 分别为被测液体或气体的体积流量、质量流量和密度。

对于气体，因转子密度远大于气体密度，可简化为

$$\frac{q_{V,B}}{q_{V,A}} = \sqrt{\frac{\rho_A}{\rho_B}} \tag{1-85}$$

【例 1-9】 转子流量计刻度换算

用转子流量计计量液体乙醇，转子为不锈钢（$\rho_{钢}=7920\text{kg/m}^3$），流量读数为 2500L/h，乙醇密度为 789kg/m³，问实际流量为多少？

解： 由式(1-83)

$$\frac{q_{V乙醇}}{q_{V水}} = \sqrt{\frac{\rho_{水}(\rho_{钢}-\rho_{乙醇})}{\rho_{乙醇}(\rho_{钢}-\rho_{水})}} = \sqrt{\frac{1000\times(7920-789)}{789\times(7920-1000)}} = 1.143$$

可得乙醇实际流量 $q_{V乙醇} = 1.143\times 2500 = 2857\text{L/h}$

转子流量计的特点 转子流量计适用于清洁流体的流量计量，当流体中含有固体杂质（如悬浮液）时，会使转子卡住，难以获得正确读数。

1.7 离心泵

1.7.1 离心泵工作原理

输送流体所需的能量 图 1-43 所示为一带泵管路。为将流体从低能位 1 处向高能位 2

处输送，单位重量流体需补加的能量为 H，则

$$z_1+\frac{p_1}{\rho g}+\frac{u_1^2}{2g}+H=z_2+\frac{p_2}{\rho g}+\frac{u_2^2}{2g}+\sum H_f$$

整理可得

$$H=\frac{\Delta \mathscr{P}}{\rho g}+\frac{\Delta u^2}{2g}+\sum H_f \tag{1-86}$$

式中

$$\frac{\Delta \mathscr{P}}{\rho g}=\left(z+\frac{p}{\rho g}\right)_2-\left(z+\frac{p}{\rho g}\right)_1=\Delta z+\frac{\Delta p}{\rho g}$$

为管路两端单位重量流体的势能差，它包括了位能差和压强能差。

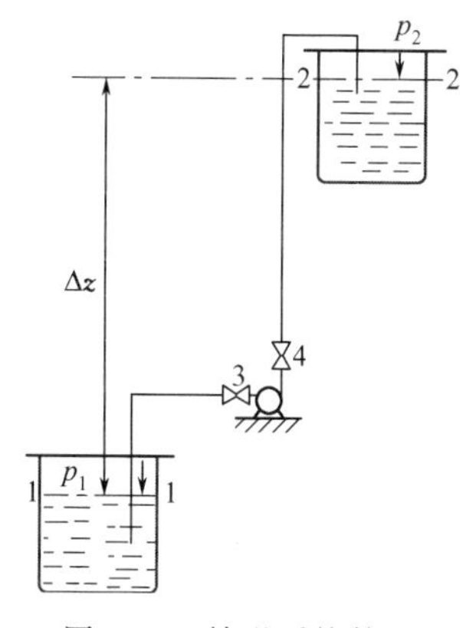

图 1-43　输送系统简图

通常情况下（如图 1-43 所示），式(1-86)中的动能差 $\frac{\Delta u^2}{2g}$ 一项可以略去，阻力损失 $\sum H_f$ 的数值与管路条件及流速大小有关

$$\sum H_f=\sum\left[\left(\lambda\frac{l}{d}+\zeta\right)\frac{u^2}{2g}\right]=\sum\left(\frac{\lambda\frac{l}{d}+\zeta}{d^4}\right)\frac{8}{\pi^2 g}q_V^2 \tag{1-87}$$

或

$$\sum H_f=Kq_V^2 \tag{1-88}$$

式中，系数 K 为

$$K=\sum\frac{8\left(\lambda\frac{l}{d}+\zeta\right)}{\pi^2 d^4 g}$$

其数值由管路特性决定。当管内流动已进入阻力平方区，系数 K 是一个与管内流量无关的常数。将式(1-88)代入式(1-86)，有

$$H=\frac{\Delta \mathscr{P}}{\rho g}+Kq_V^2 \tag{1-89}$$

式(1-89) 称为管路特性方程，它表明管路中流体的流量与所需补加能量的关系。管路特性方程可图示表达成曲线，称为管路特性曲线，如图 1-44 所示。

由式(1-89) 可知，需向流体提供的能量用于提高流体的势能和克服管路的阻力损失；其中阻力损失项与被输送的流量有关。显然，低阻力管路系统的特性曲线较为平坦（曲线 1），高阻管路的特性曲线较为陡峭（曲线 2）。

流体输送机械的主要技术指标　压头和流量是流体输送机械的主要技术指标。输送流体，必须达到规定的输送量。为此，需补给单位重量输送流体以足够的能量，其数量应与式(1-89) 的 H 值相等。通常将输送机械向单位重量流体提供的能量称为该机械的压头或扬程。

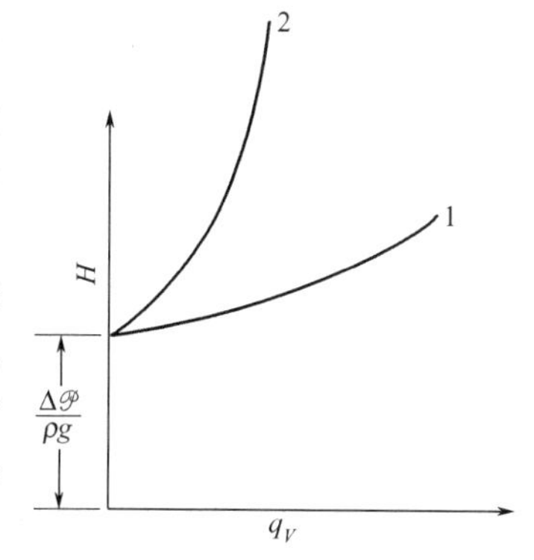

图 1-44　管路特性曲线

许多流体输送机械在不同流量下其压头不同，压头和流量的关系由输送机械本身的特性决定。

离心泵的主要构件——叶轮和蜗壳　离心泵的种类很多，但因工作原理相同，构造大同小异，其主要工作部件是旋转叶轮和固定的泵壳（见图 1-45）。叶轮是离心泵直接对液体做功的部件，其上有若干后弯叶片，一般为 4～8 片。离心泵在工作时，叶轮由

电机驱动作高速旋转运动（1000～3000r/min），迫使叶片间的液体作近于等角速度的旋转运动，同时因离心力的作用，使液体由叶轮中心向外缘作径向运动。在叶轮中心处吸入低势能、低动能的液体在流经叶轮的运动过程中获得能量，在叶轮外缘可获得高势能、高动能。液体进入蜗壳后，由于流道的逐渐扩大而减速，又将部分动能转化为势能，最后沿切向流入压出管道（见图 1-46）。在液体受迫由叶轮中心流向外缘的同时，在叶轮中心形成低压。液体在吸液口和叶轮中心处的势能差的作用下源源不断地吸入叶轮。

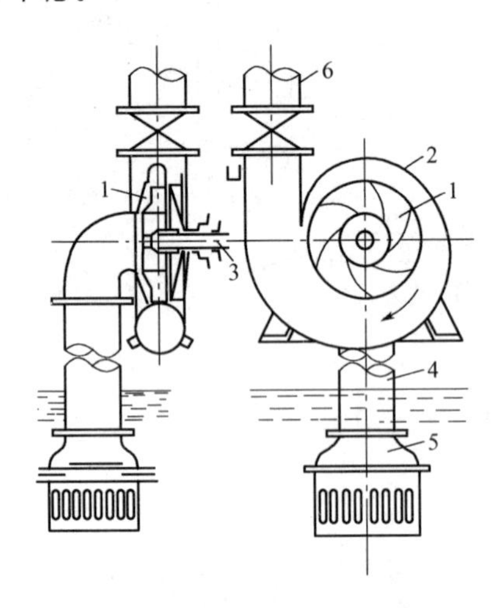

图 1-45 离心泵装置简图

1—叶轮；2—泵壳；3—泵轴；

4—吸入管；5—底阀；6—压出管

图 1-46 液体在泵内的流动

液体在叶片间的运动 如图 1-47 所示，当离心泵输送液体时，液体在叶轮内部除以切向速度 u 随叶轮旋转外，还以相对速度 w 沿叶片之间的通道流动。液体在叶片之间任一点的绝对速度 c 等于该点的切向速度 u 和相对速度 w 的向量和。因此，液体在叶轮进、出口处的绝对速度 c_1 和 c_2 应满足图 1-47 所示的平行四边形。

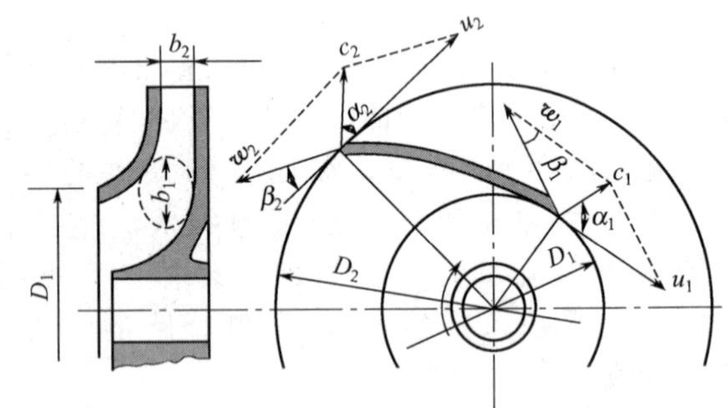

图 1-47 液体在离心泵内流动的速度三角形

离心泵的理论压头 当叶轮转速为 n 时，叶轮外缘的切向速度为 $u_2=2\pi r_2 n$。在理想流体、叶片无限薄、无限多等假定条件下，经数学推导得到离心泵的理论压头为

$$H_T=\frac{u_2^2}{g}-\frac{u_2}{gA_2}q_V\text{ctg}\beta_2 \tag{1-90}$$

式中，$A_2=2\pi r_2 b_2$ 为叶轮出口处的流通面积；b_2 为叶轮出口的宽度；β_2 为叶轮出口处叶片的倾角。式(1-90)表示不同形状的叶片在叶轮尺寸和转速一定时，泵的理论压头和流量的关系。

根据叶片出口端倾角 β_2 的大小，叶片形状可分为三种：径向叶片（$\beta_2=90°$）；后弯叶片（$\beta_2<90°$）和前弯叶片（$\beta_2>90°$）。叶片形状不同，离心泵的理论压头 H_T 与流量 q_V 的关系也不同（见图 1-48）。后弯叶片的流体出口动能较小，在蜗壳中转化成为势能时的能量损失较小，能量利用率较高。因此，离心泵总是采用后弯叶片。

气缚现象　理论压头的影响因素都已清楚地表示于式(1-90）中，式中并不含有液体密度这一重要性质，表明理论压头与液体密度无关。这表明，无论输送何种液体，同一台泵所能提供的理论压头是相同的。但是，离心泵的压头是以被输送流体的流体柱高度表示的。在同一压头下，泵进、出口的压差却与流体的密度成正比。如果泵启动时，泵体内是空气，而被输送的是液体，则启动后泵产生的压头虽为定值，但因空气密度太小，造成的压差或泵吸入口的真空度很小而不能将液体吸入泵内。因此，离心泵启动时须先使泵内充满液体，这一操作称为灌泵。如果泵的位置处于吸入液面之下，液体可自动进入泵内，则毋须灌泵。

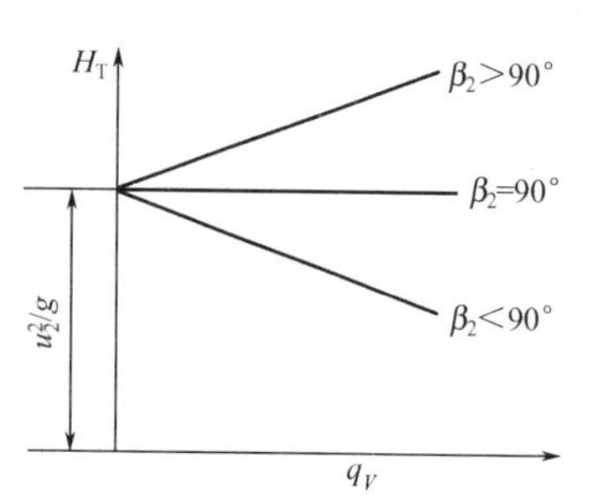

图1-48　离心泵的 $H_T\sim q_V$ 关系

泵在运转时吸入管路和泵的轴心处常处于负压状态，若管路及轴封密封不良，则因漏入空气而使泵内流体的平均密度下降。若平均密度下降严重，泵将无法吸上液体，此称为“气缚”现象。

1.7.2　离心泵特性曲线

泵的有效功率和效率　泵在运转中由于存在各种机械能损失，使泵的实际（有效）压头和流量均较理论值为低，而输入泵的功率较理论值为高。取 H_e 为泵的有效压头，即单位重量流体自泵处净获得的能量，m；q_V 为泵的实际流量，m^3/s；ρ 为液体密度，kg/m^3；P_e 为泵的有效功率，即单位时间内液体从泵处获得的机械能，W。

显然

$$P_e=\rho g q_V H_e \tag{1-91}$$

由电机输入离心泵的功率称为泵的轴功率，以 P_a 表示。定义有效功率与轴功率之比为泵的（总）效率 η

$$\eta=\frac{P_e}{P_a} \tag{1-92}$$

(a) 敞式

(b) 半蔽式

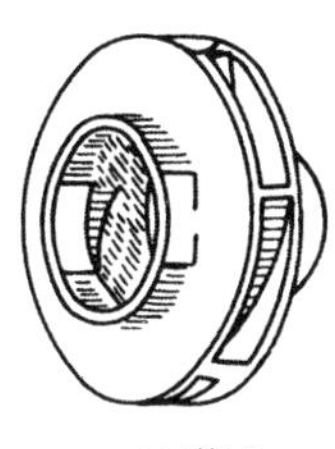
(c) 蔽式

图1-49　叶轮的类型

离心泵内的机械能损失主要有容积损失、水力损失和机械损失。容积损失是指叶轮出口处高压液体因机械泄漏返回叶轮入口所造成的能量损失。

在图1-49所示的三种叶轮中，敞式叶轮的容积损失较大，但在泵送含固体颗粒的悬浮体时，叶片通道不易堵塞。水力损失是由于实际流体在泵内有限叶片作用下造成的各种摩擦阻力损失，包括液体与叶片、壳体的冲击而产生旋涡，形成机械能损失。机械损失则包括旋转叶轮盘面与液体间的摩擦以及轴承机械摩擦所造成的能量损失。

离心泵的特性曲线　离心泵的有效压头 H_e（扬程）、效率 η、轴功率 P_a 均与输液量 q_V 有关，其关系可用泵的特性曲线表示，其中尤以扬程和流量的关系最为重要。图1-50为离心泵的特性曲线。

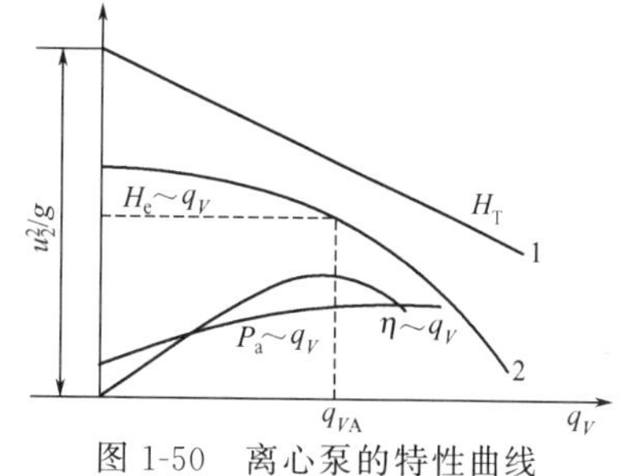

图1-50　离心泵的特性曲线

离心泵的水力损失难以定量计算，因而泵的扬程

H_e与流量的关系只能通过实验测定。离心泵出厂前均测定 $H_e \sim q_V$、$\eta \sim q_V$、$P_a \sim q_V$ 三条曲线，列于产品样本供用户使用。

图 1-50 中直线 1 为离心泵的理论压头，由图可见，在额定流量 q_{VA} 下，压头损失最小，效率最高。

【例 1-10】 离心泵特性曲线的测定

图 1-51 为离心泵特性曲线的测定装置，实验中已测出如下一组数据：

泵出口处压强表读数 $p_2=0.21\text{MPa}$；泵进口处真空表读数 $p_1=0.02\text{MPa}$；泵的流量 $q_V=12\text{L/s}$；泵轴的扭矩 $M=31.3\text{N}\cdot\text{m}$；转速 $n=1450\text{r/min}$；吸入管直径 $d_1=80\text{mm}$；压出管直径 $d_2=60\text{mm}$；两测压点间的垂直距离 $z_2-z_1=80\text{mm}$。

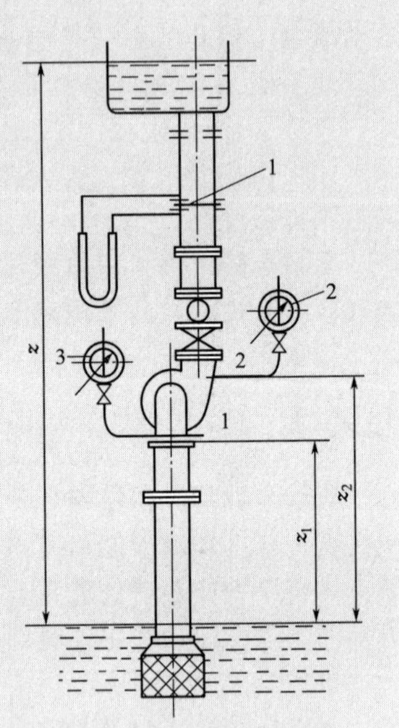

图 1-51 离心泵特性曲线的测定装置

1—流量计；2—压强表；3—真空表

实验介质为 20℃的水。

试计算在此流量下泵的压头 H_e、轴功率 P_a 和总效率 η。

解： 如图 1-51 所示，在截面 1 与 2 间列机械能衡算式

$$H_e=(z_2-z_1)+\frac{p_2-p_1}{\rho g}+\frac{u_2^2-u_1^2}{2g}$$

$$\frac{p_1}{\rho g}=\frac{-2\times10^4}{1000\times9.81}=-2.04\text{m},\quad \frac{p_2}{\rho g}=\frac{2.1\times10^5}{1000\times9.81}=21.4\text{m}$$

$$u_1=\frac{4q_V}{\pi d_1^2}=\frac{4\times0.012}{\pi\times0.080^2}=2.39\text{m/s}$$

$$u_2=\frac{4q_V}{\pi d_2^2}=\frac{4\times0.012}{\pi\times0.060^2}=4.24\text{m/s}$$

$$H_e=0.08+(21.4+2.04)+\frac{4.24^2-2.39^2}{2\times9.81}=24.2\text{m}$$

$$P_a=M\omega=31.3\times\frac{1450\times2\pi}{60}=4750\text{W}$$

$$P_e=\rho g H_e q_V=1000\times9.81\times24.2\times0.012=2849\text{W}$$

$$\eta=\frac{P_e}{P_a}=\frac{2849}{4750}=60\%$$

液体黏度对特性曲线的影响 泵制造厂所提供的特性曲线是用常温清水进行测定的，若用于输送黏度较大的实际工作介质，特性曲线将有所变化。因此，选泵时应先对原特性曲线进行修正。

比例定律 同一台离心泵在不同转速运转时其特性曲线不同。如转速相差不大，转速改变后的特性曲线可从已知的特性曲线近似地换算求出，换算的条件是设转速改变前后液体离开叶轮的速度三角形相似，则泵的效率相等。参见图 1-52，由速度三角形相似可得

$$\frac{q_V{}'}{q_V}=\frac{2\pi r_2 b_2 c'_{2r}}{2\pi r_2 b_2 c_{2r}}=\frac{u'_2}{u_2}=\frac{n'}{n} \tag{1-93}$$

式中，c_{2r} 为叶片出口处液体绝对速度的径向分速度，m/s。

式(1-93) 是保持速度三角形相似的条件。当调节离心泵的流量，使其与转速的关系满足式(1-93)时，压头之比为

$$\frac{H'_e}{H_e}=\left(\frac{n'}{n}\right)^2 \tag{1-94}$$

轴功率之比为

$$\frac{P'_a}{P_a}=\left(\frac{H'_e}{H_e}\right)\left(\frac{q'_V}{q_V}\right)=\left(\frac{n'}{n}\right)^3 \tag{1-95}$$

以上三式称为比例定律。

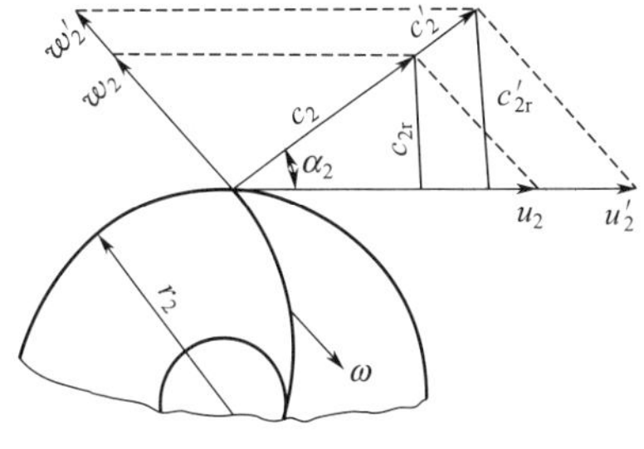

图 1-52 不同转速下的速度三角形

据此可从某一转速下的特性曲线换算出另一转速下的特性曲线，但是仅以转速变化±20%以内为限。当转速变化超出此范围，则上述速度三角形相似、效率相等的假设将导致很大误差，此时泵的特性曲线应通过实验重新测定。

1.7.3 离心泵工作点与流量调节

安装在管路中的泵的输液量即为管路的流量，在该流量下泵提供的扬程必等于管路所要求的压头。因此，离心泵的实际工作情况（流量、压头）是由泵特性和管路特性共同决定的。

离心泵的工作点 若管路内的流动处于阻力平方区，管路中离心泵的工作点（扬程和流量）必同时满足：

管路特性方程 $H=f(q_V)$ (1-96)

泵的特性方程 $H_e=\varphi(q_V)$ (1-97)

联立求解这两个方程即得管路特性曲线和泵特性曲线的交点，见图 1-53。此交点为泵的工作点。

流量调节 如果工作点的流量大于或小于所需要的输送量，应设法改变工作点的位置，即进行流量调节。

最简单的调节方法是在离心泵出口处的管路上安装调节阀。改变阀门的开度即改变管路阻力系数[(式(1-89)中的 K 值]可改变管路特性曲线的位置，使调节后管路特性曲线与泵特性曲线的交点移至适当位置，满足流量调节的要求。如图 1-53 所示，关小阀门，管路特性曲线由 a 移至 a'，工作点由 1 移至 $1'$，流量由 q_V 减小为 q'_V。

这种通过管路特性曲线的变化来改变工作点的调节方法，不仅增加了管路阻力损失（在阀门关小时），且使泵在低效率点工作，在经济上不合理。但用阀门调节流量的操作简便、灵活，故应用很广。当调节幅度不大而常需改变流量时，此法尤为适用。

另一类调节方法是改变泵的特性曲线，如改变转速（见图 1-54）、换不同直径的叶轮。改变转速调节流量不额外增加管路阻力，且在一定范围内可保持泵在高效率区工作，能量利用较为经济，但调节不方便，一般只有在调节幅度大、时间又长的季节性调节中才使用。

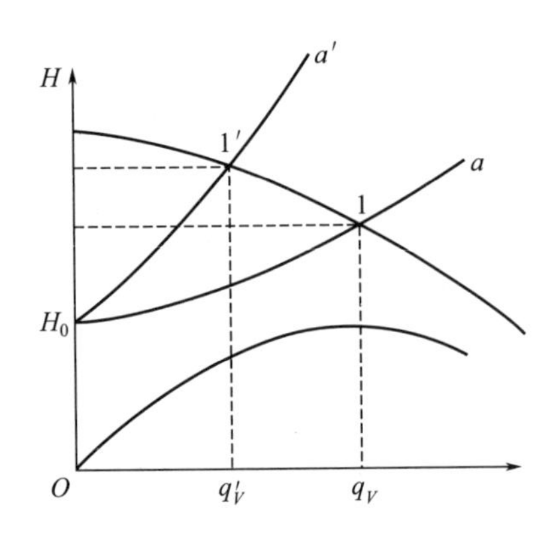

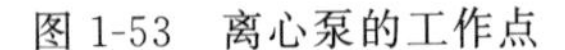

图 1-53 离心泵的工作点

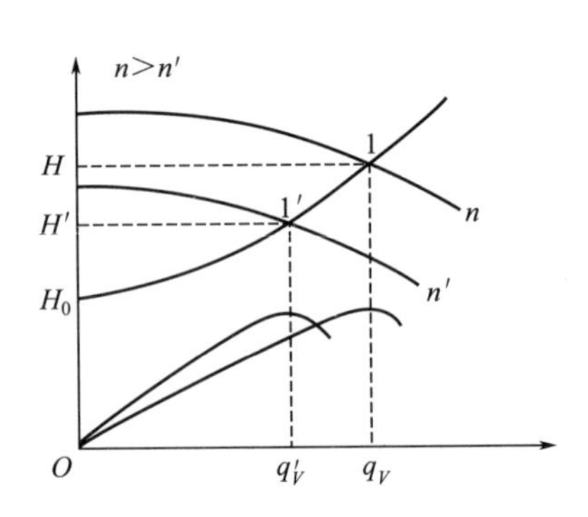

图 1-54 改变泵特性曲线的调节

当需较大幅度增加流量或压头时可用几台泵进行组合操作。离心泵的组合方式原则上有两种：并联和串联。下面以两台特性相同的泵为例，讨论离心泵组合后的特性。

并联泵的合成特性曲线 设有两台型号相同的离心泵并联工作（见图 1-55），且各自的吸入管路相同，则两泵的流量和压头必相同。因此，在同样的压头下，并联泵的流量为单台泵的两倍。这样，将单台泵特性曲线 1 的横坐标加倍，纵坐标保持不变，便可求得两泵并联后的合成特性曲线 2。

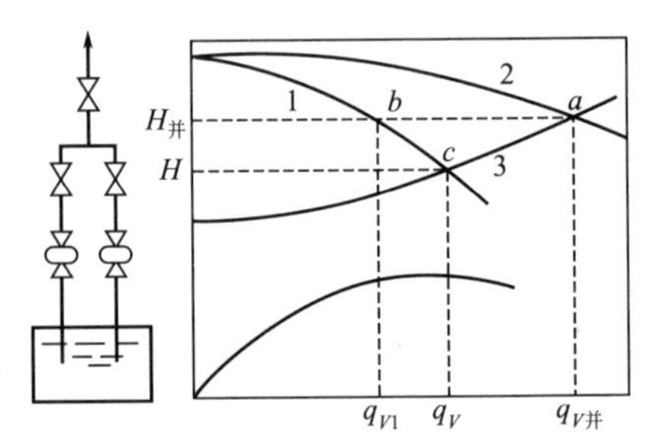

图 1-55 离心泵的并联操作

并联泵的流量 $q_{V并}$ 和压头 $H_并$ 由合成特性曲线与管路特性曲线的交点 a 决定，并联泵的总效率与每台泵的效率（图中 b 点的单泵效率）相同。由图可见，由于管路阻力损失的增加，两台泵并联的总输送量 $q_{V并}$ 必小于原单泵输送量 q_V（c 点）的两倍。

串联泵的合成特性曲线 两台相同型号的泵串联工作时，每台泵的压头和流量也是相同的。因此，在同样的流量下，串联泵的压头为单台泵的两倍。将单台泵的特性曲线 1 的纵坐标加倍，横坐标保持不变，可求出两泵串联后的合成特性曲线 2（见图 1-56）。

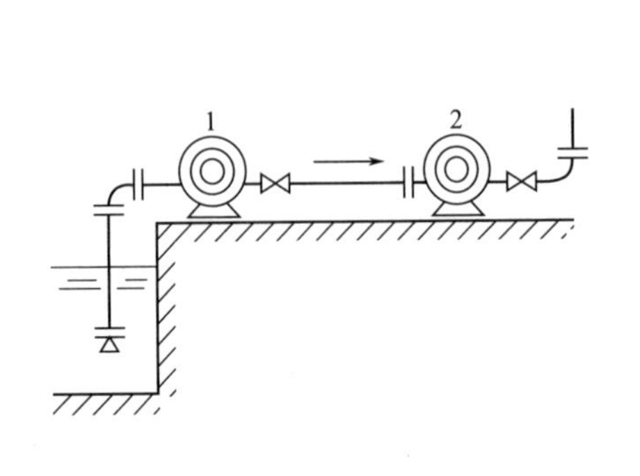

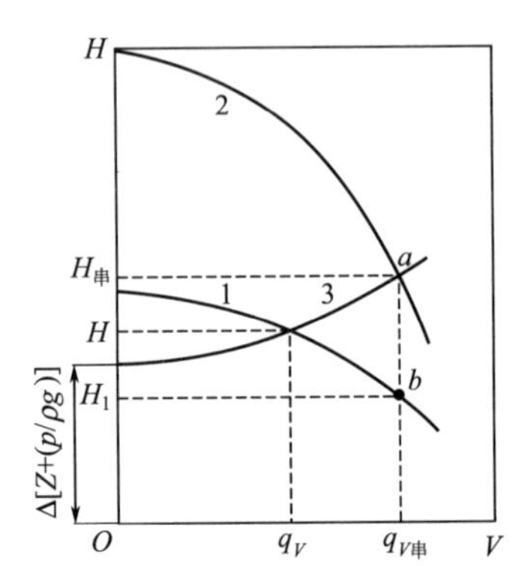

图 1-56 离心泵的串联操作

同理，串联泵的总流量和总压头也是由工作点 a 所决定。由于串联后的总输液量 $q_{V串}$ 即是组合中的单泵输液量 q_V（b 点），故总效率也为 $q_{V串}$ 时的单泵效率。

组合方式的选择 如果管路两端的势能差 $\frac{\Delta \mathscr{P}}{\rho g}$ 大于单泵所能提供的最大扬程，则必须采用串联操作。许多情况下，$\frac{\Delta \mathscr{P}}{\rho g}$ 小于单泵所能提供的最大扬程，单泵可以输液，只是流量达不到指定要求。此时可针对管路的特性选择适当的组合方式，以增大流量。

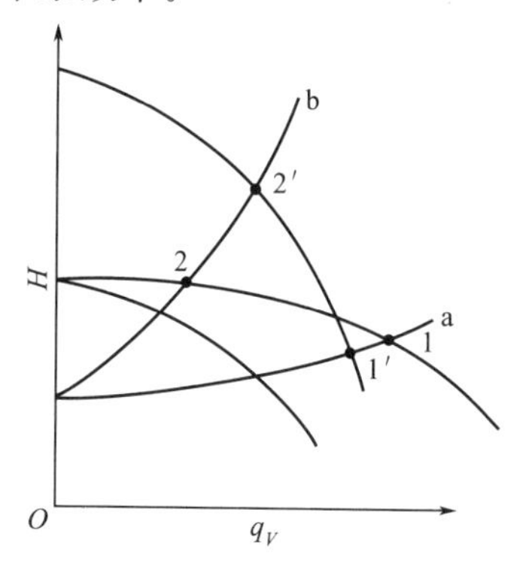

图 1-57 组合方式的选择

由图 1-57 可见，对于低阻输送管路 a，并联组合输送的流量大于串联组合；而对于高阻输送管路 b，则串联组合的流量大于并联组合。对于压头也有类似的情况。因此，对于低阻输送管路，并联优于串联组合；对于高阻输送管路，则适用串联组合。

1.7.4 离心泵安装高度

汽蚀现象 见图 1-58，在液面 0-0 与泵进口截面 1-1 之间无外加机械能，液体借势能差流动。随着泵的安装位置提高，叶轮进口处的压强可能降至被输送液体的饱和蒸气压，引起液体部分汽化。

实际上，泵中压强最低处位于叶轮内缘叶片的背面（图中 K-K 面）。泵的安装高度至一定值，首先在该处发生汽化现象。含气泡的液体进入叶轮后，因压强升高，气泡立即凝聚。气泡的消失产生局部真空，周围液体以高速涌向气泡中心，造成冲击和振动。尤其当气泡的凝聚发生在叶片表面附近时，众多液体质点犹如细小的高频水锤撞击着叶片；另外气泡中还可能带有一些氧气等对金属材料发生化学腐蚀作用。泵在这种状态下长期运转，将导致叶片的过早损坏。这种现象称为泵的汽蚀。

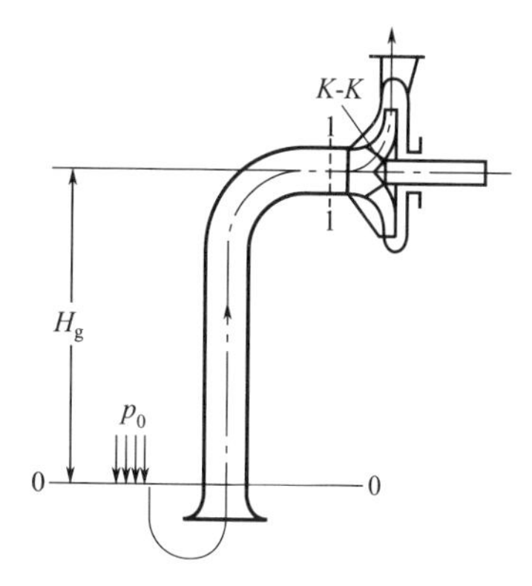

图 1-58 离心泵的安装高度

离心泵在产生汽蚀条件下运转，泵体振动并发生噪声，流量、扬程和效率都明显下降，严重时甚至吸不上液体。为避免汽蚀现象，泵的安装位置不能太高，以保证叶轮入口处压强高于液体的饱和蒸气压。

临界汽蚀余量 $(\mathrm{NPSH})_c$ 与必需汽蚀余量 $(\mathrm{NPSH})_r$ 在正常运转时，泵入口截面 1-1 的压强 p_1 和叶轮入口截面 K-K 的压强 p_K 密切相关，从截面 1-1 至 K-K 列机械能衡算式

$$\frac{p_1}{\rho g}+\frac{u_1^2}{2g}=\frac{p_K}{\rho g}+\frac{u_K^2}{2g}+\sum H_{\mathrm{f}(1\text{-}K)} \tag{1-98}$$

由式(1-98) 可见，在一定流量下，p_1 降低，p_K 也相应地减小。当泵内刚发生汽蚀时，p_K 等于被输送液体的饱和蒸气压 p_v，此时的 p_1 为最小值 $p_{1,\min}$。在此条件下，式(1-98) 可写为

$$\frac{p_{1,\min}}{\rho g}+\frac{u_1^2}{2g}=\frac{p_v}{\rho g}+\frac{u_K^2}{2g}+\sum H_{f(1-K)}$$

或

$$\frac{p_{1,\min}}{\rho g}+\frac{u_1^2}{2g}-\frac{p_v}{\rho g}=\frac{u_K^2}{2g}+\sum H_{f(1-K)} \tag{1-99}$$

式(1-99)表明，在泵内刚发生汽蚀的临界条件下，泵入口处液体的机械能 $\left(\frac{p_{1,\min}}{\rho g}+\frac{u_1^2}{2g}\right)$ 比液体饱和蒸气压强能超出 $\left[\frac{u_K^2}{2g}+\sum H_{f(1-K)}\right]$。此超出量称为离心泵的临界汽蚀余量，并以符号 $(\mathrm{NPSH})_c$ 表示，即

$$(\mathrm{NPSH})_c=\frac{p_{1,\min}}{\rho g}+\frac{u_1^2}{2g}-\frac{p_v}{\rho g}=\frac{u_K^2}{2g}+\sum H_{f(1-K)} \tag{1-100}$$

为使泵正常运转，泵入口处的压强 p_1 必须高于 $p_{1,\min}$，即实际汽蚀余量（亦称装置汽蚀余量）

$$\mathrm{NPSH}=\frac{p_1}{\rho g}+\frac{u_1^2}{2g}-\frac{p_v}{\rho g} \tag{1-101}$$

必须大于临界汽蚀余量 $(\mathrm{NPSH})_c$ 一定的量。

不难看出，当流量一定而且流动已进入阻力平方区时，临界汽蚀余量 $(\mathrm{NPSH})_c$ 只与泵的结构尺寸有关。

临界汽蚀余量作为泵的一个特性，须由泵制造厂通过实验测定。式(1-100)是实验测定 $(\mathrm{NPSH})_c$ 的基础。实验时可设法在泵流量不变的条件下逐渐降低 p_1（例如关小吸入管路中的阀），当泵内刚好发生汽蚀（按有关规定，以泵的扬程较正常值下降3%作为发生汽蚀的标志）时测取压强 $p_{1,\min}$，然后由式(1-100)算出该流量下离心泵的临界汽蚀余量 $(\mathrm{NPSH})_c$。

为确保离心泵工作正常，根据有关标准，将所测定的 $(\mathrm{NPSH})_c$ 加上一定的安全量作为必需汽蚀余量 $(\mathrm{NPSH})_r$，并列入泵产品样本。标准还规定实际汽蚀余量NPSH要比 $(\mathrm{NPSH})_r$ 大0.5m以上。

最大允许安装高度 $[H_g]$ 在一定流量下，泵的安装位置越高，泵的入口处压强 p_1 越低，叶轮入口处的压强 p_K 也越低。当泵的安装位置达到某一极限高度时，则 $p_1=p_{1,\min}$，$p_K=p_v$，汽蚀现象遂将发生。从吸入液面0-0和叶轮入口截面 K-K 之间（见图1-58）列机械能衡算式，可求得最大安装高度

$$H_{g\max}=\frac{p_0}{\rho g}-\frac{p_v}{\rho g}-\sum H_{f(0-1)}-\left[\frac{u_K^2}{2g}+\sum H_{f(1-K)}\right]$$

$$=\frac{p_0}{\rho g}-\frac{p_v}{\rho g}-\sum H_{f(0-1)}-(\mathrm{NPSH})_c \tag{1-102}$$

在一定流量下，上式中的 $\sum H_{f(0-1)}$ 可根据吸入管的具体情况求出。实际使用 $(\mathrm{NPSH})_r+0.5$ 代替 $(\mathrm{NPSH})_c$，相应可得最大允许安装高度 $[H_g]$，即

$$[H_g]=\frac{p_0}{\rho g}-\frac{p_v}{\rho g}-\sum H_{f(0-1)}-[(\mathrm{NPSH})_r+0.5] \tag{1-103}$$

式中，$(\mathrm{NPSH})_r$ 即泵产品样本提供的必需汽蚀余量。

必须指出，$(\mathrm{NPSH})_r$ 与流量有关，流量大时 $(\mathrm{NPSH})_r$ 较大。因此在计算泵的最大允许安装高度 $[H_g]$ 时，必须使用可能达到的最大流量进行计算。

【例 1-11】 安装高度的计算

由泵样本查知，IS65-50-160 型水泵，在额定流量 $q_V=25\text{m}^3/\text{h}$ 时，$(\text{NPSH})_r=2.0\text{m}$。现用此泵输送某种 $\rho=900\text{kg/m}^3$，$p_v=2.67\times10^4\text{Pa}$ 的有机溶液。假设吸入管路阻力损失 $\Sigma H_{f(0-1)}=3\text{m}$ 液柱，而供液处液面压强 p_0 为大气压，试求最大允许安装高度 $[H_g]$。

解： 由式(1-103)

$$[H_g]=\frac{p_0}{\rho g}-\frac{p_v}{\rho g}-\Sigma H_{f(0-1)}-[(\text{NPSH})_r+0.5]$$

$$=\frac{1.013\times10^5}{900\times9.81}-\frac{2.67\times10^4}{900\times9.81}-3-(2+0.5)=2.9\text{m}$$

1.7.5 离心泵类型与选用

离心泵的类型 离心泵的种类很多，我国原第一机械工业部汇编的泵样本中列有各类离心泵的性能和规格。

化工生产中常用的离心泵有：清水泵、耐腐蚀泵、油泵、液下泵、屏蔽泵、杂质泵、管道泵和低温用泵等。以下仅对几种主要类型作简要介绍。

(1)清水泵 清水泵是应用最广的离心泵，在化工生产中用来输送各种工业用水以及物理化学性质类似于水的其他液体。最普通的清水泵是单级单吸式，其系列代号为“IS”，结构如图 1-59 所示。如果要求的压头较高，可采用多级离心泵，其系列代号为“D”，结构示意于图 1-60。如要求的流量很大，可采用双吸式离心泵，其系列代号为“Sh”。

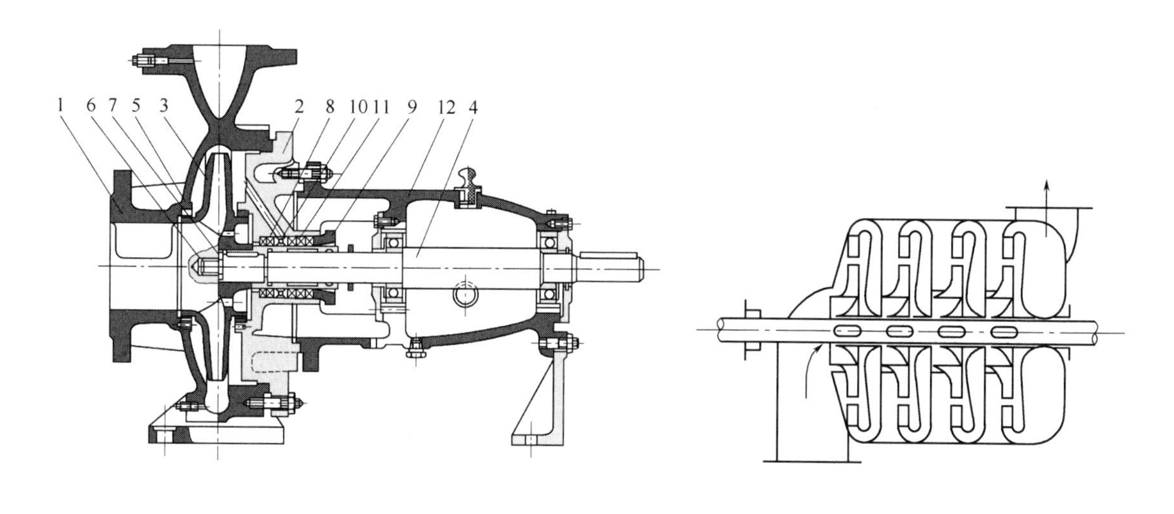

图 1-59 IS 型离心泵

1—泵体；2—泵盖；3—叶轮；4—轴；5—密封环；6—叶轮螺母；7—止动垫圈；8—轴盖；9—填料压盖；10—填料环；11—填料；12—悬架轴承部件

图 1-60 多级离心泵

(2)耐腐蚀泵 输送酸碱和浓氨水等腐蚀性液体时，必须用耐腐蚀泵，耐腐蚀泵中所有与腐蚀性液体接触的各种部件都需用耐腐蚀材料制造，其系列代号为“F”。

(3)油泵　输送石油产品的泵称为油泵。因油品易爆易燃，因此要求油泵必须有良好的密封性能。输送高温油品(200℃以上)的热油泵还应具有良好的冷却措施，其轴承和轴封装置都带有冷却水夹套，运转时通冷水冷却。油泵的系列代号为“AY”，双吸式为“AYS”。

(4)液下泵　液下泵安装在液体贮槽内(见图1-61)，对轴封要求不高，适于输送化工过程中各种腐蚀性液体，既节省了空间又改善了操作环境，无须灌泵。其缺点是效率不高。液下泵系列代号为“FY”。

(5)屏蔽泵　屏蔽泵是一种无泄漏泵，它的叶轮和电机联为一个整体并密封在同一泵壳内，不需要轴封装置，又称无密封泵(见图1-62)。在工业生产中屏蔽泵常用以输送易燃、易爆以及具有放射性的液体。其缺点是效率较低。

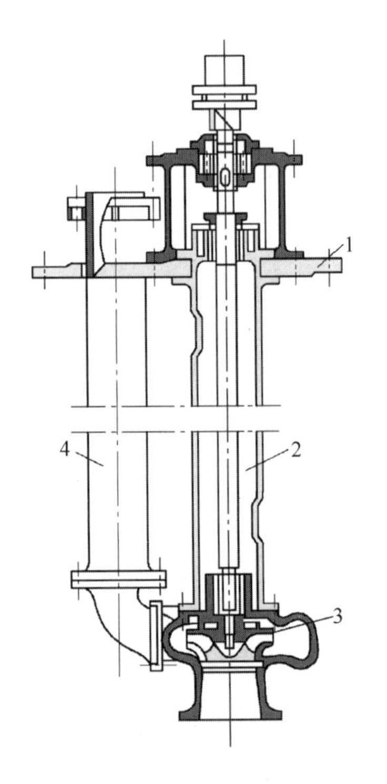

图1-61　液下泵

1—安装平板；2—轴套管；3—泵体；4—压出导管

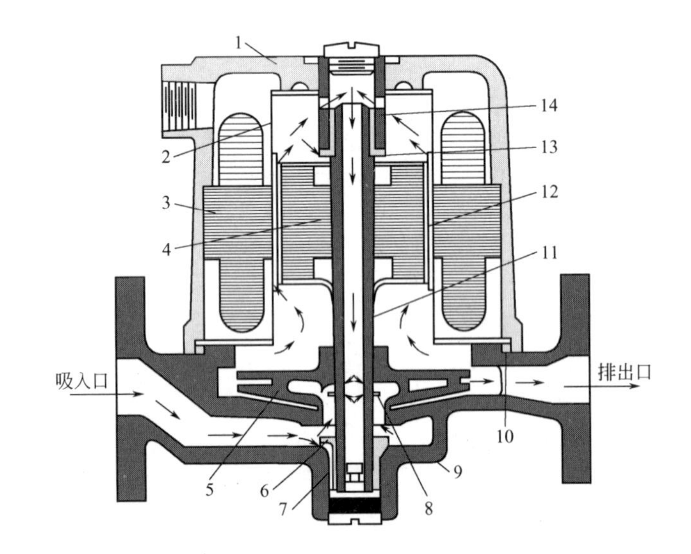

图1-62　管道式屏蔽泵

1—电机机壳；2—定子屏蔽罩；3—定子；4—转子；5—闭式叶轮；6，13—止推盘；7—下部轴承；8—止推垫圈；9—泵体；10—O形环；11—轴；12—转子屏蔽套；14—上部轴承

离心泵的选用　离心泵的选用原则有两条：

① 根据被输送液体的性质和操作条件确定泵的类型；

② 根据具体管路对泵提出的流量和压头要求确定泵的型号。

在泵样本中，各种类型的离心泵都附有系列特性曲线(又称型谱图)，以便于泵的选用。图1-63为IS型离心泵系列特性曲线。此图以$H \sim q_V$标绘，图中每一小块面积，表示某型号离心泵的最佳(即效率较高的)工作范围。利用此图，根据管路要求的流量q_V和压头H，可方便地确定泵的具体型号。例如，当输送水时，要求$H=45\text{m}$，$q_V=10\text{m}^3/\text{h}$，选用一清水泵。则可按图1-63选用IS50-32-200离心泵。

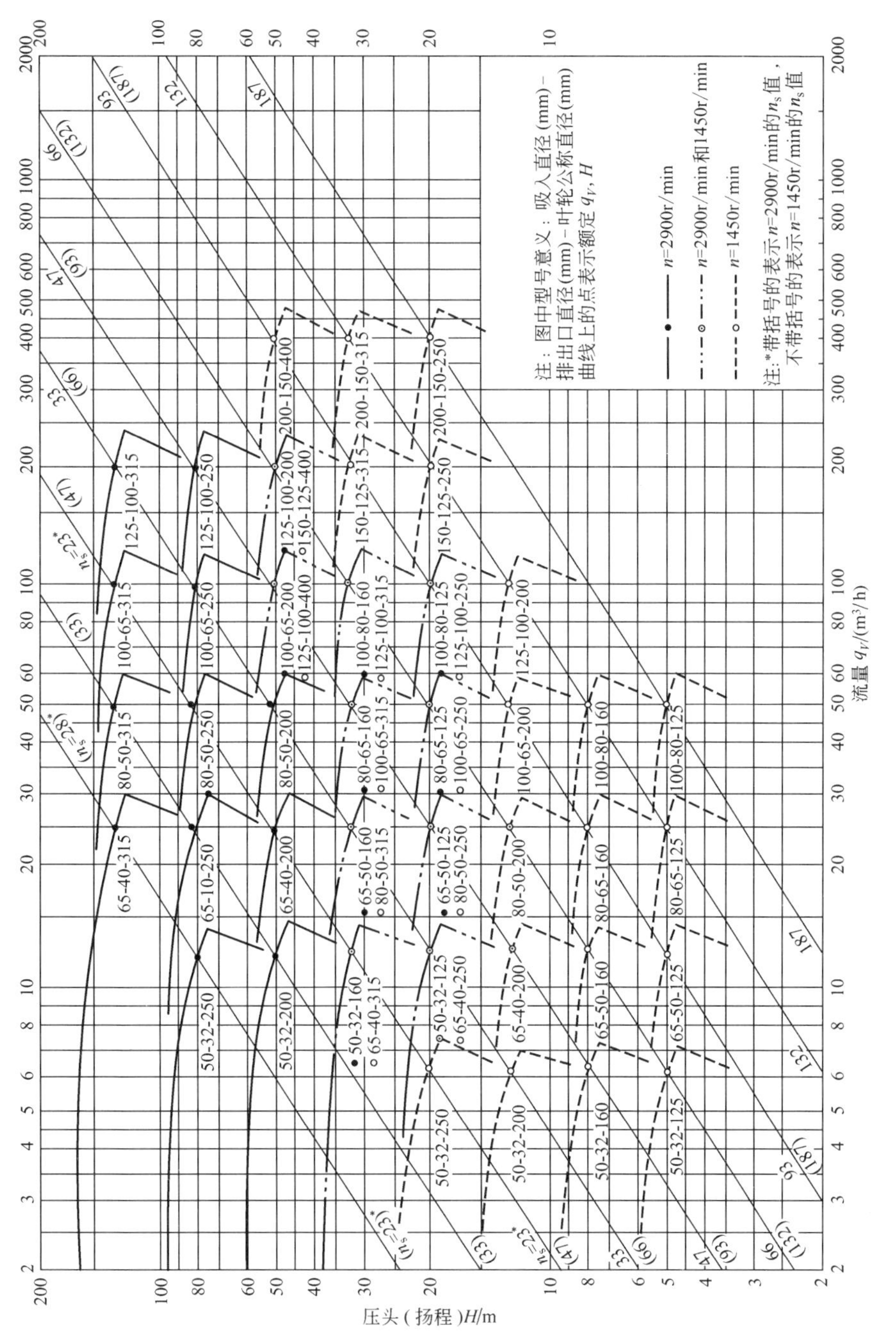

图 1-63 IS 型离心泵系列特性曲线

1.8 其他流体输送机械

1.8.1 往复泵

作用原理 图 1-64 所示为曲柄连杆机构带动的往复泵,它主要由泵缸、活柱(或活塞)和活门组成。活柱在外力推动下作往复运动,由此改变泵缸内的容积和压强,交替地打开和关闭吸入、压出活门,达到输送液体的目的。由此可见,往复泵是通过活柱的往复运动直接以压强能的形式向液体提供能量的。

往复泵可按作用方式分为单动往复泵(如图 1-64 所示)和双动往复泵(如图 1-65 所示)。

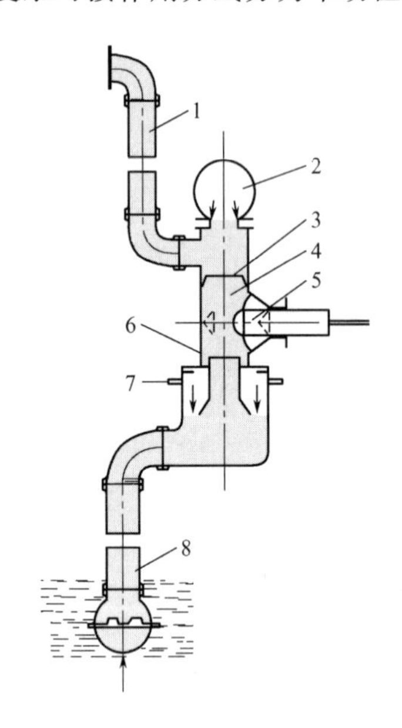

图 1-64 单动往复泵

1—压出管路；2—压出空气室；3—压出活门；
4—缸体；5—活柱；6—吸入活门；
7—吸入空气室；8—吸入管路

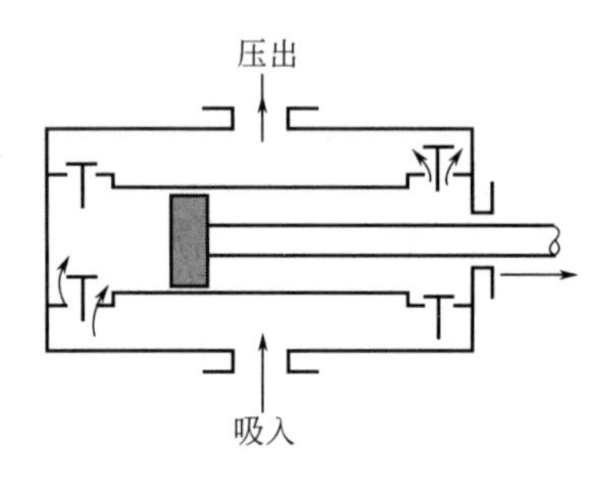

图 1-65 双动往复泵

往复泵的流量特性 往复泵的流量原则上应等于单位时间内活塞在泵缸中扫过的体积。它与往复频率、活塞面积和行程及泵缸数有关。活塞的往复运动若由等速旋转的曲柄机构变换而得,则其速度变化服从正弦曲线规律。在一个周期内,泵的流量也必经历同样的变化,如图 1-66 所示。

流量的不均匀是往复泵的严重缺点，它不仅使往复泵不能用于某些对流量均匀性要求较高的场合,而且使整个管路内的液体处于变速运动状态。增加了能量损失,且易产生冲击,造成水锤现象,并会降低泵的吸入能力。

提高管路流量均匀性的常用方法有两个:①采用多缸往复泵。只要各缸曲柄的正弦曲线交叉一定角度,就可使流量较为均匀。②装置空气室。空气室(见图 1-64)是利用气体的压缩和膨胀来贮存或放出部分液体,以减小管路中流量的不均匀性。

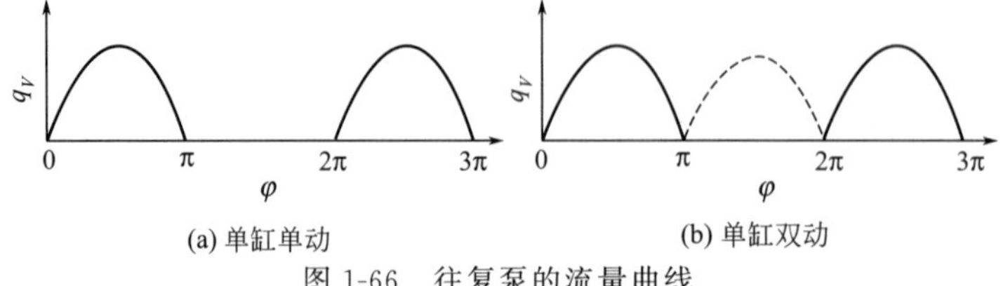

图 1-66 往复泵的流量曲线

往复泵的理论流量是由活塞扫过的体积决定,与管路特性无关。而往复泵提供的压头则只决定于管路情况,见图 1-67。这种特性称为正位移特性,具有这种特性的泵称为正位移泵。实际上,往复泵的流量随压头升高而略微减小,这是由于容积损失增大造成的。

往复泵的流量调节 因往复泵属正位移泵,其流量与管路特性无关,不能用出口阀门来调节流量。装出口调节阀不能改变流量，且还会造成危险，一旦出口阀关闭，泵缸内压强将急剧上升，导致机件破损或电机烧毁。

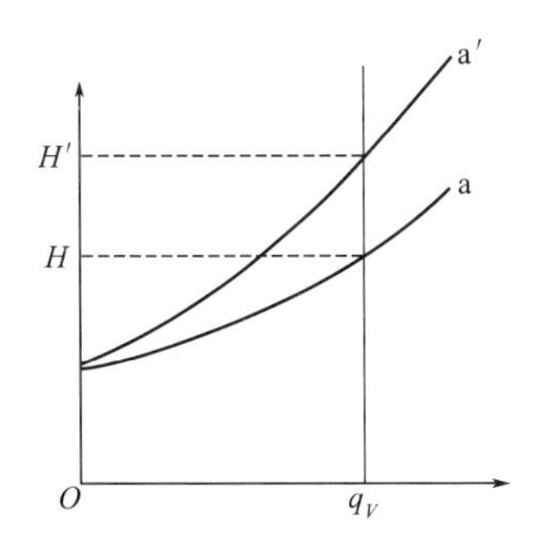

图 1-67 往复泵的工作点

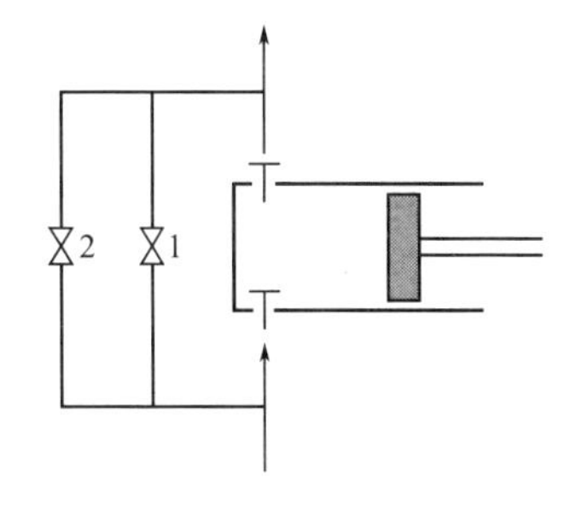

图 1-68 往复泵旁路调节流量示意图

1—旁路阀；2—安全阀

往复泵的流量调节方法是：

(1)*旁路调节* 旁路调节如图 1-68 所示。因往复泵的流量一定，通过阀门调节旁路流量，使一部分压出流体返回吸入管路，便可达到调节主管流量的目的。

显然，这种调节方法很不经济，只适用于变化幅度较小的经常性调节。

(2)*改变曲柄转速和活塞行程* 因电动机是通过减速装置、曲柄连杆与往复泵相连接的，所以改变减速装置的传动比可以更方便地改变曲柄转速，达到流量调节的目的。因此，改变转速的调节方法是最常用的经济方法。

1.8.2 其他液体用泵

轴流泵 轴流泵的简单构造如图 1-69 所示。转轴带动轴头转动，轴头上装有叶片 2。液体顺箭头方向进入泵壳，经过叶片，然后又经过固定于泵壳的导叶 3 流入压出管路。

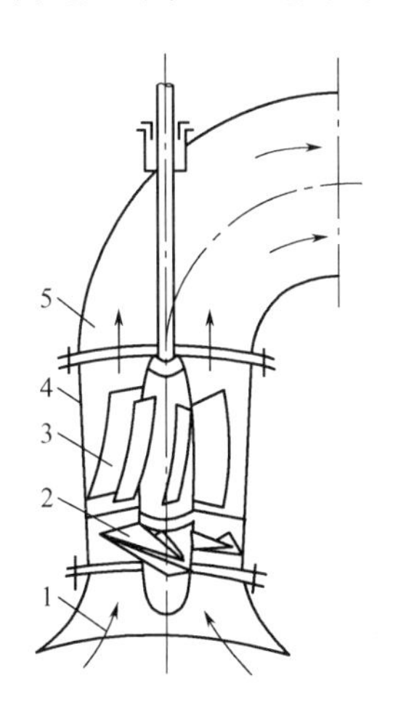

图 1-69 轴流泵的简单构造

1—吸入室；2—叶片；3—导叶；4—泵体；5—出水弯管

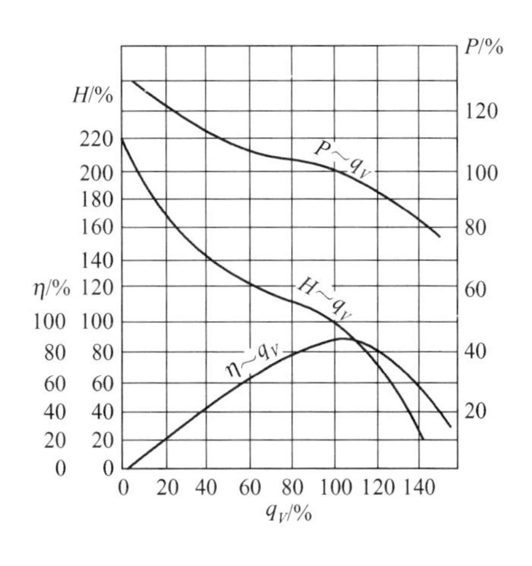

图 1-70 轴流泵的特性曲线

轴流泵提供的压头一般较小，但输液量却很大，特别适用于大流量、低压头的流体输送。轴流泵的特性曲线如图 1-70 所示。由图可见轴流泵有下列特点，$H \sim q_V$ 特性曲线很陡，流量越小，所需功率越大；高效操作区很小。

轴流泵一般不设置出口阀，调节流量是通过改变泵的特性曲线来实现的。常用方法有：

①改变叶轮转速;②改变叶片安装角度。轴流泵的叶片可以做成可调形式。

轴流泵的叶轮一般都浸没在液体中,若叶轮高出液面,启动前也必须灌泵。

旋涡泵 旋涡泵的构造如图 1-71 所示,其主要部分是叶轮及叶轮与泵体组成的流道。流道用隔舌将吸入口和压出口分开。叶轮旋转时,边缘区形成高压强,因而构成一个与叶轮周围垂直的径向环流。在径向环流的作用下,液体从吸入至排出的过程中可多次自叶轮获得能量。旋涡泵的效率相当低,一般为 20%~50%。旋涡泵的 $H_e \sim q_V$ 特性曲线呈陡降形(见图 1-72)。

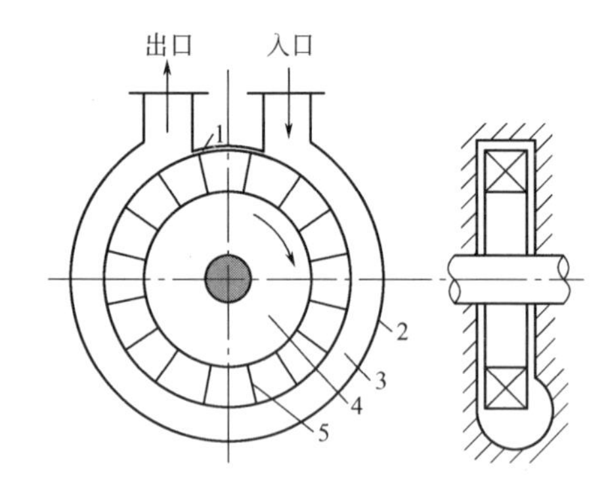

图 1-71 旋涡泵

1—隔舌;2—泵壳;3—流道;4—叶轮;5—叶片

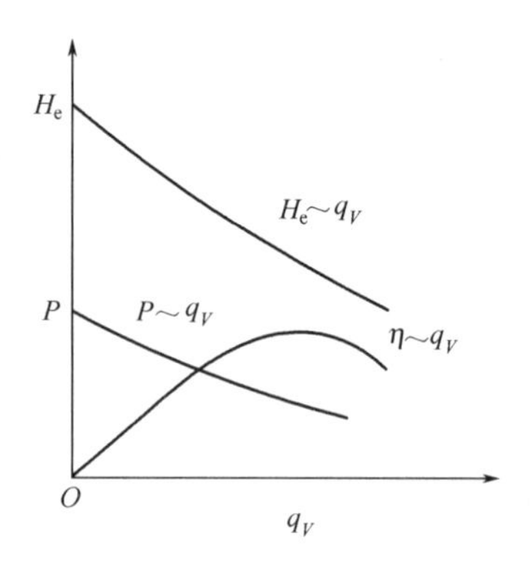

图 1-72 旋涡泵的特性曲线

旋涡泵的特点:①压头和功率曲线下降较快,启动时应打开出口阀。改变流量时,旁路调节比出口阀调节经济。②在叶轮直径和转速相同的条件下,旋涡泵的压头比离心泵高出 2~4 倍,适用于高压头、小流量的场合。③输送液体不能含有固体颗粒。

隔膜泵 隔膜泵实际上就是往复泵,借弹性薄膜将活柱与被输送的液体隔开,这样当输送腐蚀性液体或悬浮液时,可使活柱和缸体免受损伤。隔膜用耐腐蚀橡皮或弹性金属薄片制成。图 1-73 中隔膜左侧所有和液体接触的部分均由耐腐蚀材料制成或涂有耐腐蚀物质;隔膜右侧充满油或水。当活柱作往复运动时,迫使隔膜交替地向两边弯曲,将液体吸入和排出。

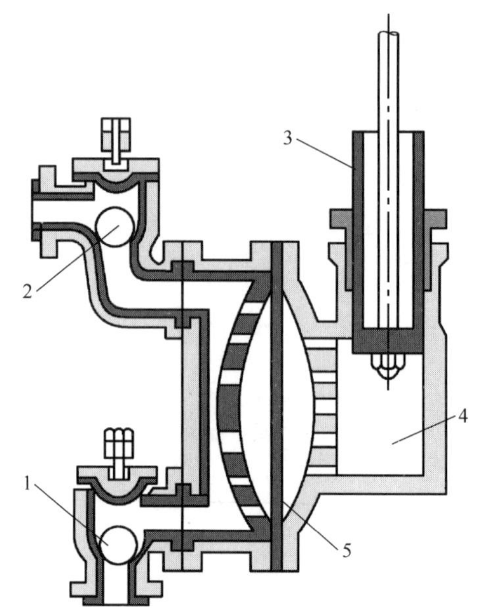

图 1-73 隔膜泵

1—吸入活门;2—压出活门;3—活柱;4—水(或油)缸;5—隔膜

计量泵 在化工生产中,有时要求精确地输送流量恒定的液体或将几种液体按比例输送。计量泵能够很好地满足这些要求。计量泵的基本构造与往复泵相同,但设有一套可以准确而方便地调节活塞行程的机构。多缸计量泵每个活塞的行程可单独调节,能实现多种液体按比例输送或混合。

齿轮泵 齿轮泵是正位移泵的另一种类型,其结构如图 1-74 所示。其中图 1-74(a)为一般的齿轮泵,泵壳中有一对相互啮合的齿轮,将泵内空间分成互不相通的吸入腔和排出腔。齿轮旋转时,封闭在齿穴和泵壳间的液体被强行压出。齿轮脱离啮合时形成真空并吸入液体,排出腔则产生管路需要的压强。此种齿轮泵有自吸能力,但流量有些波

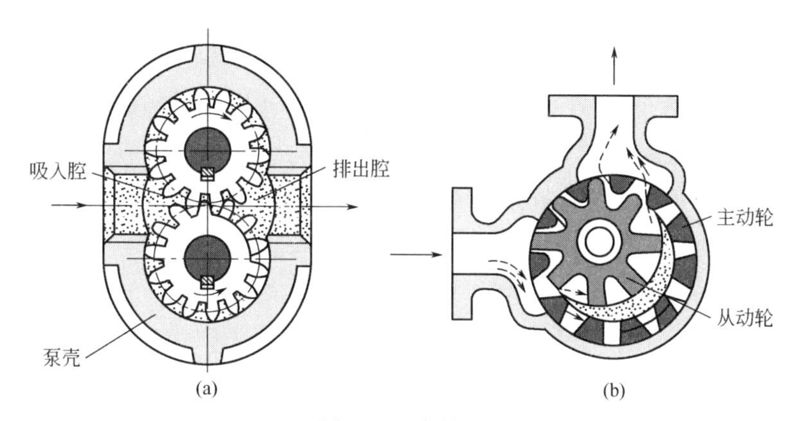

图 1-74 齿轮泵

动，且有噪音和振动。为消除后一缺点，多年来已逐步使用内啮合式的齿轮泵[见图 1-74(b)]。它较一般齿轮泵工作平稳，但制造稍复杂。

齿轮泵的流量较小，但可产生较高的压头。工业中大多用来输送黏稠液体甚至膏糊状物料，但不宜输送含有粗颗粒的悬浮液。

螺杆泵 螺杆泵是泵类产品中出现较晚的、较新的一种。螺杆泵按螺杆的数目，可分为单螺杆泵、双螺杆泵、三螺杆泵和五螺杆泵。单螺杆泵的结构如图 1-75 所示，此泵的工作原理是靠螺杆在具有内螺纹泵壳中偏心转动，将液体沿轴向推进，至排出口排出，多螺杆泵则依靠螺杆间相互啮合的容积变化来输送液体。螺杆泵的效率较齿轮泵高，运转时无噪声、无振动、流量均匀，特别适用于高黏度液体的输送。

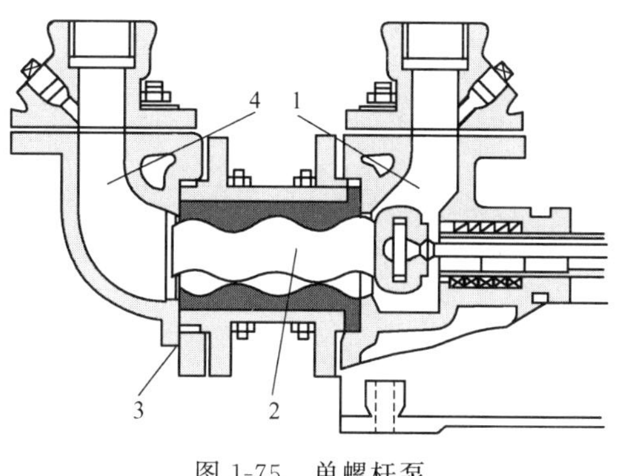

图 1-75 单螺杆泵

1—吸入口；2—螺杆；3—泵壳；4—压出口

各类泵的比较和选择 离心泵由于其适用性广、价格低廉成为应用最广的泵，它易于达到大流量，较难产生高压头。往复泵则易于获得高压头而难以获得大流量。旋转泵（齿轮泵、螺杆泵等）也是靠挤压作用产生压头的，但输液腔一般很小，故只适用于流量小而压头较高的场合，对高黏度料液尤其适宜。各类化工用泵的详细比较见表 1-4。

表 1-4 各类化工用泵的详细比较

泵的类型		非正位移泵			正位移泵	
		离心泵	轴流泵	旋涡泵	往复泵	旋转泵
流量	均匀性	均匀	均匀	均匀	不均匀	尚可
	恒定性	随管路特性而变			恒定	恒定
	范围	广，易达大流量	大流量	小流量	较小流量	小流量
压头大小		不易达到高压头	压头低	压头较高	高压头	较高压头
效率		稍低，愈偏离额定值愈小	稍低，高效区窄	低	高	较高

续表

泵的类型		非正位移泵			正位移泵	
		离心泵	轴流泵	旋涡泵	往复泵	旋转泵
操作	流量调节	小幅度调节用出口阀，很简便，大泵大幅度调节可调节转速或换叶轮直径	小幅度调节用旁路阀，有些泵可以调节叶片角度	用旁路阀调节	小幅度调节用旁路阀，大幅度调节可调节转速、行程等	用旁路阀调节
	自吸作用	一般没有	没有	部分型号有自吸能力	有	有
	启动	出口阀关闭	出口阀全开	出口阀全开	出口阀全开	出口阀全开
	维修	简便	简便	简便	麻烦	较简便
结构与造价		结构简单，造价低廉		结构紧凑，简单，加工要求稍高	结构复杂，振动大，体积庞大，造价高	结构紧凑，加工要求较高
适用范围		流量和压头适用范围广，尤其适用于较低压头、大流量。除高黏度物料不太合适外，可输送各种物料	特别适宜于大流量、低压头	高压头小流量的清洁液体	适宜于流量不大的高压头输送任务；输送悬浮液要采用特殊结构的隔膜泵	适宜于小流量较高压头的输送，对高黏度液体较适合

1.8.3 气体输送机械

气体输送机械的结构和原理与液体输送机械大体相同。但是气体具有可压缩性和比液体小得多的密度（约为液体密度的 1/1000），从而使气体输送往往要求大的体积流量。

气体在输送机械内部发生压强变化的同时，体积和温度也将随之发生变化。这些变化对气体输送机械的结构、形状有很大影响。因此，气体输送机械除按其结构和作用原理进行分类外，还根据它所能产生的进、出口压强差（如进口压强为大气压，则压差即为表压计的出口压强）或压强比（称为压缩比）进行分类，以便于选择。

① 通风机：出口压强不大于 15kPa（表压），压缩比为 1～1.15；

② 鼓风机：出口压强为 15kPa～0.3MPa（表压），压缩比小于 4；

③ 压缩机：出口压强为 0.3MPa（表压）以上，压缩比大于 4；

④ 真空泵：用于减压，出口压力为 0.1MPa（绝压），其压缩比由真空度决定。

工业上常用的通风机有轴流式和离心式两类。

轴流式通风机 轴流式通风机的结构与轴流泵类似，如图 1-76 所示。轴流式通风机排送量大，但所产生的风压甚小，一般只用于通风换气，而不用于管道输送气体。生产中，在空冷器和冷却水塔的通风方面，轴流式通风机的应用很广。

离心式通风机 离心式通风机的工作原理与离心泵完全相同，其构造与离心泵也大同小异。图 1-77 所示为一离心式通风机。对于通风机，习惯上用每立方米气体获得的能量（J/m^3）来表示压头，SI 单位为 N/m^2，与压强相同。所以风机的压头称为全压（又称风压）。根据所产生的全压大小，离心式通风机又可分为低压、中压、高压离心式通风机。

通风机的叶轮直径一般是比较大的，叶片形状并不一定是后弯的，为产生较高压头也有径向或前弯叶片。离心式通风机的主要参数和离心泵相似，主要包括流量（风量）、全压（风压）、功率和效率。

通风机的风压与气体密度成正比。如取 $1m^3$ 气体为基准，对通风机进、出口截面（分

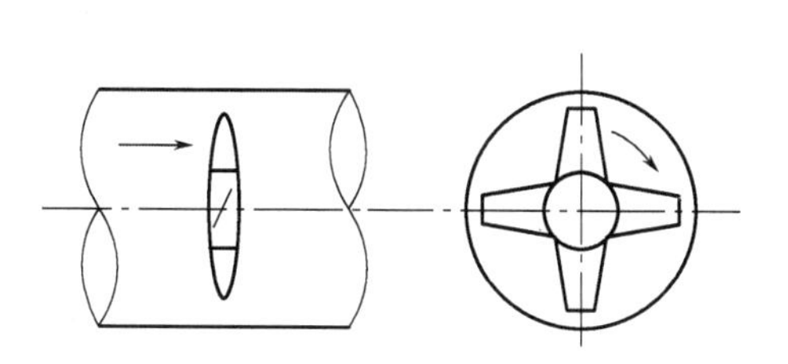

图 1-76　轴流式通风机

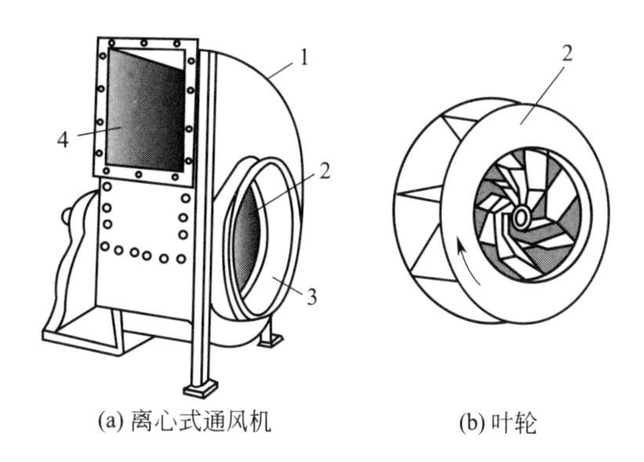

图 1-77　离心式通风机及叶轮

1—机壳；2—叶轮；3—吸入口；4—排出口

别以下标 1、2 表示）作能量衡算，可得通风机的全压

$$p_T = H\rho g = (z_2 - z_1)\rho g + (p_2 - p_1) + \frac{\rho(u_2^2 - u_1^2)}{2} \tag{1-104}$$

因式中 $(z_2-z_1)\rho g$ 可以忽略，当空气直接由大气进入通风机时，u_1 也可以忽略，则式(1-104)简化为

$$p_T = (p_2 - p_1) + \frac{u_2^2\rho}{2} = p_S + p_K \tag{1-105}$$

由式(1-105)可见，通风机的全压由两部分组成：其中压差 (p_2-p_1) 称为静风压 p_S；而$\frac{\rho u_2^2}{2}$称为动风压 p_K。在离心泵中，泵进、出口的动能差很小，可忽略，但在离心式通风机中，气体出口速度很大，动能差不能忽略。因此，与离心泵相比，通风机的性能参数多了一个动风压 p_K。

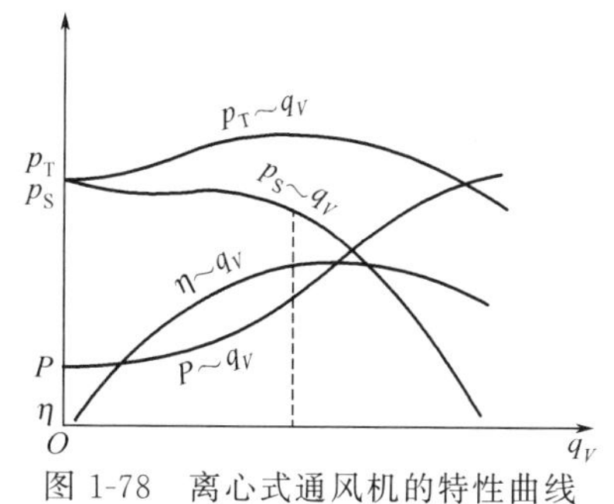

图 1-78　离心式通风机的特性曲线

通风机在出厂前，须测定其特性曲线（见图 1-78），实验介质是 1atm、20℃的空气（$\rho'=1.2\text{kg/m}^3$）。因此，在选用通风机时，若所输送气体的密度与实验介质相差较大，应先将实际所需全压 p_T 换算成实验状况下的全压 p'_T，然后根据产品样本中的数据确定风机的型号。由式(1-104) 可知，全压换算可按式(1-106)进行

$$p'_T = p_T\left(\frac{\rho'}{\rho}\right) = p_T\left(\frac{1.2}{\rho}\right) \tag{1-106}$$

式中，ρ 为实际输送气体的密度。

【例 1-12】 某塔板冷模实验装置如图 1-79 所示。其中有 5 块塔板，塔径 $D=2\text{m}$。管路直径 $d=0.6\text{m}$，要求塔内最大气速为 2.5m/s，已知在最大气速下，每块塔板的阻力损失约为 1.1kPa，孔板流量计的阻力损失为 3.0kPa，整个管路的阻力损失约为 3.2kPa。设空气温度为 30℃，大气压为 98kPa，试选择一适用的通风机。

解： 首先计算管路系统所需要的全压。从通风机入口截面 1-1 至塔出口截面 2-2 作能量衡算（以 1m^3 气体为基准）得

$$p_T = (z_2 - z_1)\rho g + (p_2 - p_1) + \frac{\rho(u_2^2 - u_1^2)}{2} + \sum H_f \rho g$$

式中，$(z_2-z_1)\rho g$ 可忽略，$p_1=p_2$，$u_1=0$，u_2 和 ρ 可以计算如下

$$u_2=\frac{0.785\times 2^2\times 2.5}{0.785\times 0.6^2}=27.8\text{m/s}$$

$$\rho=1.29\times\frac{273}{303}\times\frac{98}{101.3}=1.12\text{kg/m}^3$$

将以上各值代入上式

$$p_T=\frac{1.12\times 27.8^2}{2}+(3+3.2+1.1\times 5)\times 1000$$
$$=1.21\times 10^4\text{Pa}=12.1\text{kPa}$$

按式(1-106) 将所需 p_T 换算成测定条件下的全压 p'_T，即

$$p'_T=\frac{1.2}{1.12}\times 1.21\times 10^4=1.30\times 10^4\text{Pa}$$

根据所需全压 $p'_T=13$ kPa 和所需流量

$$q_V=0.785\times 2^2\times 2.5\times 3600=2.83\times 10^4\text{m}^3/\text{h}$$

从风机样本中查得 8-18-101No 16（$n=1450$r/min）可满足要求，该机性能为全压 15kPa；风量 30000m³/h；轴功率 260kW。

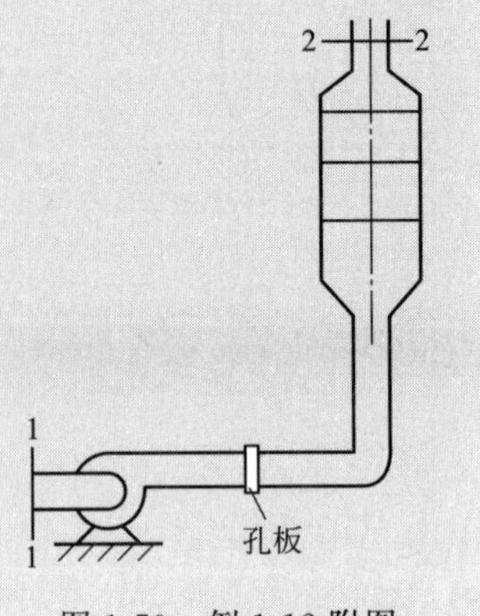

图 1-79 例 1-12 附图

罗茨鼓风机 在工厂中常用的鼓风机有旋转式和离心式两种类型。旋转式鼓风机类型很多，罗茨鼓风机是其中应用最广的一种。罗茨鼓风机的结构如图 1-80 所示，其工作原理与齿轮泵相似。因转子端部与机壳、转子与转子之间缝隙很小，当转子作旋转运动时，可将机壳与转子之间的气体强行排出，两转子的旋转方向相反，可将气体从一侧吸入，从另一侧排出。

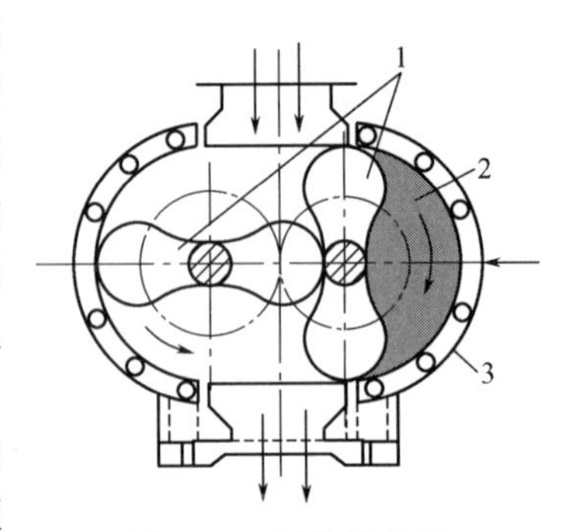

图 1-80 罗茨鼓风机
1—工作转子；2—所输送的气体体积；3—机壳

罗茨鼓风机属于正位移型，其风量与转速成正比，而与出口压强无关。罗茨鼓风机的风量为 0.03～9m³/h，出口压强不超过 80kPa。出口压强太高，泄漏量增加，效率降低。

罗茨鼓风机的出口应安装稳压气柜与安全阀，流量用旁路调节。罗茨鼓风机工作时，温度不能超过 85℃，否则因转子受热膨胀易发生卡住现象。

离心式鼓风机 离心式鼓风机又称透平鼓风机，其工作原理与离心式通风机相同，但因单级通风机不可能产生很高风压（一般不超过 50kPa），故压头较高的离心式鼓风机都是多级的。其结构和多级离心泵类似。离心式鼓风机的出口压强一般不超过 0.3MPa（表压），因压缩比不大，不需要冷却装置，各级叶轮尺寸基本相等。

往复式压缩机 常用的压缩机主要有往复式和离心式两大类。往复式压缩机的基本结构和工作原理与往复泵相似。但因为气体的密度小、可压缩，故压缩机的吸入和排出活门必须更加灵巧精密；为移除压缩放出的热量以降低气体的温度，必须附设冷却装置。

往复式压缩机的产品有多种，除空气压缩机外，还有氨气压缩机、氢气压缩机、石油气压缩机等，以适应各种特殊需要。

往复式压缩机的选用主要依据生产能力和排出压强（或压缩比）两个指标。生产能

力用 m^3/min 表示，以吸入常压空气来测定。在实际选用时，首先根据所输送气体的特殊性质，决定压缩机的类型，然后再根据生产能力和排出压强，从产品样本中选用适用的压缩机。

离心式压缩机 离心式压缩机又称为透平压缩机，其工作原理与离心式鼓风机完全相同，离心式压缩机之所以能产生高压强，除级数较多外，更主要的是采用高转速。例如，国产 DA220-71 型离心式压缩机，进口为常压，出口约为 1MPa，其转速高达 8500r/min，由汽轮机驱动。为获得更高的压强，叶轮的转速必须更高。

与往复式压缩机相比，离心式压缩机具有体积小、重量轻、运转平稳、操作可靠、调节容易、维修方便、流量大而均匀、压缩气可不受油污染等一系列优点。因此，近年来在工业生产中，往复式压缩机已越来越多地为离心式压缩机所代替。

离心式压缩机的缺点是：制造精度要求高，当流量偏离额定值时效率较低。

真空泵 真空泵就是在负压下吸气、一般在大气压下排气的输送机械，用来维持系统工艺要求的真空状态。对于仅几十个帕斯卡到上千帕斯卡的真空度，普通的通风机和鼓风机就行了。但当希望维持较高的真空度，如绝对压在 20kPa 以下至几个毫米汞柱（Torr[1]），就需要专门的真空泵。对于需维持绝对压在 10^{-3}Torr 以下的超高真空，就需应用扩散、吸附等原理制造的专门设备。下面介绍几种制药工业常用的真空泵。

往复式真空泵 往复式真空泵的构造和原理与往复式压缩机基本相同。但是，真空泵的压缩比很高（例如，对于 95%的真空度，压缩比约为 20），所抽吸气体的压强很小，故真空泵的余隙容积必须更小。排出和吸入阀门必须更加轻巧灵活。

往复式真空泵所排放的气体不应含有液体，如气体中含有大量蒸气，必须把可凝性气体设法（一般采用冷凝）除掉之后再进入泵内，即它属于干式真空泵。

水环式真空泵 水环式真空泵的外壳呈圆形，其中有一偏心安装的叶轮，如图 1-81 所示。水环式真空泵工作时，泵内注入一定量的水，当叶轮旋转时，由于离心力的作用，将水甩至壳壁形成水环。此水环具有密封作用，使叶片间的空隙形成许多大小不同的密封室。由于叶轮的旋转运动，密封室由小变大形成真空，将气体从吸入口吸入；继而密封室由大变小，气体由压出口排出。

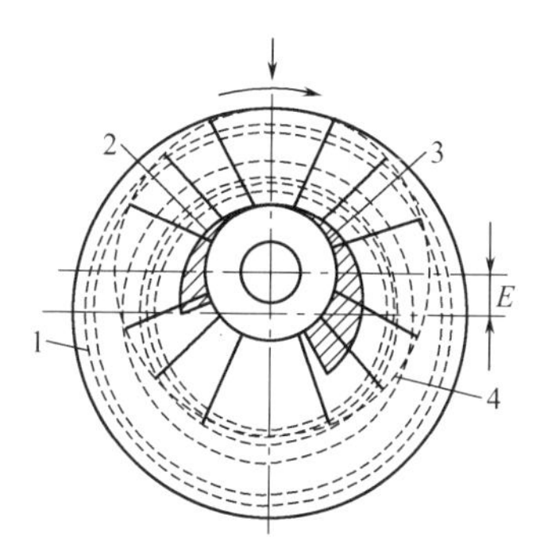

图 1-81 水环式真空泵
1—水环；2—排气口；
3—吸入口；4—转子

水环式真空泵在吸气中可允许夹带少量液体，属于湿式真空泵，结构简单紧凑，最高真空度可达 85%。水环式真空泵运转时，要不断地充水以维持泵内液封，同时也起冷却的作用。

水环真空泵可作为鼓风机用，所产生的风压不超过 0.1MPa（表压）。

液环真空泵 液环真空泵又称纳氏泵，在制药生产中应用很广，其结构如图 1-82 所示。和水环式真空泵一样，工作腔也是由一些大小不同的密封室组成的。但是，水环式真空泵的工作腔只有一个，系叶轮的偏心所造成，而液环真空泵的工作腔有两个，是由于泵壳的椭圆形状所形成。

液环真空泵除用作真空泵外，也可用作压缩机，产生的压强可高达 0.5～0.6MPa（表压）。

旋片真空泵 旋片真空泵是旋转式真空泵的一种，其工作原理见图 1-83。

[1] Torr 读作托，1Torr=133.322Pa。

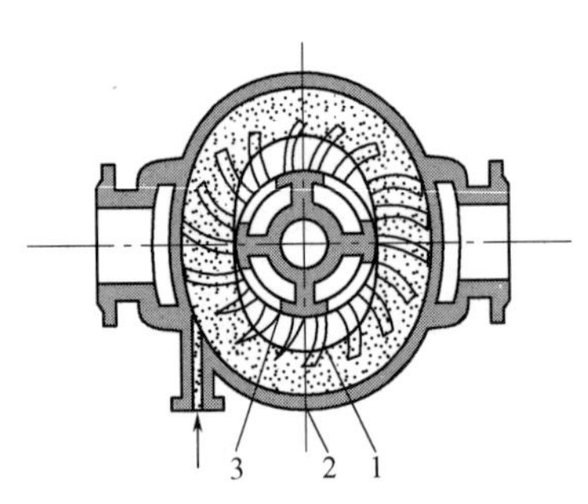

图 1-82 液环真空泵
1—叶轮；2—泵体；
3—气体分配器

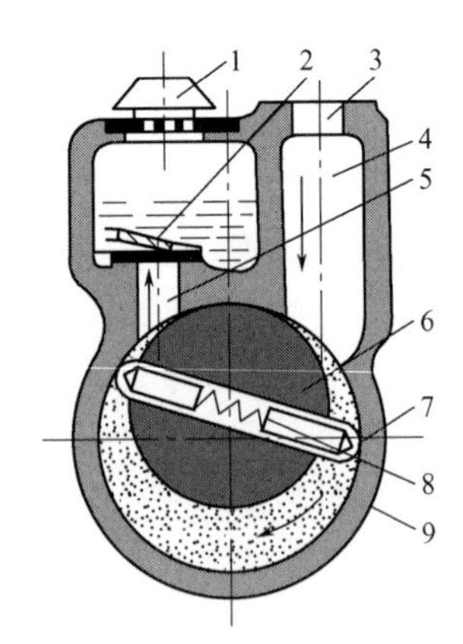

图 1-83 旋片真空泵的工作原理
1—排气口；2—排气阀片；3—吸气口；
4—吸气管；5—排气管；6—转子；7—旋片；
8—弹簧；9—泵体

旋片真空泵的主要部分浸没于真空油中，为的是密封各部件间隙，充填有害的余隙和得到润滑。此泵属于干式真空泵。如需抽吸含有少量可凝性气体的混合气时，泵上设有专门设计的镇气阀（能在一定压强下打开的单向阀），把经控制的气流（通常是湿度不大的空气）引到泵的压缩腔内，以提高混合气的压强，使其中的可凝性气体在分压尚未达到泵腔温度下的饱和值时，即被排出泵外。

旋片真空泵可达较高的真空度（约为 5×10^{-3} Torr 绝对压强），抽气速率比较小，适用于抽除干燥或含有少量可凝性蒸气的气体。不适宜用于抽除含尘和对润滑油起化学作用的气体。

喷射真空泵 喷射真空泵是利用高速流体射流时压强能向动能转换所造成的真空，将气体吸入泵内，并在混合室通过碰撞、混合以提高吸入气体的机械能，气体和工作流体一并排出泵外。

喷射真空泵的工作流体可以是水蒸气也可以是水，前者称为蒸汽喷射泵，后者称为水喷射泵。

单级蒸汽喷射泵（见图 1-84）仅能达到 90%的真空度。为获得更高的真空度可采用多级蒸汽喷射泵，工程上最多采用五级蒸汽喷射泵，其极限真空可达 1.3Pa（绝压）。

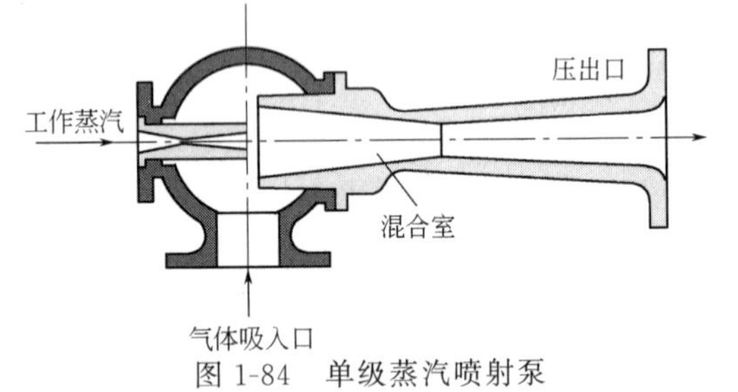

图 1-84 单级蒸汽喷射泵

喷射真空泵的优点是工作压强范围广，抽气量大，结构简单，适应性强（可抽吸含有灰尘以及腐蚀性、易燃、易爆的气体等），其缺点是效率很低，一般只有 10%～25%。因此，喷射泵多用于抽真空，很少用于输送目的。

真空泵的主要特性 真空泵的最主要特性是极限真空和抽气速率：

① 极限真空（残余压强）是真空泵所能达到的稳定最低压强，习惯上以绝对压强表示，单位为 Pa 或 Torr；

② 抽气速率（简称抽率）是单位时间内真空泵吸入口吸进的气体体积。注意，这是在吸入口的温度和压强（极限真空）条件下的体积流量，常以 m^3/h 或 L/s 表示。

这两个特性是选择真空泵的依据。

真空泵所需的抽率 需用真空泵连续抽除的气体量一般较难确定，它包括单位时间内从外界漏入真空系统的空气量、与过程液体的饱和蒸气压相当的蒸气量、用冷却水直接冷却释放出的溶解空气量、工艺过程产生的不凝性气体量。

习 题

静压强及其应用

1-1 用附图所示的U形压差计测量管道A点的压强，U形压差计与管道的连接导管中充满水。指示剂为汞，读数$R=120$mm，当地大气压$p_a=760$mmHg，试求：(1) A点的绝对压强，Pa；(2) A点的表压，Pa。

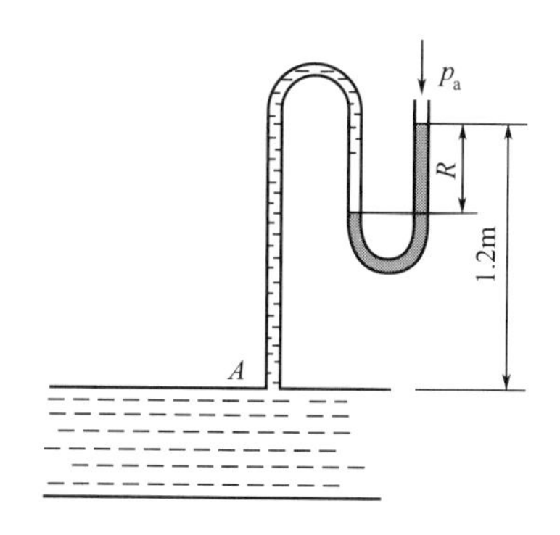

习题 1-1 附图

1-2 一敞口贮槽内盛20℃的苯，苯的密度为880kg/m^3。液面距槽底9m，槽底侧面有一直径为500mm的人孔，其中心距槽底600mm，人孔覆以孔盖，试求：(1) 人孔盖共受多少液柱静压力(N)；(2) 槽底面所受的压强是多少(Pa)?

1-3 附图为一油水分离器。油与水的混合物连续进入该器，利用密度不同使油和水分层。油由上部溢出，水由底部经一倒U形管连续排出。该管顶部用一管道与分离

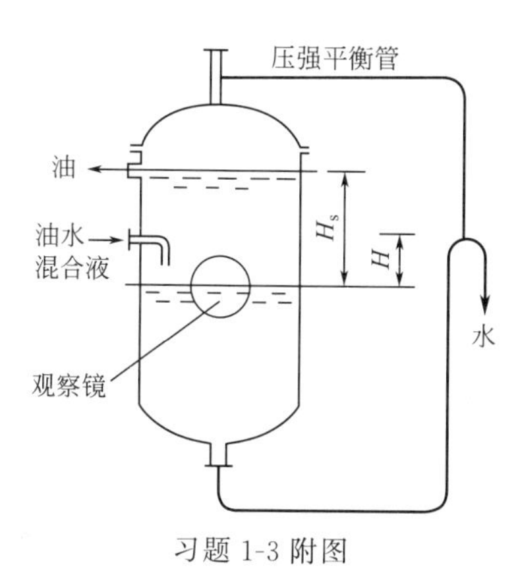

习题 1-3 附图

器上方相通，使两处压强相等。已知观察镜的中心离溢油口的垂直距离$H_s=500$mm，油的密度为780kg/m^3，水的密度为1000kg/m^3。今欲使油水分界面维持在观察镜中心处，问倒U形出口管顶部距分界面的垂直距离H应为多少?

因液体在器内及管内的流动缓慢，本题可作静力学处理。

1-4 用一附图所示的复式U形压差计测定水管A、B两点的压差。指示液为汞，其间充满水。今测得$h_1=1.20$m，$h_2=0.3$m，$h_3=1.30$m，$h_4=0.25$m，试以N/m^{2}为单位表示A、B两点的压差Δp。

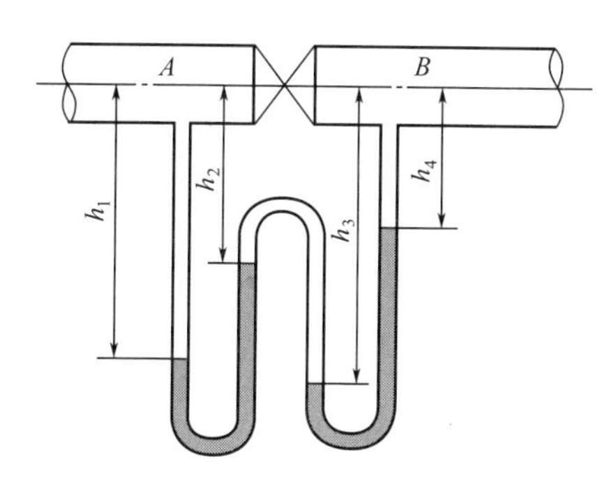

习题 1-4 附图

1-5 附图所示的汽液直接接触混合式冷凝

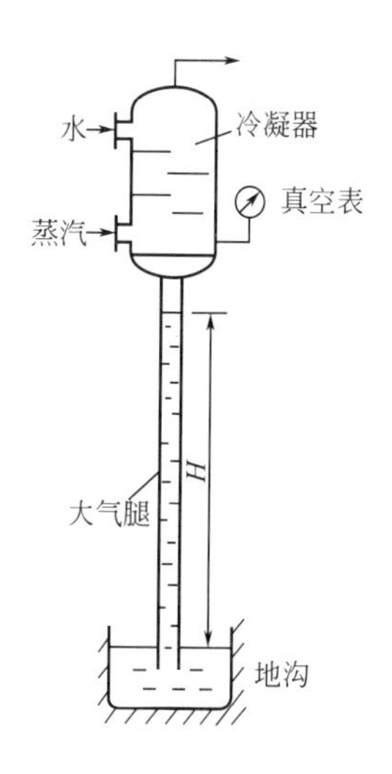

习题 1-5 附图

器，蒸汽被水冷凝后，凝液与水沿大气腿流

至地沟排出，现已知器内真空度为 82kPa，当地大气压为 100kPa，问其绝对压为多少(kPa)？并估计大气腿内的水柱高度 H 为多少（m)？

质量守恒

1-6 某厂用 ϕ114 mm×4.5mm 的钢管输送压强 $p=2$MPa（绝压)、温度为 20℃ 的空气，流量为 6300Nm³/h（N 指标准状况：0℃，101.325kPa)。试求空气在管道中的流速、质量流量和质量流速。

机械能守恒

1-7 水以 60m³/h 的流量在一倾斜管中流过，此管的内径由 100mm 突然扩大到 200mm，见附图。A、B 两点的垂直距离为 0.2m。在此两点间连接一 U 形压差计，指示液为四氯化碳，其密度为 1630kg/m³。若忽略阻力损失，试求：(1) U 形管两侧的指示液液面哪侧高，相差多少（mm)？(2) 若将上述扩大管道改为水平放置，压差计的读数有何变化？

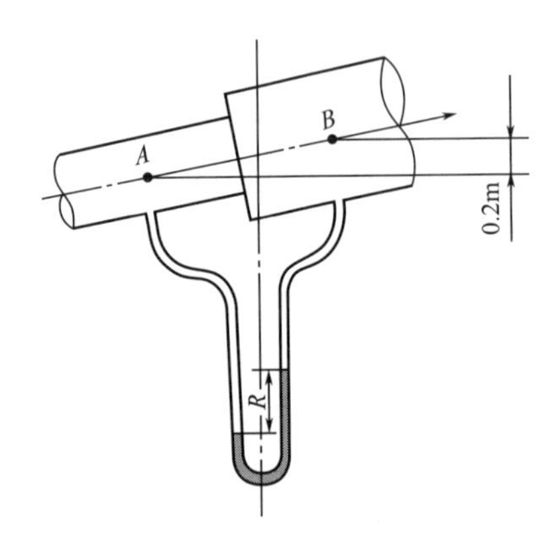

习题 1-7 附图

1-8 如附图所示，某鼓风机吸入管直径为 200mm，在喇叭形进口处测得 U 形压差计读数 $R=25$mm，指示剂为水。若不计阻力损失，空气的密度为 1.2kg/m³，试求管道内空气的流量。

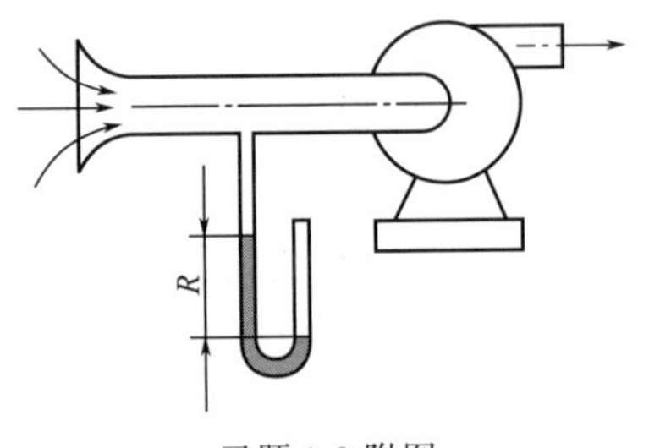

习题 1-8 附图

1-9 附图所示为马利奥特容器，其上部密封，液体由下部小孔流出。当液体流出时，容器上部形成负压，外界空气自中央细管吸入。试以图示尺寸计算容器内液面下降 0.5m 所需的时间。小孔直径为 10mm。

设小孔的孔流系数 $C_0=0.62$。

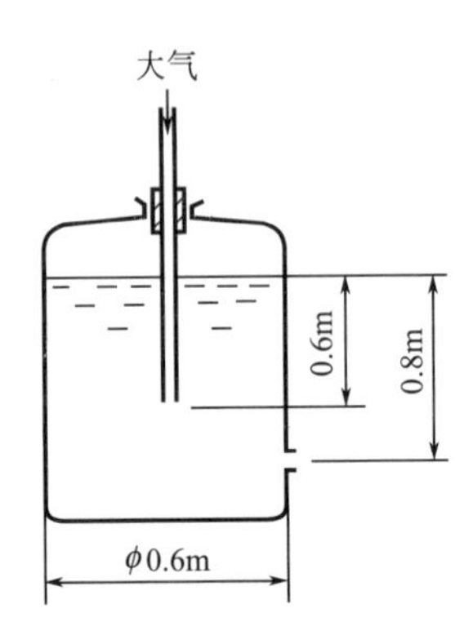

习题 1-9 附图

1-10 如附图所示，水以 3.77×10^{-3} m³/s 的流量流经一扩大管段。细管直径 $d=40$mm，粗管直径 $D=80$mm，倒 U 形压差计中水位差 $R=170$mm。求水流经该扩大管段的阻力损失 H_f，以 J/N 表示。

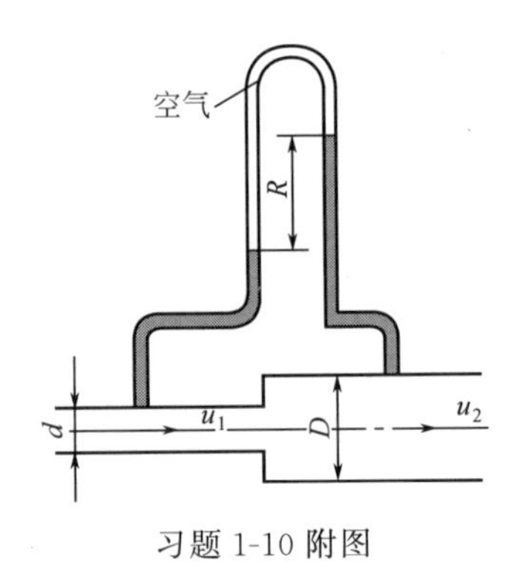

习题 1-10 附图

流动的内部结构

1-11 如附图所示，活塞在汽缸中以 0.8m/s 的速度运动，活塞与汽缸间的缝隙中充满润滑油。已知汽缸内径 $D=100$mm，活塞外径

$d=99.96$mm，宽度 $l=120$mm，润滑油黏度为 100mPa·s。油在汽缸壁与活塞侧面之间的流动为层流，求作用于活塞侧面的黏性力。

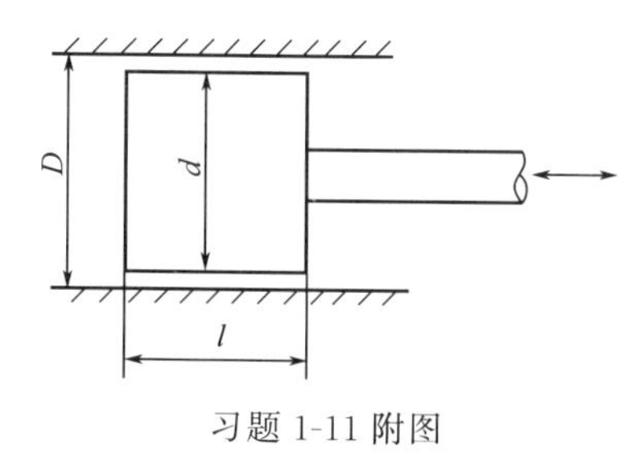

习题 1-11 附图

1-12　附图所示为一毛细管黏度计，刻度 a～b 间的体积为 3.5mL，毛细管直径为 1mm。若液体由液面 a 降至 b 需要 80s，求此液体的运动黏度。

提示：毛细管两端 b 和 c 的静压强都是 1atm，a 与 b 间的液柱静压及毛细管表面张力的影响均忽略不计。

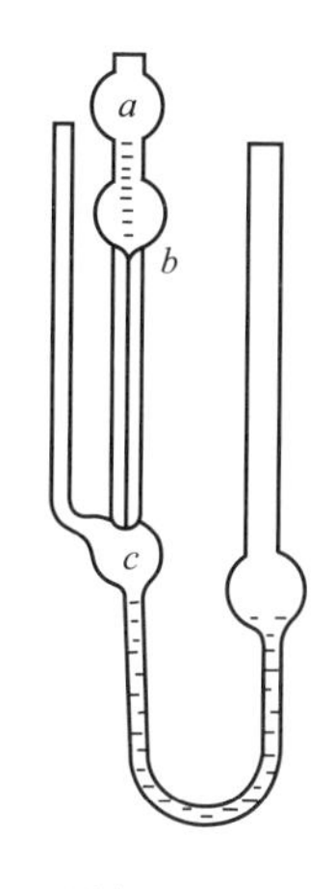

习题 1-12 附图

1-13　如附图所示，黏度为 μ、密度为 ρ 的液膜沿垂直平壁自上而下作均速层流流动，平壁的宽度为 B，高度为 H。现将坐标原点放在液面处，取液层厚度为 y 的一层流体作力平衡。该层流体所受重力为 $(yBH)\rho g$。此层流体流下时受相邻液层的阻力为 τBH。求剪应力 τ 与 y 的关系。并用牛顿黏性定律代入，以推导液层的速度分布。并证明单位平壁宽度液体的体积流量为

$$\frac{q_V}{B}=\frac{\rho g\delta^2}{3\mu}[\mathrm{m^3/(s\cdot m)}]$$

式中，δ 为液膜厚度。

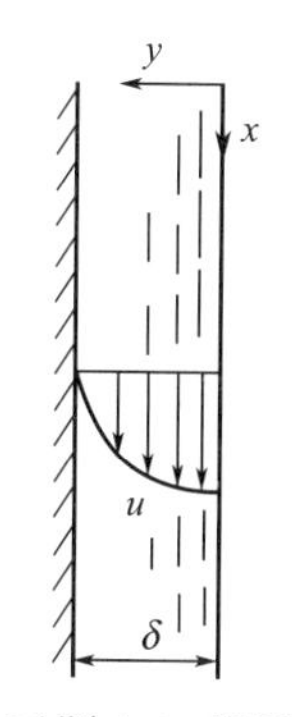

习题 1-13 附图

管路计算

1-14　如附图所示，某水泵的吸入口与水池液面的垂直距离为 3m，吸入管直径为 50mm 的水煤气管（$\varepsilon=0.2$mm）。管下端装有一带滤水网的底阀，泵吸入口附近装一真空表。底阀至真空表间的直管长 8m，其间有一个 90°标准弯头。试估计当泵的吸水量为 20m³/h 时真空表的读数为多少(kPa)？操作温度为 20℃。又问当泵的吸水量增加时，该真空表的读数是增大还是减少？

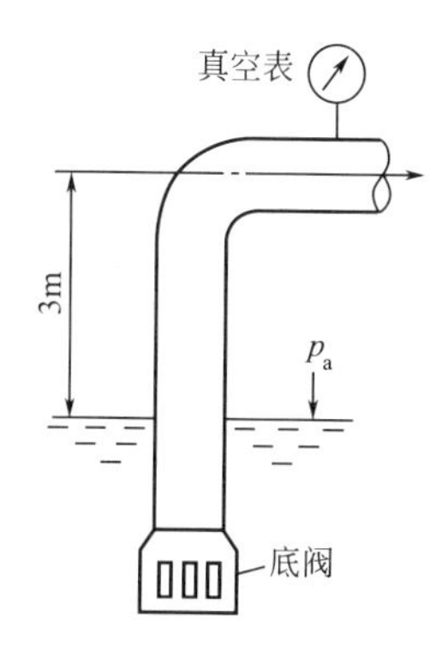

习题 1-14 附图

1-15　如附图所示，一高位槽向用水处输水，上游用管径为 50mm 水煤气管，长 80m，途中设 90°弯头 5 个。然后突然收缩成管径为 40mm 的水煤气管，长 20m，设有 1/2 开启的闸阀一个。水温 20℃，为使输水量达 3×10^{-3} m³/s，求高位槽的液位高度 z。

1-16　如附图所示，黏度为 30mPa·s、密

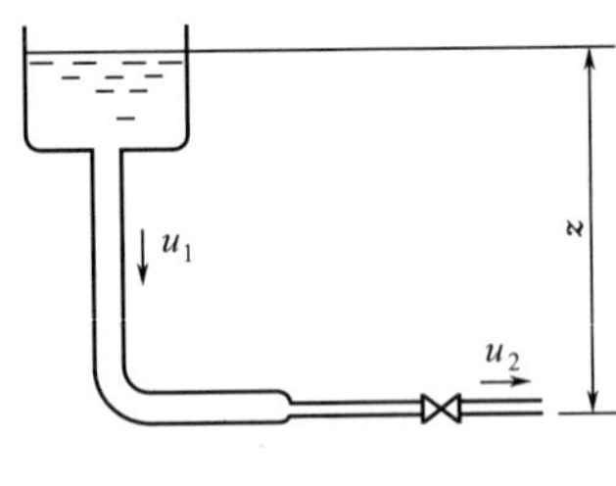

习题 1-15 附图

度为 900kg/m³ 的液体自容器 A 流过内径 40mm 的管路进入容器 B。两容器均为敞口，液面视作不变。管路中有一阀门，阀前管长 50m，阀后管长 20m（均包括局部阻力的当量长度）。当阀全关时，阀前、后的压强计读数分别为 0.09MPa 与 0.045MPa。现将阀门打开至 1/4 开度，阀门阻力的当量长度为 30m。试求：(1) 管路的流量；(2) 阀前、阀后压强计的读数有何变化?

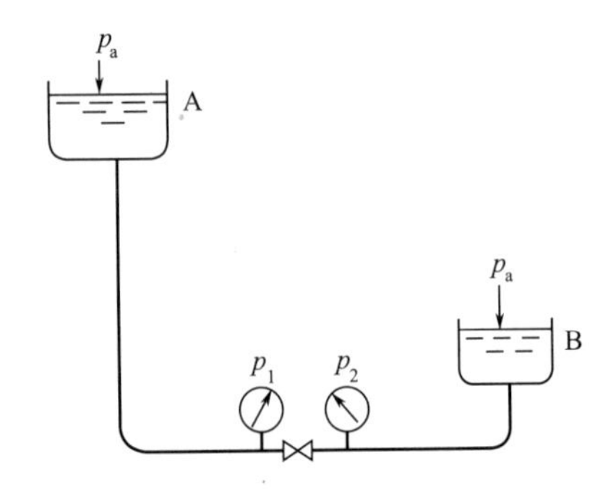

习题 1-16 附图

1-17 在 20℃ 下苯由高位槽流入某容器中，其间液位差 5m 且视作不变，两容器均为敞口。输送管为 ϕ32mm×3mm 无缝钢管（ε=0.05mm），长 100m（包括局部阻力的当量长度），求流量。

1-18 如附图所示，某水槽的截面积 A=3m²，水深 2m。底部接一管子 ϕ32mm×3mm，管长 10m（包括所有局部阻力当量长度），管道摩擦系数λ=0.022。开始放水时，槽中水面与出口高差 H 为 4m，试求水面下降 1m 所需的时间。

1-19 如附图所示管路，用一台泵将液体从低位槽送往高位槽。输送流量要求为 2.5×10^{-3} m³/s。高位槽上方气体压强为 0.2MPa（表压），两槽液面高度差为 6m，液体密度为 1100kg/m³。管道 ϕ40mm×3mm，总长（包括局部阻力）为 50m，摩擦系数 λ 为 0.024。求泵给每牛顿液体提供的能量为多少?

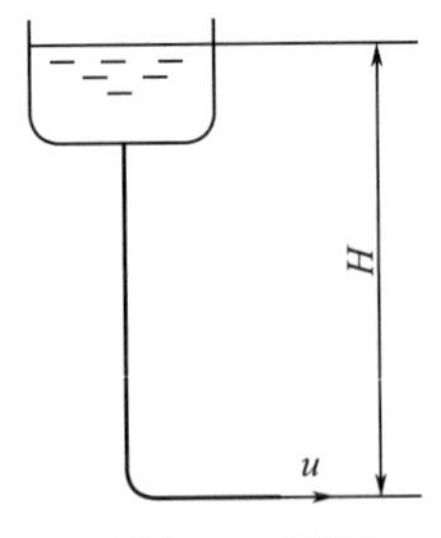

习题 1-18 附图

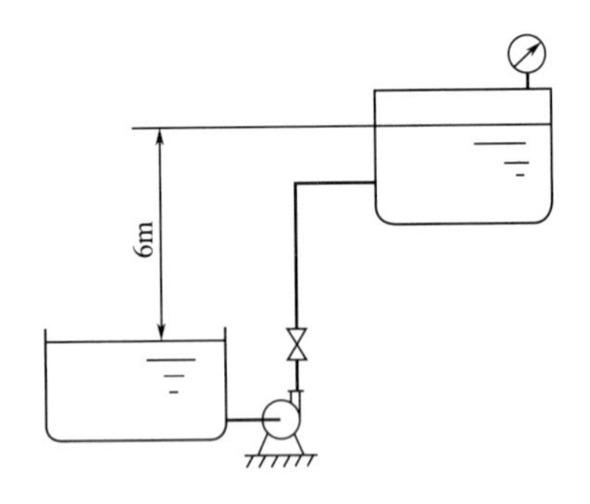

习题 1-19 附图

1-20 如附图所示，水位恒定的高位槽从 C、D 两支管同时放水。AB 段管长 6m，内径 41mm。BC 段长 15m，内径 25mm。BD 段长 24m，内径 25mm。上述管长均包括阀门及其他局部阻力的当量长度，但不包括出口动能项，分支点 B 的能量损失可忽略，试求：

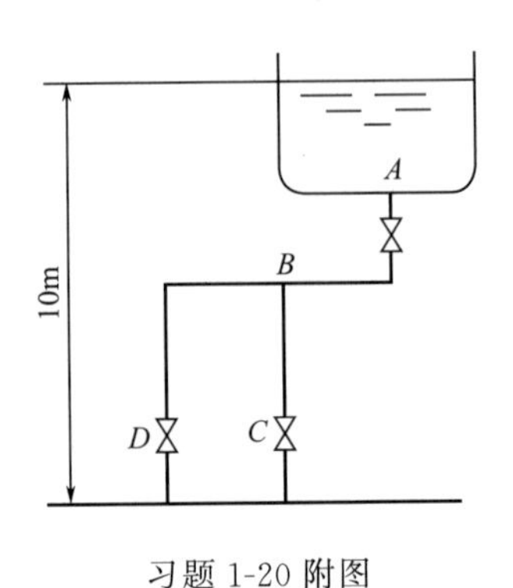

习题 1-20 附图

(1) D、C两支管的流量及水槽的总排水量；
(2) 当D支管中的阀门关闭时，求水槽由C支管流出的水流量；
设全部管路的摩擦系数均可取0.03，且不变化，出口损失应另作考虑。

1-21　欲将5000kg/h的煤气输送100km，管内径为300mm，管路末端压强为0.15MPa（绝压），试求管路起点需要多大的压强？
设整个管路中煤气的温度为20℃，$\lambda=0.016$，标准状态下煤气的密度为0.85kg/m^3。

流量测量

1-22　在一内径为300mm的管道中，用毕托管来测定平均分子量为60的气体流速。管内气体的温度为40℃，压强为101.3kPa，黏度为0.02mPa·s。已知在管道同一横截面上测得毕托管最大读数为30mmH_2O。问此时管道内气体的平均速度为多少？

1-23　在一直径为50mm的管道上装一标准的孔板流量计，孔径为25mm，U形管压差计读数为220mmHg。若管内液体的密度为1050kg/m^3，黏度为0.6 mPa·s，试计算液体的流量。

1-24　有一测空气的转子流量计，其流量刻度范围为400～4000L/h，转子材料用铝制成（$\rho_{铝}=2670\text{kg/m}^3$），今用它测定常压20℃的二氧化碳，试问能测得的最大流量为多少(L/h)？

管路特性

1-25　如附图所示，拟用一泵将碱液由敞口碱液槽打入位差为10m高的塔中。塔顶压强为0.06MPa（表压）。全部输送管均为$\phi57\text{mm}\times3.5\text{mm}$无缝钢管，管长50m（包括局部阻力的当量长度）。碱液的密度$\rho=1200\text{kg/m}^3$，黏度$\mu=2\text{mPa}\cdot\text{s}$。管壁粗糙度为0.3mm。试求：(1) 流动处于阻力平方区时的管路特性方程；(2) 流量为$30\text{m}^3/\text{h}$时的H_e和P_e。

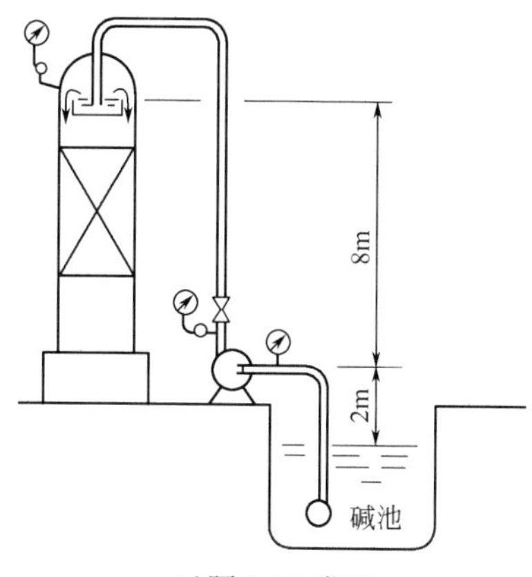

习题1-25附图

离心泵的特性

1-26　某离心泵在作性能实验时以恒定转速打水，当流量为$71\text{m}^3/\text{h}$时，泵吸入口处真空表读数0.029MPa，泵压出口处压强计读数0.31MPa。两测压点的位差不计，泵进、出口的管径相同。测得此时泵的轴功率为10.4kW，试求泵的扬程及效率。

带泵管路的流量及调节

1-27　附图所示的输水管路，用离心泵将江水输送至常压高位槽。已知吸入管直径$\phi70\text{mm}\times3\text{mm}$，管长$l_{AB}=15\text{m}$，压出管直径$\phi60\text{mm}\times3\text{mm}$，管长$l_{CD}=80\text{m}$（管长均包括局部阻力的当量长度），摩擦系数$\lambda$均为0.03，$\Delta Z=12\text{m}$，离心泵特性曲线为$H_e=30-6\times10^5q_V^2$，式中$H_e$的单位为m；$q_V$的单位为$\text{m}^3/\text{s}$。试求：(1) 管路流量；(2) 旱季江面下降3m时的流量。

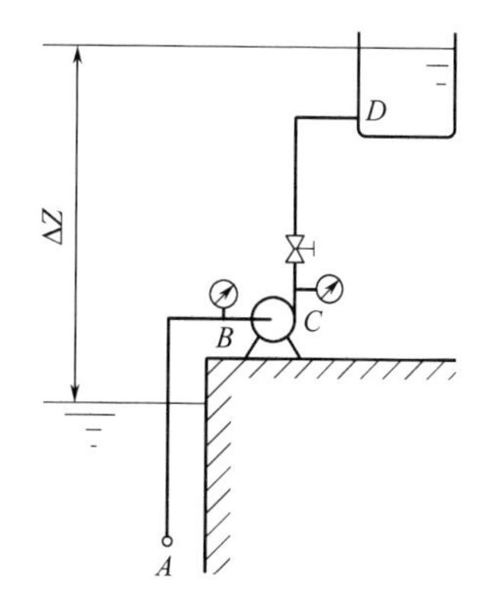

习题1-27附图

1-28　某台离心泵的特性曲线可用方程$H_e=$

$20-2q_V^2$ 表示。式中 H_e 为泵的扬程，m；q_V 为流量，m^3/min。现该泵用于两敞口容器之间送液，已知单泵使用时流量为 $1m^3/min$。欲使流量增加50%，试问应该将相同两台泵并联还是串联使用？两容器的液面位差为10m。

离心泵的安装高度

1-29 某离心泵的必需汽蚀余量为3.5m，今在海拔1000m的高原上使用。已知吸入管路的全部阻力损失为3J/N。今拟将该泵装在敞口水源之上3m处，试问此泵能否正常操作？该地大气压为90kPa，夏季的水温为20℃。

1-30 如附图所示，要将某减压精馏塔塔釜中的液体产品用离心泵输送至高位槽，釜中真空度为67kPa（其中液体处于沸腾状态，即其饱和蒸气压等于釜中绝对压强）。泵位于地面上，吸入管总阻力为0.87J/N，液体的密度为 $986kg/m^3$，已知该泵的必需汽蚀余量 $(NPSH)_r$ 为3.7m，试问该泵的安装位置是否适宜？如不适宜应如何重新安排？

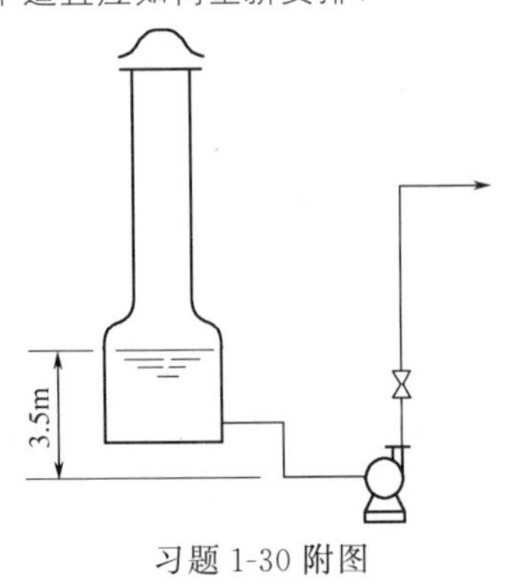

习题1-30附图

离心泵的选型

1-31 如附图所示，从水池向高位槽送水，要求送水量为40t/h，槽内压强为0.03MPa（表压），槽内水面离水池水面16m，管路总阻力为4.1J/N。拟选用IS型水泵。试确定选用哪一种型号为宜？

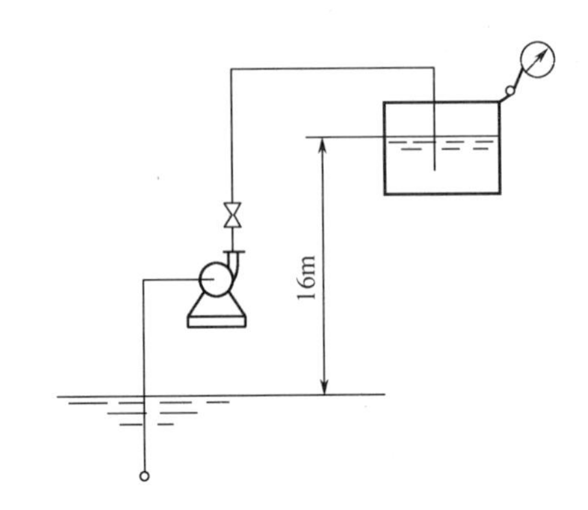

习题1-31附图

往复泵

1-32 某单缸双动往复输水泵，每分钟活塞往复60次，活塞直径为200mm，活塞杆直径为30mm，活塞行程为300mm。实验测得此泵的输水量为 $0.018m^3/s$，求此泵的容积效率 η_V。

气体输送机械

1-33 现需输送温度为200℃、密度为 $0.75kg/m^3$ 的烟气，要求输送流量为 $12700m^3/h$，全压为1.18kPa。工厂仓库中有一台风机，其铭牌上流量为 $12700m^3/h$，全压为1.57kPa，试问该风机是否可用？

思考题

1-1 什么是连续性假定？

1-2 黏性的物理本质是什么？为什么温度上升，气体黏度上升，而液体黏度下降？

1-3 如附图所示，一玻璃容器内装有水，容器底面积为 $8\times10^{-3}m^2$，水和容器总重10N。

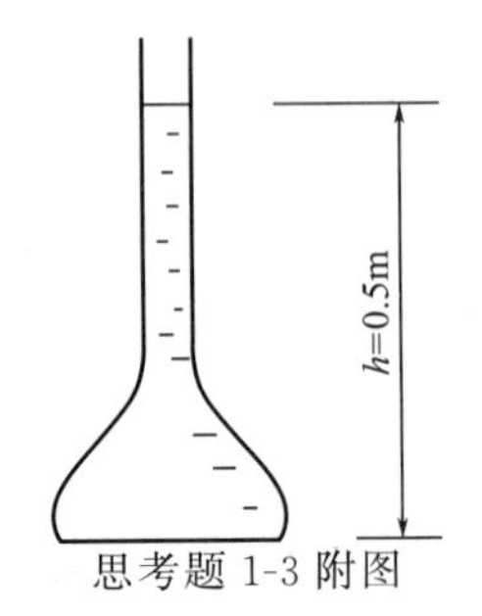

思考题1-3附图

(1) 试画出容器内部受力示意图（用箭头的长短和方向表示受力大小和方向）；

(2) 试估计容器底部内侧、外侧所受的压力分别为多少？哪一侧的压力大？为什么？

1-4 如附图所示，两密闭容器内盛有同种液体，各接一U形压差计，读数分别为 R_1、R_2，两压差计间用一橡皮管相连接，现将容器A连同U形压差计一起向下移动一段距离，试问读数 R_1 与 R_2 有何变化？（说明理由）

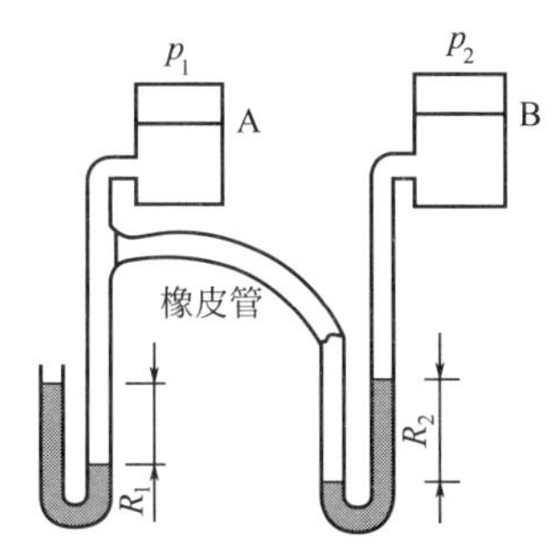

思考题 1-4 附图

1-5 为什么高烟囱比低烟囱拔烟效果好？

1-6 伯努利方程的应用条件有哪些？

1-7 如附图所示，水从小管流至大管，当流量 q_V、管径 D、d 及指示剂均相同时，试问水平放置时压差计读数 R 与垂直放置时读数 R' 的大小关系如何？为什么？（可忽略黏性阻力损失）

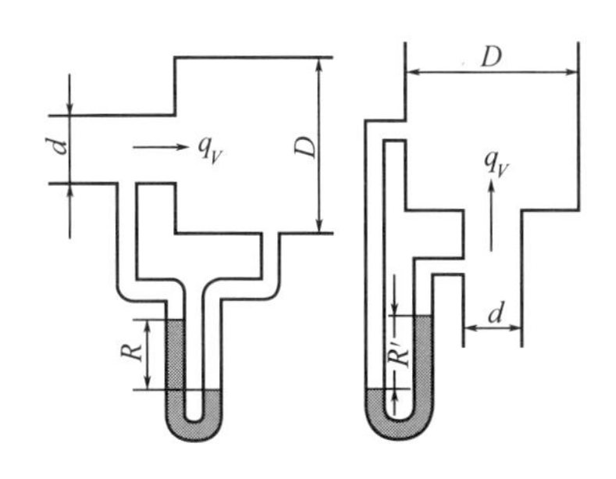

思考题 1-7 附图

1-8 如附图所示，理想液体从高位槽经过等直径管流出。考虑 A 点压强与 B 点压强的关系，在下列三个关系中选择出正确的。

(1) $p_B < p_A$； (2) $p_B = p_A + \rho g H$；

(3) $p_B > p_A$。

1-9 层流与湍流的本质区别是什么？

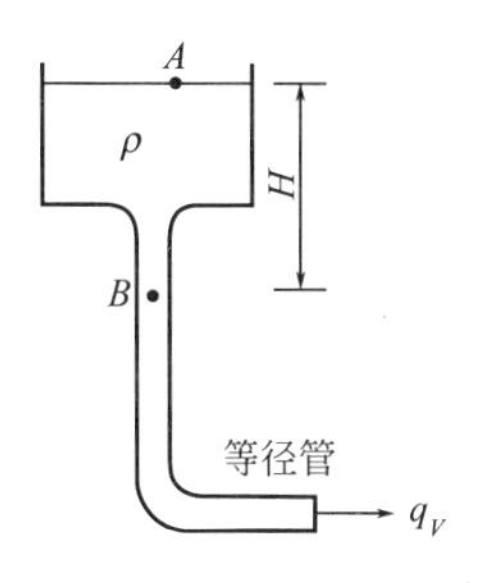

思考题 1-8 附图

1-10 雷诺数的物理意义是什么？

1-11 何谓泊谡叶方程？其应用条件有哪些？

1-12 何谓水力光滑管？何谓完全湍流粗糙管？

1-13 在满流的条件下，水在垂直直管中向下流动，对同一瞬时沿管长不同位置的速度而言，是否会因重力加速度而使下部的速度大于上部的速度？

1-14 如附图所示管路，试问：

(1) B阀不动（半开着），A阀由全开逐渐关小，则 h_1，h_2，(h_1-h_2) 如何变化？

(2) A阀不动（半开着），B阀由全开逐渐关小，则 h_1，h_2，(h_1-h_2) 如何变化？

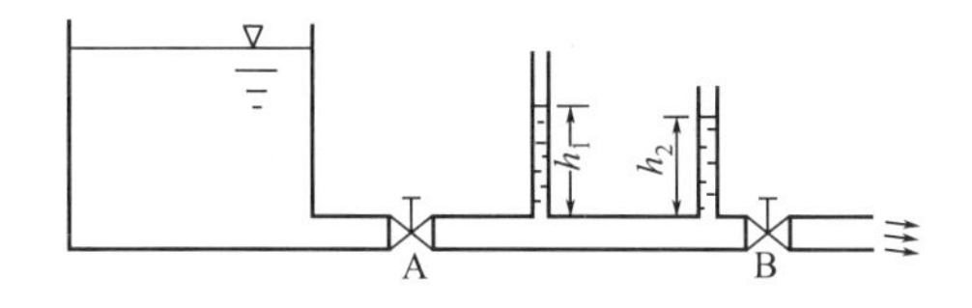

思考题 1-14 附图

1-15 如附图所示的管路系统中，原1,2,3阀全部全开，现关小1阀开度，则总流量 q_V 和各支管流量 q_{V1}，q_{V2}，q_{V3} 将如何变化？

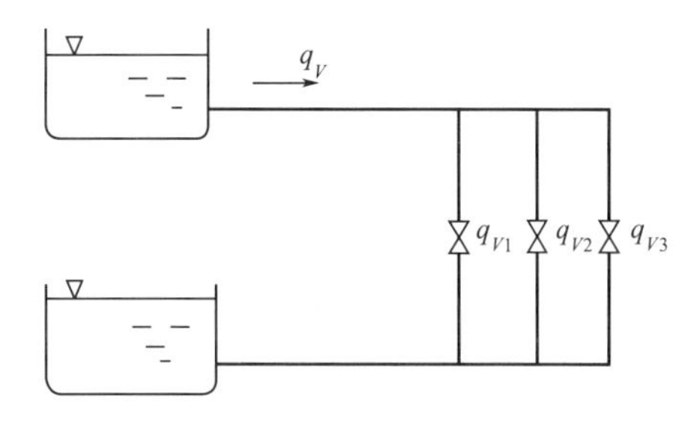

思考题 1-15 附图

1-16 是否在任何管路中，流量增大阻力损失就增大；流量减小阻力损失就减小？为什么？

1-17 什么是液体输送机械的压头或扬程？

1-18 离心泵的压头受哪些因素影响？

1-19 后弯叶片有什么优点？有什么缺点？

1-20 何谓“气缚”现象？产生此现象的原因是什么？如何防止“气缚”？

1-21 影响离心泵特性曲线的主要因素有哪些？

1-22 离心泵的工作点是如何确定的？有哪些调节流量的方法？

1-23 如附图所示，一离心泵将江水送至敞口高位槽，若管路条件不变，随着江面的上升，泵的压头 H_e，管路总阻力损失 H_f，泵入口处真空表读数、泵出口处压力表读数将分别作何变化？

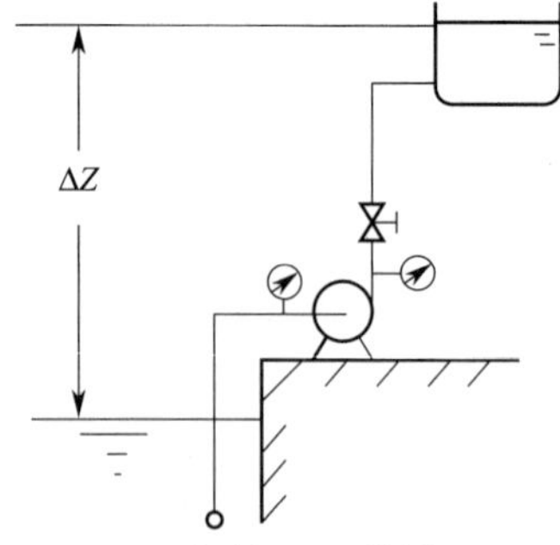

思考题 1-23 附图

1-24 何谓泵的汽蚀？如何避免“汽蚀”？

1-25 什么是正位移特性？

1-26 为什么离心泵启动前应关闭出口阀，而旋涡泵启动前应打开出口阀？

1-27 通风机的全风压、动风压各有什么含义？为什么离心泵的 H 与 ρ 无关，而风机的全风压 p_T 与 ρ 有关？

本章符号说明

符号	意义	SI 单位
A	面积	m^2
b	叶轮宽度	m
C_0、C_R、C_V	流量系数	
c_p	定压比热容	kJ/(kg·K)
c	绝对速度	m/s
d	管径	m
d_0	孔径	m
D	叶轮直径	m
F	力	N
F_g	重量	N
g	重力加速度	m/s^2
G	质量流速	$kg/(m^2 \cdot s)$
h_f	单位质量流体的机械能损失	J/kg
H	压头	m
H_e	有效压头	m
H_f	单位重量流体的机械能损失	m
H_g	泵的安装高度	m
H_{gmax}	泵的最大安装高度	m
$[H_g]$	泵的最大允许安装高度	m
ΣH_f	阻力损失	m
K	管路特性常数	
l	管道长度	m
l_e	局部阻力的当量长度	m
m	质量	kg
NPSH	汽蚀余量	
n	转速	r/min
p	流体压强	N/m^2
p_a	大气压	N/m^2
p_v	液体的饱和蒸气压	N/m^2
$\mathscr{P}$	虚拟压强	N/m^2
P_a	轴功率	W 或 kW
P_e	有效功率	W 或 kW
p_K	动风压	N/m^2
p_S	静风压	N/m^2
p_T	全压	N/m^2
q_m	质量流量	kg/s
q_V	体积流量	m^3/s
r	径向距离，叶轮半径	m
R	压差计读数，管道半径	m
R	通用气体常数 8.314	kJ/(kmol·K)
Re	雷诺数，$Re=du\rho/\mu$	
t	时间	s

符号	意义	SI 单位
T	周期时间	s
T	热力学温度	K
u	流速，流体的切向速度（圆周速度）	m/s
v	比体积	m^3/kg
w	相对速度	m/s
x、y、z	坐标轴	
z	高度	m
α	绝对速度和圆周速度之间的夹角	(°)
β	相对速度和圆周速度（反向）之间的夹角	(°)
γ	气体绝热指数	
η	效率	
ν	流体的运动黏度	m^2/s
ρ	密度	kg/m^3
ε	绝对粗糙度	m
ζ	局部阻力系数	
λ	摩擦系数	
μ	流体（动力）黏度	$N \cdot s/m^2$
μ'	湍流黏度	$N \cdot s/m^2$
Π	浸润周边	m
τ	剪应力	N/m^2
下标		
max	最大	
min	最小	
opt	最优	
m	平均	

第 2 章 非均相物系的分离

非均相物系指物系内部存在相界面，且界面两侧物质的性质有差异，比如悬浮液、乳状液、含尘气体等。在非均相混合物中，处于分散状态的物质称为分散相或分散物质，如分散在流体中的固体颗粒、液滴或气泡；包围着分散相处于连续状态的物质称为连续相或连续介质，如含尘气中的气体，颗粒悬浮液中的液体。

药物研究和生产中常遇到的非均相混合物分离问题，主要包括：

① 分离含有固体颗粒的悬浮液：如动植物性药材浸取后的药液与固体药源需要分离；生物制药过程中发酵液的提取需要固液分离；药品精制过程中采用盐析法，有机溶剂沉淀法，还有结晶等操作后都需要把固体颗粒与原液进行分离，如血液制品行业分离人血白蛋白普遍采用的乙醇沉淀法，中药口服液以及其他制剂的制备过程中广泛采用的醇沉或水沉工艺。

② 从含有粉尘的气体中分离出粉尘：如固体粉剂或者颗粒药剂的生产过程中存在从气流中回收药剂；药品生产洁净厂房会涉及空气净化等。

要实现上述非均相混合物的分离，就要找到分离物系中物质之间的差异。过滤和沉降是最常规的流固分离方法。过滤是利用流固之间粒度不同，流体可以通过过滤介质而固体颗粒被截留从而实现的流固分离操作。沉降是借助场力（重力场或惯性离心力场），利用流体与固体之间的密度差，因两者受到场力不同产生相对运动，从而实现固体颗粒与流体的分离。沉降分离根据场力不同有重力沉降和离心沉降。

本章重点介绍针对流固系统分离的重力沉降、离心沉降分离和过滤过程操作原理，过程特征和设备。

2.1 流固系统中的颗粒特性

流固物系分离过程中涉及流体和固体颗粒之间的相对运动，与流体和固体颗粒的特性都有关。其中，流体物质的物理性质包括密度、黏度、表面张力等；颗粒特性包括颗粒大小及分布、颗粒形状、密度和表面特性等，这些性质对流固分离设备的设计和操作是重要的。流体特性已经在第 1 章中介绍了，这一节讨论颗粒特性。

2.1.1 单颗粒特性

球形颗粒 通常对单颗粒的描述主要包括颗粒的大小（体积）、形状和表面积。对于球形颗粒存在以下关系

$$v=\frac{\pi}{6}d_{\mathrm{p}}^{3} \tag{2-1}$$

$$s=\pi d_p^2 \tag{2-2}$$

$$a_{球}=\frac{s}{v}=\frac{6}{d_p} \tag{2-3}$$

式中，d_p 为球形颗粒的直径；v 为球形颗粒的体积；s 为球形颗粒的表面积；$a_{球}$ 为球形颗粒的比表面积。

显然，球形颗粒只需单一参数——直径 d_p 即可表示各有关特性。

非球形颗粒 工业上大部分的固体颗粒形状是不规则的，非球形的。对非球形颗粒的体积、表面积和比表面积怎么表征呢？通常将非球形颗粒以颗粒粒度——某种当量的球形颗粒直径来表征，即用与非球形颗粒本身具有相同性质的球的直径表征（如体积相同，表面积相同，沉降速度相同等）。若某个考察的领域内非球形颗粒的特性与一个球形颗粒等效，这一球形颗粒的直径即为非球形颗粒在这一特性上的当量直径。根据不同方面的等效性，可以定义不同的当量直径。某种当量直径也只在这一方面与非球形颗粒具有等效性，不能全面代替。比如用体积当量直径直接计算非球形颗粒的体积是没问题的，但用它计算表面积和比表面积就不恰当了。在对颗粒进行描述时要认真考虑过程的性质和特征以选择适合的参数。例如，当讨论颗粒在重力（或离心力）场中所受的场力时，常用质量等效或体积等效的当量直径；而过滤中影响流体通过颗粒层流动阻力的主要颗粒特性是颗粒的比表面，此时需要采用比表面积当量直径。

① 体积当量直径，使当量球形颗粒的体积$\frac{\pi}{6}d_{ev}^3$ 等于真实颗粒的体积 v，定义为

$$d_{ev}=\sqrt[3]{\frac{6v}{\pi}} \tag{2-4}$$

② 表面积当量直径，使当量球形颗粒的表面积 πd_{es}^2 等于真实颗粒的表面积 s，定义为

$$d_{es}=\sqrt{\frac{s}{\pi}} \tag{2-5}$$

③ 比表面积当量直径，使当量球形颗粒的比表面积$\frac{6}{d_{ea}}$等于真实颗粒的比表面积 a，定义为

$$d_{ea}=\frac{6}{a}=\frac{6}{s/v} \tag{2-6}$$

显然，d_{ev}、d_{es} 和 d_{ea} 在数值上是不等的，但根据各自的定义式可以推出三者之间有如下关系

$$d_{ea}=\frac{d_{ev}^3}{d_{es}^2}=\left(\frac{d_{ev}}{d_{es}}\right)^2 d_{ev} \tag{2-7}$$

由此可知，对非球形颗粒上述特性的描述需要 2 个变量，通常采用体积当量直径和形状系数两个变量。形状系数 ψ 定义为

$$\psi=\frac{\text{与非球形颗粒体积相等的球的表面积}}{\text{非球形颗粒的表面积}}=\frac{d_{ev}^2}{d_{es}^2} \tag{2-8}$$

球形颗粒 $\psi=1$，因为体积相同时球形颗粒的表面积最小，任何非球形颗粒的形状系数 ψ 皆小于 1。

若将体积当量直径 d_{ev} 简写为 d_e 则颗粒特性为

$$v=\frac{\pi}{6}d_e^3 \tag{2-9}$$

$$s=\frac{\pi d_e^2}{\psi} \tag{2-10}$$

$$a=\frac{6}{\psi d_e} \tag{2-11}$$

2.1.2 颗粒群特性

颗粒群的粒度分布 当很多颗粒聚集在一起就构成颗粒群。颗粒群中各单颗粒的尺寸不可能完全一样，具有一定的粒度分布特征。为研究颗粒分布对颗粒群（或颗粒层）内流动的影响，首先必须设法测量并定量表示这一分布。颗粒粒度测量的方法有筛分法，显微镜法，沉降法，电阻变化法，光散射与衍射法，表面积法等。它们各自基于不同的原理，适用于不同的粒径范围，所得的结果也往往略有不同，在应用时应注意。

下面以筛分分析为例说明如何定量表达粒度分布。筛分分析是采用一套标准筛进行测量。标准筛系金属丝网编织而成，每一筛号的金属丝粗细和筛孔的净宽是有规定的，各国的标准筛规格不尽相同，我国采用泰勒标准筛，以每英寸边长的孔数为筛号，称为目（参见附录）。当使用某号筛子时，通过筛孔的颗粒量称为筛过量，截留于筛面上的颗粒量则称为筛余量。现将一套标准筛按筛孔尺寸上大下小地叠在一起，将已称量的一批颗粒放在最上一号筛子上。然后，将整套筛子用振荡器振动过筛，颗粒因粒度不同而分别被截留于各号筛面上，称取各号筛面上的颗粒筛余量即得筛分分析的基本数据。

筛分分析的数据可用分布函数曲线和频率函数曲线两种统计方法表达，如图 2-1 和图 2-2 所示。

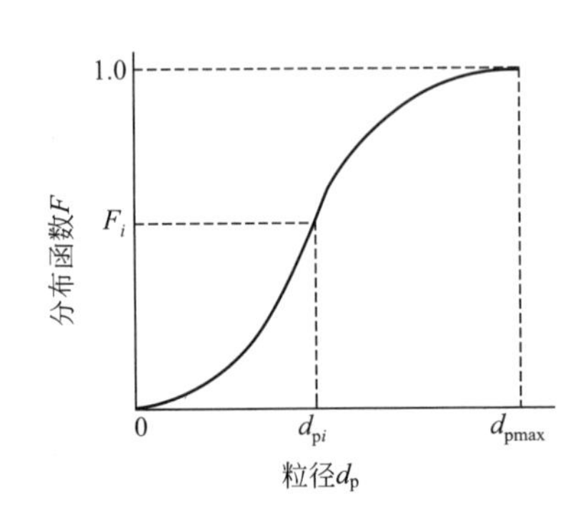

图 2-1 分布函数曲线

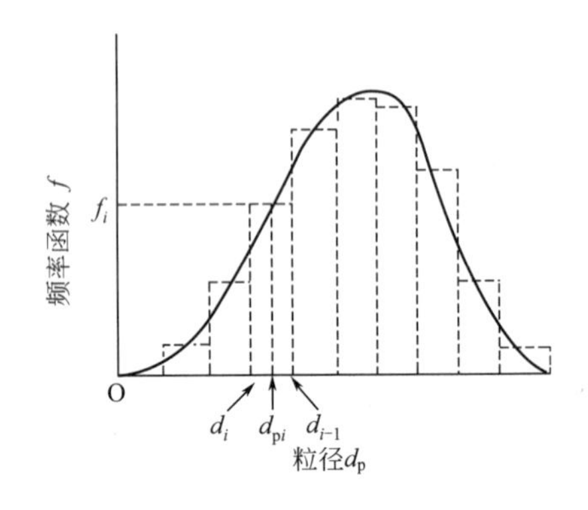

图 2-2 频率函数曲线

分布函数曲线如图 2-1 所示。图中横坐标为筛孔尺寸 d_{pi}，对应的纵坐标为该号筛子的筛过量（即该筛号以下的颗粒质量的总和）占试样总量的分率为 F_i。

分布函数曲线有两个重要特性：①对应于某一尺寸 d_{pi} 的 F_i 值表示直径小于 d_{pi} 的颗粒占全部试样的质量分数。例如，在分布函数曲线上纵坐标 $F_i=0.5$ 对应的 $d_p=120\mu m$，表示该颗粒中 50%的颗粒直径小于 120μm，也可简单表示为 $d_{50}=120\mu m$；②在该批颗粒的最大直径 $d_{p\max}$ 处，其分布函数为 1。

频率函数曲线如图 2-2 所示。图中 d_{i-1} 与 d_i 为相邻上下两层筛孔的尺寸（筛号由上而下从小到大排序），d_i 筛孔的筛面上的颗粒直径介于 d_{i-1} 与 d_i 之间，若用一矩形的面积表示该粒径范围内颗粒的质量占全部试样的质量百分率 x_i，不难理解纵坐标即矩形的高度为

$$\bar{f}_i=\frac{x_i}{d_{i-1}-d_i} \tag{2-12}$$

$\bar{f}_i$ 表示粒径处于$d_{i-1}\sim d_i$ 范围内颗粒的平均分布频率。如果 d_{i-1} 与 d_i 相差不大，可以把这一范围内的颗粒视为具有相同直径的均匀颗粒，且取

$$d_{pi}=\frac{1}{2}(d_{i-1}+d_i) \tag{2-13}$$

可以设想，当相邻两号筛孔直径无限接近，则矩形数目无限增多，而每个矩形的面积无限缩小并趋近一条直线。将这些直线的顶点连接起来，可得到一条光滑的曲线，称为频率函数曲线。曲线上任一点的纵坐标 f_i 称为粒径为 d_{pi} 的颗粒的频率函数。

频率函数曲线也有两个重要特性：①在一定粒度范围内的颗粒占全部颗粒的质量分数等于该粒度范围内频率函数曲线与横轴间所夹的面积。②频率函数曲线下的全部面积等于 1。

比较分布函数 F 和频率函数 f 的定义，可以看出两者之间的微分与积分关系。

$$f_i=\frac{\mathrm{d}F}{\mathrm{d}(d_p)}\bigg|_{d_p=d_{pi}} \tag{2-14}$$

和

$$F_i=\int_0^{d_{pi}} f\mathrm{d}(d_p) \tag{2-15}$$

颗粒群的平均直径 尽管颗粒群具有某种粒度分布，以分布函数和频率函数曲线的形式表达也非常直观。但工程应用时为简便起见，仍希望用某个平均值或当量值来代替分布。平均的方法很多，如算术平均、面积平均、体积（质量）平均、比表面积平均等。也须明确，任何一个平均值都不能全面代替一个分布函数，只能在某个侧面与原分布函数等效。因此决定选用何种平均值代替分布前，须对过程规律有充分认识。

以考察流体流过细小颗粒堆积的颗粒层流动为例说明。颗粒层中颗粒较小，颗粒层内的流体流动是极慢的爬流，流动阻力主要受颗粒层内固体表面积大小的影响。基于这样的认识，在考察流体在颗粒层内流动时就应以比表面积相等为准则确定实际颗粒群的平均直径 $d_{3,2}$。

设有一批大小不等的球形颗粒，其总质量为 m，颗粒密度为 ρ_p。经筛分分析得知，相邻两号筛之间的颗粒质量为 m_i，其直径为 d_{pi}。根据比表面积相等的原则，由式(2-3)可写出颗粒群的比表面积平均直径 $d_{3,2}$ 应为

$$\frac{6}{d_{3,2}}=\frac{\sum(n_i\pi d_{pi}^2)}{\sum\left(n_i\ \frac{\pi d_{pi}^3}{6}\right)} \tag{2-16}$$

$$d_{3,2}=\frac{\sum(n_i d_{pi}^3)}{\sum(n_i d_{pi}^2)}=\frac{\sum\left(n_i\ \frac{\pi}{6}d_{pi}^3\right)}{\sum\left(n_i\ \frac{\pi d_{pi}^3}{6d_{pi}}\right)}=\frac{m}{\sum\frac{m_i}{d_{pi}}}=\frac{1}{\sum\frac{x_i}{d_{pi}}} \tag{2-17}$$

上式对非球形颗粒仍然适用，由式(2-7)和式(2-8)可知，只需以（ψd_e）$_i$ 代替式中的 d_{pi} 即可。

2.2 过滤

过滤是将悬浮液中的固、液两相分离的常用方法。操作中，在重力、压差力或离心力推动下，悬浮液中的固体颗粒被多孔性过滤介质截留，滤液穿过介质流出，从而实现液固分离。利用过滤操作可获得清净的液体或固体颗粒作为产品。

2.2.1 流体通过固体颗粒床层的流动

对工业应用的过滤过程，多数情况下真正有效的过滤介质是随着过滤进行，滤渣逐步堆积增厚而形成的滤饼（滤渣层）。本质上滤饼就是过滤过程中截留下来的固体颗粒组成的床层，而过滤过程就是流体通过这层颗粒床层成为清液（滤液），颗粒被截留（滤饼不断增厚）的过程。因此把握过滤过程的规律，就需要先了解由固体颗粒组成的床层的特性，以及流体通过颗粒床层的流动规律。

颗粒床层特性 大量固体颗粒以某种方式堆积在一起就形成颗粒床层。若颗粒处于静止状态，颗粒床层称为固定床。描述固定床的特性参数有

(1) *床层的空隙率* 空隙率 ε 就是床层内的空隙体积与整个床层体积的比值，其定义如下

$$\varepsilon=\frac{\text{床层体积}-\text{颗粒所占的体积}}{\text{床层体积}} \tag{2-18}$$

空隙率表示床层中颗粒堆积的疏密程度。颗粒的形状、粒度分布以及填充方式都影响床层空隙率的大小。可以证明，均匀的球形颗粒最松排列时的空隙率为 0.48，最紧密排列时空隙率为 0.26，注意这两个数值与球形颗粒粒度大小无关。但粒度分布会影响空隙率，粒度分布宽的，由于小颗粒可以嵌入大颗粒之间的空隙中，空隙率会下降。乱堆的非球形颗粒床层空隙率往往大于球形颗粒，此外充填方式也是影响床层空隙率的重要因素。若充填时受到振动，形成的床层会紧实一些；若采用湿法充填即设备内先充以液体，则形成的床层排列疏松一些。一般乱堆床层的空隙率大致在 0.47～0.7 之间。

(2) *床层的自由截面积* 床层的自由截面积指床层截面上未被颗粒占据的可供流体通过的空隙面积。

对乱堆的小颗粒床层，若颗粒是非球形，各颗粒的定向是随机的，可认为床层是各向同性的。各向同性床层的一个重要特点是床层自由截面与床层截面之比在数值上等于空隙率 ε。

实际上，壁面附近的空隙率总是大于床层内部。流体在近壁处的流速必大于床层内部，这种现象称为壁效应。对于直径 D 较大的床层，近壁区所占的比例较小，壁效应的影响可以忽略；而当床层直径即 D/d_p 较小时，则必须考虑壁效应的影响。

(3) *床层的比表面积* 单位床层体积具有的颗粒表面积称为床层的比表面积 a_B。如果忽略因颗粒相互接触而使裸露的颗粒表面减少，则 a_B 与颗粒的比表面积 a 之间具有如下关系

$$a_B=a(1-\varepsilon) \tag{2-19}$$

流体通过固定床的压降 固定床中颗粒间的空隙形成许多可供流体通过的细小通道，这些通道曲折并互相交联。同时通道的截面大小和形状又是很不规则的。流体通过如此复杂的通道过程难以精确描述，对于工程上感兴趣的床层阻力（压降）问题，可采用简化模型处理，然后依靠实验来解决。

(1) *床层的简化物理模型——细管模型* 基于对流体通过颗粒层的流动多呈爬流状态，单位体积床层所具有的表面积对流动阻力有决定性的作用，大多研究者将床层中的不规则通道简化成长度为 L_e 的一组平行细管，如图 2-3 所示，并规定：

① 细管的内表面积等于床层颗粒的全部表面积；

② 细管的全部流动空间等于颗粒床层的空隙容积。

按此简化模型，流体通过固定颗粒床层的压降等同于流体通过一组当量直径为 d_e，长

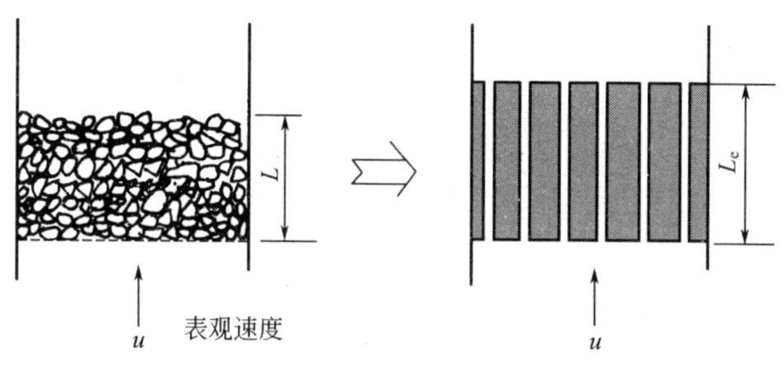

图 2-3 颗粒床层的简化模型

度为 L_e 的细管的压降。其中，虚拟细管的当量直径 d_e

$$d_e=\frac{4n\frac{\pi}{4}d_e^2L_e}{n\pi d_eL_e}=\frac{4\times 细管总体积}{细管全部内表面积}$$

结合简化模型的假定，可得

$$d_e=\frac{4\times 床层的流动空间}{床层颗粒的全部表面积}=\frac{4V\varepsilon}{Va_B}=\frac{4\varepsilon}{a(1-\varepsilon)} \tag{2-20}$$

式中，V 为床层体积；ε 为床层空隙率；a_B 为床层比表面积；a 为颗粒比表面积。

细管长度 L_e 与实际床层高度 L 不等，但可认为 L_e 与实际床层高度 L 成正比，即$\frac{L_e}{L}=$常数。

(2) 流体通过固定床的压降 通过建立简化的物理模型，流体通过具有复杂几何边界的床层的压降简化为通过圆形直管的压降。流体通过圆形直管的阻力

$$h_f=\frac{\Delta\mathscr{P}}{\rho}=\lambda\frac{L_e}{d_e}\times\frac{u_1^2}{2} \tag{2-21}$$

式中，u_1 为流体在细管内的流速，可取流体在床层中颗粒空隙间的实际流速，它与空床流速（表观流速）u 的关系为

$$u=\varepsilon u_1 \quad 或 \quad u_1=\frac{u}{\varepsilon} \tag{2-22}$$

将式(2-20)、式(2-22) 代入式(2-21) 得

$$\frac{\Delta\mathscr{P}}{L}=\lambda'\frac{(1-\varepsilon)a}{\varepsilon^3}\rho u^2 \tag{2-23}$$

$$\lambda'=\frac{\lambda}{8}\times\frac{L_e}{L}$$

式中，$\frac{\Delta\mathscr{P}}{L}$为单位床层高度的虚拟压强差，当重力可以忽略时，$\frac{\Delta\mathscr{P}}{L}\approx\frac{\Delta p}{L}$，近似为单位床层高度的压降。

康采尼（Kozeny）对此进行了实验研究，验证了简化模型的合理性，并测定了模型参数 λ'。发现在流速较低、雷诺数 $Re'<2$ 的情况下，实验数据能较好地符合式(2-24)

$$\lambda'=\frac{K'}{Re'} \tag{2-24}$$

式中，K'称为康采尼常数，其值为 5.0；Re'称为床层雷诺数，可由式(2-25) 计算

$$Re'=\frac{d_e u_1 \rho}{4\mu}=\frac{\rho u}{a(1-\varepsilon)\mu} \tag{2-25}$$

将式(2-24)、式(2-25)代入式(2-23)得

$$\frac{\Delta \mathscr{P}}{L}=K'\frac{a^2(1-\varepsilon)^2}{\varepsilon^3}\mu u \tag{2-26}$$

此式称为康采尼方程，适用于低雷诺数范围（$Re'<2$）。

欧根（Ergun）在较宽的 Re' 范围进行研究并获得式(2-27)

$$\frac{\Delta \mathscr{P}}{L}=4.17\frac{(1-\varepsilon)^2 a^2}{\varepsilon^3}\mu u+0.29\frac{(1-\varepsilon)a}{\varepsilon^3}\rho u^2 \tag{2-27}$$

此式亦称为欧根方程，其实验范围为 $Re'=0.17\sim420$。当 $Re'<3$ 时，等式右方第二项可以略去；当 $Re'>100$ 时，等式右方第一项可以略去。

从康采尼或欧根公式可以看出，影响床层压降的变量有三类：操作变量 u、流体物性 μ 和 ρ 以及床层特性 ε 和 a。床层压降对空隙率 ε 影响的敏感度最高。比如，若维持其他条件不变而使空隙率 ε 从 0.5 下降至 0.4，不难算出单位床层压降将增加 1.81 倍。而空隙率又是易受外界因素影响变化的，在进行设计计算时，空隙率 ε 的选取应当十分慎重。

2.2.2 过滤过程基本概念

过滤方式

(1) *滤饼过滤* 图 2-4 (a) 是简单的滤饼过滤设备示意图，悬浮液置于过滤介质的一侧。在过滤操作开始阶段，由于过滤介质的网孔尺寸不一定小于被截留的颗粒直径，在压差作用下会有少量颗粒与悬浮液的液体一起穿过介质，有部分颗粒进入过滤介质网孔中发生架桥现象[见图 2-4(b)]。随后滤渣逐步堆积形成一个滤渣层，称为滤饼。滤饼层被认为是真正有效的过滤介质。后续颗粒无法穿透滤饼层而被截留下来，穿过滤饼的液体则变为清净的滤液。通常，在滤饼形成之前得到的浑浊的滤液须返回重滤。

滤饼过滤过程中，滤饼不断增厚，过滤阻力不断增大。

(2) *动态过滤* 鉴于传统滤饼过滤过程中阻力随滤饼的增厚而不断增大，动态过滤采用多种方法，如机械的、水力的或电场等人为干扰限制滤饼增长，以使整个过滤过程维持一个较高的过滤速度。图 2-5 所示为动态过滤中横流过滤的一个例子，利用水力剪切作用限制了滤饼的增长。

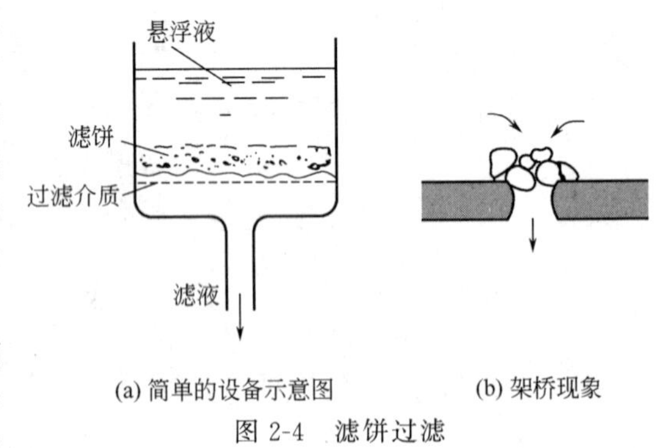

图 2-4 滤饼过滤

(3) *深层过滤* 滤饼过滤和动态过程颗粒都在过滤介质表面被截留，而深层过滤中颗粒进入介质孔隙后，在惯性和扩散作用下，借静电与表面力附着于通道壁面，如图 2-6 所示。深层过滤适用于净化含固量很少（颗粒的体积分数<0.1%）的悬浮液。

本章仅对滤饼过滤的计算和所使用的设备作进一步讨论。

过滤介质 工业操作使用的过滤介质主要有以下几种。

(1) *织物介质* 由天然或合成纤维、金属丝等编织而成的滤布、滤网，是使用最广泛的过滤介质。它的价格便宜，易清洗及更换。视织物的编织方法和孔网的疏密程度，可截留颗

粒的最小直径为 5～65μm。

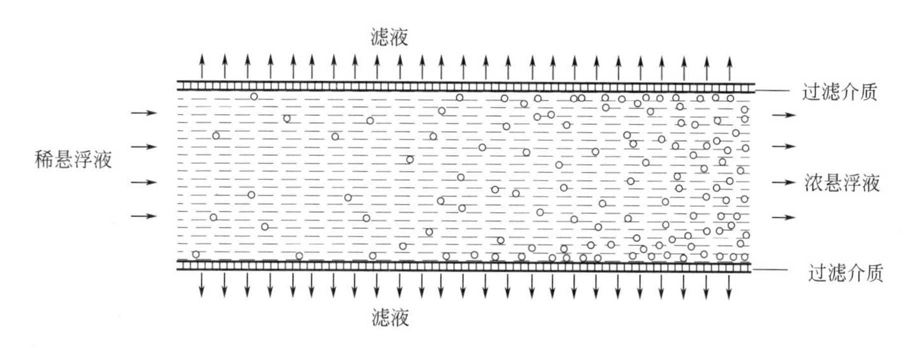

图 2-5 动态过滤

(2) 多孔性固体介质 此类介质包括素瓷、烧结金属（或玻璃），或由塑料细粉黏结而成的多孔性塑料管等，能截留小至 1～3μm 的微小颗粒。

(3) 堆积介质 此类介质是由各种固体颗粒（砂、木炭、石棉粉）或非编织纤维（玻璃棉等）堆积而成，一般用于处理含固体量很少的悬浮液，如水的净化处理等。

此外，工业滤纸也可与上述介质组合，用以拦截悬浮液中少量微细颗粒。

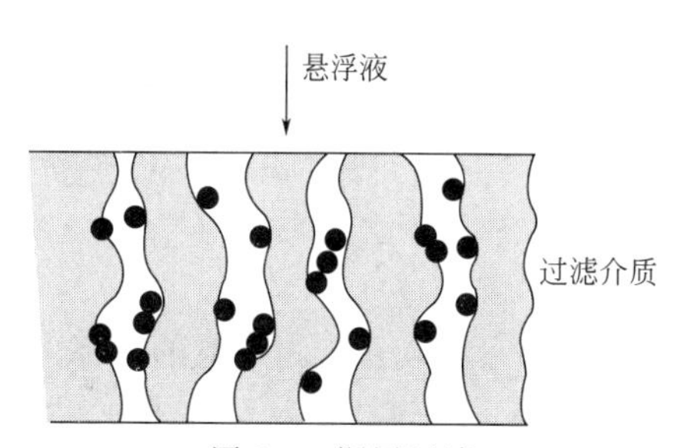

图 2-6 深层过滤

过滤介质的选择要根据悬浮液中固体颗粒的含量及粒度范围，介质所能承受的温度和它的化学稳定性、机械强度等因素来考虑。尽管有“架桥现象”，在选用过滤介质时，仍应使 5%以上的颗粒大于过滤介质孔径，否则容易出现“穿滤现象”。

滤饼的压缩性和助滤剂 某些悬浮液中的颗粒所形成的滤饼具有一定的刚性，滤饼的空隙结构并不因为操作压差的增大而变形，这种滤饼称为不可压缩滤饼。有的滤饼在操作压差作用下会发生不同程度的变形，压密致使流动通道缩小，流动阻力急骤增加。这种滤饼称为可压缩滤饼。

为增大滤饼层的空隙率，减少可压缩滤饼的流动阻力，可采用添加某种助滤剂以改变滤饼结构，增加滤饼刚性。常用的助滤剂是一些多孔性的粉状或纤维状固体，具有刚性，能承受一定压差而不变形，尺度大体均匀，且化学稳定性好，不与物料发生化学反应。如硅藻土、膨胀珍珠岩、纤维素等。

助滤剂的用法有预敷和掺滤两种。预敷是将含助滤剂的悬浮液先在过滤面上滤过，以形成 1～3mm 厚的助滤剂预敷层，然后过滤料浆。掺滤则是将助滤剂混入待滤悬浮液中一并过滤，加入的助滤剂量约为料浆的 0.1%～0.5%（质量分数）。应当注意，一般在以获得清液为目的的过滤中才使用助滤剂。

2.2.3 过滤过程的数学描述

物料衡算 对指定的悬浮液，获得一定量的滤液必形成与之相对应量的滤饼，其间关系取决于悬浮液中的含固量及滤饼结构，并可由物料衡算求出。悬浮液含固量的表示方法有两种，即质量分数 w（kg 固体/kg 悬浮液）和体积分数 ϕ（m^3 固体/m^3 悬浮液）。对颗粒在液体中不发生溶胀的物系，质量分数与体积分数的关系为

$$\phi=\frac{w/\rho_p}{w/\rho_p+(1-w)/\rho} \tag{2-28}$$

式中，ρ_p、ρ 分别为固体颗粒和滤液的密度。

物料衡算时，按体积加和原则，可对总量和固体物量列出两个衡算式

$$V_{悬}=V+LA \tag{2-29}$$

$$V_{悬}\phi=LA(1-\varepsilon) \tag{2-30}$$

式中，$V_{悬}$ 为获得滤液量 V 并形成厚度为 L 的滤饼时所过滤的悬浮液总量，m^3；ε 为滤饼空隙率。由式(2-29) 和式(2-30) 两式不难导出

$$LA=\frac{\phi}{1-\varepsilon-\phi}V \tag{2-31}$$

$$L=\frac{\phi}{1-\varepsilon-\phi}q \tag{2-32}$$

式(2-31)和式(2-32)表达了获得一定量滤液与所形成的滤饼量的关系。在过滤时若滤饼空隙率 ε 不变，则滤饼体积 LA 与滤液体积 V 或者滤饼厚度 L 与单位面积累计滤液量 q 成正比。一般悬浮液中颗粒的体积分数 ϕ 较滤饼空隙率 ε 小得多，分母中 ϕ 值可以略去，则有

$$L=\frac{\phi}{1-\varepsilon}q \tag{2-33}$$

【例 2-1】 滤液量与滤饼量的关系

实验室中过滤质量分数为 0.09 的碳酸钙水悬浮液，取湿滤饼 100g 经烘干后称重得干固体质量为 53g。已知碳酸钙密度为 2730kg/m³，过滤在 20℃及压差 0.05MPa 下进行。试求：(1) 悬浮液中碳酸钙的体积分数 ϕ；(2) 滤饼的空隙率 ε；(3) 每立方米滤液所形成的滤饼体积。

解：(1) 取 20℃水的密度为 $\rho=1000kg/m^3$。碳酸钙颗粒在水中没有体积变化，所以悬浮液中碳酸钙的体积分数 ϕ 为

$$\phi=\frac{w/\rho_p}{w/\rho_p+(1-w)/\rho}=\frac{0.09/2730}{0.09/2730+0.91/1000}=0.0350$$

(2) 湿滤饼试样中的固体体积 $V_{固}$ 为

$$V_{固}=\frac{0.053}{2730}=1.94\times10^{-5}m^3$$

滤饼中水的体积 $V_{水}$ 为

$$V_{水}=\frac{0.100-0.053}{1000}=4.7\times10^{-5}m^3$$

滤饼空隙率为

$$\varepsilon=\frac{V_{水}}{V_{水}+V_{固}}=\frac{4.7\times10^{-5}}{(4.7+1.94)\times10^{-5}}=0.708$$

(3) 单位滤液形成的滤饼体积可由式(2-31)得

$$\frac{LA}{V}=\frac{\phi}{1-\varepsilon-\phi}=\frac{0.035}{1-0.708-0.035}=0.136m^3_{饼}/m^3_{滤液}$$

过滤速率 设过滤设备的过滤面积为 A，在过滤时间为 τ 时所获得的滤液量为 V，则过滤速率 u 可定义为单位时间、单位过滤面积所得的滤液量，即

$$u=\frac{dV}{A\,d\tau}=\frac{dq}{d\tau} \tag{2-34}$$

式中，$q=\dfrac{V}{A}$，为通过单位过滤面积的滤液总量，m^3/m^2。

过滤操作所涉及的颗粒尺寸一般都很小，液体在滤饼空隙中的流动多处于康采尼公式适用的低雷诺数范围内。由式(2-26)可得

$$u=\frac{dq}{d\tau}=\frac{\varepsilon^3}{(1-\varepsilon)^2a^2}\times\frac{1}{K'\mu}\times\frac{\Delta\mathscr{P}}{L} \tag{2-35}$$

将式(2-33) 的滤饼厚度 L 代入式(2-35)，并整理可得

$$\frac{dq}{d\tau}=\frac{\Delta\mathscr{P}}{r\phi\mu q} \tag{2-36}$$

$$r=\frac{K'a^2(1-\varepsilon)}{\varepsilon^3} \tag{2-37}$$

式中，r 称为滤饼的比阻，m^{-2}，反映了滤饼的特性；$\Delta\mathscr{P}$ 为滤饼层两边的压差，Pa；μ 为滤液的黏度，Pa·s。

式(2-36)中的分子 $\Delta\mathscr{P}$ 是施加于滤饼两端的压差，可看作过滤操作的推动力，而分母（$r\phi\mu q$）可视为滤饼对过滤操作造成的阻力，故该式可写成

$$\text{过滤速率}=\frac{\text{过程的推动力}(\Delta\mathscr{P})}{\text{过程的阻力}(r\phi\mu q)} \tag{2-38}$$

对滤饼过滤操作，过滤的阻力应包含滤饼层的阻力和过滤介质的阻力，图 2-7 表示过滤操作的推动力和阻力情况。$\Delta\mathscr{P}_1$、$\Delta\mathscr{P}_2$分别为滤饼两侧和过滤介质两侧的压强差，通过单位过滤面积获得滤液量 q 所形成的滤饼层的阻力为 $r\phi\mu q$，那么过滤介质阻力的大小可视为通过单位过滤面积获得当量滤液量 q_e 所形成的虚拟滤饼层的阻力。这样，根据式(2-36)可写出过滤速率式

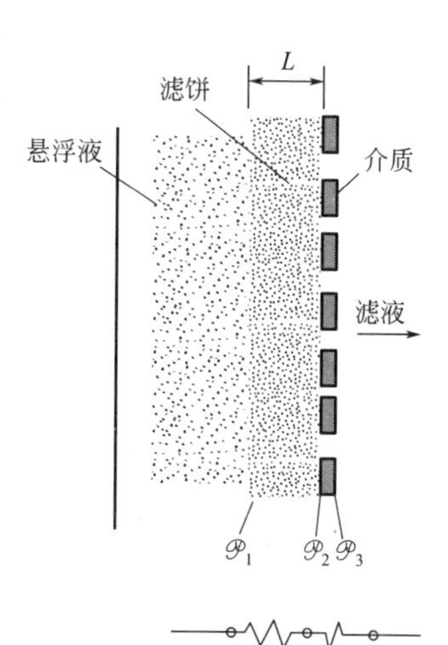

图 2-7　过滤操作的推动力和阻力

$$\frac{dq}{d\tau}=\frac{\Delta\mathscr{P}_1}{r\phi\mu q}$$

及

$$\frac{dq}{d\tau}=\frac{\Delta\mathscr{P}_2}{r\phi\mu q_e}$$

将以上两式的推动力和阻力分别加和可得

$$\frac{dq}{d\tau}=\frac{\Delta\mathscr{P}_1+\Delta\mathscr{P}_2}{r\phi\mu(q+q_e)}=\frac{\Delta\mathscr{P}}{r\phi\mu(q+q_e)} \tag{2-39}$$

式中，$\Delta\mathscr{P}=\Delta\mathscr{P}_1+\Delta\mathscr{P}_2$，为过滤操作的总压差。令

$$K=\frac{2\Delta\mathscr{P}}{r\phi\mu} \tag{2-40}$$

则

$$\frac{dq}{d\tau}=\frac{K}{2(q+q_e)} \tag{2-41}$$

或

$$\frac{\mathrm{d}V}{\mathrm{d}\tau}=\frac{KA^2}{2(V+V_e)} \tag{2-42}$$

式中，$V_e=Aq_e$，为形成与过滤介质阻力相等的滤饼层所得的滤液量，m^3。

式(2-41) 称为过滤速率基本方程。该方程表达了某一瞬时的过滤速率与物系性质、操作压差及该时刻以前的累计滤液量之间的关系。

过滤常数 过滤速率基本方程的推导中引入了 K 与 q_e 两个参数，通常称为过滤常数，其数值需由实验测定。

(1) K 由定义式(2-40) 可知，K 值与悬浮液的性质（悬浮液的固含量，滤液黏度和滤饼比阻）及操作压差 $\Delta\mathscr{P}$有关。对指定的悬浮液，只有当操作压差不变时 K 值才是常数。比阻 r 是滤饼结构参数，不可压缩滤饼的比阻 r 仅取决于悬浮液的物理性质；可压缩滤饼的比阻 r 则随操作压差的增加而增大，一般服从如下的经验关系

$$r=r_0\Delta\mathscr{P}^s \tag{2-43}$$

式中，r_0、s 均为实验常数；s 称为压缩指数。对于不可压缩滤饼，$s=0$；可压缩滤饼的压缩指数 s 约为 0.2～0.9。表 2-1 列出了几种物料的压缩指数 s，可供应用参考。

表 2-1 几种物料的压缩指数 s

物料	硅藻土	碳酸钙	钛白粉	高岭土	滑石	黏土	硫化锌	硫化铁	氢氧化铅
s	0.098	0.19	0.27	0.33	0.51	0.4～0.6	0.69	0.8	0.9

(2) q_e 是形成与过滤介质阻力相等的虚拟滤饼层时，单位过滤面积获得的滤液量，称当量滤液量 q_e。对指定的悬浮液和过滤介质，当量滤液量 q_e 可视为常数。

2.2.4 过滤过程的计算

根据计算目的，过滤计算可分为设备选定之前的设计计算、现有设备的操作状态的核算以及扩容改造的综合型计算等。

设计型计算就是根据设计任务给定的滤液量 V 和过滤时间 τ，选择操作压强 $\Delta\mathscr{P}$，计算所需过滤面积 A。操作型计算则是已知设备尺寸和参数，在给定操作条件下核算该设备是否可以完成生产任务；或者在给定生产任务条件下求取相应的操作条件。综合型计算则需综合原有具体工况和条件，对新任务提供改造方案。

间歇式过滤的滤液量与过滤时间的关系 为建立累计滤液量 q 与过滤时间 τ 之间的关系，需将式(2-41) 积分。积分须视过滤采用的具体操作方式进行。

过滤过程的典型操作方式有两种：一是在恒压差、变速率的条件下进行，称为恒压过滤；二是在恒速率、变压差的条件下进行，称为恒速过滤。

(1) 恒速过滤方程 恒速过滤过程，过滤速率$\frac{\mathrm{d}q}{\mathrm{d}\tau}$为一常数

$$\frac{\mathrm{d}q}{\mathrm{d}\tau}=\frac{K}{2(q+q_e)}=\text{常数}$$

$$\frac{q}{\tau}=\frac{K}{2(q+q_e)}$$

$$q^2+qq_e=\frac{K}{2}\tau \tag{2-44}$$

或
$$V^2+VV_e=\frac{K}{2}A^2\tau \tag{2-45}$$

式(2-44)、式(2-45) 为恒速过滤方程。注意，其中 K 值随时间而变。

(2) 恒压过滤方程 在恒定压差下，K 为常数。若过滤一开始就是在恒压条件下操作，由式(2-41) 可得

$$\int_{q=0}^{q=q}(q+q_e)\mathrm{d}q=\frac{K}{2}\int_{\tau=0}^{\tau=\tau}\mathrm{d}\tau$$

$$q^2+2qq_e=K\tau \tag{2-46}$$

或
$$V^2+2VV_e=KA^2\tau \tag{2-47}$$

此两式表示了恒压条件下过滤时累计滤液量 q（或 V）与过滤时间 τ 的关系，称为恒压过滤方程。

若在压差达到恒定之前，已在其他条件下过滤了一段时间 τ_1 并获得滤液量 q_1，由式(2-41) 可得

$$\int_{q=q_1}^{q=q}(q+q_e)\mathrm{d}q=\frac{K}{2}\int_{\tau=\tau_1}^{\tau=\tau}\mathrm{d}\tau$$

$$(q^2-q_1^2)+2q_e(q-q_1)=K(\tau-\tau_1) \tag{2-48}$$

或
$$(V^2-V_1^2)+2V_e(V-V_1)=KA^2(\tau-\tau_1) \tag{2-49}$$

洗涤速率与洗涤时间 由于滤饼层的颗粒间的空隙仍存有一定量的滤液，一方面可能影响固液分离后固相产品的质量，另一方面也会影响液相产品的回收，故在过滤操作结束时用清液通过滤饼流动，将滤饼中的滤液置换出来，此过程称为洗涤。

当滤饼需要洗涤时，单位面积洗涤液的用量 q_w 需由实验决定。在洗涤过程中滤饼不再增厚，因此当操作压差保持恒定时，洗涤速率也恒定。根据过滤机中洗涤液流经滤饼的通道不同，可决定洗涤速率和洗涤时间。

在某些过滤设备（如叶滤机）中洗涤液流经滤饼的通道与过滤终了时滤液的通道相同。洗涤液通过的滤饼面积亦与过滤面积相等，故洗涤速率 $(\mathrm{d}q/\mathrm{d}\tau)_w$ 可由式(2-36) 计算，即

$$\left(\frac{\mathrm{d}q}{\mathrm{d}\tau}\right)_w=\frac{\Delta\mathscr{P}_w}{r\mu_w\phi(q+q_e)}=\frac{\Delta\mathscr{P}_w}{\Delta\mathscr{P}}\times\frac{\mu}{\mu_w}\times\frac{K}{2(q+q_e)} \tag{2-50}$$

式中，下标 w 表示洗涤；q 为过滤终了时单位过滤面积的累计滤液量。

当单位面积的洗涤液用量 q_w 已经确定，则洗涤时间 τ_w 为

$$\tau_w=\frac{q_w}{(\mathrm{d}q/\mathrm{d}\tau)_w} \tag{2-51}$$

间歇式过滤机的生产能力 对典型的间歇式过滤操作，每一操作周期由以下三部分组成：①过滤时间 τ；②洗涤时间 τ_w；③组装、卸渣及清洗滤布等辅助时间 τ_D。

一个完整的操作周期所需的总时间为

$$\Sigma\tau=\tau+\tau_w+\tau_D \tag{2-52}$$

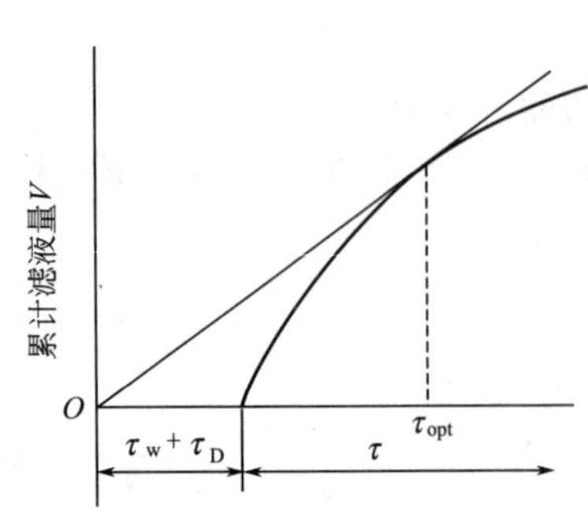

图 2-8 恒压过滤的最佳过滤时间

过滤时间 τ 及洗涤时间 τ_w 的计算方法如前文所述，辅助时间须根据具体情况而定。间歇式过滤机的生产能力定义为单位时间得到的滤液量，即

$$Q=\frac{V}{\sum\tau} \tag{2-53}$$

由图 2-8 恒压过滤曲线可知，曲线上任何一点与原点 O 连线的斜率即为生产能力。显然，过分延长过滤时间 τ 并不能提高过滤机的生产能力。对一定的洗涤和辅助时间 $(\tau_w+\tau_D)$，必存在一个最佳过滤时间 τ_{opt}，过滤至此停止，可使过滤机的生产能力 Q 达最大值（即图中切线的斜率）。这是设备操作最优化的课题。

【例 2-2】 叶滤机过滤面积的计算

某水固悬浮液含固量（质量分数）$w=0.023$，温度为 20℃，固体密度 $\rho_p=3100\text{kg/m}^3$，已通过小试过滤实验测得滤饼的比阻 $r=2.16\times10^{13}\ 1/\text{m}^2$，滤饼不可压缩，滤饼空隙率 $\varepsilon=0.63$，过滤介质阻力的当量滤液量 $q_e=0$。现工艺要求每次过滤时间 30min，每次处理悬浮液 8m³。选用操作压强 $\Delta\mathscr{P}=0.15\text{MPa}$。若用叶滤机来完成此任务，则该叶滤机过滤面积应为多大?

解： 由题意，$\tau=1800\text{s}$，$\mu=1\times10^{-3}\text{Pa}\cdot\text{s}$，$\rho=1000\text{kg/m}^3$

悬浮液固体体积分数为

$$\phi=\frac{w/\rho_p}{w/\rho_p+(1-w)/\rho}=\frac{0.023/3100}{0.023/3100+0.977/1000}=7.54\times10^{-3}$$

由式(2-29) 和式(2-30) 可得

$$V=V_{悬}\left(1-\frac{\phi}{1-\varepsilon}\right)=8\times\left(1-\frac{7.54\times10^{-3}}{1-0.63}\right)=7.84\text{m}^3$$

由式(2-40) 得

$$K=\frac{2\Delta\mathscr{P}}{r\phi\mu}=\frac{2\times0.15\times10^6}{2.16\times10^{13}\times7.54\times10^{-3}\times10^{-3}}=1.84\times10^{-3}\text{m}^2/\text{s}$$

当 $q_e=0$ 时，由式(2-47) 得过滤面积为

$$A=\frac{V}{\sqrt{K\tau}}=\frac{7.84}{\sqrt{1.84\times10^{-3}\times1800}}=4.31\text{m}^2$$

2.2.5 过滤设备

过滤悬浮液的生产设备统称为过滤机。过滤机可按产生压差的方式不同分成压滤、吸滤和离心过滤；根据操作方式的不同，又可分为间歇式和连续式。

各种过滤机的规格及主要性能可查阅有关产品样本。

叶滤机 叶滤机由多块矩形或圆形滤叶平行排列组装成一体构成。其主要构件滤叶是在由金属丝网组成的框架上覆以滤布所构成的过滤单元［参见图 2-9(a)］。滤槽通常是封闭的，以便加压过滤。图 2-9(b) 是叶滤机的示意图。

过滤时，滤液在压差推动下穿过滤布进入中空内腔并汇集于下部总管中流出，滤渣

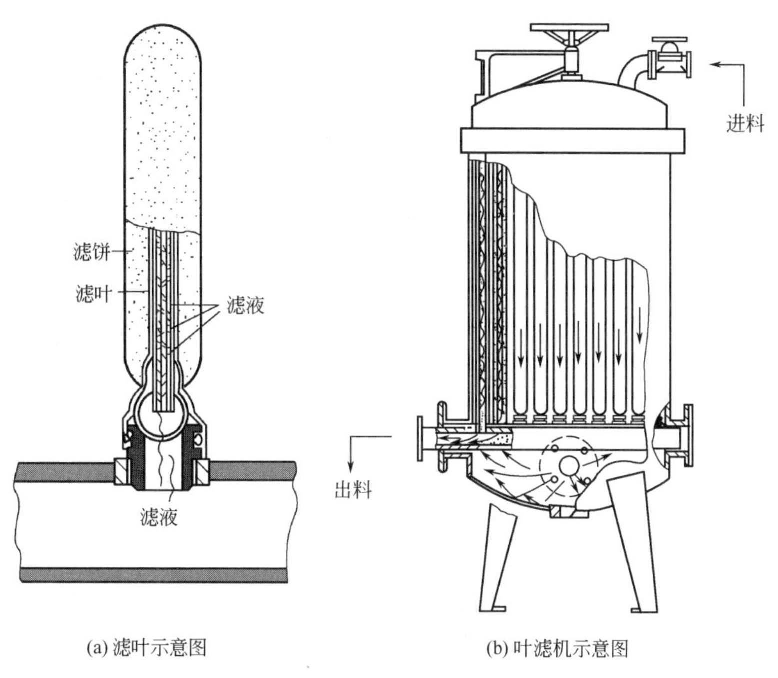

图 2-9 叶滤机

沉积在滤叶外表面。每次过滤结束后，可向滤槽内通入洗涤液进行滤饼的洗涤，也可将带有滤饼的滤叶移入专门的洗涤槽中进行洗涤，然后用压缩空气、清水或蒸汽反向吹卸滤渣。

叶滤机在需要洗涤时，洗涤液与过滤终了时滤液通过滤饼层和过滤介质的路径基本相同，且洗涤面积与过滤面积也相同。如果洗涤操作压差与过滤终了时压差相同，洗涤液的黏度与滤液黏度相近，可认为洗涤速率与过滤终了时过滤速度相等。即

$$\left(\frac{\mathrm{d}V}{\mathrm{d}\tau}\right)_{\mathrm{w}}=\frac{KA^2}{2(V+V_{\mathrm{e}})} \tag{2-54}$$

$$\tau_{\mathrm{w}}=\frac{V_{\mathrm{w}}}{\left(\frac{\mathrm{d}V}{\mathrm{d}\tau}\right)_{\mathrm{w}}}=\frac{2(V+V_{\mathrm{e}})V_{\mathrm{w}}}{KA^2} \tag{2-55}$$

叶滤机的优点是劳动条件较好。每次操作时，滤布不用装卸。缺点是其结构比较复杂，造价较高。

板框压滤机 板框压滤机（见图 2-10）是由多块带棱槽面的滤板和滤框交替排列组装于机架所构成，滤板和滤框的个数在机座长度范围内可根据需要自行调节。

滤板和滤框的构造如图 2-11 所示。板和框的四角开有圆孔，操作开始前，先将四角开孔的滤布盖于板和框的交界面上，借手动、电动或液压传动使螺旋杆转动压紧板和框，此时这些圆孔连通并分别构成供料浆、滤液、洗涤液进出的通道（见图 2-12）。过滤时，悬浮液从通道 1 进入滤框中，滤渣被截留在滤框内，在滤布表面堆积形成滤饼；滤液穿过滤饼和滤布从框两侧流出，并在两侧滤板与通道 1 相对的斜对角汇集，经通道 3 排出。待框内充满滤饼，即停止过滤。此时可根据需要决定是否对滤饼进行洗涤，可洗式板框压滤机的滤板有两种结构：洗涤板与非洗涤板，且在组装时交替排列。洗涤板与非洗涤板的区别在于，洗涤板两侧有暗孔与通道 2 相通，非洗涤板两侧有暗孔与通道 4 相通。洗涤时，洗涤液由通道 2［见图 2-11(c)］进入洗涤板的两侧，穿过滤布，整块框内的滤饼，再穿过滤布，在非洗涤板

的表面汇集，并最后由与 2 相对的斜对角暗孔流入通道 4 排出。洗涤完毕后，即停车松开螺旋，卸除滤饼，洗涤滤布，为下一次过滤作好准备。

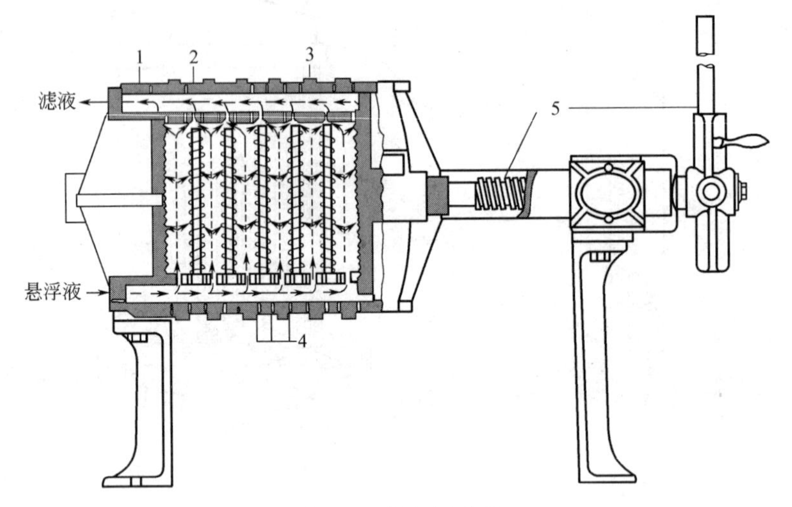

图 2-10　板框压滤机

1—固定头；2—滤板；3—滤框；4—滤布；5—压紧装置

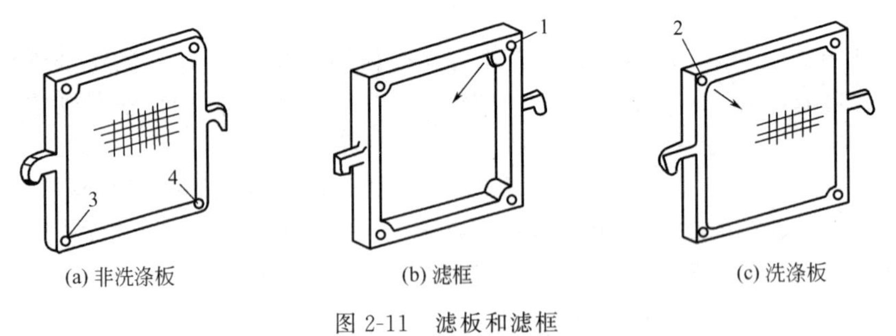

图 2-11　滤板和滤框

1—悬浮液通道；2—洗涤液入口通道；3—滤液通道；4—洗涤液出口通道

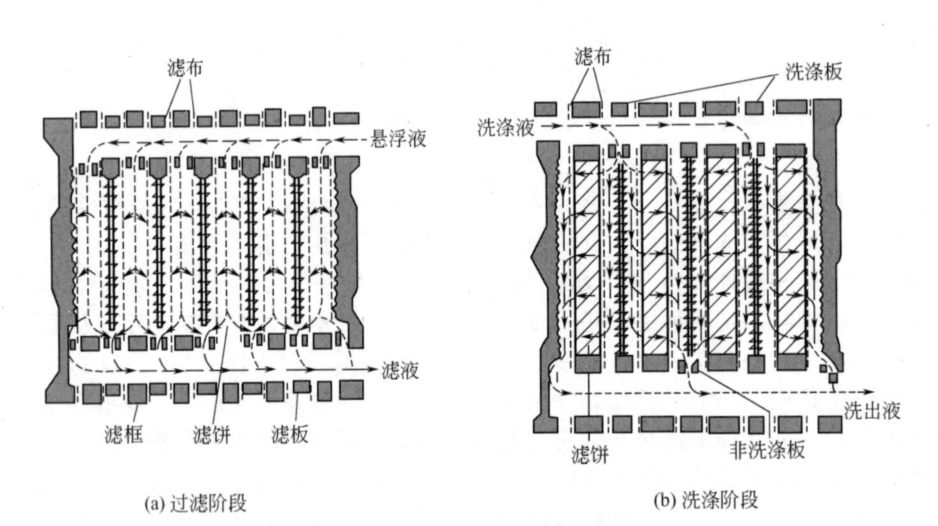

图 2-12　板框压滤机操作简图

板框压滤机的优点是结构紧凑，过滤面积大，主要用于过滤含固量多的悬浮液。由于它可承受较高的压差，其操作压强一般为 0.3～1MPa，因此可用于过滤细小颗粒或液体黏度较高的物料。它的缺点是装卸、清洗大部分靠手工操作，劳动强度较大。

板框压滤机需要洗涤时，洗涤液与过滤终了时滤液通过的路径不同，且洗涤面积与过滤面积也不同。板框压滤机在过滤终了时，滤液通过滤饼层的厚度为框厚的一半，过滤面积为全部滤框面积之和的两倍。但在洗涤时，由图 2-12 可知，洗涤液将通过两倍于过滤终了时滤液的路径，即阻力加倍，故洗涤速率应为式(2-50) 计算值的 1/2，即

$$\left(\frac{dq}{d\tau}\right)_w=\frac{\Delta \mathscr{P}_w}{2r\mu_w\phi(q+q_e)} \tag{2-56}$$

洗涤时间可用式(2-51) 计算。但应注意，q_w 为单位洗涤面积的洗涤液量（m^3/m^2）。此时的洗涤面积仅为过滤面积的一半，$q_w=V_w/(A/2)$。当洗涤液与滤液黏度相等、操作压差与过滤终了相同时，板框压滤机的洗涤时间为

$$\tau_w=\frac{8(V+V_e)V_w}{KA^2} \tag{2-57}$$

式中，A 为板框压滤机的过滤面积；V 为过滤终了时得到的累计滤液量；V_w 为洗涤液用量。

【例 2-3】 板框压滤机的计算

拟用一台板框压滤机过滤例 2-1 所述的 $CaCO_3$ 水悬浮液。滤框的容渣体积为 450mm×450mm×25mm，有 40 个滤框。操作温度 20℃，在恒定压差 $\Delta\mathscr{P}=3\times10^5$Pa 下进行过滤，过滤介质 $q_e=0.005m^3/m^2$，滤饼比阻 $r=9.63\times10^{13}\Delta\mathscr{P}^{0.2}$。待滤框充满后在同样压差下用清水洗涤滤饼，洗涤水量为滤液体积的 0.4 倍。已知每立方米滤液可形成 0.136m^3 的滤饼，试求：(1) 过滤时间 τ；(2) 洗涤时间 τ_w；(3) 压滤机的生产能力（设辅助时间为 20min)。

解：由例 2-1 可知 $\phi=0.035$；$\mu=1.0\times10^{-3}$Pa·s，滤饼比阻

$$r=9.63\times10^{13}\Delta\mathscr{P}^{0.2}=9.63\times10^{13}\times(3\times10^5)^{0.2}=1.20\times10^{15}m^{-2}$$

$$K=\frac{2\Delta\mathscr{P}}{r\mu\phi}=\frac{2\times3\times10^5}{1.20\times10^{15}\times0.001\times0.035}=1.43\times10^{-5}m^2/s$$

(1) 计算滤框中充满滤饼所经历的过滤时间 τ

$$框内滤饼总体积\ 40\times0.45^2\times0.025=0.203m^3$$

$$滤液量\ V=\frac{0.203}{0.136}=1.49m^3$$

$$过滤面积\ A=40\times0.45^2\times2=16.2m^2$$

$$q=\frac{V}{A}=\frac{1.49}{16.2}=0.092m^3/m^2$$

过滤时间

$$\tau=\frac{1}{K}(q^2+2qq_e)=\frac{0.092^2+2\times0.092\times0.005}{1.43\times10^{-5}}=656s$$

(2) 洗涤时间 τ_w

$$\tau_w=\frac{8(V+V_e)V_w}{KA^2}=\frac{8\times(1.49+16.2\times0.005)\times0.4\times1.49}{1.43\times10^{-5}\times16.2^2}=1996\text{s}$$

(3) 生产能力 Q

$$Q=\frac{V}{\tau+\tau_w+\tau_D}=\frac{1.49}{656+1996+1200}=3.87\times10^{-4}\text{m}^3/\text{s}=1.39\text{m}^3/\text{h}$$

厢式压滤机 厢式压滤机由若干带有中心孔的滤板组成。每块滤板凹进的两个表面与相邻的滤板压紧后组成过滤室。带有中心孔的滤布覆盖在滤板上，滤布的中心加料孔部位压紧在两壁面上或把两壁面的滤布用编织管缝合。过滤时，料浆通过中心孔加入，滤渣被截留在滤室内形成滤饼，滤液穿过滤饼和滤布到达滤板，通过板面上的沟槽在下角汇集排出。图 2-13 为厢式压滤机示意图。工业上，自动厢式压滤机已达到较高的自动化程度。

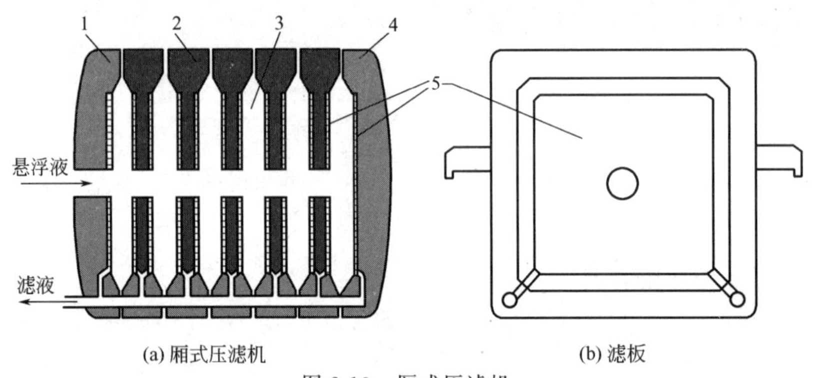

图 2-13 厢式压滤机

1,4—端头；2—滤板；3—滤饼空间；5—滤布

回转真空过滤机 图 2-14 为回转真空过滤机操作简图。这是工业上使用较广的一种连续式过滤机。

在水平安装的中空转鼓表面上覆以滤布，转鼓内分 12 个扇形格，每格都有 1 根管道与转鼓侧面圆盘上的一个端孔相通，该圆盘固定于转鼓侧并与转鼓一起转动，称为转动盘，如图 2-15(a) 所示。此转动盘与装于支架上的固定盘借弹簧压力紧密叠合，这两个互相叠合而

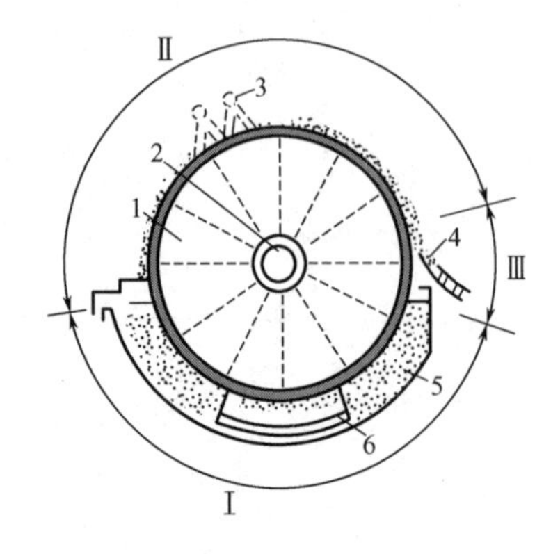

图 2-14 回转真空过滤机操作简图

1—转鼓；2—分配头；3—洗涤水喷嘴；4—刮刀；5—悬浮液槽；6—搅拌器

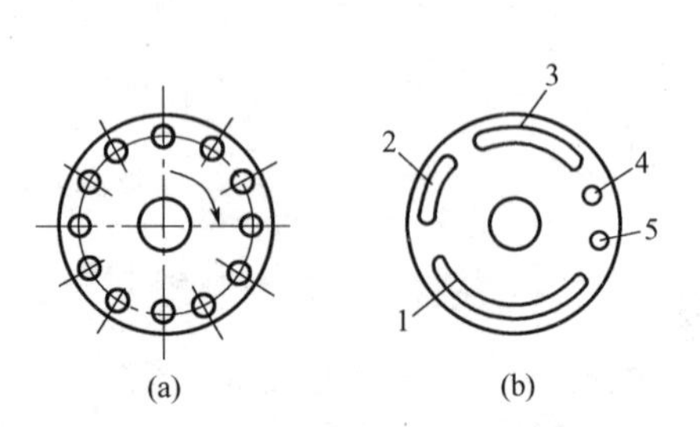

图 2-15 回转真空过滤机的分配头

1,2—与滤液贮罐相通的槽；3—与洗液贮罐相通的槽；4,5—通压缩空气的孔

又相对转动的圆盘组成一付分配头。固定盘面结构如图 2-15(b) 所示。盘面上的圆弧形槽和孔分别通过孔道与滤液贮罐（连真空系统）、洗液贮罐（连真空系统）和压缩空气管连通。

操作时，转鼓下部浸入盛有悬浮液的滤槽中并以 0.1～3r/min 的转速转动。转鼓表面的每一格按顺时针方向旋转一周时，相继进行着过滤、脱水、洗涤、卸渣、再生等操作。例如，当转鼓的某一格转入液面下时，与此格相通的转盘上的小孔与固定盘上的槽 1 相通，抽吸滤液。当此格转动离开液面时，该格对应的转盘小孔也随之转动并与固定盘槽 2 相通，将滤饼中的液体吸干。随转鼓继续旋转，当该格转动到 3 号区域时，转鼓表面可喷洒洗涤液进行滤饼洗涤，洗涤液通过转动盘小孔与固定盘的槽 3 相通，被抽往洗液贮槽。转鼓的右边装有卸渣用的刮刀，刮刀与转鼓表面的距离可以调节。当转动到这个区域时，该格转动盘小孔与固定盘的孔 4 相通，压缩空气吹卸滤渣。卸渣后的转鼓表面在必要时可由固定盘的孔 5 吹入压缩空气，以再生和清理滤布，准备进入下一个周期操作。

转鼓浸入悬浮液的面积约为全部转鼓面积的 30%～40%。在不需要洗涤滤饼时，浸入面积可增加至 60%，脱离吸滤区后转鼓表面形成的滤饼厚度约为 3～40mm。

回转真空过滤机的过滤面积不大，压差也不高，它的突出优点是操作自动连续，劳动强度小，适合处理量较大而压差不需很大的物料。在过滤细、黏物料时，采用助滤剂预涂的操作也比较方便，此时可将卸料刮刀略微离开转鼓表面一定的距离，以使转鼓表面的助滤剂层不被刮下而在较长的操作时间内发挥助滤作用。

回转真空过滤机是在恒定压差下操作的连续过滤设备，过滤操作是连续进行的。但对每一个局部区域（每一格或每一点）而言，其旋转一周是相继进行着过滤、脱水、洗涤、卸渣和再生操作，是周期性的，过滤是间歇的。若转鼓的转速为 n(1/s)，转鼓浸入面积占全部转鼓面积的分率为 φ，则每转一周转鼓上任何一点（或全部转鼓面积）的过滤时间为

$$\tau=\frac{\varphi}{n} \tag{2-58}$$

这样可以把真空回转过滤机的连续过滤转换为全部转鼓表面的间歇式过滤，使恒压过滤方程式(2-46) 依然适用。每转一周单位面积获得的滤液量为

$$q=\sqrt{q_e^2+K\tau}-q_e \tag{2-59}$$

设转鼓面积为 A，则回转真空过滤机的生产能力（单位时间的滤液量）为

$$Q=nAq=nA\left(\sqrt{K\frac{\varphi}{n}+q_e^2}-q_e\right) \tag{2-60}$$

若过滤介质阻力可略去不计，则式(2-60) 可写成

$$Q=\sqrt{KA^2\varphi n} \tag{2-61}$$

式(2-61) 近似地表达了诸参数对回转真空过滤机生产能力的影响。一定转鼓面积的情况下，转速越大，浸没角越大，操作压差越大过滤机生产能力越大。

离心过滤机 离心过滤是借旋转液体产生的径向压差作为过滤的推动力。离心过滤在各种间歇或连续操作的离心过滤机中进行。间歇式离心机中又有人工及自动卸料之分。下面介绍几种离心过滤机。

(1) 三足式离心机 是一种常用的人工卸料的间歇式离心机，图 2-16 为其结构示意图。离心机的主要部件是一篮式转鼓，转鼓表面开有许多小孔，转鼓内侧衬有金属丝网及滤布。整个机座和外罩借三根拉杆弹簧悬挂于三足支柱上，以减轻运转时的振动。料液从机顶部加入转鼓内。当转鼓高速旋转时，滤渣被截留并沉积于转鼓内形成滤饼，滤液穿过滤饼滤布，从转鼓孔滤出并于机座下部排出。待一批料液过滤完毕，或转鼓内的滤渣量达到设备允许的

最大值时，可停止加料并继续运转一段时间以沥干滤液。必要时，也可于滤饼表面洒以清水进行洗涤，然后停车卸料，清洗设备。

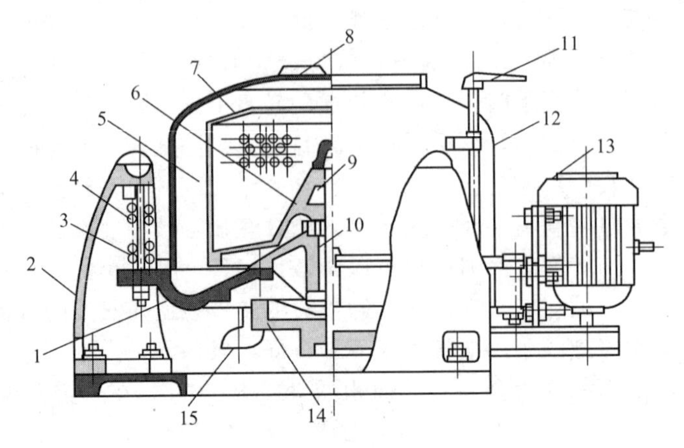

图 2-16　三足式离心机

1—底盘；2—支柱；3—缓冲弹簧；4—摆杆；5—鼓壁；6—转鼓底；7—拦液板；8—机盖；9—主轴；10—轴承座；11—制动器手柄；12—外壳；13—电动机；14—制动轮；15—滤液出口

三足式离心机的转鼓直径一般较大，转速不高（<2000r/min），过滤面积约 0.6～2.7m^2。其优点是结构简单，设备运转平稳，对物料的适应性强；缺点是间歇操作，生产能力较低，劳动强度较大。

(2) *刮刀卸料式离心机*　图 2-17 为刮刀卸料式离心机的示意图。悬浮液从加料管进入连续运转的卧式转鼓，机内设有耙齿以使沉积的滤渣均布于转鼓内壁。待滤饼达到一定厚度时，停止加料，进行洗涤、沥干。然后，借液压传动的刮刀逐渐向上移动，将滤饼刮入卸料斗卸出机外，继而清洗转鼓。整个操作周期均在连续运转中完成，每一步骤均采用自动控制的液压操作。

刮刀卸料式离心机每一操作周期约 35～90s，连续运转，生产能力较大，劳动条件好，适宜于过滤连续生产工艺过程中>0.1mm 的颗粒。

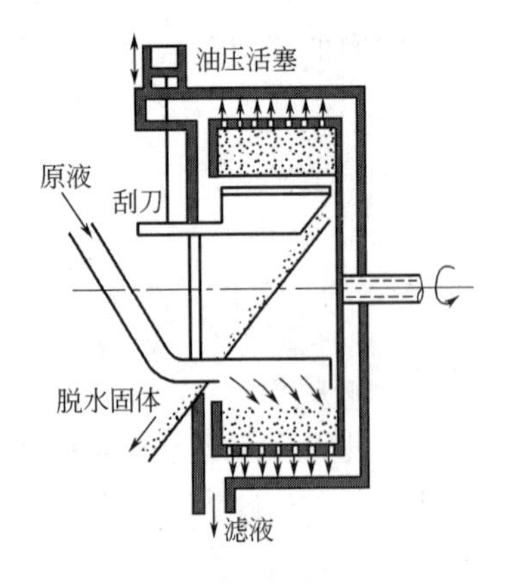

图 2-17　刮刀卸料式离心机

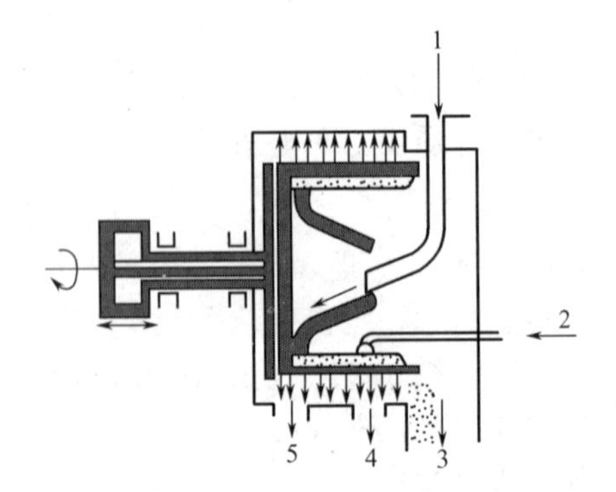

图 2-18　活塞往复式卸料离心机

1—原料液；2—洗涤液；3—脱液固体；4—洗出液；5—滤液

(3) *活塞往复式卸料离心机*　这种离心机的加料过滤、洗涤、沥干、卸料等操作同时在转鼓内的不同部位进行，图 2-18 为其结构示意图。料液加入旋转的锥形料斗后被洒在近转鼓底部的一小段范围内，形成约25～75mm厚的滤渣层。转鼓底部装有与转鼓一起旋转的推料活塞，其直径稍小于转鼓内壁。活塞与料斗还一起作往复运动，将滤渣逐步推向加料斗的右边。该处的滤渣经洗涤、沥干后，被卸出转鼓外。活塞的冲程约为转鼓全长的1/10，往复次数约30次/分。

活塞往复式卸料离心机每小时可处理0.3～25t的固体，对过滤含固量＜10%、粒径＞0.15mm的悬浮液比较合适，在卸料时晶体也较少受到破损。

2.3　重力沉降

沉降是借助场力（重力场或惯性离心力场），利用流体与固体之间的密度差（因两者受到场力不同产生相对运动），从而实现固体颗粒与流体分离的方法。根据场力不同，沉降分离分为重力沉降和离心沉降。本节先介绍重力沉降。

2.3.1　颗粒的重力沉降速度

流体对固体颗粒的曳力　当流体与固体颗粒之间存在相对运动时，流体对固体颗粒表面的作用力称为曳力。只要相对运动速度相同，流体对固体颗粒的作用力就是一样的，并无本质区别。流体与固体颗粒之间的相对运动有多种情况：固体颗粒静止，流体对其作绕流；流体静止，颗粒作沉降运动；或两者都运动但具有相对速度。

曳力的大小与流体的密度ρ、黏度μ、流动的相对速度u有关，而且受颗粒的形状与定向的影响，问题较为复杂。至今，除了几何形状简单的少数例子可以获得曳力的理论计算式外，对一般流动条件下的球形颗粒及其他形状的颗粒，曳力的数值尚需通过实验来解决。曳力F_D大小根据量纲关系可表达成

$$F_D=\zeta A_p\frac{1}{2}\rho u^2 \tag{2-62}$$

式中，A_p为颗粒在运动方向上的投影面积；ρ为流体的密度；u为颗粒相对于流体的运动速度；ζ为曳力系数，$\zeta=\phi(Re_p)$，Re_p为颗粒雷诺数。

$$Re_p=\frac{d_p u\rho}{\mu} \tag{2-63}$$

曳力系数ζ与颗粒雷诺数Re_p的关系经实验测定示于图2-19中。

图2-19中5条曲线分别代表不同球形度ψ的颗粒。$\psi=1$代表球形颗粒，ψ小于1的为非球形颗粒。

图中球形颗粒（$\psi=1$）的曲线即曲线1，在不同的雷诺数范围内可用公式表示如下。

$Re_p<2$为斯托克斯定律区

$$\zeta=\frac{24}{Re_p} \tag{2-64}$$

$2<Re_p<500$为阿仑（Allen）区

$$\zeta=\frac{18.5}{Re_p^{0.6}} \tag{2-65}$$

$500<Re_p<2\times10^5$为牛顿定律区

$$\zeta\approx0.44 \tag{2-66}$$

在斯托克斯定律区，以其ζ值代入式(2-62)中，即得

$$F_D=3\pi\mu d_p u \tag{2-67}$$

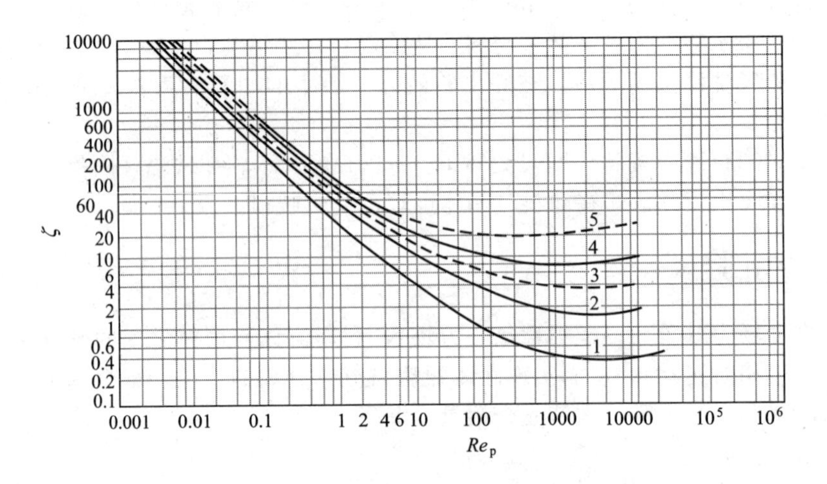

图 2-19 曳力系数 ζ 与颗粒雷诺数 Re_p 的关系

1—$\psi=1$；2—$\psi=0.806$；3—$\psi=0.6$；4—$\psi=0.220$；5—$\psi=0.125$

此式与球形颗粒在低相对速度下的曳力理论解完全一致。从式(2-67) 可以得出，在低雷诺数 Re_p 范围，曳力大小与速度一次方成正比。

当 Re_p 大于 500 以后，曳力系数不再随 Re_p 而变（$\zeta=0.44$），此时曳力大小与流速的平方成正比。

对不同球形度 ψ 的非球形颗粒，实测的曳力系数也示于图 2-19 上。使用时注意式(2-62) 中的 A_p 应取颗粒的最大投影面积，而颗粒雷诺数 Re_p 中的 d_p 则取等体积球形颗粒的当量直径。

重力场静止流体中颗粒的自由沉降 静止流体中，颗粒在重力作用下将沿重力方向作沉降运动。

在沉降过程中颗粒在重力场下的受力情况如图 2-20 所示。

曳力F_D
浮力F_b
重力F_g

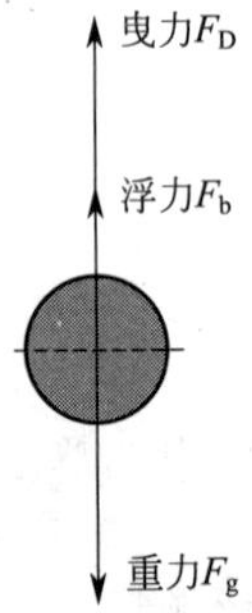

图 2-20 沉降颗粒的受力分析

(1) 重力

$$F_g=mg \tag{2-68}$$

式中，m 为颗粒的质量，对球形颗粒 $m=\frac{1}{6}\pi d_p^3\rho_p$，$\rho_p$ 为颗粒密度。

(2) 浮力 F_b

颗粒在流体中所受的浮力在数值上等于同体积流体所受的重力。设流体的密度为 ρ，则有

$$F_b=\frac{m}{\rho_p}\rho g \tag{2-69}$$

(3) 曳力 F_D

$$F_D=\zeta A_p\left(\frac{1}{2}\rho u^2\right)$$

根据牛顿第二定律可得

$$F_g-F_b-F_D=m\frac{du}{d\tau} \tag{2-70}$$

静止流体中，设颗粒的初速度为零。起初由于颗粒与流体无相对运动，曳力 F_D 为 0，因此颗粒只受重力和浮力的作用。若颗粒的密度大于流体的密度，根据牛顿第二定律，作用于颗粒上的重力大于浮力，即外力之和不等于零，颗粒将产生加速度。而一

旦颗粒开始运动，颗粒与静止流体之间有了相对速度 u，颗粒就会受到流体施予的曳力。颗粒速度起先不断增加，曳力也随颗粒速度的增大而增大，进而由式(2-70)知，加速度将不断减小。但只要方程左侧仍大于0，就有加速度，下降速度就会增加，曳力增大，加速度进一步减小。直至颗粒速度无限趋于某一数值 u_t，颗粒所受重力、浮力和曳力达到平衡，加速度为0，颗粒将做匀速运动。此速度 u_t 称为颗粒的沉降速度或终端速度。一般可以认为，当速度达到 $0.99u_t$ 时，加速段就结束了。颗粒速度的变化趋势如图2-21所示。

对于小颗粒，沉降的加速阶段很短，加速段所经历的距离也很小。因此，小颗粒沉降的加速阶段可以忽略，近似地认为颗粒始终以 u_t 匀速下降。

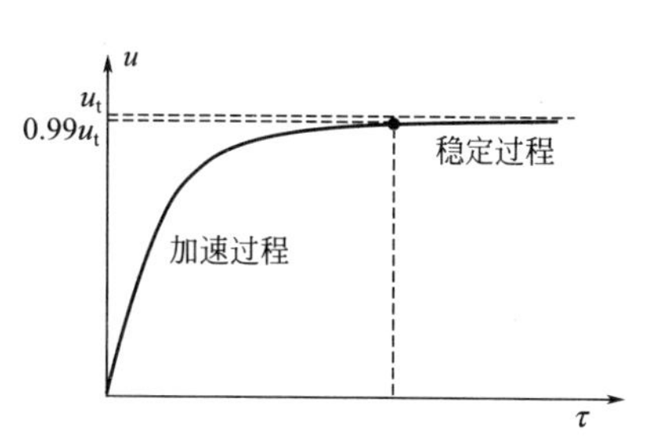

图2-21　颗粒速度的变化

将式(2-62)、式(2-68)和式(2-69)代入式(2-70)整理

$$\frac{\mathrm{d}u}{\mathrm{d}\tau}=\left(\frac{\rho_p-\rho}{\rho_p}\right)g-\frac{\zeta A_p}{2m}\rho u^2 \tag{2-71}$$

对球形颗粒，可得

$$\frac{\mathrm{d}u}{\mathrm{d}\tau}=\left(\frac{\rho_p-\rho}{\rho_p}\right)g-\frac{3\zeta}{4d_p\rho_p}\rho u^2 \tag{2-72}$$

当加速度 $\frac{\mathrm{d}u}{\mathrm{d}\tau}=0$ 时，$u=u_t$

$$u_t=\sqrt{\frac{4(\rho_p-\rho)gd_p}{3\rho\zeta}} \tag{2-73}$$

式中，

$$\zeta=\phi\left(\frac{d_p\rho u_t}{\mu}\right) \tag{2-74}$$

式(2-74)代表图2-19中的曲线表达的关系式，在不同 Re_p 范围内，也可用式(2-64)～式(2-66)表示。由于曳力系数与沉降速度有关，且为非线性关系，沉降速度 u_t 的求解原则上需要试差。

当颗粒直径较小，处于斯托克斯定律区时

$$u_t=\frac{gd_p^2(\rho_p-\rho)}{18\mu} \tag{2-75}$$

当颗粒直径较大，处于牛顿定律区时

$$u_t=1.74\sqrt{\frac{d_p(\rho_p-\rho)g}{\rho}} \tag{2-76}$$

由式(2-73)、式(2-75)和式(2-76)知，颗粒沉降速度 u_t 是颗粒与流体的综合特性。对于确定的流-固系统，物性 μ、ρ 和 ρ_p 都是定值，颗粒的沉降速度只与粒径有关，即沉降速度与颗粒直径之间存在着一一对应关系，且颗粒粒径越大，沉降速度越大。特别对小颗粒，处于斯托克斯区时，沉降速度与粒径 d_p 的平方成正比。

另外，虽然这里讨论的是静止流体中的颗粒沉降运动，由于曳力的大小与流固的相对运动有关，所以沉降速度 u_t 实质是颗粒与流体的相对运动速度。当流体非静止时，颗粒的实际速度应该是沉降速度与流体速度的矢量和。

$$\vec{u}_p=\vec{u}+\vec{u}_t \tag{2-77}$$

例如流体作水平运动时，固体颗粒一方面以与流体相同的速度伴随流体作水平运动，同时又以沉降速度 u_t 垂直向下运动。由此不难求得颗粒的运动轨迹。

【例 2-4】 沉降速度的计算

已知 20℃水的密度 $\rho=1000\text{kg/m}^3$，黏度 $\mu=0.001\text{Pa}\cdot\text{s}$。试计算直径 100μm 和 50μm 的固体颗粒在 20℃水中的自由沉降速度为多少？测得固体颗粒密度均为 $\rho_p=2000\text{kg/m}^3$。

解： 对直径 100μm 的颗粒，设沉降在斯托克斯定律区，按式(2-75) 可得

$$u_t=\frac{gd_p^2(\rho_p-\rho)}{18\mu}=\frac{9.81\times(1\times10^{-4})^2\times(2000-1000)}{18\times0.001}=5.45\times10^{-3}\text{m/s}$$

校验 Re_p

$$Re_p=\frac{d_p u_t \rho}{\mu}=\frac{1\times10^{-4}\times5.45\times10^{-3}\times2000}{0.001}=1.09$$

$Re_p<2$，计算有效。

对直径 50μm 的颗粒，沉降速度更小，Re_p 也更小，一定在斯托克斯定律区。

$u_t\propto d_p^2$

所以 $u_t'=\left(\frac{1}{2}\right)^2\times u_t=0.25\times5.45\times10^{-3}=1.36\times10^{-3}\text{m/s}$

直径 100μm 颗粒的沉降速度为 5.45×10^{-3}m/s，直径 50μm 颗粒的沉降速度为 1.36×10^{-3}m/s。

影响沉降速度的其他因素 上述讨论是基于单个球形颗粒的自由沉降，对实际沉降过程还需考虑以下因素的影响。

(1) 干扰沉降 实际非均相物系存在许多颗粒，周边相邻颗粒的运动会改变单个颗粒周围的流场，即颗粒沉降相互受到干扰，此现象称为干扰沉降。在颗粒的体积浓度<0.2%的悬浮物系中，用单颗粒自由沉降计算所引起的偏差<1%，干扰沉降影响较小。在实际生产过程中，当颗粒体积浓度大于 0.5%时，干扰沉降影响不能忽略，计算结果需按颗粒浓度予以修正。

$$u=\eta u_t \tag{2-78}$$

$$\eta=e^2/\phi_p g \tag{2-79}$$

式中，u 为颗粒沉降速度，m/s；η 为颗粒群干扰系数，无量纲；e 为液体体积分数；ϕ_p 为校正因子，无量纲，$\phi_p=1/10^{1.82(1-e)}$。

(2) 端效应 容器的壁和底面均增加颗粒沉降时的曳力，使实际颗粒的沉降速度较自由沉降时的计算值为小。当容器尺寸远远大于颗粒直径时（如 100 倍以上），端效应可以忽略，否则应考虑其影响。

(3) 分子运动 当颗粒直径非常小时，如 $d_p<0.5$μm 的颗粒，受分子热运动影响，上

述沉降速度计算讨论不再成立。一般认为 $Re_p>10^{-4}$ 可不考虑分子运动影响。

(4) *液滴或气泡的运动* 与刚性固体颗粒相比，液滴或气泡的运动规律有所不同，导致不同的因素包括在曳力和压力作用下液滴或气泡会产生变形，滴、泡内部流体产生的环流运动会影响相界面上的相对速度，进一步影响曳力大小和终端速度。

2.3.2 重力沉降设备

重力沉降分离的基础是悬浮系中以两相的密度差为前提，颗粒在重力作用下的沉降运动。悬浮颗粒的直径越大、两相的密度差越大，使用沉降分离方法的效果就越好。

降尘室 借重力沉降以除去气流中尘粒的设备称为降尘室。图 2-22 为气体作水平流动的一种降尘室。降尘室的进出口采用锥形设计，一则使得含尘气体进入降尘室后流动截面增大，流速降低，以保证在室内有足够的停留时间使颗粒能在离室之前沉至室底而被除去。二来这种锥形设计有利于气流在降尘室内均匀分布，不会因分布不均而影响除尘效果。

降尘室的容积一般较大，气体在其中的流速<1m/s。实际上为避免沉下的尘粒重新被扬起，往往采用更低的气速。通常它可捕获大于 50μm 的粗颗粒。

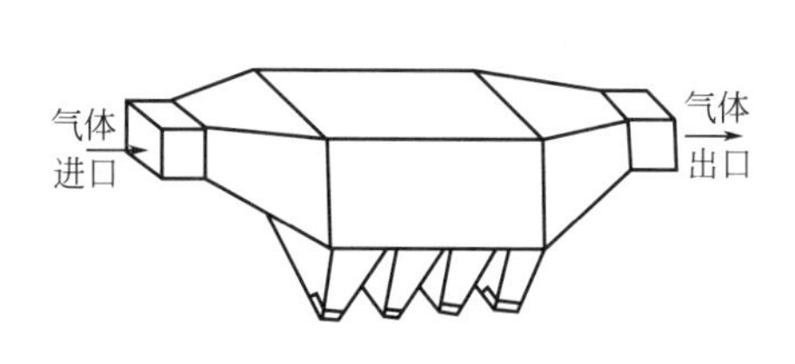

图 2-22 降尘室

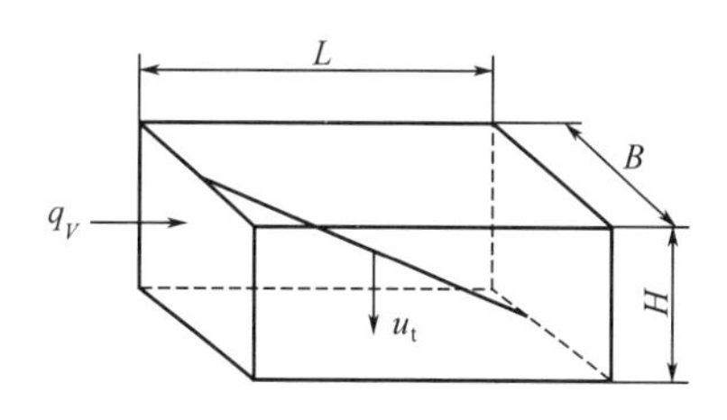

图 2-23 颗粒在降尘室中的运动

降尘室内除尘原理说明如下。设降尘室的底面积为 A（长 L，宽 B），高度为 H。含尘气体以流量 q_V（m^3/s）从图 2-23 所示左侧水平方向进入降尘室，若气流在整个流动截面上均匀分布，则任一流体质点从进入至离开降尘室的停留时间 τ_r 为

$$\tau_r=\frac{\text{设备内的流动容积}}{\text{流体通过设备的流量}}=\frac{AH}{q_V} \tag{2-80}$$

降尘室内，气流作水平运动，固体颗粒一方面以与气流相同的速度 u 作水平运动，同时又以沉降速度 u_t 垂直向下运动，即颗粒以 $\vec{u}_p$ 速度作匀速直线运动，如图 2-23 所示。注意，气流中的固体颗粒大小不一，大颗粒 u_t 大，小颗粒 u_t 小，但水平方向上，颗粒无论大小均具有相同水平速度。设某粒径为 d_p 的颗粒，其沉降速度是 u_t。该颗粒从左侧降尘室最高点进入，其沉降到降尘室底部所需时间 τ_t（是该粒径颗粒最大沉降时间）为

$$\tau_t=\frac{H}{u_t} \tag{2-81}$$

只要气流的停留时间大于等于该颗粒沉降所需时间，即 $\tau_r \geqslant \tau_t$，就可以将满足该粒径的颗粒全部除去。同时可以保证比该颗粒粒径大的颗粒也全部被除去，因为颗粒越大，沉降速度 u_t 越大，沉降所需的时间越短。联立式(2-80) 与式(2-81) 得

$$\frac{AH}{q_V}=\frac{H}{u_t}$$

或

$$q_V=Au_t \tag{2-82}$$

式(2-82) 中的颗粒沉降速度 u_t 可根据不同的 Re_p 范围选用适当公式计算。细小颗粒的

沉降处于斯托克斯定律区，其沉降速度可用式(2-75) 计算，即

$$u_t=\frac{d_{min}^2(\rho_p-\rho)g}{18\mu} \tag{2-83}$$

式中，d_{min} 是降尘室能 100％除去的最小颗粒直径，即所含颗粒中粒径为 d_{min} 及比它大的颗粒能够 100％被除去。

那么，比 d_{min} 小的颗粒呢？如图 2-24 所示，A 代表粒径为 d_{min} 的颗粒，是降尘室能 100％除去的最小颗粒直径。B代表粒径比 d_{min} 小的颗粒。因为二者具有相同的水平速度，而 B 的沉降速度小于 A，所以若在进口处 B 与 A 于相同的位置进入，A 刚刚可以沉降下来，B 则必随气流流出（在停留时间内 B 颗粒沉降距离为 $h<H$），不能沉降下来。但并不是说与 B 大小相同的颗粒就完全不能被沉降分离。如图 2-24 所示，若 B 在高 h 的位置进入，则 B 颗粒可以恰好在停留时间内达到降尘室底部而被分离，而且可以肯定，在 h 下面的其他位置进入的 B 颗粒也都可以沉降分离。若 B 在进入截面各处分布是均匀的，就可以得出分离效率 η

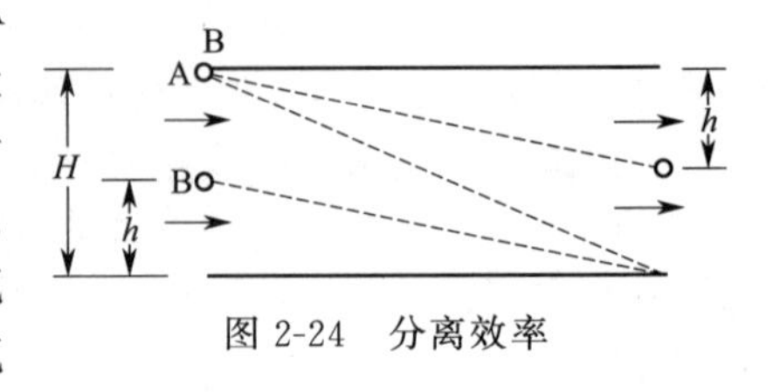

图 2-24　分离效率

$$\eta=\frac{h}{H}=\frac{u_{tB}\tau}{u_{tA}\tau}=\frac{u_{tB}}{u_{tA}} \tag{2-84}$$

若颗粒沉降处于斯托克斯区，$u_t \propto d_p^2$，则

$$\eta=\frac{u_{tB}}{u_{tA}}=\left(\frac{d_{pB}}{d_{pA}}\right)^2 \tag{2-85}$$

式中，d_{pA} 为理论上 100％除去的 d_{min}；d_{pB} 为小于 d_{min} 的某粒径。

对一定物系，式(2-82) 建立了降尘室的处理能力与降尘分离要求和降尘设备尺寸（降尘室的底面积）之间的关系。在分离要求一定的情况下，降尘室的处理能力只取决于设备的底面积，而与高度无关。这个推论很重要，降尘室应设计为扁平状，或可在室内设置多层水平隔板（见图 2-25）。面积一定的降尘室在操作时，若要达到更高的分离性能（更小的颗粒被 100％全部去除，对应的 u_t 就小），处理量就只能小；反之如果处理量大，分离性能就差一些。

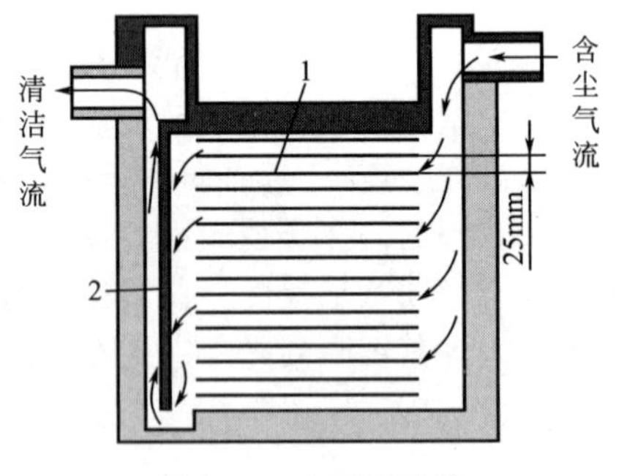

图 2-25　多层沉降器
1—隔板；2—挡板

关于降尘室的计算问题可联立求解式(2-82) 与适当的 u_t 计算式——如式(2-83) 获得解决。

在设计型问题中，给定生产任务，即已知待处理的气体流量 q_V，并已知有关物性（μ、ρ 和 ρ_p）及要求全部除去的最小颗粒尺寸 d_{min}，计算所需降尘室面积 A。

在操作型问题中，降尘室底面积一定，可根据物系性质及要求全部除去的最小颗粒直径，核算降尘室的处理能力；或根据物系性质及气体处理量计算能够全部除去的最小颗粒直径。

以上讨论均未考虑当流体作湍流流动时旋涡对颗粒沉降的影响，流体的湍流流动会使分

离效果变差。

【例 2-5】 降尘室空气处理能力的计算

现有一底面积为 $3m^2$ 的降尘室，用以处理 20℃的常压含尘空气。尘粒密度为 $1500kg/m^3$。现需将直径为 $45\mu m$ 以上的颗粒全部除去，试求：(1) 该降尘室的含尘气体处理能力 (m^3/s)；(2) 若在该降尘室中均匀设置 9 块水平隔板，则含尘气体的处理能力为多少 (m^3/s)？(3) 实际操作时，若能满足直径为 $45\mu m$ 以上的颗粒全部除去，试求 $30\mu m$ 的颗粒被去除的百分率为多少？

解：(1) 据题意，由附录查得，20℃常压空气，$\rho=1.2kg/m^3$，$\mu=1.81\times10^{-5}Pa\cdot s$

设 100%除去的最小颗粒沉降处于斯托克斯区，则其沉降速度为

$$u_t=\frac{d_{min}^2(\rho_p-\rho)g}{18\mu}=\frac{(45\times10^{-6})^2\times(1500-1.2)\times9.81}{18\times1.81\times10^{-5}}=0.091m/s$$

验

$$Re_p=\frac{d_{min}u_t\rho}{\mu}=\frac{45\times10^{-6}\times0.091\times1.2}{1.81\times10^{-5}}=0.271<2$$

原设成立。气体处理量为

$$q_V=A_{底}u_t=3\times0.091=0.273m^3/s$$

(2) 当均匀设置 n 块水平隔板时，实际降尘面积为$(n+1)A_{底}$，所以，气体处理量为

$$q_V=(n+1)A_{底}u_t=10\times3\times0.091=2.73m^3/s$$

由计算可知，采用 n 层隔板的降尘室，其生产能力可提高至原来的 $n+1$ 倍。

(3) 因为粒径小，必在斯托克斯区，$u_t\propto d_p^2$

$$\eta=\frac{u_{tB}}{u_{tA}}=\left(\frac{d_{pB}}{d_{pA}}\right)^2=\left(\frac{30}{45}\right)^2=44.4\%$$

沉降槽　沉降槽是利用重力沉降使悬浮液中固液分离，得到澄清液和稠厚沉渣的设备。基本原理与降尘室类似，可连续操作也可间歇操作。

通常沉降槽是一个带锥形底的圆池，如图 2-26 所示。悬浮液于沉降槽中心距液面下 0.3～1.0m 处连续加入，然后在整个沉降槽的横截面上散开，液体向上流动，清液由四周溢出。固体颗粒在器内逐渐沉降至底部，器底设有缓慢旋转的齿耙，将沉渣慢慢移至中心，并用泥浆泵从底部出口管连续排出。

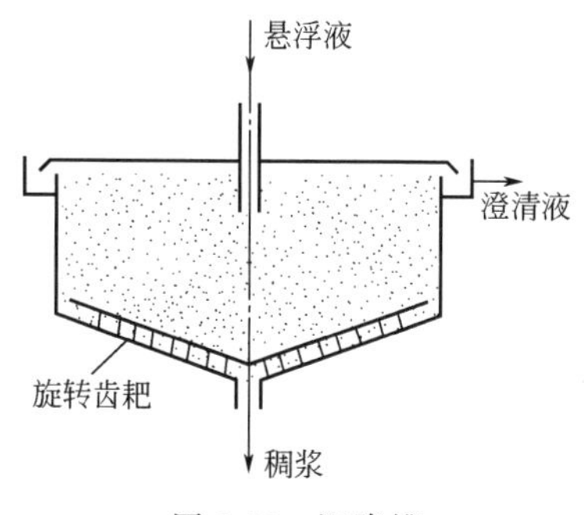

图 2-26　沉降槽

颗粒在沉降槽内的沉降大致分为两个阶段。在加料口以下一段距离内固体颗粒浓度很低，颗粒在其中大致为自由沉降。在沉降槽下部颗粒浓度逐渐增大，颗粒作干扰沉降，沉降速度很慢。

连续操作的沉降槽工作原理与降尘室相同。清液在沉降槽内的停留时间按式(2-80) 计算，固体颗粒在器内必须有足够的停留时间，颗粒的停留时间按式(2-81) 计算，因此沉降槽的处理能力或者清液产率主要取决于沉降槽的直径，按式(2-82) 计算。

中药前处理工艺中水提醇沉或醇提水沉可选用间歇式沉降槽完成。需静置的药液装入槽内，静置足够时间后，用泵或虹吸管将上部清液抽出，由底口放出沉渣。

分级器　利用重力沉降可将悬浮液中不同粒度的颗粒进行粗略的分级，或将两种不同密

度的颗粒物质进行分离。图 2-27 为分级器示意图，它由几根粗细不同的柱状容器串联组成，悬浮液进入第一柱的顶部，水或其他密度适当的液体由柱底向上流动。因为串联，流经各柱形容器的流体流量相同，容器的管径不同导致液流向上的速度不同。在各沉降柱中，凡沉降速度比向上流动的液体速度大的颗粒，均沉于容器底部，而沉降速度小的颗粒则被带入后一级沉降柱中。适当安排各级沉降柱（粗细）流动面积的相对大小，适当选择液体的密度并控制其流量，可将悬浮液中不同大小的颗粒按指定的粒度范围加以分级，或者将不同密度颗粒分离。

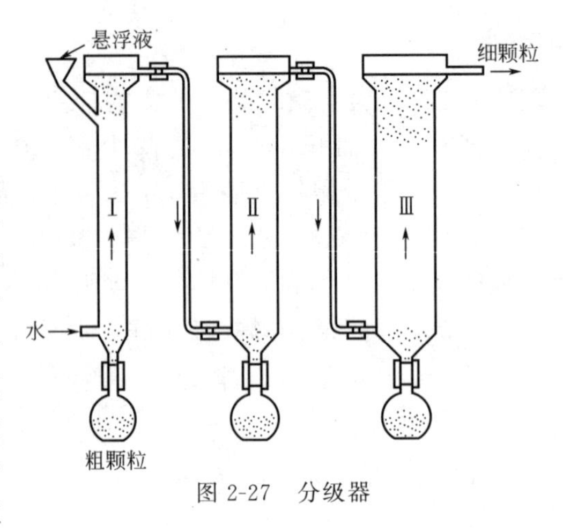

图 2-27　分级器

2.4　离心沉降

离心沉降是在惯性离心力场下，利用流固间密度差使固体颗粒与流体分离的技术。离心沉降技术的原理与重力沉降完全相同，只是场力不同。

2.4.1　颗粒的离心沉降速度

流体围绕中心轴水平旋转作圆周运动形成惯性离心力场。颗粒在离心力场作用下将沿离心力方向（径向）作沉降运动。

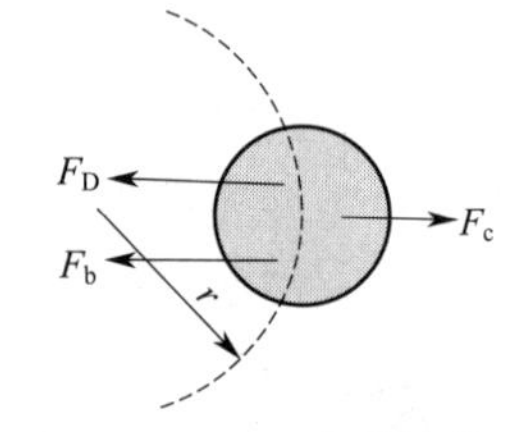

图 2-28　沉降颗粒的受力分析

在沉降过程中颗粒在离心力场方向上的受力情况与重力场下相似，如图 2-28 所示。

(1) 场力——惯性离心力 F_c　$F_c=mr\omega^2$　(2-86)

(2) 径向静压差力 F_b　$F_b=\dfrac{m}{\rho_p}\rho r\omega^2$　(2-87)

(3) 曳力 F_D　$F_D=\zeta A_p\dfrac{1}{2}\rho u^2$　(2-62)

根据牛顿第二定律

$$F_c-F_b-F_D=m\frac{du_r}{d\tau} \tag{2-88}$$

将式(2-62)、式(2-86) 和式(2-87) 代入式(2-88) 整理

$$\frac{du_r}{dt}=\frac{\pi}{6}d_p^3r\omega^2(\rho_p-\rho)-\zeta\frac{\pi d_p^2}{4}\times\frac{\rho u^2}{2} \tag{2-89}$$

当加速度$\dfrac{du_r}{dt}=0$时

$$u_r=\sqrt{\frac{4d_p(\rho_p-\rho)}{3\rho\zeta}r\omega^2} \tag{2-90}$$

因为离心沉降一般针对小颗粒，即 Re_p 很小，处于斯托克斯区，代入 $\zeta=\dfrac{24}{Re_p}$得

$$u_r=\frac{d_p^2(\rho_p-\rho)}{18\mu}r\omega^2 \tag{2-91}$$

对两相密度差较小、颗粒粒度较细的非均相系，若采用自然重力沉降，由于沉降速度小，需要很长时间才能分离，这往往是工业生产无法接受的。利用颗粒作圆周运动时的离心力，可以使沉降速度大大增加，加快沉降过程。比较式(2-75) 和式(2-91)，同为斯托克斯区的沉降速度，重力场下和离心力场下只是加速度不同。定义离心力与重力之比为离心分离因数 α，即

$$\alpha=\frac{\omega^2 r}{g}=\frac{u^2}{gr} \tag{2-92}$$

式中，$u=\omega r$ 为流体和颗粒的切向速度。离心分离因数是离心分离设备性能的重要指标。分离因数越高，同一物系采用离心沉降与重力沉降的沉降速度之比越大，分离速度越快。比如对细粉体药物的分离，若气流进入旋风分离器的入口速度为 25m/s，当旋风分离器筒体直径为 500mm 时，离心分离因数为 127，这意味着采用离心分离的沉降速度是重力沉降速度的 127 倍，大大提高分离效率。

2.4.2　离心沉降设备

根据离心分离设备本身是固定的还是旋转的，离心沉降分离设备可分为旋流分离器和沉降式离心机两大类。气-固非均相物系的离心沉降一般在旋风分离器中进行，固体悬浮液的离心沉降一般在各种沉降式离心机中进行。

1. 旋流分离器

(1) 旋风分离器　旋风分离器是气-固分离的常用设备。在医药领域，多用于普通气流粉碎后处理的一级、二级分离和尾气的回收；也用在超细粉体药物的初级分离。表 2-2 为我国常用的 CLG 型旋风分离器的尺寸比例及操作参数。图 2-29 表示旋风分离器内气体的流动情况。

表 2-2　CLG 型旋风分离器的尺寸比例及操作参数

几何比例		操作参数	
螺旋顶倾角/(°)	10	入口气速/(m/s)	16
入口截面比 $\pi D^2/(4A_i)$	7.76	截面气速/(m/s)	2
排气管直径比 d_r/D	0.55	压降/Pa	294～491
排尘口直径比 d_c/D	0.17	烟气除尘效率/%	85～90
高径比$(H_1+H_2)/D$	3.5	钢耗量/[kg·h/(10^3m^3)]	63.5～67

注：D 为旋风分离器直径，d_r 为排气管直径；A_i 为入口截面积。

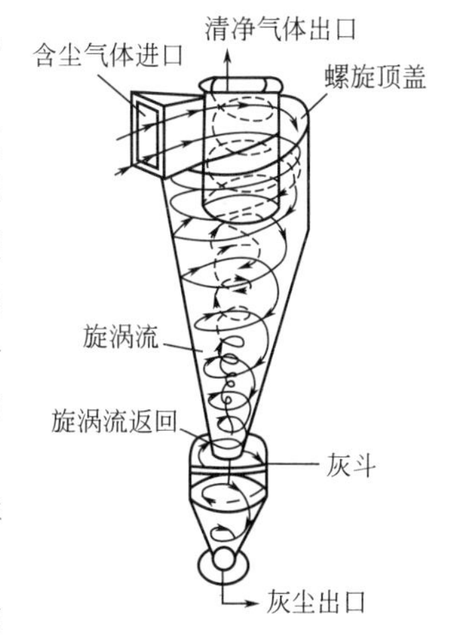

图 2-29　旋风分离器内气体的流动

含固体颗粒的气体由矩形进口管切向进入器内，形成气体与颗粒的圆周运动。颗粒被离心力抛至器壁并汇集于锥形底部的集尘斗中，被净化后的气体则从中央排气管排出。旋风分离器的构造简单，没有运动部件，操作不受温度、压强的限制。视设备大小及操作条件不同，旋风分离器的离心分离因数约为 5～2500，一般可分离气体中 5～75μm 直径的粒子。

评价旋风分离器性能的主要指标有两个，分离效率和气体经过旋风分离器的压降。

旋风分离器的分离效率有两种表示方法，即总效率 η_0 和粒级效率 η_i。总效率是指被除下的颗粒占进口气体中所含颗粒总量的质量分数，即

$$\eta_0=\frac{c_{进}-c_{出}}{c_{进}} \tag{2-93}$$

式中，$c_{进}$与$c_{出}$分别为旋风分离器进、出口气体的颗粒浓度，g/m^3。

类似地对指定粒径d_{pi}的颗粒进行粒级效率的定义

$$\eta_i=\frac{c_{i进}-c_{i出}}{c_{i进}} \tag{2-94}$$

式中，$c_{i进}$与$c_{i出}$分别为旋风分离器进、出口气体中粒径为d_{pi}的颗粒的浓度，g/m^3。

总效率与粒级效率的关系为

$$\eta_0=\sum\eta_i x_i \tag{2-95}$$

式中，x_i为进口气体中粒径为d_{pi}的颗粒的质量分数。

一般来说，粒级效率可以更准确地表示旋风分离器的分离性能。不同粒径d_{pi}的粒级分离效率不同，其典型关系如图2-30所示。图中d_{pc}称为分割直径，指经过旋风分离器后能被除下50%的颗粒直径，分割直径也是表达旋风分离器性能的重要指标。某些高效旋风分离器的分割直径可小至3～10μm。

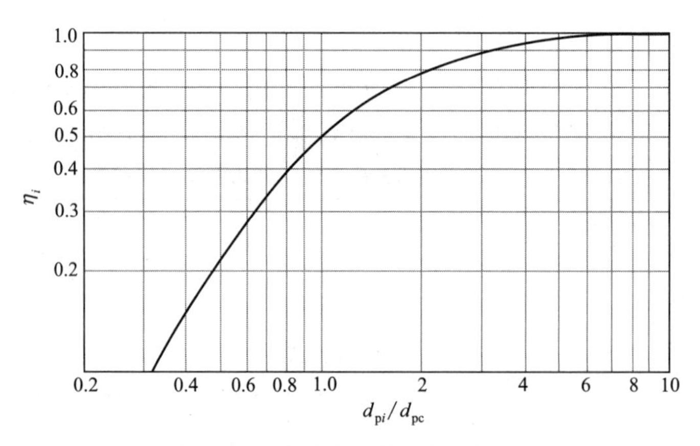

图2-30　旋风分离器的粒级效率

旋风分离器的压降是评价其性能好坏的另一重要指标。不仅因为压降影响日常的动力消耗，还因为受工艺条件限制，气体通过旋风分离器的压降常常会被要求尽可能小。

旋风分离器的压降可表示成气体入口动能的某一倍数

$$\Delta\mathscr{P}=\zeta\frac{1}{2}\rho u^2 \tag{2-96}$$

式中，$\Delta\mathscr{P}$为压降，Pa；u为气体在矩形进口管中的流速，m/s；ρ为气体密度，kg/m^3；ζ为阻力系数。对给定的旋风分离器型式，ζ值是一个常数。如，CLG型分离器$\zeta=5.0$～5.5。由式(2-96)知，一定气体状态下，影响压降的主要因素是进口气速和设备结构。进口管气速高，压降就大，但同时气速高，离心分离因数大，分离效率高。一般旋风分离器进口气速取15～25m/s。旋风分离器在结构上可以通过缩小旋风分离器的直径，延长锥体部分的高度提高分离效率，但这种细长型旋风分离器的压降较大。相对来讲，粗短型旋风分离器分离效率差，但可在规定的压降下具有较大的处理能力。如果在处理量较大时要兼顾效率和压降，则可采用两个或多个尺寸较小的旋风分离器并联操作，这比选用一个大尺寸的旋风分离器可望获得更高的效率。图 2-31 为旋风分离器组的结构示意图。旋风分离器不宜在低气体负荷下操作，气速不够会严重影响分离效率。

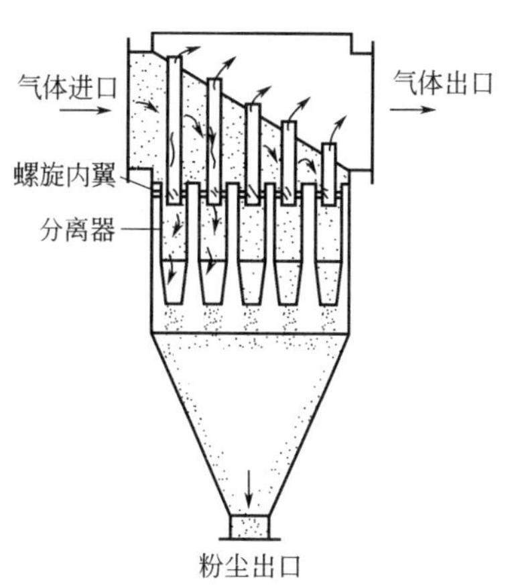

图 2-31　旋风分离器组

各种旋风分离器的尺寸系列可查阅有关手册，一般可按气体处理量选用。

(2) 旋液分离器　旋液分离器的结构与旋风分离器相似，如图 2-32 所示。悬浮液由圆筒上部的进料口切向进入，自上而下做旋流运动。在离心力场作用下，悬浮液中的固体颗粒离心沉降至器壁，并逐渐下降至锥底的出口，悬浮液增稠排出；同时，较为澄清的液流，在器内形成向上的内旋流，经中心溢流管排出。旋液分离器一般采用直径较小的圆筒，圆锥段也会加长，目的是为增大旋转时的惯性离心力，增加液流在设备内旋转次数，提高分离效率。

旋液分离器在制药生产中主要用于悬浮液的增浓或颗粒分级操作，也用于不互溶液体混合物的分离。

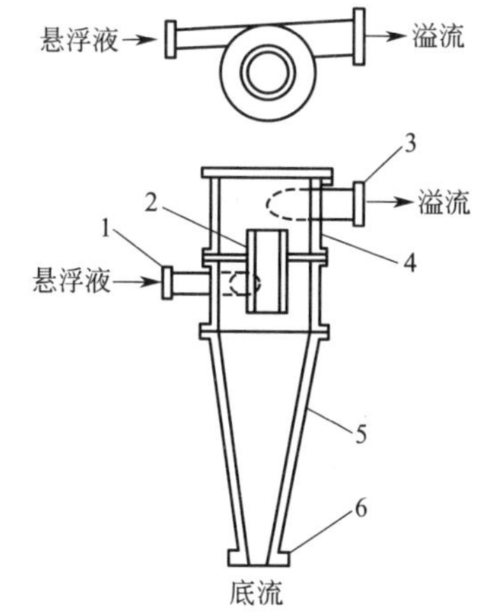

图 2-32　旋液分离器

1—悬浮液进口；2—中心溢流管；3—溢流出口；4—圆筒；5—锥形筒；6—底流出口

2. 离心分离机

(1) 转鼓式离心机　各种沉降用的转鼓式离心机的基本作用原理如图 2-33 所示。中空的转鼓以 1000～4500 r/min 的转速旋转，转鼓的壁上无孔。悬浮液自转鼓的中间加入，固体颗粒因离心力作用沉至转鼓内壁，澄清的液体则由转鼓端部溢出。

间歇操作的离心机转鼓一般为立式，沉渣层用人工卸除。连续操作的离心机转鼓常为卧式，设有专门的卸渣装置，以连续、自动地排出沉渣。

与重力沉降器的原理相同，在沉降式离心机中，凡沉降所需时间 τ_t 小于流体在设备内的停留时间 τ_r 的颗粒均可被沉降除去。细小颗粒在离心力场中的沉降一般在斯托克斯定律区，式(2-91) 成为

$$u=\frac{(\rho_p-\rho)d_p^2}{18\mu}\omega^2 r \qquad (2\text{-}97)$$

式中，u 为颗粒径向运动速度，$u=\frac{dr}{d\tau}$，使用下列边界条件对上式积分：当 $\tau=0$ 时，$r=R_A$；$\tau=\tau$ 时，$r=R_B$。

离心机内壁上的沉渣厚度一般不大，R_B 可取转鼓的内半径。此时颗粒由 R_A 沉降至 R_B 所需的沉降时间为

$$\tau_t=\frac{18\mu}{\omega^2(\rho_p-\rho)d_p^2}\ln\frac{R_B}{R_A} \qquad (2\text{-}98)$$

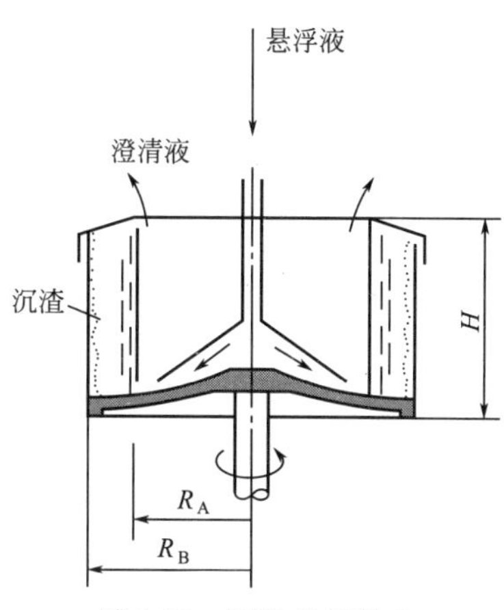

图 2-33　颗粒在转鼓式离心机中的沉降

颗粒的停留时间与流体在设备内的停留时间相同，即

$$\tau_r = \frac{\text{设备内流动流体的持留量}}{\text{流体通过设备的流量}} = \frac{\pi(R_B^2 - R_A^2)H}{q_V} \tag{2-99}$$

当给定处理量 q_V，只有直径 d_p 满足 $\tau_t \leqslant \tau_r$ 的颗粒才能全部除去。反之，当要求被全部除去的颗粒直径 d_p 给定时，设备的处理量为

$$q_V = \frac{\pi H \omega^2 (\rho_p - \rho) d_p^2}{18\mu} \times \frac{R_B^2 - R_A^2}{\ln \frac{R_B}{R_A}} \tag{2-100}$$

此关系式反映了小颗粒在离心沉降时各参数对沉降式离心机处理能力的影响。

(2) 碟式分离机　碟式分离机的转鼓内装有许多倒锥形碟片，碟片直径一般为 0.2～0.6m，碟片数目为 50～100 片。转鼓以 4700～8500r/min 的转速旋转，分离因数可达 4000～10000。这种分离机可用作澄清悬浮液中少量细小颗粒以获得清净的液体，也可用于乳浊液中轻、重两相的分离，如油料脱水等。

图 2-34(a) 所示为用于分离乳浊液的碟式分离机的工作原理。料液由空心转轴顶部进入后流到碟片组的底部。碟片上带有小孔，料液通过小孔分配到各碟片之间的通道。在离心力作用下，重液（及其夹带的少量固体杂质）逐步沉于每一碟片的下方并向转鼓外缘移动，经汇集后由重液出口连续排出。轻液则流向轴心由轻液出口排出。

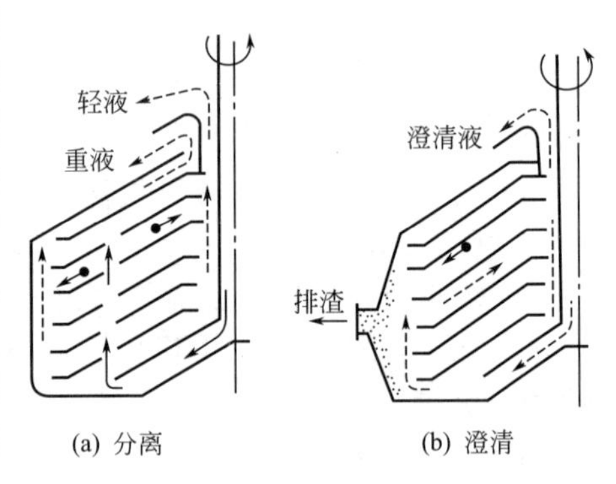

图 2-34　碟式分离机

图 2-34(b) 所示为用于澄清液体的碟式分离机的工作原理。这种分离机的碟片上不开孔，料液从转动碟片的四周进入碟片间的通道并向轴心流动。同时，固体颗粒逐渐向每一碟片的下方沉降，并在离心力作用下向碟片外缘移动。沉积在转鼓内壁的沉渣可在停车后人工卸除或间歇地用液压装置自动地排出，澄清液体由轻液出口排出。人工卸渣要停车，故只适用于处理含固量小（<1%）的悬浮液。自动排渣的碟式分离机可处理含固量高达 6%的悬浮液。

碟式分离机中两碟片之间的间隙很小，一般为 0.5～1.25mm，细小颗粒在碟片通道间的水平沉降距离较短，故可将粒径小至 0.5μm 的颗粒从轻液中加以分离。因此，碟式分离机适合于净化带有少量微细颗粒的黏性液体（涂料，油脂等），或润滑油中少量水分的脱除等。

(3) 管式高速离心机　图 2-35 为管式高速离心机的示意图。在转鼓的机械强度限定的条件下，增加转速，缩小转鼓直径可以提高离心分离因数 α。基于这一原理设计而成的工业型管式高速离心机的转速常达 15000r/min 以上，分离因数可达 12500 左右。它也可在澄清和分离两种工况下操作。实验室型管式离心机的性能更强，转速可高达 50000r/min。

用作乳浊液分离时，料液自下而上流动的过程中将轻、重液体分成两个同心环状液层，如图 2-36 所示，轻液和重液分别在上部轻液及重液出口排出。

用作悬浮液分离的管式高速离心机上部则只留有图 2-36 中的轻液出口，此时细小颗粒沉积在转鼓内壁形成沉渣环，运转一段时间后，停车卸渣并清洗机器。为连续操作，可两台

离心机交替使用，一台澄清另一台除渣清洗。

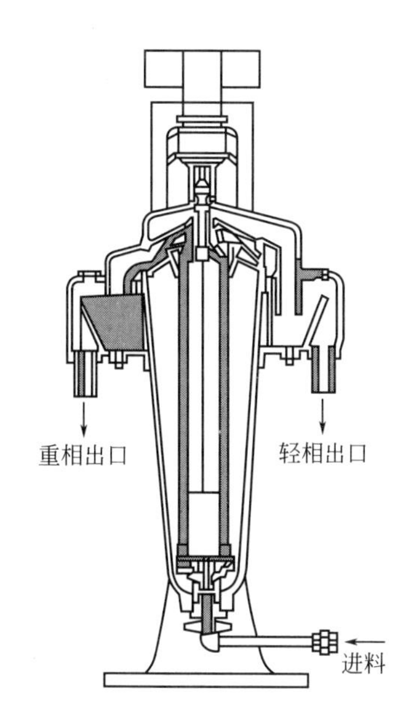

图 2-35 管式高速离心机

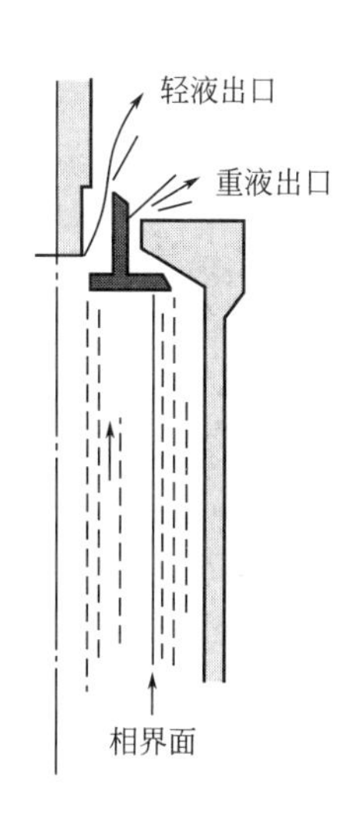

图 2-36 乳浊液在管式高速离心机中的分离

2.5 分离方法的选择

对液固分离，颗粒直径和浓度是选择的关键因素。图 2-37 给出了不同颗粒粒度所适用的固液分离装置。一般中药浸取后的药液与动植物性的固体药源的分离，固体颗粒浓度较高，粒度在 2～50μm，可采用滤饼过滤。但固体颗粒如果很小，滤饼阻力会很大，过滤速率就很低，设备就会很庞大。当颗粒直径小于 1～2μm，过滤过程会因过滤介质堵塞而难以进行，这种情况可以考虑选择合适的絮凝剂使颗粒团聚后再过滤。固体颗粒如果比较大，例如大于 50μm，可以采用最简单的重力沉降方法；稍小些的颗粒用重力沉降方法耗时长，可以采用离心沉降的方法，如旋液分离器，碟式分离机。对于更小的颗粒，需要采用管式高速离心机。

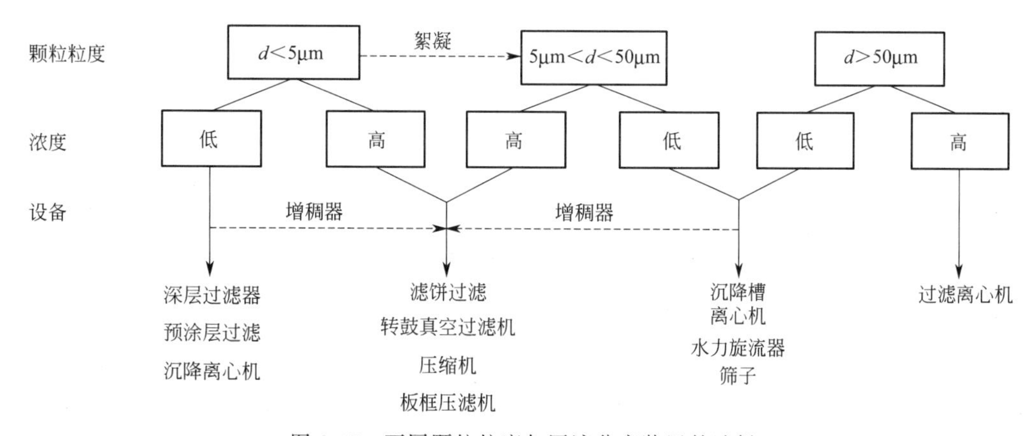

图 2-37 不同颗粒粒度与固液分离装置的选择

对气固分离，最常规的方法是旋风分离。旋风分离器的分离能力很大程度上取决于其设计。一般能分离 5～10μm 的颗粒，设计良好的旋风分离器可以分离 2μm 的颗粒。更小的颗粒就需要采用袋滤器。袋滤器能捕集 0.1～1μm 的颗粒，更细的颗粒则需要采用电除尘器。它除尘效果好，但造价高。此外如果生产上允许进行湿法除尘，那么可以避免已分离出来的固体颗粒的重新卷起，除尘就会容易一些。

习　题

过滤

2-1 在恒压下对某种药物颗粒在水中的悬浮液进行过滤，过滤 10min 得滤液 4L。再过滤 10min 又得滤液 2L。如果继续过滤 10min，可再得滤液多少升？

2-2 某压滤机先在恒速下过滤 10min，得滤液 5L。此后即维持此最高压强不变，作恒压过滤。恒压过滤时间为 60min，又可得滤液多少升？设过滤介质阻力可略去不计。

2-3 某板框压滤机共有 20 只滤框，框的尺寸为 0.45m×0.45m×0.025m，用以过滤某种水悬浮液。每立方米悬浮液中带有固体 0.016m^3，滤饼中含水 50%（质量分数）。试求滤框被滤饼完全充满时，过滤所得的滤液量（m^3）。已知固体颗粒的密度 $\rho_p=1500\text{kg/m}^3$，$\rho_水=1000\text{kg/m}^3$。

2-4 有一叶滤机，自始至终在恒压下过滤某种水悬浮液，得如下的过滤方程 $q^2+20q=250\tau$（q 单位为 L/m^2；τ 单位为 min）。在实际操作中，先在 5min 时间内作恒速过滤，此时过滤压强自零升至上述试验压强，此后即维持此压强不变作恒压过滤，全部过滤时间为 20min。试求：(1) 每一循环中每立方米过滤面积可得的滤液量（L）；(2) 过滤后再用相当于滤液总量 1/5 的水洗涤滤饼，洗涤时间为多少？

2-5 某板框压滤机共有 28 只滤框，框的尺寸为 0.81m×0.81m×0.025m，拟用其对某药物颗粒的水悬浮液进行过滤处理。已知该悬浮液在 2×10^{5}Pa 操作压差下的过滤实验测得过滤常数 $K=2.6\times10^{-5}\text{m}^2/\text{s}$，$q_e=1.5\times10^{-2}\text{m}$，每获得 1m^3 滤液得滤饼体积为 0.075m^3。若过滤操作与实验的操作条件相同，滤饼不可压缩。试计算：(1) 过滤至滤框全部充满需要多少时间？(2) 过滤框充满后停止过滤，采用相同的操作压差，用相当于 20% 滤液体积的清水进行洗涤，洗涤时间为多少？(3) 若卸渣和重新组装等全部辅助时间为 20min，该过滤机的生产能力为多少？(4) 若将过滤的操作压差提高一倍，则同样过滤至滤框全部充满所需时间为原来的多少？

2-6 有一回转真空过滤机转速为 2r/min，每小时可得滤液 4m^3。若过滤介质的阻力可忽略不计，问每小时欲获得 6m^3 滤液，转鼓每分钟应转几周？此时转鼓表面滤饼的厚度为原来的多少倍？操作中所用的真空度维持不变。

重力沉降

2-7 试求直径 30μm 的球形石英粒子在 20℃ 水中与 20℃ 空气中的沉降速度各为多少？石英的密度为 2600kg/m^3。

2-8 密度为 2000kg/m^3 的球形颗粒，在 60℃ 空气中沉降，求服从斯托克斯定律的最大直径为多少？

2-9 将含有球形药物微粒的水溶液（20℃）置于量筒中静置 1h，然后用吸液管于液面下 5cm 处吸取少量试样。试问可能存在于试样中的最大微粒直径是多少（μm）？已知药物的密度是 3000kg/m^3。

2-10 某降尘室长 2m、宽 1.5m，在常压、100℃ 下处理 2700m^3/h 的含尘气。设尘粒为球形，$\rho_p=2400\text{kg/m}^3$，气体的物性与空气相同。求：(1) 可被 100% 除下的最小颗粒直径；(2) 直径 0.05mm 的颗粒有百分之几能被除去？

2-11 悬浮液中含有 A、B 两种颗粒，其密度与粒径分布为：

$\rho_A=1900\text{kg/m}^3$，$d_A=0.1\sim0.3\text{mm}$；

$\rho_B=1350\text{kg/m}^3$，$d_B=0.1\sim0.15\text{mm}$。

若用 $\rho=1000\text{kg/m}^3$ 的液体在垂直管中将上述悬浮液分级，问是否可将 A、B 两种颗粒完全分开？设颗粒沉降均在斯托克斯定律区。

思考题

2-1 过滤速率与哪些因素有关？

2-2 过滤常数有哪两个？各与哪些因素有关？什么条件下才为常数？

2-3 简述板框压滤机的结构以及过滤洗涤操作时流体的流动路径。

2-4 板框压滤机的洗涤速率与过滤终了时的过滤速率有何关系。

2-5 回转真空过滤机的生产能力计算时，过滤面积为什么用 A 而不用 $A\varphi$？如何提高其生产能力？

2-6 曳力系数是如何定义的？它与哪些因素有关？

2-7 斯托克斯定律区的沉降速度与各物理量的关系如何？应用的前提是什么？颗粒的加速段在什么条件下可忽略不计？

2-8 重力降尘室的气体处理量与哪些因素有关？降尘室的高度是否影响气体处理量？

2-9 什么是离心分离因数？

2-10 评价旋风分离器性能的主要指标有哪两个？

本章符号说明

符号	意义	SI 单位
a	颗粒的比表面积	m^2/m^3
a_B	床层比表面积	m^2/m^3
A	沉降面积（沉降器底面积）	m^2
A_p	颗粒在运动方向上的投影面积	m^2
c	气-固系统中的颗粒浓度	kg/m^3
d_e	当量直径	m
$d_{3,2}$	颗粒群的平均直径	m
d_p	小球或颗粒直径	m
F_b	浮力，径向静压差力	N
F_c	离心力	N
F_D	总曳力	N
F_g	重力	N
G	气体质量流速	$kg/(s \cdot m^2)$
h_f	流体通过固定床的能量损失	J/kg
H	沉降器高度	m
K	过滤常数	m^2/s
K'	康采尼常数	
L	颗粒床层高度，滤饼层厚度	m
L_e	模型床层高度	m
m	单一颗粒质量，流化床中固体的质量	kg
M	单位管道截面加入的固体质量流量	$kg/(s \cdot m^2)$
n	转鼓转速	r/s
$\mathscr{P}$	虚拟压强 $\mathscr{P}=p+\rho gz$	N/m^2
$\Delta\mathscr{P}$	床层压降，过滤操作总压降	N/m^2
$\Delta\mathscr{P}_w$	洗涤时的压降	N/m^2
q	单位过滤面积的累计滤液量	m^3/m^2
q_e	形成与过滤介质等阻力的滤饼层时单位面积的滤液量	m^3/m^2
q_V	体积流量	m^3/s
q_w	单位面积的洗涤液量	m^3/m^2
Q	过滤机生产能力	m^3/s
r	颗粒作圆周运动时的旋转半径	m
r	滤饼比阻	m^{-2}
r_0	经验系数	
Re'	床层雷诺数	
Re_p	颗粒雷诺数，$Re_p=d_p u_t \rho/\mu$	
s	滤饼的压缩性指数	
u	速度；流体通过床层的表观流速	m/s
u_1	颗粒间隙中或细管中的流速	m/s
u_t	沉降速度	m/s
V	累计滤液量	m^3
V_e	形成与过滤介质等阻力的滤饼层时的滤液量	m^3
V_w	洗涤液用量	m^3
x_1	颗粒的质量分数	
α	离心分离因数	
ε	颗粒床层的空隙率	

符号	意义	SI 单位
λ'	模型参数，固定床的流动摩擦系数	
ζ	曳力系数	
η_0	气-固分离设备的总效率	
η_i	粒级效率	
μ	流体黏度，滤液黏度	$N\cdot s/m^2$
μ_w	洗涤液黏度	$N\cdot s/m^2$
ρ	流体密度	kg/m^3
ρ_p	颗粒密度	kg/m^3
τ	过滤时间	s

符号	意义	SI 单位
τ_D	辅助时间	s
τ_r	停留时间	s
τ_t	沉降时间	s
τ_w	洗涤时间	s
ϕ	单位体积悬浮液中所含固体体积	m^3/m^3
ψ	球形度	
φ	回转转鼓的浸没度	
ω	旋转角速度	1/s

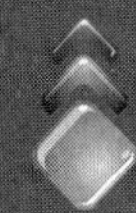

第 3 章 传热

3.1 传热过程

3.1.1 传热过程概述

制药生产过程中，大多过程需要控制在一定温度下进行，此外，有些单元操作，如蒸发、精馏、结晶、干燥等也伴有传热操作。可见，传热是制药生产重要的单元操作之一，传热设备在制药厂设备投资中占比很大。因此，强化传热过程，提高热能的利用率，对降低产品成本和环境保护有重要意义。

传热目的 传热的目的主要有三种：

① 加热或冷却物料，使之达到操作所需的温度；

② 换热，以回收利用热量或冷量；

③ 保温，以减少热量或冷量的损失。

前两种换热目的要求传热速率越快越好，应选用合适的换热方式和设备，促进其换热过程；对于第三种换热目的，则应设法降低传热速率，减少过程的能耗。对于有多个换热要求的体系，应合理设置换热流程，以提高热的利用率。例如，参与化学反应的流体状物料往往需预热至一定温度，为此，可用某种热流体在换热设备内进行加热。同时，为将反应后的高温流体加以冷却，需用某种冷流体与之换热以移去热量。若上述加热和冷却过程同属一个生产流程，则可采用图 3-1 所示的换热流程以同时达到加热和冷却的目的。

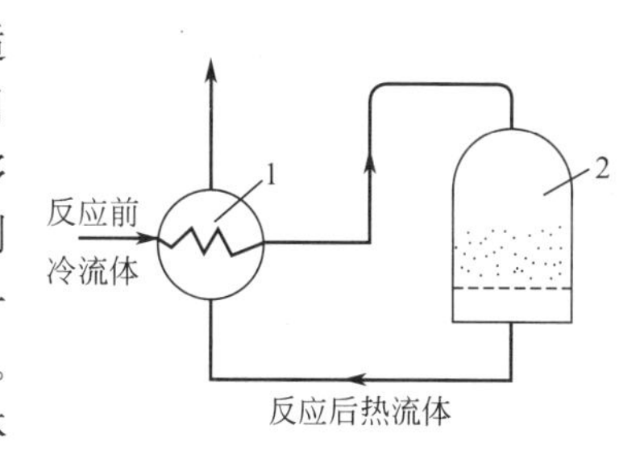

图 3-1 典型的换热流程

1—换热器；2—反应器

传热机理 热量的传递只能通过传导、对流、辐射三种方式进行。

热传导是借助于分子、原子和自由电子等微观粒子的热运动而进行的，常发生于固体或静止的流体内部。物体内部或直接接触的物体之间只要存在温度差，热能将从高温部分向低温部分自发传递。

对流给热是由于流体的宏观移动造成的热量传递。在流动的流体内部以及流动的流体与接触的固体壁面之间的传热过程为典型的对流传热过程。

热辐射是一种通过电磁波传递能量的传热方式。原则上，任何物体的温度大于绝对零度，都会向外发射辐射能，同时也能吸收来自其他物体的辐射能，并将其转换成热能。物体向外发射辐射能的大小与其温度有关，温度越高，发射的辐射能越大。常温下的物体辐射能对传热的贡献可以忽略。

三种传热机理中，热传导和对流给热都需要依靠介质来传递热量，而热辐射不需要任何介质，比如太阳对地球的热辐射。对于实际的传热过程，往往是几种传热机理的共同结果。

传热过程中冷热流体的接触方式 根据冷、热流体的接触情况，工业上的传热过程可分为三种基本方式，每种传热方式所用换热设备的结构也完全不同。

(1) 直接接触式传热 冷、热流体可直接接触进行传热的传热过程，例如热气体的直接水冷及热水的直接空气冷却等，这一类传热设备具有传热面积大，设备简单的特点。为了强化传热效果，直接接触式换热设备内部应有促进冷、热流体密切接触的内件。典型的直接接触式换热设备由塔型的外壳及内件（如填料、挡板塔盘等）组成。

(2) 间壁式传热 多数情况下，工艺上不允许冷、热流体直接接触，此时可考虑采用间壁式换热设备。间壁式换热器类型很多，其中最简单而又最典型的结构是图 3-2 所示的套管式换热器。在套管式换热器中，冷、热流体分别通过环隙和内管，热量自热流体通过内管管壁传给冷流体。热量传递过程包括三个步骤：

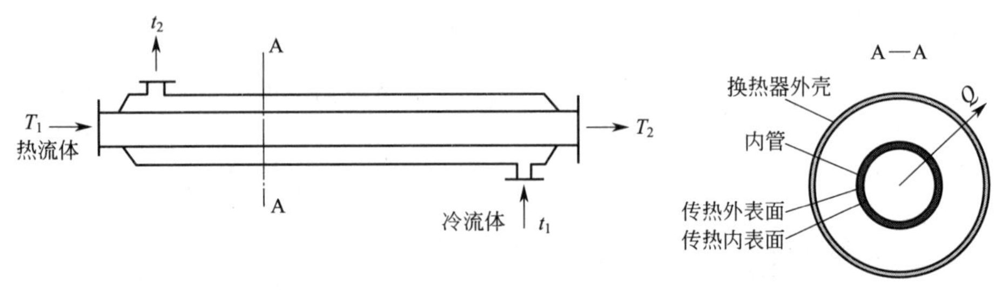

图 3-2 套管式换热器中的换热

① 热流体给热于管壁内侧（对流给热过程，传热面为内管内表面）；

② 热量自管壁内侧传导至管壁外侧（热传导过程）；

③ 管壁外侧给热于冷流体（对流给热过程，传热面为内管外表面）。

在冷、热流体之间进行的热量传递总过程通常称为传热（或换热）过程，而将流体与壁面之间的热量传递过程称为给热过程，以示区别。

(3) 蓄热式传热 蓄热式换热器又称蓄热器，是由热容量较大的蓄热室构成，室内可填充耐火砖等各种填料。换热时，首先使热流体流过蓄热器中固体壁面，用热流体将固体填充物加热；然后停止通入热流体，使冷流体流过固体表面，用固体填充物积蓄的热量加热冷流体。如此周而复始，冷、热流体交替流过壁面，达到冷热流体之间传热的目的。

通常，这种传热方式只适用于气体介质，对于液体会有一层液膜黏附在固体表面上，从而造成冷热流体之间的少量掺混。

载热体的选择 为将冷流体加热或热流体冷却，必须用另一种流体供给或取走热量，此流体称为载热体。起加热作用的载热体称为加热剂；而起冷却作用的载热体称为冷却剂。工业上常用载热体及其适用温度范围如表 3-1 所示。

表 3-1 工业上常用载热体及其适用温度范围

加热剂	热水	饱和蒸汽	矿物油	联苯混合物（俗称道生油）	熔盐 KNO_3 53%·$NaNO_2$ 40%·$NaNO_3$ 7%	烟道气
适用温度/℃	40～100	100～180	180～250	255～380	142～530	500～1000
冷却剂	冷水（自来水、河水、井水）		空气		冷冻盐水（氯化钙溶液）	
适用温度/℃	0～30		<35		0～−15	

工业上常用的加热剂有热水、饱和蒸汽、矿物油、联苯混合物、熔盐和烟道气等，若所

需加热温度很高，须采用电加热。

工业上常用的冷却剂是水、空气和各种冷冻剂。如果工艺上要求将物料冷却至环境温度以下，则必须采用经冷冻过程制取的冷冻剂。某些无机盐类（如 $CaCl_2$、NaCl 等）的水溶液是最常用的冷冻剂，可将物料冷至零下十几度乃至几十度的低温。如果工艺上要求的冷却温度更低，则可借某些低沸点液体的蒸发达到目的。例如，在常压下液态氨蒸发可达到−33.4℃的低温，液态乙烷蒸发可达到−88.6℃的低温，而液态乙烯蒸发可达到−103.7℃的低温。但是，低沸点液体的制取须经深度冷冻，而深度冷冻的能量消耗是巨大的。

对一定的传热过程，被加热或冷却物料的初始与终了温度由工艺条件决定，因而需要提供和移除的热量是一定的。此热量的大小就是传热过程的基本费用。但必须指明，单位热量的价格是不同的，对加热而言，温位越高，价值越大；对低于环境温度的冷却而言，温位越低，价值越大。因此，为提高传热过程的经济性，必须根据具体情况选择适当温位的载热体。

此外，在选择载热体时还应参考以下几个方面：

① 载热体的温度应易于调节；

② 载热体的饱和蒸气压宜低，不会热分解；

③ 载热体毒性要小，使用安全、环境友好，对设备腐蚀性小；

④ 载热体应价格低廉而且容易得到。

综上所述，在温度不超过 180℃ 的条件下，饱和水蒸气是最适宜的加热剂；而当温度不很低时，水是最适宜的冷却剂。

3.1.2 传热过程的基本概念

定态与非定态传热 根据传热体系中温度的变化情况，传热过程有定态与非定态的区别：定态传热时，传热体系中各点的温度仅随位置变化，但不随时间变化。非定态传热时，传热体系中各点的温度不仅随位置变化，而且随时间变化。

连续的制药生产过程中大多情况为定态传热过程，而间歇生产过程涉及的传热为非定态传热过程。本章主要讨论在间壁式传热设备中的定态传热过程。

传热速率 传热过程的速率可用两种方式表示。

（1）*热流量 Q* 即单位时间内热流体通过整个换热器的传热面传递给冷流体的热量（W）。

（2）*热流密度（或热通量）q* 单位时间、通过单位传热面积所传递的热量（W/m^2），即

$$q=\frac{dQ}{dA} \tag{3-1}$$

两个传热速率的不同点是，热流密度 q 与传热面积大小无关，完全取决于冷、热流体之间的热量传递过程，是反映具体传热过程速率大小的特征量。

对于间壁式传热设备的定态传热过程，以套管式换热器为例（见图 3-2），冷、热流体的温度沿流动方向连续变化，但定态条件下，任意选取的 A-A 截面上的冷、热流体的温度不随时间变化，所以截面处的热流密度 q 将不随时间而变，但沿传热面是变化的，即传热面上不同位置的热流密度 q 是不同的。

设换热器的传热面积为 A，由式(3-1) 可推出换热器的热流量为

$$Q=\int_A q\,dA \tag{3-2}$$

由式(3-2) 可以看出，为计算换热器的热流量 Q，必须知道热流密度沿传热面的变化规律。

3.2 热传导

3.2.1 傅里叶定律

傅里叶定律 热传导可用傅里叶（Fourier）定律加以描述，即

$$q=-\lambda \frac{\partial t}{\partial n} \tag{3-3}$$

式中，q 为热流密度，W/m²；$\frac{\partial t}{\partial n}$ 为法向温度梯度，℃/m；λ 为热导率（导热系数），W/(m·℃)。

由式(3-3) 可知，热流密度正比于传热面的法向温度梯度，式中负号表示热流方向与温度梯度方向相反，即热量从高温传至低温。式中的热导率 λ 为物性参数，是表征材料导热性能的一个参数，λ 的值越大，导热越快。与黏度 μ 一样，热导率 λ 也是分子微观运动的一种宏观表现。

热导率 λ 物体的热导率与材料的组成、结构、温度、湿度、压强以及聚集状态等许多因素有关。附录中给出了常用固体材料的热导率。从表中所列数据可以看出，各类固体材料热导率的数量级为：

金　属	$10\sim10^{2}$	W/(m·℃)
建筑材料	$10^{-1}\sim10^{0}$	W/(m·℃)
绝热材料	$10^{-2}\sim10^{-1}$	W/(m·℃)

可见固体材料中金属的导热能力最强。固体材料的热导率随温度而变，对大多数金属材料，热导率随温度升高而减小，而对大多数非金属材料随温度升高而增大。

图 3-3 给出了几种液体的热导率。液体的热导率较小，但比固体绝热材料为高。从图中

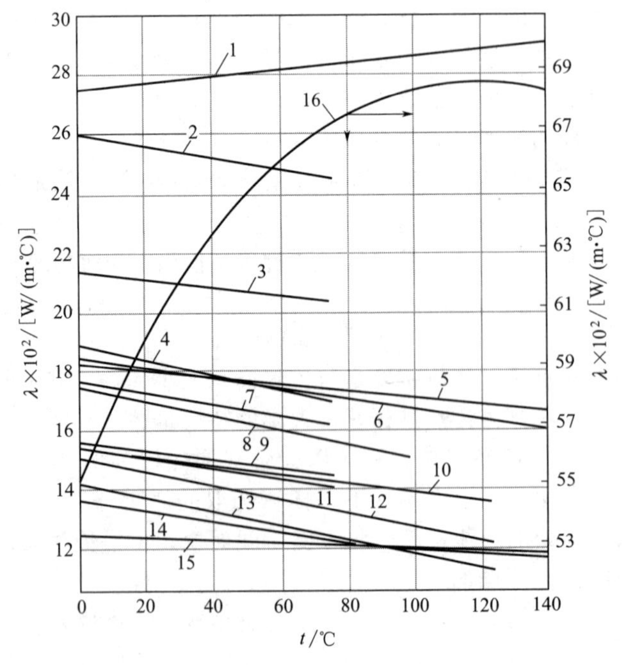

图 3-3 几种液体的热导率

1—无水甘油；2—蚁酸；3—甲醇；4—乙醇；5—蓖麻油；6—苯胺；7—醋酸；8—丙酮；9—丁醇；10—硝基苯；11—异丙醇；12—苯；13—甲苯；14—二甲苯；15—凡士林；16—水（用右面的纵坐标）

可以看出，在非金属液体中，水的热导率最大，而且除水和甘油外，常见液体的热导率随温度升高而略有减小。

气体的热导率比液体更小，差一个数量级。固体绝缘材料的热导率之所以很小，就是因为空隙率很大，含有大量空气的缘故。

图 3-4 给出几种气体的热导率。气体的热导率随温度升高而增大；但在相当大的压强范围内，压强对 λ 无明显影响。只有当压强很低或很高时，λ 才随压强增加而增大。

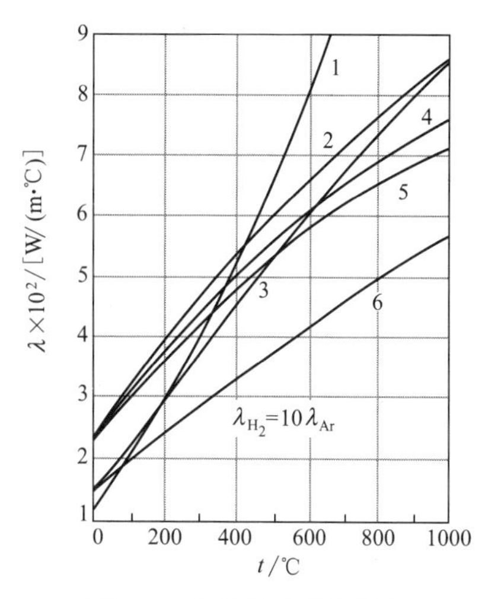

图 3-4 几种气体的热导率

1—水蒸气；2—氧；3—CO_2；4—空气；5—氮；6—氩

3.2.2 通过平壁的定态导热过程

单层平壁的定态导热过程 如图 3-5 所示，在一高度和宽度均很大的平壁内进行传热，面积为 A，厚度为 δ，并作以下假设，以简化分析过程：

① 平壁的材质均匀，忽略温度对热导率的影响，各处的热导率相等。

② 两侧表面温度保持均匀，分别为 t_1 及 t_2，$t_1>t_2$，且 t_1、t_2 不随时间而变。

③ 仅考虑 x 轴向的传热，因此，垂直于 x 轴的平面为等温面。

根据以上假设，平壁内传热系定态一维热传导。可用傅里叶定律描述为

$$q=-\lambda\frac{dt}{dx} \tag{3-4}$$

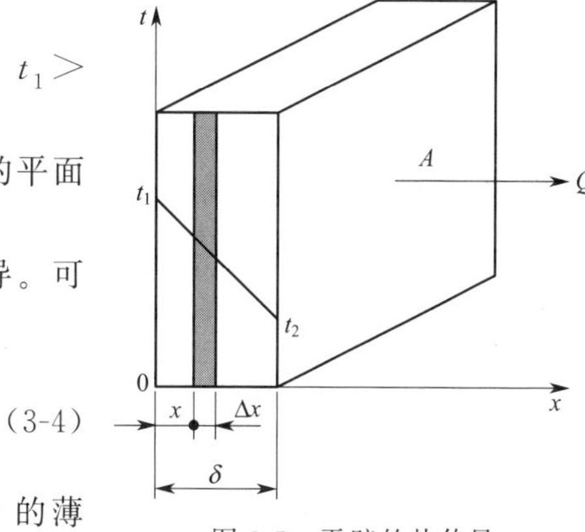

图 3-5 平壁的热传导

平壁内的温度分布 在平壁内部取厚度为 Δx 的薄层，对此薄层取单位面积作热量衡算，定态传热时平壁内各点的温度不变，薄层内没有热量累积，设单位时间进入薄层的热流密度为 q_x，薄层向外传递的热流密度为 $q_{x+\Delta x}$，则有

$$q_x=q_{x+\Delta x} \tag{3-5}$$

因此传热方向上的各平面的热流密度为常数，可写为

$$q=-\lambda\frac{dt}{dx}=常数 \tag{3-6}$$

由此式可以看出，当 λ 为常量时，$\frac{dt}{dx}=$常量，即平壁内温度呈线性分布，如图 3-5 所示。

热流量 将式(3-6) 积分得

$$\int_{t_1}^{t_2}dt=-\frac{q}{\lambda}\int_0^{\delta}dx$$

即

$$q=\frac{Q}{A}=\lambda\frac{\Delta t}{\delta} \tag{3-7}$$

式中，$\Delta t=t_1-t_2$，为平壁两侧的温度差，℃；A 为平壁的面积，m^2。

式(3-7) 又可写成如下形式

$$Q=\frac{\Delta t}{\frac{\delta}{\lambda A}}=\frac{\Delta t}{R}=\frac{推动力}{热阻} \tag{3-8}$$

此式表明热流量 Q 正比于推动力 Δt，反比于热阻 R，与欧姆定律极为类似。

$$\textbf{平壁热阻}\quad R=\frac{\delta}{\lambda A} \tag{3-9}$$

从式(3-9) 可见，当传导层厚度 δ 越大，或传热面积和热导率越小时，热阻越大。若平壁内各处的热导率随温度的变化较大，可取两侧壁温的平均温度下的热导率值进行计算。

多层平壁的定态导热过程 在传热过程中，通过多层平壁的导热过程也是很常见的，下面以图 3-6 所示的三层平壁为例，说明多层平壁导热过程的计算。

推动力和阻力的加和性 对于定态一维热传导，热量在平壁内没有积累，因此依次通过各层平壁的热流量 Q 相等，是一典型的串联传递过程。假设各相邻壁面接触紧密，接触面两侧温度相同，各层热导率皆为常量，由式(3-8) 可得

$$Q=\frac{t_1-t_2}{\frac{\delta_1}{\lambda_1 A}}=\frac{t_2-t_3}{\frac{\delta_2}{\lambda_2 A}}=\frac{t_3-t_4}{\frac{\delta_3}{\lambda_3 A}}=\frac{某层推动力}{某层热阻} \tag{3-10}$$

或

$$Q=\frac{\sum\Delta t}{\sum\frac{\delta}{\lambda A}}=\frac{总推动力}{总阻力} \tag{3-11}$$

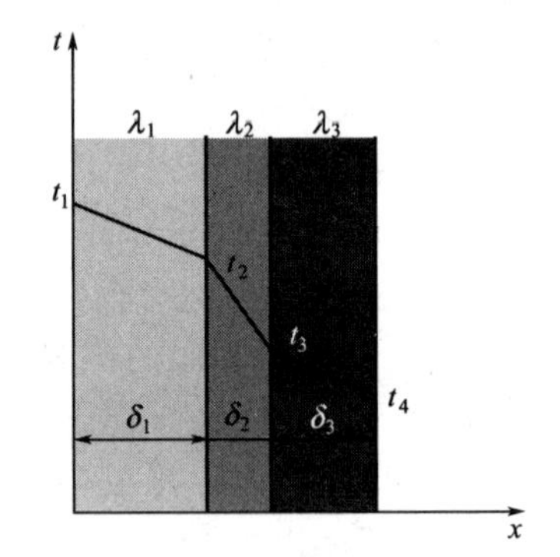

图 3-6 三层平壁的热传导

从式(3-11) 可以看出，通过多层壁的定态热传导，传热推动力和热阻是可以加和的；总热阻等于各层热阻之和，总推动力等于各层推动力之和。

各层的温差 由式(3-10) 可以推出

$$(t_1-t_2):(t_2-t_3):(t_3-t_4)=\frac{\delta_1}{\lambda_1 A}:\frac{\delta_2}{\lambda_2 A}:\frac{\delta_3}{\lambda_3 A}=R_1:R_2:R_3 \tag{3-12}$$

此式说明，在多层壁导热过程中，热阻大层的温差大，温差按热阻比例分配。

【例 3-1】 界面温度的求取

某炉壁由下列三种材料组成（参见图 3-6）

耐火砖 $\lambda_1=1.4\text{W/(m}\cdot℃)$，$\delta_1=220\text{mm}$

保温砖 $\lambda_2=0.15\text{W/(m}\cdot℃)$，$\delta_2=110\text{mm}$

建筑砖 $\lambda_3=0.8\text{W/(m}\cdot℃)$，$\delta_3=220\text{mm}$

已测得内、外表面温度分别为 950℃和 55℃，传热为定态一维热传导过程，求单位面积的热损失和各层间接触面的温度。

解： 由式(3-11) 可求得单位面积的热损失为

$$q=\frac{\sum\Delta t}{\sum\frac{\delta}{\lambda}}=\frac{950-55}{\frac{0.220}{1.4}+\frac{0.110}{0.15}+\frac{0.220}{0.8}}=\frac{895}{0.157+0.733+0.275}=768\mathrm{W/m^2}$$

由式(3-10) 可求出各层的温差及各层接触面的温度为

$$\Delta t_1=q\frac{\delta_1}{\lambda_1}=768\times0.157=121℃$$

$$t_2=t_1-\Delta t_1=930-121=809℃$$

$$\Delta t_2=q\frac{\delta_2}{\lambda_2}=768\times0.733=563℃$$

$$t_3=t_2-\Delta t_2=809-563=246℃$$

$$\Delta t_3=t_3-t_4=246-55=191℃$$

在本例中，保温砖层热阻最大，分配于该层的温差也最大。

3.2.3 通过圆筒壁的定态导热过程

在制药生产中，所用设备及管道通常为圆筒形，因此通过圆筒壁的导热极为普遍。如图 3-7 所示，内、外半径分别为 r_1、r_2 的圆筒，内、外表面分别维持恒定的温度 t_1、t_2，管长 l 足够大，则圆筒壁内的传热为沿半径方向的一维定态热传导，等温面为同心圆柱面。此时，傅里叶定律可写成

$$q=-\lambda\frac{\mathrm{d}t}{\mathrm{d}r} \tag{3-13}$$

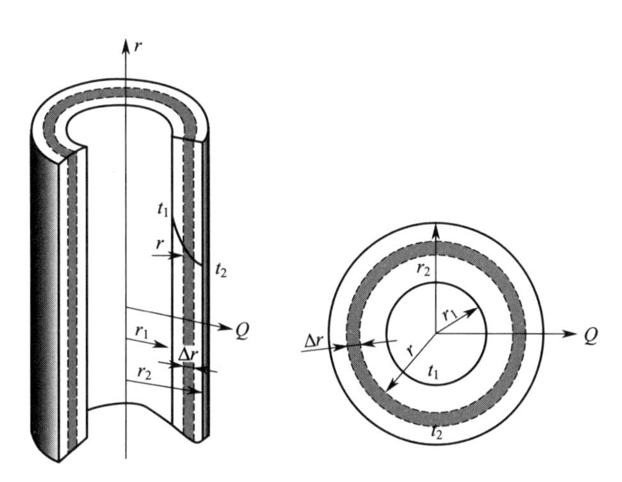

图 3-7 通过圆筒壁的热传导

圆筒壁内的温度分布 在圆筒壁内取同心薄层圆筒 Δr，对于定态热传导，即薄层内无热量积累，对其作热量衡算得

$$Q_r=Q_{r+\Delta r}$$

将上式表达成热流密度与面积的乘积：

$$2\pi rlq_r = 2\pi(r+\Delta r)lq_{r+\Delta r} = Q \tag{3-14}$$

式中，Q 为通过圆筒壁的热流量。此式表明，热流量 Q 是常数，而热流密度 q 则随半径 r 的增大而减小。

由式(3-13) 和式(3-14) 可得 $\mathrm{d}t=-\dfrac{Q}{2\pi l\lambda}\times\dfrac{\mathrm{d}r}{r}$，积分得壁内温度分布为

$$t=-\frac{Q}{2\pi l\lambda}\ln r+C \tag{3-15}$$

此式表明，圆筒壁内的温度按对数曲线变化。式中，积分常数 C 和热流量 Q 可由边界条件求出。

$$r=r_1 \text{ 时 } t=t_1$$
$$r=r_2 \text{ 时 } t=t_2$$

热流量 将边界条件分别代入式(3-15)，可求出整个圆筒壁的热流量

$$Q=\frac{2\pi\lambda l(t_1-t_2)}{\ln\left(\dfrac{r_2}{r_1}\right)}=\frac{2\pi\lambda l(t_1-t_2)}{\ln\left(\dfrac{d_2}{d_1}\right)} \tag{3-16}$$

以上两式均可改写成

$$Q=\lambda A_m\frac{t_1-t_2}{\delta}=\frac{\Delta t}{\dfrac{\delta}{\lambda A_m}} \tag{3-17}$$

该式在形式上与平壁热传导的计算式(3-8) 一致，式中

$$A_m=\frac{A_2-A_1}{\ln\left(\dfrac{A_2}{A_1}\right)}=\pi d_m l=\pi l\frac{d_2-d_1}{\ln\dfrac{d_2}{d_1}} \tag{3-18}$$

对于$\dfrac{d_2}{d_1}<2$ 的圆筒壁，以算术平均值代替对数平均值导致的误差<4%。作为工程计算，此时 A_m 可取$\dfrac{A_1+A_2}{2}$。

比较式(3-16)、式(3-17) 与式(3-8) 可知，圆筒壁热阻为

$$R=\frac{\ln\left(\dfrac{d_2}{d_1}\right)}{2\pi\lambda l}=\frac{\delta}{\lambda A_m} \tag{3-19}$$

【例 3-2】 管路热损失的计算

为减少热损失，在外径 ϕ150mm 的饱和蒸汽管外覆盖厚度为 100mm 的保温层，保温材料的热导率 $\lambda=0.08\mathrm{W/(m\cdot K)}$。已知饱和蒸汽温度为 180℃，并测得保温层中央即厚度为 50mm 处的温度为 90℃，试求：(1) 由于热损失每米管长的蒸汽冷凝量为多少？(2) 保温层的外侧温度为多少？

解：(1) 对定态传热过程，单位管长的热损失 Q/l 沿半径方向不变，故可根据靠近管壁 50mm 保温层内的温度差推动力和阻力来计算。由式(3-16) 可求得

$$\frac{Q}{l}=\frac{2\pi\lambda(t_1-t_2)}{\ln\frac{d_2}{d_1}}=\frac{2\pi\times0.08\times(180-90)}{\ln\frac{0.25}{0.15}}=88.5\text{W/m}$$

由附录查得 180℃饱和蒸汽的汽化热 $r=2.019\times10^6\text{J/kg}$，每米管长的冷凝量为

$$\frac{Q/l}{r}=\frac{88.5}{2.019\times10^6}=4.38\times10^{-5}\text{kg/(m}\cdot\text{s)}$$

(2) 设保温层外侧温度为 t_3，由式(3-16) 可得

$$t_3=t_1-\frac{\frac{Q}{l}\ln\frac{d_3}{d_1}}{2\pi\lambda}=180-\frac{88.5\times\ln\left(\frac{0.35}{0.15}\right)}{2\pi\times0.08}=30.7℃$$

多层圆筒壁的定态传热过程 与多层平壁类似，对于多层圆筒壁的一维定态传热，同样有

$$Q=\frac{\text{总推动力}}{\text{总热阻}}=\frac{\text{某层推动力}}{\text{某层热阻}}$$

以三层圆筒壁的传热过程为例，如图 3-8 所示。假设各相邻壁面接触紧密，接触面两侧温度相同，各层热导率皆为常量，由内到外三层的热导率分别为 λ_1，λ_2，λ_3，温度 $t_1>t_2>t_3>t_4$。

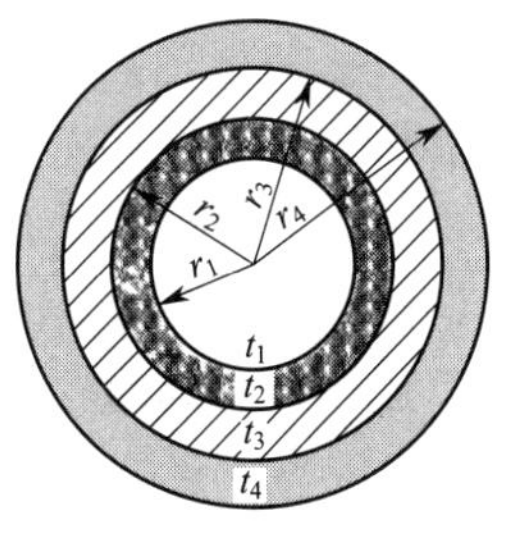

图 3-8 三层圆筒壁的热传导

则热流量

$$Q=\frac{t_1-t_2}{\frac{\delta_1}{\lambda_1A_{m1}}}=\frac{t_2-t_3}{\frac{\delta_2}{\lambda_2A_{m2}}}=\frac{t_3-t_4}{\frac{\delta_3}{\lambda_3A_{m3}}}=\frac{t_1-t_4}{\frac{\delta_1}{\lambda_1A_{m1}}+\frac{\delta_2}{\lambda_2A_{m2}}+\frac{\delta_3}{\lambda_3A_{m3}}}\tag{3-20}$$

式中，A_{mi} 为各层圆筒壁的平均传热面积；δ_i 为各层圆筒壁的厚度。

3.3 对流给热

工业生产中大量遇到的是流体在流过固体表面时与该表面所发生的热量交换。这一过程包含了流体流动载热和热传导的综合结果，在化工原理中称为对流给热。

3.3.1 对流给热过程分析

如图 3-9 所示，考察一个间壁式传热过程，冷热流体分别沿传热壁面两侧平行壁面作湍流流动，壁面两侧进行的是对流给热过程，壁面内部为热传导过程。整个过程中，热流体将热量传给冷流体，传热方向垂直于传热壁。

由第 1 章的知识可知，在流体的主体部分，由于剧烈的湍动，温度差很小，可以认为主体部分的温度相等。而无论流体主体部分的湍动程度有多大，紧贴传热壁面总存在一层层流内层，层流内层中温度梯度较大。流体主体部分和层流内层之间还存在一个过渡层，该层内的温度缓慢变化。

取 A-A 截面，设截面上热流体的主体温度为 T，冷流体的主体温度为 t，热流体一侧

的传热壁面温度为 T_w，冷流体一侧的传热壁面温度为 t_w，则截面上的温度分布如图 3-9 所示。可见，冷、热流体主体部分的温度为水平线，对流给热的温差主要集中在靠近传热壁面处的一层流体薄层内。根据串联过程温差按照热阻分配的规律，高度湍流的对流给热热阻全部集中在这层液膜内。图中 δ_t 指示的是热流体一侧的液膜厚度。

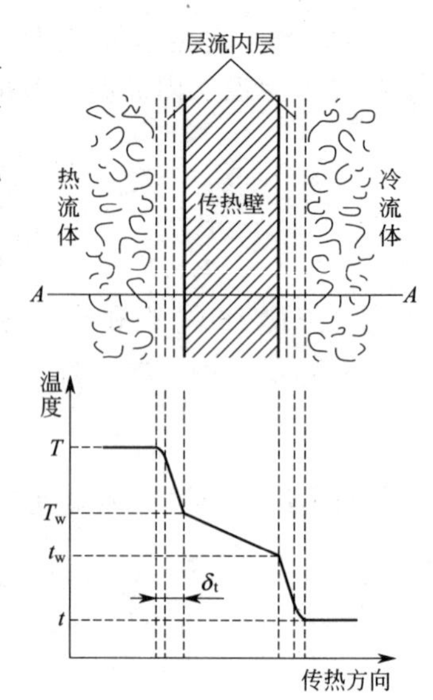

图 3-9 间壁式传热过程 A-A 截面上的温度分布

对流给热过程的分类 工业对流给热可分如下四种类型：

流体无相变的给热过程　　强制对流给热
　　　　　　　　　　　　自然对流给热
发生相变的给热过程　　　蒸汽冷凝给热
　　　　　　　　　　　　液体沸腾给热

其中，按流动情况又有层流和湍流之分。

3.3.2 牛顿冷却定律

由对流传热的分析可知，流体主体温度与壁面温度差影响流体与壁面之间的传热速率的大小，工程上将对流给热的热流密度写成如下的形式：

流体被加热时 $$q=\alpha(t_w-t) \tag{3-21}$$

流体被冷却时 $$q=\alpha(T-T_w) \tag{3-22}$$

式中，α 为给热系数，$W/(m^2 \cdot ℃)$；T_w、t_w 为壁温，℃；T、t 为流体的代表性温度，通常取流体横截面上的平均温度，简称为主体温度。

以上两式称为牛顿冷却定律。需要注意的是，牛顿冷却定律并非理论推导的结果，它是一种推论，即假定热流密度与温差 ΔT 成正比。在实际不少情况下，热流密度并不与 ΔT 成正比，此时，给热系数 α 值不为常数而与 ΔT 有关。

获得给热系数的方法 主要有三种获得对流给热系数的方法。一是对所考察的流场建立动量传递、热量传递的衡算方程和速率方程，在少数简单的情况下可获得给热系数的理论计算式。

第二种方法是数学模型法。对给热过程作出简化的物理模型和数学描述，用实验检验或修正模型，确定模型参数。

第三种方法是量纲分析实验研究方法，在对流给热中广为使用。

给热系数的影响因素及无量纲化 影响对流传热系数的因素主要有以下几方面。

(1) 引起流体对流的原因　根据引起流动的原因，可将对流给热分为强制对流和自然对流两类。强制对流是流体在外力（如泵、风机或其他势能差）作用下产生的宏观流动；而自然对流则是在传热过程中因流体冷热部分密度不同而引起的流动。通常情况下，强制对流的流速要比自然对流的大，给热系数也大。

如图 3-10 所示的自然对流过程，加热流体以产生自然对流，靠近加热壁面的 b 处的流体受热，密度减小，向上流动，远离加热壁面的 a 处的流体温度较低，密度较大，在压差作用下流向加热壁面，形成自然对流。

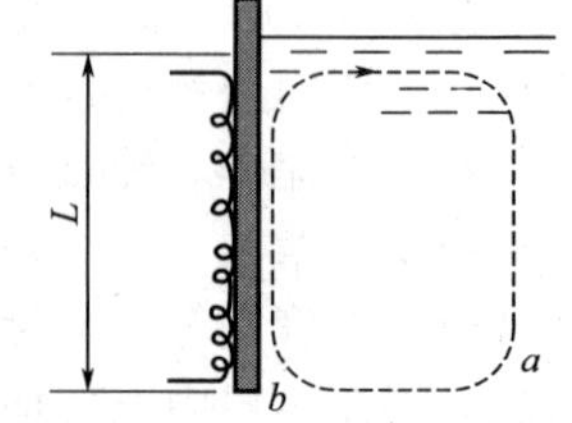

图 3-10 自然对流

自然对流流速与其影响因素之间的关系可表示为

$$u \propto \sqrt{gL\beta\Delta T} \tag{3-23}$$

式中，L 为加热（或冷却）表面的垂直高度；β 为液体的体积膨胀系数；ΔT 为传热造成的流体内部温差。

上式表明，流体的温差会形成自然对流，因此流体在传热过程中常伴有自然对流。

自然对流的强弱与加热面的位置密切相关。当加热面水平放置时，如图 3-11 所示，在加热面上部会产生较大的自然对流。当固体表面为冷却面时，则刚好相反，有利于下部形成较大的自然对流。

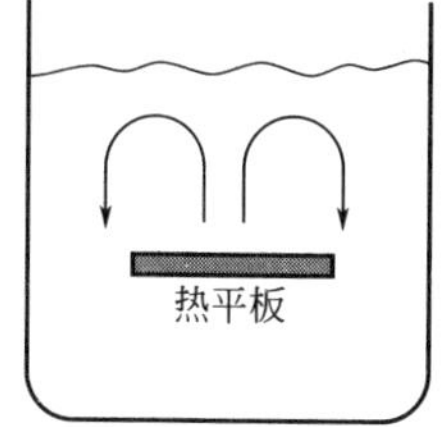

图 3-11 水平加热面的对流情况

可见，为了强化传热，加热面应放置于空间的下部，房间的采暖即为一例；而冷却面应放置在空间的上部，剧场的冷气装置即是一例。这样设置的目的是为了形成充分的自然对流。

(2) 流体的物理性质 影响给热系数的主要物理性质有密度、黏度、热导率以及比热容等。这些物理性质在传热过程中还会随着流体温度、压力的变化而改变。

(3) 流体的流动类型 流体作湍流流动时，剧烈的湍动不仅强化了流体内部的传热，同时使得靠近传热壁面处的层流内层变薄，提高了传热速率。一般情况下，层流时的给热系数要比湍流时小。

(4) 传热面的几何因素影响 传热表面的形状、位置及大小，传热面垂直或水平放置及其直径、长度、高度都会影响对流传热，通常用传热表面的特征尺寸 l 来表示，比如图 3-10 中垂直加热面的高度 L 就是其特征尺寸。

(5) 流体有无相态变化 流体在传热过程中有相态变化（如沸腾和冷凝）时，由于相变潜热很大，比无相变过程的给热系数要大得多。

根据以上讨论，先考察无相变流体的给热过程，影响此过程的因素有：

① 液体的物理性质 ρ、μ、c_p、λ；

② 固体表面的特征尺寸 l；

③ 强制对流的流速 u；

④ 自然对流的特征速度，由式(3-23) 已知，此速度可由 $g\beta\Delta T$ 表征。

于是，给热系数 α 可表示为

$$\alpha = f(u, \rho, l, \mu, \beta g\Delta t, \lambda, c_p) \tag{3-24}$$

用量纲分析法可以将式(3-24) 转化成无量纲形式

$$\frac{\alpha l}{\lambda} = f\left(\frac{\rho l u}{\mu}, \frac{c_p\mu}{\lambda}, \frac{\beta g\Delta t l^3\rho^2}{\mu^2}\right) \tag{3-25}$$

式中

$$\frac{\alpha l}{\lambda} = Nu \quad \text{努塞尔(Nusselt)数} \tag{3-26}$$

$$\frac{\rho l u}{\mu} = Re \quad \text{雷诺(Reynolds)数} \tag{3-27}$$

$$\frac{c_p\mu}{\lambda} = Pr \quad \text{普朗特(Prandtl)数} \tag{3-28}$$

$$\frac{\beta g\Delta t l^3\rho^2}{\mu^2} = Gr \quad \text{格拉晓夫(Grashof)数} \tag{3-29}$$

于是，描述给热过程的特征数关系式为

$$Nu=ARe^{a}Pr^{b}Gr^{c} \tag{3-30}$$

各无量纲数群的物理意义

（1）雷诺数 Re　Re 的物理意义是流体所受的惯性力与黏性力之比，用以表征流体的运动状态。

（2）努塞尔数 Nu　由式(3-26)

$$Nu=\frac{\alpha l}{\lambda}=\frac{\alpha}{\frac{\lambda}{l}}=\frac{\alpha}{\alpha^{*}}$$

式中，α^{*} 相当于给热过程以纯导热方式进行时的给热系数。显然，Nu 反映对流使给热系数增大的倍数。

（3）格拉晓夫数 Gr

$$Gr=\frac{\beta g\Delta t l^{3}\rho^{2}}{\mu^{2}}\propto\frac{u_{n}^{2}\rho^{2}l^{2}}{\mu^{2}}=(Re_{n})^{2} \tag{3-31}$$

式中，$u_{n}\propto\sqrt{\beta g\Delta t l}$ 为自然对流的特征速度。显然 Gr 是雷诺数的一种变形，它表征着自然对流的流动状态。

（4）普朗特数 Pr　Pr 只包含流体的物理性质，它反映物性对给热过程的影响。气体的 Pr 值大都接近于 1，液体 Pr 值则远大于 1。

定性温度　在给热过程中，流体的温度各处不同，流体的物性也必随之而变。因此，在确定上述各物性的数值时，存在一个定性温度的确定问题，即以什么温度为基准查取所需的物性数据。

通常取流体进、出口温度的算术平均值或者壁温 t_{w} 和流体主体温度 t 的算术平均值（平均膜温）作为定性温度。不同的给热系数关联式中确定定性温度的方法不同，使用时应注意公式中的说明。

特征尺寸　特征尺寸是指对给热过程产生直接影响的几何尺寸。对管内强制对流给热，如为圆管，特征尺寸取管内径 d；如非圆形管，可取当量直径，见式(1-51)。对大空间内自然对流，取加热（或冷却）表面的垂直高度为特征尺寸，因加热面高度对自然对流的范围和运动速度有直接的影响。

3.3.3 无相变对流给热

圆形直管内强制湍流的给热系数　对于强制湍流，自然对流的影响可以不计，式(3-30)中 Gr 数可以略去而简化为

$$Nu=ARe^{a}Pr^{b} \tag{3-32}$$

许多研究者对不同的流体（其中包括液体或气体）在光滑圆管内进行了大量的实验，发现在下列条件下：

① $Re>10000$ 即流动是充分湍流的；

② $0.7<Pr<160$（一般流体皆可满足）；

③ 流体是低黏度的（不大于水的黏度的 2 倍）；

④ $l/d>30\sim40$ 即进口段只占总长的很小一部分，而管内流动是充分发展的。

式(3-32) 中的系数 A 为 0.023，指数 a 为 0.8，当流体被加热时 $b=0.4$，当流体被冷却时 $b=0.3$，即

$$Nu=0.023Re^{0.8}Pr^{b} \tag{3-33}$$

或

$$\alpha=0.023\frac{\lambda}{d}\left(\frac{\rho du}{\mu}\right)^{0.8}\left(\frac{c_p\mu}{\lambda}\right)^{b} \tag{3-34}$$

式中，特征尺寸为管内径 d，定性温度为流体主体温度在进、出口的算术平均值。

如以上所列条件得不到满足，对按式(3-34) 计算所得结果，应适当加以修正。

(1) 对于高黏度液体，须另外引入一个黏度比，按下式计算

$$\alpha=0.027\frac{\lambda}{d}\left(\frac{\rho du}{\mu}\right)^{0.8}\left(\frac{c_p\mu}{\lambda}\right)^{0.33}\left(\frac{\mu}{\mu_w}\right)^{0.14} \tag{3-35}$$

式中，μ 为液体在主体平均温度下的黏度；μ_w 为液体在壁温下的黏度。

引入壁温下的黏度 μ_w，须先知壁温，只能试差计算。但对工程计算，取以下数值已可满足要求：

$$液体被加热时\left(\frac{\mu}{\mu_w}\right)^{0.14}=1.05$$

$$液体被冷却时\left(\frac{\mu}{\mu_w}\right)^{0.14}=0.95$$

式(3-35) 适用于 $Re>10^4$、$Pr=0.5\sim100$ 的各种液体，但不适用于液体金属。

(2) 对于 $l/d<30\sim40$ 的短管，式(3-34) 需乘以 1.02～1.07 的系数加以修正。

(3) 对 $Re=2000\sim10000$ 之间的过渡流，式(3-34) 的计算结果需乘以小于 1 的修正系数 f

$$f=1-\frac{6\times10^5}{Re^{1.8}} \tag{3-36}$$

(4) 流体在弯曲管道内流动时的给热系数　流体在弯管内流动时，由于离心力的作用，扰动加剧，使给热系数增加。实验结果表明，弯管中的 α'可按式(3-37) 计算

$$\alpha'=\alpha\left(1+1.77\frac{d}{R}\right) \tag{3-37}$$

式中，α 为直管的给热系数，W/(m^2·℃)；d 为管内径，m；R 为弯管的曲率半径，m。

(5) 流体在非圆形管中强制湍流的给热系数　非圆形管给热系数的计算有两个途径。一种是沿用圆形直管的计算公式，而将定性尺寸代之以当量直径 d_e。另一种方法直接根据实验找到计算给热系数的经验公式。例如，对套管的环隙，用空气和水做实验，在 $Re=1.2\times10^4\sim2.2\times10^5$，$d_2/d_1=1.65\sim17.0$ 的范围内获得如下经验关联式

$$\alpha=0.02\frac{\lambda}{d_e}Re^{0.8}Pr^{0.33}(d_2/d_1)^{0.53} \tag{3-38}$$

式中，d_e 为套管当量直径，可由式(1-51) 算出，即为 d_2-d_1；d_2 为外管内径；d_1 为内管外径。此式亦可用于其他流体。

任何特征数关系式都可加以变换，使每个变量在方程式中单独出现。如将式(3-34) 脱去括号，可得

$$\alpha=0.023\frac{\rho^{0.8}c_p^{0.4}\lambda^{0.6}}{\mu^{0.4}}\times\frac{u^{0.8}}{d^{0.2}} \tag{3-39}$$

由此式可知，当流体的种类（即物性）和管径一定时，给热系数 α 与 $u^{0.8}$ 成正比。在其他因素不变时，给热系数 α 反比于 $d^{0.2}$。

【例 3-3】 管内强制湍流时给热系数的计算

图 3-12 为一列管式换热器示意图，由 38 根 ϕ25mm×2.5mm 的无缝钢管组成。甲苯在管内流动，由 20℃ 被加热至 80℃，甲苯的流量为 10kg/s。外壳中通入水蒸气进行加热。试求管壁对苯的给热系数。

又问当甲苯的流量提高一倍时，给热系数为多少？

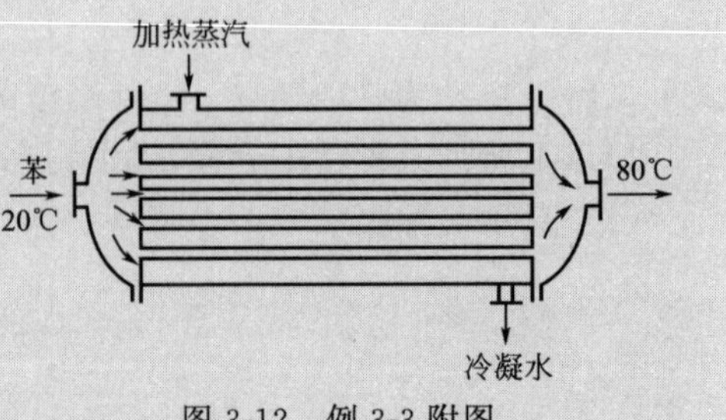

图 3-12 例 3-3 附图

解：甲苯在平均温度 $t_m=\frac{1}{2}\times(20+80)=50$℃下的物性可由附录查得：

密 度	$\rho=840\text{kg/m}^3$
比热容	$c_p=1.82\ \text{kJ/(kg·℃)}$
黏 度	$\mu=0.45\text{mPa·s}$
热导率	$\lambda=0.129\text{W/(m·℃)}$

加热管内甲苯的流速为

$$u=\frac{q_V}{\frac{\pi}{4}d^2n}=\frac{10/840}{0.785\times0.02^2\times38}=1.00\text{m/s}$$

$$Re=\frac{du\rho}{\mu}=\frac{0.02\times1.00\times840}{0.45\times10^{-3}}=3.72\times10^4$$

$$Pr=\frac{c_p\mu}{\lambda}=\frac{1.82\times10^3\times0.45\times10^{-3}}{0.129}=6.35$$

以上计算表明本题的流动情况符合式(3-34) 的实验条件，故

$$\alpha=0.023\frac{\lambda}{d}Re^{0.8}Pr^{0.4}=0.023\times\frac{0.129}{0.02}\times(3.72\times10^4)^{0.8}\times(6.35)^{0.4}$$

$$=1410\text{W/(m}^2\text{·℃)}$$

若忽略定性温度的变化，当甲苯的流量增加一倍时，给热系数为 α'

$$\alpha'=\alpha\left(\frac{u'}{u}\right)^{0.8}=1410\times2^{0.8}=2455\text{W/(m}^2\text{·℃)}$$

圆形直管强制层流的给热系数 当 $Gr<2.5\times10^4$ 时，自然对流的影响可以忽略，此时圆直管内强制层流的对流给热系数的特征数关联式为

$$Nu=1.86\left(RePr\frac{d}{l}\right)^{1/3}\left(\frac{\mu}{\mu_w}\right)^{0.14} \tag{3-40}$$

式中，d 为管内径，m；l 为管长，m。适用条件是：$Re<2300$；$0.6<Pr<6700$；$\left(RePr\frac{d}{l}\right)>10$，定性温度取流体进、出口温度的算术平均值。

管外强制对流的给热系数 流体在圆管外部垂直流过时，在管子圆周各点的流动情况是不同的，因而各点的热阻或给热系数也不同。但在一般换热器中，需要的只是整个圆周的平均给热系数，故在下面讨论的都是平均给热系数的计算。

在换热器内大量遇到的是流体横向流过管束的给热。此时由于管子之间的相互影响，给热过程更为复杂，流体在管束外横向流过的给热系数可用式(3-41) 计算

$$Nu=c\varepsilon Re^{n}Pr^{0.4} \tag{3-41}$$

式中的常数 c、ε 和 n 见表 3-2。

表 3-2 液体垂直于管束流动时的 c、ε 和 n 值

排数	直排		错排		c
	n	ε	n	ε	
1	0.6	0.171	0.6	0.171	$x_1/d=1.2\sim3$ 时
2	0.65	0.157	0.6	0.228	$c=1+0.1x_1/d$
3	0.65	0.157	0.6	0.290	$x_1/d>3$ 时
3 以上	0.65	0.157	0.6	0.290	$c=1.3$

管束的排列方式有直排和错排两种，如图 3-13 所示。对于第一排管子，不论直排还是错排都和单管差不多。从第二排开始，因为流体在错排管束间通过时，受到阻拦，使湍动增强，故 ε 较大，即错排的给热系数较大。从第三排以后，给热系数不再改变。

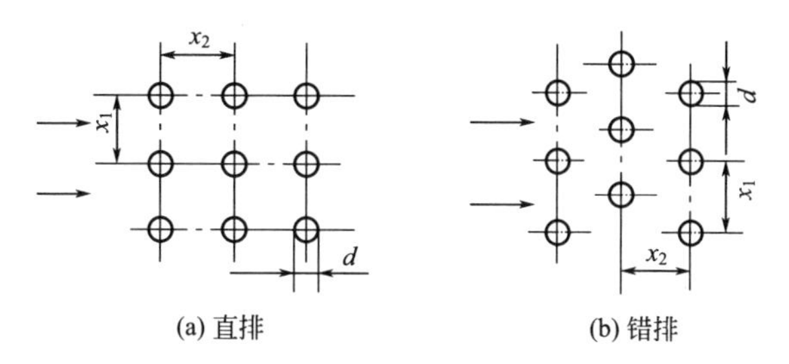

图 3-13 管束的排列方式

式(3-41) 的定性尺寸为管外径，定性温度为流体进、出口的平均温度，流速取垂直于流动方向最窄通道的流速。式(3-41) 的适用范围是，$Re=5\times10^{3}\sim7\times10^{4}$，$x_1/d=1.2\sim5$，$x_2/d=1.2\sim5$。

由于各排的给热系数不等，整个管束的平均给热系数为

$$\alpha=\frac{\alpha_1A_1+\alpha_2A_2+\alpha_3A_3+\cdots}{A_1+A_2+A_3+\cdots}=\frac{\sum\alpha_iA_i}{\sum A_i} \tag{3-42}$$

式中，α_i 为各排的给热系数；A_i 为各排的传热面积。

搅拌釜内液体与釜壁的给热系数 此给热系数与釜内液体物性及流动状况有关，一般均通过实验测定，并将数据整理成如下的形式

$$Nu=ARe_{\mathrm{M}}^{a}Pr^{b}\left(\frac{\mu}{\mu_{\mathrm{w}}}\right)^{c} \tag{3-43}$$

不同型式的搅拌器式(3-43) 中的系数不同；即使同一型式的搅拌器置于尺寸比例不同的搅拌釜内，式(3-43) 中的系数值也不同。对具有标准结构的六叶平叶涡轮搅拌器，其给热系数可用式(3-44) 计算

$$\frac{\alpha D}{\lambda}=0.73\left(\frac{dn^{2}\rho}{\mu}\right)^{0.55}\left(\frac{c_p\mu}{\lambda}\right)^{0.33}\left(\frac{\mu}{\mu_{\mathrm{w}}}\right)^{0.24} \tag{3-44}$$

式中，d 为搅拌器直径，m；D 为搅拌釜直径，m；n 为搅拌器转速，r/s。该式的适用范围为 $20 \leqslant Re_M \leqslant 40000$，$Re_M = dn^2\rho/\mu$。

大容积自然对流的给热系数 在大容积自然对流条件下，不存在强制流动 Re，式(3-30) 可简化为

$$Nu = APr^b Gr^c \tag{3-45}$$

许多研究者用管、板、球等形状的加热面，对空气、H_2、CO_2、水、油类和四氯化碳等不同介质进行了大量的实验研究。将这些实验结果，按（3-45）进行整理，得到如图 3-14 所示的曲线。此曲线可近似地分成三段直线，每段直线皆可写成的形式

$$Nu = A(GrPr)^b \tag{3-46}$$

或

$$\alpha = A\frac{\lambda}{l}\left(\frac{\beta g \Delta t l^3 \rho^2}{\mu^2} \times \frac{c_p \mu}{\lambda}\right)^b \tag{3-47}$$

式中，A、b 可从曲线分段求出，列入表 3-3 中。式(3-47) 中的 Δt 取壁温和流体主体温度之差，即 $\Delta t = T_w - t$。

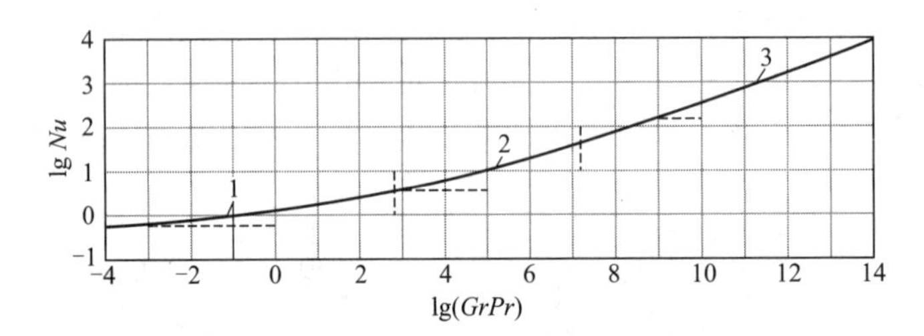

图 3-14 自然对流的给热系数

表 3-3 式(3-47) 中的系数 A 和 b

段数	$GrPr$	A	b
1	$1\times10^{-3}\sim5\times10^2$	1.18	1/8
2	$5\times10^2\sim2\times10^7$	0.54	1/4
3	$2\times10^7\sim10^{13}$	0.135	1/3

式(3-47) 中的定性温度为膜温，定性尺寸与加热面方位有关，对水平管取管外径，对垂直管和板取垂直高度。

值得注意的是，当（$GrPr$）$>2\times10^7$ 时，给热系数 α 与加热面的几何尺寸 l 无关，称为自动模化区。利用这一特点，可用缩小的模型对实际给热过程进行实验研究。

3.3.4 有相变对流给热

液体沸腾和蒸汽冷凝必然伴有流体的流动，故沸腾给热和冷凝给热同样属于对流传热。与前述的对流过程不同，这两种给热过程伴有相变。相变的存在，使给热过程有其特有的规律。本节只限于纯流体的沸腾和冷凝的讨论。

1. 大容积饱和沸腾

液体在加热面上的沸腾，按设备的尺寸和形状可分为大容积沸腾和管内沸腾两种。所谓大容积沸腾是指加热壁面被沉浸在无强制对流的液体中所发生的沸腾现象。此时，从加热面产生的气泡长大到一定尺寸后，脱离表面，自由上浮。大容积沸腾时，液体中既有因温差引起的自然对流，又有因气泡运动所导致的液体运动。

管内沸腾是液体在一定压差作用下，以一定的流速流经加热管时所发生的沸腾现象，又

称为强制对流沸腾。

本节只讨论大容积中的饱和沸腾。

沸腾的两个必要条件

(1) 过热度　沸腾给热的主要特征是液体内部有气泡产生。实验观察表明，气泡是在紧贴加热表面的液层内即在加热表面上首先生成。为使气泡得以生成，液体的温度必须高于相应的饱和温度。这种现象称为液体的过热，液体温度高于饱和温度的值为过热度。沸腾给热过程中，加热壁面附近的过热度最大，提高壁温，可增大过热度。

(2) 汽化核心　加热壁面可以提供最大的过热度，是产生气泡最有利的场所。实验发现，液体沸腾时，不是加热表面上的任何一点都能产生气泡，气泡只能在粗糙加热面的若干个点上产生，这种点称为汽化核心。

在沸腾给热过程中，气泡首先在汽化核心生成、长大，当长大到一定大小，在浮力作用下脱离加热面。气泡脱离时对周围的液体产生强烈扰动，强化了传热。沸腾给热系数可以达到 2×10^5 W/(m^2·℃) 左右，高于无相变的对流给热。

汽化核心数除了与加热表面粗糙程度、氧化情况、材料的性质及其不均匀性等多种因素有关，还受到过热度的影响。对同一加热面，增大过热度，汽化核心数增加。

大容积饱和沸腾曲线　实验观察表明，任何液体的大容积饱和沸腾 α 随温差 Δt（壁温 T 与操作压强下液体的饱和温度 t_s 之差）的变化，都会出现不同类型的沸腾状态。下面以大气压下饱和水在铂电热丝表面上的沸腾为例作具体说明。图 3-15 为实验测得的 α 与 Δt 的关系。

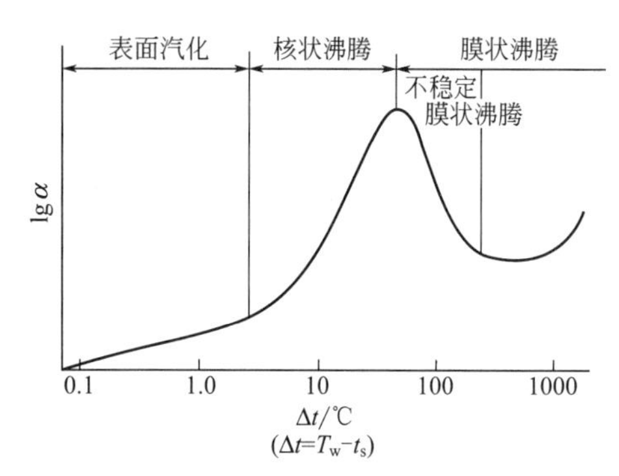

图 3-15　沸腾时 α 和温差 Δt 的关系

由图 3-15 可见，当 $\Delta t<2.2$℃，α 随 Δt 缓慢增加。此时，紧贴加热表面的液体过热度很小，不足以产生气泡，加热面与液体之间的给热是靠自然对流进行的。在此阶段，汽化现象只是在液面上发生，严格说来还不是沸腾，而是表面汽化。

当 $\Delta t>2.2$℃，加热面上有气泡产生，给热系数 α 随 Δt 急剧上升。这是由于气泡的产生和脱离对加热面附近液体的扰动越来越剧烈的缘故。此阶段称为核状沸腾。

当 Δt 增大到某一定数值时，加热面上的汽化核心继续增多，气泡在脱离加热面之前便相互连接，形成气膜，把加热面与液体隔开。起先形成的气膜是不稳定的，随时可能破裂变为大气泡离开加热面。随着 Δt 的增大，气膜趋于稳定，因气体热导率远小于液体，故给热系数反而下降。此阶段称为不稳定膜状沸腾。从核状沸腾变为膜状沸腾的转折点称为临界点。临界点所对应的热流密度和温差称为临界热负荷 q_c 和临界温差 Δt_c。

当 Δt 继续增加至 250℃，加热表面上形成一层稳定的气膜，把液体和加热表面完全隔开。但此时壁温较高，辐射传热的作用变得更加重要，故 α 再度随 Δt 的增加而迅速增加。此阶段称为稳定膜状沸腾。

在上述液体饱和沸腾的各不同阶段中，核状沸腾具有给热系数大、壁温低的优点，因此，工业沸腾装置应在该状态下操作。

为保证沸腾装置在核状沸腾状态下工作，必须控制 Δt 不大于其临界值 Δt_c；否则，核状沸腾将转变为膜状沸腾，使 α 急剧下降。甚至由于大量热量无法及时传给液体而使加热面温度急速升高，将设备烧毁。

沸腾给热的计算　关于沸腾给热至今尚没有可靠的一般的经验关联式，但各种液体在特定表面状况、不同压强、不同温差下的沸腾给热已经积累了大量的实验资料。这些实验资料表明，核状沸腾给热系数的实验数据可按以下函数形式进行关联

$$\alpha = A\Delta t^{2.5}B^{t_s} \tag{3-48}$$

式中，t_s 为蒸气的饱和温度，℃；A 和 B 为通过实验测定的两个参数，对不同的表面与液体，其值不同。

沸腾给热过程的强化 沸腾给热的强化可以从加热表面和沸腾液体两方面入手。

粗糙加热表面可提供更多汽化核心，因此，可用机械加工或腐蚀的方法将金属表面粗糙化。近年来出现一种多孔金属表面，是将细小的金属颗粒（如铜）通过钎焊或烧结固定于金属板或金属管上所制成。这种多孔金属表面可使沸腾给热系数提高十几倍。

另一种方法是在沸腾液体中加入某种少量的添加剂（如乙醇、丙酮、甲基乙基酮等）改变液体的表面张力，可提高给热系数 20%～100%，还可提高沸腾液体的临界热负荷。

2. 蒸汽冷凝给热

冷凝给热过程的热阻 蒸汽冷凝作为一种加热方法在工业生产中得到广泛应用。在蒸汽冷凝加热过程中，加热介质为饱和蒸汽。饱和蒸汽与低于其温度的冷壁接触时，将凝结为液体，释放出汽化热。在冷凝过程中，饱和蒸气压力保持恒定，因此汽相温度也一定。也就是说，在冷凝给热时汽相不存在温度梯度。

在传热过程中，温差是由热阻造成的。汽相主体不存在温差，意味着汽相内不存在任何热阻。而蒸汽在冷壁面凝结产生的冷凝液形成液膜将壁面覆盖后，蒸汽的冷凝只能在冷凝液表面上发生，冷凝时放出的潜热必须通过这层液膜才能传给冷壁。可见，冷凝给热过程的热阻几乎全部集中于冷凝液膜内。这是蒸汽冷凝给热过程的一个主要特点。

工业上通常使用饱和蒸汽作为加热介质的原因有两个：一是饱和蒸汽有恒定的温度，二是它有较大的给热系数。

膜状冷凝和滴状冷凝 饱和蒸汽冷凝给热过程的热阻主要集中在冷凝液，因此，冷凝液的流动状态对给热系数必有极大的影响。冷凝液在壁面上的存在和流动方式有两种类型：膜状和滴状。

当冷凝液能润湿壁面时，冷凝液在壁面上呈膜状，否则将成为滴状。呈滴状冷凝时，冷凝液在壁面上形成液滴落下，不形成液膜而将蒸汽与壁面隔开，大部分冷壁直接暴露于蒸汽，因此热阻很小。滴状冷凝的给热系数比膜状冷凝的给热系数大 5～10 倍。

但在工业冷凝器中即使采用了促进滴状冷凝的措施，也不能持久。所以，工业冷凝器的设计都按膜状冷凝考虑。

膜状冷凝时的给热系数 设有一垂直平壁，饱和蒸汽在其上凝结，冷凝液借重力沿壁流下。因冷凝现象在整个高度上发生，故越往下凝液流量越大，液膜越厚。液膜厚度沿壁高的变化必然导致热阻或给热系数沿高度分布的不均匀性（见图 3-16）。在壁上部液膜呈层流，膜厚增加，α 减小。若壁面足够高、冷凝液量较大，则壁下部液膜发生湍流流动，此时局部给热系数反而有所提高。

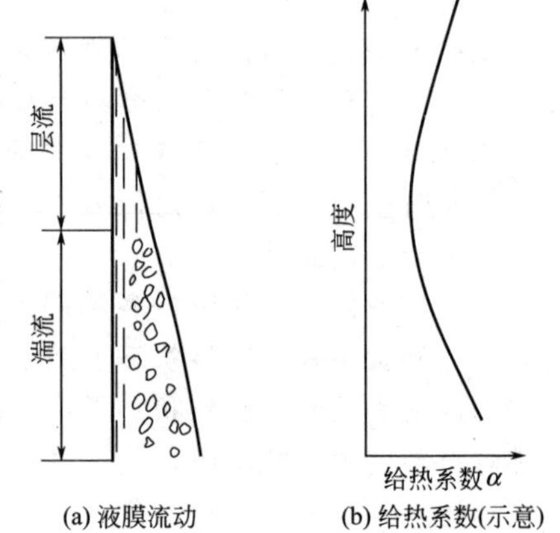

图 3-16 蒸汽在垂直壁面上的冷凝

作为工程计算，一般只需知道整个壁面的平均给热系数，因此，以下均指全壁平均给热系数。

蒸汽在垂直壁（管）外的冷凝给热系数 液膜流动为层流时的冷凝给热系数

$$\alpha=1.13\left(\frac{\rho^2 g r\lambda^3}{\mu L\Delta t}\right)^{1/4} \tag{3-49}$$

式中，r 为汽化热，J/kg；Δt 为液膜两侧的温差（t_s-t_w），t_s 为饱和蒸汽温度，t_w 为壁温，℃；α 为整个壁面的平均给热系数，W/(m^2·℃)；μ 为凝液的黏度，Pa·s；ρ 为凝液的密度，kg/m^3；λ 为液膜的热导率，W/(m·℃)；L 为冷凝管或壁的高度，m。

冷凝给热的热阻是凝液造成的，故上式所含各物性常数应是凝液的物性，而非蒸汽的物性。应用上式时，除汽化热 r 取冷凝温度 t_s 下的数值外，其他各物性皆取膜温（t_s 和 t_w 的算术平均值）下的数值。

液膜是否为层流的判断条件为 $Re_M<2000$，Re_M 按式(3-50) 计算。由于式中含有给热系数 α，实际计算时，需先假设为层流状态，算出给热系数 α 后，再进行验证。

$$Re_M=\frac{4\alpha L\Delta t}{r\mu} \tag{3-50}$$

当 $Re_M>2000$ 时，液膜中的流动类型变为湍流。液膜湍流时的冷凝给热系数

$$\alpha=0.0077\left(\frac{\rho^2 g\lambda^3}{\mu^2}\right)^{\frac{1}{3}}\left(\frac{4L\alpha\Delta t}{r\mu}\right)^{0.4} \tag{3-51}$$

式中各变量的含义与式(3-49) 相同。

蒸汽在水平圆管外的冷凝给热系数

$$\alpha=0.725\left(\frac{\rho^2 g\lambda^3 r}{d\Delta t\mu}\right)^{1/4} \tag{3-52}$$

式中，d 为圆管外径，m。

比较式(3-49) 和式(3-52) 可以看出，在其他条件相同时，水平圆管的给热系数和垂直圆管的给热系数之比是

$$\frac{\alpha_{水平}}{\alpha_{垂直}}=0.64\left(\frac{L}{d}\right)^{1/4} \tag{3-53}$$

对于 $L=1.5$m，$d=19$mm 的圆管，水平放置的给热系数约为垂直放置的 1.91 倍。

【例 3-4】 冷凝给热系数的求取

常压水蒸气在单根圆管外冷凝，管外径 $d=100$mm，管长 $L=1500$mm，壁温 t_w 维持在 98℃。试求：(1) 管子垂直放置时整个圆管的平均给热系数；(2) 水平放置的平均给热系数。

解： 在膜温(100+98)/2=99℃时，冷凝液有关物性为 $\rho=965.1$kg/m^3；$\mu=28.56\times10^{-5}$ Pa·s；$\lambda=0.6819$W/(m·℃)；$T_s=100$℃；$r=2258$kJ/kg。

(1) 先假定液膜为层流，由式(3-49) 求得

$$\alpha=1.13\left(\frac{\rho^2 g r\lambda^3}{\mu L\Delta t}\right)^{1/4}=1.13\times\left[\frac{959.1^2\times9.81\times0.6819^3\times2258\times10^3}{28.56\times10^{-5}\times1.5\times(100-98)}\right]^{1/4}$$
$$=1.06\times10^4\ \text{W/(m}^2\cdot℃)$$

验算液膜是否为层流，由式(3-50)

$$Re=\frac{4\alpha L\Delta t}{r\mu}=\frac{4\times1.06\times10^4\times1.5\times2}{2258\times10^3\times28.56\times10^{-5}}=197<2000$$

故假定层流是正确的。

(2) 由式(3-53) 可得

$$\frac{\alpha_{水平}}{\alpha_{垂直}}=0.64\left(\frac{L}{d}\right)^{1/4}=0.64\times\left(\frac{1.5}{0.1}\right)^{1/4}=1.26$$

故水平放置时平均给热系数为

$$\alpha_{水平}=1.26\times1.06\times10^4=1.34\times10^4\ \mathrm{W/(m^2\cdot ℃)}$$

水平管束外的冷凝给热系数 工业用冷凝器多半是由水平管束组成，管束中管子的排列通常有直排和错排两种。无论哪一种排列，就第一排管子而言，其冷凝情况与单根水平管相同。但是，对其他各排管子来说，冷凝情况必受到其上各排管流下的冷凝液的影响。

从上排管流下的冷凝液使下排管液膜增厚，热阻增加，同时，冷凝液下流时不可避免地要产生撞击和飞溅，使下排液膜扰动增强。可将式(3-52) 中的 d 代之以 $n^{2/3}d$，进行计算，其中 n 为管束在垂直方向上的管排数，即

$$\alpha=0.725\left(\frac{\rho^2 g\lambda^3 r}{n^{2/3}d\Delta t\mu}\right)^{\frac{1}{4}} \tag{3-54}$$

影响冷凝给热的因素

(1) 不凝性气体的影响 以上讨论仅限于纯蒸汽的冷凝。实际上，工业用蒸汽不可能绝对纯，其中总会有微量的不凝性气体，比如空气。不凝性气体在装置中的积聚，将在冷凝液膜层外形成一层气膜，蒸汽在扩散通过它时会形成额外的传热阻力，对给热过程带来不利影响。为减少不凝性气体的不良影响，在各种与蒸汽冷凝有关的换热装置中都设有排放口，定期排放不凝性气体。

(2) 蒸汽流向和流速的影响 在冷凝设备中，蒸汽的流动可能会对冷凝液膜产生影响。当蒸汽的流速不大时，这种影响可以忽略。但是，当蒸汽流速较大时，则会影响液膜的流动。此时，如蒸汽和液膜流向相同，蒸汽将加速冷凝液的流动，使膜厚减小，结果 α 增大。反之，如蒸汽与冷凝液逆向流动时，将阻滞冷凝液的流动，使液膜增厚，则 α 减小；若蒸汽速度很大可冲散液膜使部分壁面直接暴露于蒸汽中，α 反而增大。

通常，蒸汽进入口设在换热器的上部，以避免蒸汽和冷凝液逆向流动。

冷凝给热过程的强化措施 冷凝给热过程的阻力集中于液膜，因此，设法减小液膜厚度是强化冷凝给热的有效措施。

对于垂直壁面，在其上开若干纵向沟槽使冷凝液沿沟槽流下，可减薄周边壁面上的液膜厚度，强化冷凝给热过程。除开沟槽外，沿垂直壁装若干条金属丝（见图 3-17）也可以起到强化冷凝给热的作用，而且效果更为显著。

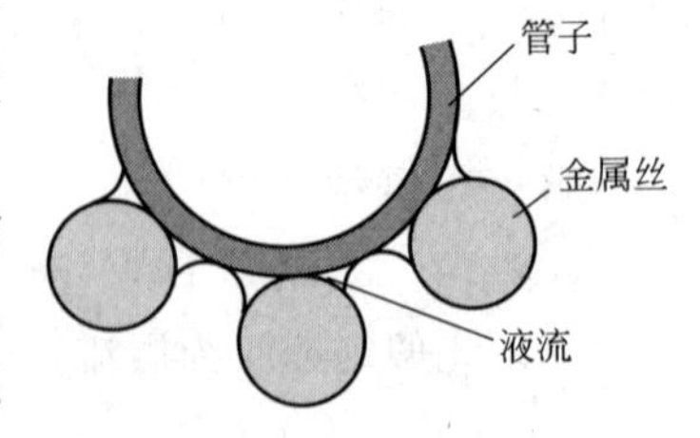

图 3-17 壁面安装金属丝的情况

对于垂直管内冷凝，采用适当的内插物（如螺旋圈）可分散冷凝液，减小液膜厚度而提高给热系数。

此外，为强化冷凝给热，各种获得滴状冷凝的措施也正在大力研究之中。

3.4 传热过程的计算

工业上大量存在的传热过程（指间壁式传热过程）都是由固体内部的热传导及各种流体与固体表面间的对流给热组合而成的。本节讨论间壁式传热过程的计算。

3.4.1 传热过程分析

图 3-18 所示为一定态逆流操作的套管式换热器，热流体走管内（管程），流量为 q_{m1}，冷流体走环隙（壳程），流量为 q_{m2}。热流体的进、出口温度分别为 T_1 和 T_2，进、出口平均温度下的比热容为 c_{p1}，冷流体的进、出口温度分别为 t_1 和 t_2，进、出口平均温度下的比热容为 c_{p2}。冷、热流体在换热器内逆流换热。

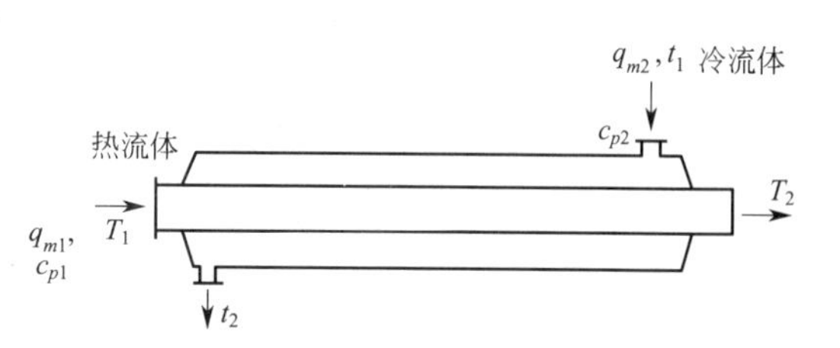

图 3-18 逆流操作的套管式换热器

由于是定态操作，热流体在换热器内放出的热量 Q_1 与冷流体得到的热量 Q_2 的关系应满足

$$Q_1=Q_2+Q_{损} \tag{3-55}$$

该式为换热器的热量衡算式。换热器的热损失 $Q_{损}$ 一般以总换热量的一定比例估算。如果忽略热损失，换热器的热量衡算为

$$Q=q_{m1}c_{p1}(T_1-T_2)=q_{m2}c_{p2}(t_2-t_1) \tag{3-56}$$

式中，q_m 为质量流率，kg/s；c_p 为定压比热容，kJ/(kg·K)。

式(3-56) 为冷、热流体均不发生相变的换热过程的热流量衡算式。若换热器中一侧有相变，比如热流体一侧为饱和蒸汽冷凝，蒸汽的饱和温度为 T_s，热流体一侧进、出口温度均为 T_s，而冷流体没有相变，则热量衡算为

$$Q=q_{m1}r=q_{m2}c_{p2}(t_2-t_1) \tag{3-57}$$

式中，r 为饱和蒸汽的汽化热，kJ/kg。

若冷凝液出口温度 $T_2<T_s$，则热流体一侧发生的是冷凝、冷却过程，热量衡算为

$$Q=q_{m1}[r+c_{p1}(T_s-T_2)]=q_{m2}c_{p2}(t_2-t_1) \tag{3-58}$$

热量衡算指明了单位时间需要交换的热量大小，而换热设备能否完成任务，就需要核算换热器的传热速率能否满足要求。

传热速率方程式 在图 3-18 所示的套管式换热器中，热量序贯地由热流体传给管壁内侧、再由管壁内侧传至外侧，最后由管壁外侧传给冷流体。由于是一维定态串联过程，在忽略热损失的条件下，换热器内传热速率 Q 可由上述任一步骤传递的热量计算得到

$$Q=Q_{热流体一侧对流给热}=Q_{管壁内热传导}=Q_{冷流体一侧对流给热} \tag{3-59}$$

但在实际计算时，壁温往往是未知的，难以用对流给热或者热传导过程来计算传热量 Q，为方便计算，须避开壁温，直接根据冷、热流体的温度进行传热速率的计算。

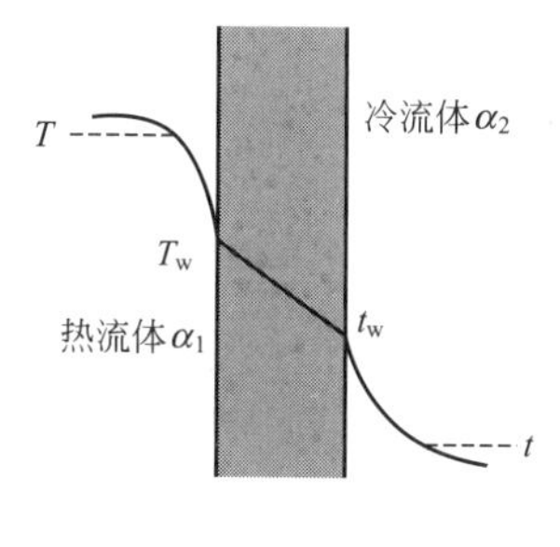

图 3-19 微元管段中的热流密度

流体在换热器内的温度是沿流程变化的，对图 3-18 所示的套管式换热器运用热传导和对流给热方程时，需取微元。在与流动垂直的方向上取一微元管段 dL，微元管段内冷、热流体的主体温度不变，分别为 t 和 T，微元管段的热流量 dQ 也满足式(3-59)，如图 3-19 所示，即

$$dQ=q_1 dA_1=q_\lambda dA_m=q_2 dA_2$$

式中，q_1 为以内壁面 A_1 为基准的热流密度，q_2 以外壁面 A_2 为基准，q_λ 以平均面积 A_m 为基准；A_m 为 A_1 和 A_2 的对数平均值。将上式进一步写成

$$dQ=\frac{T-T_w}{\frac{1}{\alpha_1}}dA_1=\frac{T_w-t_w}{\frac{\delta}{\lambda}}dA_m=\frac{t_w-t}{\frac{1}{\alpha_2}}dA_2 \tag{3-60}$$

式中，t_w、T_w 分别为冷、热流体侧的壁温，K；α_2、α_1 分别为冷、热流体侧的给热系数，W/(m^2·K)；λ 为管壁材料的热导率，W/(m·K)；δ 为管壁厚度，m。

由式(3-60)，合并各个分过程的传热推动力和传热阻力，可得

$$dQ=\frac{T-t}{\frac{1}{\alpha_1}\times\frac{1}{dA_1}+\frac{\delta}{\lambda}\times\frac{1}{dA_m}+\frac{1}{\alpha_2}\times\frac{1}{dA_2}} \tag{3-61}$$

参照对流给热系数，引入总过程的传热系数 K，则

$$dQ=K_1(T-t)dA_1=K_2(T-t)dA_2 \tag{3-62}$$

式中，K_1 为以内壁面 A_1 为基准的传热系数，W/(m^2·K)；K_2 以外壁面 A_2 为基准。结合式(3-61) 和式(3-62) 可得

$$dQ=\frac{T-t}{\frac{1}{\alpha_1}+\frac{\delta}{\lambda}\times\frac{dA_1}{dA_m}+\frac{1}{\alpha_2}\times\frac{dA_1}{dA_2}}dA_1=\frac{T-t}{\frac{1}{K_1}}dA_1$$

比较得到

$$K_1=\frac{1}{\frac{1}{\alpha_1}+\frac{\delta}{\lambda}\times\frac{dA_1}{dA_m}+\frac{1}{\alpha_2}\times\frac{dA_1}{dA_2}}=\frac{1}{\frac{1}{\alpha_1}+\frac{\delta}{\lambda}\times\frac{d_1}{d_m}+\frac{1}{\alpha_2}\times\frac{d_1}{d_2}}=\frac{1}{\frac{1}{\alpha_1}+\frac{d_1}{2\lambda}\ln\frac{d_2}{d_1}+\frac{1}{\alpha_2}\times\frac{d_1}{d_2}} \tag{3-63}$$

式中，$dA_1=\pi d_1 dL$，$dA_2=\pi d_2 dL$，d_1、d_2 分别表示圆管的内、外直径；d_m 为 d_1 与 d_2 的对数均值，在$\frac{d_2}{d_1}\leqslant 2$ 时可用算术均值代替。

同时可以看出 $1/K_1$ 为传热过程总热阻，$\frac{1}{\alpha_1}$为管内对流给热过程的分热阻，$\frac{\delta}{\lambda}\times\frac{d_1}{d_m}$为管壁内热传导过程的分热阻，$\frac{1}{\alpha_2}\times\frac{d_1}{d_2}$为管外对流给热过程的分热阻。以上热阻均以内表面 A_1 为基准。同理可得

$$K_2=\frac{1}{\frac{1}{\alpha_1}\times\frac{d_2}{d_1}+\frac{\delta}{\lambda}\times\frac{d_2}{d_m}+\frac{1}{\alpha_2}}=\frac{1}{\frac{1}{\alpha_1}\times\frac{d_2}{d_1}+\frac{d_2}{2\lambda}\ln\frac{d_2}{d_1}+\frac{1}{\alpha_2}} \tag{3-64}$$

当忽略管壁内外表面积差异时，或为平壁时，则有

$$K_1=K_2=\frac{1}{\frac{1}{\alpha_1}+\frac{\delta}{\lambda}+\frac{1}{\alpha_2}} \tag{3-65}$$

根据式(3-63) 和式(3-64) 由壁面两侧的给热系数 α 求出传热系数 K，可避开未知的壁温计算热流量。在传热计算中，以内表面或外表面为基准计算结果相同，但工程上习惯以外表面为基准，故以下所述的传热系数 K 都是以管外表面为基准的。

热阻与传热控制步骤　由式(3-64)可知，传热过程的总热阻$\frac{1}{K}$由各串联步骤的热阻叠加而成，原则上减小任何环节的热阻都可提高传热系数，增大传热过程的速率。但是，当各步骤热阻$\frac{1}{\alpha_1}\times\frac{d_2}{d_1}$、$\frac{\delta}{\lambda}\times\frac{d_2}{d_m}$、$\frac{1}{\alpha_2}$具有不同数量级时，总热阻$\frac{1}{K}$的数值将主要由最大热阻所决定。以套管式换热器为例，内管壁热阻$\frac{\delta}{\lambda}\times\frac{d_2}{d_m}$一般很小，可忽略，故当$\alpha_1 \gg \alpha_2$时，可得$K_2 \approx \alpha_2$；而当$\alpha_2 \gg \alpha_1$时，则$K_2 \approx \alpha_1 d_1/d_2$。由此可见，在串联过程中可能存在某个控制步骤。如果传热过程确实存在某个控制步骤，在考虑传热过程强化时，必须着力减少控制步骤的热阻。

【例 3-5】　传热系数的计算

热空气在冷却管外流过，$\alpha_2=100\text{W}/(\text{m}^2\cdot\text{K})$。冷却水在管内流过$\alpha_1=1200\text{W}/(\text{m}^2\cdot\text{K})$，冷却管为$\phi$16mm× 1.5mm的管子，$\lambda=45\text{W}/(\text{m}\cdot\text{K})$。

试求：（1）传热系数K；（2）管外给热系数α_2增加一倍，传热系数有何变化？（3）管内给热系数α_1增加一倍，传热系数有何变化？

解：（1）由式(3-64)

$$K=\frac{1}{\frac{1}{\alpha_1}\times\frac{d_2}{d_1}+\frac{\delta}{\lambda}\times\frac{d_2}{d_m}+\frac{1}{\alpha_2}}=\frac{1}{\frac{1}{1200}\times\frac{16}{13}+\frac{0.0015}{45}\times\frac{16}{14.5}+\frac{1}{100}}$$

$$=\frac{1}{0.00103+0.00004+0.01}=90.4\text{W}/(\text{m}^2\cdot\text{K})$$

可见管壁热阻很小，通常可以忽略不计。

(2) $$K=\frac{1}{0.00103+0.00004+\frac{1}{2\times100}}=164.7\text{W}/(\text{m}^2\cdot\text{K})$$

传热系数增加了82%。

(3) $$K=\frac{1}{\frac{1}{2\times1200}\times\frac{16}{13}+0.00004+0.010}=94.8\text{W}/(\text{m}^2\cdot\text{K})$$

传热系数只增加了5%，说明要提高K，应提高较小的α_2值比较有效。

污垢热阻　以上推导过程中，未计及传热面污垢的影响。实践证明，表面污垢会产生相当大的热阻，在传热过程计算时，污垢热阻一般不可忽略。但是，污垢层的厚度及其热导率无法测量，故污垢热阻只能根据经验数据确定。若管壁冷热流体两侧的污垢热阻分别用R_2和R_1表示，则传热系数可由下式计算

$$K_2=\frac{1}{\left(\frac{1}{\alpha_1}+R_1\right)\frac{d_2}{d_1}+\frac{\delta}{\lambda}\times\frac{d_2}{d_m}+\frac{1}{\alpha_2}+R_2} \tag{3-66}$$

表3-4给出某些工业上常见流体的污垢热阻的大致范围以供参考。

表 3-4 常见流体的污垢热阻

流体	污垢热阻 $R/(m^2\cdot K/kW)$	流体	污垢热阻 $R/(m^2\cdot K/kW)$
水(1m/s,$t>50$℃)		**水蒸气**	
蒸馏水	0.09	优质——不含油	0.052
海水	0.09	劣质——不含油	0.09
清净的河水	0.21	往复机排出	0.176
未处理的凉水塔用水	0.58	**液体**	
已处理的凉水塔用水	0.26	处理过的盐水	0.264
已处理的锅炉用水	0.26	有机物	0.176
硬水、井水	0.58	燃料油	1.056
气体		焦油	1.76
空气	0.26～0.53		
溶剂蒸气	0.14		

壁温计算 根据热流密度

$$q_2=K_2(T-t)=\alpha_2(T-T_w)=\frac{d_m}{d_2}\times\frac{\lambda}{\delta}(T_w-t_w)=\frac{d_1}{d_2}\alpha_1(t_w-t) \tag{3-67}$$

可以解出热流密度 q_2 及两侧壁温 T_w 和 t_w。由上式可见，在三步传热过程中，热阻大的步骤温差也大。金属壁的热阻通常可以忽略，即 $T_w\approx t_w$，于是

$$\frac{T-T_w}{T-t}=\frac{K_2}{\alpha_2}=\frac{1/\alpha_2}{1/K_2}=\frac{1/\alpha_2}{1/\alpha_2+d_2/(d_1\alpha_1)} \tag{3-68}$$

此式表明，传热面两侧温差之比等于两侧热阻之比，壁温 T_w 接近于热阻较小或给热系数较大一侧的流体温度。

【例 3-6】 壁温的计算

有一蒸发器，管内通 100℃热流体加热，给热系数 α_1 为 1200W/(m^2·℃)，管外有液体沸腾，沸点为 60℃，给热系数 α_2 为 8000W/(m^2·℃)。试求以下两种情况下的壁温：(1) 管壁清洁无垢；(2) 外侧有污垢产生，污垢热阻 R_2 等于 0.005m^2·℃/W。

解：忽略管壁热阻，并假设壁温为 T_w。

(1) 由式(3-68)

$$\frac{100-T_w}{100-60}=\frac{\frac{1}{1200}}{\frac{1}{1200}+\frac{1}{8000}}$$

求得 $T_w=65.2$℃。

(2) 此时，内侧热阻与总热阻之比为

$$\frac{100-T_w}{100-60}=\frac{\frac{1}{1200}}{\frac{1}{1200}+\frac{1}{8000}+0.005}=0.140$$

求得 $T_w=94.4$℃。

在第一种情况，$\alpha_2>\alpha_1$，内侧热阻大于外侧热阻，故壁温与外侧沸腾液体温度接近。在第二种情况，外侧总热阻大于内侧热阻，故壁温接近于内侧热流体温度。

3.4.2 传热过程基本方程

式(3-62)为换热器微元段内的热流量计算式，由于冷、热流体的温度沿程变化，传热推动力 $T-t$ 也相应变化，对式(3-62)积分可得整个换热器的热流量

$$Q=K_1A_1\Delta t_m=K_2A_2\Delta t_m \tag{3-69}$$

式中

$$\Delta t_m=\frac{(T-t)_1-(T-t)_2}{\ln\dfrac{(T-t)_1}{(T-t)_2}} \tag{3-70}$$

$(T-t)_1$ 和 $(T-t)_2$ 分别是换热器两端传热推动力。Δt_m 称为对数平均温差或对数平均推动力。式(3-69)通常称为传热过程基本方程式。

对数平均推动力的计算 以下列举几种常见情况下对数平均推动力的计算式，图中以套管式换热器为例，换热过程中热流体走管内，冷流体走环隙。这些计算式同样适用于列管式换热器，以及热流体走环隙，冷流体走管内的情况。

(1) 两侧流体均为相变过程

以图3-20中的传热过程为例，热流体一侧为冷凝过程，冷流体一侧为沸腾过程，冷、热流体的温度均不变化，换热器内传热推动力处处相等。$\Delta t_m=T-t$。

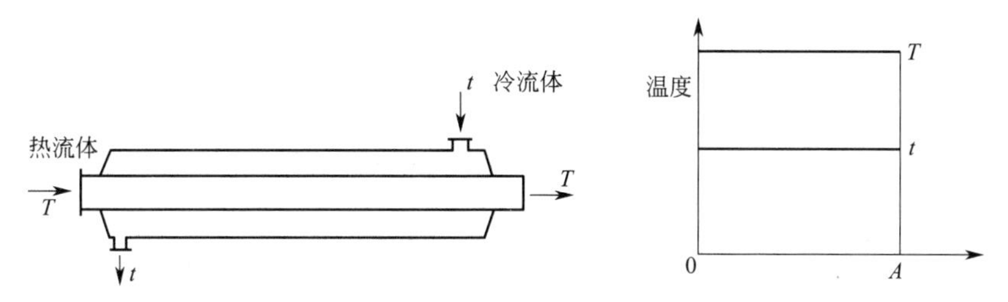

图3-20 两侧流体均为相变过程

(2) 一侧流体为无相变过程，一侧流体为相变过程

以图3-21中的传热过程为例，热流体一侧为冷凝过程，冷流体一侧为无相变过程，图中可以看出传热推动力 $T-t$ 的沿程变化情况。两端的传热推动力分别为 $T-t_1$，$T-t_2$，两端推动力的对数平均值 $\Delta t_m=\dfrac{t_2-t_1}{\ln\dfrac{T-t_1}{T-t_2}}$。

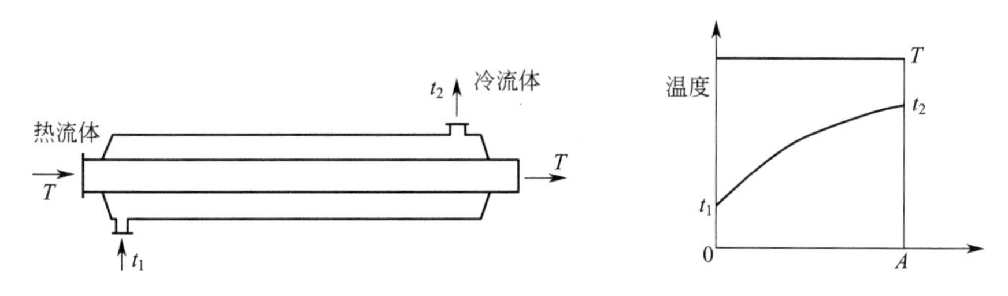

图3-21 一侧流体为相变过程

(3) 两侧流体均无相变过程

图3-22(a)中的冷、热流体在换热器内的流动方向相反，为逆流流动，两端的传热推动

力分别为 T_2-t_1，T_1-t_2（图中的温度沿传热面的分布曲线适用于 $T_2-t_1>T_1-t_2$ 的情况），两端推动力的对数平均值 $\Delta t_m=\dfrac{(T_2-t_1)-(T_1-t_2)}{\ln\dfrac{T_2-t_1}{T_1-t_2}}$。如果两端的传热推动力相等，则 $\Delta t_m=T_2-t_1=T_1-t_2$。

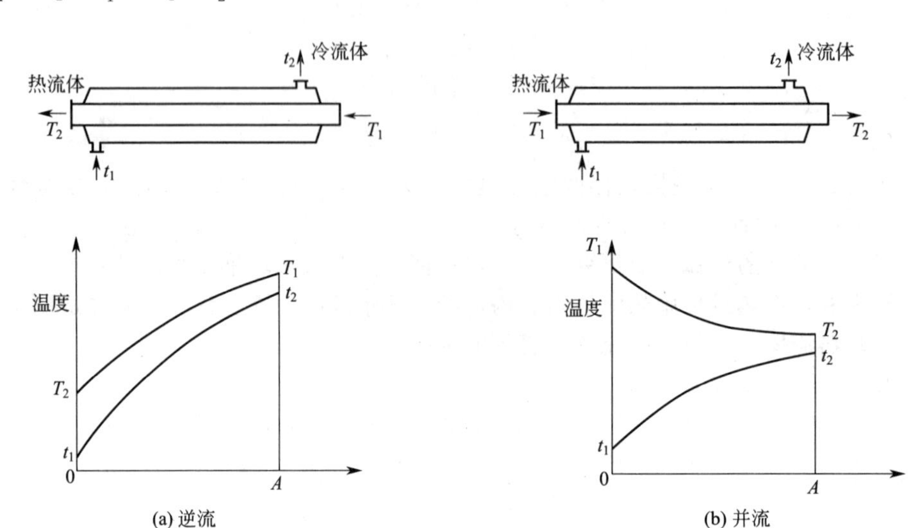

(a) 逆流 (b) 并流

图 3-22 两侧流体均无相变过程

图 3-22(b) 中的冷、热流体在换热器内的流动方向相同，为并流流动，两端的传热推动力分别为 T_1-t_1，T_2-t_2，两端推动力的对数平均值 $\Delta t_m=\dfrac{(T_1-t_1)-(T_2-t_2)}{\ln\dfrac{T_1-t_1}{T_2-t_2}}$。

在冷、热流体进出口温度相同的条件下，并流操作两端推动力相差较大，其对数平均值必小于逆流操作。因此，就增加传热过程平均推动力 Δt_m 而言，逆流操作总是优于并流操作（见例 3-7）。

当两端温差推动力相差不大时，如 $1/2<(T-t)_1/(T-t)_2<2$ 时，对数平均推动力可用算术平均推动力代替，以简化计算。

在实际换热器内，纯粹的逆流和并流是不多见的。但对工程计算来说，如图 3-23 所示的流体经过管束的流动，只要曲折次数超过 4 次，就可作为纯逆流和纯并流处理。

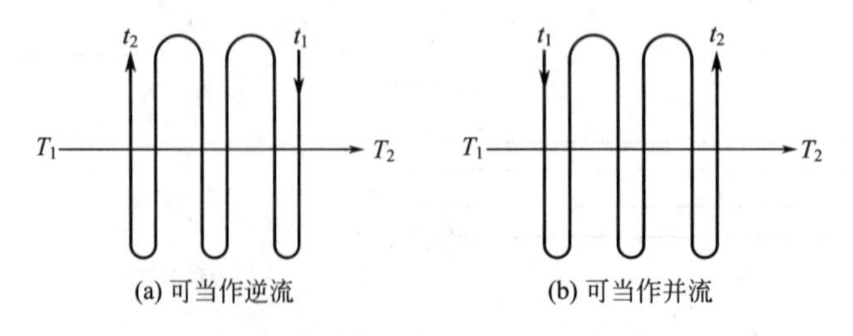

(a) 可当作逆流 (b) 可当作并流

图 3-23 可作逆流、并流处理的情况

除并流和逆流外，在换热器中流体还可作其他型式的流动，此时计算 Δt_m 的方法可参考相应手册。

【例 3-7】 并流和逆流对数平均温度差的比较

在一台螺旋板式换热器中，热水流量为 2000kg/h，冷水流量为 3000kg/h，热水进口温度 $T_1=90℃$，冷水进口温度 $t_1=10℃$。如果要求将冷水加热到 $t_2=40℃$，试求并流和逆流时的平均温差。

解：在题述温度范围内

$$c_{p1}=c_{p2}=4.18\text{kJ/(kg}\cdot℃)$$

由

$$q_{m1}c_{p1}(T_1-T_2)=q_{m2}c_{p2}(t_2-t_1)$$

$$2000\times(90-T_2)=3000\times(40-10)$$

求得

$$T_2=45℃$$

并流时

$$\Delta t_1=90-10=80℃ \qquad \Delta t_2=45-40=5℃$$

$$\Delta t_m=\frac{\Delta t_1-\Delta t_2}{\ln\dfrac{\Delta t_1}{\Delta t_2}}=\frac{80-5}{\ln\dfrac{80}{5}}=27.1℃$$

逆流时

$$\Delta t_1=90-40=50℃ \qquad \Delta t_2=45-10=35℃$$

$$\Delta t_m=\frac{50-35}{\ln\dfrac{50}{35}}=42.1℃$$

可见逆流操作的 Δt_m 比并流时大 55.4%。

3.4.3 传热过程计算

换热过程计算分设计型计算和操作型计算两大类。

下面以某一热流体的冷却为例，说明设计型计算的命题、计算方法及参数选择。

设计型计算 设计任务：将一定流量 q_{m1} 的热流体自给定温度 T_1 冷却至指定温度 T_2。

设计条件：可供使用的冷却介质温度，即冷流体的进口温度 t_1。

计算目的：确定经济上合理的传热面积及换热器其他有关尺寸。

设计型问题的计算方法 设计计算的大致步骤如下：

① 首先由传热任务计算换热器的热流量（通常称为热负荷）

$$Q=q_{m1}c_{p1}(T_1-T_2)$$

② 作出适当的选择并计算平均推动力 Δt_m；

③ 计算冷、热流体与管壁的对流给热系数及总传热系数 K；

④ 由传热基本方程 $Q=KA\Delta t_m$ 计算传热面积 A。

设计型计算中参数的选择 由传热基本方程式可知，为确定所需的传热面积，必须知道平均推动力 Δt_m 和传热系数 K。为计算对数平均温差 Δt_m，设计者首先必须：

① 选择流体的流向，即决定采用逆流、并流还是其他复杂流动方式；

② 选择冷却介质的出口温度。

为求得传热系数 K，须计算两侧的给热系数 α，故设计者必须：

① 确定冷、热流体各走管内还是管外；

② 选择适当的流速。

同时，还必须选定适当的污垢热阻。

总之，在设计型计算中，涉及一系列的选择。各种选择决定以后，所需的传热面积及管长等换热器其他尺寸是不难确定的。不同的选择有不同的计算结果，设计者必须作出恰当的选择才能得到经济上合理、技术上可行的设计，或者通过多方案计算，从中选出最优方案。

选择的依据 选择的依据不外经济、技术两个方面。

(1) 流向的选择 为更好地说明问题，首先比较纯逆流和并流这两种极限情况。

当冷、热流体的进出口温度相同时，逆流操作的平均推动力大于并流，因而传递同样的热流量，所需的传热面积较小。此外，对于一定的热流体进口温度 T_1，采用并流时，冷流体的最高极限出口温度为热流体的出口温度 T_2 [见图 3-22(b)]。反之，如采用逆流，冷流体的最高极限出口温度为热流体的进口温度 T_1 [见图 3-22(a)]。这样，如果换热的目的是单纯的冷却，逆流操作时，冷却介质温升可选择得较大因而冷却介质用量可以较小；如果换热的目的是回收热量，逆流操作回收的热量温位（即温度 t_2）可以较高，因而利用价值较大。显然在一般情况下，逆流操作总是优于并流，应尽量采用。

但是，对于某些热敏性物料的加热过程，并流操作可避免出口温度过高而影响产品质量。另外，在某些高温换热器中，逆流操作因冷却流体的最高温度 t_2和 T_1 集中在一端，会使该处的壁温特别高。为降低该处的壁温，可采用并流，以延长换热器的使用寿命。

须注意，由于热平衡的限制，并不是任何一种流动方式都能完成给定的生产任务。例如，在例 3-7 中，如采用并流，冷水可能达到的最高温度 $t_{2\max}$ 可由热量衡算式

$$q_{m1}c_{p1}(T_1-t_{2\max})=q_{m2}c_{p2}(t_{2\max}-t_1)$$

计算，即

$$t_{2\max}=\frac{T_1\left(\dfrac{q_{m1}c_{p1}}{q_{m2}c_{p2}}\right)+t_1}{1+\dfrac{q_{m1}c_{p1}}{q_{m2}c_{p2}}}=\frac{90\times\dfrac{2000}{3000}+10}{1+\dfrac{2000}{3000}}=42℃$$

如果要求将冷水加热至 42℃以上，采用并流是无法完成的。

(2) 冷却介质出口温度的选择 冷却介质出口温度 t_2 越高，其用量越少，回收能量的价值也越高，同时，输送流体的动力消耗即操作费用也减小。但是，t_2 越高，传热过程的平均推动力 Δt_m 越小，传递同样的热流量所需的传热面积 A 也越大，设备投资费用必然增加。据一般的经验 Δt_m 不宜小于 10℃。

此外，对于常用的冷却介质——水，如果水中含有盐类（如 $CaCO_3$，$MgCO_3$ 等），出口温度 t_2 不宜过高。因为盐类的溶解度随温度升高而减小，如出口温度过高，盐类析出，形成导热性能很差的垢层，会使传热过程恶化。一般工业冷却用水的出口温度不高于 45℃。否则冷却用水必须进行适当的预处理，除去水中所含的盐类。

(3) 流速的选择 流速的增加有利于对流给热过程，使得传热系数 K 增大，一定传热任务所需传热面减小，有利于传热过程。但流速增大，通过换热器的阻力损失增大，能耗增加。两者需加以权衡。由于层流时的给热系数较湍流时小，因此流速选择时，管内、外都尽量避免层流状态。

操作型计算 在实际工作中，换热器的操作型计算问题是经常碰到的。例如，判断一个现有换热器对指定的生产任务是否适用，或者预测某些参数的变化对换热器出口温度的影响等都属于操作型问题。常见的操作型问题命题如下。

(1) 第一类命题

给定条件：换热器的传热面积以及有关尺寸，冷、热流体的物理性质，冷、热流体的流量和进口温度以及流体的流动方式。

计算目的：冷热流体的出口温度。

(2) 第二类命题

给定条件：换热器的传热面积以及有关尺寸，冷、热流体的物理性质，热流体的流量和进、出口温度，冷流体的进口温度以及流动方式。

计算目的：所需冷流体的流量及出口温度。

操作型问题的计算方法 换热器的传热量，可用传热基本方程式计算，对于逆流操作其值为

$$q_{m1}c_{p1}(T_1-T_2)=KA\frac{(T_1-t_2)-(T_2-t_1)}{\ln\dfrac{T_1-t_2}{T_2-t_1}} \tag{3-71}$$

此热流量所造成的结果，必满足热量衡算式

$$q_{m1}c_{p1}(T_1-T_2)=q_{m2}c_{p2}(t_2-t_1) \tag{3-56}$$

因此，对于各种操作型问题，可联立以上两式求解。由式(3-71) 两边消去（T_1-T_2）并联立式(3-56) 可得

$$\ln\frac{T_1-t_2}{T_2-t_1}=\frac{KA}{q_{m1}c_{p1}}\left(1-\frac{q_{m1}c_{p1}}{q_{m2}c_{p2}}\right) \tag{3-72}$$

第一类命题的操作型问题可由上式将传热基本方程式变换为线性方程，然后采用消元法求出冷、热流体的温度。但第二类操作型问题，则须直接处理非线性的传热基本方程式，只能采用试差法先求解式(3-71) 中的 t_2，再由式(3-56) 计算 $q_{m2}c_{p2}$，计算 α_2 及 K 值，再由式(3-71) 计算 t_2^*。若计算值 t_2^* 和设定值 t_2 相符，则计算结果正确。否则，应修正设定值 t_2，重新计算。

【例 3-8】 第一类命题的操作型计算

某逆流操作的换热器，热空气走壳程，$\alpha_1=90\text{W/(m}^2\cdot℃)$，冷却水走管内，$\alpha_2=1900\text{W/(m}^2\cdot℃)$。已测得冷、热流体进出口温度为 $t_1=21℃$，$t_2=86℃$，$T_1=110℃$，$T_2=80℃$，管壁热阻可以忽略。当水流量增加一倍时，试求：(1) 水和空气的出口温度 t_2'和 T_2'；(2) 热流量 Q'比原热流量 Q 增加多少？

解：本例为第一类命题的操作型计算问题。

(1) 对原工况由式(3-56) 和式(3-72) 得

$$\ln\frac{T_1-t_2}{T_2-t_1}=\frac{KA}{q_{m1}c_{p1}}\left(1-\frac{q_{m1}c_{p1}}{q_{m2}c_{p2}}\right) \tag{a}$$

$$\frac{q_{m1}c_{p1}}{q_{m2}c_{p2}}=\frac{t_2-t_1}{T_1-T_2}=\frac{86-21}{110-80}=2.167$$

$$K=\frac{1}{\dfrac{1}{\alpha_1}+\dfrac{1}{\alpha_2}}=\frac{1}{\dfrac{1}{90}+\dfrac{1}{1900}}=85.9\text{W/(m}^2\cdot℃)$$

对新工况

$$\ln\frac{T_1-t_2'}{T_2'-t_1}=\frac{K'A}{q_{m1}c_{p1}}\left(1-\frac{q_{m1}c_{p1}}{q_{m2}'c_{p2}}\right) \tag{b}$$

$$K'=\frac{1}{\dfrac{1}{\alpha_1}+\dfrac{1}{2^{0.8}\alpha_2}}=\frac{1}{\dfrac{1}{90}+\dfrac{1}{2^{0.8}\times1900}}=87.6\text{W/(m}^2\cdot℃)$$

式(a)、式(b) 相除可得

$$\ln\frac{T_1-t'_2}{T'_2-t_1}=\ln\frac{T_1-t_2}{T_2-t_1}\times\left(\frac{K'}{K}\right)\left(\frac{1-\dfrac{q_{m1}c_{p1}}{q'_{m2}c_{p2}}}{1-\dfrac{q_{m1}c_{p1}}{q_{m2}c_{p2}}}\right)$$

$$=\ln\frac{100-86}{80-21}\times\left(\frac{87.6}{85.9}\right)\times\left(\frac{1-2.167/2}{1-2.167}\right)=-0.0655$$

$$\frac{T_1-t'_2}{T'_2-t_1}=0.937 \quad 或 \quad T'_2=138.4-1.068t'_2 \tag{c}$$

由热量衡算式得

$$t'_2=t_1+\frac{q_{m1}c_{p1}}{q'_{m2}c_{p2}}(T_1-T'_2)=21+\frac{2.167}{2}\times(110-T'_2)$$

$$t'_2=140.2-1.083T'_2 \tag{d}$$

联立式(c)、式(d) 求出

$$T'_2=71.5℃ \qquad t'_2=62.7℃$$

(2) 新旧两种工况的热流量之比

$$\frac{Q'}{Q}=\frac{K'\Delta t'_m}{K\Delta t_m}=\frac{q_{m1}c_{p1}(110-71.5)}{q_{m1}c_{p1}(110-80)}=1.28$$

即热流量增加了 28%。

对本例具体情况，气侧给热为控制步骤，增大水量传热系数基本不变，热流量的变化主要是平均推动力增加的结果。两种工况的平均推动力之比为

$$\frac{\Delta t'_m}{\Delta t_m}=\frac{48.9}{38.9}=1.26\approx\frac{Q'}{Q}$$

【例 3-9】 第二类命题的操作型计算

有一冷却器总传热面积为 $25m^2$，将流量为 1.8kg/s 的某种气体从 60℃冷却到 38℃。使用的冷却水初温为 23℃，与气体作逆流流动。换热器的总传热系数约为 200W/(m·℃)，气体的平均比热容为 1.0kJ/(kg·℃)。试求冷却水用量及出口水温。

解：换热器在定态操作时，必同时满足热量衡算式

$$q_{m1}c_{p1}(T_1-T_2)=q_{m2}c_{p2}(t_2-t_1) \tag{a}$$

及传热基本方程式

$$q_{m1}c_{p1}(T_1-T_2)=KA\frac{(T_1-t_2)-(T_2-t_1)}{\ln\dfrac{T_1-t_2}{T_2-t_1}} \tag{b}$$

将已知数据代入式(a)、式(b) 得

$$q_{m2}=\frac{1.8\times1.0\times(60-38)}{4.18\times(t_2-23)} \tag{c}$$

$$7.92\ln\frac{60-t_2}{15}=45-t_2 \tag{d}$$

试差求解式(d)，可得出口水温 $t_2=45.0℃$。然后由式(c) 求得 $q_{m2}=0.431kg/s$。

【例 3-10】 有相变传热的操作型计算

有一蒸汽冷凝器，蒸汽冷凝给热系数 $\alpha_1=12000\text{W}/(\text{m}^2\cdot℃)$，冷却水给热系数 $\alpha_2=1200\ \text{W}/(\text{m}^2\cdot℃)$，已测得冷却水进、出口温度分别为 $t_1=25℃$，$t_2=40℃$。如将冷却水流量增加一倍，蒸汽冷凝量增加多少？已知蒸汽在饱和温度100℃下冷凝。

解：原工况

$$K=\frac{1}{\dfrac{1}{12000}+\dfrac{1}{1200}}=1091\text{W}/(\text{m}^2\cdot\text{K})$$

$$q_{m2}c_{p2}(t_2-t_1)=KA\frac{(T-t_1)-(T-t_2)}{\ln\dfrac{T-t_1}{T-t_2}}$$

得

$$\ln\frac{T-t_1}{T-t_2}=\frac{KA}{q_{m2}c_{p2}} \tag{a}$$

新工况

$$K'=\frac{1}{\dfrac{1}{12000}+\dfrac{1}{2^{0.8}\times1200}}=1779\text{W}/(\text{m}^2\cdot\text{K})$$

$$\ln\frac{T-t_1}{T-t_2'}=\frac{K'A}{2q_{m2}c_{p2}} \tag{b}$$

由式(b) 除以式(a) 得

$$\ln\frac{T-t_1}{T-t_2'}=\frac{K'}{2K}\ln\frac{T-t_1}{T-t_2}$$

$$\ln\frac{100-25}{100-t_2'}=\frac{1779}{2\times1091}\ln\frac{100-25}{100-40}$$

由此式求得冷却水出口温度 $t_2'=37.5℃$

$$\frac{q_{m1}'}{q_{m1}}=\frac{Q'}{Q}=\frac{2q_{m2}c_{p2}(t_2'-t_1)}{q_{m2}c_{p2}(t_2-t_1)}=\frac{2\times(37.5-25)}{40-25}=1.67$$

平均推动力变化较小，冷凝量的增加主要是传热系数提高而引起的。

$$\frac{K'}{K}=\frac{1779}{1091}=1.63\approx\frac{Q'}{Q}$$

3.4.4 传热过程强化

换热过程强化的目的是使换热设备的传热速率尽可能增大，使得完成同样的传热任务所需的传热面积较小或者设备体积较小。从传热速率方程 $Q=KA\Delta t_\text{m}$ 可知，增大传热系数 K、传热面积 A 或对数平均温差 Δt_m 均可使传热速率 Q 提高。下面从这三方面讨论换热过程强化。

（1）增大传热系数 K

$$K_2=\frac{1}{\left(\dfrac{1}{\alpha_1}+R_1\right)\dfrac{d_2}{d_1}+\dfrac{\delta}{\lambda}\times\dfrac{d_2}{d_\text{m}}+\dfrac{1}{\alpha_2}+R_2}$$

在 3.4.1 节中已讨论了，从传热控制步骤的角度出发，应设法减小热阻较大的一项，才能有效提高 K 值。

通常，金属管壁热阻很小，可忽略不计。对于管壁两侧的对流给热过程，当 α_1 和 α_2 的数值比较接近时，最好能同时提高两流体的给热系数；而当其差别较大时，设法增大较小的 α。加大流速，增强湍流强度，可有效地提高无相变流体的给热系数，从而达到增大 K 值的目的。也可以通过在换热管内装入各种强化添加物，使湍流程度增大，但也会使流动阻力增加，各管流量的分配不易均匀，使清洗、检修复杂化，应全面加以权衡。对于污垢热阻，需要注意，其值会随着换热器的使用时间加长而增大，成为影响传热效果的主要因素。因此，对于易结垢的换热体系，应考虑如何防止或减缓垢层的形成，并定期除垢。

(2) 增大传热面积 A

增大传热面积，是指通过改变换热器的结构来提高单位体积的传热面积，而不是简单的增大换热器尺寸。例如翅片管换热器、波纹管换热器、板式换热器、板翅式换热器等，均能有效提高单位体积的传热面积（详见 3.5.2 节）。

(3) 增大对数平均温差 Δt_m

对数平均温差的大小主要由冷、热流体的温度和两流体在换热器中的流动类型决定。一般来说，物料的温度由生产工艺所确定，不能随意变动，而加热介质或者冷却介质的温度由于所选介质的不同，可以有较大差异。例如采用饱和水蒸气作为加热介质，提高饱和水蒸气的压力就可以提高其温度，从而提高对数平均温差。但提高加热介质温度需考虑到被加热物料（如热敏性物料）的工艺要求和换热过程的经济性。如两边流体均为无相变过程时，应尽可能从结构上采用逆流或接近于逆流的流向以得到较大的对数平均温差。

3.5 换热器

3.5.1 间壁式换热器

夹套式换热器 这种换热器是在容器外壁安装夹套制成（见图 3-24），结构简单；但其加热面受容器壁面限制，传热系数也不高。为提高传热系数且使釜内液体受热均匀，可在釜内安装搅拌器。当夹套中通入冷却水或无相变的加热剂时，亦可在夹套中设置螺旋隔板或其他增加湍动的措施，以提高夹套一侧的给热系数。为补充传热面的不足，也可在釜内部安装蛇管。

夹套式换热器广泛用于反应、浸取、结晶等过程的加热和冷却。

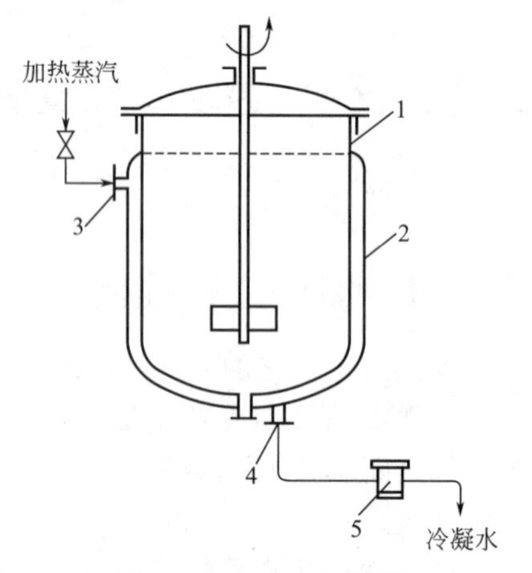

图 3-24 夹套式换热器
1—釜；2—夹套；3—蒸汽进口；4—冷凝水出口；5—冷凝水排除器

沉浸式蛇管换热器 这种换热器是将金属管弯绕成各种与容器相适应的形状（见图 3-25），并沉浸在容器内的液体中。蛇管换热器的优点是结构简单，能承受高压，可用耐腐蚀材料制造；其缺点是容器内液体湍动程度低，管外给热系数小。为提高传热系数，容器内可安装搅拌器。

套管式换热器 套管式换热器是由直径不同的直管制成的同心套管，并由 U 形弯头连接而成（见图 3-26）。在这种换热器中，一种流体走管内，另一种流体走环隙，两者皆可得到较高的流速，故传热系数较大。另外，在套管式换热器中，两种流体可为纯逆流，对数平均推动力较大。

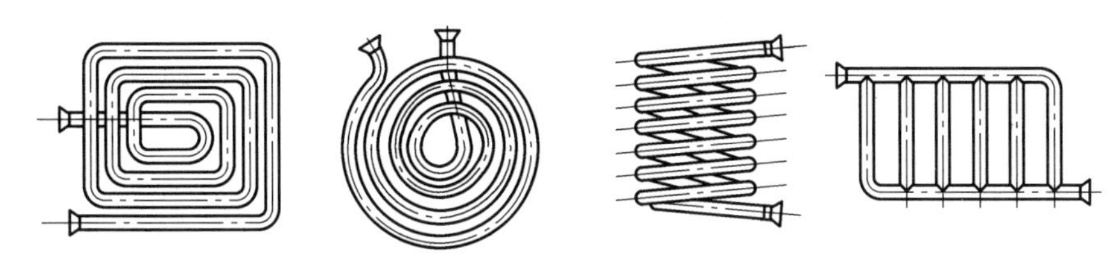

图 3-25　蛇管的形状

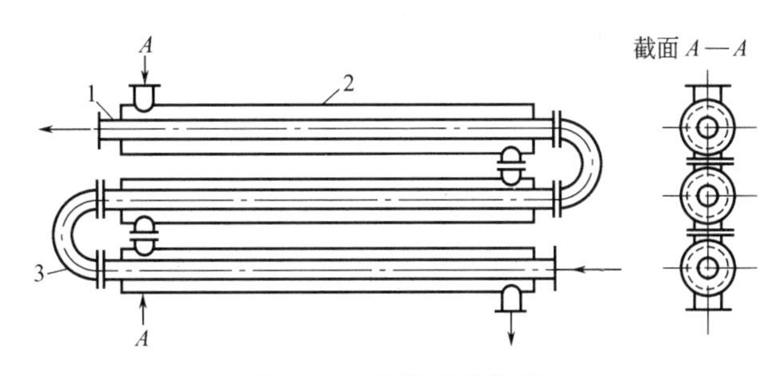

图 3-26　套管式换热器

1—内管；2—外管；3—U 形肘管

套管式换热器结构简单，能承受高压，应用亦方便（可根据需要增减管段数目）。特别是由于套管式换热器同时具备传热系数大、传热推动力大及能够承受高压强的优点，在超高压生产过程（例如操作压力为 3000atm 的高压聚乙烯生产过程）中所用的换热器几乎全部是套管式。

管壳式换热器　管壳式（又称列管式）换热器是最典型的间壁式换热器，它在工业上的应用有着悠久的历史，而且至今仍在所有换热器中占据主导地位。

管壳式换热器主要由壳体、管束、管板和封头等部分组成（见图 3-27），壳体多呈圆形，内部装有平行管束，管束两端固定于管板上。在管壳式换热器内进行换热的两种流体，一种在管内流动，其行程称为管程；一种在管外流动，其行程称为壳程。管束的壁面即为传热面。

通常在壳体内安装一定数量的横向折流挡板，以提高管外流体给热系数。折流挡板可防止流体短路、增加壳程流体速度，使流体按规定路径多次错流通过管束，使湍动程度大为增加（见图 3-28）。常用的挡板有圆缺形和圆盘形两种（见图 3-29），前者应用更为广泛。

流体在管内每通过管束一次称为一个管程，每通过壳体一次称为一个壳程。图 3-27 所示为单壳程单管程换热器。为提高管内流体的速度，可在两端封头内适当设置隔板，将全部管子平均分隔成若干组。这样，流体可每次只通过部分管子而往返管束多次，称为多管程。同样，为提高管外流速，可在壳体内安装纵向挡板使流体多次通过壳体空间，称多壳程。图 3-30 所示为两壳程四管程的管壳式换热器。

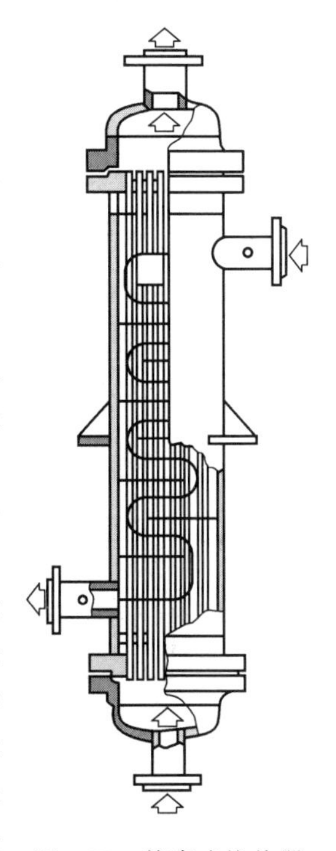

图 3-27　管壳式换热器

在管壳式换热器内，由于管内外流体温度不同，壳体和管束的温度也不同。若两者温差很大，换热器内部将出现很大的热应力，会使管子弯曲、断裂或从管板上松脱。因此，当管束和壳体温度差超过50℃时，应采取适当的温差补偿措施，消除或减小热应力。根据所采取的温差补偿措施，换热器主要分为以下几种。

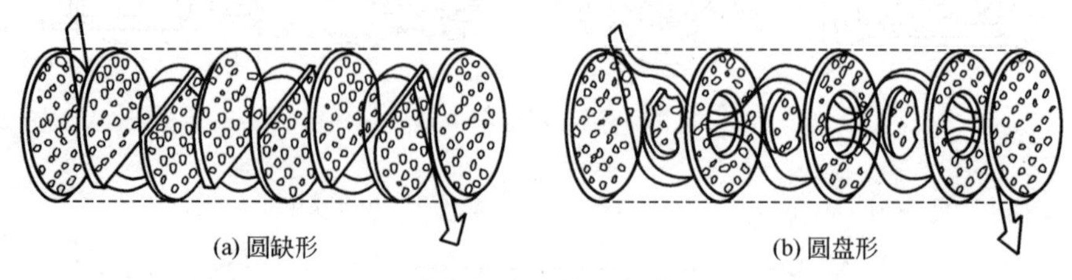

(a) 圆缺形　　(b) 圆盘形

图 3-28　流体在壳内的折流

（1）固定管板式　当冷、热流体温差不大时，可采用固定管板即两端管板与壳体制成一体的结构型式（见图 3-27）。这种换热器结构简单成本低，但壳程清洗困难，要求管外流体必须是洁净而不易结垢的。当温差稍大而壳体内压力又不太高时，可在壳体壁上安装膨胀节以减小热应力。

（2）浮头式换热器　这种换热器中两端的管板有一端可以沿轴向自由浮动（见图 3-30），这种结构不但完全消除了热应力，而且整个管束可从壳体中抽出，便于清洗和检修。因此，浮头式换热器是应用较多的一种，尽管其结构比较复杂、造价亦较高。

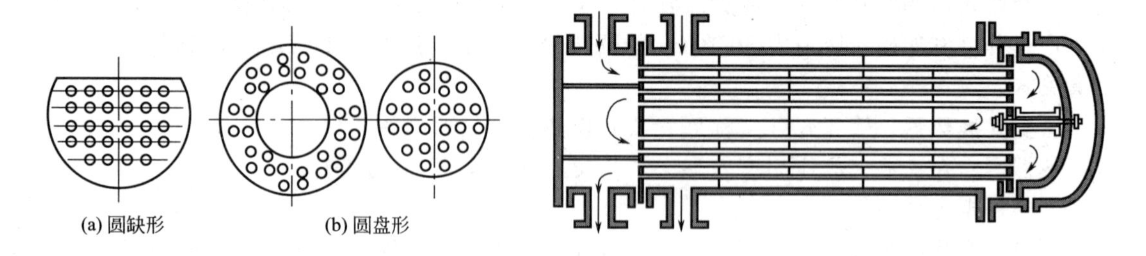

(a) 圆缺形　　(b) 圆盘形

图 3-29　折流挡板的型式

图 3-30　两壳程四管程的管壳式换热器

（3）U 形管式换热器　U 形管式换热器的每根换热管都弯成 U 形，进出口分别安装在同一管板的两侧，封头以隔板分成两室（见图 3-31）。这样，每根管子皆可自由伸缩，与外壳无关。在结构上 U 形管式换热器比浮头式简单，但管程不易清洗，只适用于洁净而不易结垢的流体，如高压气体的换热。

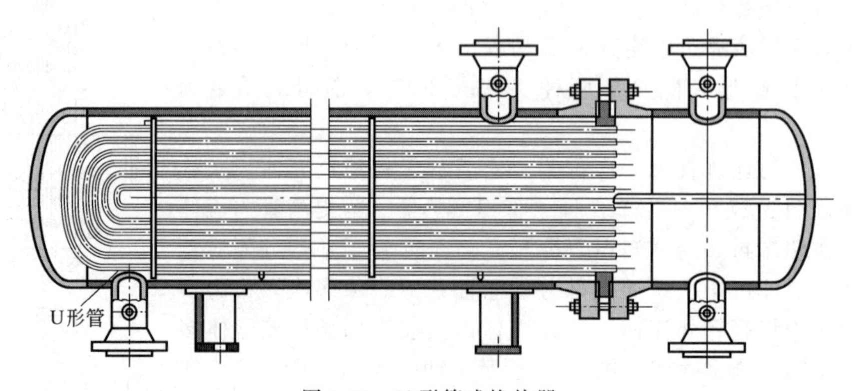

图 3-31　U 形管式换热器

3.5.2　其他类型换热器

传统的间壁式换热器除夹套式外，几乎都是管式换热器（包括蛇管、套管、管壳等）。管式换热器的共同缺点是结构不紧凑，单位换热器容积所提供的传热面小，金属消耗量大。随着工业的发展，陆续出现了不少高效紧凑的换热器并逐渐趋于完善。

各种板式换热器　板式换热表面可紧密排列，因此各种板式换热器都具有结构紧凑、材料消耗低、传热系数大的特点。这类换热器一般不能承受高压和高温，但对于压强较低，温度不高或腐蚀性强而须用贵重材料的场合，各种板式换热器都显示出更大的优越性。

(1) 螺旋板式换热器　螺旋板式换热器是由两张平行薄钢板卷制而成的，在其内部形成一对同心的螺旋形通道。换热器中央设有隔板，将两螺旋形通道隔开。两板之间焊有定距柱以维持通道间距，在螺旋板两端焊有盖板（见图 3-32）。冷热流体分别由两螺旋形通道流过，通过薄板进行换热。

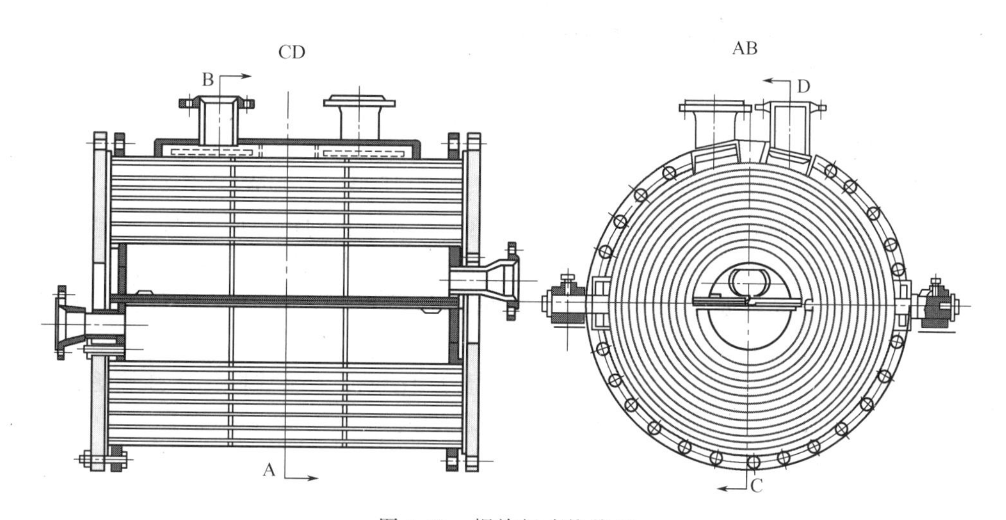

图 3-32　螺旋板式换热器

螺旋板式换热器的优点是：

① 由于离心力的作用和定距柱的干扰，流体湍动程度高，故给热系数大。例如，水对水的传热系数可达到 2000～3000W/(m^2·℃)，而管壳式换热器一般为 1000～2000W/(m^2·℃)。

② 由于离心力的作用，流体中悬浮的固体颗粒被抛向螺旋形通道的外缘而被流体本身冲走，故螺旋板式换热器不易堵塞，适于处理悬浮液体及高黏度介质。

③ 冷热流体可作纯逆流流动，传热平均推动力大。

④ 结构紧凑，单位容积的传热面为管壳式的 3 倍，可节约金属材料。

螺旋板式换热器的主要缺点是：

① 操作压力和温度不能太高，一般压力不超过 2MPa，温度不超过 300～400℃。

② 因整个换热器被焊成一体，一旦损坏不易修复。

螺旋板式换热器的给热系数可用式(3-73) 计算：

$$Nu=0.04Re^{0.78}Pr^{0.4} \tag{3-73}$$

式(3-73) 对于定距柱直径为 10mm、间距为 100mm 按菱形排列的换热器适用，式中的当量直径 $d_e=2b$，b 为螺旋板间距。

(2) 板式换热器　板式换热器最初用于食品工业，20世纪50年代逐渐推广到化工、制药等其他工业部门，现已发展成为高效紧凑的换热设备。

板式换热器是由一组金属薄板、相邻薄板之间衬以垫片并用框架夹紧组装而成。图3-33所示为矩形板片，其上四角开有圆孔，形成流体通道。冷热流体交替地在板片两侧流过，通过板片进行换热。板片厚度为0.5～3mm，通常压制成各种波纹形状，既增加刚度，又使流体分布均匀，加强湍动，提高传热系数。

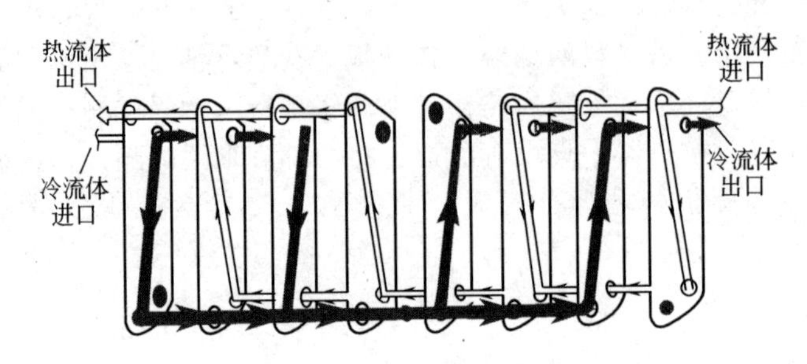

图3-33　板式换热器矩形板片

板式换热器的主要优点是：

① 传热系数K大。例如，水对水的传热系数可达1500～4700W/(m^2·℃)。

② 板片间隙小（一般为4～6mm），结构紧凑，单位容积的传热面为250～1000m^2/m^3；而管壳式换热器只有40～150m^2/m^3。板式换热器的金属耗量可减少一半以上。

③ 结构可拆，可按需要调整板片数目以增减传热面积，操作灵活性大，检修清洗方便。

板式换热器的主要缺点是允许的操作压强和温度比较低。通常操作压强不超过2MPa。操作温度受垫片材料的耐热性限制，一般不超过250℃。

(3) 板翅式换热器　板翅式换热器是一种更为高效紧凑的换热器，已逐渐应用于工业，效果良好。

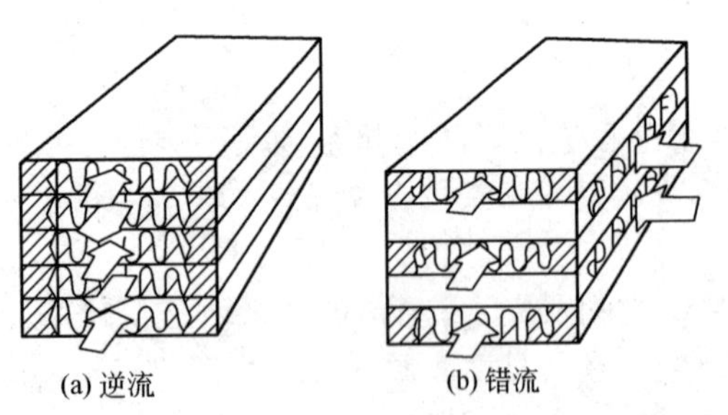

图3-34　板翅式换热器的板束

如图3-34所示，在两块平行金属薄板之间，夹入波纹状或其他形状的翅片，将两侧面封死，即成为一个换热基本元件。将各基本元件适当排列（两元件之间的隔板是公用的），并用钎焊固定，制成逆流式或错流式板束。将板束放入适当的集流箱（外壳）就成为板翅式换热器。

板翅式换热器的结构高度紧凑，传热面高达2500～4000m^2/m^3。翅片形状可促进流体的湍动，故其传热系数也很高。因翅片对隔板有支撑作用，板翅式换热器允许操作压强也较高，可达5MPa。

(4) 板壳式换热器　板壳式换热器与管壳式换热器的主要区别是以板束代替管束。板束的基本元件是将条状钢板滚压成一定形状然后焊接而成（见图3-35）。板束元件可以紧密排列。结构紧凑、单位容积提供的换热面为管壳式的3.5倍以上。为保证板束

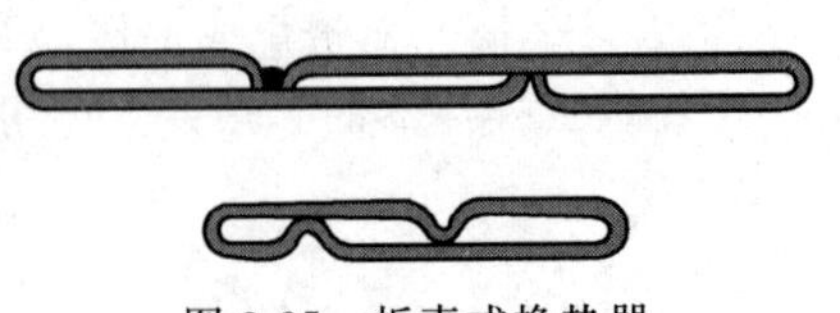

图3-35　板壳式换热器

充满圆形壳体，板束元件的宽度应该与元件在壳体内所占弦长相当。与圆管相比，给热系数也较大。

板壳式换热器不仅有结构紧凑、传热系数高的特点，而且结构坚固，能承受很高的压强和温度，较好地解决了高效紧凑与耐温抗压的矛盾。板壳式换热器最高操作压强可达6.4MPa，最高温度可达800℃。板壳式换热器的缺点是制造工艺复杂，焊接要求高。

强化管式换热器 这一类换热器是在管式换热器的基础上，采取某些强化措施，提高传热效果。强化的措施无非是管外加翅片，管内安装各种形式的内插物。这些措施不仅增大了传热面积，而且增加了流体的湍动程度，使传热过程得到强化。

(1) 翅片管 翅片管是在普通金属管的外表面安装各种翅片制成。常用的翅片有横向与纵向两种形式，如图 3-36(a)、(b) 所示。翅片管仅在管的外表采取了强化措施，因而只对外侧给热系数很小的传热过程才起显著的强化效果。近年来用翅片管制成的空气冷却器在工业生产中应用很广。用空冷代替水冷，不仅在缺水地区适用，而且对水源充足的地方，采用空冷也可取得较大经济效果。

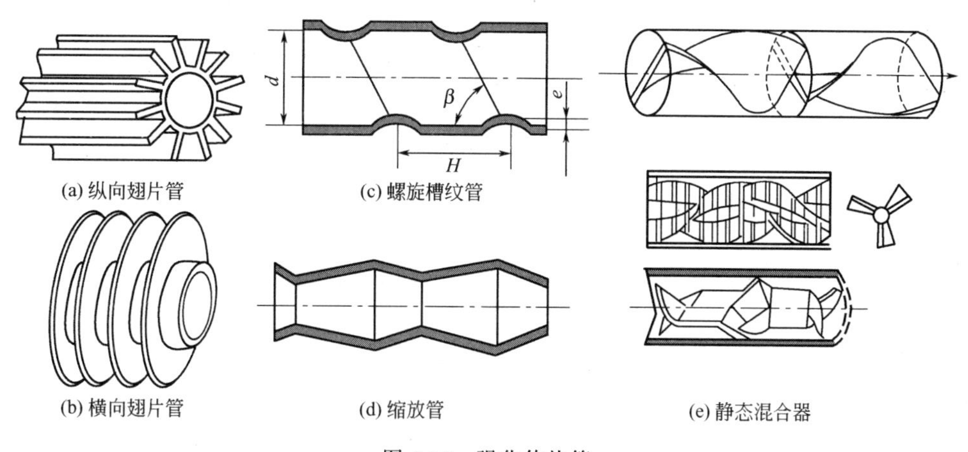

图 3-36 强化传热管

(2) 螺旋槽纹管 螺旋槽纹管如图 3-36(c) 所示。研究表明，流体在管内流动时受螺旋槽纹的引导使靠近壁面的部分流体顺槽旋流有利于减薄层流内层的厚度，增加扰动，强化传热。

(3) 缩放管 缩放管是由依次交替的收缩段和扩张段组成的波形管道 [见图 3-36(d)]。由此形成的流道使流动流体径向扰动大大增加，在同样流动阻力下，此管具有比光管更好的传热性能。

(4) 静态混合器 静态混合器能大大强化管内对流给热 [见图 3-36(e)]。

(5) 折流杆换热器 折流杆换热器是一种以折流杆代替折流板的管壳式换热器（见图 3-37)。折流杆尺寸等于管子之间的间隙。杆子之间用圆环相连，四个圆环组成一组，能牢固地将管子支承住，有效地防止管束振动。折流杆同时又起到强化传热、防止污垢沉积和减小流动阻力的作用。

热管换热器 热管是一种新型传热元件。最简单的热管是在一根抽除不凝性气体的金属管内充以定量的某种工作液体，然后封闭而成（见图 3-38)。当加热段受热时，工作液体遇热沸腾，产生的蒸气流至冷却段遇冷后凝结放出潜热。冷凝液沿具有毛细结构的吸液芯在毛细管力的作用下回流至加热段再次沸腾。如此循环，热量由加热段传至冷却段。

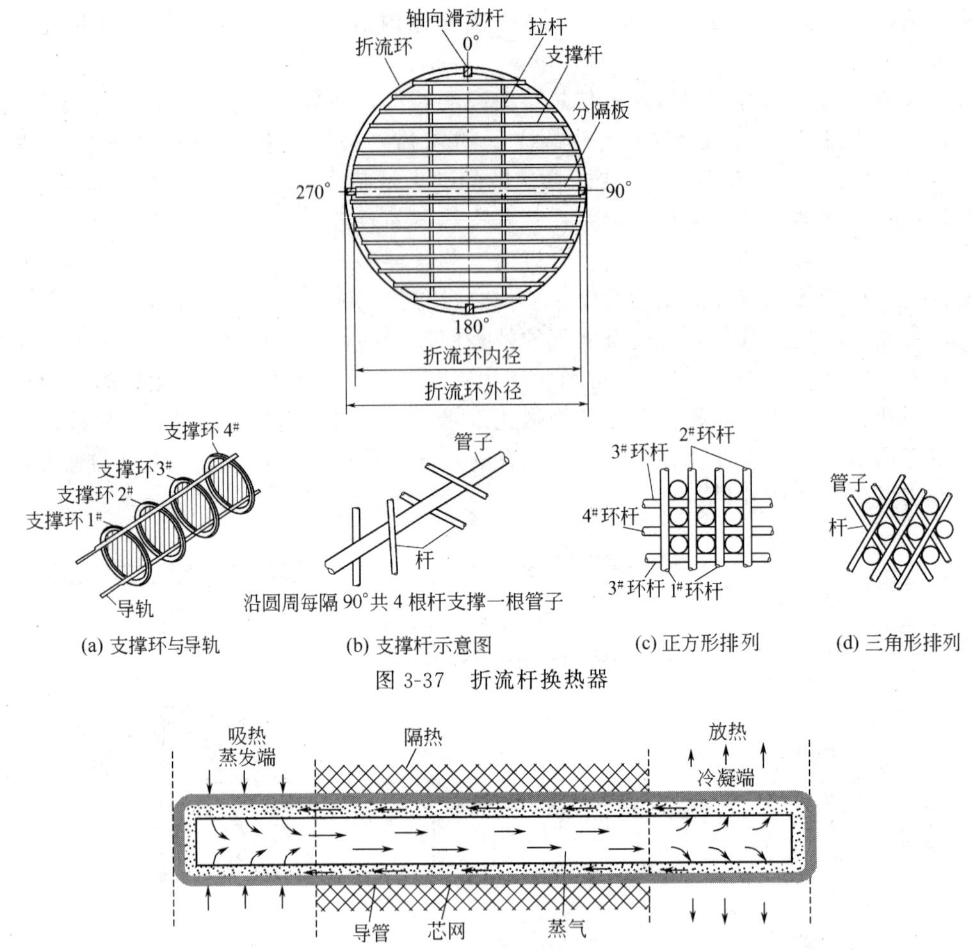

图 3-37 折流杆换热器

图 3-38 热管换热器

在传统的管式换热器中，管外可加翅片强化传热，而管内虽可安装内插物，但强化程度远不如管外。热管把传统的内、外表面间的传热巧妙地转化为两管外表面的传热，使冷热两侧皆可采用加装翅片的方法进行强化。因此，用热管制成的换热器，对冷、热两侧给热系数皆很小的气-气传热过程特别有效。近年来，热管换热器广泛地应用于回收锅炉排出的废热以预热燃烧所需之空气，取得很大经济效果。

热管内的热量是通过沸腾冷凝过程进行传递的。因沸腾和冷凝给热系数皆很大，蒸汽流动的阻力损失也很小，所以管壁温度相当均匀。由热管的传热量和相应的管壁温差折算而得的表观热导率，是最优良金属导热体的 10^2～10^3 倍。因此，热管对于某些等温性要求较高的场合，尤为适用。

此外，热管还具有传热能力大，应用范围广，结构简单，工作可靠等一系列其他优点。

流化床换热器 图 3-39 所示为流化床换热器，其外

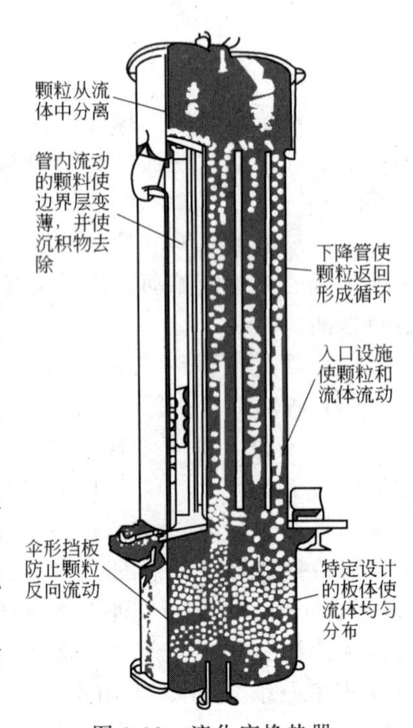

图 3-39 流化床换热器

形与常规的立式管壳式换热器相似。管程内的流体由下往上流动，使众多的固体颗粒（切碎的金属丝如同数以百万计的刮片）保持稳定的流化状态，对换热器管壁起到冲刷、洗垢作用。同时，使流体在较低流速下也能保持湍流，大大强化了传热速率。固体颗粒在换热器上部与流体分离，并随着中央管返回至换热器下部的流体入口通道，形成循环。中央管下部设有伞形挡板，以防止颗粒向上运动。流化床换热器已在海水淡化蒸发器等场合取得实用成效。

习 题

热传导

3-1 如附图所示，某工业炉的炉壁由耐火砖 $\lambda_1=1.3\text{W}/(\text{m}\cdot\text{K})$、绝热层 $\lambda_2=0.18\text{W}/(\text{m}\cdot\text{K})$ 及普通砖 $\lambda_3=0.93\text{W}/(\text{m}\cdot\text{K})$ 三层组成。炉膛壁内壁温度1100℃，普通砖层厚12cm，其外表面温度为50℃。通过炉壁的热损失为 $1200\text{W}/\text{m}^2$，绝热材料的耐热温度为900℃。求耐火砖层的最小厚度及此时绝热层厚度。

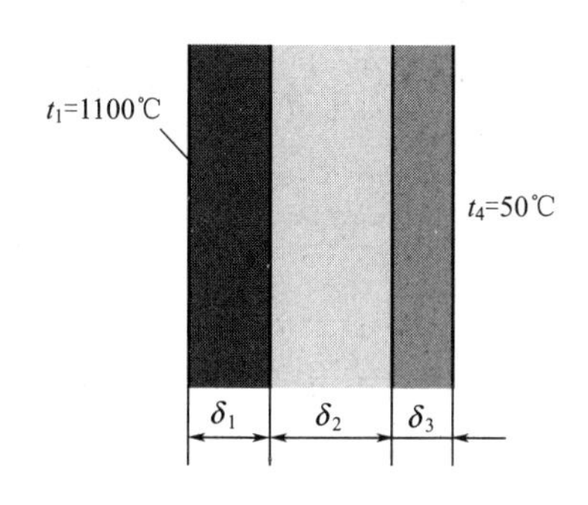

习题3-1附图

设各层间接触良好，接触热阻可以忽略。

3-2 如附图所示，为测量炉壁内壁的温度，在炉外壁及距外壁1/3厚度处设置热电偶，测得 $t_2=300$℃，$t_3=50$。求内壁温度 t_1。设炉壁由单层均质材料组成。

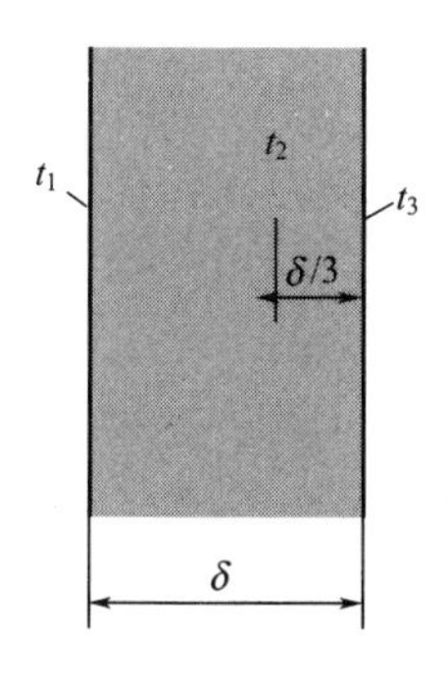

习题3-2附图

3-3 某火炉通过金属平壁传热使另一侧的液体蒸发，单位面积的蒸发速率为 $0.048\text{kg}/(\text{m}^2\cdot\text{s})$，与液体交界的金属壁的温度为110℃。时间久后，液体一侧的壁面上形成一层2mm厚的污垢，污垢热导率 $\lambda=0.65\text{W}/(\text{m}\cdot\text{K})$。

设垢层与液面交界处的温度仍为110℃，且蒸发速率需维持不变，求与垢层交界处的金属壁面的温度。液体的汽化热 $r=2000\text{kJ/kg}$。

3-4 为减少热损失，在外径 ϕ150mm的饱和蒸汽管道外覆盖保温层。已知保温材料的热导率 $\lambda=0.103+0.000198t$（式中 t 的单位为℃），蒸汽管外壁温度为180℃，要求保温层外壁温度不超过50℃，每米管道由于热损失而造成蒸汽冷凝的量控制在 $1\times10^{-4}\text{kg}/(\text{m}\cdot\text{s})$ 以下，问保温层厚度应为多少？

对流给热

3-5 在长为3m，内径为53mm的管内加热苯溶液。苯的质量流速为 $172\text{kg}/(\text{s}\cdot\text{m}^2)$。苯在定性温度下的物性数据如下：

$\mu=0.49\text{mPa}\cdot\text{s}$；$\lambda=0.14\text{W}/(\text{m}\cdot\text{K})$；

$c_p=1.8\text{kJ}/(\text{kg}\cdot℃)$。

试求苯对管壁的给热系数。

3-6 在常压下用列管式换热器将空气由200℃冷却至120℃，空气以3kg/s的流量在管外壳体中平行于管束流动。换热器外壳的内径为260mm，内有 ϕ25mm×2.5mm钢管38根。求空气对管壁的给热系数。

传热过程计算

3-7 热气体在套管式换热器中用冷水冷却，内管为 ϕ25mm×2.5mm钢管，热导率为 45W/(m·K)。冷水在管内湍流流动，给热系数 $\alpha_1=2000\text{W}/(\text{m}^2\cdot\text{K})$。热气在环隙中湍流流动，$\alpha_2=50\text{W}/(\text{m}^2\cdot\text{K})$。不计垢层热阻，试求：(1) 管壁热阻占总热阻的百分数；(2) 内管中冷水流速提高一倍，总传热系数有何变化？(3) 环隙中热气体流速提高一倍，总传热系数有何变化？

3-8 某列管冷凝器内流冷却水，管外为有机蒸气冷凝。在新使用时冷却水的进、出口温度分别为 20℃与 30℃。使用一段时期后，在冷却水进口温度与流量相同的条件下，冷却水出口温度降为 26℃。求此时的垢层热阻。已知换热器的传热面积为 16.5m^2，有机蒸气的冷凝温度 80℃，冷却水流量为 2.5kg/s。

3-9 某列管式加热器由多根 $\phi25\text{mm}\times2.5\text{mm}$ 的钢管所组成，将苯由 20℃加热到 55℃，苯在管中流动，其流量为 15t/h，流速为 0.5m/s。加热剂为 130℃的饱和水蒸气，在管外冷凝。苯的比热容 $c_p=1.76\text{kJ}/(\text{kg}\cdot℃)$，密度为 $858\text{kg}/\text{m}^3$。已知加热器的传热系数为 $700\text{W}/(\text{m}^2\cdot℃)$，试求此加热器所需管数 n 及单管长度 l。

传热操作型计算

3-10 某冷凝器传热面积为 20m^2，用来冷凝 100℃的饱和水蒸气。冷液进口温度为 40℃，流量 0.917kg/s，比热容为 4000J/(kg·℃)。换热器的传热系数 $K=125\text{W}/(\text{m}^2\cdot℃)$，求水蒸气冷凝量。

3-11 有一套管式换热器，内管为 $\phi19\text{mm}\times3\text{mm}$，管长为 2m，管隙的油与管内的水的流向相反。油的流量为 270kg/h，进口温度为 100℃，水的流量为 360kg/h，进口温度为 10℃。若忽略热损失，且知以管外表面积为基准的传热系数 $K=374\text{W}/(\text{m}^2\cdot℃)$，油的比热容 $c_p=1.88\text{kJ}/(\text{kg}\cdot℃)$，试求油和水的出口温度分别为多少？

思考题

3-1 传热过程有哪三种基本方式？

3-2 传热按机理分为哪几种？

3-3 物体的热导率与哪些主要因素有关？

3-4 自然对流中的加热面与冷却面的位置应如何放才有利于充分传热？

3-5 液体沸腾的必要条件有哪两个？

3-6 工业沸腾装置应在什么沸腾状态下操作？为什么？

3-7 沸腾给热的强化可以从哪两个方面着手？

3-8 蒸汽冷凝时为什么要定期排放不凝性气体？

3-9 为什么有相变时的对流给热系数大于无相变时的对流给热系数？

3-10 若串联传热过程中存在某个控制步骤，其含义是什么？

3-11 为什么一般情况下，逆流总是优于并流？并流适用于哪些情况？

本章符号说明

符号	意义	SI 单位
A	传热面积，流动截面	m^2
c_p	流体的定压比热容	kJ/(kg·K)
D	换热器壳径	m
d	管径	m
d_e	当量直径	m
f	校正系数	
K	传热系数	$\text{W}/(\text{m}^2\cdot\text{K})$
l	管子长度	m
Q	热流量	J/s，W
Q_T	累积传热量	J
q	热流密度	W/m^2
q_m	质量流量	kg/s
r	汽化热	kJ/kg
t	冷流体温度	K
T	热流体温度	K
u	流速	m/s

符号	意义	SI 单位
α	给热系数	$W/(m^2 \cdot K)$
β	体积膨胀系数	1/K
δ	冷凝膜厚度，壁厚	m
δ_t	有效膜厚度	m
λ	热导率	$W/(m \cdot K)$
μ	黏度	$Pa \cdot s$
ρ	流体密度	kg/m^3
τ	时间	s
数群		
Gr	格拉晓夫数 $\frac{\beta g \Delta t l^3 \rho^2}{\mu^2}$	
Nu	努塞尔数$\frac{\alpha l}{\lambda}$	
Pr	普朗特数$\frac{c_p \mu}{\lambda}$	
Re	雷诺数$\frac{du\rho}{\mu}$	
下标		
g	气体的	
m	平均	
w	壁面的	

第 4 章

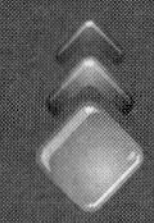

液体精馏

4.1 蒸馏概述

蒸馏及精馏是最常用的液体混合物的分离方法，是制药生产中药用成分提取及分离提纯的重要手段，也是生产中最常用的溶剂回收方法。

本章将重点讨论双组分蒸馏和精馏的技术原理、方法和设备。

4.1.1 蒸馏分离的依据

蒸馏是利用混合液中各组分挥发性的差异来达到分离目的的单元操作。

在一定的温度下，液体均具有挥发而成为蒸气的能力，但各种液体的挥发性不同。对于纯组分的液态物质，其挥发能力大小可以用确定温度下的饱和蒸气压大小或恒定压强下的沸点高低来判断，饱和蒸气压越大（或者沸点越低）则挥发性越大。对于液体混合物，各组分的挥发性差异是不能简单地用纯组分的挥发能力大小来判断的，因为它不仅与纯组分的饱和蒸气压有关，还受到各组分间的相互作用力影响。引入参数挥发度 v_i 来描述液体混合物中 i 组分挥发能力，定义

$$\nu_i=\frac{p_i}{x_i} \tag{4-1}$$

式中，p_i 为混合液中组分 i 的平衡蒸气分压；x_i 为液相组分摩尔分数。即用混合液中组分 i 的平衡蒸气分压 p_i 与其液相组分摩尔分数 x_i 的比值来度量混合物中 ν 组分的挥发性。挥发性的差异用两组分挥发度的比值来度量，称为相对挥发度 α。

$$\alpha=\frac{\nu_A}{\nu_B}=\frac{p_A/x_A}{p_B/x_B} \tag{4-2}$$

通常，若某互溶的二元液体混合物含有 A、B 两种组分，其中 A 组分的挥发性大于 B 组分的，挥发性大的（易挥发）组分称为轻组分（如 A），挥发性小的（难挥发）组分则称为重组分（如 B）。因 A、B 两种组分有挥发性差异，α 是大于 1 的。若汽相服从道尔顿分压定律可以推知

$$\alpha=\frac{p_A/x_A}{p_B/x_B}=\frac{p_A/p_B}{x_A/x_B}=\frac{y_A/y_B}{x_A/x_B}>1 \tag{4-3}$$

即

$$y_A/y_B>x_A/x_B \tag{4-4}$$

式中，y_A、y_B 分别为汽相中 A、B 两组分的摩尔分数；x_A、x_B 分别为液相中 A、B 两组分的摩尔分数。

也就是说若将液体混合物部分汽化，所生成的汽相组成与液相组成就会有差别。此时若

得到的汽相和液相混合物均为二元混合物，$y_A+y_B=1$，$x_A+x_B=1$。则必有 $y_A>x_A$，即轻组分浓度在汽相混合物中得到提升，相应的，重组分浓度在液相混合物中得到提升。

4.1.2 蒸馏过程及经济性

最简单的蒸馏过程是平衡蒸馏和简单蒸馏。

平衡蒸馏又称闪蒸，是连续定态过程，流程如图 4-1 所示。原料连续地进入加热炉，被加热至一定温度，然后经节流阀减压至预定压强。因压强突然降低，过热液体发生自蒸发，液体部分汽化。汽、液两相在分离器中分开，塔顶汽相冷凝为顶部产物，塔釜液相为底部产物。

简单蒸馏为间歇操作过程。如图 4-2 所示，将一批料液加入蒸馏釜中，在恒压下加热至沸腾，使液体不断汽化。持续产生的蒸汽经冷凝后作为顶部产物。在蒸馏过程中，釜内液体的轻组分浓度不断下降，蒸汽中的轻组分的浓度也相应地随之降低。因此，通常是分罐收集顶部产物，最终将釜液一次排出。

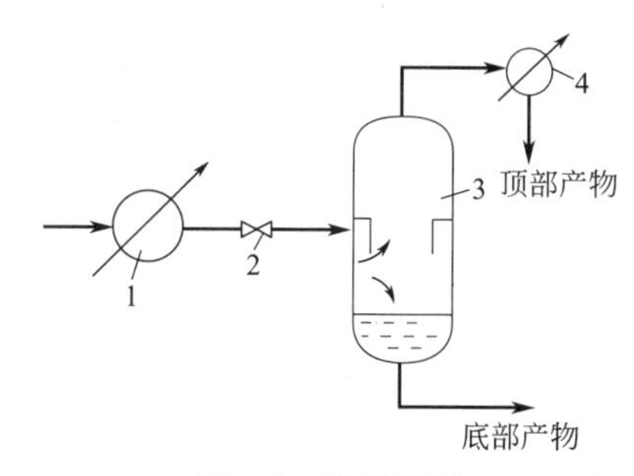

图 4-1 平衡蒸馏

1—加热炉；2—节流阀；3—分离器；4—冷凝器

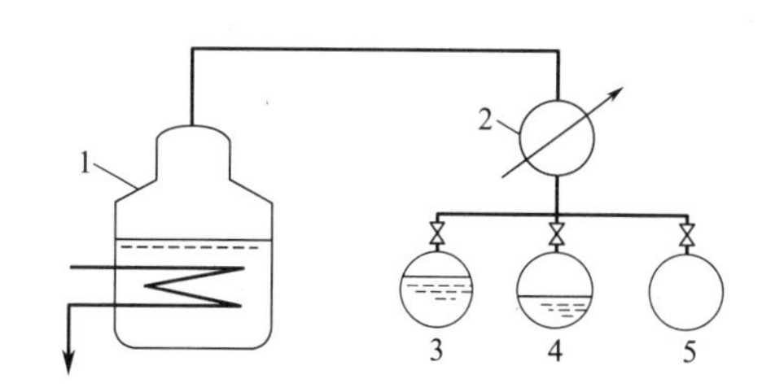

图 4-2 简单蒸馏

1—蒸馏釜；2—冷凝器；3～5—产品受液槽

蒸馏过程的实施除了要提供一定的设备外，还需要加热液相使之部分汽化，冷凝塔顶汽相以获得产品。加热和冷却费用是蒸馏过程的主要操作费用。对于同样的加热量和冷却量，所需费用还与加热温度和冷却温度有关。若汽相冷凝温度低于常温，不能用冷却水（价廉易得），而须使用其他冷冻剂时，费用将增加。加热温度超出一般水蒸气加热的范围，就要用高温载热体加热，加热费用也将增加。

蒸馏过程中的液体沸腾温度和蒸汽冷凝温度又与操作压强有关。加压蒸馏可使冷凝温度提高以避免使用冷冻剂；减压蒸馏则可使沸点降低以避免使用高温载热体。当制药过程中待分离的活性组分在高温下容易发生分解等变质现象时，须考虑采用减压蒸馏以降低温度。但无论是加压还是减压都较常压系统增加设备上投资，所以应适当选择操作压强。

4.2 双组分溶液的汽液相平衡

在蒸馏或精馏设备中，汽液两相共存，建立汽、液相平衡关系就是对①液相（或汽相）组成与温度间的关系；②汽、液组成之间的关系进行定量的描述。

根据相律，平衡物系的自由度 $F=N-\Phi+2$。双组分汽液相平衡物系，组分数 $N=2$，相数 $\Phi=2$，故平衡物系的自由度 $F=2$。

平衡物系涉及的参数为温度、压强与汽、液两相的组成。汽液两相组成常以摩尔分数表示。对双组分物系，$x_A+x_B=1$；$y_A+y_B=1$。即一相中某一组分的摩尔分数确定后另一组分的摩尔分数也随之而定，液相或汽相组成均可用单参数表示。平衡物系自由度为 2，就是说温度、压强和液相组成（或汽相组成）之中任意规定两个，则物系的状态就唯一确定了，余下的参数已不能任意选择。

压强一定的情况下，物系只剩下一个自由度。即已知液相组成，则两相平衡共存时的温度及汽相组成就随之确定。换言之，在恒压下的双组分平衡物系中必存在着：

① 液相（或汽相）组成与温度间的一一对应关系；

② 汽、液组成之间的一一对应关系。

4.2.1 理想物系的汽液相平衡

理想物系包括两个含义：①液相为理想溶液，服从拉乌尔（Raoult）定律；②汽相为理想气体，服从理想气体定律或道尔顿分压定律。

根据拉乌尔定律，液相上方的平衡蒸气压为

$$p_A = p_A^\circ x_A \tag{4-5}$$

$$p_B = p_B^\circ x_B \tag{4-6}$$

式中，p_A、p_B 分别为液相上方 A、B 两组分的蒸气压；x_A、x_B 分别为液相中 A、B 两组分的摩尔分数；p_A°、p_B° 分别为在溶液温度（t）下纯组分 A、B 的饱和蒸气压，是温度的函数，即 $p_A^\circ = f_A(t)$，$p_B^\circ = f_B(t)$。

纯组分的饱和蒸气压 p°是温度 t 的函数。不同温度下的饱和蒸气压数据可以通过实验测定，或者查取相关数据手册获得。饱和蒸气压 p°与温度 t 的函数关系通常可以经验式安托万（Antoine）方程表示成如下的形式

$$\lg p^\circ = A - \frac{B}{t+C} \tag{4-7}$$

A、B、C 为该组分的安托万常数，常用液体的 A、B、C 值可由手册查得。

液相组成——温度（泡点）关系式 混合液的沸腾条件是各组分的蒸气压之和等于外压 p，即

$$p_A + p_B = p \tag{4-8}$$

$$p_A^\circ x_A + p_B^\circ (1-x_A) = p \tag{4-9}$$

于是

$$x_A = \frac{p - p_B^\circ}{p_A^\circ - p_B^\circ} = \frac{p - f_B(t)}{f_A(t) - f_B(t)} \tag{4-10}$$

只要 A、B 两纯组分的饱和蒸气压 p_A°、p_B° 与温度的关系为已知，则式(4-10) 给出了液相组成与温度（泡点）之间的定量关系。已知泡点，可直接计算液相组成；反之，已知液相组成也可算出泡点，但由于 $f_A(t)$ 和 $f_B(t)$ 为非线性函数的缘故，一般需经试差。

汽液两相平衡组成间的关系式 由道尔顿分压定律和拉乌尔定律可得

$$y_A = \frac{p_A}{p} = \frac{p_A^\circ x_A}{p} \tag{4-11}$$

在恒压条件下，由于 p_A° 随温度而变，因此 $y \sim x$ 的关系并不是线性关系。

汽相组成与温度（露点）的关系式 联立式(4-11) 和式(4-10) 即可得到汽相组成与温度（露点）的关系为

$$y_A = \frac{p_A^\circ}{p} \times \frac{p - p_B^\circ}{p_A^\circ - p_B^\circ} = \frac{f_A(t)}{p} \times \frac{p - f_B(t)}{f_A(t) - f_B(t)} \tag{4-12}$$

【例 4-1】 理想物系泡点及平衡组成的计算

某蒸馏釜的操作压强为 101.3kPa，其中溶液含苯 0.20（摩尔分数，下同），甲苯 0.80，求此溶液的泡点及平衡的汽相组成。

苯-甲苯溶液可作为理想溶液，纯组分的蒸气压为：

苯 $$\lg p_A^\circ = 6.031 - \frac{1211}{t+220.8}$$

甲苯
$$\lg p_B^\circ = 6.080 - \frac{1345}{t + 219.5}$$

式中，p°的单位为 kPa；温度 t 的单位为℃。

解：已知 $x_A = 0.20$，$p = 101.3$kPa，由式(4-10) 可得

$$x_A = \frac{p - p_B^\circ}{p_A^\circ - p_B^\circ} \quad \text{或} \quad 0.20 = \frac{101.3 - p_B^\circ}{p_A^\circ - p_B^\circ}$$

假设一个泡点 t，用题给的安托万方程算出 p_A°、p_B°，代入上式作检验。设 $t = 102.1$℃

$$\lg p_A^\circ = 6.031 - \frac{1211}{102.1 + 220.8} = 2.2806$$

$$p_A^\circ = 190.8\text{kPa}$$

$$\lg p_B^\circ = 6.080 - \frac{1345}{102.1 + 219.5} = 1.8978$$

$$p_B^\circ = 79.03\text{kPa}$$

$$\frac{p - p_B^\circ}{p_A^\circ - p_B^\circ} = \frac{101.3 - 79.03}{190.8 - 79.03} = 0.20 = x_A$$

假设正确，即溶液的泡点为 102.1℃。按式(4-11) 可求得平衡汽相组成为

$$y_A = \frac{p_A}{p} = \frac{p_A^\circ x_A}{p} = \frac{190.8 \times 0.20}{101.3} = 0.377$$

$t \sim x(y)$ 图和 $y \sim x$ 图 在总压 p 恒定的条件下，汽（液）相组成与温度的关系可由实验测得或由式(4-10) 和式(4-12) 表示成图 4-3 所示的曲线。该图的横坐标为液相（或汽相）的浓度，皆以轻组分的摩尔分数 x（或 y）表示（以下所述均同）。

图 4-3 中曲线 $\overline{AEBC}$ 称为泡点线。曲线 $\overline{ADFC}$ 称为露点线。泡点线和露点线将整个$t \sim x$（y）图分成三个区域。泡点线以下的部分为液相区，混合物表现为液态；露点线以上的部分为汽相区，该区域内为过热蒸汽；两条线中间所夹的部分为汽液共存区。图中当组成为 x_1 的液体 M 在给定总压下升温至 t_1（B 点）达到该溶液的泡点，产生第一个气泡的组成为 y_1。相同组成 y_3（$= x_1$）的汽相 N 冷却至 t_3（D 点）达到该混合汽的露点，凝结出第一个液滴的组成为 x_3。当总组成相同的混合物的温度为 t_2（G 点）时，物系为汽液共存，必可分成互为平衡的汽液两相，液相组成在 E 点，汽相组成在 F 点。

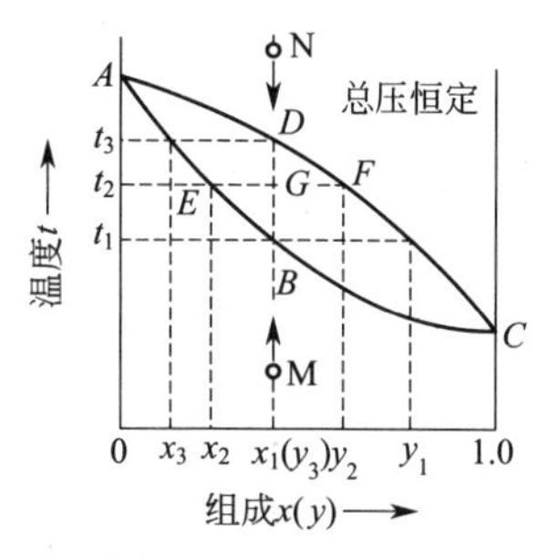

图 4-3 双组分溶液的温度-组成曲线

图 4-3 中同一温度下露点线和泡点线上对应的是该温度下互成平衡的汽液两相的浓度 y 和 x，如图中 $y_1 \sim x_1$、$y_2 \sim x_2$、$y_3 \sim x_3$ 均为互成平衡的汽液两相。将这些不同温度下互成平衡的汽液两相组成 y 与 x 画在直角坐标上可得图 4-4。图 4-4 的 $y \sim x$ 曲线称为相平衡曲线。对于理想物系相平衡的汽液两相，汽相组成 y 恒大于液相组成 x，故相平衡曲线必位于对角线的上方。显然，$y \sim x$ 曲线上各点所对应的温度是不同的。轻组分含量越高的汽液组成对应的平衡温度越低。如图中所示，$t_1 < t_2 < t_3$。

$y \sim x$ 的近似表达式与相对挥发度 α 前已提及，混合液中两组分挥发度之比为相对挥发度 α，若汽相服从道尔顿分压定律

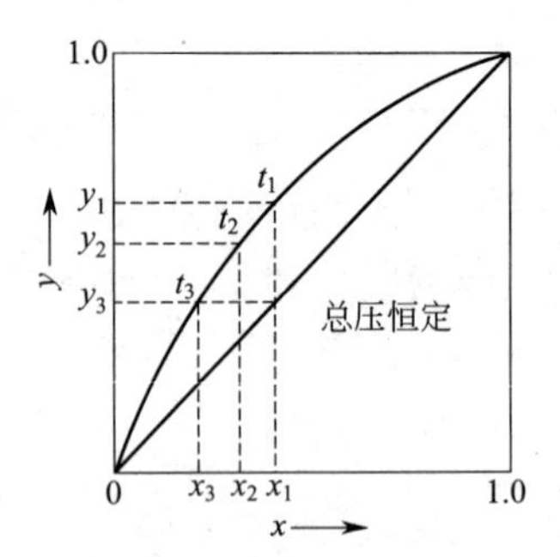

图 4-4　相平衡曲线

$$\alpha=\frac{p_A/x_A}{p_B/x_B}=\frac{p_A/p_B}{x_A/x_B}=\frac{y_A/y_B}{x_A/x_B} \tag{4-3}$$

对双组分物系，$y_B=1-y_A$，$x_B=1-x_A$，代入式(4-3)并略去下标 A 可得

$$y=\frac{\alpha x}{1+(\alpha-1)x} \tag{4-13}$$

此式表示互成平衡的汽液两相组成间的关系，称为相平衡方程。从此式可以看出，相对挥发度 α 是建立汽液两相平衡浓度（$y\sim x$）对应关系的重要参数。

对理想溶液，用拉乌尔定律［式(4-5)，式(4-6)］代入式(4-2) 可得

$$\alpha=\frac{p_A^\circ}{p_B^\circ} \tag{4-14}$$

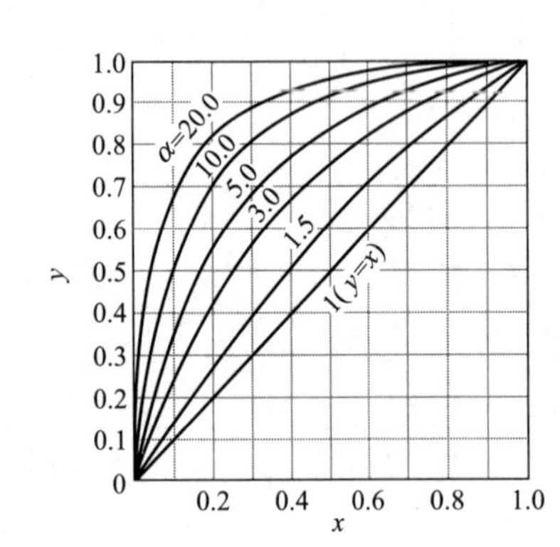

图 4-5　相对挥发度 α 为定值的相平衡曲线（恒压）

由式(4-14) 可知，由于纯组分的饱和蒸气压 p_A°、p_B° 均为温度的函数，所以 α 原则上随温度而变化。但 p_A°/p_B° 对温度的敏感度较 p_A°、p_B° 与温度的关系小得多，因而对理想物系可在操作的温度范围内取相对挥发度的平均值 α_m 并将其视为常数，这样可用一个相平衡方程表达在操作温度范围内汽液两相平衡浓度（$y\sim x$）的对应关系。

相对挥发度为常数时，溶液的相平衡曲线如图 4-5 所示。相对挥发度等于 1 时的相平衡曲线即为对角线 $y=x$，即汽相与液相的组成相同，显然此物系不能用蒸馏的方法进行分离。α 值越大，同一液相组成 x 对应的 y 值越大，可获得的提浓程度越大，用蒸馏方法分离越容易。因此，物系中两组分的相对挥发度 α 值的大小可作为用蒸馏方法分离该物系的难易程度的标志。

4.2.2 非理想物系的汽液相平衡

实际生产所遇到的大多数物系为非理想物系，当操作压强不是太高时，汽相偏离理想气体的程度较小，主要表现为液相属非理想溶液的情况。

溶液的非理想性来源于异种分子间的作用力不同于同种分子间的作用力，其表现是溶液中各组分的平衡蒸气压偏离拉乌尔定律。此偏差可正可负，分别称为正偏差溶液或负偏差溶液。实际溶液以正偏差居多。非理想溶液与理想溶液的比较如图 4-6 所示。

在系统压力不很高时，汽相仍服从道尔顿分压定律，物系的汽液相平衡关系为

$$p_A=p_A^\circ x_A\gamma_A \tag{4-15}$$

$$p_B=p_B^\circ x_B\gamma_B \tag{4-16}$$

或

$$y_A=\frac{p_A^\circ x_A\gamma_A}{p} \tag{4-17}$$

式中，γ_A、γ_B 称为活度系数。

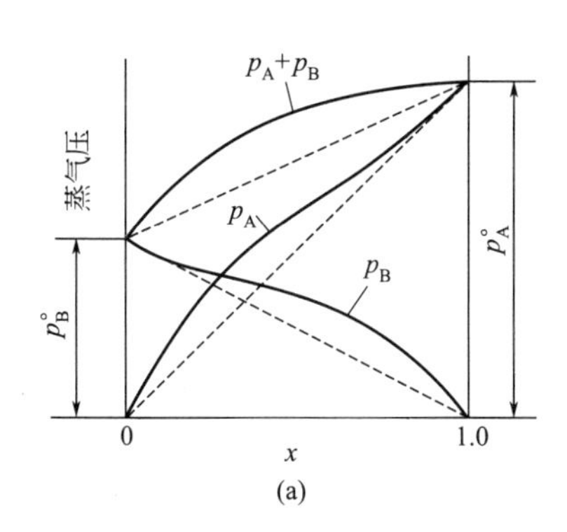

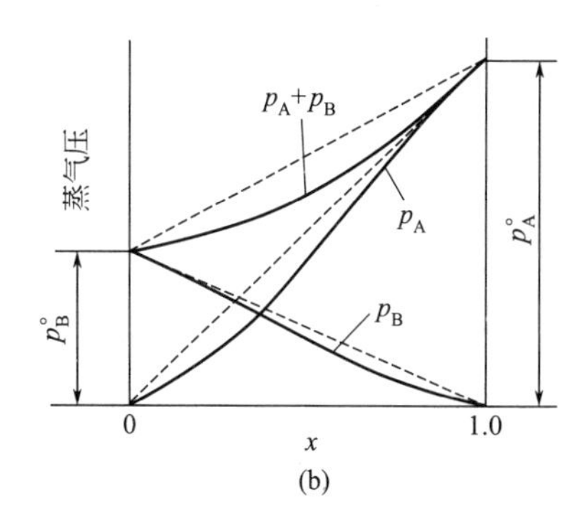

图 4-6 恒定温度下非理想溶液与理想溶液的蒸气压

活度系数是与组成有关的，一般可由实测数据或活度系数的关联式获得。

若溶液具有较大的正偏差，使溶液在某一组成时其两组分的蒸气压之和出现最大值。这种组成的溶液的泡点比两纯组分的沸点都低，为具有最低恒沸点的溶液。图 4-7 为 101.3kPa 下苯-乙醇溶液的 $t \sim x$ 图及相平衡曲线，含苯 55.2%（摩尔分数）的溶液具有最低恒沸点，其值为 68.3℃。

与此相反，氯仿-丙酮溶液为负偏差较大的溶液，在含氯仿 65.0%（摩尔分数）时形成最高沸点的恒沸物，其恒沸点为 64.5℃。图 4-8 为这一物系的 $t \sim x$ 图及相平衡曲线。

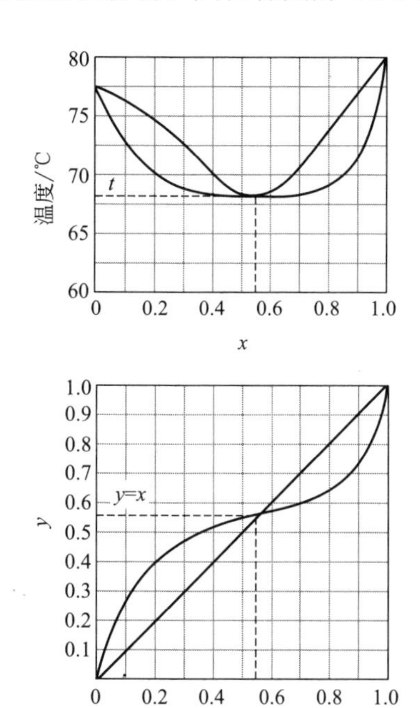

图 4-7 苯-乙醇溶液相图（正偏差）

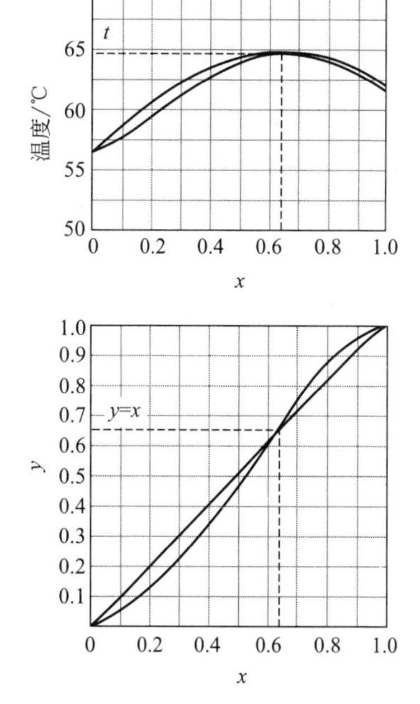

图 4-8 氯仿-丙酮溶液相图（负偏差）

将恒沸组成溶液部分汽化，所得汽、液两相的组成相同，因此不能用一般的蒸馏方法将恒沸物中的两个组分加以分离。

图 4-9、图 4-10 分别为乙醇-水及氨-水溶液的相平衡曲线。从相对挥发度的定义来看，此两物系的相对挥发度 α 值随组成变化很大。因此对非理想物系，不再近似使用以平均相对挥发

度 α_m 表述操作温度范围的相平衡方程，而是应随组成变化求取不同的相平衡关系式。

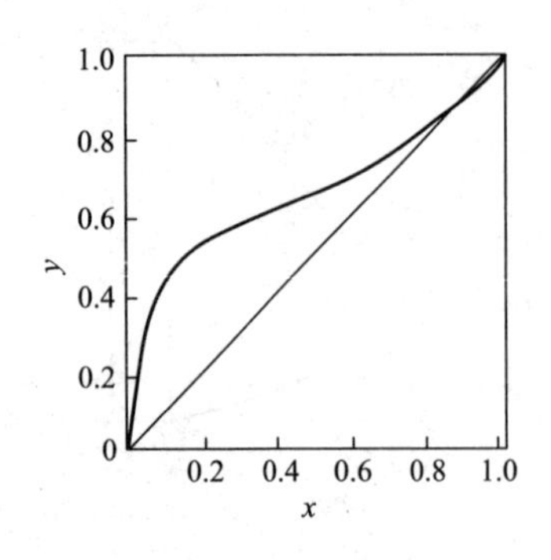

图 4-9 乙醇-水溶液的相平衡曲线（0.1MPa）

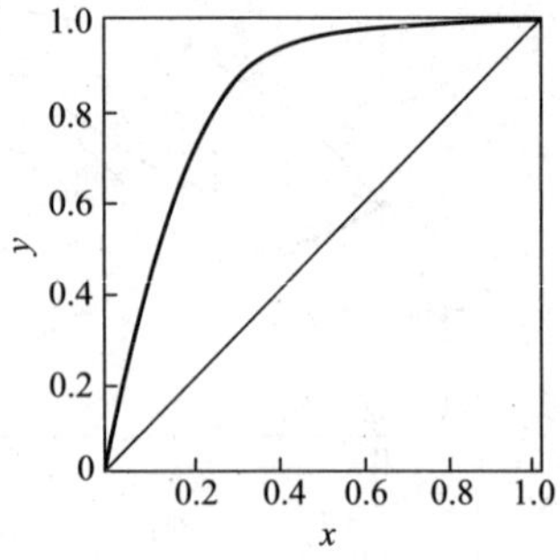

图 4-10 氨-水溶液的相平衡曲线（2MPa）

4.2.3 总压对相平衡的影响

上述相平衡曲线 $y \sim x$（包括理想系及非理想系）均以恒定总压为条件。同一物系，混合物的温度越高，各组分间挥发度的差异越小。因此，蒸馏操作的压强增高，泡露点也随之升高，相对挥发度减小，分离变困难。

4.3 液体的蒸馏

4.3.1 平衡蒸馏

过程的数学描述 建立对蒸馏过程的数学描述是物料衡算式、热量衡算式和反映过程特征的方程，具体如下。

（1）物料衡算 对连续定态过程作物料衡算可得（见图 4-11）

总物料衡算 $F = D + W$ （4-18）

轻组分的物料衡算 $Fx_F = Dy + Wx$ （4-19）

式中，F、x_F 分别为加料流率（kmol/s）及料液组成（摩尔分数）；D、y 分别为汽相产物流率（kmol/s）及组成（摩尔分数）；W、x 分别为液相产物流率（kmol/s）及组成（摩尔分数）。两式联立可得

$$\frac{D}{F} = \frac{x_F - x}{y - x} \tag{4-20}$$

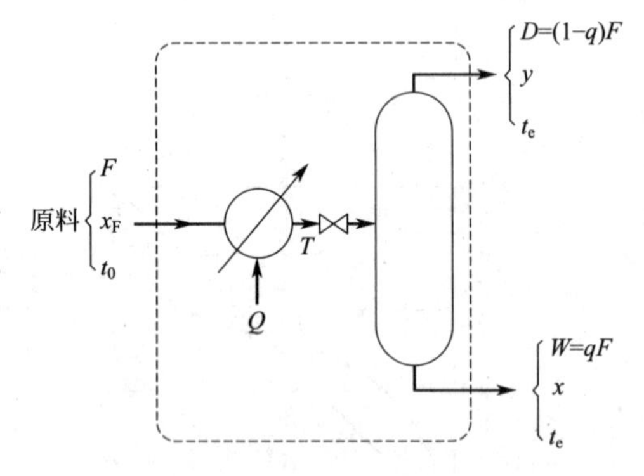

图 4-11 平衡蒸馏的物料与热量衡算

设液相产物量 W 占总加料量 F 的分率为 $q(=W/F)$，汽化率为 D/F（$=1-q$），代入式(4-20) 整理可得

$$y = \frac{q}{q-1}x - \frac{x_F}{q-1} \tag{4-21}$$

显然，式(4-20) 和式(4-21) 的本质是一样的，都是物料衡算联立的结果，只是式(4-21) 以一个参数 q 替换 D，W 和 F 表达 y 和 x 之间的关系。根据定义，$0 < q < 1$。式(4-21) 画在直角坐标上如图 4-12 中直线 ef，过（x_F，x_F）点，且斜率为 $\frac{q}{q-1}$。以上计算

中各股物料流率的单位也可用 kg/s，同时各组成均须相应地用质量分数表示。

(2) 热量衡算　以图 4-11 所示的加热器为控制体作热量衡算得，热流量 Q 为

$$Q=Fc_{pm}(T-t_0) \tag{4-22}$$

式中，t_0、T 分别为料液温度与加热后的液体温度，K。

节流减压后，物料降温，放出显热以供自身的部分汽化所需热量，故

$$Fc_{pm}(T-t_e)=(1-q)Fr$$

式中，t_e 为闪蒸后汽、液两相的平衡温度，K；c_{pm} 为混合液的平均摩尔比热容，kJ/(kmol·K)；r 为平均摩尔汽化热，kJ/kmol。

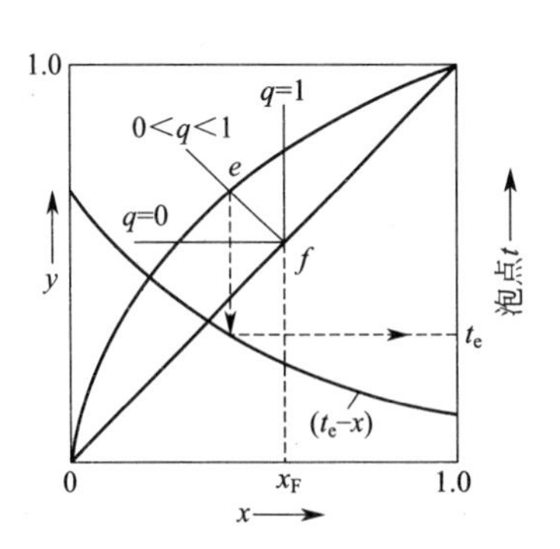

图 4-12　平衡蒸馏的物料衡算

由上式可求得料液加热温度为

$$T=t_e+(1-q)\frac{r}{c_{pm}} \tag{4-23}$$

(3) 过程特征方程式　平衡蒸馏中可设汽、液两相处于平衡状态，即两相温度相同，且 y 与 x 应满足相平衡方程式。若为理想溶液应满足

$$y=\frac{\alpha x}{1+(\alpha-1)x} \tag{4-13}$$

平衡温度 t_e 与组成 x 应满足泡点方程，即

$$t_e=\boldsymbol{\Phi}(x) \tag{4-24}$$

相平衡方程、泡点方程皆为平衡蒸馏过程的特征方程式。

平衡蒸馏过程的计算　当汽化率 $(1-q)$ 给定时，联立求解物料衡算式(4-21) 和相平衡方程 (4-13) 可得汽、液相组成 y、x。再由方程式(4-24) 可求出平衡温度 t_e。根据平衡温度 t_e，可由热量衡算式(4-23) 解出加热温度 T，然后代入式(4-22) 计算所需热流量。

4.3.2 简单蒸馏

过程的数学描述　简单蒸馏是个非定态过程，而平衡蒸馏为定态过程。因此，对简单蒸馏必须选取一个时间微元 $d\tau$，对该时间微元的始末作物料衡算。

取 W 为某瞬时釜中的液体量，它随时间而变，由初态 W_1 变至终态 W_2；x 为某瞬时釜中液体的浓度，它由初态 x_1 降至终态 x_2；y 为某一瞬时由釜中蒸出的汽相浓度，它也随时间而变。若 $d\tau$ 时间内蒸出物料量为 dW，釜内液体组成相应地由 x 降为 $(x-dx)$，对该时间微元作轻组分的物料衡算可得

$$Wx=y\,dW+(W-dW)(x-dx)$$

略去二阶无穷小量，上式整理为

$$\frac{dW}{W}=\frac{dx}{y-x}$$

上式积分得

$$\ln\frac{W_1}{W_2}=\int_{x_2}^{x_1}\frac{\mathrm{d}x}{y-x} \tag{4-25}$$

简单蒸馏过程的特征是任一瞬时的汽、液相组成 y 与 x 互成平衡，故描述此过程的特征方程式仍为相平衡方程式。

简单蒸馏的过程计算 若为理想溶液，将平衡式 $y=\frac{\alpha x}{1+(\alpha-1)x}$代入式(4-25)，积分结果为

$$\ln\frac{W_1}{W_2}=\frac{1}{\alpha-1}\left(\ln\frac{x_1}{x_2}+\alpha\ln\frac{1-x_2}{1-x_1}\right) \tag{4-26}$$

原料量 W_1 及原料组成 x_1 一般已知，当给定 x_2 即可由上式求出残液量 W_2。由于釜液组成 x 随时变化，每一瞬时的汽相组成 y 也相应变化。若将全过程的汽相产物冷凝后汇集一起，则馏出液的平均组成 $\bar{y}$ 及数量可由对全过程始末作物料衡算求出。全过程轻组分的物料衡算式为

$$W_1x_1=\bar{y}(W_1-W_2)+W_2x_2$$

故

$$\bar{y}=x_1+\frac{W_2}{W_1-W_2}(x_1-x_2) \tag{4-27}$$

按照平衡蒸馏定义液相产物量占总加料量的分率为 q，此处 $q=\frac{W_2}{W_1}$。因为都是对原料和操作结果作物料衡算，所以不难理解把 $q=\frac{W_2}{W_1}$代入式(4-27) 必将得到与式(4-21) 相同的方程（简单蒸馏的 $\bar{y}$、x_2、x_1 分别对应平衡蒸馏的 y、x、x_F）。

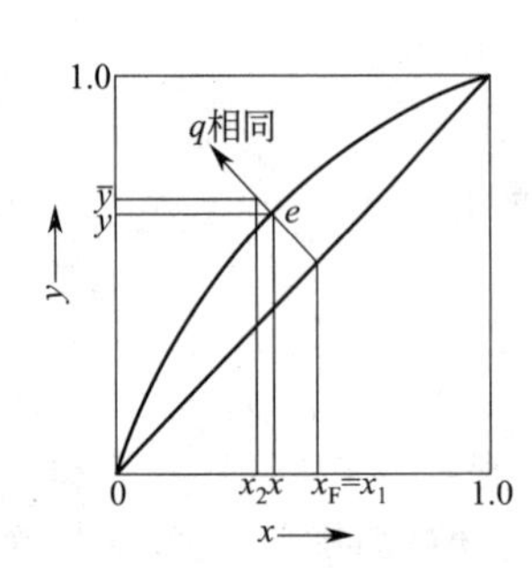

图 4-13 相同汽化率下平衡蒸馏与简单蒸馏的比较

平衡蒸馏和简单蒸馏的过程特征都是汽相与液相组成相平衡，不同点在于平衡蒸馏为定态连续操作，最终的操作结果为塔顶的汽相产品组成和塔釜的液相产品组成是满足相平衡关系的。而简单蒸馏过程是每个瞬间的汽相液相组成满足相平衡，但随着操作进行，塔釜轻组分越来越少，塔顶瞬时得到的汽相组成轻组分含量也越来越少。最终的操作结果为塔顶的汽相产品组成 $\bar{y}$ 与塔釜液相组成不是相平衡的关系，且一定有 $\bar{y}$ 大于与塔釜液相组成 x_2 成相平衡的 y。这样，结合物料衡算式(4-21) 就可以推断，同一物系在汽化率相同的条件下，简单蒸馏的分离程度大于平衡蒸馏，$\bar{y}>y$，$x_2<x$（参见图 4-13）。

比较而言，平衡蒸馏的优点是连续化定态生产，而简单蒸馏则分离程度更高。

4.4 精馏原理

4.4.1 精馏过程分析

简单蒸馏及平衡蒸馏只能达到组分的部分增浓。如何利用两组分挥发度的差异实现连续的高纯度分离，精馏塔实际操作过程是如何实现的，是下面讨论的基本内容。

多次部分汽化和部分冷凝 由双组分溶液的 $t\sim x(y)$ 图，如图 4-14 所示，平衡蒸馏是把液态组成为 x_F 的溶液部分汽化，把汽相组成全部冷凝便得到轻组分提浓的塔顶产品 y，液相组成为重组分提浓的塔釜产品 x。平衡蒸馏的提浓程度有限，是因为原料仅进行了一次

部分汽化。如果将塔顶的汽相组成 y 部分冷凝（不是全部冷凝），将获得轻组分进一步提浓的汽相组成 y'，如果将 y' 再次部分冷凝可获得轻组分进一步提浓的汽相组成 y''，如此将所得汽相反复进行部分冷凝，最终将获得近乎纯态的轻组分组成产品；同理，将塔釜液相产品 x 部分汽化，将获得重组分浓度进一步提高的液相组成 x'，再次部分汽化可以得到 x''，如果将得到的液相组成反复部分汽化，最终也必将获得近乎纯态的重组分产品。

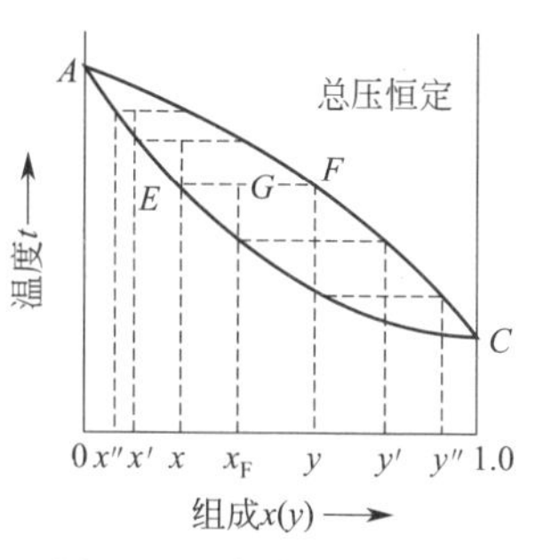

图 4-14 多次部分汽化和部分冷凝

这样的过程可以从物理化学角度理解如何实现高纯度分离。但这个过程的问题在于：①存在许多中间组分；②部分汽化和部分冷凝都需要换热设备，也需要加热剂和冷却剂，能耗也大。实际过程如果把加热过程和冷凝过程耦合起来，就可以省去中间加热器冷凝器，大大节约能耗，同时也可消化中间组分。

精馏分离过程 图 4-15 为连续精馏过程。料液自塔的中部某适当位置连续地加入塔内，塔顶设有冷凝器将塔顶蒸汽冷凝为液体。冷凝液的一部分回入塔顶，称为回流液，其余作为塔顶产品（馏出液）排出。在塔内上半部（加料位置以上）上升蒸汽和回流液体之间进行着逆流接触和物质传递。塔底部装有再沸器（蒸馏釜）以加热液体产生蒸汽，蒸汽沿塔上升，与下降的液体逆流接触并进行传质，塔底排出部分液体作为塔底产品。

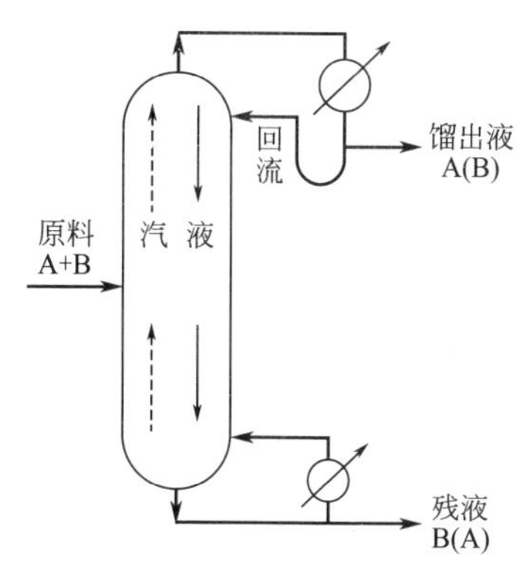

图 4-15 连续精馏过程

在塔的加料位置以上，蒸汽不是直接达到塔顶被全部冷凝，而是在上升过程中不断与塔顶回流液进行接触，上升的过程就是不断进行部分冷凝的过程。同时，回流液在下降过程中也在不断进行部分汽化。这样，蒸汽上升过程中轻组分不断提浓，液相的下降过程中重组分不断提浓。这个过程从物质传递的角度讲就是上升蒸汽中所含的重组分向液相传递，而回流液中的轻组分向汽相传递。如此传质的结果，使上升蒸汽中轻组分的浓度逐渐升高。只要有足够的相际接触表面和足够的液体回流量，到达塔顶的蒸汽将成为高纯度的轻组分。塔的上半部完成了上升蒸汽的精制，称为精馏段。

在塔的加料位置以下，下降的液体不是直接到达塔釜成为塔釜产品，而是在下降过程中不断与塔釜的汽相回流相接触。物质传递过程与精馏段类似，下降液体（包括回流液和加料中的液体）中的轻组分向汽相传递，上升蒸汽中的重组分向液相传递。同样，只要两相接触面和上升蒸汽量足够，到达塔底的液体中轻组分浓度可降至很低，从而获得高纯度的重组分。塔的下半部完成了下降液体中重组分的提浓，称为提馏段。一个完整的精馏塔应包括精馏段和提馏段，在这样的塔内可将一个双组分混合物连续地、高纯度地分离为轻、重两组分。

由此可见，精馏与蒸馏的区别就在于“回流”，包括塔顶的液相回流与塔釜的汽相回流。回流是构成汽、液两相接触传质的必要条件，没有汽液两相的接触就无法进行传质。

4.4.2 精馏过程数学描述

精馏塔设备可以是微分接触式或分级接触式，本章将以分级接触式——板式塔为主进行讨论。

板式精馏塔如图 4-16 所示。汽相自下而上借压差穿过塔板上的小孔与板上液体接触，离开液层后升入上一块塔板；液相则自上而下借重力逐板下降。在每块塔盘上汽液两相充分接触，进行传热、传质。两相经多级逆流传质后，汽相中的轻组分浓度逐板升高，液相在下降过程中其轻组分浓度逐板降低。整个精馏塔由若干块塔板组成，每块塔板为一个汽液接触单元。

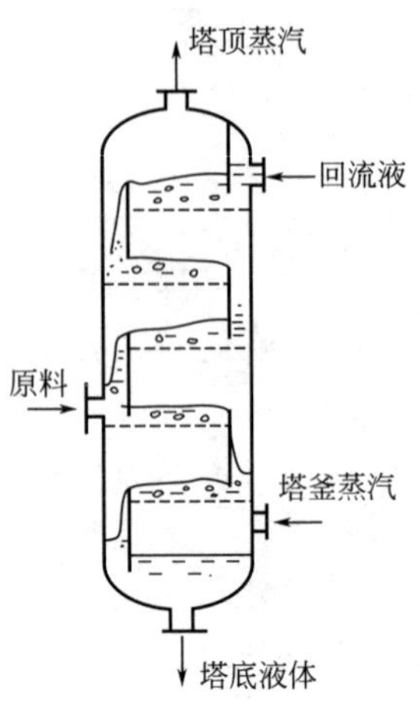

图 4-16 板式精馏塔

描述精馏过程的基本方法仍然是物料衡算、热量衡算及过程特征方程。对分级式接触的精馏过程描述，还应以单块塔板作为考察单元，对每一块板（级）列出物料衡算式、热量衡算式及过程特征方程式，然后求解由多块塔板构成的数学方程。

全塔物料衡算 连续精馏过程的塔顶和塔底产物的流率和组成与加料的流率和组成有关。无论塔内汽液两相的接触情况如何，这些流率与组成之间的关系均受全塔物料衡算的约束。

若采用图 4-17 所示的变量命名，其中流率均以 kmol/s 表示，浓度均以轻组分的摩尔分数表示，以虚线框为控制体对定态的连续过程作总物料衡算可得

$$F=D+W \tag{4-28}$$

作轻组分物料衡算可得

$$Fx_F=Dx_D+Wx_W \tag{4-29}$$

$$\frac{D}{F}=\frac{x_F-x_W}{x_D-x_W} \tag{4-30}$$

由以上两式可求出

$$\frac{W}{F}=1-\frac{D}{F} \tag{4-31}$$

式中，D/F 和 W/F 分别为馏出液和釜液的采出率。

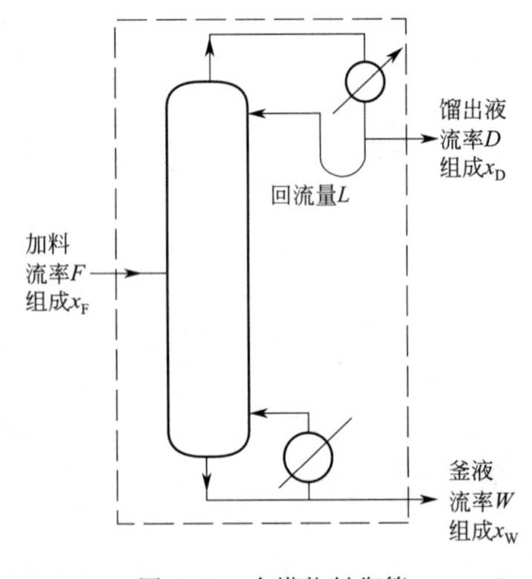

图 4-17 全塔物料衡算

全塔物料衡算式中共有 6 个变量。通常，进料量 F 和组成 x_F 是给定的。因受全塔物料衡算式(4-28)、式(4-29) 的约束，须再指定两个变量，另外两个变量即被唯一确定。如：

① 当规定塔顶、塔底产品组成 x_D、x_W 即产品质量，产品量 D 和 W 就随之确定而不能再自由选择；

② 当规定塔顶产品量 D 与组成 x_D，则塔底产品量 W 与组成 x_W 受全塔物料衡算约束，不能再任意指定。

工业上有时也用回收率表示分离程度。塔顶轻组分的回收率 η_A 定义为

$$\eta_A=\frac{Dx_D}{Fx_F} \tag{4-32}$$

塔釜难挥发组分的回收率 η_B 为

$$\eta_B=\frac{W(1-x_W)}{F(1-x_F)} \tag{4-33}$$

【例 4-2】 全塔物料衡算的计算

采用连续精馏塔分离苯和甲苯混合物，进料量为100kmol/h，进料中苯（易挥发组分）浓度0.4（摩尔分数，下同）。要求塔顶产品苯浓度为0.99，塔釜产品苯浓度不高于0.03。试求：

（1）塔顶馏出液流量；

（2）塔顶易挥发组分的回收率和塔釜难挥发组分回收率。

解：（1）

$$\begin{cases} F=D+W \\ Fx_{\mathrm{F}}=Dx_{\mathrm{D}}+Wx_{\mathrm{W}} \end{cases}$$

$$\frac{D}{F}=\frac{x_{\mathrm{F}}-x_{\mathrm{W}}}{x_{\mathrm{D}}-x_{\mathrm{W}}}=\frac{0.4-0.03}{0.99-0.03}=0.385$$

$$D=38.5\mathrm{kmol/h}$$

（2）

$$\eta_{\mathrm{A}}=\frac{Dx_{\mathrm{D}}}{Fx_{\mathrm{F}}}=\frac{0.385\times0.99}{0.4}=0.953$$

$$\eta_{\mathrm{B}}=\frac{W(1-x_{\mathrm{W}})}{F(1-x_{\mathrm{F}})}=(1-0.385)\times\frac{1-0.03}{1-0.4}=0.994$$

单块塔板上过程的数学描述 图4-18为精馏塔内自塔顶算起的任意第n块塔板（非加料板），进、出该塔板的汽液两相流量（kmol/s）及组成（摩尔分数）如图所示。

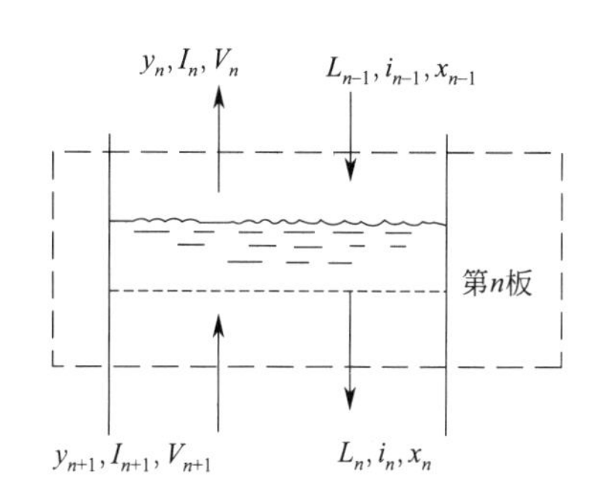

图4-18 塔板的热量衡算和物料衡算

（1）物料衡算 以虚线框为控制体，对第n块塔板作物料衡算可得

总物料衡算式 $V_{n+1}+L_{n-1}=V_n+L_n$ （4-34）

轻组分衡算式 $V_{n+1}y_{n+1}+L_{n-1}x_{n-1}=V_ny_n+L_nx_n$ （4-35）

（2）热量衡算 进出任意第n块塔板的饱和蒸汽焓I及饱和液体的焓i（kJ/kmol）如图4-18所示。若不计热损失，对第n块塔板作热量衡算可得

$$V_{n+1}I_{n+1}+L_{n-1}i_{n-1}=V_nI_n+L_ni_n \tag{4-36}$$

因饱和蒸汽的焓I为泡点液体的焓i与汽化热r之和，式(4-36)可写为

$$V_{n+1}(r_{n+1}+i_{n+1})+L_{n-1}i_{n-1}=V_n(r_n+i_n)+L_ni_n \tag{4-37}$$

若忽略组成与温度所引起的饱和液体焓i及汽化热r的差别，即假设

$$i_{n+1}=i_{n-1}=i_n=i$$

$$r_{n+1}=r_n=r$$

则热量衡算式可简化为

$$(V_{n+1}-V_n)r=(L_n+V_n-L_{n-1}-V_{n+1})i \tag{4-38}$$

将总物料衡算式(4-34)代入式(4-38)，可得

$$V_{n+1}=V_n \tag{4-39}$$

再由式(4-34)推知

$$L_n = L_{n-1} \tag{4-40}$$

由此获得了一个重要结果：在精馏塔内没有加料和出料的任一塔段中，各板上升的蒸汽摩尔量均相等，各板下降的液体摩尔量也均相等。这样，汽、液流量可以省去下标，用 V、L 表示精馏段内各板上升的蒸汽流量和下降的液体流量，用 $\overline{V}$、$\overline{L}$ 表示提馏段内各板的蒸汽流量和液体流量。由于有加料的缘故，两段之间的流量不一定相等。

关于热量衡算的上述简化适用于被分离组分沸点相差较小，各组分摩尔汽化热相近的情况。一般来说，在热量衡算式中由于不计液体焓差而引起的显热项误差与潜热项比较是次要的，故这一简化的主要条件是两组分的摩尔汽化热相等。上述简化称为恒摩尔流假定。

(3) 过程特征方程　为了简化对塔板上汽液两相间传热、传质过程的数学描述，引入理论板的概念。所谓理论板是指经塔板上两相充分传热传质，离开时汽液两相达到平衡的塔板，这里当然包括了传热平衡和传质平衡。由此，表达塔板上传递过程的特征方程式可简化为

泡点方程　$$t_n = \Phi(x_n) \tag{4-41}$$

相平衡方程　$$y_n = f(x_n) \tag{4-42}$$

当然，任一块实际塔板与理论板是有差距的。通常用效率来概括各种因素对实际板上两相传质的影响，效率的定义也有多种，不同效率概括了不同因素的影响。常用的气相默弗里板效率定义如下

$$E_{mV} = \frac{y_n - y_{n+1}}{y_n^* - y_{n+1}} \tag{4-43}$$

式中，y_n^* 为与离开第 n 板液相组成 x_n 成平衡的汽相组成。式(4-43) 中分母表示汽相经过一块理论板后组成的增浓程度，分子则为实际的增浓程度。默弗里板效率也可用液相组成表示。默弗里板效率的数值常通过实验测定。

综上所述，引入理论板概念及恒摩尔流假定后，塔板过程的物料、热量衡算及传递速率式可以简化为

物料衡算式　$$Vy_{n+1} + Lx_{n-1} = Vy_n + Lx_n \tag{4-44}$$

相平衡方程　$$y_n = f(x_n) \tag{4-42}$$

此方程组对精馏段、提馏段每一块塔板均适用，但对有物料加入或引出的塔板不适用。

加料板过程分析　加料板因有物料自塔外加入，其物料衡算式和热量衡算式与普通板不同。采用上述方法，可导出加料板相应的方程式。设第 m 块板为加料板，进出该板各股物流的流量、组成、焓如图 4-19 所示，可得到相对应的关系式如下

总物料衡算式　$$F + L + \overline{V} = \overline{L} + V \tag{4-45}$$

轻组分衡算式　$$Fx_F + \overline{V}y_{m+1} + Lx_{m-1} = Vy_m + \overline{L}x_m \tag{4-46}$$

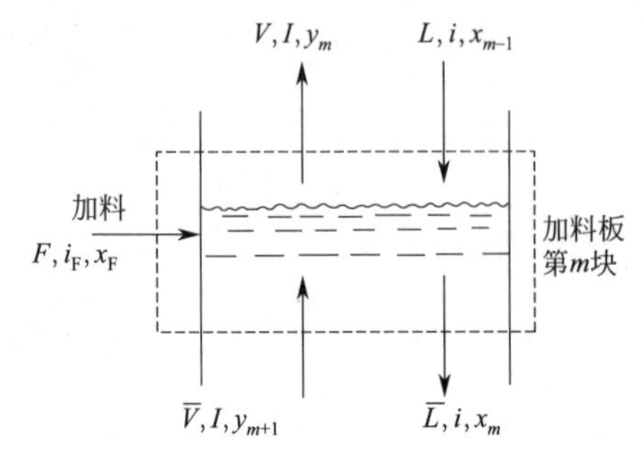

图 4-19　加料板的物料衡算、热量衡算

热量衡算式　$$Fi_F + Li + \overline{V}I = \overline{L}i + VI \tag{4-47}$$

如果加料板是理论加料板，即无论进入加料板各物流的组成、热状态及接触方式如何，离开加料板的汽液两相温度相等，组成达到相平衡。可以得到

相平衡方程　$$y_m = f(x_m) \tag{4-48}$$

(1) 加料的热状态　组成一定的原料液可在常温下加入塔内，也可预热至一定温度，甚至在部分或全部汽化的状态下进入塔内。原料入塔的温度或状态称为加料的热状态。加料的热状态不同，精馏段与提馏

段两相流量的差别也不同。

联立式(4-45)、式(4-47) 可得

$$\frac{\overline{L}-L}{F}=\frac{I-i_F}{I-i} \tag{4-49}$$

若定义

$$q=\frac{I-i_F}{I-i}=\frac{\text{原料变成饱和蒸汽所需的热(kJ/kmol)}}{\text{原料的汽化热 }r\text{(kJ/kmol)}} \tag{4-50}$$

q 称为加料热状态参数，依据式(4-49)，其数值大小也等于每加入 1kmol 的原料使提馏段液体量比精馏段增加的量（kmol）。从定义式(4-50) 可以看出，q 值的大小反映了加料的状态及温度的高低：

$q=0$，为饱和蒸汽加料；

$0<q<1$，为汽液混合物加料；此时的 q 值等于加料中液体量占总量的摩尔分数；

$q=1$，为泡点加料或饱和液体加料；

$q>1$，冷液加料，此时进料液体的温度低于泡点，入塔后由提馏段上升蒸汽部分冷凝所放出的相变热将其加热至泡点，提馏段液体增加量除了加料的液体量 F 还有蒸汽冷凝部分的液体量，因此 q 值大于 1，此时的 q 值为

$$q=1+\frac{c_{pL}(t_S-t_F)}{r} \tag{4-51}$$

式中，c_{pL} 为进料液的平均比热容；r 为进料的摩尔汽化热；t_S 为进料液的泡点；t_F 为进料温度；

$q<0$，为过热蒸汽加料，入塔后将放出显热成为饱和蒸汽，使加料板上的液体部分汽化，因此 q 值小于零，此时的 q 值为

$$q=-\frac{c_{pV}(T_F-T_S)}{r} \tag{4-52}$$

式中，c_{pV} 为进料汽的平均比热容；T_S 为进料汽的露点；T_F 为进料温度。

(2) 塔段间两相流量的关系　对于如图 4-19 所示精馏过程，加料的热状态不同，精馏段和提馏段两相流量的差别也不同。由式(4-49) 并联立式(4-45) 可得

$$\overline{L}=L+qF \tag{4-53}$$

$$\overline{V}=V-(1-q)F \tag{4-54}$$

上述两式建立了塔段间两相流量关系。

【例 4-3】 加料热状态 q 的计算

用一常压连续精馏塔分离苯-甲苯混合液。已知原料组成含苯 20%（摩尔分数），试计算下面几种情况下的加料热状态 q 值。(1) 泡点加料；(2) 汽液混合加料，汽液比为 2∶3；(3) 料液于 40℃加入塔中。

解：(1) $q=1$

(2) $q=3/(2+3)=0.6$

(3) 由例 4-1 可知，组成 $x_F=0.2$ 的苯-甲苯溶液泡点为 102.1℃。在平均温度 (102.1+40)/2=71.1℃下，查得苯与甲苯的有关物性为

苯的比热容　　$c_{pA}=150\text{kJ/(kmol·℃)}$

苯的汽化热 $r_A=31212\text{kJ/kmol}$

甲苯的比热容 $c_{pB}=178\text{kJ/(kmol·℃)}$

甲苯的汽化热 $r_B=34170\text{kJ/kmol}$

比较苯与甲苯的摩尔汽化热可知，系统基本满足恒摩尔流的假定。加料液的平均比热容

$$c_{pm}=c_{pA}x_A+c_{pB}x_B=150\times0.2+178\times0.8=172.4\text{kJ/(kmol·℃)}$$

平均汽化热

$$r=r_Ax_A+r_Bx_B=31212\times0.2+34170\times0.8=33578\text{kJ/kmol}$$

$$q=1+\frac{c_{pm}}{r}(T-t)=1+\frac{172.4}{33578}\times(102.1-40)=1.319$$

塔釜和冷凝器的物料衡算 如图 4-20(a) 所示，釜内液体在精馏塔釜内部分汽化，离开塔釜的汽液两相组成 y_N 与 x_W 可认为达到平衡，故蒸馏釜可视作一块理论板。对蒸馏釜作物料衡算［参见图 4-20(a)］可得

$$\bar{L}x_{N-1}=\bar{V}y_N+Wx_W \tag{4-55}$$

冷凝器如图 4-20(b) 所示，回流液体组成为 x_0，冷凝器的物料衡算式为

$$Vy_1-Lx_0=Dx_D \tag{4-56}$$

若冷凝器为全凝器，即塔顶的蒸汽经冷凝器后全部冷凝，则 $y_1=x_0=x_D$。

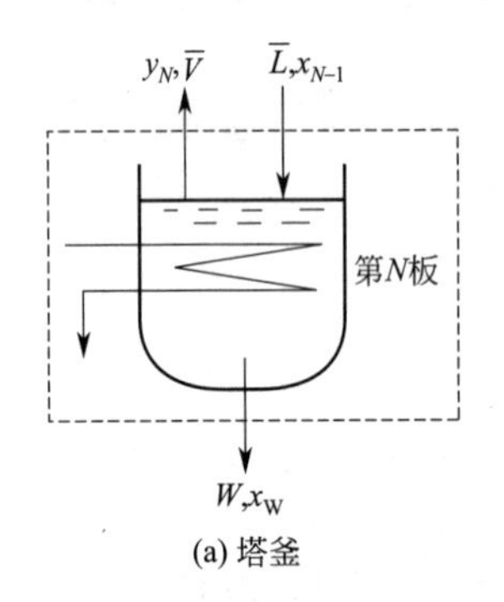

(a) 塔釜

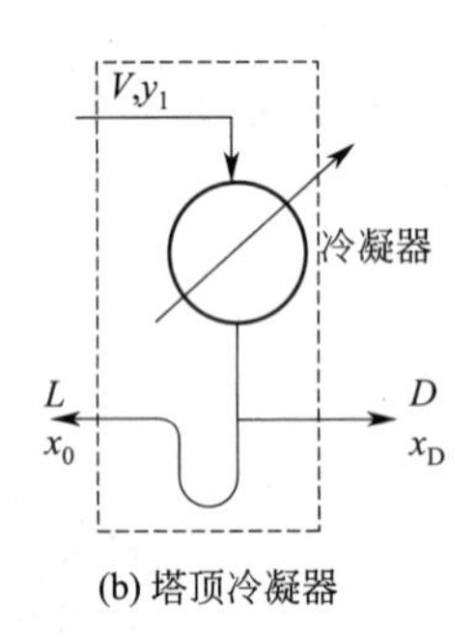

(b) 塔顶冷凝器

图 4-20 塔釜和塔顶冷凝器的物料衡算

4.4.3 塔段的数学描述

塔内汽液摩尔流量

(1) 回流量 若精馏塔顶的冷凝器将来自塔顶的蒸汽全部冷凝，这种冷凝器称为全凝器，凝液在泡点温度下部分地回流入塔（泡点回流）。回流量的相对大小通常以回流比 R，即塔顶回流量 L 与塔顶产品量 D 之比表示。

$$R=L/D \tag{4-57}$$

在塔的处理量 F 一定的条件下，若规定了塔顶及塔底产品的组成，根据全塔物料衡算，塔顶和塔底产品的量也已确定。因此增加回流比并不意味着产品流率 D 的减少，而是意味着回流量 L 增加，上升蒸汽量 V 增加。回流量 L 增加，塔釜产品量不变则塔釜汽相回流量 $\bar{V}$ 也要增大。

塔顶蒸汽全部冷凝为泡点液体时，冷凝器的热负荷为

$$Q_C = V r_c \tag{4-58}$$

塔釜热负荷为

$$Q_B = \bar{V} r_b \tag{4-59}$$

式中，r_c 为组成为 x_D 的混合液的平均汽化热；r_b 为组成为 x_W 的混合液的平均汽化热。

增大回流比的措施实质是增大塔内汽液流率，对提高塔的分离能力起积极作用。但同时增大回流比的代价是增大塔底的加热量和塔顶的冷凝量，也就是增加能耗。因此，回流比的选择对精馏塔的设计和操作都是重要的。

(2) 精馏段的汽液流率　根据恒摩尔流假定，回流液流量 L 即为精馏段逐板下降的液体流量。由此可得塔内精馏段各板间汽液两相的摩尔流量为

精馏段
$$\left.\begin{aligned} L &= RD \\ V &= L + D = (R+1)D \end{aligned}\right\} \tag{4-60}$$

(3) 提馏段的汽液流率　由于有加料且加料的热状态不同，导致提馏段的流率与精馏段不同，提馏段内汽液流率与精馏段内汽液流率的关系可由加料板的物料和热量衡算获得

提馏段
$$\left.\begin{aligned} \bar{L} &= L + qF \\ \bar{V} &= V - (1-q)F \end{aligned}\right\} \tag{4-61}$$

当精馏塔不是仅有精馏段和提馏段的两段式的塔时，塔内流率仍然可以按照上述这样的规律去描述。先将塔根据进出料情况分成若干段，没有进料也没有出料的塔段内，上升汽相与下降液相流率均保持不变。通常塔顶第一段流率总是与式(4-60) 描述的相同，根据回流比和塔顶产品的量确定流率。之后下面的塔段因有进料或出料引起流率的变化，可按式(4-61) 表达。$\bar{L}$，$\bar{V}$ 可以视为下面一段塔内流率，L、V 为对应的上面一段塔内流率，F 为进料量（F 为正值）。如果是出料，可视为负的进料（F 为负值）。q 为对应的进料或出料的热状态。

【例 4-4】 精馏塔内的汽液摩尔流量

如图 4-21 所示，用一常压连续精馏塔分离苯-甲苯混合液。原料液中含苯 0.20（摩尔分数，下同），于 40℃加入塔中。塔顶设全凝器，泡点回流，所用回流比为 3。塔顶馏出液含苯 0.98，釜液含苯 0.02。试以 1kmol/s 加料为基准计算塔内汽、液两相的流量。

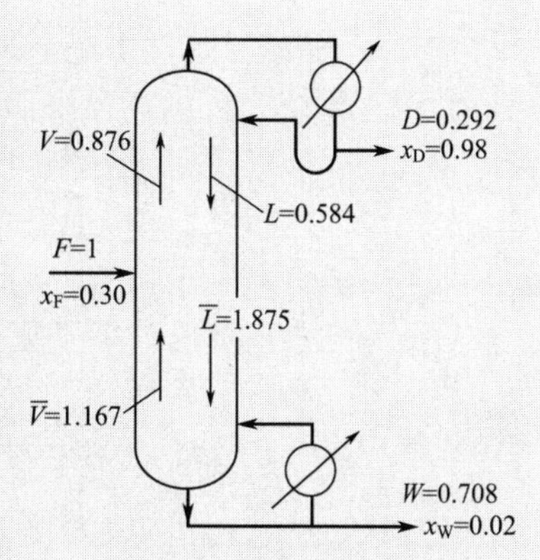

图 4-21　例 4-4 附图

解： 已知 $x_F = 0.20$，$x_D = 0.98$，$x_W = 0.02$，$F = 1\text{kmol/s}$。由全塔物料衡算得

$$\frac{D}{F} = \frac{x_F - x_W}{x_D - x_W} = \frac{0.20 - 0.02}{0.98 - 0.02} = 0.188$$

$$D = 0.188\text{kmol/s}$$

$$W = F - D = 0.812\text{kmol/s}$$

精馏段液相流量　$L = RD = 3 \times 0.188 = 0.564\text{kmol/s}$

精馏段汽相流量　$V = (R+1)D = 4 \times 0.188 = 0.752\text{kmol/s}$

由例 4-3 可知，组成 $x_F = 0.2$ 的苯-甲苯溶液，40℃加料 $q = 1.319$

提馏段液相流量　$\bar{L} = L + qF = 0.564 + 1.319 \times 1 = 1.883\text{kmol/s}$

提馏段汽相流量　$\bar{V} = \bar{L} - W = 1.883 - 0.812 = 1.071\text{kmol/s}$

操作线方程 描述任一塔截面的上升蒸汽组成 y_{n+1} 与下降液体组成 x_n 的关系的方程称为操作线方程。操作线方程可以通过从塔顶（或塔釜）到被求截面的塔段为控制体作轻组分的物料衡算求得。

(1) 精馏段操作线 可通过从塔顶（包括全凝器）至精馏段第 n 块板下方的塔段为控制体作物料衡算获得，如图 4-22 所示，可得

$$Vy_{n+1}=Lx_n+Dx_D \tag{4-62}$$

各项除以 V 可得

$$y_{n+1}=\frac{L}{V}x_n+\frac{D}{V}x_D \tag{4-63}$$

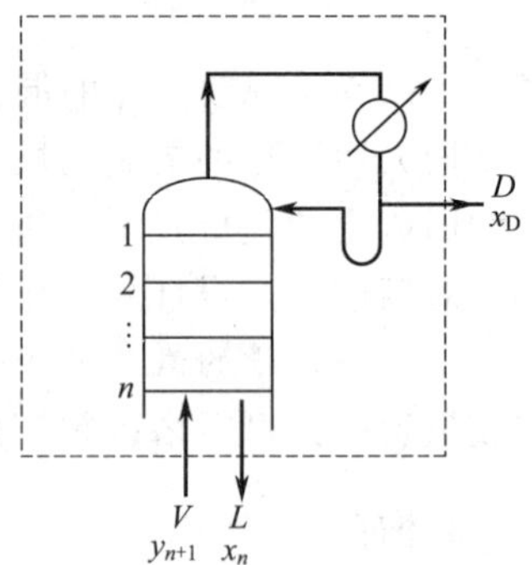

图 4-22 精馏段的物料衡算

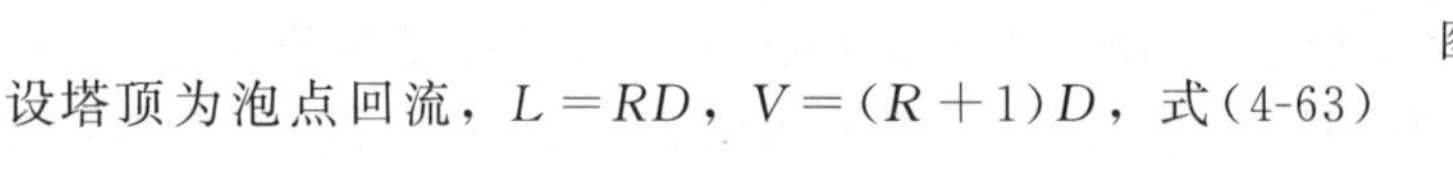

设塔顶为泡点回流，$L=RD$，$V=(R+1)D$，式(4-63)成为

$$y_{n+1}=\frac{R}{R+1}x_n+\frac{x_D}{R+1} \tag{4-64}$$

式(4-64) 表明精馏段任一塔截面（板间）处，上升蒸汽组成 y_{n+1} 与下降液体组成 x_n 之间的关系受该物料衡算式的约束，称为精馏段操作方程。

(2) 提馏段操作方程 同样，若取塔顶至提馏段某一块板（自塔顶算起第 n 板）下方的塔段为控制体作物料衡算（参见图 4-23），可得

$$\bar{V}y_{n+1}-\bar{L}x_n=Dx_D-Fx_F \tag{4-65}$$

或

$$y_{n+1}=\frac{\bar{L}}{\bar{V}}x_n+\frac{Dx_D-Fx_F}{\bar{V}} \tag{4-66}$$

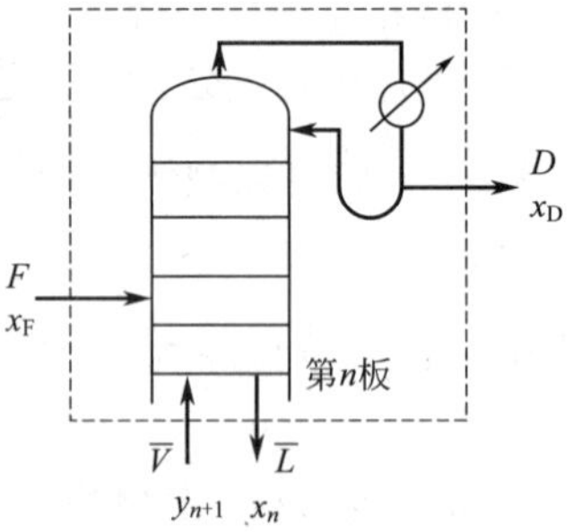

D
x_D
F
x_F
第n板
$\bar{V}$
$\bar{L}$
y_{n+1}
x_n

图 4-23 提馏段的物料衡算

将式 $\bar{L}=RD+qF$，$\bar{V}=(R+1)D-(1-q)F$ 代入式(4-66)，则

$$y_{n+1}=\frac{RD+qF}{(R+1)D-(1-q)F}x_n+\frac{Dx_D-Fx_F}{(R+1)D-(1-q)F} \tag{4-67}$$

因 $Dx_D-Fx_F=-Wx_W=-(F-D)x_W$，上式可写成

$$y_{n+1}=\frac{RD+qF}{(R+1)D-(1-q)F}x_n-\frac{F-D}{(R+1)D-(1-q)F}x_W \tag{4-68}$$

以上两式称为提馏段操作方程。提馏段任意塔截面（板间）上的汽、液两相组成 y_{n+1} 与 x_n，皆受此物料衡算式的约束。

(3) 操作线 将操作方程在 $y\sim x$ 图中表达，即为操作线。如图 4-24 所示，精馏段操作线的端点坐标为 $y=x_D$、$x=x_D$（位于对角线 a 点），斜率为 L/V 或 $R/(R+1)$，截距

为 $x_D/(R+1)$。提馏段操作线的端点坐标为 $y=x_W$、$x=x_W$（位于对角线 c 点），斜率为 $\overline{L}/\overline{V}$。

精馏段操作线上的端点 a（x_D，x_D）是塔顶第一块板上汽液两相浓度的关系，即塔顶设全凝器时 $y_1=x_0=x_D$，精馏段中任一截面的汽液两相（x_n，y_{n+1}）点均应落在操作线上，提馏段操作线的端点 c（x_W，x_W）是塔釜最后一块板（即塔釜）下汽液两相浓度关系，提馏段中任一截面的汽液两相（x_n，y_{n+1}）点也均应落在提馏段操作线上。端点 a 和 c 对应的塔顶和塔釜情况如图 4-25 所示。

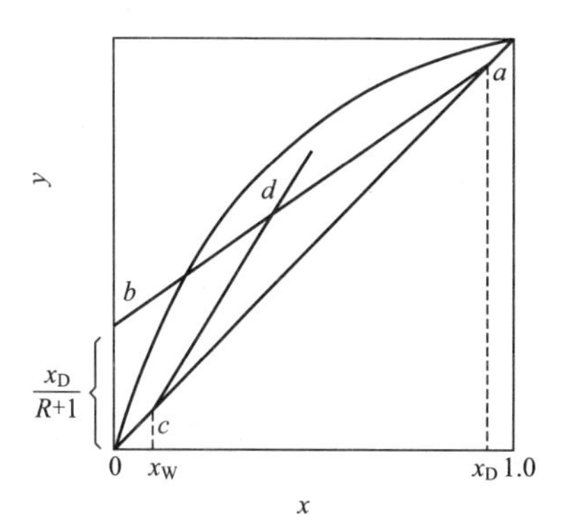

图 4-24　精馏段和提馏段操作线

(4) q 线方程　两操作线的交点可由操作方程式(4-64)、式(4-68) 联立求得，令此交点坐标为（x_q，y_q），则有

$$y_q=\frac{Rx_F+qx_D}{R+q} \tag{4-69}$$

$$x_q=\frac{(R+1)x_F+(q-1)x_D}{R+q} \tag{4-70}$$

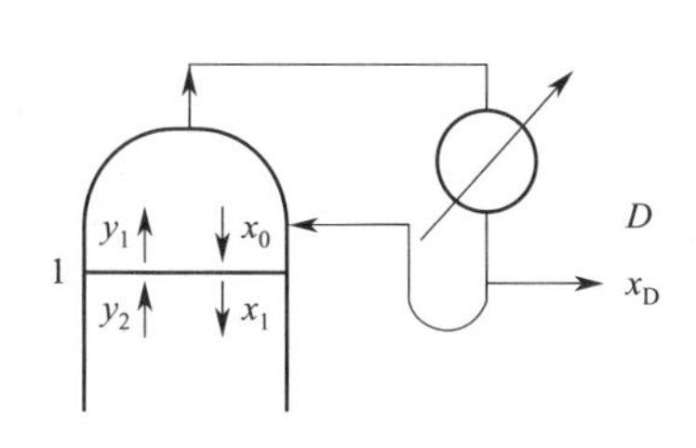

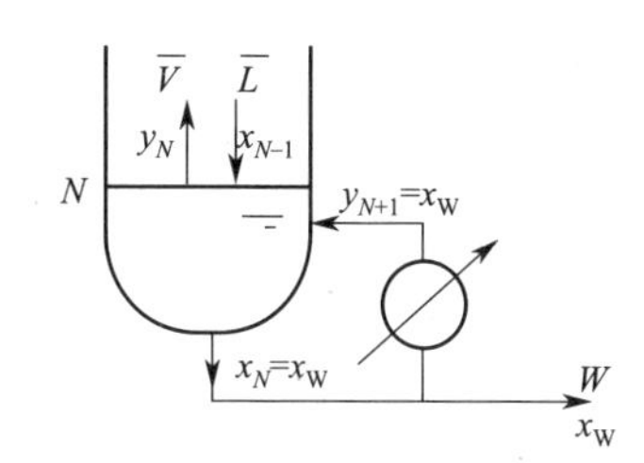

图 4-25　精馏段第一块板和提馏段最后一块板（塔釜）

从以上两式中消去参数 x_D 即得

$$y_q=\frac{q}{q-1}x_q-\frac{x_F}{q-1} \tag{4-71}$$

此式为交点 d 的轨迹方程，称为 q 线方程。在 $y\sim x$ 图上 q 线是通过点 $f(x_F，x_F)$ 的一条直线，斜率为$\frac{q}{q-1}$。q 线的斜率随加料热状态不同而不同，进料组成一定时，加料热状态 q 值对 q 线位置的影响如图 4-26 所示。

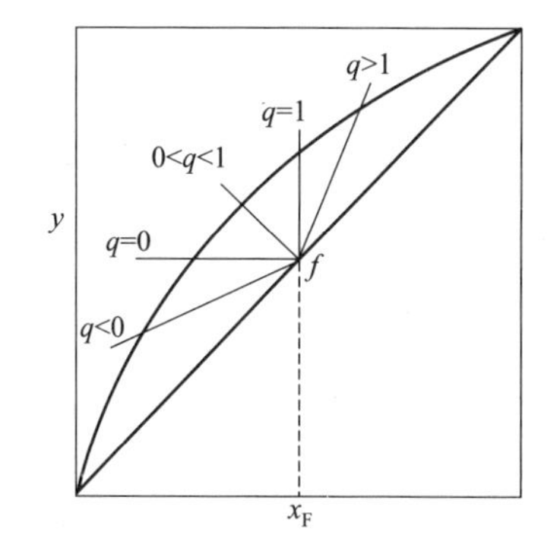

图 4-26　q 值对 q 线位置的影响

(5) 操作线的实际作法　在用图解法计算理论板数时，可从图 4-27 的 a 点（x_D，x_D）出发，以$\frac{x_D}{R+1}$为截距作出精馏段操作线；从 c 点（x_W，x_W）出发，以$\frac{\overline{L}}{\overline{V}}$为斜率作提馏段操作线。在回流比 R 规定后，提馏段操作

线的斜率与加料热状态（q 值）有关。为简便起见，常在精馏段操作线上找出两操作线的交点 $d(x_q, y_q)$，即可从对角线上的 f 点（x_F，x_F）出发，以 $\frac{q}{q-1}$ 为斜率作出 q 线，找出该线与精馏段操作线的交点 d，然后连接 $\overline{dc}$ 即为提馏段操作线。

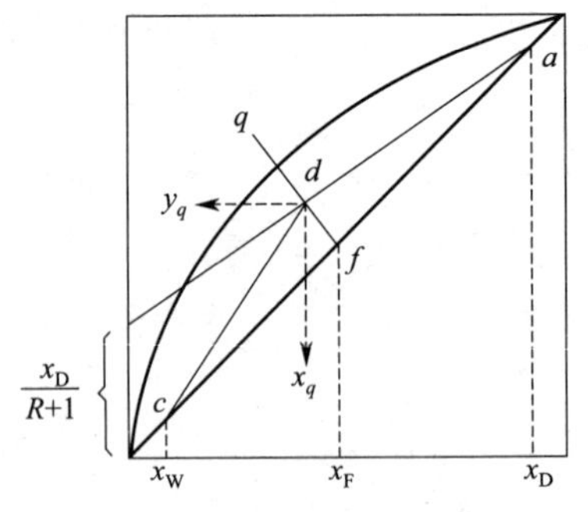

图 4-27 操作线的实际作法

对指定分离要求（物系，x_F，x_D，x_W 均一定），精馏段操作线的位置取决于回流比 R 的大小。R 越大，操作线越靠近对角线；提馏段操作线的位置与 R 和 q 均有关。q 一定时，回流比 R 越大，提馏段操作线也越靠近对角线。

4.5 连续精馏过程计算

连续精馏过程的计算，根据命题不同可以分为设计型计算和操作型计算。所谓设计型计算是指针对确定的分离任务，计算所需要的塔板数；操作型计算则指在一定的设备和操作条件下，计算操作结果，或者当某些条件发生变化时预测操作结果的变化等。这一节重点讨论设计型计算。

4.5.1 理论板数的计算

（1）逐板计算法 图 4-28 为一连续精馏塔，塔顶设全凝器，泡点回流。最直接的理论板数的计算方法是逐板计算法，通常从塔顶开始进行计算。

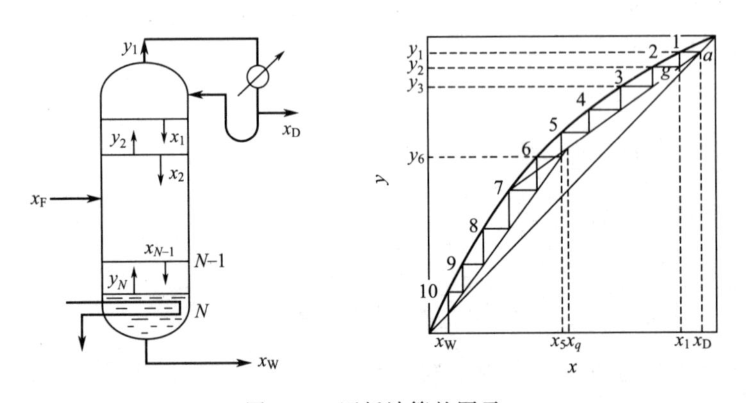

图 4-28 逐板计算的图示

因为塔顶设全凝器，自第一块板上升的蒸汽组成应等于塔顶产品的组成，即 $y_1=x_0=x_D$。

因为是理论板，离开第一块板的液体组成 x_1 与 y_1 成相平衡，可由相平衡方程以 y_1 计算 x_1。

自第二块板上升的蒸汽组成 y_2 与 x_1 是同一塔截面的汽液两相，满足操作线方程。可由操作线方程以 x_1 计算 y_2。

离开第二块理论板的液体组成 x_2 与 y_2 成相平衡，可由相平衡方程以 y_2 计算 x_2。

自第三块板上升的蒸汽组成 y_3 与 x_2 又是同一塔截面的汽液两相，满足操作线方程。可由操作线方程以 x_2 计算 y_3。

如此交替使用相平衡方程和精馏段操作方程进行逐板向下计算，当算至某块板（第 m 块）的 x_m 刚小于 x_q 时，第 m 块即为加料板。然后，交替使用提馏段操作方程和相平衡方程继续逐板向下计算，当计算至离开某块板（第 N 块）的 x_N 刚小于 x_W 时，第 N 块即为塔釜，从而得出所需理论板数 N（包括塔釜）。

（2）图解法　上述计算过程可在 $y \sim x$ 图上用图解法进行。

在 $y \sim x$ 图上作出相平衡曲线和两条操作线（参见图 4-28）。

图解可自对角线上的 a 点（$x_0 = x_D$，$y_1 = x_D$）开始，a 点是精馏段操作线的端点，该点是塔顶第一块理论板上方同一塔截面的汽液两相浓度。因为是理论板，离开第一块板的液体组成 x_1 与 y_1 成相平衡，自 a 点作水平线使之与平衡线相交，由交点 1 的坐标（x_1，y_1）可得知 x_1。

自第二块板上升的蒸汽组成 y_2 与 x_1 是同一塔截面的汽液两相，满足操作线关系。自点 1 作垂直线与精馏段操作线相交，由交点 g 的坐标（x_1，y_2）可得 y_2。

如此交替地在平衡线与操作线之间作水平线和垂直线，相当于交替地使用相平衡方程和操作线方程。直至 $x_m \leqslant x_q$，换用提馏段操作线，继续作图。直至 $x_N \leqslant x_W$ 为止，图中阶梯数即为所需理论板数。

（3）理论板的增浓度　图 4-28 逐板计算的图示中，三角形 $a1g$ 表达了塔顶第一块理论板的工作状态。图中 1 点表征离开第一块理论板的汽液两相组成点必定在平衡线上。因为是理论板，离开该板的汽相组成 y_1 和液相组成 x_1 必满足相平衡方程。点 a 与点 g 分别表征第一块塔板上和下两个截面上的汽液两相组成点必落在操作线上，因为塔内任一截面上的两相浓度必须受物料衡算的约束，即服从操作线方程。这样，在图 4-28 的相平衡图上一个三角形表达了一块理论板的工作状态。三角形 $a1g$ 就表达了塔顶第一块理论板的工作状态。边长 $a1$ 表示液体经过该理论板的增浓程度，边长 $1g$ 表示汽相经该理论板后的增浓程度。

（4）最优加料位置的确定　自上而下逐板计算中有一个加料板位置如何确定的问题。在逐板计算时，跨过加料板由精馏段进入提馏段的表现是以提馏段操作方程代替精馏段操作方程，在图解法过程中表现为改换操作线。问题是如何确定最优加料板位置？对在指定分离要求的条件下计算所需的理论板数，最优加料位置应使总理论板数最少。

图 4-28 上加料板位置选择为第 5 块，当用 x_5 求 y_6 时改用提馏段操作线。

如果第 5 块板上不加料，如图 4-29(a) 所示，则仍由精馏段操作线求取 y_6。不难看出，其汽相提浓程度（线段 $\overline{ba}$）小于该板加料时的提浓程度（线段 $\overline{ca}$）。由此可知，加料过晚是不利的。

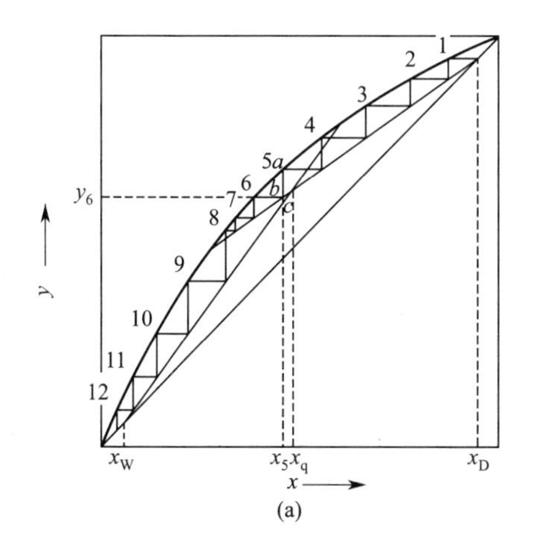

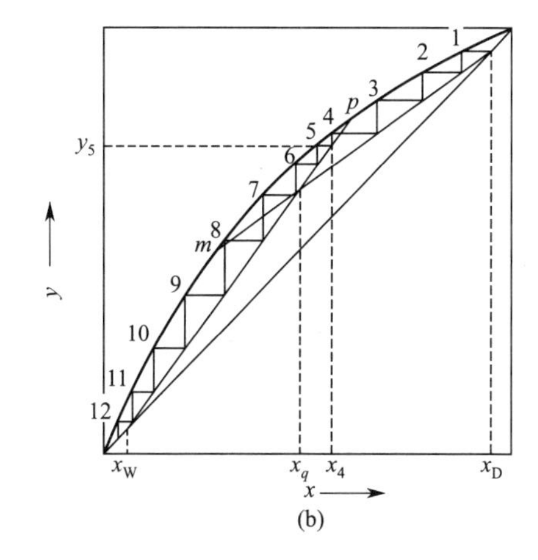

图 4-29　加料板位置选择不当

反之，当加料板选在第4块，即由 x_4 求 y_5 时改用提馏段操作线，如图4-29(b)所示。同样可以看出第4块板的提浓程度有所减少，说明加料过早也是不利的。

由此可见，最优加料板位置是该板的液相组成 x 等于或略低于 x_q（操作线交点的横坐标），此处即为第5块。

加料位置的选择本质上是个优化的问题。但对指定分离要求的情况下，加料板位置的可变范围在图4-29(b)所示的 p、m 两点之间。当超出这个范围时，就不再是优化问题，此时将不可能达到规定的设计要求。例如，若加料位置选在第3块，参见图4-29(b)，则由 x_3 用提馏段操作线求取 y_4 时，组成在平衡线之上，这显然是不可能的。

【例4-5】 逐板计算法求理论板数

在常压下将例4-4中的含苯摩尔分数0.20的苯-甲苯混合液连续精馏，要求馏出液中含苯0.98，釜液中含苯0.02。操作时所用回流比为3，加料液以40℃加入塔中，泡点回流，塔顶为全凝器，求所需理论板数。

常压下苯-甲苯混合物可视为理想物系，相对挥发度为2.47。

解：相平衡方程

$$y_n=\frac{\alpha x_n}{1+(\alpha-1)x_n}$$

或

$$x_n=\frac{y_n}{\alpha-(\alpha-1)y_n}=\frac{y_n}{2.47-1.47y_n} \tag{a}$$

精馏段操作线

$$y_{n+1}=\frac{R}{R+1}x_n+\frac{x_D}{R+1}=\frac{3}{3+1}x_n+\frac{0.98}{3+1}$$

$$y_{n+1}=0.75x_n+0.245 \tag{b}$$

由例4-3知，加料热状态 $q=1.319$，则提馏段操作线

$$y_{n+1}=\frac{RD+qF}{(R+1)D-(1-q)F}x_n-\frac{W}{(R+1)D-(1-q)F}x_W$$

$$=\frac{3\times0.188+1.319}{4\times0.188+0.319}x_n-\frac{0.812\times0.02}{4\times0.188+0.319}$$

$$y_{n+1}=1.758x_n-0.01516 \tag{c}$$

$$x_q=\frac{(R+1)x_F+(q-1)x_D}{R+q}=\frac{4\times0.2+0.319\times0.98}{3+1.319}=0.2576$$

第一块塔板上升的汽相组成

$$y_1=x_D=0.98$$

从第一块板下降的液体组成由式(a)求取

$$x_1=\frac{y_1}{2.47-1.47y_1}=\frac{0.98}{2.47-1.47\times0.98}=0.9520$$

由第二板上升的汽相组成用式(b) 求取

$$y_2=0.75x_1+0.245=0.75\times0.952+0.245=0.959$$

第二板下降的液体组成由式(a) 求取

$$x_2=\frac{0.959}{2.47-1.47\times0.959}=0.9045$$

如此反复计算

$y_3=0.9234$；$x_3=0.8299$；$y_4=0.8674$；$x_4=0.7260$；$y_5=0.7895$；$x_5=0.6029$；$y_6=0.6972$；$x_6=0.4824$；$y_7=0.6068$；$x_7=0.3845$；$y_8=0.5334$；$x_8=0.3164$；$y_9=0.4823$；$x_9=0.2738$；$y_{10}=0.4504$；$x_{10}=0.2491<0.2576$

因 $x_{10}<x_q$，第 11 块板上升的汽相组成由提馏段操作方程（c）计算

$$y_{11}=1.758x_{10}-0.01516=1.758\times0.2491-0.01516=0.4228$$

第 11 板下降的液体组成依旧由式(a) 求取

$$x_{11}=\frac{0.4228}{2.47-1.47\times0.4228}=0.2287$$

$y_{12}=0.3870$；$x_{12}=0.2035$；$y_{13}=0.3427$；$x_{13}=0.1743$；$y_{14}=0.2913$；$x_{14}=0.1427$；$y_{15}=0.2357$；$x_{15}=0.1110$；$y_{16}=0.1799$；$x_{16}=0.08159$；$y_{17}=0.1283$；$x_{17}=0.05623$；$y_{18}=0.08370$；$x_{18}=0.03566$；$y_{19}=0.04754$；$x_{19}=0.01980<x_W=0.02$

所需总理论板数为 19 块，第 10 块加料，精馏段需 9 块板。

4.5.2 回流比的影响与选择

为达到指定的分离要求（x_D，x_W 一定），若采用较大的回流比，$y\sim x$ 图上的两条操作线均移向对角线，所需的理论板数必然就较少。但是，采用较大回流比是以增加能耗为代价的。因此，回流比的选择是一个经济问题，即需在操作费用（能耗）和设备费用（板数及塔釜传热面、冷凝器传热面等）之间作出权衡。

回流比的取值范围可以从零至无穷大，前者对应无回流，后者对应全回流。实际上对指定的分离要求（设计型问题），回流比不能小于某一下限，否则即使有无穷多个理论板也达不到设计要求。回流比的这一下限称为最小回流比，这是技术上对回流比选择的限制。

全回流与最少理论板数 全回流时精馏塔不加料也不出料，自然也无精馏段与提馏段之分。在 $y\sim x$ 图上，精馏段与提馏段操作线都与对角线重合。从塔段物料衡算或操作线都可看出全回流的特点是：任一塔截面上，上升蒸汽的组成与下降液体的组成相等 $y_n=x_{n-1}$，为达到指定的分离程度（x_D、x_W）所需的理论板数最少［参见图 4-30(a)］。

全回流时的理论板数可按前述逐板计算法或图解法求出；当物系为理想溶液时，用下述的解析计算更为方便。

由图 4-30(b) 可见，塔顶蒸汽中轻、重两组分浓度之比为 $\left(\frac{y_A}{y_B}\right)_1=\left(\frac{x_A}{x_B}\right)_D$。根据相对挥发度的定义式(4-3)，可由 $\left(\frac{y_A}{y_B}\right)_1$ 求出第一块板下降的液体中轻、重两组分之比 $\left(\frac{x_A}{x_B}\right)_1$，即得出

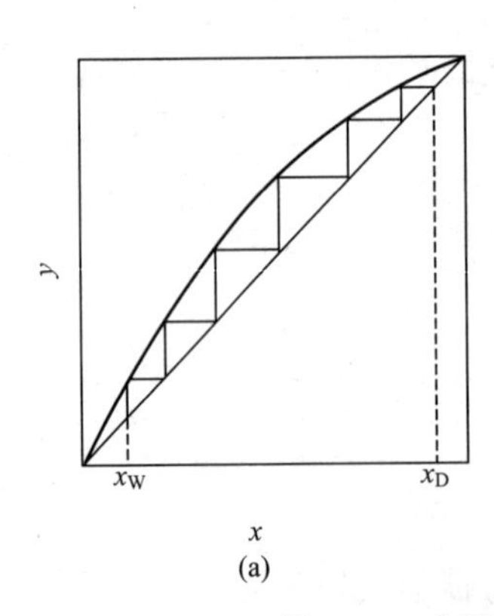

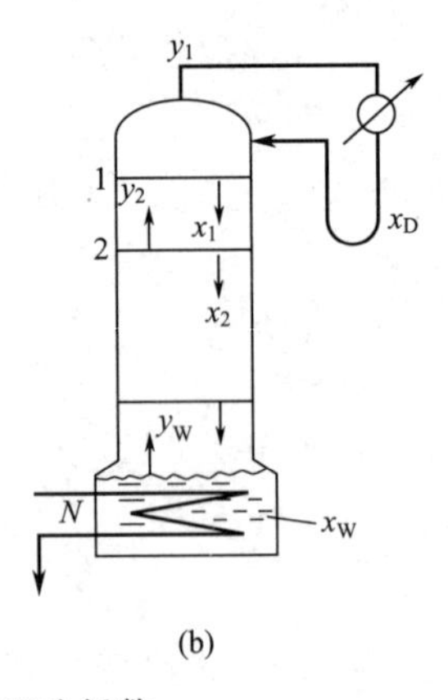

图 4-30　全回流时的理论板数

$$\left(\frac{x_A}{x_B}\right)_1=\frac{1}{\alpha_1}\left(\frac{y_A}{y_B}\right)_1=\frac{1}{\alpha_1}\left(\frac{x_A}{x_B}\right)_D$$

式中，α_1 为第一块板上液体的相对挥发度。

全回流时

$$\left(\frac{y_A}{y_B}\right)_2=\left(\frac{x_A}{x_B}\right)_1=\frac{1}{\alpha_1}\left(\frac{x_A}{x_B}\right)_D$$

再次应用相对挥发度定义可得离开第二板液体组成为

$$\left(\frac{x_A}{x_B}\right)_2=\frac{1}{\alpha_2}\left(\frac{y_A}{y_B}\right)_2=\frac{1}{\alpha_1\alpha_2}\left(\frac{x_A}{x_B}\right)_D$$

如此类推，可得第 N 块板（塔釜）的液体组成为

$$\left(\frac{x_A}{x_B}\right)_N=\frac{1}{\alpha_1\alpha_2\cdots\alpha_N}\left(\frac{x_A}{x_B}\right)_D \tag{4-72}$$

当此液体组成已达指定的釜液组成$\left(\frac{x_A}{x_B}\right)_W$时，此时的塔板数 N 即为全回流时所需的最少理论板数，记为 N_{min}。若取平均的相对挥发度

$$\alpha=\sqrt[N]{\alpha_1\alpha_2\cdots\alpha_N}$$

代替各板上的相对挥发度，式(4-72) 可写成

$$N_{min}=\frac{\lg\left[\left(\frac{x_A}{x_B}\right)_D\Big/\left(\frac{x_A}{x_B}\right)_W\right]}{\lg\alpha} \tag{4-73}$$

此式称为芬斯克（Fenske）方程。当塔顶、塔底相对挥发度相差不太大时，式中 α 可近似取塔顶和塔底相对挥发度的几何均值，即

$$\alpha=\sqrt{\alpha_{顶}\ \alpha_{底}} \tag{4-74}$$

式(4-73) 在推导过程中并未对溶液的组分数加以限制，故该式亦适用于多组分精馏计算。对双组分溶液，$x_B=1-x_A$，则

$$N_{\min}=\frac{\lg\left[\left(\frac{x_{\mathrm{D}}}{1-x_{\mathrm{D}}}\right)\left(\frac{1-x_{\mathrm{W}}}{x_{\mathrm{W}}}\right)\right]}{\lg\alpha} \tag{4-75}$$

此式简略地表明在全回流条件下分离程度（上式分子对数内的数群）与总理论板数（$N_{\min}$ 中包括了塔釜）之间的关系。

全回流是操作回流比的极限，它只是在设备开工、调试及实验研究时采用。

最小回流比 $R_{\min}$ 设计条件下，若选用较小的回流比，两操作线向平衡线移动，达到指定分离要求（x_{D}、x_{W}）所需的理论板数增多。当回流比减至某一数值时，两操作线的交点 e 落在平衡线上，由图 4-31 可见，此时用图解法画阶梯求解理论板数，越靠近 e 点的阶梯越小，却无法跨越 e 点，就是说在此回流比条件下，完成指定分离要求（x_{D}、x_{W}）所需的理论板数无穷多，此即为对指定分离要求的最小回流比。

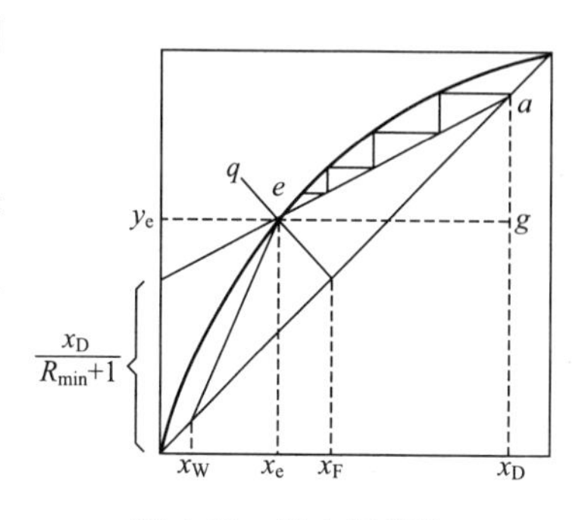

图 4-31 最小回流比

设交点 e 的坐标（x_{e}，y_{e}），则最小回流比的数值可按 ae 线的斜率求出。

$$\frac{R_{\min}}{R_{\min}+1}=\frac{x_{\mathrm{D}}-y_{\mathrm{e}}}{x_{\mathrm{D}}-x_{\mathrm{e}}} \tag{4-76}$$

最小回流比 $R_{\min}$ 之值还与平衡线的形状有关，在图 4-32(a) 中，当回流比减小至某一数值时，精馏段操作线首先与平衡线相切于 e 点。此时完成指定分离要求已需无穷多塔板，故该回流比即为最小回流比 $R_{\min}$，其计算式与式(4-76) 相同。

图 4-32(b) 中回流比减小到某一数值时，提馏段操作线与平衡线相切于点 e。此时可首先解出两操作线的交点 d 的坐标（x_q，y_q），以代替（x_{e}，y_{e}），同样可用式(4-76) 求出 $R_{\min}$。当然此时也可将（x_{e}，y_{e}）代入提馏段操作线方程[式(4-66)]，或者利用提馏段操作线的斜率求出的 R 即为 $R_{\min}$。

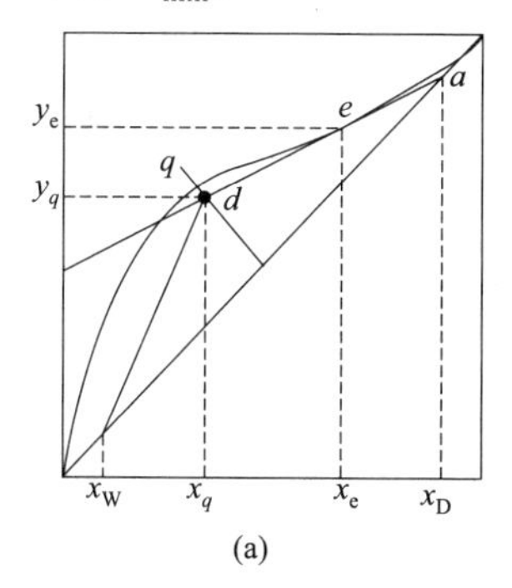

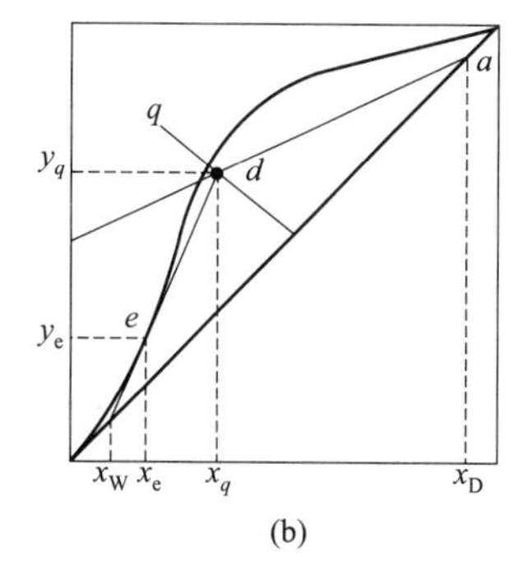

图 4-32 不同平衡线形状的最小回流比

应该指出，最小回流比是对于指定物系，针对指定的分离要求而言的，是设计型计算中特有的问题。

最适宜回流比的选取 最小回流比对应于无穷多塔板数，此时的设备费用无疑过大而不经济。增加回流比起初可显著降低所需塔板数（见图 4-33），设备费用的明显下降能补偿能耗（操作费）的增加。继续增大回流比，所需理论板数下降趋缓，塔板费用的减少趋缓，能耗却持续增长。此外，回流比的增加也将增大塔顶冷凝器和塔底再沸器的传热面积，设备费用可能在后期随回流比增加而有所上升。

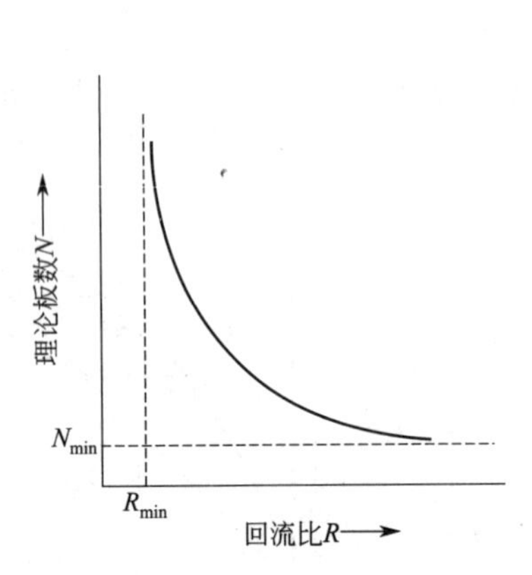

图 4-33 回流比与理论板数的关系

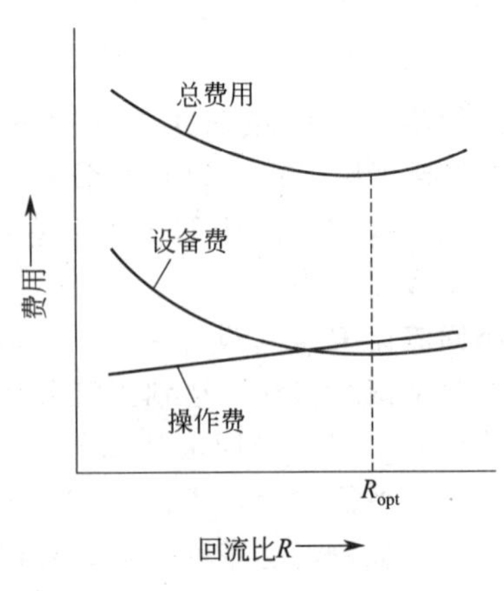

图 4-34 最适宜回流比的选择

回流比与费用的关系如图 4-34 所示，显然存在着一个总费用的最低点，与此对应的即为最适宜的回流比 R_{opt}。一般最适宜回流比的数值范围是

$$R_{opt}=(1.2\sim2)R_{min} \tag{4-77}$$

【例 4-6】 最小回流比的求取

在常压下将含苯摩尔分数 0.20 的苯-甲苯混合液连续精馏，要求馏出液中含苯 0.98，釜液中含苯 0.02。加料液以 40℃加入塔中，泡点回流，塔顶为全凝器，求：(1) 为完成分离要求所需最小回流比是多少？(2) 若操作时所用回流比为 3，操作回流比为最小回流比的倍数。

常压下苯-甲苯混合物可视为理想物系，相对挥发度为 2.47。

解：(1) 对于苯-甲苯物系，最小回流比下 e 点坐标可由相平衡方程和 q 线方程联立求得。

相平衡方程
$$y_n=\frac{\alpha x_n}{1+(\alpha-1)x_n}$$

$$y_n=\frac{2.47x_n}{1+1.47x_n} \tag{a}$$

q 线方程
$$y_q=\frac{q}{q-1}x_q-\frac{x_F}{q-1}$$

由例 4-3 知加料热状态 $q=1.319$

所以
$$y_q=\frac{1.319}{1.319-1}x_q-\frac{0.2}{1.319-1}=4.134x_q-0.627 \tag{b}$$

联立式(a)、式(b) 得 $x_e=0.2659$；$y_e=0.4722$

苯-甲苯为理想物系，R_{min} 下
$$\frac{R_{min}}{R_{min}+1}=\frac{x_D-y_e}{x_D-x_e}$$

推知
$$R_{min}=\frac{x_D-y_e}{y_e-x_e}=\frac{0.98-0.4722}{0.4722-0.2659}=2.46$$

(2)
$$\frac{R}{R_{min}}=\frac{3}{2.46}=1.22$$

4.5.3　加料热状态的影响与选择

设计时原料以怎样的状态加入塔内最有利呢？是饱和液体进料好还是汽液混合进料好，亦或者先加热至饱和蒸汽状态再送入塔内好呢？

加料热状态的选择也是一个经济优化问题。下面的定性讨论需要首先明确，讨论比较的基准是在总能耗一定的情况下，比较塔板数即设备费用大小以判断优劣。

对设计型命题，分离要求已经确定（x_F、x_D、x_W、F、D、W 均确定），此时由全塔热量衡算可知，塔底加热量、进料带入热量与塔顶冷凝量三者之间有一定关系。其中塔顶冷凝量对应的是塔顶蒸汽量 V，在塔顶采出量 D 一定时直接取决于回流比 R 的大小。进料带入的热量则与进料热状态 q 有关。塔底加热量直接对应的是塔釜汽相回流量 $\overline{V}$，$\overline{V}$ 与 R 和 q 都有关系。

在指定分离要求的情况下，若塔顶的回流比 R 一定，选择不同的加料热状态，即 q 值不同不影响精馏段操作线的位置，但明显改变了提馏段操作线的位置。图 4-35 表示不同 q 值时的 q 线及相应的提馏段操作线的位置。q 值越小，提馏段的操作线斜率 $\frac{\overline{L}}{\overline{V}}$ 越大，其位置越靠近平衡线，所需理论板数就越多。

以上对不同 q 值进料所作的比较是以固定回流比 R 即以固定的塔顶冷凝量为基准的。这样，为保持塔顶冷凝量不变，q 值越小即进料带热越多（进料前对原料进行预热），由全塔热量衡算可知塔底供热则越少，塔釜上升的蒸汽量 $\overline{V}$ 亦越少，导致所需理论板数就增多。显然，在回流比一定的条件下，在进料前对原料进行预热是不利的。此时有热量不应加给原料，应该尽可能从塔底加入。

类似的，在指定分离要求的情况下，如果塔釜加热量不变，选择不同的加料热状态的情况又会怎样呢？若塔釜加热量不变，$\overline{V}$ 不变，塔釜 W 一定则 $\overline{L}$ 不变，提馏段操作线斜率 $\frac{\overline{L}}{\overline{V}}$ 不变，q 值不同不影响提馏段操作线的位置，但会明显改变精馏段操作线的位置。q 值越大，精馏段的操作线斜率越小，其位置越靠近平衡线，所需理论板数就越多。如图 4-36 所示。保持塔釜加热量不变条件下，q 值越大即进料带热越少（进料前对原料进行预冷），由全塔热量衡算可知塔顶冷量则越少，塔顶回流量（回流比）亦越少，导致所需理论板数增多。因此，保持塔釜加热量一定的情况下，在进料前对原料进行预冷是不利的。此时，有冷量应尽可能从塔顶加入。

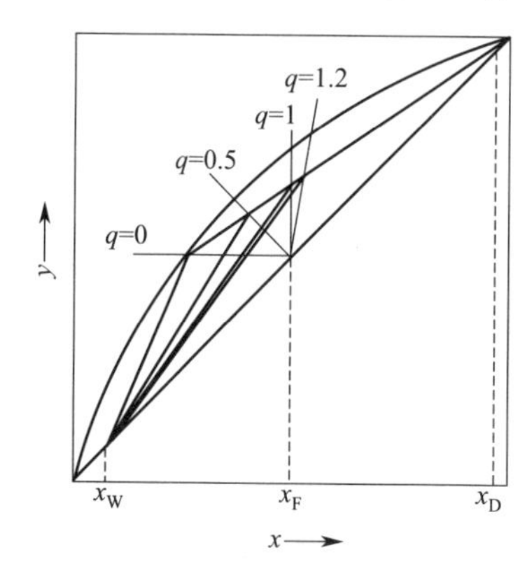

图 4-35　回流比确定后 q 值对提馏段操作线的影响

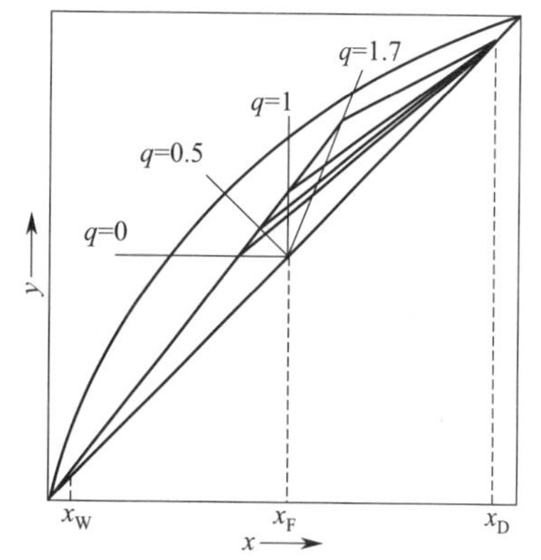

图 4-36　塔釜加热量确定后 q 值对精馏段操作线的影响

一般而言，在能耗不变的情况下，热量应尽可能在塔底输入，使所产生的汽相回流能在全塔中发挥作用；而冷量应尽可能施加于塔顶，使所产生的液体回流也能经过全塔发挥最大的效能。

有时采用热态甚至汽态进料，其目的不是为了减少塔板数，而是为了减少塔釜的加热量。尤其对因塔釜温度过高易产生聚合或结焦的物料，这样做更为有利。

若塔釜加热量不变，进料带热增多，则塔顶冷凝量增大，回流比相应增大，所需的塔板数将减少。或者在回流比不变的条件下，进料带热减少，则塔釜加热量就要增加，所需的塔板数也将减少。但须注意，这两种情况均是以增加热耗为代价的。

4.5.4 全塔效率与实际塔板数

前面介绍了在一定分离要求的情况下，如何选择设计参数，如回流比，加料热状态等，以及确定完成规定分离要求所需要的理论板数的求解方法。生产设计中为计算所需的实际板数，还需要确定板效率的大小。

对于一个特定的物系和特定的塔板结构，在塔的上部和下部塔板效率并不相同。若板效率沿塔高变化很大，原则上必须获得不同组成下的板效率方能进行实际板数的计算。

定义全塔效率

$$E_T=\frac{N_T}{N} \tag{4-78}$$

式中，N_T 为完成一定分离任务所需的理论板数（不含塔釜）；N 为完成一定分离任务所需的实际板数（不含塔釜）。

若全塔效率 E_T 为已知，并已算出所需理论板数，即可由式(4-78) 直接求得所需的实际板数。

全塔效率是板式塔分离性能的综合度量，它不但与影响板效率的各种因素有关，而且把板效率随组成等的变化亦包括在内。这些因素与 E_T 的定量关系难以确定，因此，全塔效率的可靠数据只能通过实验测定获得。

【例 4-7】 实际板数和加料板位置的确定

若例 4-5 精馏塔的全塔效率为 70%，求实际板数及加料板位置。

解： 由例 4-5 逐板计算结果知：理论板总数 $N_T=19-1=18$（不包括塔釜），精馏段理论板数=9。

实际总板数 $N=\frac{18}{0.7}\approx 26$

精馏段实际板数 $\frac{9}{0.7}\approx 13$

因此，加料板为从塔顶算起第 14 块实际塔板。

4.6 间歇精馏

4.6.1 间歇精馏过程分析

若待分离混合液的分离要求较高而料液品种或组成经常变化，采用间歇精馏的操作方式比较合适。

间歇精馏时，料液批量投入精馏釜，加热逐步汽化，待釜液组成降至规定值后将其一次排出。间歇精馏过程具有如下特点：

① 间歇精馏为非定态过程，料液一次性投入精馏釜，随操作时间釜液组成 x 不断降低。因此操作时主要有两种方式：第一种在操作时保持回流比不变，则馏出液组成将随之下降；第二种操作时使馏出液组成保持不变，则在操作过程中需要不断加大回流比。实际操作也可以将两种方式适当结合，灵活运用。例如，在操作初期可逐步加大回流比以维持馏出液组成大致恒定；但在操作后期由于回流比过大，在经济上并不合理，则采用保持回流比不变的运行方式。对所得不符合要求的馏出液，可并入下一批原料再次精馏。

② 通常间歇精馏时全塔均为精馏段，没有提馏段。因此，获得同样的塔顶、塔底组成的产品，间歇精馏的能耗大于连续精馏。

4.6.2 馏出液组成保持恒定的间歇精馏

设计这样的间歇精馏塔通常已知投料量 F 及料液组成 x_F，保持指定的馏出液组成 x_D 不变，操作至规定的釜液组成 x_W 或回收率 η，选择回流比的变化范围，求理论板数。

随着操作的进行，间歇精馏釜液组成不断下降，同时要保持塔顶馏出液组成 x_D 不变，意味着操作过程中分离要求逐渐提高。而间歇精馏塔在操作过程中的塔板数为定值。因此，在确定理论板数时应以能满足过程的最大分离要求，即以操作终了时的釜液组成 x_W 为设计计算基准。

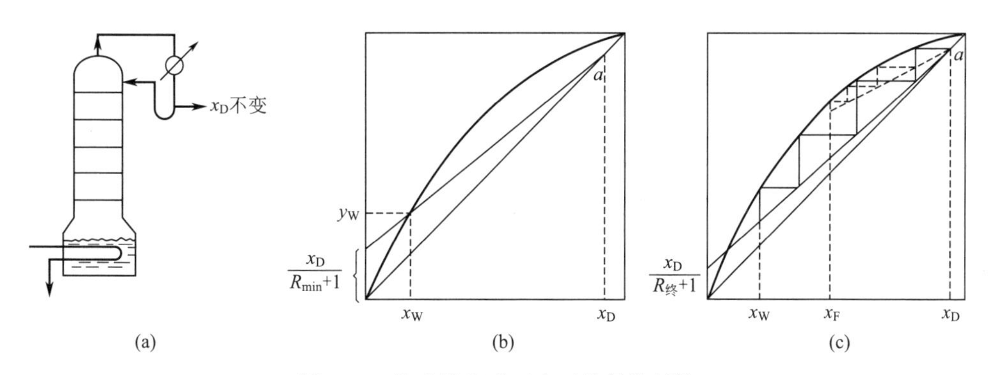

图 4-37 馏出液组成不变时的间歇精馏

操作终了时，分离从釜液组成 x_W 至塔顶组成 x_D。此时存在一最小回流比，在此回流比下需要的理论板数为无穷多。如图 4-37(b) 所示，通常情况下此最小回流比 R_{min} 为

$$R_{min}=\frac{x_D-y_W}{y_W-x_W} \tag{4-79}$$

为使塔板数保持在合理范围内，操作终了的回流比 $R_{终}$ 应大于 R_{min} 的某一倍数。与连续精馏中选择回流比一样，$R_{终}$ 的选择也是由经济因素决定。

$R_{终}$ 选定后，即可以 $\dfrac{x_D}{R_{终}+1}$ 为截距作出操作终了时的操作线并从 a 点开始逐板计算求出所需理论板数，如图 4-37(c) 所示。而在操作初期可采用较小的回流比（可能小于前面计算的 R_{min}），此时的操作线如图中虚线所示。

【例 4-8】 馏出液组成不变的间歇精馏计算

含正庚烷 0.40 的正庚烷-正辛烷混合液，在 101.3kPa 下作间歇精馏，要求塔顶馏出液组成为 0.90，在精馏过程中维持不变，釜液终了组成为 0.10（均为正庚烷的摩尔分数，下同）。在 101.3kPa 下正庚烷-正辛烷溶液可视为理想溶液，平均相对挥发度为 2.16。操作终了时的回流比取该时最小回流比的 1.32 倍。已知投料量为 15kmol，塔釜的汽化速率为 0.003kmol/s，求所需理论板数。

解：操作终了时的残液浓度 $x_W=0.10$

$$y_W=\frac{\alpha x_W}{1+(\alpha-1)x_W}=\frac{2.16\times0.1}{1+1.16\times0.1}=0.194$$

按式(4-79) 计算操作终了时的最小回流比 R_{min}

$$R_{min}=\frac{x_D-y_W}{y_W-x_W}=\frac{0.90-0.194}{0.194-0.10}=7.55$$

操作终了时的回流比为

$$R=1.32\times R_{min}=10$$

用逐板计算法求取理论板数。计算自塔顶 $x_D=0.90$ 开始，交替使用操作线方程

$$y=\frac{R}{R+1}x+\frac{x_D}{R+1}=\frac{10}{10+1}x+\frac{0.90}{10+1}=0.909x+0.0818 \tag{a}$$

及相平衡方程

$$x=\frac{y}{\alpha-(\alpha-1)y}=\frac{y}{2.16-1.16y} \tag{b}$$

依次计算，结果列于表 4-1，需要 8 块理论板。

表 4-1 例 4-8 附表操作终态时（$R=10$，$x=0.10$）理论板数计算

汽相组成 y	液相组成 x	汽相组成 y	液相组成 x
$y_1=0.90$	$x_1=0.806$	$y_5=0.406$	$x_5=0.241$
$y_2=0.815$	$x_2=0.671$	$y_6=0.300$	$x_6=0.166$
$y_3=0.692$	$x_3=0.509$	$y_7=0.233$	$x_7=0.123$
$y_4=0.545$	$x_4=0.357$	$y_8=0.194$	$x_8=0.100$

4.6.3 回流比保持恒定的间歇精馏

因塔板数和回流比都不变，随着操作进行，塔釜组成 x 与馏出液组成 x_D 同时降低。因此，只有让操作初期的馏出液组成适当提高，才能使馏出液的平均浓度满足产品质量要求。

设计计算的命题为：已知料液量 F 及组成 x_F，最终的釜液组成 x_W，馏出液的平均组成 $\bar{x}_D$。

选择适宜的回流比，求理论板数。

计算可据操作的初态进行。先假设一最初的馏出液浓度 $x_{D始}$（该值一定大于所期望的 $\bar{x}_D$），并根据设定的 $x_{D始}$ 与初态时釜液组成 x_F 确定所需的最小回流比［参见图 4-38(a)］。

$$R_{min}=\frac{x_{D始}-y_F}{y_F-x_F} \tag{4-80}$$

再选择适宜的回流比 R 以确定操作线，然后逐板计算所需理论板数 N。

设定的 $x_{D始}$ 是否合适，应以整个精馏过程所得的馏出液平均组成 $\bar{x}_D$ 满足分离要求为

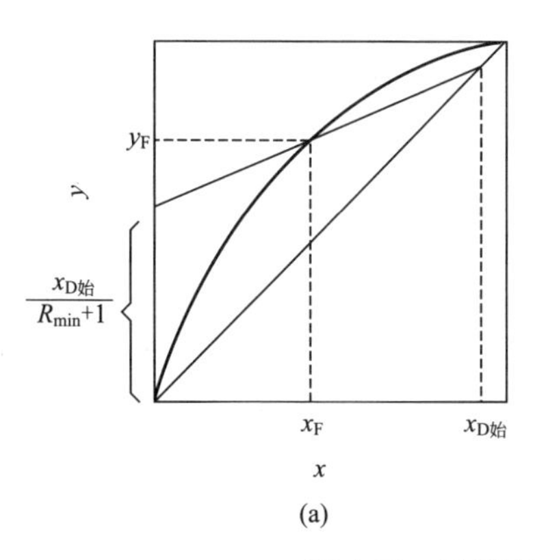

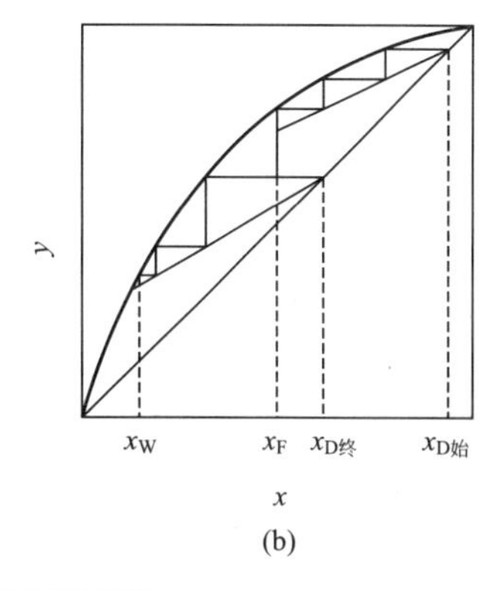

图 4-38 回流比不变的间歇精馏

准。设 W 为瞬时的釜液量，操作时由最初的投料量 F 降为残液量 W；x 为瞬时的釜液组成，由最初的 x_F 降为 x_W。与简单蒸馏相同，对某一瞬间 $d\tau$ 作物料衡算，蒸馏釜中轻组分的减少量应等于塔顶蒸汽所含的轻组分量，这一衡算结果与式(4-25) 相同。此时，式中的汽相组成 y 即为瞬时的馏出液组成 x_D，故有

$$\ln\frac{F}{W}=\int_{x_W}^{x_F}\frac{dx}{x_D-x} \tag{4-81}$$

从图 4-38(b) 可知，因板数及回流比 R 为定值，任一精馏瞬间的釜液组成 x 必与一馏出液组成 x_D 相对应，可通过数值积分由上式算出残液量 W。馏出液平均组成 $\bar{x}_D$ 可由全过程物料衡算确定，即

$$\bar{x}_D=\frac{Fx_F-Wx_W}{D} \tag{4-82}$$

若此 $\bar{x}_D$ 等于或稍大于规定值，则上述计算有效。

处理一批料液塔釜的总蒸发量为

$$G=(R+1)D \tag{4-83}$$

由此可计算加热蒸汽的消耗量。

4.7 特殊精馏

常压下乙醇-水为具有恒沸物的双组分物系，其恒沸组成为含乙醇 89.4%（摩尔分数），它是稀乙醇溶液用普通精馏所能达到的最高浓度。为将恒沸物中的两个组分分离，可采用特殊精馏的方法。此外，当物系的相对挥发度过低，采用一般精馏方法需要的理论板太多，回流比太大，使设备费和操作费两个方面都不够经济，此时也有必要采用特殊精馏。常用的特殊精馏方法是恒沸精馏和萃取精馏，两种方法都是在被分离溶液中加入第三组分，以改变原溶液中各组分间的相对挥发度而实现分离。如果加入的第三组分能和原溶液中的一种组分形成最低恒沸物，以新的恒沸物形式从塔顶蒸出，称为恒沸精馏。如果加入的第三组分和原溶液中的组分不形成恒沸物而仅改变各组分间的相对挥发度，第三组分随高沸点液体从塔底排出，则称为萃取精馏。

4.7.1 恒沸精馏

双组分非均相恒沸精馏 某些双组分溶液的恒沸物是非均相的，即该溶液分成两个具有一定互溶度的液层，此类混合物的分离不必加入第三组分，只要用两个塔联合操作，便可获

得两个纯组分。

下面以糠醛-水分离为例说明此种精馏过程。物系的相平衡曲线如图 4-39(a) 所示。在 101.3kPa 下糠醛-水物系具有最低恒沸点，恒沸组成为 9.19%（为糠醛的摩尔分数，下同），恒沸点为 97.9℃。液态的恒沸组成不完全互溶，静置会分层：上层为水相，组成为 2.0%，下层为醛相，组成为 70.1%。采用两个塔联合操作如图 4-39(b) 所示。将含糠醛 0.71%的原料液加入精馏塔Ⅰ的中部，塔釜用水蒸气直接加热。该塔釜液的排出组成为 0.009%，几乎为纯水。塔顶汽相组成接近恒沸组成，冷凝后进入分层器分层，上层为水相，下层为醛相。水相作为塔Ⅰ的回流，醛相组成约为 70.1%，可加入塔Ⅱ的顶部进一步提纯。塔Ⅱ塔顶汽相组成仍为接近恒沸物，经冷凝后并入分层器分层。塔Ⅱ塔釜可获得组成提高至含糠醛 99%以上的产品排出。

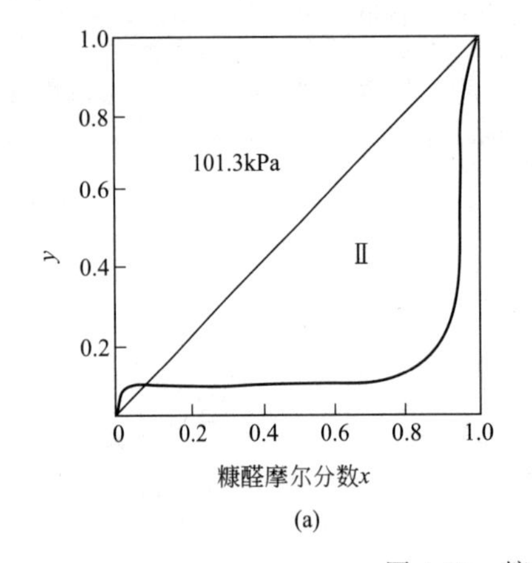

(a)

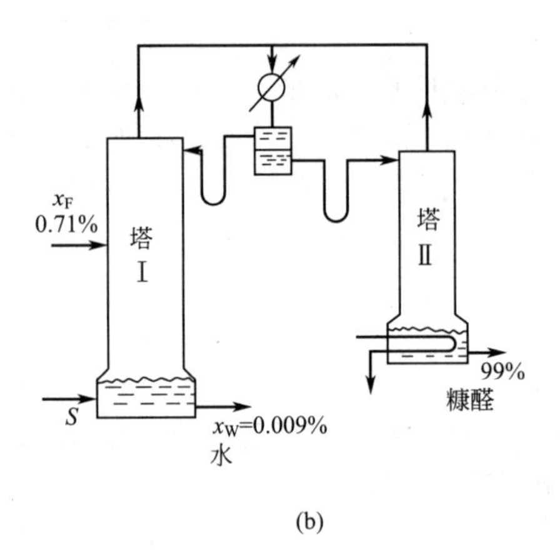

(b)

图 4-39　糠醛-水的恒沸精馏

三组分恒沸精馏　如果双组分溶液 A、B 的相对挥发度很小，或具有均相恒沸物，此时可加入某种恒沸剂 C（又称夹带剂）进行精馏。此夹带剂 C 与原溶液中的一个或两个组分形成新的恒沸物（AC 或 ABC），该恒沸物与纯组分 B（或 A）之间的沸点差较大，从而可较容易地通过精馏获得纯 B（或 A）。

以乙醇-水恒沸物分离为例，选用苯作恒沸剂。苯与乙醇-水会形成具有最低恒沸点的苯-水-乙醇三元非均相恒沸物。该恒沸物的恒沸点为 64.9℃，其组成为：苯 0.539；乙醇 0.228；水 0.233。在 20℃时会分为上下两层液体，组成分别是

上层苯相：苯 0.745；乙醇 0.217 及少量水；

下层水相：苯 0.0428；乙醇 0.350；其余为水。

采用图 4-40 所示的三塔联合操作流程，在恒沸精馏塔Ⅰ中部加入接近二元恒沸组成的乙醇-水溶液，塔顶加入苯。精馏时，沸点最低的三元恒沸物由塔顶蒸出，经冷凝并冷却至较低的温度后在分层器中分层。塔Ⅰ釜液为高纯度乙醇。分层器分层后，上层苯相进塔Ⅰ作回流液，苯作为夹带剂循环使用。下层水相进塔Ⅱ以回收其中的苯。塔Ⅱ塔顶所得的三元恒沸物并入分层器，塔底为稀乙醇-水溶液，可用普通精馏塔Ⅲ回收其中的乙醇，塔釜废水送废水处理系统。

恒沸精馏夹带剂的选择　选择适当的夹带剂是恒沸精馏成败的关键，对夹带剂的基本要求是：

① 夹带剂能与待分离组分之一（或两个）形成最低恒沸物，并且希望与料液中含量较少的组分形成恒沸物从塔顶蒸出，以减少操作的热能消耗。

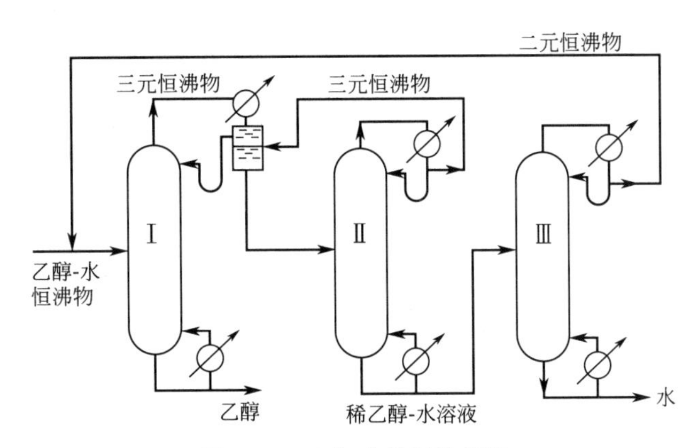

图 4-40 乙醇-水的恒沸精馏

② 新形成的恒沸物要便于分离，以回收其中的夹带剂，如上例中乙醇-水-苯三组分恒沸物是非均相的，用简单的分层方法即可回收绝大部分的苯。

③ 恒沸物中夹带剂的相对含量少，即每份夹带剂能带走较多的原组分，这样夹带剂用量少，操作较为经济。

4.7.2 萃取精馏

在原溶液中加入某种萃取剂以增加原溶液中两个组分间的相对挥发度，从而使原料的分离变得很容易。所加入的萃取剂为挥发性很小的溶剂或溶质。

萃取精馏的流程 以异辛烷-甲苯的分离为例加以说明。在常压下甲苯的沸点为110.8℃，异辛烷为99.3℃。其相平衡曲线如图4-41(a)所示，两者的分离较为困难。若在溶液中加入苯酚（沸点181℃）可使原溶液中两个组分间的相对挥发度大为增加，图4-41(a)同时表明酚的加入量对相平衡的影响。

图4-41(b)为萃取精馏的流程。原料加入萃取精馏塔的中部，萃取剂酚在靠近塔顶处加入，以使塔内各板的液相中均保持一定比例的酚。沸点最低的异辛烷由塔顶蒸出，在酚加入口以上设置少数塔板以捕获汽相中少量的酚，以免从塔顶逸出，塔顶这些少数塔板为酚的吸收段。因萃取剂的挥发性一般很小，吸收段只需一、两块板即可。

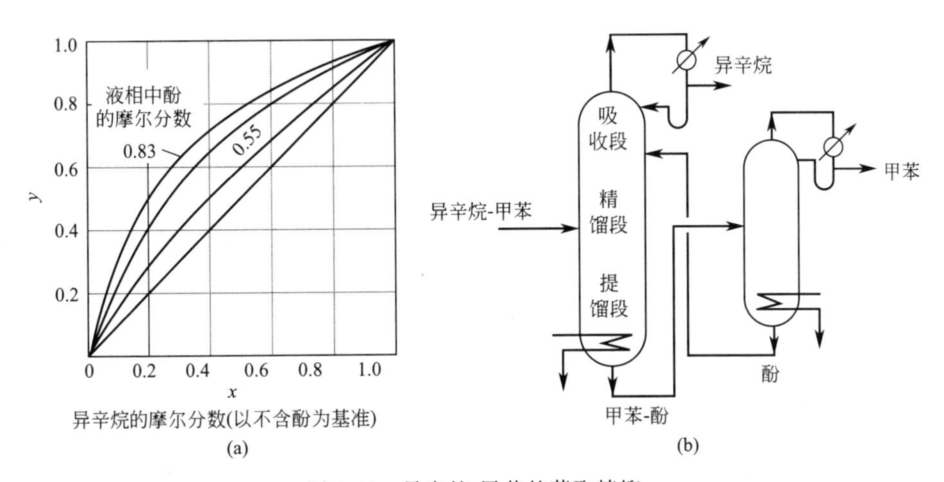

图 4-41 异辛烷-甲苯的萃取精馏

精馏塔的釜液为甲苯与苯酚的混合液，可将它送入另一精馏塔以回收添加剂酚。

萃取精馏中萃取剂的选择 萃取剂可以是溶剂、盐、碱等物质，如乙醇-水混合液的分离，可用乙二醇作萃取剂；叔丁醇-水溶液的分离，可用醋酸钾作萃取剂；甲基肼-水溶液的分离，可用氢氧化钠作萃取剂。作为萃取精馏萃取剂的主要条件是：

① 选择性要高，即加入少量溶剂后即能大幅度地增加溶液的相对挥发度。

② 挥发性要小，即具有比被分离组分高得多的沸点，且不与原溶液中各组分形成恒沸物，便于分离回收。

③ 萃取剂与原溶液的互溶度大，两者混合良好，以在每块板液相中充分发挥萃取剂的作用。

萃取精馏的操作特点 为增大被分离组分的相对挥发度，应使各板液相均保持足够的萃取剂浓度，当原料和萃取剂以一定比例加入塔内时，存在一个最合适的回流比。当回流过大时，非但不能提高馏出液组成，反而会稀释塔内萃取剂的浓度而使分离变难。同样，当塔顶回流温度过低或萃取剂加入温度较低，而引起塔内蒸汽部分冷凝也会冲淡各板的萃取剂浓度。

在设计时，为使精馏段和提馏段的萃取剂浓度大致接近，萃取精馏的料液常以饱和蒸汽的热状态加入。若为泡点加料，精馏段与提馏段的萃取剂浓度不同，需采用不同的相平衡数据进行计算。

萃取精馏中的萃取剂加入量一般较多，沸点又高，精馏热能消耗中的相当部分用于提高萃取剂的温度。

萃取精馏与恒沸精馏的比较 这两种精馏方法的共同点是都需要加入第三组分，但其差别在于：

① 恒沸精馏添加剂须与被分离组分形成最低恒沸物，而萃取精馏添加剂须使原组分间的相对挥发度发生改变。

② 恒沸精馏的添加剂被汽化由塔顶蒸出，汽化热耗热较大，其经济性不及萃取精馏。

4.8 其他蒸馏技术

4.8.1 水蒸气蒸馏

水蒸气蒸馏是将含有挥发性成分的天然药物与水共同蒸馏，使药物中的挥发性成分与水蒸气一并馏出，然后通过冷凝馏出物，借馏出物中挥发油与水不互溶而分层的特性将挥发油分离出来，获得挥发油成分提取物。

蒸馏水与挥发油为不互溶液体体系，根据道尔顿分压定律，体系的总压仍为各组分平衡分压（不互溶体系，各组分的平衡分压等于该温度下各组分饱和蒸气压）之和。随着蒸馏过程体系温度升高，当体系的总压等于外界大气压时，该体系即沸腾，此时的温度为沸点。因为总压大于任一组分的分压（饱和蒸气压），所以该沸点必定低于任一组分的沸点。就是说常压下应用水蒸气蒸馏，就能在低于 100 ℃ 情况下将高沸点组分与水一起蒸馏出来。如果采用真空减压蒸馏，就可在远低于常压沸点的条件下将有机组分蒸出，对高沸点特别是热敏性物质特别适用。这是水蒸气蒸馏的突出优点。

水蒸气蒸馏与普通蒸馏的不同点就在于普通蒸馏是利用组分间挥发度的差异，其中轻组分在汽相中富集，重组分在液相中提浓。水蒸气蒸馏利用组分的挥发特性及不互溶特性，蒸馏后即使是高沸点的组分，也会挥发被水蒸气带出，汽相馏出物冷凝分层，可以从汽相馏出物中提取获得高沸点的挥发油成分。值得一提的是，汽相中各组分的量只与各组分的平衡分压有关，而与液相中各组分物质的量无关。

水蒸气蒸馏适用于具有挥发性，在水中稳定且不溶于水，能随水蒸气蒸馏而不被破坏的药物成分的提取，是目前中药挥发油提取的重要手段，比如柴胡挥发油、桂枝挥发油、杜鹃挥发油、香紫苏挥发油、辛夷挥发油、红景天挥发油等都是采用水蒸气蒸馏进行提取的。在具体操作时，除了采用共水蒸馏，还有采用将水蒸气从药材顶部通入，从上向下渗透的操作方法，以及隔水蒸气蒸馏的操作方法。

应该说明的是，上述的水蒸气蒸馏过程会将中药中含有的多种挥发性组分一并提取，若需要进行有效成分浓缩，杂质去除以及挥发油组分分离则需要水蒸气精馏或其他分离操作。

4.8.2 分子蒸馏

分子蒸馏原理 分子蒸馏也称短程蒸馏，是利用不同种类分子受热逸出液面后在汽相中的运动平均自由程不同来实现混合物的分离的。

液体混合物在受热的条件下会从液面逸出。不同种类的分子，由于其分子有效直径不同，其平均分子自由程也不同，从统计学观点看平均分子自由程越大，其与其他分子碰撞的机会就少，飞行距离就长。由热力学原理知道

$$\lambda_m=\frac{K}{\sqrt{2}\pi}\times\frac{T}{d^2p} \tag{4-84}$$

式中，λ_m 为某一分子的平均自由程；K 为玻尔兹曼常数；T 为温度；d 为分子的有效直径；p 为压力。

由式(4-84)可知，分子平均自由程主要与温度、压力和分子有效直径有关。温度越高，压力越小，分子的平均自由程越大。在温度压力相同的条件下，分子有效直径越小，平均自由程越大。在混合液中，轻分子的平均自由程大，重分子的平均自由程小。如图4-42所示，混合液自上流下在加热板表面形成液膜，料液分子受热并由液膜表面自由逸出。与加热板平行设置一冷凝板，若冷凝板设置在离液膜的距离小于轻分子的平均自由程而大于重分子平均自由程，就使得逸出的轻分子落在冷凝板上被冷凝，重分子因达不到冷凝板而返回原来液面，从而实现轻重分子分离的目的。

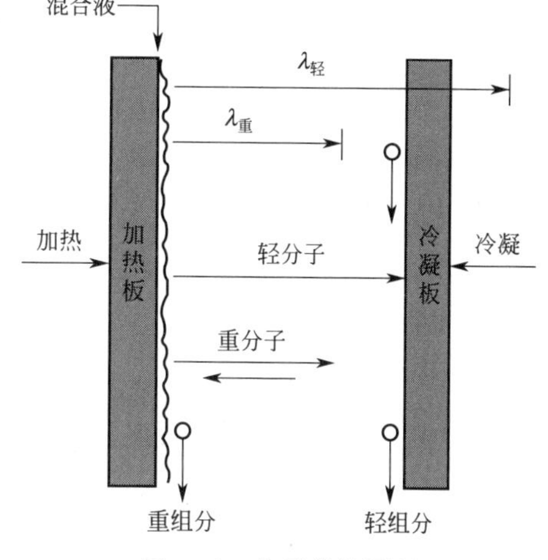

图4-42 分子蒸馏原理

分子蒸馏技术特点 与常规蒸馏技术包括减压蒸馏相比，分子蒸馏工艺过程的主要特点体现在：

① 操作压强低：为实现分离，需要获得足够大的平均自由程，因此分子蒸馏过程是在高真空度条件下操作的，通常操作系统的压力低至0.1～100Pa，远低于常规的减压蒸馏。

② 操作温度低：分子蒸馏技术操作温度低，混合物可以在远低于沸点的温度下挥发，不需要达到汽液相平衡。

③ 物料停留时间短：组分在受热情况下停留时间很短，一般来说在几秒到几十秒之间，减少了物料热分解的机会。

因此，分子蒸馏过程已成为最温和的蒸馏方法，特别适合于分离低挥发度、高沸点、热敏性和具有生物活性的物料，目前已成功地应用于食品医药等行业。

分子蒸馏装置与流程 一套完整的分子蒸馏装置主要包括分子蒸馏器、加料系统、馏分收集系统、加热系统、冷却系统、真空系统和控制系统等几部分，其工艺流程如图4-43所示。

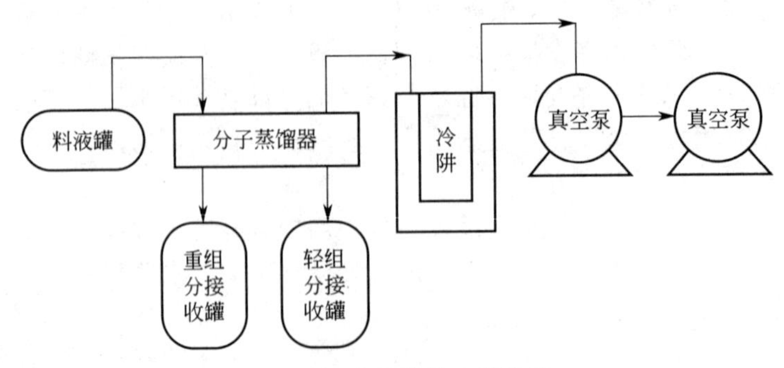

图 4-43 分子蒸馏工艺流程

整套装置以分子蒸馏器为核心，下面介绍几种常用的分子蒸馏器。

(1) 降膜式分子蒸馏器 降膜式分子蒸馏器是较早出现的一种结构简单的分子蒸馏设备，装置结构如图 4-44 所示。该装置冷凝面及蒸发面为两个同心圆筒，物料在重力作用下向下流经蒸发面，形成连续更新的液膜，并在几秒内加热，轻分子在冷凝面冷凝成液体后由蒸出物出口流出，残余液体由蒸余物出口流出。降膜式的缺点在于液膜受流量及黏度的影响，厚度不均匀，且下流过程中可能发生沟流现象，不能完全覆盖蒸发表面，液膜一般为层流，传热传质的阻力较大。降膜式分子蒸馏器只适用于中、低黏度液体混合物的分离。

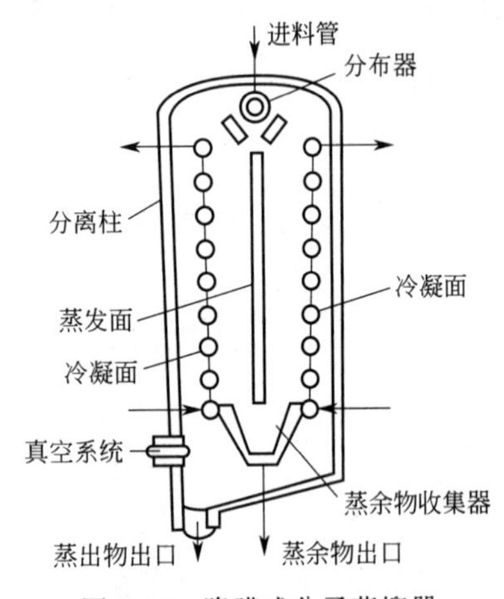

图 4-44 降膜式分子蒸馏器

(2) 离心式分子蒸馏器 离心式分子蒸馏器内有一个旋转的蒸发面，其典型结构如图 4-45 所示。物料从底部被送到高速旋转的转盘中央，在离心力的作用下在旋转面扩展形成薄膜，均匀覆盖整个蒸发面。由于液膜厚度较薄，又具有较好的流动性，停留时间短，离心式分子蒸馏器尤其适用热敏性物料的蒸馏。它的缺点就是结构复杂，真空密封较难，设备造价较高，另外内有高速运转结构，维修困难。

(3) 刮膜式分子蒸馏器 刮膜式分子蒸馏器对降膜式进行了有效改进，在蒸馏器内设置可转动的刮膜器，如图 4-46 所示。原料液经进料口进入旋转进料分布器，在重力作用下沿蒸发面向下流动的同时，刮膜器把物料迅速刮成厚度均匀、连续更新的液膜，既能保证液膜均匀覆盖蒸发表面，又能使下流液层得到充分的搅动，强化物料的传热、传质过程。通过调节刮板，可以有效地控制液膜厚度、物料的停留时间，可用于热敏性物质的分离。与离心式比较结构简单，造价低，操作参数容易控制，维修也方便，是目前适用范围最广的分子蒸馏器。

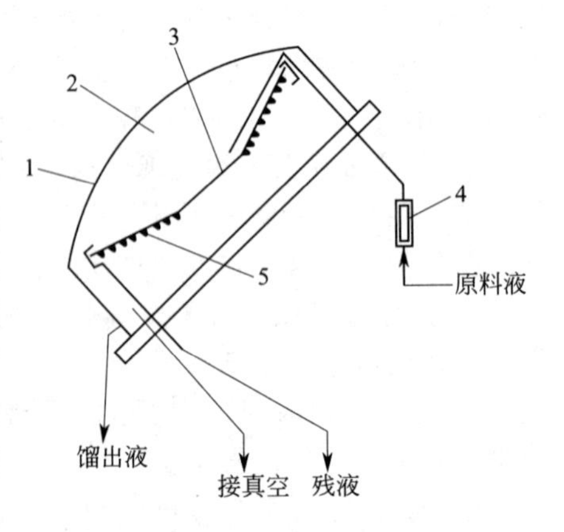

图 4-45 离心式分子蒸馏器

1—冷凝器；2—蒸馏室；3—转盘；4—流量计；5—加热器

分子蒸馏技术在制药中的应用 分子蒸馏具有操作温度低、受热时间短、分离速度快等优点，在有效控制蒸馏条件下，可以使产品单体分离达到非常高的纯度，

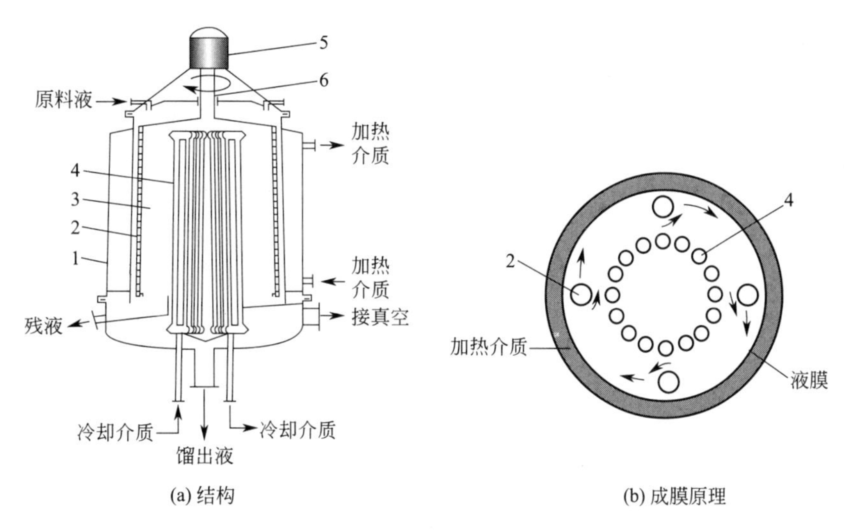

(a) 结构　　(b) 成膜原理

图 4-46 刮膜式分子蒸馏器

1—夹套；2—刮膜器；3—蒸馏室；4—冷凝器；5—电机；6—进料分布器

这为新药研制过程中单体成分的分离提纯提供了高效的途径。由于分子蒸馏整套设备为高真空设备，设备投资比较大，决定了分子蒸馏更适用于一些具有高附加值成分的分离和提纯。在制药工业领域主要用于医药中间体的提纯及天然药物活性成分和单体提取和纯化过程，如从天然鱼肝油中提取维生素 A，提取浓缩药用级合成及天然维生素 E，从鱼油中提取 DHA、EPA，从紫苏籽油中提取 α-亚麻酸，从棕榈油中提取 β-胡萝卜素；制取氨基酸及葡萄糖衍生物等。

4.9 精馏设备

精馏操作中气液两相的接触方式 精馏操作以塔设备最为常见，按气液两相接触方式可分为逐级接触式和微分接触式两大类。其中板式塔是逐级接触式的代表，填料塔为微分接触式的代表。

板式塔是由一个通常呈圆柱形的壳体及其中按一定间距水平设置的若干块塔板所组成，气体与液体为逐级逆流接触，如图 4-47(a) 所示。板式塔正常工作时，液体在重力作用下自

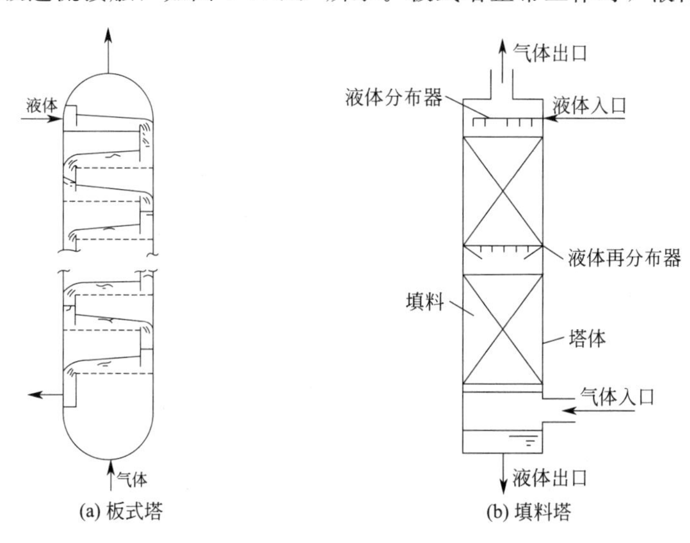

(a) 板式塔　　(b) 填料塔

图 4-47 精馏塔结构简图

上而下通过各层塔板后由塔底排出；气体在压差推动下，经塔板上均布的开孔由下而上穿过各层塔板，由塔顶排出。在每块塔板上皆储有一定量的液体，气体穿过板上液层时，两相接触进行传质。每经过一块塔板上的传质过程，气液两相的浓度均发生阶跃式的变化。气相中轻组分浓度提高，液相中重组分浓度提高。

填料塔的结构示意图如图 4-47(b) 所示。塔体为一圆形筒体，筒内分层安放一定高度的填料层。填料塔操作时，液体自塔上部进入，通过液体分布器均匀喷洒于塔截面上。在填料层内，液体沿填料表面呈膜状流下。气体自塔下部进入，通过填料间的缝隙上升，从塔上部排出。气液两相在填料塔内进行连续逆流接触，气液两相的浓度连续微分变化。

4.9.1 板式塔

为实现气液两相之间的充分传质，板式塔在设计上要保证气液两相在塔板上有充分的接触，为相际传质过程提供足够大而且不断更新的相际接触表面，此外还应在塔内造成一个对传质过程最有利的理想流动条件，即在总体上使两相呈逆流流动，而在每一块塔板上两相呈均匀的错流接触。

筛孔塔板的构造 板式塔的主要构件是塔板。各种塔板的结构大同小异，图 4-48 所示为筛孔塔板，其主要构造包括筛孔、溢流堰、降液管。

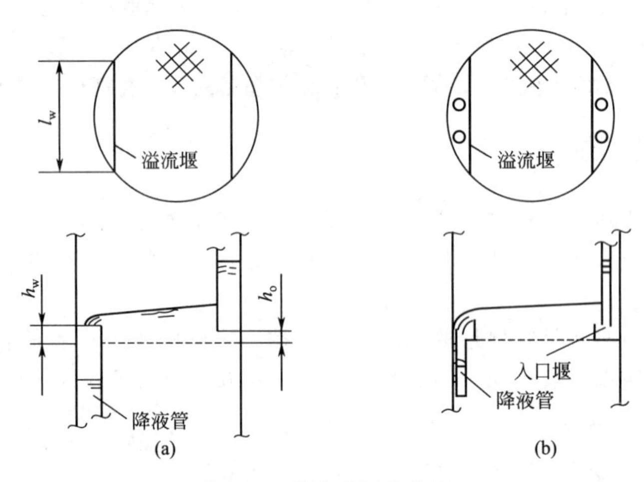

图 4-48 筛孔塔板的构造

(1) 筛孔——塔板上的气体通道 板式塔的塔板上均匀地开有一定数量的供气体自下而上流动的通道，各种塔板的差异主要表现在气体通道的形式不同。其中筛孔塔板的气体通道最为简单，它是在塔板上均匀地冲出或钻出许多圆形小孔供气流穿过。这些圆形小孔称为筛孔。上升的气体经筛孔分散后穿过板上液层，造成两相间的密切接触与传质。筛孔的直径通常是 3～8mm，大孔径筛板的筛孔直径为 12～25mm。

(2) 溢流堰 塔板的出口端设有溢流堰是为塔板上储有一定厚度的液体层，以保证气液两相在塔板上有足够的接触表面。塔板上的液层高度在很大程度上由堰高决定。最常见的溢流堰，其上缘是平直的。溢流堰的高度以 h_w 表示，长度以 l_w 表示。

(3) 降液管 降液管是液体从上层塔板流至下层塔板的通道。正常情况下，液体从上层塔板的降液管流出，横向流过开有筛孔的塔板，翻越溢流堰，进入该板的降液管，流向下层塔板。

为充分利用塔板面积，降液管一般为弓形［见图 4-48(a)］。降液管的下端须保证液封，使液体能从降液管底部流出而气体不能窜入降液管。因此，降液管下缘的缝隙（降液管底隙）h_0 必须小于溢流堰堰高 h_w。

塔板上的气液接触状态　气体通过筛孔的速度即孔速不同时，两相在塔板上呈现不同的接触状态。如图 4-49 所示。

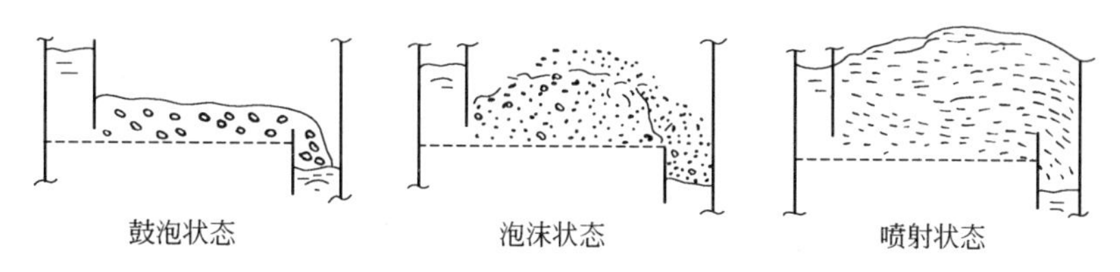

图 4-49　塔板上的气液接触状态

（1）鼓泡接触状态　当孔速很低时，塔板上存在着大量的清液，通过筛孔的气流呈气泡状在板上液层中浮升至液层表面合并破裂，板上液层表面清晰。此时两相接触面积为气泡表面积。由于气泡不密集，两相接触面积小，气泡表面的湍动程度亦低，传质阻力较大。

（2）泡沫接触状态　随着孔速的增加，气泡数量急剧增加，气泡表面连成一片且不断发生合并与破裂，板上液体大部分是以液膜的形式存在于气泡之间。此时两相传质表面是面积很大且高度湍动的液膜，这种液膜不断合并和破裂，为两相传质创造良好的流体力学条件。在泡沫接触状态，液体仍为连续相，气体仍为分散相。

（3）喷射接触状态　当孔速继续增加，气体从筛孔以射流形式穿过液层，将板上的液体破碎成许多大小不等的液滴而抛于塔板上方空间。被喷射出去的液滴落下以后，在塔板上汇聚成很薄的液层并再次被破碎成液滴抛出。在喷射状态下，两相传质面积是液滴的外表面。液滴的多次形成与合并使传质表面不断更新，也为两相传质创造了良好的流体力学条件。与泡沫状态的根本区别在于喷射接触状态下液体为分散相而气体为连续相。

泡沫状态和喷射状态是工业上经常采用的两种接触状态，其特征分别是不断更新的液膜表面和不断更新的液滴表面。

气体和液体在塔内的流动　气体是在压差推动下，从高压到低压，由下而上经塔板上均布的开孔穿过各层塔板，由塔顶排出。气体通过筛孔及板上液层时必有阻力，由此造成塔板上、下空间对应位置上的压强差称为板压降 Δp。板压降习惯上用塔内液体的液柱高度 h_f 表示，即

$$\Delta p=\rho_L g h_f \tag{4-85}$$

式中，ρ_L 为塔内液体的密度，kg/m^3。

板压降的构成包括气体通过干板的阻力损失即干板压降 h_d 和气体穿过板上液层的阻力损失 h_L 两部分。

$$h_f=h_d+h_L \tag{4-86}$$

气体通过干板与通过孔板的流动情况极为相似。在有实际工业意义的气速下，气体通过筛孔的流动是高度湍流的，干板压降 h_d 与孔速 u_0 的平方成正比。气体通过液层的阻力损失 h_L 主要是克服板上泡沫层的静压，此外还包括形成气液界面的能量消耗和通过液层的摩擦阻力损失。克服泡沫层静压的阻力损失若以液柱表示，其值约等于一个清液层的高度，如

图 4-50 右侧的压差计所示（压差计指示液为塔内液体）。泡沫层的含气率越高，相应的清液层高度越小。

由于溢流堰的存在，泡沫层高度不会有很大的变化。气速增大时，泡沫层的含气率随之增大，相应的清液层高度减小，即气体通过泡沫层的阻力损失会有所降低。但总阻力损失还是随气速增大而增加，因为干板阻力是随气速的平方增加的。

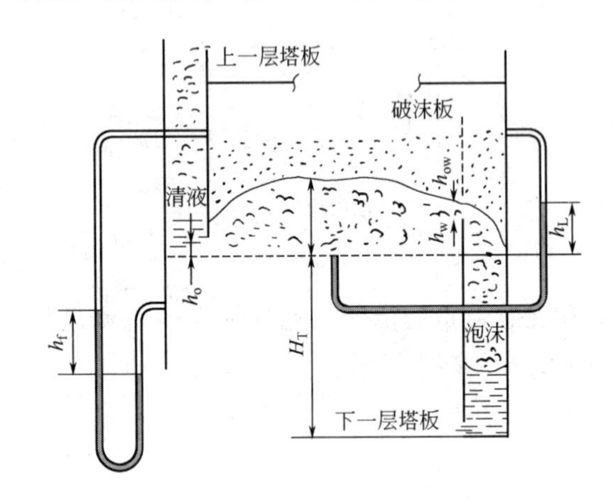

图 4-50　塔板阻力损失

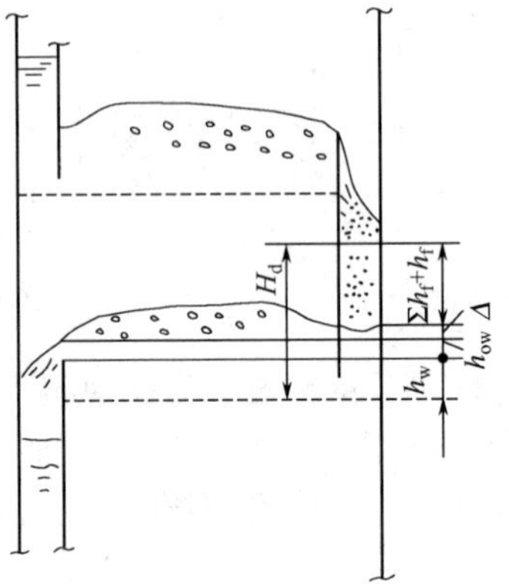

图 4-51　降液管的清液高度

在塔内，液体在重力作用下自上而下通过各层塔板，由低压流向高压，后由塔底排出。降液管是沟通相邻两塔板间的液体通道，其两端的压差即为板压降，液体借重力自低压空间流至高压空间。塔板正常工作时，降液管的液面必高于塔板入口处的液面，且其清液层位差应为板压降 h_f 与液体经过降液管的阻力损失 $\sum h_f$ 之和（见图 4-51）。

塔板入口处的液层高度由三部分组成：①堰高 h_w；②堰上液高 h_{ow}，即溢流堰上方液层表面与堰板上缘的垂直距离；③液面落差 Δ。

显然，降液管内的清液高度

$$H_d = h_w + h_{ow} + \Delta + \sum h_f + h_f \tag{4-87}$$

若维持气速不变增加液体流量 L，则液面落差 Δ、堰上液高 h_{ow}、板压降 h_f 和 $\sum h_f$ 都将增大，故降液管液面必升高。若维持液流量不变，而增加气速，板压降要增大，降液管液面也必升高。降液管内的液面高度 H_d 与液体流量 L 和气体流速均有关。

筛板塔内气液两相的不利流动现象　板式塔内各种不利于传质的流动现象有两类：一是空间上的反向流动，即与主体流动方向相反的液体或气体的流动，如液沫夹带和气泡夹带；二是空间上的不均匀流动，包括气体沿塔板的不均匀流动和液体沿塔板的不均匀流动。下面以筛板塔为例，重点介绍液沫夹带和气体沿塔板的不均匀流动现象，所述内容对其他板式塔亦同样适用。

(1) *液沫夹带*　气流穿过板上液层时，无论是喷射还是泡沫状态操作都会产生大量的尺寸不同的液滴。在喷射型操作中，液体是被气流直接分散成液滴的；而在泡沫型操作中，液滴是因泡沫层表面的气泡破裂而产生的。这些液滴的一部分会被上升的气流裹挟至上层塔板，这种现象称为液沫夹带。显然，液沫夹带是一种与主流方向相反的液体流动，是对传质不利的因素。

液沫夹带与板间距有关。板间距越小，夹带量越大。液沫夹带量通常以 1kg 干气体所夹带的液体量 e_V 表示，kg 液体/kg 干气；或者以每层塔板在单位时间内被气体夹带的液体

量 e' 表示，kg 液体/s 或 kmol 液体/s。

（2）*气泡夹带*　在塔板上与气体充分接触后的液体，翻越溢流堰流入降液管时必含有大量气泡，同时，液体落入降液管时又卷入一些气体产生新的泡沫。因此，降液管内液体含有很多气泡。若液体在降液管内的停留时间太短，所含气泡来不及解脱，将被卷入下层塔板。这种现象称为气泡夹带，也是一种有害因素。

（3）*气体沿塔板的不均匀流动*　从降液管流出的液体横跨塔板流动须克服阻力，板上液面将出现坡度。塔板进、出口侧的清液高度差称为液面落差，以 Δ 表示。液体流量越大，行程越长，液面落差 Δ 越大。

因液面落差 Δ 的存在，在塔板入口处，液层阻力大；而在塔板出口处，液层阻力小，这样就导致气流的不均匀分布，如图 4-52 所示。不均匀的气流分布对传质是个有害因素。

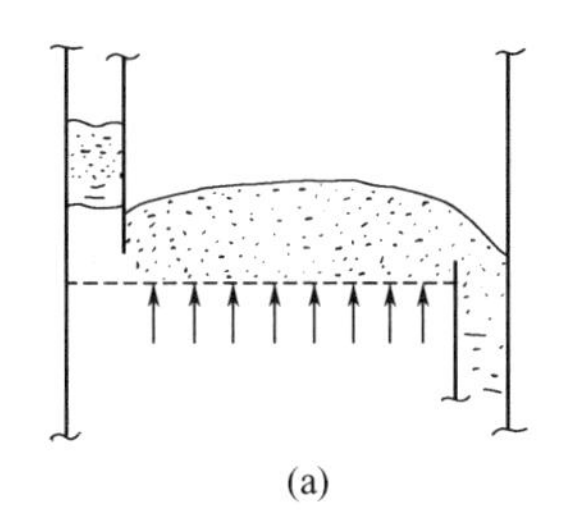
(a)

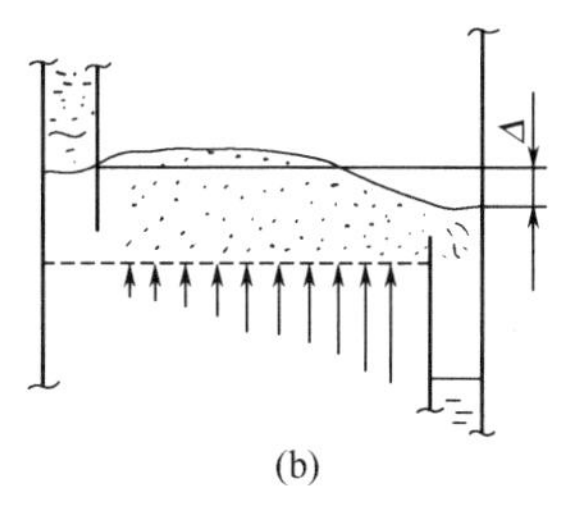

(b)

图 4-52　气体沿塔板的分布

（4）*液体沿塔板的不均匀流动*　塔截面通常是圆形的，液体自一端流向另一端有多种途径。在塔板中央，液体行程较短而平直，阻力小，流速大。在塔板边缘部分，行程长而弯曲，又受到塔壁的牵制，阻力大而流速小。因此，液流量在各条路径中的分配是不均匀的。这种不均匀性的严重发展会在塔板上造成一些液体流动不畅的滞留区。液流不均匀性所造成的总结果使塔板的传质速率降低，属不利因素。

板式塔的不正常操作现象　如果板式塔设计不良或操作不当，塔内将会产生一些使塔根本无法运行的不正常现象。下面仍以筛板塔为例，对这些现象加以说明。

（1）*夹带液泛*　从图 4-53 可以看出，当净液体流量为 L 时，液沫夹带使塔板上和降液管内的实际液体流量增加为 $L+e'$。若此时保持净液体流量 L 不变，增大气速，导致夹带量 e' 增大，进入塔板的实际液体流量 $L+e'$ 亦增大。随着横向流过塔板的液量增加，板上的液层厚度必相应增加。而液层厚度的增加，相当于板间距减小，在同样气速下，夹带量 e' 将进一步增加。这样，在塔板上可能产生恶性循环，即板上液层不断地增厚。最终，液体将充满全塔，并随气体从塔顶溢出，这种现象称为夹带液泛。

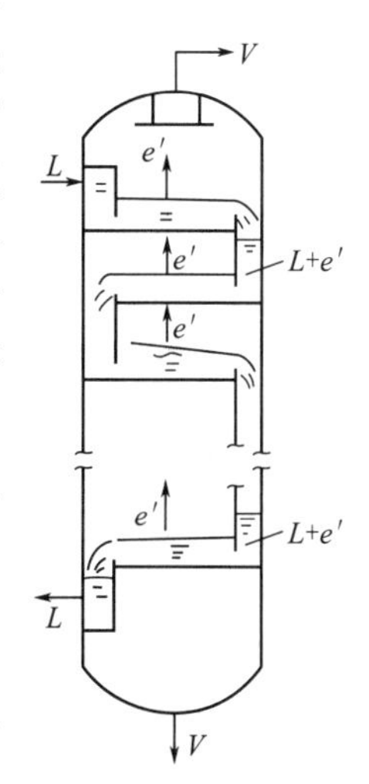

图 4-53　塔板上的实际液体流量

（2）*溢流液泛*　因降液管通过能力的限制而引起的液泛称为溢流液泛。

前已述及，降液管内清液层距离塔板的高度为

$$H_d=h_w+h_{ow}+\Delta+\sum h_f+h_f \tag{4-87}$$

且降液管内的液面高度 H_d 与液体流量 L 和气速均有关。气速一定时，H_d 与液体流量 L 有一一对应关系，塔板有自动平衡的能力，即液流量增加，降液管内清液层高度会相应增高，以满足由于通过液流量增加，流动阻力增加所需要的势能增加。

但是，当降液管液面升至上层塔板的溢流堰上缘时，再增大液体流量 L，降液管上方的液面将与塔板上的液面同时升高。此时，降液管内的液体流量为其极限通过能力。若液体流量 L 超过此极限值，塔板失去自衡能力，板上开始积液，最终使全塔充满液体，引起溢流液泛。

板压降太大通常是使降液管内液面太高的主要原因。由此可知，气速过大同样会造成溢流液泛。

液泛现象，无论是夹带液泛还是溢流液泛皆导致塔内积液。因此，在操作时，气体流量不变而板压降持续增长，将预示液泛的发生。

(3) *严重漏液* 当气速较小时，部分液体会从筛孔直接落下。这种现象称为漏液。漏液现象对于筛板塔操作是一个重要的问题，严重的漏液将使筛板上不能积液而无法操作。

漏液现象的单孔实验表明，对于普通筛孔及界面张力不是很小的物系，只要筛孔中有气体通过，液体就不可能从筛孔落下，即同一个筛孔不可能有气体和液体同时通过。因此，要避免漏液，气体必须分布均匀，即每一个筛孔都有气体通过。

气体是否均布与流动阻力有关。气流穿过塔板的阻力由两部分组成，干板阻力和液层阻力。液层是不均匀的，液面落差尤其是液层的起伏波动，造成液层厚度的不均匀性，从而引起气流的不均匀分布。

液层的波动起伏，可用图 4-54 示意。只要干板阻力足够大，使总阻力即板压降 h_f 高于波峰处当量清液层高度［见图 4-54(a)］，则各筛孔都有气体通过，塔板就不会漏液。反之，如果干板阻力较小，总阻力 h_f 低于波峰处当量清液层高度［见图 4-54(b)］，则波峰下的小孔将停止通气而漏液。

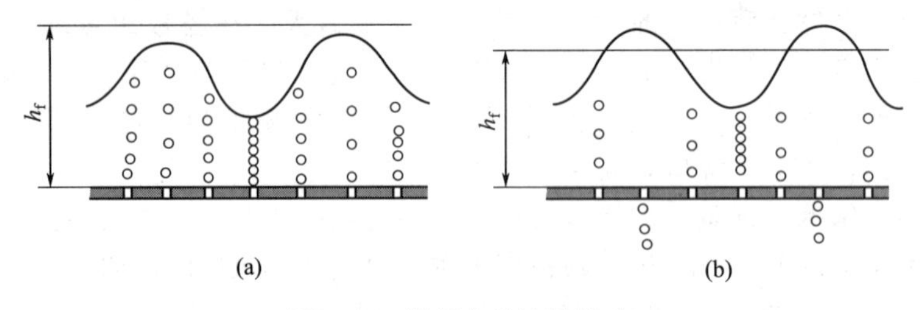

图 4-54 塔板上的液层波动

液层波动是随机的，由此而引起的漏液也是随机的，这种漏液称为随机性漏液。

此外，液面落差总是使塔板入口侧的液层厚于塔板出口侧。当干板阻力很小时，液面落差会使气流偏向出口侧，而塔板入口侧的筛孔将无气体通过而持续漏液。这种漏液称为倾向性漏液。

为减少倾向性漏液，应从塔盘设计上考虑减少液面落差；同时在塔板入口处，通常会留出一条狭窄的区域不开孔，称为入口安定区。

除结构因素外，气速是决定塔板是否漏液的主要因素。低气速时，干板阻力往往很小，塔板将出现漏液。高气速时，干板阻力迅速上升，漏液被制止。

因此，当气速由高逐渐降低至某值时，将发生明显漏液，该气速称为漏液点气速。若气速继续降低，严重的漏液会使塔板不能积液而破坏正常操作。

操作参数和塔板的负荷性能图 对一定物系和一定的塔结构，必相应有一个适宜的气液流量范围。

图 4-55 所示为筛板塔的负荷性能图，它表示了气液两相的可操作范围，图中 V、L 分别为该板的气、液负荷，m^3/h。

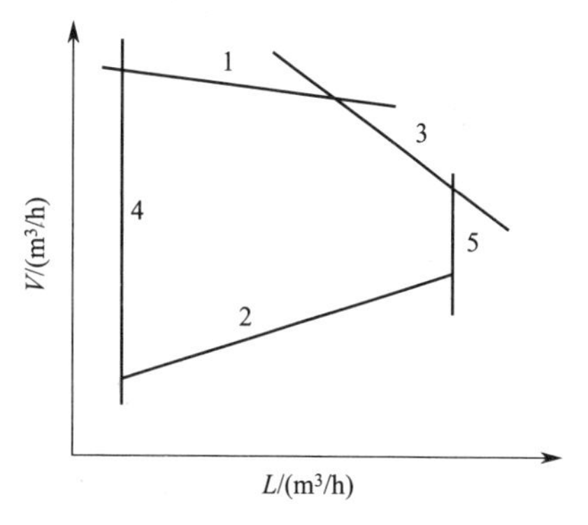

图 4-55 筛板塔的负荷性能图

图中线 1 为过量液沫夹带线。该线通常是以液沫夹带量 $e_V=0.1$kg 液体/kg 干气为依据确定的。气液负荷点位于线 1 上方，表示液沫夹带量过大，已不宜采用。

图中线 2 为漏液线。气液负荷点位于线 2 下方，表明漏液已足以使板效率大幅度下降。漏液线是由不同液体流量下的漏液点组成，其位置可根据漏液点气速确定。

图中线 3 为溢流液泛线。气液负荷点位于线 3 的右上方，塔内将出现溢流液泛。此线的位置可根据溢流液泛的产生条件确定。

图中线 4 为液量下限线。液量小于该下限，板上液体流动严重不均而导致板效率急剧下降。此线为一垂直线，对于平顶直堰，其位置可根据 $h_{ow}=6$mm 确定。

图中线 5 为液量上限线。液量超过此上限，液体在降液管内的停留时间过短，液流中的气泡夹带现象大量发生，以致出现溢流液泛。通常规定液体在降液管内的实际平均停留时间[由式(4-88) 计算] 不小于 3～5s（易发泡物系可取其中较大数值）。因此，液体流量的上限可由下式计算

$$\frac{H_T A_f}{L_{max}} \geqslant 3 \sim 5\text{s} \tag{4-88}$$

式中，L_{max} 为液体流量上限，m^3/s；H_T 为板间距，m；A_f 为降液管截面积，m^2。

上述各线所包围的区域为塔板正常操作范围。塔板的设计点和操作点都必须位于上述范围，方能获得合理的板效率。

当物系一定时，负荷性能图完全由塔板的结构尺寸决定。不同类型的塔板，负荷性能图自然不同；就是直径相等的同一类型塔板，若板间距、降液管面积、开孔率、溢流堰形式与高度等结构参数不同，其负荷性能图也不相同。

塔板型式 除前面介绍的筛板塔，常见的塔板类型还有泡罩塔板、浮阀塔板等，下面将做简要介绍。

(1) 泡罩塔板 泡罩塔板的气体通路是由升气管和泡罩构成的（见图 4-56）。泡罩的四周均匀开有很多狭缝，这样由升气管上升的气体经狭缝被分散成细流喷入液层，造成良好气液接触传质。

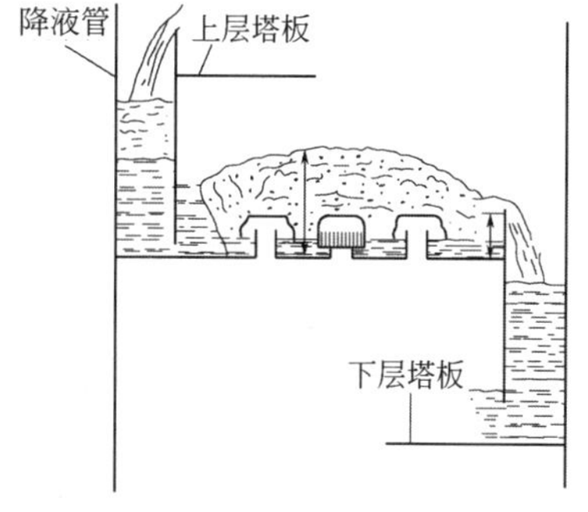

图 4-56 泡罩塔板

由于升气管的存在，泡罩塔板即使在气体负荷很低时也不会发生严重漏液，因而具有很大的操作弹性。但是，泡罩塔结构复杂，制造成本高，而且气体通道曲折多变、干板压降大、液泛气速低、生产能力小，泡罩塔板这种结构不能适应生产大型化的挑战，已逐渐被其他类型的塔板取代。

(2) 浮阀塔板 浮阀塔板取消了泡罩塔板的升气管，取而代之的是在塔板开孔上方设有浮动的盖板——浮阀（见图 4-57）。图 4-57(b) 所示是一种常见的圆形阀片。浮阀可根据气体的流量自行调节开度。在低气量时阀片处于低位，开度较小，气体仍以足够气速通过环隙，避免过多的漏液；在高气量时阀片自动浮起，开度增大，使气速不致过高，从而降低了

高气速时的压降。浮阀的凸缘保证浮阀在低气速下也能保持一个最小的开度；三只阀脚则限制阀片最大开启高度，并保证阀片不会脱离阀孔。

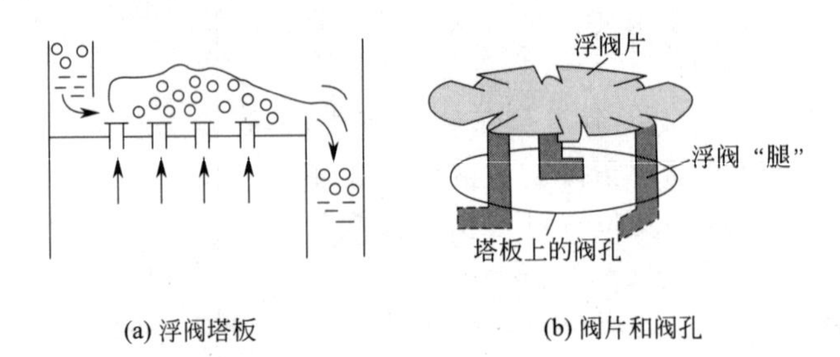

(a) 浮阀塔板　　(b) 阀片和阀孔

图 4-57　浮阀塔板

采用浮动构件是设计思想上的一种创新，使浮阀塔既保留了泡罩塔操作弹性大的优点，同时又降低了压降，塔板的液泛气速提高，生产能力增大，结构也较泡罩塔板简单。故自 20 世纪 50 年代问世以来推广应用很快。

(3) 筛孔塔板　浮阀塔板具有许多优点，但其结构仍显复杂，且运动件易磨损。最简单的结构应该是筛板。筛板几乎与泡罩塔同时出现，但由于当时设计方法不成熟，筛板容易漏液，操作弹性小，难以操作而未被使用。目前，筛板是应用最为广泛的一种板型，具有独特优点——结构简单，造价低廉。筛板的压降、效率和生产能力等大体与浮阀塔板相当。

(4) 导向筛板　导向筛板又称林德筛板（见图 4-58），在普通筛塔板的基础上做了两项改进：一是在整个筛板上布置一定数量的扁平导向斜孔，开口方向与液流方向相同，作用是利用气体的动量推动液体流动，以降低液层厚度并保证液层均匀，提高塔板效率。二是在塔板入口处设置鼓泡促进装置。对普通筛板，入口处因液体充气程度较低和液面落差存在，会产生倾向性漏液。所谓鼓泡促进装置就是将塔板入口处翘起，使液层厚度人为减薄。这样，可使气流分布更加均匀。在低气速下，鼓泡促进装置可以避免入口处产生倾向性漏液。由于采用以上措施，导向筛板压降小而效率高（一般为 80%～120%），操作弹性也比普通筛板有所增加，特别适用真空精馏。

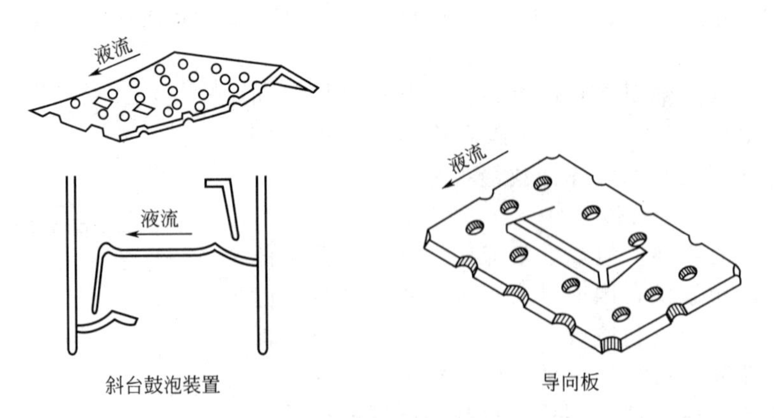

图 4-58　导向筛板

(5) 导向浮阀塔板　华东理工大学开发的导向浮阀塔板在浮阀塔板和导向筛板的基础上做了改进，提高了塔板效率和塔的处理量，已在 5000 多座工业塔中成功应用。导向浮阀的结构如图 4-59 所示，其主要特征如下。

浮阀为矩形，两端设有阀腿。气体从浮阀的两侧流出，气流方向与液流方向垂直。浮阀

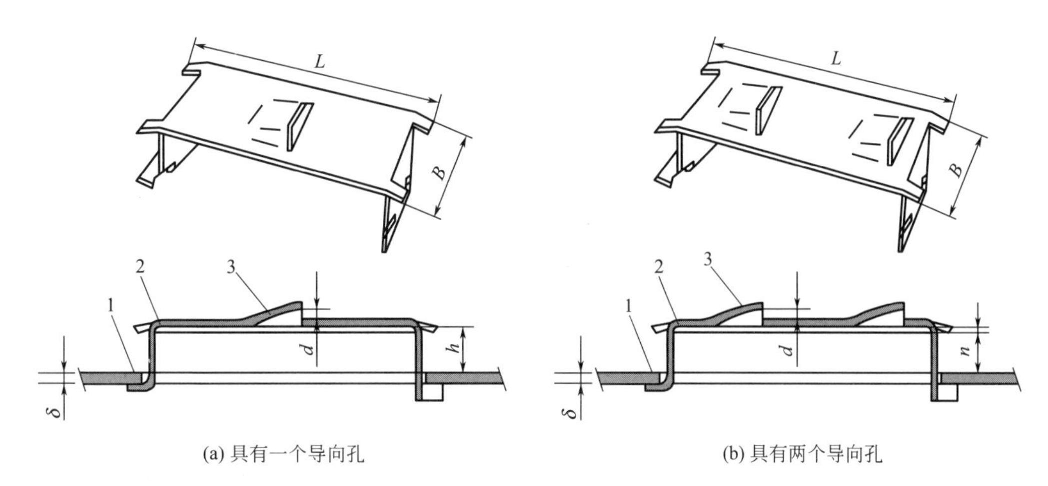

(a) 具有一个导向孔

(b) 具有两个导向孔

图 4-59 导向浮阀塔板

1—阀孔板；2—导向浮阀；3—导向孔；

δ—塔板厚度；L—浮阀长度；B—导向孔高度；h—阀开启高度；n—阀片厚度；d—缝隙

在操作中不转动，无磨损，不脱落。浮阀上设有一个或两个导向孔，导向孔的开口方向与塔板上的液流方向一致，其作用与导向筛板的导向孔一样，即从导向孔喷出的少量气体推动塔板上的液体流动，从而可明显减少甚至消除塔板上的液面梯度，使气体在液体流动方向上分布均匀。设有两个导向孔的浮阀会适当排布在塔板两侧的弓形区内，以加速该区域的液体流动，消除塔板上的液体滞止区。

4.9.2 填料塔

填料塔也是一种应用很广泛的气液传质设备。与板式塔相比，填料塔的基本特点是结构简单、压降低、填料易用耐腐蚀材料制造。填料塔直径可小可大，直径数米乃至十几米的填料塔已不足为奇。

填料塔的结构和填料 典型填料塔的结构示意图如图 4-47(b) 所示。塔体为一圆形筒体，筒内分层安放一定高度的填料层。填料塔操作时，液体自塔上部进入，通过液体分布器均匀喷洒于塔截面上。在填料层内，液体沿填料表面呈膜状流下。各层填料之间设有液体再分布器，将液体重新均布于塔截面之后，进入下层填料。气体自塔下部进入，通过填料缝隙中的空间，从塔上部排出。离开填料层的气体可能夹带少量雾状液滴，因此，有时需在塔顶安装除沫器。

(1) 填料类型 常用填料有散装填料和规整填料两大类。散装填料以无规则乱堆方式填充于塔体内，由于气液两相的流动路径是随机的，加上填料装填难以做到处处均一，难以做到气液流量分布均匀。规整填料是用波纹丝网或波纹板片捆扎焊接而成，填料层内的气液流动路径大大改善填料的流体力学性能和传质性能，具有压降低、传质效率高、通量大、气液分布均匀等优点。对于小直径塔，规整填料可整盘装填，大直径塔可分块组装。常见的几种填料形状如图 4-60 所示。

(2) 填料性能 填料的主要特征参数有比表面积、空隙率、填料因子和等板高度等。

① 比表面积 a 单位堆积体积所具有的表面积称为比表面积 a，单位为 m^2/m^3。填料的表面是填料塔内气液传质表面的基础，好的填料应具有尽可能多的表面积。同种填料，小尺寸填料具有较大比表面，且有利于气流均布，但过小的填料会造成气流阻力过大。

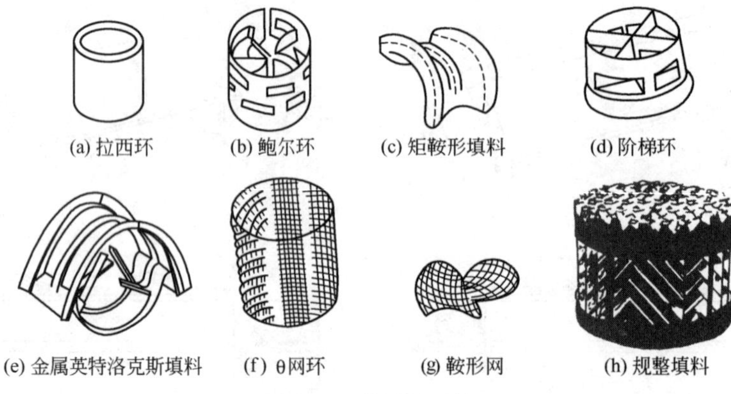

图 4-60　填料的形状

② 空隙率 ε　单位体积填料所具有的空隙体积称空隙率 ε，单位为 m^3/m^3。上升气体是在填料的空隙中流动的，流动阻力大小与空隙率 ε 密切相关。为减少气体的流动阻力，提高填料塔的允许气速（处理能力），填料层应具有尽可能大的空隙率。

③ 填料因子 ϕ　干填料因子是指干填料的比表面积 a 与空隙率 ε 的 3 次方的比值，填料因子为液体喷淋条件下的实验值。ϕ 值越小，填料层压降就小，气体的通量就大。

④ 等板高度　等板高度是指与一块理论板的传质效果相当的填料层高度，用 HETP（height equivalent to a theoretical plate 的缩写）表示。常见填料的 HETP 值可以从有关手册或资料中查得。越是高性能的填料，HETP 越小。

几种常用填料的特性数据见表 4-2。

表 4-2　几种常用填料的特性数据

填料名称	尺寸 /mm	材质及堆积方式	比表面积 (a) /(m^2/m^3)	空隙率 (ε) /(m^3/m^3)	每米填料个数	堆积密度 (ρ_p) /(kg/m^3)	干填料因子(a/ε^3) /m^{-1}	填料因子 (ϕ) /m^{-1}	备注
拉西环	10×10×1.5	瓷质乱堆	440	0.70	720×10^3	700	1280	1500	
	10×10×0.5	钢质乱堆	500	0.88	800×10^3	960	740	1000	
	25×25×2.5	瓷质乱堆	190	0.78	49×10^3	505	400	450	
	25×25×0.8	钢质乱堆	220	0.92	55×10^3	640	290	260	(直径)×(高)×(厚)
	50×50×4.5	瓷质乱堆	93	0.81	6×10^3	457	177	205	
	50×50×4.5	瓷质整砌	124	0.72	8.83×10^3	673	339		
	50×50×1	钢质乱堆	110	0.95	7×10^3	430	130	175	
	80×80×9.5	瓷质乱堆	76	0.68	1.91×10^3	714	243	280	
	76×76×1.5	钢质乱堆	68	0.95	1.87×10^3	400	80	105	
鲍尔环	25×25	瓷质乱堆	220	0.76	48×10^3	505		300	(直径)×(高)
	25×25×0.6	钢质乱堆	209	0.94	61.1×10^3	480		160	(直径)×(高)×(厚)
	25	塑料乱堆	209	0.90	51.1×10^3	72.6		170	(直径)
	50×50×4.5	瓷质乱堆	110	0.81	6×10^3	457		130	
	50×50×0.9	钢质乱堆	103	0.95	6.2×10^3	355		66	
阶梯环	25×12.5×1.4	塑料乱堆	223	0.90	81.5×10^3	97.8		172	(直径)×(高)×(厚)
	33.5×19×1.0	塑料乱堆	132.5	0.91	27.2×10^3	57.5		115	
金属 Intalox	25	钢质	228	0.962		301.1			(名义尺寸)
	40	钢质	169	0.971		232.3			
	50	钢质	110	0.977	11.1×10^3	225.0	110	140	

续表

填料名称	尺寸/mm	材质及堆积方式	比表面积 (a) /(m²/m³)	空隙率 (ε) /(m³/m³)	每米填料个数	堆积密度 (ρ_p) /(kg/m³)	干填料因子 (a/ε^3) /m⁻¹	填料因子 (ϕ) /m⁻¹	备注
矩鞍形	25×3.3	瓷质	258	0.775	84.6×10^3	548		320	(名义尺寸)×(厚)
	50×7	瓷质	120	0.79	9.4×10^3	532		130	
θ网环	8×8	镀锌铁丝网	1030	0.936	2.12×10^3	490			40目，丝径0.23～0.25mm
鞍形网	10		1100	0.91	4.56×10^3	340			60目，丝径0.152mm

此外，填料形状也是重要特性，只是难以定量表达。比表面积、空隙率大致接近而形状不同的填料在流体力学与传质性能上可有明显区别。形状理想的填料为气液两相提供了合适的通道，气体流动的压降低，通量大，且液流易铺展成液膜，液膜的表面更新快。理想的填料还须满足制造容易、造价低廉、耐腐蚀、润湿性好并具有一定机械强度等多方面的要求。

气液两相在填料层内的流动 下面讨论气液两相在填料层内的流动特征。

(1) *液体在填料层内的流动* 在填料塔内，液体沿填料表面自上而下从一个填料通过接触点流至下一个填料。通常希望液体在填料表面铺展成膜，呈薄膜流动。润湿的填料表面上不断更新的液膜表面就是气液接触传质的表面。为具有尽可能大的传质表面，需要适当选择填料的材质和表面性质，使液体具有较大的铺展能力；同时，液体应尽可能在全塔截面均匀分布，避免出现流体部分汇集导致的沟流和壁流。对于自分布能力不强的填料需要设置良好的初始分布器和再分布器。塔体安装要垂直，填料装填要尽可能均匀。此外还应保证足够的喷淋密度［液量 $m^3/(s\cdot m^2$ 塔截面)］，在同一填料塔中，喷淋密度越大，填料的特征分布越均匀。

在填料塔中流动的液体占有一定的体积，操作时单位填充体积所具有的液体量称为持液量（m^3/m^3）。一般持液量小的系统对干扰的反应灵敏度高，液体在塔内的停留时间短。持液量与填料表面的液膜厚度有关。液体喷淋量大，液膜增厚，持液量也加大。

(2) *气体在填料层内的流动* 气体在填料层内通过填料的空隙自下而上流动。气体通过干填料层的压降与流量的关系如图4-61中直线所示，其斜率为1.8～2.0。随气体流量的增大，压降将按1.8～2.0次方增长。

当气液两相逆流流动时，液膜占据了一部分气体流动的空间。在相同的气体流量下，填料空隙间的实际气速与干填料层比有所增加，压降也相应增大，且液体流量越大（$L_3>L_2>L_1$），液膜越厚，压降也越大。液体流量不变时（同一根液流量线），压降随气体流量增加而增大，且其趋势与干填料层有所不同。表现在高气速操作时，随气速增大，气液逆流流动的填料层比干填料层的压降曲线变陡，其斜率可远大于2。这是因为气体流量的增大，使液膜下流受阻而增厚，塔内自由截面减少，气体的实际流速更大，从而造成附加的压降增高，气液流动表现出显著交互影响；而低气速操作时，随气速增大，液膜增厚所造成的附加压降并不显著，图中 A_1、A_2、A_3 点下方压降曲线基本上与干填料层的压降曲线平行。

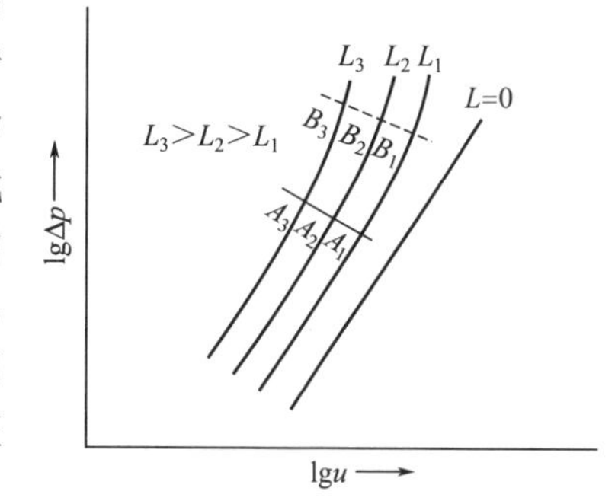

图4-61 填料塔压降与空塔速度 u 的关系

图4-61中 A_1、A_2、A_3 等点表示在不同液体流量

下，气液两相流动的交互影响开始变得比较显著，这些点称为载点。不难看出，载点的位置不是十分明确的，但自载点开始，气液两相流动的交互作用越来越强烈。当气液流量达到某一定值时，两相的交互作用恶性发展，将出现液泛现象。在压降曲线上，出现液泛现象的标志是压降曲线近于垂直。压降曲线明显变为垂直的转折点（如图 4-61 所示的 B_1、B_2、B_3 等）称为泛点。

在一定液体流量下，气速增大至泛点之前，液膜受阻增加导致的平均流速减小可由膜厚增加抵消，进入和流出填料层的液量仍可达到平衡，表现为一个气量对应一个膜厚，尽管液膜可能很厚，但气体仍保持为连续相。当气速增大至泛点时，出现恶性循环，即气量稍有增加，液膜将增厚，实际气速将进一步增加；实际气速的增大反过来促使液膜进一步增厚。如此循环终不能达成新的平衡，导致塔内持液量迅速增加。最后，塔内充满液体，液相转为连续相，而气体转而成为分散相，以气泡形式穿过液层，压降剧增，传质效果极差。

泛点是填料塔的操作极限，泛点气速对于填料塔的设计和操作十分重要。影响泛点的因素很多，包括填料的种类、物系的性质及气液两相负荷等。关于填料塔泛点气速可参考有关资料根据经验关联线图确定。

(3) 填料塔的操作范围　填料塔的操作范围没有像板式塔的负荷性能图那样形成完整的概念，但对于常用填料，有关气液两相操作的经验数据还是比较充实的。不同种类的填料操作范围不同，埃克特关于金属鲍尔环填料得到的实验曲线（见图 4-62）是具有代表性的。

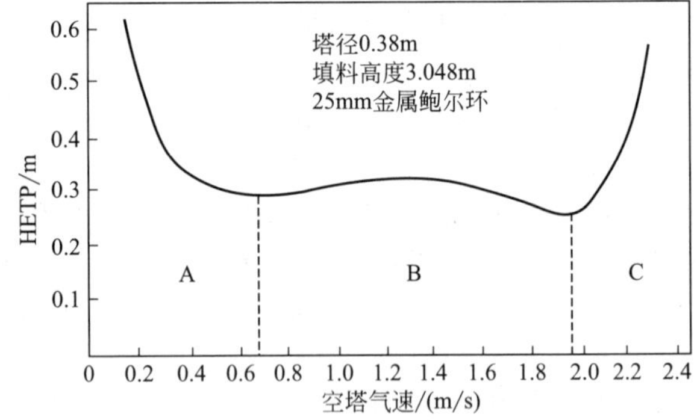

图 4-62　埃克特实验曲线

由图 4-62 可以看出，填料塔的操作状况可分为三个区域：A 区，气体流速很低，两相传质主要靠扩散过程，分离效果差，填料层的等板高度 HETP 较大；B 区，气体速度增加，液膜湍动促进传质，等板高度较小。当气速接近于泛点时，两相交互作用剧烈，传质效果最佳，等板高度最小；C 区，气速已达到或超过泛点，分离效果下降，等板高度剧增。

填料塔的正常操作范围位于区域 B 内。液体流量对填料塔正常操作的气速范围有重要影响。若液体流量过大，泛点气速下降，B 区将缩小。若液体流量过小，填料表面得不到足够的润湿，填料塔内的传质效果亦将急剧下降。在填料塔设计时，必须确定一个最小液体喷淋密度，如对水溶液之类的液体，液体喷淋密度不应小于 $7.3\mathrm{m^3/(h \cdot m^2)}$。当液体预分布较好时，整砌填料的最小液体喷淋密度可以做得较小。

填料塔的附属结构

(1) 支承板　支承板的主要用途是支承塔内的填料层及持有液体的全部重量。支承板要有足够的机械强度，同时又能保证气液两相顺利通过，对于普通填料，支承板的自由截面积应不低于全塔面积的 50%。常用的支承板有栅板和各种具有升气管结构的支承板（见图 4-63）。

(2) 液体分布器　液体在全塔截面的均匀分布是保证气液两相充分接触传质的首要条件。设计良好的液体预分布就是要保证单位塔截面上的喷淋点数足够多。研究表明单位塔截面的喷淋点数目对填料塔的性能影响极大，对于直径小于 0.75m 的填料塔，每平方米截面上的液体喷淋点不应少于 160 个；对于直径大的塔，每平方米截面上也应有 40～50 个喷

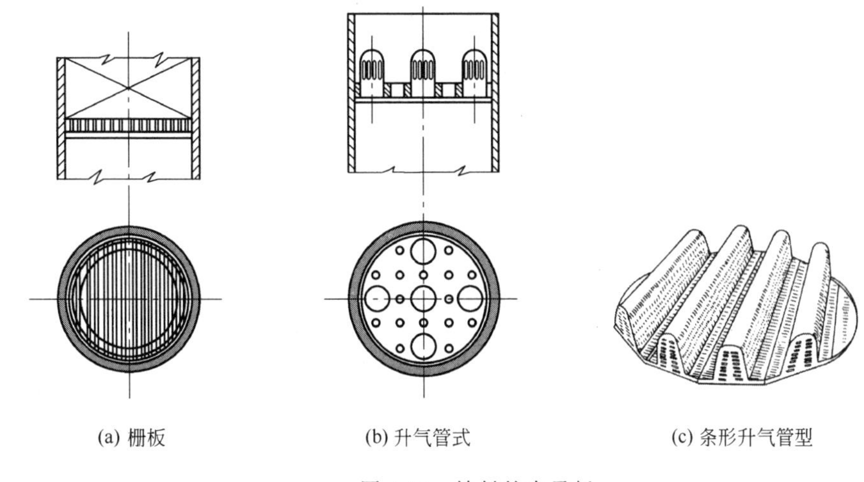

(a) 栅板　(b) 升气管式　(c) 条形升气管型

图 4-63　填料的支承板

淋点。

液体分布器种类很多，各种喷洒式分布器（如莲蓬头）是比较常用的，其他常用的液体分布器结构如图 4-64 所示。

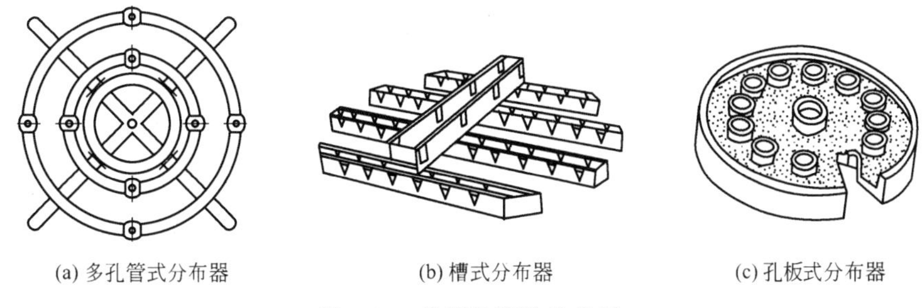

(a) 多孔管式分布器　(b) 槽式分布器　(c) 孔板式分布器

图 4-64　常用的液体分布器

（3）液体再分布器　液体在塔内自上而下流动时存在向塔壁偏流的趋势，这种现象称为填料塔的壁效应。为改善壁效应造成的液体分布不均，可在填料层内部每隔一定高度设置一液体再分布器。不同填料的壁效应表现不同。通常，拉西环壁流现象严重，每段高度约为塔径的 3 倍；而鞍形填料大约为塔径的 5～10 倍。

图 4-65 所示的截锥形液体再分布器是常用的最简单的液体再分布器。

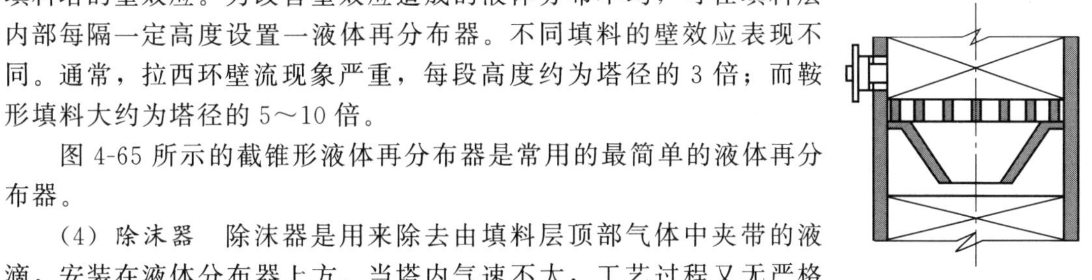

图 4-65　截锥式液体再分布器

（4）除沫器　除沫器是用来除去由填料层顶部气体中夹带的液滴，安装在液体分布器上方。当塔内气速不大，工艺过程又无严格要求时，一般可不设除沫器。

除沫器种类很多，常见的有折板除沫器、丝网除沫器、旋流板除沫器等。

4.9.3　填料塔与板式塔的比较

对于许多逆流气液接触过程，填料塔和板式塔都是适用的，设计者可根据具体情况进行选用。填料塔和板式塔有许多不同点，了解这些不同点对于合理选用塔设备是有帮助的。

板式塔的优势体现在设计资料更成熟可靠易得，设计比较准确，设计良好的板式塔操作范围比较大。板式塔塔板清洗相对方便，对含固体悬浮物容忍度高；对需侧线出料和气液接触过程中需要安装冷却盘管以移除反应热或溶解热的情况，板式塔比较容易实现；填料塔的优势则在于结构简单，造价便宜，对于易起泡物系，腐蚀性物系和热敏性物系更适宜。填料塔的压降比板式塔小，因而对真空操作也更为适宜。

习　　题

4-1 总压为 101.3kPa 下，用苯、甲苯的安托万方程（见例 4-1），求：(1) 温度为 108℃时，苯对甲苯的相对挥发度；(2) 温度为 81℃时，苯对甲苯的相对挥发度。

4-2 乙苯、苯乙烯混合物是理想物系，纯组分的蒸气压为：

乙苯　$\lg p_A^\circ = 6.08240 - \dfrac{1424.225}{213.206 + t}$

苯乙烯　$\lg p_B^\circ = 6.08232 - \dfrac{1445.58}{209.43 + t}$

式中，p°的单位为 kPa；t 的单位为℃。

试求：(1) 塔顶总压为 8kPa 时，组成为 0.595（乙苯的摩尔分数）的蒸汽的温度。(2) 与上述汽相成平衡的液相组成。

4-3 乙苯、苯乙烯精馏塔中部某一块塔板上总压为 13.6kPa，液体组成为 0.144（乙苯的摩尔分数），安托万方程见上题，试求：(1) 板上液体的温度；(2) 与此液体成平衡的汽相组成。

4-4 总压为 303.9kPa（绝压）下，含丁烷 0.80、戊烷 0.20（摩尔分数）的混合蒸汽冷凝至 40℃，所得的液、汽两相成平衡。求液相和汽相数量（摩尔）之比。

已知丁烷（A）和戊烷（B）的混合物是理想物系，40℃下纯组分的饱和蒸气压为：$p_A^\circ = 373.3$kPa；$p_B^\circ = 117.1$kPa。

4-5 某混合液含易挥发组分 0.24，在泡点状态下连续送入精馏塔。塔顶馏出液组成为 0.95，釜液组成为 0.03（均为易挥发组分的摩尔分数）。试求：(1) 塔顶产品的采出率 D/F；(2) 采用回流比 $R=2$ 时，精馏段的液汽比 L/V 及提馏段的汽液比 $\bar{V}/\bar{L}$；(3) 采用 $R=4$ 时，求 L/V 及 $\bar{L}/\bar{V}$。

设混合物在塔内满足恒摩尔流条件。

4-6 苯、甲苯混合液中含苯 20%（摩尔分数），预热至 40℃以 10kmol/h 的流量连续加入一精馏塔。塔的操作压强为 101.3kPa。塔顶馏出液中含苯 95%，残液含苯 3%，回流比 $R=3$。试求塔釜的蒸发量是多少？

*__4-7__ 某混合物含易挥发组分 0.10（摩尔分数，下同），以饱和蒸汽状态连续加入精馏塔的塔釜（见附图）。加料量为 10kmol/h，塔顶产品组成为 0.90，塔釜排出的残液组成为 0.05。试求：(1) 塔顶全凝器的蒸汽冷凝量；(2) 回流比 R 及塔内的液气比 L/V。

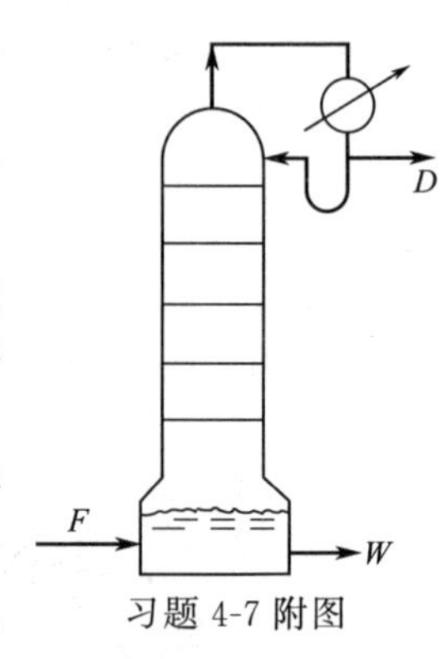

习题 4-7 附图

4-8 某筛板塔在常压下以苯-甲苯为实验物系，在全回流下操作以测定板效率。今测得由第九、第十两块板（自上向下数）下降的液相组成分别为 0.652 与 0.489（均为苯的摩尔分数）。试求第十块板的默弗里板效率。

4-9 欲设计一连续精馏塔用以分离含苯与甲苯各 50%的料液，要求馏出液中含苯 96%，残液中含苯不高于 5%（以上均为摩尔分数）。泡点进料，选用的回流比是最小回流比的 1.2 倍，物系的相对挥发度为 2.5。

试用逐板计算法求取所需的理论板数及加料板位置。

4-10 设计一连续精馏塔，在常压下分离甲醇-水溶液 15kmol/h。原料含甲醇 35%，塔顶产品含甲醇 95%，釜液含甲醇 4%（均为摩尔分数）。设计选用回流比为 1.5，泡点加料。间接蒸汽加热。用作图法求所需的理论板数、塔釜蒸发量及甲醇回收率。设没有热损失，物系满足恒摩尔流假定。甲醇-水体系的汽液相平衡数据如附表所示。

习题 4-10 附表　甲醇-水体系的汽液相平衡数据

甲醇的液相组成	甲醇的汽相组成	甲醇的液相组成	甲醇的汽相组成
0.00	0.000	0.40	0.729
0.02	0.134	0.50	0.779
0.04	0.234	0.60	0.825
0.06	0.304	0.70	0.870
0.08	0.365	0.80	0.915
0.10	0.418	0.90	0.958
0.15	0.517	0.95	0.979
0.20	0.579	1.00	1.000
0.30	0.665		

4-11　某填料精馏塔用以分离氯仿-1,1-二氯乙烷，在全回流下测得回流液组成 $x_D = 8.05\times10^{-3}$，残液组成 $x_W = 8.65\times10^{-4}$（均为1,1-二氯乙烷的摩尔分数）。该塔的填充高度为8m，物系的相对挥发度为 $\alpha = 1.10$，问该种填料的理论板当量高度（HETP）是多少？

思考题

4-1　蒸馏的目的是什么？蒸馏操作的基本依据是什么？

4-2　什么是理想溶液？拉乌尔定律和道尔顿分压定律是什么？

4-3　双组分汽液两相平衡共存时自由度为多少？

4-4　何谓泡点、露点？对于一定的组成和压力，两者大小关系如何？

4-5　什么是相对挥发度 α？相对挥发度的大小对精馏操作的影响？

4-6　平衡蒸馏与简单蒸馏有何不同？

4-7　什么是理论板？默弗里板效率有什么含义？

4-8　恒摩尔流假设指什么？其成立的主要条件是什么？

4-9　q 值的含义是什么？根据 q 的取值范围，有哪几种加料热状态？

4-10　建立操作线的依据是什么？

4-11　什么是全回流？全回流操作特点是什么？什么情况下使用全回流？

4-12　何谓最小回流比？

4-13　最适宜回流比的选取须考虑哪些因素？

4-14　如何选择加料热状态 q？

4-15　间歇精馏有哪两种典型操作方式？适用于什么场合？

4-16　恒沸精馏与萃取精馏的主要异同点是什么？

4-17　水蒸气蒸馏的基本原理和特点是什么？

4-18　分子蒸馏的基本原理是什么？

4-19　塔板上有哪三种气液接触状态？各有什么特点？

4-20　板式塔内有哪些主要的非理想流动？

4-21　板式塔的不正常操作现象有哪几种？

4-22　筛板塔负荷性能图受哪几个条件约束？

4-23　填料的主要特性有哪些？常用填料有哪些？

4-24　何谓载点、泛点？

4-25　何谓等板高度HETP？

4-26　填料塔、板式塔各适用于什么场合？

本章符号说明

符号	意义	SI 单位
a	比表面积	m^2/m^3
A、B、C	安托万常数	
A_f	降液管截面积	m^2
c_p	定压比热容	kJ/(kmol·K)
D	塔顶产品流率	kmol/s
E_T	全塔效率	
E_{mV}	气相的默弗里板效率	
E_{mL}	液相的默弗里板效率	
e'	塔板在单位时间内被气体夹带的液体量	kmol/h
e_V	每千摩尔干气体所夹带的液体量（kmol）	
F	加料流率	kmol/s
G	间歇精馏时塔釜的总汽化量	kmol
h_d	以清液高表示的干板压降	m
h_L	以清液高表示的液层阻力	m

符号	意义	SI 单位
h_f	以清液高表示的板压降	m
$\sum h_f$	液体在降液管出口处的阻力损失	m
h_{ow}	堰上清液层高度	m
h_w	堰高	m
H_d	降液管内的清液高度	m
H_T	板间距	m
i	泡点液体的热焓	kJ/kmol
I	饱和蒸汽的热焓	kJ/kmol
l_w	溢流堰长	m
L	回流液流率	kmol/s
m	加料板位置（自塔顶往下数）	
N	理论板数（包括塔釜）	
p	总压	Pa
p°	纯组分的饱和蒸气压	Pa
Δp	塔板上下空间对应位置的压差，板压降	Pa
q	加料热状态，平衡蒸馏中液相产物占加料的分率	
Q	传热量	kJ/s
r	汽化热	kJ/kmol
R	回流比	
S	直接蒸汽的加入流率	kmol/s
t、T	温度	K
u_0	孔速	m/s
V	塔内的上升蒸汽流率，间歇精馏时塔釜的汽化率	kmol/s
W	间歇操作中塔釜存液量	kmol
x	液相中易挥发组分的摩尔分数	
y	汽相中易挥发组分的摩尔分数	
α	相对挥发度	
Δ	液面落差	m
ν	挥发度	
ρ_L	板上清液的密度	kg/m^3
ε	空隙率	m^3/m^3
τ	间歇精馏的操作时间	s
γ	活度系数	
ϕ	填料因子	1/m

下标

符号	意义
A	易挥发组分
B	难挥发组分
D	馏出液
e	平衡
F	加料
m	加料板，平均值
n	塔板序号
W	釜液

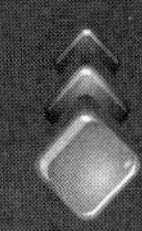

第5章 萃取和浸取

萃取和浸取是分离液体或固体混合物的基本单元操作，在制药工业过程中应用非常普遍。比如，从光菇子中萃取秋水仙碱，从雪灵芝中萃取总皂苷及多糖，从甘草中提取甘草素、甘草查尔酮、甘草酸，从马钱子中提取士的宁，从黄花蒿中提取青蒿素，从发酵液中萃取青霉素，从浓缩液中萃取赤霉素等等。

5.1 液液萃取过程

5.1.1 液液萃取过程分析

液液萃取原理 液液萃取是分离液体混合物的一种方法，利用液体混合物各组分在溶剂中溶解度的差异而实现分离。

设待分离溶液内含 A、B 两组分，可加入溶剂 S 将 A、B 分离。原混合物中的易溶组分 A 称为溶质；难溶组分 B 称为稀释剂（或称原溶剂）。溶剂 S 与原溶液不完全互溶，于是混合物系构成两个液相，如图 5-1 所示。为加快溶质 A 从原混合液向溶剂的传递，将物系搅拌，使一液相以小液滴形式分散于另一液相中，形成大的相际接触表面。停止搅拌后，两液相因密度差沉降分层。这样，溶剂 S 中出现了 A 和少量 B，称为萃取相 E；被分离的 A、B 混合液中出现了少量溶剂 S，称为萃余相 R。

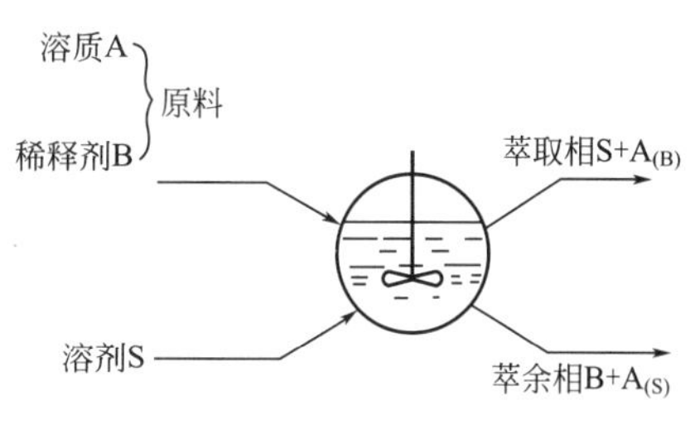

图 5-1 萃取操作示意图

使用的溶剂 S（或称萃取剂）必须满足两个基本要求：①溶剂不能与被分离混合物完全互溶，只能部分互溶；②溶剂对 A、B 两组分有不同的溶解能力，或者说，溶剂具有选择性

$$y_A/y_B > x_A/x_B$$

即萃取相内 A、B 两组分浓度之比 y_A/y_B 大于萃余相内 A、B 两组分浓度之比 x_A/x_B。

选择性的最理想情况是组分 B 与溶剂 S 完全不互溶。工业生产中常见的液液两相系统中，稀释剂 B 都或多或少地溶解于溶剂 S，溶剂也或多或少地溶解于被分离混合物。

萃取操作过程 萃取相和萃余相中均含有三个组分，萃取相须进一步分离成溶剂和增浓了的 A、B 混合物，萃余相中所含的少量溶剂也须加以回收。在工业生产中，这两步分离通常可通过精馏实现。

图 5-2 所示为稀醋酸水溶液的分离过程。稀醋酸连续加入萃取塔顶，萃取溶剂醋酸异丙酯自塔底加入进行逆流萃取，离开塔顶的萃取相进入恒沸精馏塔。在恒沸精馏塔中醋酸异丙

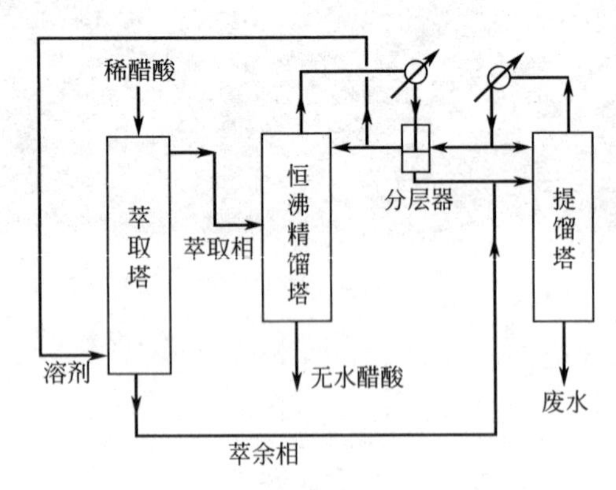

图 5-2　萃取及恒沸精馏提浓醋酸流程

酯与水形成非均相恒沸物，水被醋酸异丙酯带至塔顶，塔底可获得无水醋酸。塔顶蒸出的恒沸物经冷凝后分层，上层酯相一部分作回流，另一部分可作为萃取溶剂循环使用。离开萃取塔底的萃余相主要是水，含少量溶剂，恒沸精馏塔顶分层器放出的水层中也溶有少量溶剂，将两者合并加入提馏塔。在提馏塔内，溶剂与水的恒沸物从塔顶蒸出，废水则从塔底排出。

萃取过程的经济性　由上可知，萃取过程在经济上是否优越取决于后继的两个分离过程是否较原溶液的直接分离更容易实现。萃取过程通常适合下列情况：

① 混合液的相对挥发度小或形成恒沸物，用普通精馏不能分离或很不经济；

② 混合液浓度很稀，采用精馏方法能耗过大；

③ 混合液含热敏性物质（如药物等），采用萃取方法精制可避免物料受热分解。

萃取过程的经济性在很大程度上与萃取剂的性质有关，选萃取剂时须考虑：

① 溶剂应对溶质有较强的溶解能力，溶剂用量少，后继精馏分离能耗低。

② 溶剂对组分 A、B 的选择性高，易于获得高纯度产品。

③ 溶剂与被分离组分 A 之间的相对挥发度要高，后继精馏分离能耗低。

④ 溶剂在被分离混合物中的溶解度要小，使萃余相中溶剂回收的费用减少。

5.1.2　液液相平衡

溶解度曲线　在一定的温度下，常见的三元液液相平衡图如图 5-3 所示，P 点为临界混溶点，P 点左右两边的曲线称为溶解度曲线。连接溶解度曲线两边的直线称为平衡联结线，直线两端点的坐标表示相平衡两相的浓度（质量分数），纵坐标为 A 的浓度（E 相 y_A、R 相 x_A），横坐标为 S 的浓度（E 相 y_S、R 相 x_S）。两相中 B 的浓度可根据 $y_B=1-y_A-y_S$，$x_B=1-x_A-x_S$ 求得。在临界混溶点，两相的差别消失，变成一相。临界混溶点一般不在溶解度曲线的最高点，其准确位置的实验测定也比较困难。

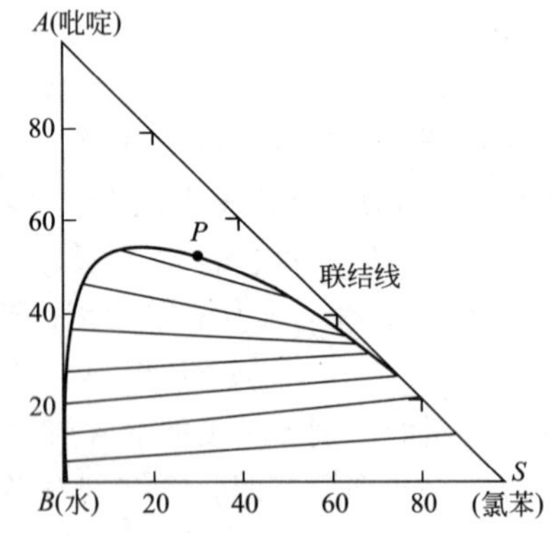

图 5-3　溶解度曲线和平衡联结线（吡啶-氯苯-水）

图 5-3 中溶解度曲线将三角相图分成两个区。该曲线与底边所围的区域为两相区，曲线以外是单相区。溶解度曲线以内是萃取过程的可操作范围。

分配系数　组分 A 在两相中的分配系数定义为两相平衡浓度之比

$$k_A=\frac{\text{萃取相中 A 的质量分数}}{\text{萃余相中 A 的质量分数}}=\frac{y_A}{x_A} \tag{5-1}$$

同样，组分 B 的分配系数为

$$k_B=\frac{y_B}{x_B} \tag{5-2}$$

通常，分配系数不是常数，其值随浓度、温度、pH 值而变化。

分配曲线　将组分 A 在液液平衡两相中的浓度 y_A、x_A 之间的关系表示在直角坐标系中，如图 5-4 所示，该曲线称为分配曲线，可用某种函数形式表示，即

$$y_A=f(x_A) \tag{5-3}$$

溶剂的选择性系数　对组分 B 而言，溶质 A 在两平衡液相中的相对浓度差异可用选择性系数 β 表示，其定义为

$$\beta=\frac{y_A/y_B}{x_A/x_B}=\frac{k_A}{k_B} \tag{5-4}$$

选择性系数 β 相当于精馏操作中的相对挥发度 α，当 $\beta=1$ 时，两相中 A、B 浓度的比值相同，不能用萃取方法进行分离，因两相脱除溶剂后的浓度是相同的。因此，萃取溶剂的选择应在操作范围内使选择性系数 $\beta>1$。B 与 S 的互溶度越小，β 值越大；当组分 B 不溶解于溶剂时，β 为无穷大。

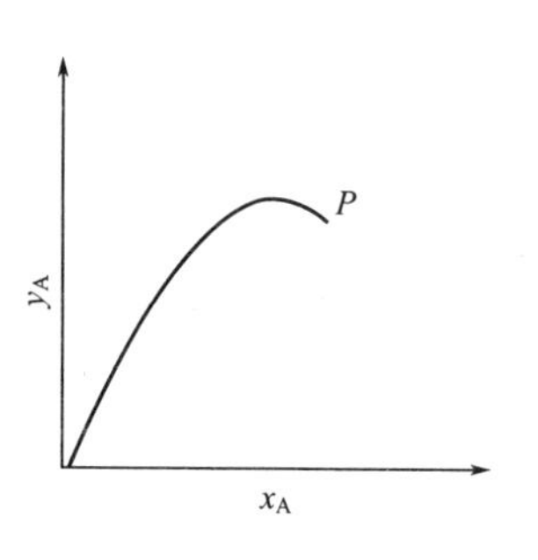

图 5-4　分配曲线

萃取操作的自由度　萃取分离涉及三个组分，根据相律，自由度为 3。当两相平衡时，组成只占用一个自由度。因此，操作压强和操作温度可人为选择。

5.1.3　液液萃取过程计算

与精馏过程类似，级式萃取过程的数学描述也应以每一个萃取级作为考察单元。萃取过程基本上是等温的。

萃取理论级　离开某级的液液两相 R 和 E 达到相平衡，该级为萃取理论级。

单级萃取的计算　若溶剂 S 与稀释剂 B 极少互溶，且在操作范围内溶质 A 的存在对 B、S 的互溶度又无明显影响，可忽略 B 与 S 之间的互溶度，近似将溶剂与稀释剂看作完全不互溶。这样，在萃取过程中，萃取相与萃余相各只含有两个组分。

纯溶剂 S 与稀释剂 B 可视为惰性组分，其量在萃取过程中均保持不变。为方便计算，可以惰性组分为基准表示溶液的浓度，以 X 和 Y 分别表示溶质在萃余相中的质量分数比（kg 溶质/kg 稀释剂）和溶质在萃取相中的质量分数比（kg 溶质/kg 纯溶剂）。

相应地，溶质在两相中的平衡关系可用 $Y\sim X$ 直角坐标图中的分配曲线表示，即

$$Y=KX \tag{5-5}$$

式中，K 称为分配系数，其值一般随浓度不同而异。

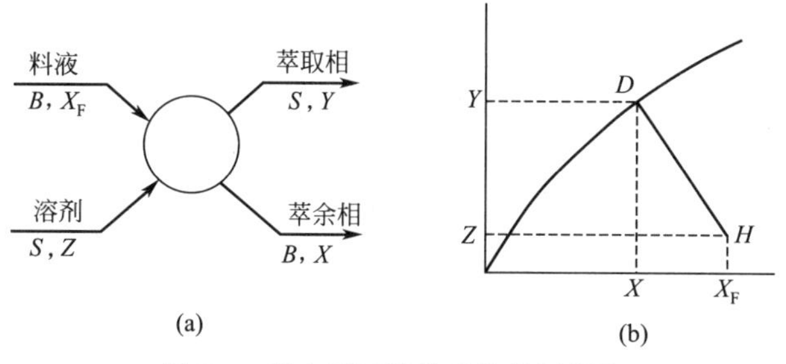

图 5-5　完全不互溶物系的单级萃取

图 5-5(a) 为一单级萃取器，进、出该萃取器各物流的流量及组成如图示，其中 B 为料液或萃余相中稀释剂的流量（kg/s）或数量（kg）；S 为溶剂或萃取相中纯溶剂的流量（kg/s）或数量（kg）；X_F 为进料中 A 的质量分数比；Z 为溶剂中 A 的质量分数比。

对萃取器作物料衡算可得

$$S(Y-Z)=B(X_F-X) \tag{5-6}$$

假设物料在萃取器内充分接触，离开时两相已达平衡状态，则

$$Y=KX$$

以上两式中，B、X_F 及 Z 为已知量，或选择萃取剂量 S 计算萃取相与萃余相的溶质浓度 Y、X；或规定萃余相浓度 X，计算萃取相浓度 Y 与萃取剂用量 S。

上述计算也可用图 5-5(b) 所示的图解法代替。由点 $H(X_F,Z)$ 作一斜率为

$$-\frac{B}{S}=\frac{Z-Y}{X_F-X} \tag{5-7}$$

的直线 HD 与平衡线相交，交点 D 的坐标即为所求的萃取相与萃余相浓度 Y、X。

多级错流萃取 多级错流只是上述单级萃取的多次重复，进出各级的物流及图解计算方法可参见图 5-6。

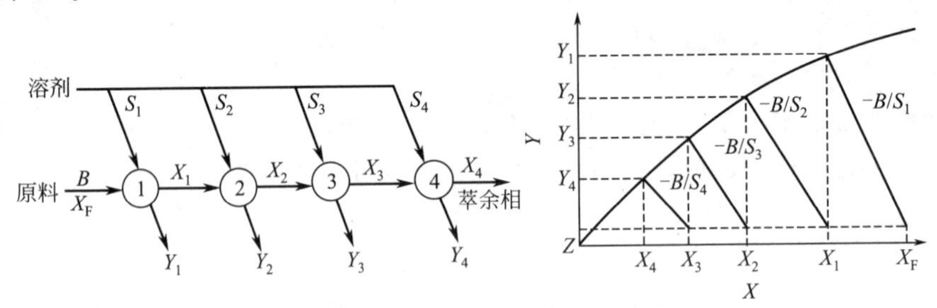

图 5-6 完全不互溶物系的多级错流萃取

若在操作范围内，平衡线为通过原点的直线，即分配系数 K 为一常数，则多级错流萃取的理论级数可解析解。

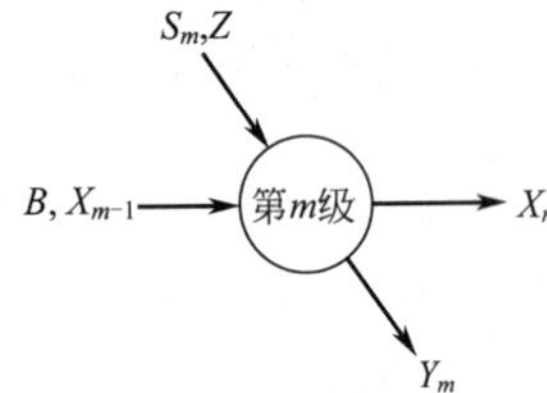

图 5-7 多级错流萃取中第 m 级的物料衡算

图 5-7 为多级错流萃取中任意第 m 级的有关物流及组成，若 $Z=0$，对其作物料衡算可得

$$B(X_{m-1}-X_m)=S_mY_m \tag{5-8}$$

将平衡关系 $Y_m=KX_m$

代入上式，则得

$$X_m=\frac{X_{m-1}}{1+\frac{S_m}{B}K}=\frac{X_{m-1}}{1+\frac{1}{A_m}} \tag{5-9}$$

式中

$$\frac{1}{A_m}=\frac{S_m}{B}K \tag{5-10}$$

称为萃取因数。当各级所用的溶剂量均相等，各级萃取因数 $1/A_m$ 为一常数 $(1/A)$ 时，式(5-9) 可写成

$$X_m=\frac{X_{m-1}}{1+\frac{1}{A}} \tag{5-11}$$

从 $m=1$ $(X_0=X_F)$ 至最后一级 $m=N$，逐级递推可得最终萃余相浓度 X_N 为

$$X_N=\frac{X_F}{\left(1+\frac{1}{A}\right)^N} \tag{5-12}$$

多级逆流萃取 完全不互溶物系的多级逆流萃取的流程如图 5-8(a) 所示。对整个萃取设备作物料衡算可得

$$B(X_F - X_N) = S(Y_1 - Z) \tag{5-13}$$

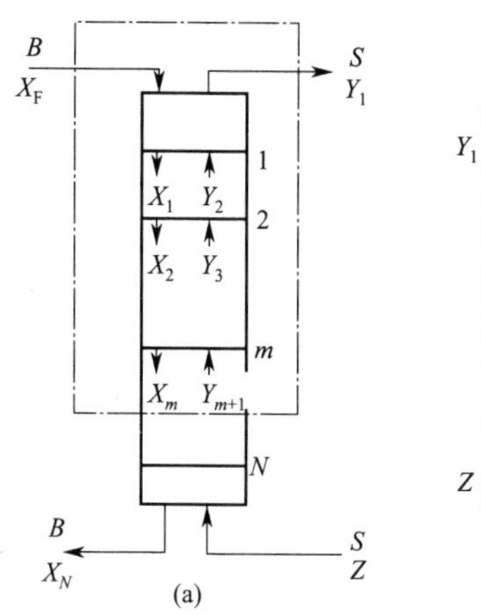

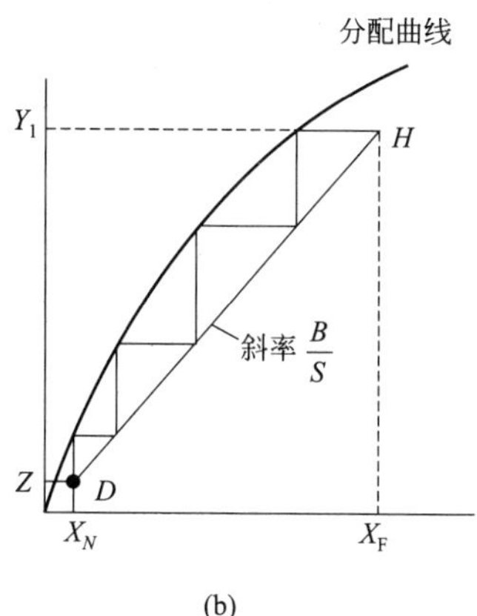

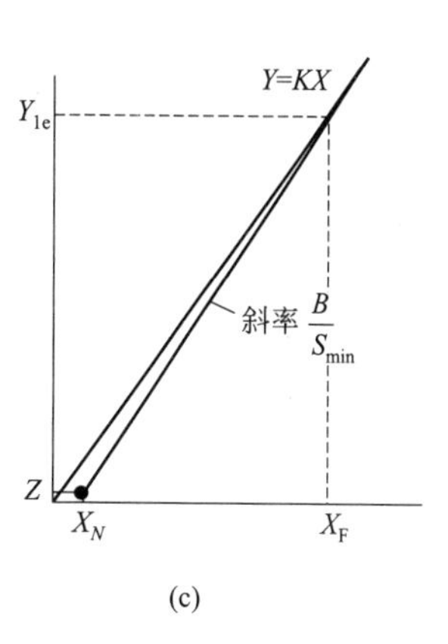

图 5-8　完全不互溶物系的多级逆流萃取

自第 1～m 级为控制体作物料衡算，则

$$B(X_F - X_m) = S(Y_1 - Y_{m+1}) \tag{5-14}$$

或

$$Y_{m+1} = \frac{B}{S}X_m + \left(Y_1 - \frac{B}{S}X_F\right) \tag{5-15}$$

式(5-15) 为逆流操作时的操作线方程。因斜率（B/S）为一常数，操作线为一直线，其上端位于 $X=X_F$、$Y=Y_1$ 的 H 点，下端位于 $X=X_N$、$Y=Z$ 的 D 点。在分配曲线（平衡线）与操作线之间作若干梯级，便可求得所需的理论级数，这与精馏过程图解是类似的。

若平衡线为一通过原点的直线，则可用式(5-16) 计算理论级数

$$N = \frac{1}{\ln\left(\frac{SK}{B}\right)} \ln\left(\frac{X_F - \frac{Y_1}{K}}{X_N - \frac{Z}{K}}\right) \tag{5-16}$$

为了使用方便，可结合总物料衡算式(5-13) 消去式(5-16) 中的浓度 Y_1，可得

$$N = \frac{1}{\ln\frac{SK}{B}} \ln\left[\left(1 - \frac{B}{SK}\right)\frac{X_F - \frac{Z}{K}}{X_N - \frac{Z}{K}} + \frac{B}{SK}\right] \tag{5-17}$$

或

$$N = \frac{1}{\ln\frac{SK}{B}} \ln\left[\left(1 - \frac{B}{SK}\right)\frac{X_F - X_N}{X_N - \frac{Z}{K}} + 1\right] \tag{5-18}$$

通常，定义最终萃余相中溶质残余量与原料中的溶质量之比为萃余率

$$\varphi = \frac{R_N x_{NA}}{F x_{FA}} = \frac{BX_N}{BX_F} = \frac{X_N}{X_F} \tag{5-19}$$

而萃取率为 $\eta = 1 - \varphi$。

【例 5-1】 单级萃取与两级错流萃取的比较

含醋酸 35%（质量分数）的醋酸水溶液，在 20℃下用异丙醚为溶剂进行萃取，料液的处理量为 100kg/h，水与异丙醚的互溶度可忽略，试求：(1) 用 100kg/h 纯溶剂作单级萃取，所得的萃余相和萃取相的醋酸浓度；(2) 每次用 50kg/h 纯溶剂作两级错流萃取，萃余相的最终醋酸浓度；(3) 比较两种操作的萃余率。

物系在 20℃时的平衡溶解度数据见表 5-1。

表 5-1　20℃醋酸-水-异丙醚液液平衡的醋酸浓度（质量分数）

水相，x_A	0.0069	0.0141	0.0289	0.0642	0.1330	0.2550	0.3670	0.4430	0.4640
异丙醚相，y_A	0.0018	0.0037	0.0079	0.0193	0.0482	0.1140	0.2160	0.3110	0.3620

注：表中同一列数据为相平衡关系。

解： 先将表 5-1 的相平衡数据换算成质量分数比 X、Y，计算结果见表 5-2。

表 5-2　20℃醋酸-水-异丙醚液液平衡的醋酸浓度（质量分数比）

水相，X	0.0069	0.0143	0.0298	0.0686	0.1534	0.3423	0.5798	0.7953	0.8657
异丙醚相，Y	0.0018	0.0037	0.0080	0.0197	0.0506	0.1287	0.2755	0.4514	0.5674

注：表中同一列数据为相平衡关系。

(1) 单级萃取：由表 5-2 中数据在直角坐标系中作出分配曲线［参见图 5-9(a)］。原料液 $X_F=0.35/0.65=0.538$，纯溶剂 $Z=0$，可在图上找出 F 点。$B=100\times(1-0.35)=65$kg/h，可算得 $B/S=65/100=0.65$，根据式(5-7)，由 F 点出发按斜率为 -0.65 作操作线，与分配曲线的交点为 E 点，得 $X=0.34$kg 醋酸/kg 水，$Y=0.129$kg 醋酸/kg 异丙醚。萃取相的醋酸浓度 $y=Y/(1+Y)=0.114$（质量分数），萃余相的醋酸浓度 $x=X/(1+X)=0.254$（质量分数）。

(2) 两级错流萃取：$S=50$kg/h，$B/S=65/50=1.30$，F 点坐标（0，0.538）。由 F 点出发按斜率为 -1.30 作操作线［参见图 5-9(b)］，与分配曲线的交点为 E_1 点，得 $X_1=0.407$kg 醋酸/kg 水，$Y_1=0.171$kg 醋酸/kg 异丙醚。由 X_1 点（0，0.407）出发按斜率为 -1.30 作操作线，与分配曲线的交点为 E_2 点，得 $X_2=0.315$kg 醋酸/kg 水，$Y_2=0.120$kg 醋酸/kg 异丙醚。萃余相的醋酸浓度 $x_2=X_2/(1+X_2)=0.240$（质量分数）。

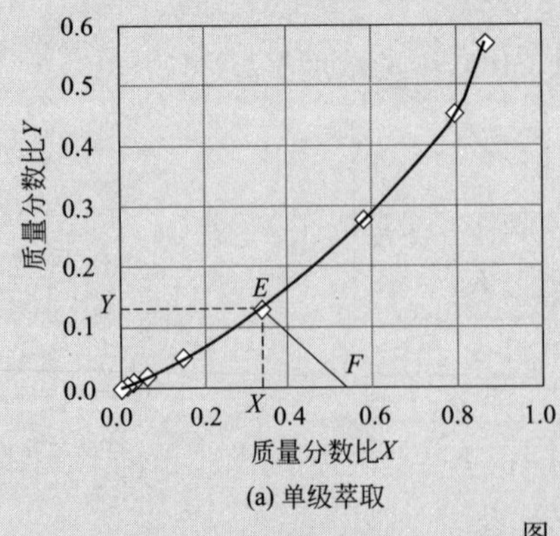

(a) 单级萃取

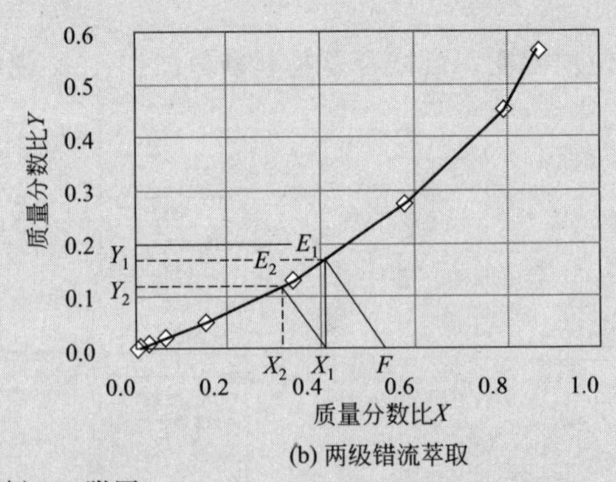

(b) 两级错流萃取

图 5-9　例 5-1 附图

(3) 两种操作萃余率的比较

单级萃取

$$\varphi_1=\frac{Rx_A}{Fx_{FA}}=\frac{BX}{BX_F}=\frac{0.34}{0.538}=0.632$$

两级错流萃取 $\varphi_2=\dfrac{R_2x_{2A}}{Fx_{FA}}=\dfrac{BX_2}{BX_F}=\dfrac{0.315}{0.538}=0.586$

显然，在溶剂用量相同的条件下，分多次错流萃取的效果比单级萃取效果好。

【例 5-2】 多级逆流萃取所需理论级的计算

某生产过程中，需用25℃纯的正丁醇（S）萃取间苯二酚（A）水（B）溶液中的间苯二酚，原料液流量为1kg/s，含间苯二酚 $x_{FA}=0.03$（质量分数）。操作采用的溶剂比（S/F）为0.1，要求最终萃余相中含间苯二酚低于0.002（质量分数）。已知在操作范围内的相平衡关系可表示为 $Y=19.5X$，忽略正丁醇与水的互溶度。试求逆流萃取操作所需的理论级数。

解： $F=1\text{kg/s}$，$B=F(1-x_{FA})=0.97\text{kg/s}$，$S=0.1F=0.1\text{kg/s}$，$X_F=0.03/0.97=0.0309$，$Z=0$，$X_N=0.0020$。参照图 5-8，取整个萃取设备为控制体，由式(5-13）可得

$$Y_1=Z+(X_F-X_N)B/S=(0.0309-0.0020)\times0.97/0.1=0.2803$$

由式(5-16）可得逆流萃取所需的理论级数

$$N=\frac{1}{\ln\left(\dfrac{SK}{B}\right)}\ln\left(\frac{X_F-\dfrac{Y_1}{K}}{X_N-\dfrac{Z}{K}}\right)=\frac{1}{\ln\left(\dfrac{19.5\times0.1}{0.97}\right)}\ln\frac{19.5\times0.0309-0.2803}{19.5\times0.0020-0}=3.02$$

溶剂比对逆流萃取理论级数的影响 类似于精馏操作中回流比与理论板数的关系，在多级逆流萃取中，溶剂比 S/B [或 S/F，$S/F=(1-x_{FA})S/B$] 的大小对达到指定分离要求所需的理论级数有显著影响。当溶剂比 S/B 减小时，由图 5-8(b）可知所需的理论级数增加。如图 5-8(c）所示，当溶剂比为最小溶剂比（$(S/B)_{min}$）时，操作线与平衡线出现切点或交点，此时所需理论级数增至无穷多。最小溶剂比表示达到指定分离要求时溶剂的最小用量。

$$\left(\frac{S}{B}\right)_{min}=\frac{X_F-X_N}{Y_{1e}-Z}=\frac{X_F-X_N}{KX_F-Z} \tag{5-20}$$

设计时，实际溶剂用量可取 $S/B=1.1\sim2(S/B)_{min}$。

微分接触式逆流萃取 在不少塔式萃取设备中，萃取相与萃余相呈逆流微分接触，两相中的溶质浓度沿塔高连续变化。此种设备的塔高计算可按理论级当量高度法计算。微分接触萃取塔的理论级当量高度是指萃取效果相当于一个理论级的塔高，以 HETP 表示。若逆流萃取所需要的理论级数已经算出，则塔高 H 为

$$H=N_T(\text{HETP}) \tag{5-21}$$

HETP 的数值与设备型式、物系性质及操作条件有关，须经实验研究确定。

5.1.4 液液萃取设备

萃取设备的目的是实现两液相之间的质量传递。萃取设备的种类很多，本节介绍一些常用的萃取设备。

表 5-3　液液传质设备的分类

项目		逐级接触式	微分接触式
无外加能量		筛板塔	喷洒萃取塔 填料萃取塔
具有外加能量	搅拌	混合沉降槽 搅拌-填料塔	转盘塔 搅拌挡板塔
	脉动		脉动填料塔 脉冲筛板塔 振动筛板塔
	离心力	逐级接触离心机	连续接触离心机

萃取设备的主要类型　液液系统两相的密切接触和快速分离要比气液系统困难得多，因为液液密度差较小、界面张力也较小。根据两相接触方式，萃取设备可分为逐级接触式和微分接触式两类，而每一类又可分为有外加能量和无外加能量两种。表 5-3 为液液传质设备的分类。

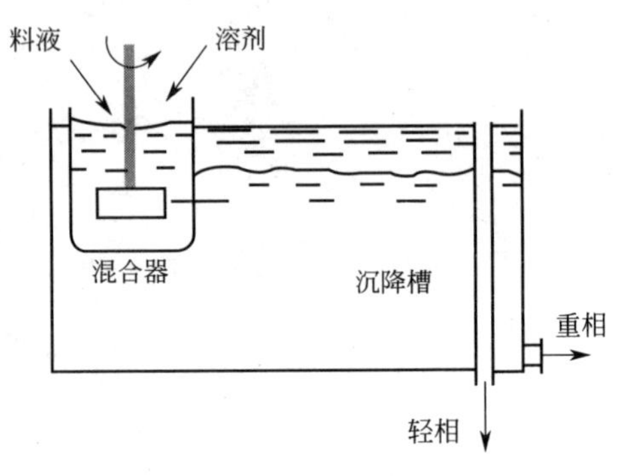

图 5-10　混合沉降槽

混合沉降槽　混合沉降槽是种典型的逐级接触式液液传质设备，每一级包括混合器和沉降槽两部分（见图 5-10）。在实际生产中，可单级使用，也可多级按逆流、错流方式组合使用。

混合沉降槽的主要优点是传质效率高，操作方便；主要缺点是占地面积较大、级间流动常需泵输送。

筛板塔　用于液液传质过程的筛板塔主要是由筛孔板和降液管（或升液管）组成的。总体上，轻重两相在塔内作逆流流动，而在每块塔板上两相呈错流接触。如果轻液为分散相，塔的基本结构与两相流动情况如图 5-11 所示。作为分散相的轻液穿过各层塔板自下而上流动，而作为连续相的重液则沿每块塔板横向流动，由降液管流至下层塔板。轻液通过板上筛孔被分散为液滴，与板上横向流动的连续相接触和传质。液滴穿过连续相之后，在每层塔板的上层空间（即在上一层塔板之下）形成一清液层。该清液层在两相密度差的作用下，经上层筛板再次被分散成液滴而浮升。每块筛板及板上空间的作用相当于一级混合沉降槽。为产生较小的液滴，液液筛板塔的孔径一般较小，通常为 3～6mm。

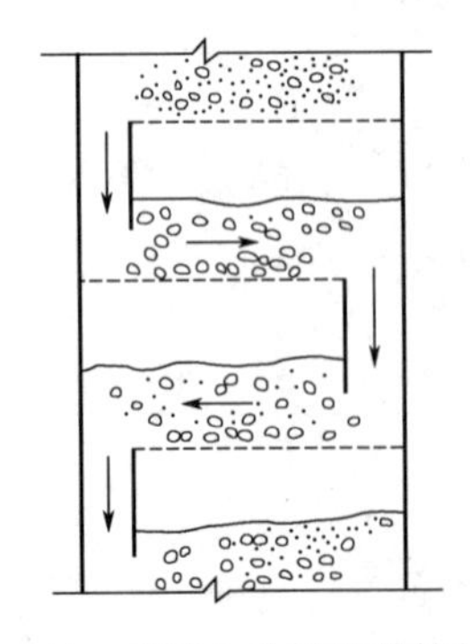

图 5-11　轻液为分散相的筛板塔

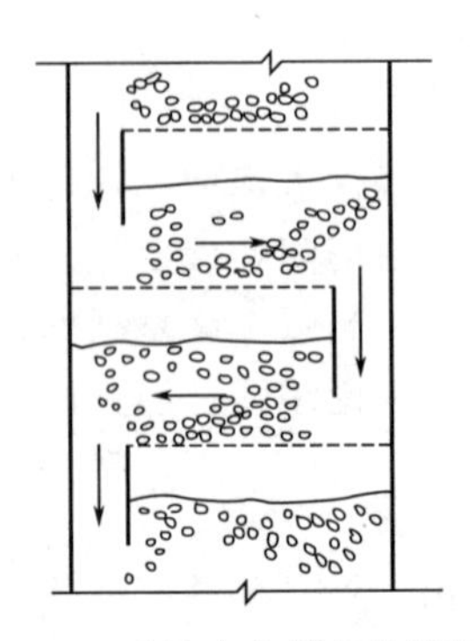

图 5-12　重液为分散相的筛板塔

若重液作为分散相，则须将塔板上的降液管改为升液管。此时，轻液在塔板上部空间横向流动，经升液管流至上层塔板，而重相穿过每块筛板自上而下流动（见图 5-12）。

在筛板塔内分散相液体发生多次分散和凝聚，而且筛板的存在又抑制了塔内的轴向返混，其传质效率是比较高的。筛板塔在液液传质过程中已得到相当广泛的应用。

喷洒塔 喷洒塔是微分接触设备。喷洒塔由壳体和液体分布器（喷洒器）组成，是结构最简单的液液传质设备（见图 5-13）。操作时，轻、重两液体分别由塔底和塔顶加入，并在密度差作用下呈逆流流动。其中一种液体作为连续相，而另一液体以液滴形式分散于连续相，从而使两相接触传质。塔体两端各有一个澄清室，以供两相分离。在分散相出口端，液滴凝聚分层。为提供足够的停留时间，有时将该出口端塔径局部扩大。两相分层界面Ⅰ—Ⅰ的位置可由阀门 B 和 π 形管的高度来控制。液体中所含少量固体杂质有在界面上聚集的趋势。这种杂质会附着于液滴的界面上，阻碍液滴的凝聚过程。因此，在界面Ⅰ—Ⅰ附近有一接管 C，以定期排除聚集在界面上的杂质。

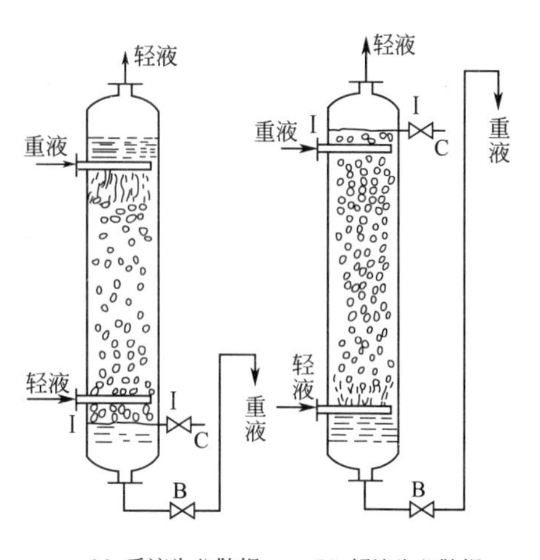

(a) 重液为分散相　(b) 轻液为分散相

图 5-13　喷洒塔

喷洒塔结构简单，但传质效果差，一般不会超过 1～2 个理论级，故工业应用较少。

填料塔 用于液液传质的填料塔结构是由圆柱形外壳及内部填料所构成。在精馏塔中所用的各种典型填料，如鲍尔环、拉西环、鞍形填料及其他各种新型填料对液液系统仍然适用。填料层通常用栅板或多孔板支承。为防止沟流现象，填料尺寸不应大于塔径的 1/8。为避免分散相液体在填料表面大量黏附而凝聚，所用填料应优先被连续相液体所润湿。因此填料塔内液液两相传质的表面积与填料表面积基本无关，传质表面是液滴的外表面。一般来说，瓷质填料易被水溶液优先润湿，塑料填料易被大部分有机液体优先润湿，而金属填料则需通过实验确定。

和喷洒塔相比，填料层使连续相速度分布较为均匀，使液滴之间多次凝聚与分散的机会增多，并减少了轴向混合。这样，填料塔的传质效果比喷洒塔有所提高，所需塔高则可相应降低。填料塔结构简单，操作方便，特别适用于腐蚀性料液，但填料塔的效率仍然是比较低的。

脉冲填料塔和脉冲筛板塔 为强化传质过程，可向填料塔内提供外加机械能以造成脉动。这种填料塔称为脉冲填料塔。脉冲的产生，通常可由往复泵来完成，有时也可用压缩空气来实现。

脉冲的加入，可使液滴尺寸减小，湍动加剧，两相传质速率提高。脉冲筛板塔的效率与脉动的振幅和频率有密切关系（见图 5-14）。若脉动过分激烈，会导致严重的轴向混合，传质效率反而降低。脉冲筛板塔的传质效率很高，能提供较多的理论板数，但其通过能力较小，在生产中的应用受到一定限制。

振动筛板塔 振动筛板塔的基本结构特点是塔内的无溢流筛板不与塔体相连，而固定于一根中心轴上。中心轴由塔外的曲柄连杆机构驱动，以一定的频率和振幅往复运动（见图 5-15）。振动筛板塔可大幅度增加相际接触表面及其湍动程度，振动筛板起机械搅拌作用。

转盘塔 转盘塔的主要结构特点是在塔体内壁按一定间距设置许多固定环，而在旋转的中心轴上按同样间距安装许多圆形转盘（见图 5-16）。固定环将塔内分隔成许多区间，在每一个区间有一转盘对液体进行搅拌，从而增大了相际接触表面及其湍动程度，固定环起到抑制塔内轴向混合的作用。为便于安装制造，转盘的直径要小于固定环的内径。转盘塔操作方便，传质效率高，结构也不复杂，特别是能够放大到很大的规模，因而工业应用非常广泛。

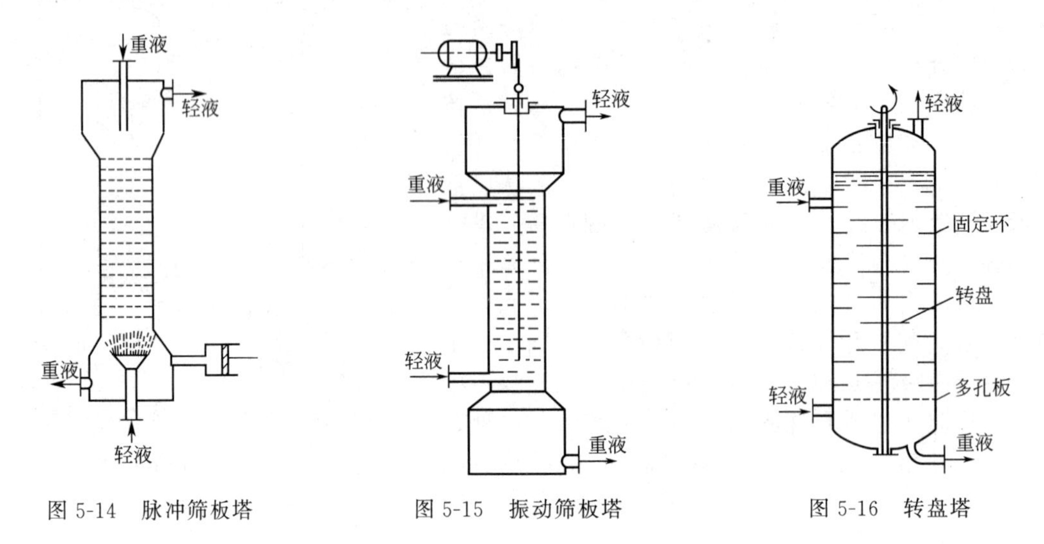

图 5-14　脉冲筛板塔　　图 5-15　振动筛板塔　　图 5-16　转盘塔

离心式液液传质设备　离心式液液传质设备，借高速旋转所产生的离心力，使密度差很小的轻、重两相以很大的相对速度逆流流动，两相接触密切，传质效率高。离心式液液传质设备的转速可达 2000～5000r/min，所产生的离心力可为重力的几百倍乃至几千倍。离心式液液传质设备的特点是：设备体积小，生产强度高，物料停留时间短，分离效果高。但离心式传质设备结构复杂，制造困难，操作费用高，其应用受到一定的限制。一般来说，对于两相密度差小、要求停留时间短并且处理量不大的场合（如抗生素的萃取）宜采用此种设备。

液液传质设备的选择　在设计液液传质设备之前，审慎地选择适当的设备类型是十分重要的。设备选型应同时考虑系统性质和设备特性两方面的因素，一般的选择原则如表 5-4 所示。若系统性质未知，须先进行小试。

表 5-4　液液传质设备的选择原则

比较项目		设备名称						
		喷洒塔	填料塔	筛板塔	转盘塔	脉冲筛板塔 振动筛板塔	离心萃取器	混合沉降槽
工艺条件	需理论级数多	×	△	△	○	○	△	△
	处理量大	×	×	△	○	×	×	△
	两相流量比大	×	×	×	△	△	○	○
系统费用	密度差小	×	×	×	△	△	○	△
	黏度高	×	×	×	△	△	○	△
	界面张力大	×	×	×	△	△	○	△
	腐蚀性高	○	○	△	△	△	×	×
	有固体悬浮物	○	×	×	○	△	×	○
设备费用	制造成本	○	△	△	△	△	×	△
	操作费用	○	○	○	△	△	×	×
	维修费用	○	○	△	△	△	×	△
安装场地	面积有限	○	○	○	○	○	○	×
	高度有限	×	×	×	△	△	○	○

注：○表示适用，△表示可以，×表示不适用。

分散相的选择　在液液传质过程中，两相流量比由液液相平衡关系和分离要求所决定，但在设备内究竟哪一液相作为分散相是可以选择的。分散相的选择通常可从以下几个方面考虑：

① 当两相流量比相差较大时，为增加相际接触面积，一般应将流量大者作为分散相。

② 当两相流量比相差很大，而且所选用的设备又可能产生严重的轴向混合，为减小轴向混合的影响，应将流量小者作为分散相。

③ 为减少液滴尺寸并增加液滴表面的湍动，对于 $d\sigma/dx>0$ 的系统（σ 为界面张力，x 为溶质浓度），分散相的选择应使溶质从液滴向连续相传递；对于 $d\sigma/dx<0$ 的系统，分散相的选择应使溶质从连续相传向液滴。

④ 对于填料塔、筛板塔等传质设备，连续相优先润湿填料或筛板很重要，应将润湿性较差的液体作为分散相。

⑤ 从成本和安全考虑，应将成本高和易燃易爆的液体作为分散相。

分散相的液体选定后，确保该液体被分散成液滴的主要手段是控制两相在塔内的滞液量。若分散相滞液量过大，液滴相互碰撞凝聚的机会增多，可能由分散相转化为连续相。

5.2　液固浸取过程

5.2.1　液固浸取过程分析

液固浸取原理　许多药物的有效成分存在于固体药材中，浸取的目的是分离固体混合物。用有机或无机溶剂S将固体物料中的可溶组分溶解，使其进入液相，从而将它从固体原料中分离出来的操作称为液固浸取，简称浸取，亦称液固萃取（见图5-17）。固体物料中的可溶解组分称为溶质A，固体物料中不溶解的组分称为载体或惰性组分B。浸取后得到的含溶质的液体称为浸出液E，浸取后的载体固体和残存于其中的溶液所构成的混合物称为残渣R。浸取分离的基本原理是利用溶质在溶剂S中的溶解和惰性组分的不溶解，即溶剂对溶质的选择性溶解。

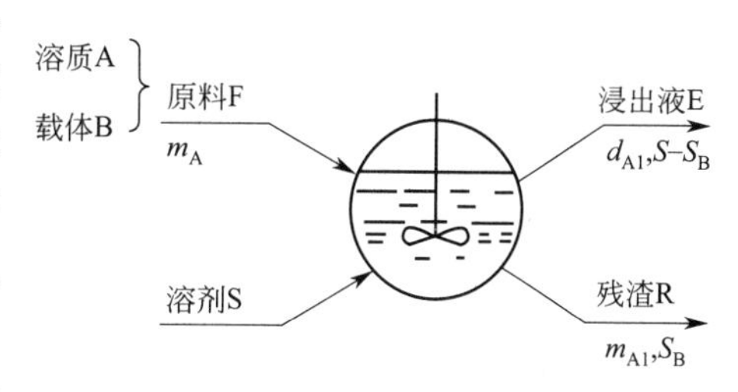

图5-17　单级浸取操作示意图

浸取操作过程　浸取操作过程通常需先将固体物料预处理（如粉碎、研磨、切片）到一定尺度，然后将固体与溶剂充分混合进行传质、溶解（需要一定的时间）。再将浸出液与残渣进行分离，如沉降、过滤、压榨。对浸出液中的溶剂进行回收，同时，分离得到较纯的溶质。回收的溶剂可循环使用。浸取操作的具体形式有多种，如煎煮、浸渍（超声浸渍、微波浸渍等）、渗漉等。

溶剂选择　适宜的溶剂应对药材中的有效成分有较大的溶解度，而对无效成分应少溶或不溶，与溶质间的相对挥发度大，便于溶剂回收。此外，还需考虑黏度、密度等物性对传递性质的影响，以及价格、毒性、腐蚀性、安全性等因素。

常用的溶剂　常用的溶剂有水、乙醇、酒、丙酮、氯仿、乙醚、石油醚等，其中以水和乙醇最常见。

（1）水　水具有极性强、溶解范围广、价廉易得等特点，药材中的生物碱、盐类、苷类、苦味质、有机酸盐、蛋白质、糖、树胶、色素、多糖类（果糖、黏液质和淀粉等）、酶和少量的挥发油等都能被水浸取。但水的选择性较差，给后续分离带来困难。另外，部分有效成分（如某些苷类等）在水中会发生水解。

（2）乙醇　乙醇的溶解性能介于极性和非极性溶剂之间，可溶解水溶性的某些成分，如生物碱及其盐类、苷类和糖等，也能溶解非极性溶剂所能溶解的某些成分，如树脂、挥发油、内酯和芳烃类化合物等。

乙醇与水能以任意比例混溶，为提高选择性，常采用乙醇与水的混合液作浸取溶剂。比如，90%以上的乙醇水溶液适用于浸取药材中的挥发油、有机酸、树脂和绿叶素等成分。50%～70%的乙醇水溶液适用于浸取生物碱、苷类等成分。50%以下的乙醇水溶液适用于浸取苦味质、蒽醌类化合物等成分。

（3）酒　酒能溶解和浸取多种药物成分，是一类性能良好的浸取溶剂。酒的种类很多，一般选饮用酒中的黄酒和白酒。黄酒中的乙醇含量为16%～20%（体积分数），此外还含有一定量的糖类、酸类、酯类的矿物质成分。白酒中的乙醇含量为38%～70%（体积分数），此外还含有一定量的酸类、酯类、醛类等成分。

（4）丙酮　丙酮常用于新鲜动物性药材的脱水或脱脂，具有防腐功能。缺点是易挥发和燃烧，且具有一定的毒性，因而不能残留于药剂中。

（5）氯仿　氯仿是一种非极性浸取溶剂，能溶解药材中的生物碱、苷类、挥发油和树脂等成分，但不能溶解蛋白质、鞣质等成分。氯仿具有防腐功能且不易燃烧，缺点是药理作用强烈，因而一般仅用于有效成分的提纯和精制。

（6）乙醚　乙醚是一种非极性浸取溶剂，能与乙醇等有机溶剂以任何比例混溶。乙醚具有良好的溶解选择性，可溶解药材中的树脂、游离生物碱、脂肪、挥发油以及某些苷类等成分，但对大部分溶解于水的成分几乎不溶。缺点是生理作用强，并极易燃烧，因而仅用于有效成分的提纯和精制。

（7）石油醚　石油醚是一种非极性浸取溶剂，具有较强的溶解选择性，可溶解药材中的脂肪油、蜡等成分，少数生物碱也能被石油醚溶解，但对药材中的其他成分几乎不溶。因此，石油醚常用作脱脂剂。

浸取辅助剂　凡加入浸取溶剂中能增加有效成分的溶解度、制品稳定性、能除去杂质的试剂，均称为浸取辅助剂。常用的浸取辅助剂有酸、碱、表面活性剂等，如盐酸、硫酸、醋酸、酒石酸；氨水、碳酸钠、碳酸钙；十二烷基硫酸钠等。

浸取温度　溶质在溶剂中的溶解度通常随温度升高而增大，且黏度降低，扩散系数增大，有利于浸取过程。但是，为了避免杂质过多的浸出，或高温会引起不期望的化学反应时，浸取温度就不能太高。若浸取温度在溶剂的沸点以上操作，则需要加压操作。

5.2.2 液固浸取过程计算

与液液萃取类似，浸取过程也有单级浸取、多级错流浸取、多级逆流浸取。

浸取平衡与级效率　单级浸取过程如图5-17所示。固态原料F与溶剂S加入搅拌釜中充分混合、溶解足够长时间，原料中的溶质A完全溶解于液体中，固体中只剩载体B，此时达到了浸取平衡。假定载体在溶剂中不溶解，浸出液E不含B组分，只含A和S组分。但残渣R中不仅包含了所有载体B，还含有部分液体L。忽略溶质在载体上的吸附量，则离开的浸出液E的浓度Y_A（质量分数比，kgA/kgS）与残渣R中溶液L的浓度X_A（质量分数比，kgA/kgS）是相同的。达到平衡的单级浸取称为理论级。实际浸取级达不到浸取平衡，实际分离度与理论分离度之比用级效率来度量。

单级浸取计算　由上可知，单级浸取中，有一部分溶剂是被残渣R带走的。溶剂夹带量S_B是与进料量F成正比的。定义溶剂夹带比α

$$\alpha=\frac{S_B}{F} \tag{5-22}$$

溶剂夹带比 α 是一个工艺参数，具体需要小试确定，它与浸出液 E 和残渣 R 的分离方式等因素有关。图 5-17 中，m_A 为浸取前固体中的溶质量，kg；m_{A1} 为浸取后残渣中的溶质量，kg；d_{A1} 为浸出液中的溶质量，kg。由浸取平衡可知 $Y_A=X_A$，其中 $Y_A=d_{A1}/(S-S_B)$，$X_A=m_{A1}/S_B$，对单级浸取过程进行物料衡算可得

$$\frac{m_A}{S}=\frac{m_{A1}}{S_B} \tag{5-23}$$

浸余率 φ 定义为残渣中的溶质量与浸取前固体中的溶质量之比，则

$$\varphi=\frac{m_{A1}}{m_A}=\frac{S_B}{S}=\frac{\alpha}{S/F} \tag{5-24}$$

由式(5-24) 可知，溶剂比 S/F 越大，溶剂夹带比 α 越小，浸余率 φ 就越小。浸取率为 $\eta=1-\varphi$。浸出液量 E 为

$$E=F+S-R=m_A+S-S_B-m_{A1} \tag{5-25}$$

其中的溶质量 d_{A1} 为

$$d_{A1}=m_A-m_{A1} \tag{5-26}$$

多级错流浸取计算　图 5-18 为多级错流浸取，与萃取流程有所不同，多级浸取的第 1 级（加料级）常需要较多的停留时间和充分的搅拌传质。第 1 级的主要功能是溶解，而后面几级的主要功能是洗涤，将残渣中夹带的液体内的溶质洗涤出来。通常，各级的溶剂夹带量 S_B 可看作是相等的。由于溶剂夹带的原因，第 1 级的溶剂用量要比后续几级的大，一般$S_1=S_2+S_B$，而 $S_2=S_3=S_4$。

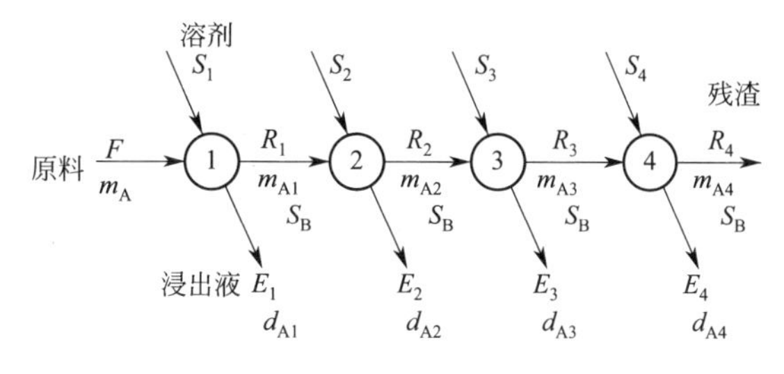

图 5-18　多级错流浸取

第 1 级的计算与单级浸取相同，可用式(5-24) 计算。对于第 2 级作物料衡算可得

$$\frac{m_{A1}}{S_2+S_B}=\frac{m_{A2}}{S_B} \tag{5-27}$$

或

$$\frac{m_{A2}}{m_{A1}}=\frac{S_B}{S_2+S_B}=\frac{1}{\dfrac{S_2}{\alpha F}+1} \tag{5-28}$$

第 3 级、第 4 级的计算与此相似。结合式(5-24)、式(5-28) 可得 N 级错流浸取的浸余率

$$\varphi=\frac{m_{AN}}{m_A}=\frac{1}{\dfrac{S_1}{S_B}\left(\dfrac{S_2}{S_B}+1\right)\left(\dfrac{S_3}{S_B}+1\right)\cdots\left(\dfrac{S_N}{S_B}+1\right)} \tag{5-29}$$

当 $S_1=S_2+S_B$，且 $S_2=S_3=\cdots=S_N$ 时，多级错流浸取的浸余率为

$$\varphi=\frac{m_{AN}}{m_A}=\frac{1}{\left(\dfrac{S_2}{\alpha F}+1\right)^N} \tag{5-30}$$

与单级浸取相比，多级错流浸取可提高浸取率。

多级逆流浸取计算　为大幅提高浸取率，可采用多级逆流浸取。图 5-19 表示了多级逆流浸取过程中物料进、出各理论级的流向及相应参数。通常第 1 级（加料级）需要较多的停

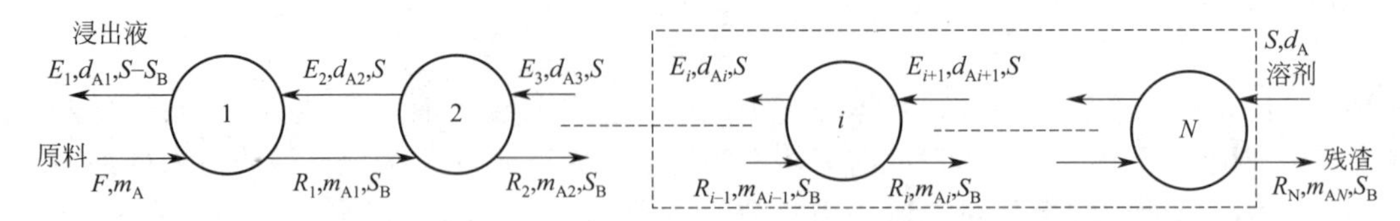

图 5-19　多级逆流浸取

留时间和充分的搅拌传质，其主要功能是溶解，而后面几级的主要功能是洗涤。各级残渣的溶剂夹带量 S_B 可看作是相等的，这样，第 2～N 各级浸出液 E 中溶剂的流量 S 也是相等的。第 1 级与其他各级（$i=2$～N）有所不同，先对其作物料衡算

溶质 A
$$m_A+d_{A2}=m_{A1}+d_{A1} \tag{5-31}$$

浸取平衡
$$\frac{m_{A1}}{S_B}=\frac{d_{A1}}{S-S_B}=\frac{m_A+d_{A2}}{S} \tag{5-32}$$

或
$$\frac{S}{S_B}m_{A1}-d_{A2}=m_A \tag{5-33}$$

对第 i 级（$i=2$～N）作物料衡算

溶质 A
$$m_{Ai-1}+d_{Ai+1}=m_{Ai}+d_{Ai} \tag{5-34}$$

或
$$d_{Ai}-d_{Ai+1}=m_{Ai-1}-m_{Ai} \tag{5-35}$$

浸取平衡
$$\frac{m_{Ai}}{S_B}=\frac{d_{Ai}}{S} \tag{5-36}$$

式(5-36) 代入式(5-35) 可得

$$\left(\frac{S}{S_B}m_{Ai}-d_{Ai+1}\right)=m_{Ai-1}-\frac{S_B}{S}d_{Ai}=\frac{S_B}{S}\left(\frac{S}{S_B}m_{Ai-1}-d_{Ai}\right) \tag{5-37}$$

这是一个递推公式，左括号与右括号变量相似，只是下标减 1。用式(5-37) 可从第 N 级递推至第 2 级，可得

$$\left(\frac{S}{S_B}m_{AN}-d_A\right)=\frac{S_B}{S}\left(\frac{S}{S_B}m_{AN-1}-d_{AN}\right)=\left(\frac{S_B}{S}\right)^{N-1}\left(\frac{S}{S_B}m_{A1}-d_{A2}\right) \tag{5-38}$$

结合式(5-33)，并整理可得

$$m_{AN}=\left(\frac{S_B}{S}\right)^N m_A+\frac{S_B}{S}d_A \tag{5-39}$$

$$d_{A1}=m_A+d_A-m_{AN} \tag{5-40}$$

多级逆流浸取的浸余率为

$$\varphi=\frac{m_{AN}}{m_A}=\left(\frac{S_B}{S}\right)^N+\frac{S_B}{S}\times\frac{d_A}{m_A} \tag{5-41}$$

浸取率为 $\eta=1-\varphi$。当采用纯溶剂浸取时，$d_A=0$。对图 5-19 的控制体作物料衡算，可得

操作关系
$$d_{Ai}=m_{Ai-1}+d_A-m_{AN} \tag{5-42}$$

平衡关系
$$m_{Ai}=\frac{S_B}{S}d_{Ai} \tag{5-43}$$

具体计算时，可先确定流率 m_A、d_A，由已知的 N、α，用式(5-39)、式(5-40) 计算 m_{AN}、d_{A1}，交替使用式(5-42)、式(5-43) 可从第 1 至第 N 级逐一计算各级的溶质流率。若指定浸余率，求所需的理论级数，则有

$$N=\frac{1}{\ln\left(\frac{S_B}{S}\right)}\ln\left(\varphi-\frac{S_B}{S}\times\frac{d_A}{m_A}\right) \tag{5-44}$$

【例 5-3】 药物浸取计算

300kg/h 某药材的有效成分含量为 3%，用 600kg/h 乙醇作溶剂进行浸取。该药材的溶剂夹带比为 1，试求：(1) 单级浸取所得浸出液量、有效成分含量、浸取率；(2) 采用 3 级错流，第 1 级用 400kg/h 溶剂，第 2、第 3 级各用 100kg/h 溶剂，求浸取率；(3) 采用 3 级逆流操作，计算浸取率、浸出液有效成分含量、各级溶质流率。

解：$\alpha=1$，$F=300\text{kg/h}$，$S_B=\alpha F=300\text{kg/h}$，$m_A=0.03F=9\text{kg/h}$

(1) 单级浸取，$S=600\text{kg/h}$

$$m_{AR}=\frac{S_B}{S}m_A=\frac{300}{600}\times 9=4.5\text{kg/h}$$

浸出液量 $$E=m_A+S-S_B-m_{AR}=9+600-300-4.5=304.5\text{kg/h}$$

有效成分含量 $$\frac{d_{AE}}{E}=\frac{m_A-m_{AR}}{E}=\frac{9-4.5}{304.5}=1.48\%$$

浸取率 $$\eta=1-\varphi=1-\frac{m_{AR}}{m_A}=1-\frac{4.5}{9}=50\%$$

(2) 3 级错流浸取，$S_2=S_3=100\text{kg/h}$，$S_1=400\text{kg/h}=S_2+S_B$

浸余率 $$\varphi=\frac{m_{A2}}{m_A}=\frac{1}{\left(\frac{S_2}{S_B}+1\right)^3}=\frac{1}{\left(\frac{100}{300}+1\right)^3}=0.422$$

浸取率 $$\eta=1-\varphi=1-0.422=57.8\%$$

(3) 3 级逆流浸取，$S=600\text{kg/h}$，$S_B/S=300/600=0.5$

浸余率 $$\varphi=\frac{m_{AN}}{m_A}=\left(\frac{S_B}{S}\right)^N=0.5^3=0.125$$

浸取率 $$\eta=1-\varphi=1-0.125=87.5\%$$

$$d_{A1}=m_A-m_{AN}=9-0.125\times 9=7.875\text{kg/h}$$

浸出液量 $$E_1=m_A+S-S_B-m_{AN}=S-S_B+d_{A1}=600-300+7.875=307.9\text{kg/h}$$

有效成分含量 $$y_A=\frac{d_{A1}}{E_1}=\frac{7.875}{307.9}=2.56\%$$

计算结果见表 5-5。

表 5-5 各级溶质和溶剂的流率 单位：kg/h

级	R			E		
	m_A	溶剂	X_A	d_A	溶剂	Y_A
F	9	0				
1	7.875	300	0.02625	7.875	300	0.02625
2	3.375	300	0.01125	6.75	600	0.01125

续表

级	R			E		
	m_A	溶剂	X_A	d_A	溶剂	Y_A
3	1.125	300	0.00375	2.25	600	0.00375
S				0	600	0

5.2.3 液固浸取设备

浸取设备的种类很多，按其操作方式可分为间歇式、半连续式、连续式；按固体物料的运动方式可分为固定床、移动床、悬浮床等。

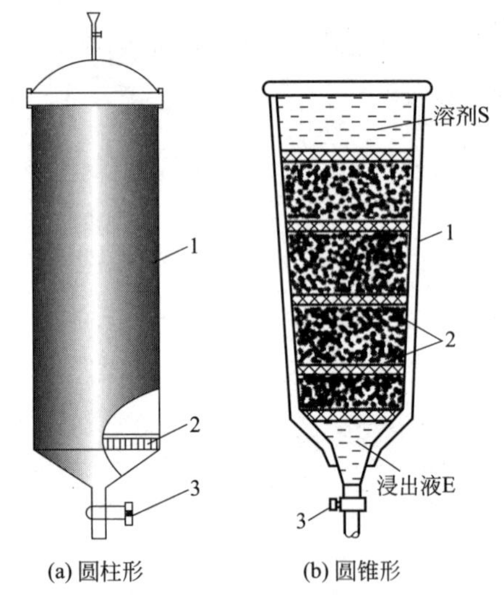

图 5-20 固定床浸取器

1—固定床；2—筛板；3—出口阀

固定床浸取器 图 5-20 所示为常用的固定床（渗滤）浸取器，如用于从树皮中浸取单宁酸，从种子中浸取药物。浸取器筒体可用玻璃、搪瓷、陶瓷、不锈钢等材料制造。溶剂从上部进入浸取器，浸出液从底部经出口阀流出。通常，膨胀性较小的药材多采用圆柱形的；膨胀性较大的药材宜采用圆锥形的，以减小壁面应力。为增加溶剂与药材的接触时间，提高浸取率，可以适当增加浸取器的高径比。

移动床浸取器 图 5-21 所示为一种移动床浸取器，称为 Bollman 浸取器或篮式浸取器。它置于一密闭的箱体中，众多的渗滤筐在箱体内流水线式地按箭头方向作顺时针旋转。粗颗粒物料从上部进入，放入底部开孔的渗滤筐内。纯溶剂从左上侧淋下，层层穿流过各渗滤筐中的颗粒层，溶剂与物料呈逆流。溶剂流到底部后用泵打到右侧上部，与送入的物料接触，层层穿流过各渗滤筐，溶剂与物料并流，溶剂流到底部为最终浸出液。这种移动床浸取器的物料最终与新鲜溶剂接触，可使残渣中的溶质尽可能多的被浸取出来。渗滤筐在经过最高位置时翻转，倒出的残渣经浆料螺旋输送器被排出。

图 5-22 所示为另一种移动床浸取器，称为螺旋输送浸取器。其主体由三个螺旋输送器组成，螺带表面开孔，可供溶剂通过。溶剂与物料总体呈逆流流动，物料从左上部加入，至右上部排出残渣。

搅拌式浸取器 图 5-23 所示为搅拌式浸取器，主体为一带搅拌器的搅拌釜，釜下部有一支撑筛板，既能支撑固体物料，又能过滤浸出液。视具体需要，搅拌釜可设置蒸汽加热夹套。使用时，将药材和溶剂一起加入釜中，搅拌浸取一定的时间，浸出液经筛板过滤后从底部排出。搅拌式浸取器的结构简单，操作方式灵活，既可间歇操作，又可半连续操作，常用于植物籽的浸取。但该浸取器的浸取率不高，仅接近一个理论级。

将若干台搅拌式浸取器串联，可进行逆流连续操作，大大提高浸取率。

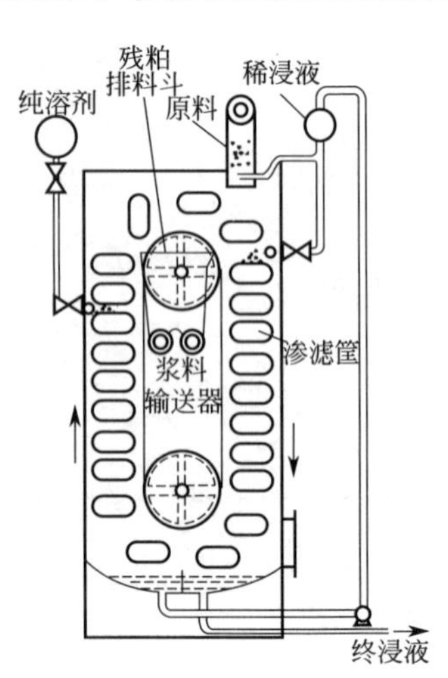

图 5-21 移动床浸取器（Bollman 浸取器）

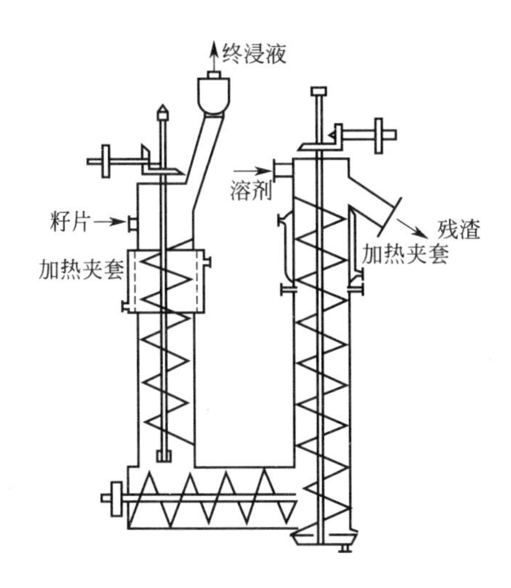

图 5-22 移动床浸取器（螺旋输送浸取器）

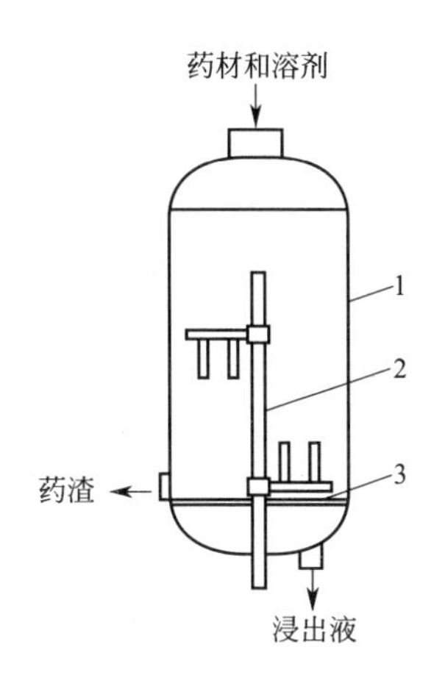

图 5-23 搅拌式浸取器

1—搅拌釜；2—搅拌器；3—支撑筛板

5.3 超临界流体萃取

基本原理 超临界流体萃取是用超过临界温度、临界压力状态下的气体作为溶剂以萃取待分离混合物中的溶质，然后采用等温变压或等压变温等方法，将溶剂与溶质分离的单元操作。

5.3.1 超临界流体

超临界流体 图 5-24 表示物质相态与温度、压力的关系。超临界流体通常兼有液体和气体的某些特性，既具有接近气体的黏度和渗透能力，又具有接近液体的密度和溶解能力，这意味着超临界流体萃取可以在较快的传质速率和有利的相平衡条件下进行。表 5-6 给出了超临界流体与常温常压下气体、液体的物性比较。常用的超临界流体有二氧化碳、乙烯、乙烷、丙烯、丙烷和氨等。常用超临界溶剂的临界值见表 5-7，以二氧化碳为例，它具有无毒、无臭、不燃和价廉等优点，临界温度为 31.0℃，不用加热就能将溶质与溶剂二氧化碳分开。而传统的液液萃取常用加热蒸馏等方法将溶剂分出，在不少情况下会造成热敏物质的分解和产品中带有残留的有机溶剂。

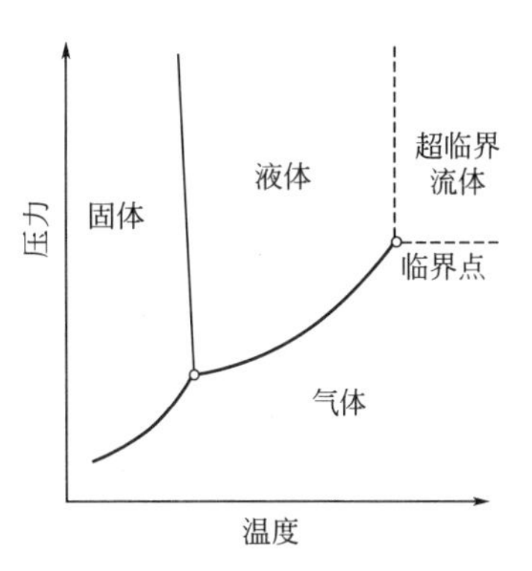

图 5-24 物质相态与温度、压力的关系

表 5-6 超临界流体与常温常压下气体、液体的物性比较

流体	相对密度	黏度/Pa·s	扩散系数/(m^2/s)
气体 15～30℃，常压	0.0006～0.002	$(1\sim3)\times10^{-5}$	$(1\sim4)\times10^{-5}$
超临界流体	0.4～0.9	$(3\sim9)\times10^{-5}$	2×10^{-8}
液体 15～30℃，常压	0.6～1.6	$(0.2\sim3)\times10^{-3}$	$(0.2\sim2)\times10^{-9}$

表 5-7 常用超临界溶剂的临界值

溶剂	临界温度/℃	临界压力/MPa	临界相对密度
乙烯	9.2	5.03	0.218
二氧化碳	31.0	7.38	0.468
乙烷	32.2	4.88	0.203
丙烯	91.8	4.62	0.233
丙烷	96.6	4.24	0.217
氨	132.4	11.3	0.235
正戊烷	197	3.37	0.237
甲苯	319	4.11	0.292

超临界流体性质 图 5-25 所示为二氧化碳-乙醇-水物系的相平衡图。可以看到，超临界萃取具有与一般液液萃取相类似的相平衡关系。图 5-26 为萘在 CO_2 中的溶解度，由图可见，不同温度下溶解度随压力的变化趋势相同，溶解度随压力升高而增加，超过一定压力范围变化趋于平缓。当压力大于某一特定值（10MPa）时，萘的溶解度随温度升高而增加；而当压力小于此值时，萘的溶解度随温度升高而降低，此特定压强称为转变压强。显然，对于压力大于转变压强的等压变温操作，必须降低温度才能使溶剂再生。

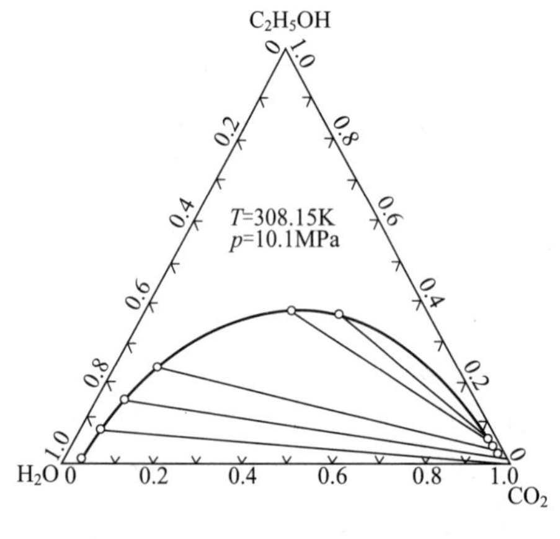

图 5-25 二氧化碳-乙醇-水物系的相平衡

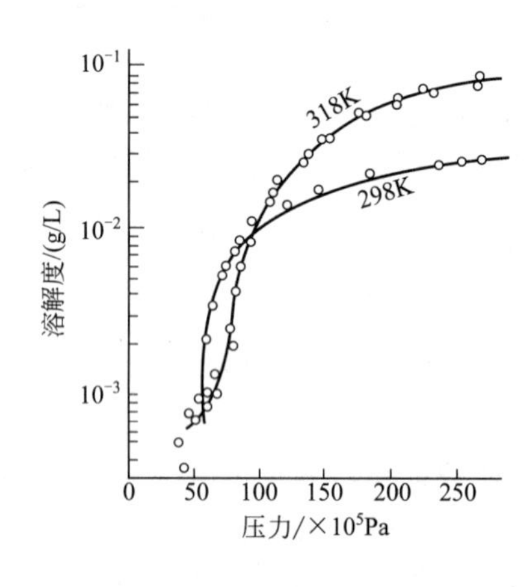

图 5-26 萘在 CO_2 中的溶解度

夹带剂 为了改善超临界流体对溶质的溶解度，可加入其他溶剂，这种溶剂称为夹带剂。常用的夹带剂有水、乙醇、氨、丙酮、甲醇、三乙胺、乙酸、乙酸乙酯等。夹带剂的选择以实验研究为主，可考虑极性强弱、酸碱性等因素的影响，也可选用几种物质复配的夹带剂。

5.3.2 超临界流体萃取的应用

超临界萃取的流程 根据溶剂再生方法的不同，超临界萃取的流程可分为四类：①等温变压法；②等压变温法；③吸附吸收法，即用吸附剂或吸收剂脱除溶剂中的溶质；④添加惰性气体的等压法，即在超临界流体中加入 N_2、Ar 等惰性气体，可使溶质的溶解度发生变化而将溶剂再生。

图 5-27 举例表示超临界萃取的等温降压流程。二氧化碳流体经压缩、加热器加热达到较大溶解度状态（即超临界流体状态），然后经萃取器与物料接触。萃取得溶质

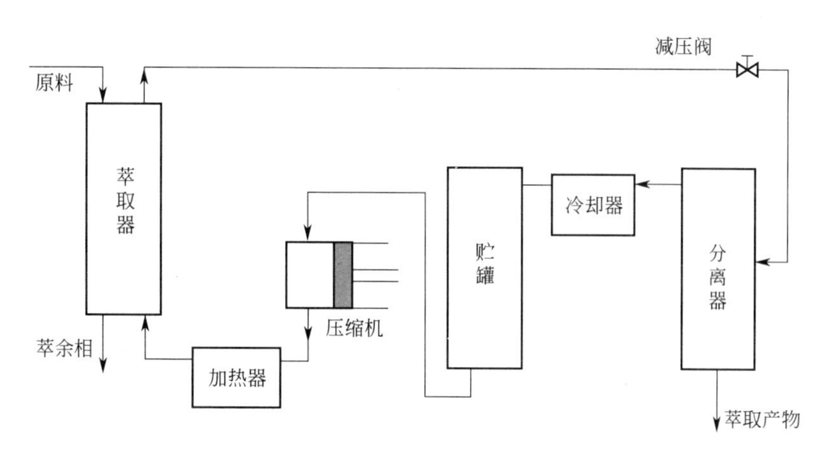

图 5-27 超临界萃取的等温降压流程

后，二氧化碳与溶质的混合物经减压阀进入分离器。在较低的压强下，溶质在二氧化碳中的溶解度大大降低，从而分离出来。离开分离器的二氧化碳经冷却器冷却后进入贮罐，压缩后循环使用。

超临界萃取的工业应用 超临界流体萃取技术兼有精馏与萃取（浸取）的优点。与精馏方法相比，上述超临界萃取过程可以大幅度降低能耗及投资费用。由于超临界流体常具有较强的溶解能力，工业上用它作为萃取溶剂从发酵液中萃取乙醇、乙酸，也可从木浆氧化废液中萃取香兰素，从柠檬皮油、大豆油中萃取有效成分等。

超临界流体也是固液浸取的有效溶剂，常用以从固体物中提取溶质。如以超临界二氧化碳为溶剂，将咖啡豆中的咖啡因溶解除去，咖啡因的含量可以从初始的0.7%～3%降到0.02%以下，且无损于咖啡豆的香味，溶剂无毒。此外，还可用超临界流体从烟草中脱除尼古丁，从植物中提取调味品、植物种子油、香精和药物，从啤酒花、紫丁香、黑胡椒中提取有效成分等。

在制药工业中，超临界流体萃取技术已有广泛应用，如从甘草中萃取甘草素、甘草查尔酮，从米糠中萃取米糠油，从鱼油中萃取EPA（二十碳五烯酸，如Omega3不饱和脂肪酸）和DHA（二十二碳五烯酸，俗称脑黄金），从蛋黄粉中萃取卵磷脂，从生等（藏药）中萃取墨沙酮，从光菇子中萃取秋水仙碱，从雪灵芝中萃取总皂苷及多糖，从马钱子中萃取士的宁，从黄花蒿中萃取青蒿素，从薯蓣属植物中萃取薯蓣皂苷，从云南红杉豆中萃取紫杉醇浸膏，从生姜中萃取姜黄油，从草珊瑚植物中萃取草珊瑚药物，从大蒜中萃取大蒜油，从大黄中萃取大黄素，从当归中萃取当归油等。

与传统的浸取（或萃取）方法相比，超临界流体萃取技术具有明显的优势。例如，从甘草中提取甘草酸，冷浸法需要29h，热浸法需要4h，超临界流体萃取只需要1.8h，而且超临界流体萃取的萃取率是冷浸法的5倍、是热浸法的2倍。超临界流体萃取在工艺流程上也有优势，大大简化了流程。图5-28所示为大黄中萃取大黄素的工艺流程对比。

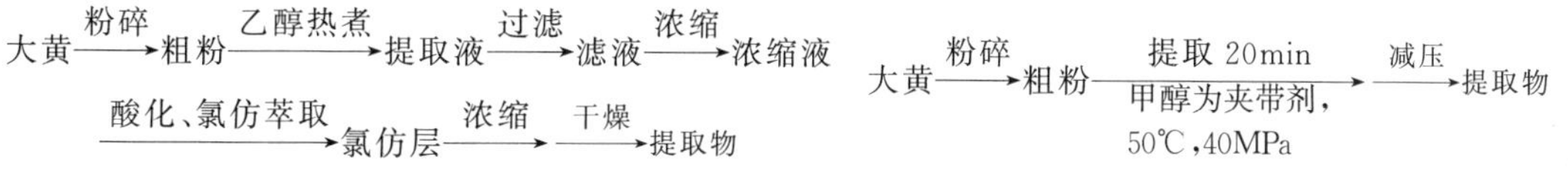

大黄 —粉碎→ 粗粉 —乙醇热煮→ 提取液 —过滤→ 滤液 —浓缩→ 浓缩液 —酸化、氯仿萃取→ 氯仿层 —浓缩→ —干燥→ 提取物

（a）传统方法

大黄 —粉碎→ 粗粉 —提取20min，甲醇为夹带剂，50℃，40MPa→ —减压→ 提取物

（b）CO_2 超临界流体萃取法

图 5-28 大黄中萃取大黄素的工艺流程对比

习　题

单级萃取

5-1　现有含10%（质量分数）醋酸的水溶液30kg，用60kg纯乙醚在25℃下作单级萃取，忽略水与乙醚的互溶度，试求：(1) 萃取相、萃余相的醋酸浓度，y_A，x_A；(2) 平衡两相中醋酸的分配系数k_A。

物系的平衡数据见附表。

习题5-1附表　25℃醋酸（A）-水-乙醚液液平衡的醋酸浓度（质量分数）

水相，x_A	0.0	0.051	0.088	0.138	0.184	0.231
乙醚相，y_A	0.0	0.038	0.073	0.125	0.181	0.236

注：表中同一列数据为相平衡关系。

5-2　醋酸水溶液100kg，在25℃下用纯乙醚为溶剂作单级萃取。原料液含醋酸$x_F=0.20$，欲使萃余相中含醋酸$x_A=0.1$（均为质量分数）。试求：(1) 萃取相的组成y_A、溶剂用量S；(2) 萃余相R、萃取相E的量。

已知25℃下物系的平衡关系为$y_A=1.356x_A^{1.201}$，式中y_A为与萃余相醋酸浓度x_A成平衡的萃取相醋酸浓度。忽略水与乙醚的互溶度。

多级萃取

5-3　丙酮（A）、氯仿（B）混合液在25℃下用纯水（S）作两级错流萃取，原料液中含丙酮30%（质量分数），每级溶剂比S/F均为1∶1。相平衡关系如附表所示，氯仿与水的互溶度可忽略，试作图求取最终萃余相中的丙酮的浓度和萃余率。

习题5-3附表　25℃丙酮（A）-氯仿-水液液平衡的醋酸浓度（质量分数）

氯仿相，x_A	0.0	0.08	0.24	0.31	0.39	0.42
水相，y_A	0.0	0.02	0.08	0.12	0.20	0.24

注：表中同一列数据为相平衡关系。

5-4　使用纯溶剂对A、B混合液作萃取分离。已知溶剂S与稀释剂B极少互溶，在操作范围内溶质A在萃取相和萃余相中的平衡浓度可用$Y=1.3X$表示（Y、X均为质量分数比）。要求最终萃余相中萃余率均为$\varphi=3\%$（质量分数），试比较单级和三级错流萃取（每级所用溶剂量相等）中，每千克的稀释剂B中溶剂S的消耗量（kg）。

5-5　以水（S）为溶剂萃取乙醚（A）-甲苯（B）的混合液中的乙醚，拟用多级逆流萃取塔。混合液量为100kg/h，组成为含乙醚15%（质量分数，下同）。该物系在操作范围内可忽略水与甲苯的互溶度，平衡关系可用$Y=2.2X$表示。（Y为kg乙醚/kg水、X为kg乙醚/kg甲苯），要求萃余相中乙醚的浓度降为1%，试求：(1) 最小的萃取剂用量S_{min}；(2) 若所用的溶剂量$S=1.5S_{min}$，需要多少理论级数？

浸取

5-6　错流3级浸取100kg药材，已知该药材的溶剂夹带比为1.5，溶剂用量$S_1=S_2+S_B$且$S_2=S_3$，为使浸取率达到96%，试求溶剂的用量为多少？

5-7　2次浸取200kg溶质含量3%的药材，已知该药材的溶剂夹带比为1，第1次浸取的溶剂加入量与药材量之比为5∶1，第2次为4∶1。试分别计算经1次和2次浸取后残渣中所剩余的溶质量。

5-8　采用3级逆流浸取装置浸取100kg/h的药材，该药材的溶剂夹带比为1.6，采用溶剂比S/F为4，试计算该过程的浸取率。

思考题

5-1　液液萃取的目的是什么？原理是什么？

5-2　液液萃取溶剂的必要条件是什么？

5-3　什么情况下选择液液萃取分离而不选择精馏分离？

5-4　液液萃取分配系数等于1能否进行分离操作？

5-5　液液萃取中分散相的选择应考虑哪些因素？

5-6　液固浸取的目的是什么？原理是什么？

5-7　液固浸取溶剂的必要条件是什么？

5-8　常用的中药浸取溶剂有哪些？各有什么特点？

5-9 什么是超临界流体萃取？

5-10 超临界流体萃取的基本流程是怎样的？

本章符号说明

符号	意义	SI 单位
$1/A$	萃取因数	
B	稀释剂的质量或质量流率	kg 或 kg/s
d_A	溶剂或浸出液中溶质 A 的质量或质量流率	kg 或 kg/s
E	萃取相的质量或质量流率，浸出液的质量或质量流率	kg 或 kg/s
F	原料液的质量或质量流率	kg 或 kg/s
k，K	分配系数	
L	浸取残渣中液体质量或质量流率	kg 或 kg/s
m_A	浸取原料或残渣中溶质 A 的质量或质量流率	kg 或 kg/s
N	总理论级数	
R	萃余相的质量或质量流率，浸取残渣的质量或质量流率	kg 或 kg/s
S	溶剂的质量或质量流率	kg 或 kg/s
S_B	残渣中的溶剂夹带量	kg 或 kg/s
x	萃余相中溶质 A 的质量分数	
X	萃余相中、浸取残渣中溶质 A 的质量分数比	kgA/kgB
y	萃取相中溶质 A 的质量分数	
Y	萃取相中、浸出液中溶质 A 的质量分数比	kgA/kgS
Z	溶剂中溶质 A 的质量分数比	kgA/kgS
β	选择性系数	
σ	界面张力	
φ	萃余率，浸余率	
η	萃取率，浸取率	
下标		
A	溶质	
B	稀释剂，载体	
F	原料液	
max	最大	
min	最小	
S	萃取剂	

第 6 章 固体干燥

6.1 概述

6.1.1 固体去湿方法

制药生产过程中，固体原料、中间体和成品中所含有的水分或者溶剂，称为湿分。国家药典中对一些药品的湿分含量有明确的规定标准，湿分含量不达标，会对输送、储藏、使用或进一步加工造成不良影响。制药过程中干燥的目的是为了便于药物的加工处理、提高药物的稳定性、保证产品的内在和外观质量以及使药物易于包装、储藏和运输。

例如，抗生素中的含水量太高会缩短使用寿命；合成类药物中的含水量过多易造成微生物繁衍，使得药物霉变。在片剂生产中，含水量偏高的固体物料，压片时易粘模。在胶囊剂生产中，如果内填充药物（多为颗粒状）的含水量不达标，这些药物在料仓内的流动性将很差，填入胶囊时会引起剂量的显著差异。因此，制药生产中涉及大量固体干燥过程，干燥作业的良好与否将直接影响药品的生产过程和质量。

物料的去湿方法 去除固体物料中湿分的方法有多种。

① 机械去湿：利用离心过滤等机械分离方法除去大部分的湿分。此法能耗较低，但往往不能达到去湿要求，因此适合湿分含量较高的物料的初步处理。

② 吸附去湿：用某种平衡湿汽分压很低的干燥剂（如 $CaCl_2$、硅胶等）与湿物料并存，使物料中湿分经气相转入干燥剂内。此法一般可将物料干燥到规定要求，但由于干燥剂的再生比较困难，操作费用较高，适合小批量物料的去湿。

③ 供热干燥：向物料供热以汽化其中的湿分。供热方式又有多种，工业干燥操作多是用热空气或其他高温气体作为干燥介质，使之掠过物料表面，干燥介质向物料供热并带走汽化的湿分。此种干燥常称为对流干燥，这是本章讨论的主要内容。

此外，含有固体溶质的溶液可借蒸发、结晶的方法脱除溶剂以获得固体产物。这些操作与对流干燥过程是有区别的：蒸发过程中的溶剂或水的汽化是在沸腾条件下进行的，而干燥过程的湿分是在低于沸点条件下汽化的。

本章主要讨论以空气为干燥介质、湿分为水的对流干燥过程。

对流干燥过程的特点 当温度较高的气流与湿物料直接接触时，气固两相间所发生的是热、质同时传递的过程（参见图 6-1）。物料表面温度 θ_i 低于气流温度 t，气体传热给固体。气流中的水汽分压 $p_{水汽}$ 低于固体表面水的分压 p_i，水分汽化并进入气相，湿

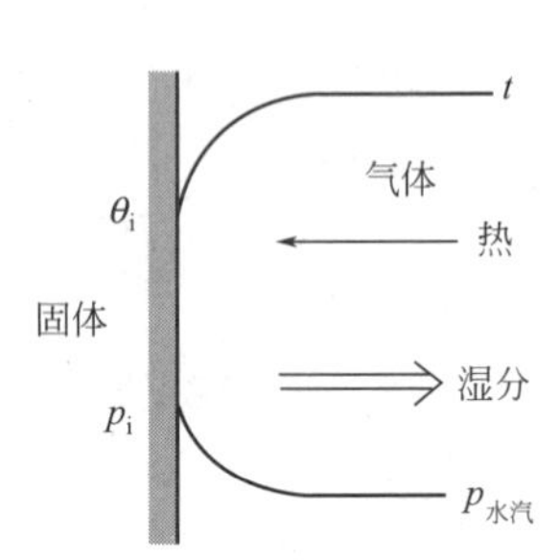

图 6-1 对流干燥过程的热、质传递

物料内部的水分以液态或水汽的形式扩散至表面。因此，对流干燥是一热、质同时传递的过程。

干燥过程的速率 对流干燥中传热和传质两个过程的速率可分别表示。根据图 6-1，传热速率式可表达为

$$q=\alpha(t-\theta_{i}) \tag{6-1}$$

式中，α 为气相对流给热系数，$kW/(m^2 \cdot ℃)$；q 为传热速率，kW/m^2。

传质速率式可表示为

$$N_A=k_g(p_i-p_{水汽}) \tag{6-2}$$

式中，N_A 为传质速率，$kmol/(s \cdot m^2)$；$p_{水汽}$、p_i 分别为气相水汽分压与固体表面温度 θ_i 下的蒸气压，kPa；k_g 为气相传质分系数，$kmol/(s \cdot m^2 \cdot kPa)$。

其他条件不变的情况下，传质推动力（$p_i-p_{水汽}$）的值越大，干燥速率越快。若 $p_{水汽}>p_i$ 时，传质方向反转，固体从空气中吸收水分，即常说的“返潮”现象。

6.1.2 对流干燥流程及经济性

对流干燥分连续过程和间歇过程两种流程，图 6-2 是典型的对流干燥流程示意图。空气经预热器加热至适当温度后，进入干燥器。在干燥器内，气流与湿物料直接接触。沿其行程气体温度降低，湿含量增加，废气自干燥器另一端排出。在间歇过程中，湿物料成批放入干燥器内，待干燥至指定的含湿要求后一次取出。在连续过程中，物料连续地进入干燥器，干燥后又连续排出，物料与气流可呈并流、逆流或其他形式的接触。

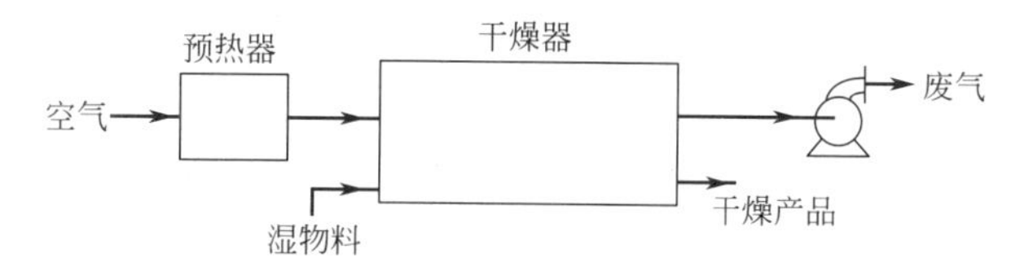

图 6-2 典型的对流干燥流程

干燥操作的经济性主要取决于能耗和热的利用率。为减轻汽化水分的热负荷，湿物料中的水分应当尽可能采用机械分离方法先予除去，因为机械分离方法比较经济。在干燥操作中，加热空气所消耗的热量只有一部分用于汽化水分，相当可观的一部分热能随含水分较高的高温废气流失。此外，设备的热损失、固体物料的温升也造成了不可避免的能耗。为提高干燥过程的经济性，应采取适当措施降低这些能耗，提高过程的热利用率。

6.2 干燥静力学

干燥静力学是考察气固两相接触时过程的方向与极限。为此，首先对水分在气固两相中的性质分别予以讨论。

6.2.1 湿空气的状态参数

湿空气是干空气和水汽的混合物，用作干燥的空气往往不是绝对干空气。在干燥过程中，空气作为载湿体，将物料中汽化的水分带走，空气中水汽的含量是变化的，而干空气的质量流量是不变的。因此，湿空气的状态参数，常以单位质量的干空气为基准。

空气中水分含量的表示方法 湿空气的状态参数除总压 p、温度 t 之外，与干燥过程有关的是水分在空气中的含量。根据不同的测量原理及计算的需要，水蒸气在空气中的含量有

不同的表示方法。

(1) 水汽分压 $p_{水汽}$ 与露点 t_d 空气中的水汽分压直接影响干燥过程的平衡与传质推动力。通过测量露点进而可以查得水汽分压。在总压不变的条件下，水的饱和蒸气压随温度的降低而减小。因此，测定露点时，可将空气缓慢降温，使空气中的水汽达到饱和而析出水雾，开始出现水雾时的温度即为露点 t_d。由测出的露点温度 t_d，查得此温度下的饱和蒸气压，即为空气中的水汽分压 $p_{水汽}$。显然，在总压 p 一定时，露点与水汽分压之间有一一对应关系。

(2) 空气的湿度 H 为了便于物料衡算，常将水汽分压 $p_{水汽}$ 换算成湿度。空气的湿度 H 定义为单位质量干气体带有的水汽量，kg 水汽/kg 干气。

对于湿空气，可按理想气体处理，根据道尔顿分压定律，水汽与干空气的物质的量比等于两者的分压比，由此可得气体的湿度 H 与水汽分压 $p_{水汽}$ 的关系为

$$H=\frac{M_{水}}{M_{气}}\times\frac{p_{水汽}}{p-p_{水汽}}=0.622\frac{p_{水汽}}{p-p_{水汽}} \tag{6-3}$$

式中，p 为气相总压，kPa；$M_{水}$、$M_{气}$ 分别为水与空气的相对分子质量，kg/kmol。

干燥过程的传质速率 N_A 也可用湿度差作传质推动力来计算

$$N_A=k_H(H_\theta-H) \tag{6-4}$$

$$H_\theta=0.622\frac{p_\theta}{p-p_\theta} \tag{6-5}$$

式中，N_A 为单位时间、单位面积所传递的水分质量，kg/(s·m^2)；k_H 为以湿度差为推动力的气相传质分系数，kg/(s·m^2)；H_θ 为物料表面温度 θ 下的饱和湿度。

(3) 相对湿度 φ 空气中的水汽分压 $p_{水汽}$ 与一定总压及一定温度下空气中水汽分压可能达到的最大值之比定义为相对湿度，以 φ 表示。

当总压为 101.3kPa，空气温度低于 100℃时，空气中水汽分压的最大值应为同温度下的饱和水蒸气压 p_s，故有

$$\varphi=\frac{p_{水汽}}{p_s}\quad(当\ p_s\leqslant p) \tag{6-6}$$

当空气温度高于 100℃时，该温度下的饱和水蒸气压 p_s 大于总压。但因空气的总压已指定，水汽分压的最大值最多等于总压，故取

$$\varphi=\frac{p_{水汽}}{p}\quad(当\ p_s>p) \tag{6-7}$$

从相对湿度的定义可知，相对湿度 φ 表示了空气中水分含量的相对大小。$\varphi=1$，表示空气已达饱和状态，不能再接纳任何水分；φ 值越小，表明空气还可接纳的水分越多。

(4) 湿球温度 t_w 图 6-3(a) 左边为干球温度计，右边为湿球温度计。湿球温度计的感温球用湿纱布包裹，利用纱布的毛细现象使表面保持润湿。该温度计所指示的实为薄水层的温度，其值与周围流动的空气状态有关。

设空气流的温度为 t（也称为干球温度）、湿度为 H，只要空气未达饱和状态，湿球温度计读数稳定时气相水汽分压 $p_{水汽}$ 低于纱布表面水的平衡分压 p_w，即 $p_{水汽}<p_w$ 或 $H<H_w$，水从纱布表面汽化。水汽化所需的热量只能来自空气传给水的热量，如图 6-3(b) 所示。由传热速率式可得

$$\underset{(空气传给水的显热)}{\alpha(t-t_w)}=\underset{(水汽化带走的潜热)}{k_H(H_w-H)r_w} \tag{6-8}$$

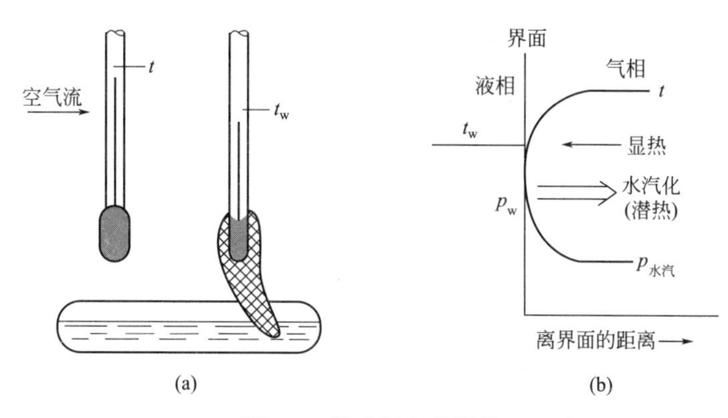

图 6-3 湿球温度的测量

式中，α 为气相的对流给热系数；r_w 为温度 t_w 下水的汽化热，kJ/kg；H_w 为 t_w 温度下空气的饱和湿度，kg 水汽/kg 干气。t_w 下的饱和湿度可由下式计算

$$H_w = 0.622\frac{p_w}{p-p_w} \tag{6-9}$$

式中，p_w 为 t_w 温度下水的饱和蒸气压，kPa。由式(6-8) 可得

$$t_w = t - \frac{k_H}{\alpha} r_w (H_w - H) \tag{6-10}$$

湿球温度的实质是空气状态（t、H 或 $p_{水汽}$）在水温上的体现，由式(6-10) 可知，只需用干、湿温度计测量空气的干球温度 t 和湿球温度 t_w，空气的湿度即被唯一地确定。

对空气-水系统，当被测气流的温度不太高、流速>5m/s 时，α/k_H 为一常数，其值约为 1.09kJ/(kg·℃)。

由湿球温度的原理可知，空气的湿球温度 t_w 通常低于干球温度 t。t_w 与 t 差距越小，表示空气中的水分含量越接近饱和；对饱和湿空气 $t_w = t$。

(5) 绝热饱和温度 t_{as} 如图 6-4 所示，当温度为 t、湿度为 H 的不饱和空气流在绝热喷水器中与温度为 t_{as} 的循环水接触。两相接触充分时，出口气体的湿度可达饱和值 H_{as}。由于与外界绝热，热量只能在空气和水之间传递，水汽化所需的热量只能来自于空气。这样，空气在与水接触的过程中，温度将逐渐下降至 t_{as}，放出的热量供水分汽化。

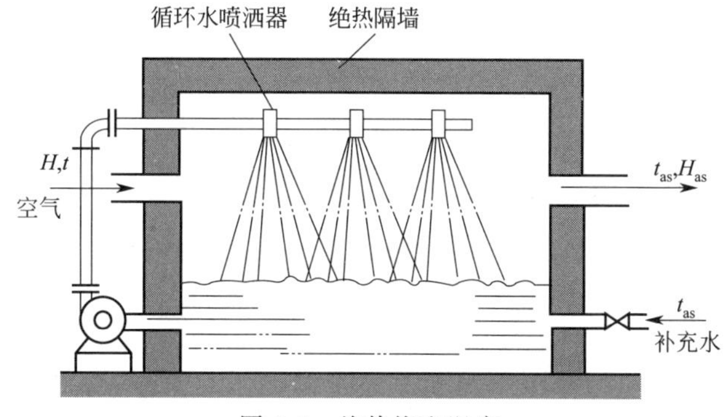

图 6-4 绝热饱和温度

这一过程的特点是：气体传递给水的热量恰好等于水汽化所需要的潜热。对过程作热量衡算可得

$$Vc_{pH}(t-t_{as}) = V(H_{as}-H)r_{as} \tag{6-11}$$

（气体传递的热量）（汽化水分的热量）

式中，V 为气体流量，kg 干气/s；H_{as}、r_{as} 分别为绝热饱和温度 t_{as} 下气体的饱和湿度和汽化潜热。整理可得

$$t_{as}=t-\frac{r_{as}}{c_{pH}}(H_{as}-H) \tag{6-12}$$

绝热饱和温度是气体在绝热条件下降温增湿直至饱和的温度，它也是空气状态（t、H）的体现。

比较式(6-10)、式(6-12）可知，湿球温度和绝热饱和温度在数值上的差异决定于 α/k_H 与 c_{pH} 两者之间的差别。对空气-水系统，数值上 $\alpha/k_H \approx c_{pH}$，称为路易斯（Lewis）规则。因此，对空气-水系统可以认为 $t_{as}\approx t_w$。但对其他物系，如某些有机液体和空气的系统，湿球温度高于绝热饱和温度。

但从湿球温度和绝热饱和温度导出的过程可知，两者之间有着完全不同的物理含义。湿球温度是大量空气和少量水接触后，传热和传质速率达到动态平衡的结果，属于动力学范围。而绝热饱和温度完全没有速率方面的含义，它是由热量衡算和物料衡算导出的，因而属于静力学范围。

湿空气的焓 为便于进行过程的热量衡算，定义湿空气的焓 I 为每千克干空气及其所带 Hkg 水汽所具有的焓，kJ/kg 干气。焓的基准状态可视计算方便而定，本章取干空气的焓以 0℃的气体为基准，水汽的焓以 0℃的液态水为基准，故有

$$I=(c_{pg}+c_{pv}H)t+r_0H \tag{6-13}$$

式中，c_{pg} 为干气比热容，空气为 1.01kJ/(kg·℃)；c_{pv} 为蒸汽比热容，水汽为 1.88kJ/(kg·℃)；r_0 为 0℃时水的汽化热，取 2500kJ/(kg·℃)；（$c_{pg}+c_{pv}H$）为湿空气的比热容，又称为湿比热容 c_{pH}。对空气-水系统有

$$I=(1.01+1.88H)t+2500H \tag{6-14}$$

湿空气的比体积 当需知气体的体积流量（如选择风机、计算流速）时，常使用气体的比体积。湿空气的比体积 v_H 是指 1kg 干气及其所带的 Hkg 水汽所占的总体积，m^3/kg 干气。

通常条件下，气体比体积可按理想气体定律计算。在常压下 1kg 干空气的体积为

$$\frac{22.4}{M_{气}}\times\frac{t+273}{273}=2.83\times10^{-3}(t+273)$$

Hkg 水汽的体积为

$$H\,\frac{22.4}{M_{水}}\times\frac{t+273}{273}=4.56\times10^{-3}H(t+273)$$

常压下温度为 t℃、湿度为 H 的湿空气比体积为

$$v_H=(2.83\times10^{-3}+4.56\times10^{-3}H)(t+273) \tag{6-15}$$

湿度图 在总压 p 一定时，上述湿空气的各个参数（t、$p_{水汽}$、φ、H、I、t_w 等）中，只有两个参数是独立的，即规定两个互相独立的参数，湿空气的状态即被唯一地确定。工程上为方便起见，将诸参数之间的关系在平面坐标上绘制成湿度图。为了使用上的方便可选择不同的独立参数作为坐标，由此所得湿度图的形式也就不同。

图 6-5 是以气体的温度 t 与湿度 H 为坐标，称为湿度-温度图（$H\sim t$ 图）。某些书籍或手册中载有包含参数更多、更详细的 $H\sim t$ 图，可供需要时查阅。

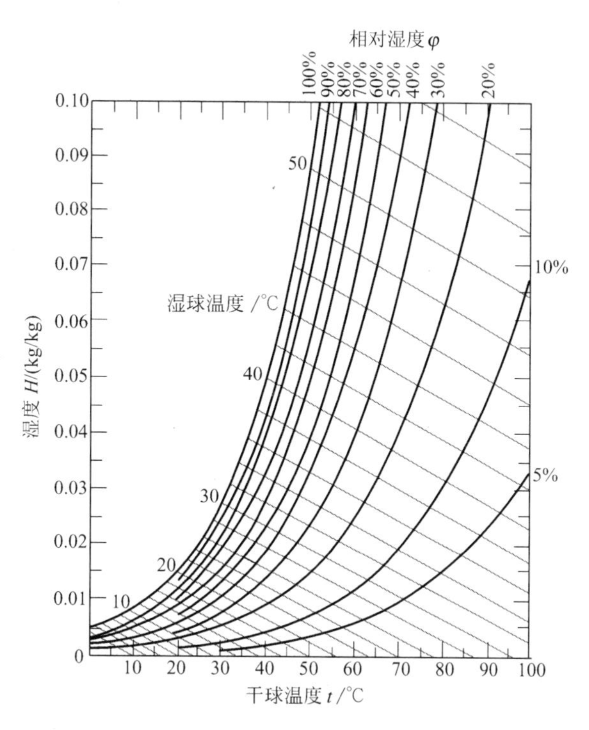

图 6-5 空气-水系统的湿度-温度图

图 6-6 为湿空气的焓-湿度图（$I \sim H$ 图)，在进行过程的物料（水分）衡算与热量衡算时使用此图颇为方便。该图的横坐标为空气湿度 H，纵坐标为焓 I。图中纵坐标实为与横轴互成 135°的线，使图中有用部分的图线不致过于密集。图 6-6 是在总压 $p=100$kPa 条件下绘制的，使用时应加以注意。如总压变化，图中的数据也会相应改变。

焓-湿度图中有 4 组线群和 1 条水蒸气分压线，分别为：

（1）等湿度线（等 H 线） 等湿度线是与纵轴平行的一组线。图中 H 的读数范围为 0～0.15kg/kg 干气。

（2）等焓线（等 I 线） 等焓线为一组与水平线成45°夹角的斜线。图中 I 的读数范围为 0～480kJ/kg 干气。

（3）等温线（等 t 线） 由式(6-14) 可得

$$I=(2500+1.88t)H+1.01t \tag{6-16}$$

式(6-16) 表明，在一定温度 t 下，I 和 H 之间呈线性关系。规定一系列的温度 t 值，按式(6-16) 计算 I 和 H 的对应关系，可得到一系列等 t 线。由于等 t 线斜率（2500＋1.88t）是温度的函数，因此等温线是不平行的。图中 t 的读数范围为－10～185℃。

（4）等相对湿度线（等 φ 线） 图中绘制了一簇相对湿度从 $\varphi=5\%$ 到 $\varphi=100\%$ 的等相对湿度线。由于总压为 100kPa，当空气温度大于 99.7℃时，水的饱和蒸气压超过 100kPa，但空气中可能达到的水汽分压的最大值为总压（100kPa）。按相对湿度 φ 的定义［式(6-7)］，在温度大于 99.7℃后，等相对湿度线为一垂直向上的直线。

（5）水汽分压线 可由式(6-3) 作出水汽分压线。水汽分压线位于图中 $\varphi=100\%$ 等相对湿度线下方，水汽分压 $p_{水汽}$ 的读数（0～19kPa）在图中右侧的坐标上。根据水汽分压线可读出一定湿度下的 $p_{水汽}$ 值。

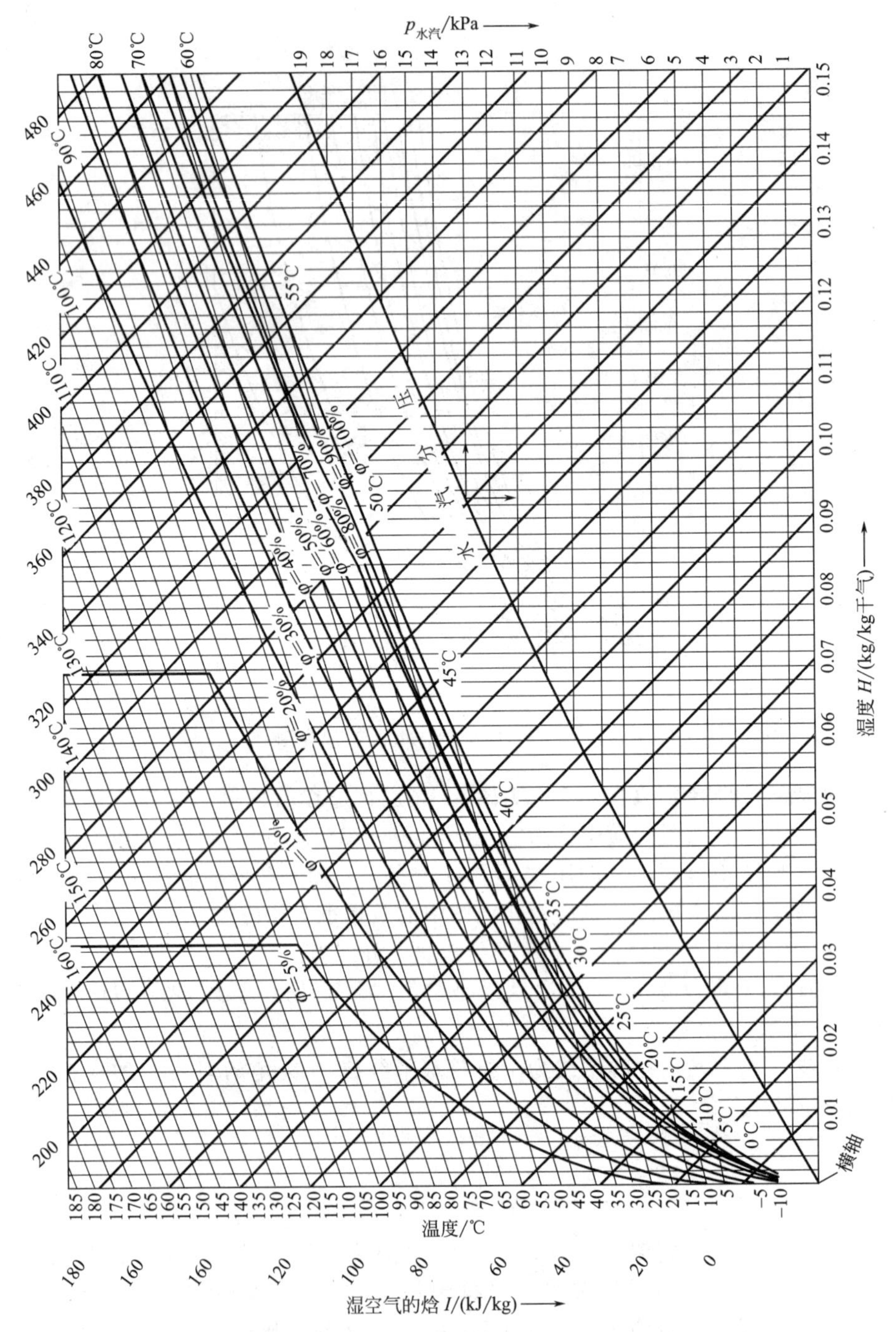

图 6-6　空气-水系统的焓-湿度图（总压 100kPa）

6.2.2　湿空气的焓湿图及其应用

加热与冷却过程　若不计换热器的流动阻力，湿空气的加热或冷却属等压过程。湿空气被加热时的状态变化可用 $I \sim H$ 图上的线段 AB 表示［见图 6-7(a)］。由于总压与水汽分压没有变化，空气的湿度不变，AB 为一垂直线。温度升高，空气的相对湿度减小，表示它接纳水汽的能力增大。

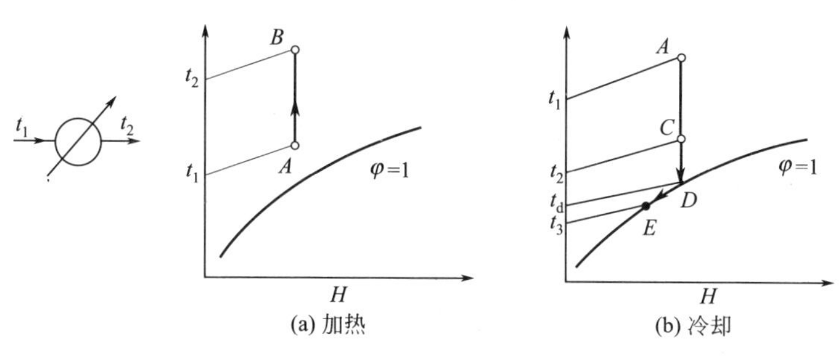

图 6-7 加热、冷却过程

图 6-7(b) 表示温度为 t_1 的空气的冷却过程。若冷却终温 t_2 高于空气的露点 t_d，则此冷却过程为等湿度过程，如图中 AC 线段所示。若冷却终温 t_3 低于露点，则必有部分水汽凝结为水，空气的湿度降低，如图中 ADE 所示。

绝热增湿过程 设温度为 t、湿度为 H 的不饱和空气流经一管路或设备［见图 6-8(a)］，在设备内向气流喷洒少量温度为 θ 的水滴。这些水接受来自空气的热量后全部汽化为蒸汽而混入气流之中，致使空气温度下降、湿度上升，如过程终了时空气的湿度为 H_1，则空气中增加的水汽量为 (H_1-H)kg 水汽/kg 干气。当不计热损失时，空气给水的显热全部变为水分汽化的潜热返回空气，因而称为绝热增湿过程。过程终了时空气的焓较之初态略有增加，此增量为所加入的水在 θ 温度下的显热，即

$$\Delta I=4.18\theta(H_1-H) \tag{6-17}$$

由于增量 ΔI 与空气的焓 I 相比甚小，一般可以忽略而将绝热增湿过程视为等焓过程，如图 6-8(b) 中 AB 线段所示，$I_1=I_2$。当等焓增湿至饱和时，即为绝热饱和温度，见图 6-8(b) 中的 C 点。

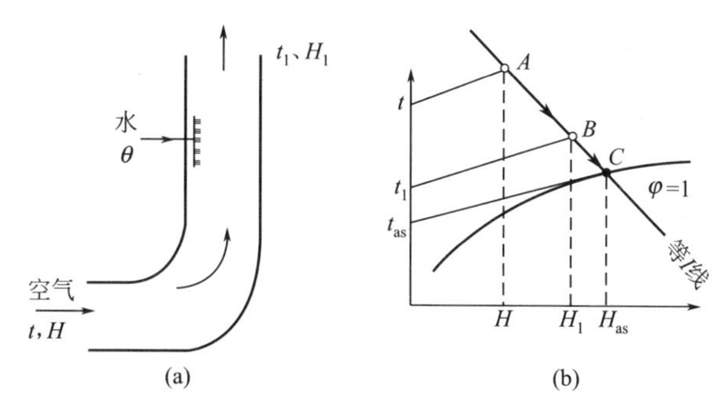

图 6-8 绝热增湿过程

对空气-水系统，湿球温度 t_w 与绝热饱和温度 t_{as} 近似相等，而绝热饱和温度又可近似地在 $I\sim H$ 图上作等焓线至 $\varphi=1$ 处获得。因此，工程计算时常将等焓线近似地看作既是绝热增湿线，又是等湿球温度线。

【例 6-1】 利用 $I\sim H$ 图确定空气的状态

今测得空气的干球温度为 80℃，湿球温度为 40℃，求湿空气的湿度 H、相对湿度 φ、焓 I、水汽分压 $p_{水汽}$ 及露点 t_d。

解： 在 $I\sim H$ 图上作 $t=40$℃等温线与 $\varphi=1$ 线相交，再从交点 A 作等 I 线与 $t=80$℃等温线相交于点 B，点 B 即为空气的状态点（见图 6-9）。由此点读得：

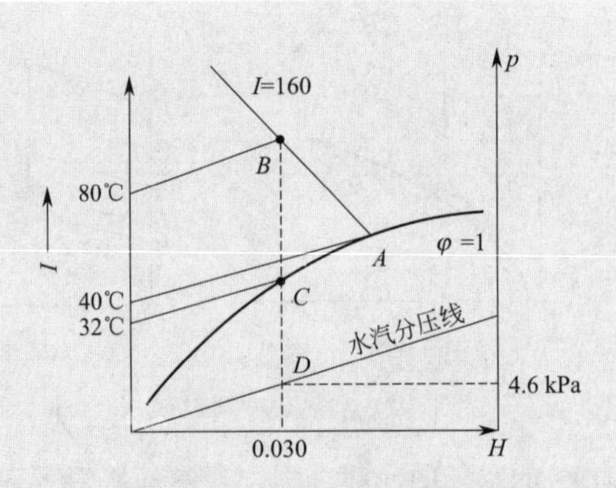

图 6-9 例 6-1 $I \sim H$ 图的用法

$$I=160\text{kJ/kg 干气};\ \varphi=10\%;\ H=0.030\text{kg/kg 干气}$$

从 B 点引一垂直线与 $\varphi=1$ 线相交于 C 点，C 点的温度就是所求的露点，读得 $t_d=32℃$，根据垂直线与水汽分压线的交点 D 可得 $p_{水汽}=4.6\text{kPa}$。

【例 6-2】 已知空气的干球温度为 50℃，湿度为 0.016kg/kg 干气，求湿空气的湿球温度 t_w、绝热饱和温度 t_{as}、相对湿度 φ、焓 I、水汽分压 $p_{水汽}$ 及露点 t_d。

解：在 $I \sim H$ 图上作 $t=50℃$ 等温线与 $H=0.016\text{kg/kg}$ 等湿线交于 A 点，点 A 即为空气的状态点（见图 6-10）。由此点读得：$I=92\text{kJ/kg}$ 干气；$\varphi=20\%$。从 A 点引一垂直线与 $\varphi=1$ 线相交于 C 点，读得 $t_d=21℃$，根据垂直线与水汽分压线的交点 D 可得 $p_{水汽}=2.5\text{kPa}$。再从点 A 作等 I 线与 $\varphi=1$ 线相交于点 B，过 B 点的等温线的数值即为绝热饱和温度，$t_{as}=t_w=28℃$。

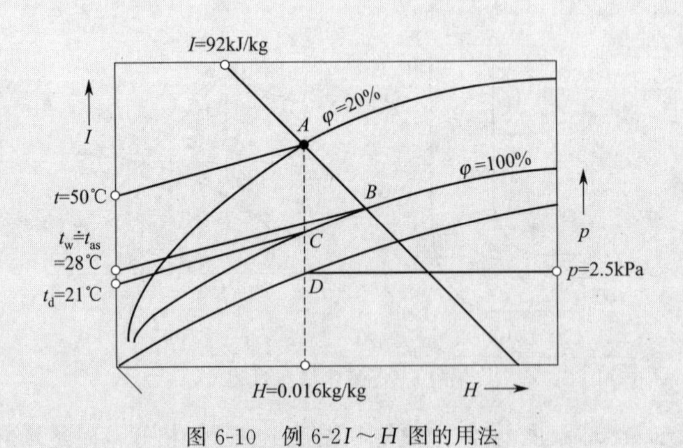

图 6-10 例 6-2 $I \sim H$ 图的用法

由此例可知，对于不饱和湿空气有 $t>t_{as}=t_w>t_d$。而对于饱和空气，四个温度值相等。

两股气流的混合 设有流量为 V_1、V_2（kg 干气/s）的两股气流相混，其中第一股气流的湿度为 H_1，焓为 I_1，第二股气流的湿度为 H_2，焓为 I_2，分别用图 6-11 中的 A、B 两点表示。此两股气流混合后的空气状态不难由物料衡算、热量衡算获得。设混合后空气的焓为 I_3，湿度为 H_3，则

总物料衡算 $$V_1+V_2=V_3 \tag{6-18}$$

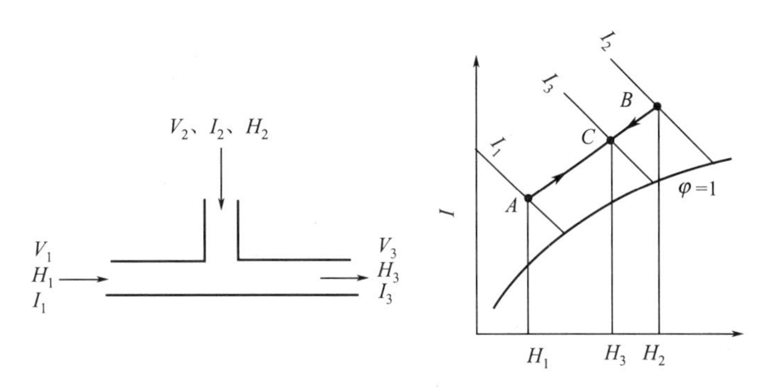

图 6-11 两股气流的混合

水分衡算
$$V_1H_1+V_2H_2=V_3H_3 \tag{6-19}$$
焓衡算
$$V_1I_1+V_2I_2=V_3I_3 \tag{6-20}$$
显然，混合气体的状态点 C 必在 AB 连线上，其位置也可由杠杆规则定出，即
$$\frac{V_1}{V_2}=\frac{\overline{BC}}{\overline{AC}} \tag{6-21}$$

【例 6-3】 空气状态变化过程的计算

在总压 101.3kPa 下将温度为 18℃、湿度为 0.005kg/kg 干气的新鲜空气与部分废气混合，然后将混合气加热，送入干燥器作为干燥介质使用（参见图 6-12）。控制废气与新鲜空气的混合比例以使进干燥器时气体的湿度维持在 0.064kg/kg 干气。废气的排出温度为 55℃、相对湿度 75%。

试求废气与新鲜空气的混合比及混合气进预热器的温度。

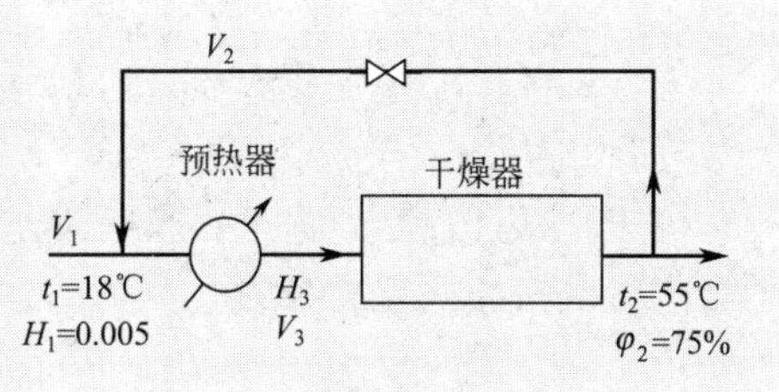

图 6-12 例 6-3 附图

解：（1）由附录查得 $t_2=55$℃时的饱和水蒸气压 $p_s=15.7$kPa，废气中的水汽分压为
$$p_{水汽}=\varphi p_s=0.75\times15.7=11.8\text{kPa}$$

废气湿度 $H_2=0.622\dfrac{p_{水汽}}{p-p_{水汽}}=0.622\times\dfrac{11.8}{101.3-11.8}=0.082\text{kg/kg}$ 干气

废气的焓
$$\begin{aligned}I_2&=(1.01+1.88H_2)t_2+2500H_2\\&=(1.01+1.88\times0.082)\times55+2500\times0.082\\&=269\text{kJ/kg 干气}\end{aligned}$$

由混合过程的物料衡算可知
$$V_1H_1+V_2H_2=(V_1+V_2)H_3$$

混合比
$$V_2/V_1=\frac{H_3-H_1}{H_2-H_3}=\frac{0.064-0.005}{0.082-0.064}=3.28$$

（2）为求取混合气的温度，必须对混合过程作热量衡算。新鲜空气的焓为
$$\begin{aligned}I_1&=(1.01+1.88H_1)t_1+2500H_1\\&=(1.01+1.88\times0.005)\times18+2500\times0.005\\&=30.8\ \text{kJ/kg 干气}\end{aligned}$$

混合前、后的热量衡算式为

$$V_1I_1+V_2I_2=(V_1+V_2)I$$

混合后气体的焓为

$$I=\frac{I_1+(V_2/V_1)I_2}{1+V_2/V_1}=\frac{30.8+3.28\times269}{1+3.28}=213\text{kJ/kg 干气}$$

进预热器的混合气温度为

$$t=\frac{I-2500H}{1.01+1.88H}=\frac{213-2500\times0.064}{1.01+1.88\times0.064}=46.9℃$$

6.2.3 水分在气固两相间的平衡

湿物料的含水量 物料中的含水量通常用下面两种方法表示。

(1) 干基含水量 X_t 物料的含水量以绝对干物料为基准，即每 1kg 绝对干物料所带有的 X_t kg 水量。

$$X_t=\frac{\text{湿物料中的水分质量}}{\text{湿物料中绝干物料质量}}$$

(2) 湿基含水量 w 物料的含水量以湿物料为基准，即每 1kg 湿物料所带有的 $w$kg 水量。

$$w=\frac{\text{湿物料中的水分质量}}{\text{湿物料的总质量}}$$

由于干燥过程中，绝干物料的量是不变的，因此干燥计算中采用干基含水量更方便。两个含水量之间的换算关系为

$$X_t=\frac{w}{1-w} \tag{6-22}$$

$$w=\frac{X_t}{1+X_t} \tag{6-23}$$

结合水与非结合水 水在固体物料中可以不同的形态存在，以不同的方式与固体相结合。

当固体物料具有晶体结构时，其中可能含有一定量的结晶水，这部分水以化学力与固体相结合，如硫酸铜中的结晶水等。当固体为可溶物时，其所含的水分可以溶液的形态存在于固体中。当固体的物料系多孔性、或固体物料系由颗粒堆积而成时，其所含水分可存在于细孔中并受到孔壁毛细管力的作用。当固体表面具有吸附性时，其所含的水分则因受到吸附力而结合于固体的内、外表面上。以上这些借化学力或物理化学力与固体相结合的水统称为结合水。

当物料中含水较多时，除一部分水与固体结合外，其余的水只是机械地附着于固体表面或颗粒堆积层中的大空隙中（不存在毛细管力），这些水称为非结合水。

结合水与非结合水的基本区别是其表现的平衡蒸气压 p_e 不同。非结合水的性质与纯水相同，其平衡蒸气压即为同温度下纯水的饱和蒸气压 p_s。结合水则不同，因化学和物理化学力的存在，其平衡蒸气压低于同温度下的纯水的饱和蒸气压。

平衡蒸气压曲线 通过测定平衡蒸气压曲线可以知道固体中结合水和非结合水的含量。如图 6-13(a) 所示，一定温度下，水汽分压为 $p_{\text{水汽}}$ 的不饱和空气与湿物料相接触，物料中只要有非结合水存在，物料表面的平衡蒸气压 p_e 就等于纯水的饱和蒸气压 p_s，随着物料中

含水量 X_t 的减小，到达图中 S 点的时候，物料表面的平衡蒸气压开始减小，此时的含水量 X_{max} 即为结合水和非结合水的分界点。由于此时 p_e 仍大于 $p_{水汽}$，物料继续被干燥，直至 $p_e=p_{水汽}$（图中 A 点），传质达到平衡。取不同 $p_{水汽}$ 的不饱和空气与湿物料相接触，测出多个平衡点，就可标绘成平衡蒸气压曲线。

上述平衡曲线也可用另一种形式表示，即以气体的相对湿度 φ（即 p_e/p_s）代替平衡蒸气压 p_e 作为纵坐标。此时，固体中只要存在非结合水，则 $\varphi=1$。除去非结合水后，φ 即逐渐下降，如图 6-13(b) 所示。

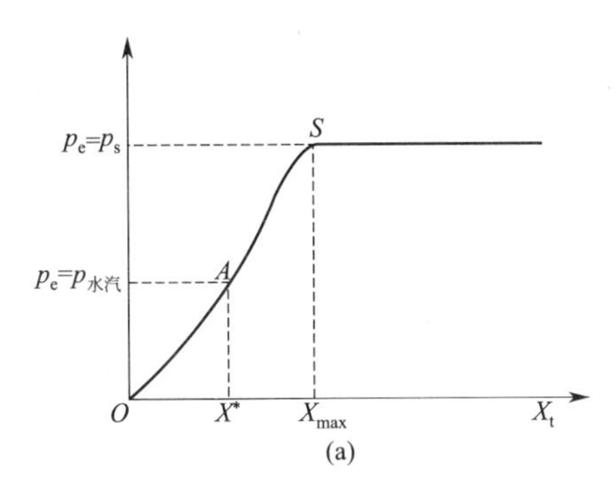

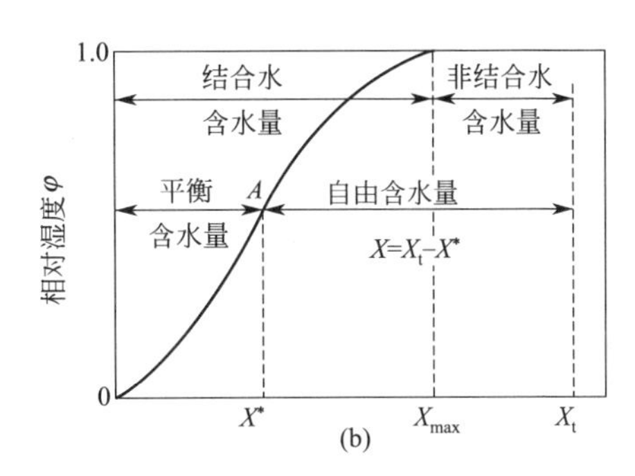

图 6-13　平衡蒸气压曲线

以相对湿度 φ 代替 p_e 有其优点，此时平衡曲线随温度变化较小。因为温度升高时，p_e 与 p_s 都相应地升高，温度对此比值的影响就相对减少了。

图 6-14 为室温下几种物料的平衡曲线。

平衡水分与自由水分　若固体物料中的水分都属非结合水，则只要空气未达饱和，且有足够的接触时间，原则上所有的水都将被空气带走，就像雨后马路上的水被风吹干那样。

当有结合水存在时，情况就不同了。设想以相对湿度 φ 的空气掠过同温度的湿固体，长时间后，固体物料的含水量将由原来的含水量 X_t 降为 X^* [图 6-13(b) 中的 A 点]，但不可能绝对干燥。X^* 是物料在指定空气条件下的被干燥的极限，称为该空气状态下的平衡含水量。

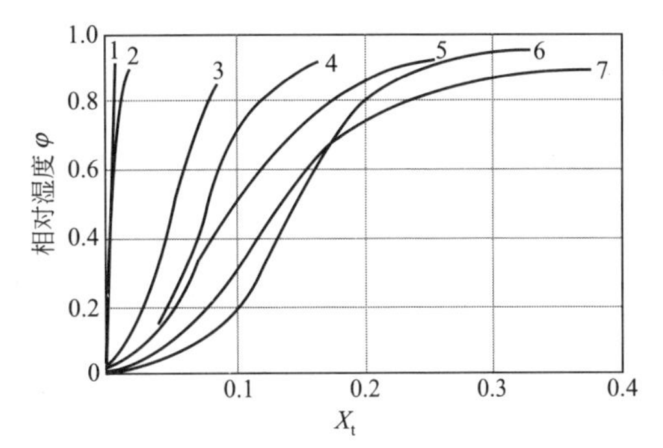

图 6-14　室温下几种物料的平衡曲线
1—石棉纤维板；2—聚氯乙烯粉（50℃）；3—木炭；4—牛皮纸；5—黄麻；6—小麦；7—土豆

此种情况下被去除的水分（相当于 X_t-X^*）包括两部分：一部分是非结合水（相当于 X_t-X_{max}）；另一部分是结合水（相当于 $X_{max}-X^*$）。所有能被指定状态的空气带走的水分称自由水分，相应地称（X_t-X^*）为自由含水量 X，即

$$自由含水量\quad X=X_t-X^* \tag{6-24}$$

结合水与非结合水、平衡水分与自由水分是两种不同的区分。一定温度下，结合水与非结合水的划分仅取决于固体物料本身的性质，与空气状态无关；而平衡水分与自由水分的区别则还取决于空气状态。

还需注意，当固体含水量较低（都属结合水）而空气相对湿度 φ 较大时，两者接触非但不能达到物料干燥的目的，水分还可以从气相转入固相，此为吸湿现象。饼干的返潮即为一例。

6.3 干燥速率与干燥过程计算

6.3.1 恒定干燥条件下的干燥速率

干燥动力学实验 用一定流速的大量空气与少量的湿物料接触，两相的接触方式不变，干燥过程中气流的温度 t、相对湿度 φ 可视为恒定。随着干燥时间的延续，水分被不断汽化，湿物料的质量减少，因而可记录物料试样的自由含水量 X 与时间 τ 的关系，如图 6-15(a) 所示。此曲线称为干燥曲线。随干燥时间的延长，物料的自由含水量趋近于零。

物料的干燥速率即水分汽化速率 N_A 可用单位时间、单位面积（气固接触界面）被汽化的水量表示，即

$$N_A=-\frac{G_c\mathrm{d}X}{A\mathrm{d}\tau} \tag{6-25}$$

式中，G_c 为试样中绝对干燥物料的质量，kg；A 为试样暴露于气流中的表面积，m^2；X 为物料的自由含水量，$X=X_t-X^*$，kg 水/kg 干料。

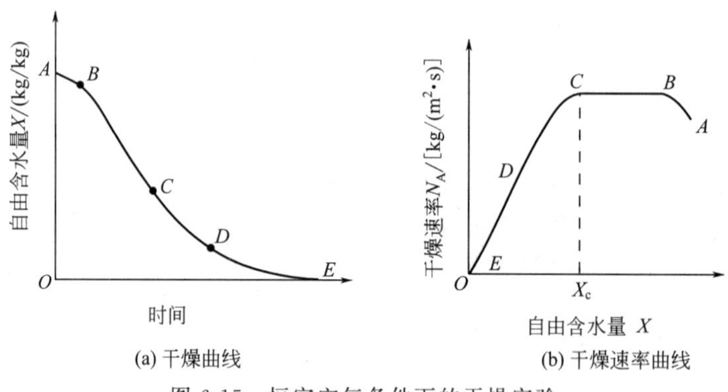

(a) 干燥曲线 (b) 干燥速率曲线

图 6-15 恒定空气条件下的干燥实验

由干燥曲线求出各点斜率$\frac{\mathrm{d}X}{\mathrm{d}\tau}$，按上式计算物料在不同自由含水量时的干燥速率，由此可得干燥速率曲线 $N_A=f(X)$，如图 6-15(b) 所示。

干燥曲线或干燥速率曲线是在恒定空气条件（指一定的流速、总压、温度、湿度、两相接触方式）下获得的。对指定的物料，空气的温度、湿度不同，速率曲线的位置也不同，如图 6-16 所示。

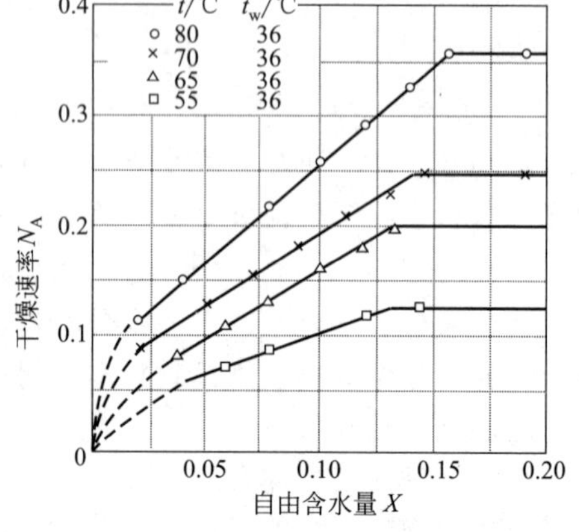

图 6-16 石棉纸浆的干燥速率曲线

考查实验所得的干燥速率曲线可知，整个干燥过程可分为恒速干燥与降速干燥两个阶段，每个干燥阶段的传热、传质有各自的特点。

恒速干燥阶段 此阶段汽化的水分为非结合水，干燥速率恒定［如图 6-15(b) 中的 BC 段所示］。由于非结合水的性质与液态纯水相同，此时的气-固接触尤如湿球温度计一样，经较短的接触时间后，物料表面即达空气的湿球温度 t_w，且维持不变。此时空气传给湿物料的显热恰好等于水分汽化所需的潜热。由传质速率式

$$N_A=k_H(H_w-H) \tag{6-26}$$

不难看出，只要物料表面全部被非结合水所覆盖，干燥速率必为定值。

由于试样刚移入干燥介质时的初温不会恰好等于空气的湿球温度，干燥初期有一为时不长的预热阶段，如图 6-15(b) 中 AB 线所示。

降速干燥阶段　在降速阶段，干燥速率的变化规律与物料性质及其内部结构有关。降速的原因大致有如下四个。

(1) 实际汽化表面减小　随着干燥的进行，由于多孔物质外表面水分的不均匀分布，局部表面的非结合水已先除去而成为“干区”。此时尽管物料表面的平衡蒸气压未变，式(6-26) 中的推动力 (H_w-H) 未变，k_H 也未变，但实际汽化面积减小，以物料全部外表面计算的干燥速率将下降。多孔性物料表面，孔径大小不等，在干燥过程中水分会发生迁移。小孔借毛细管力自大孔中“吸取”水分，因而首先在大孔处出现干区。由局部干区而引起的干燥速率下降如图 6-15(b) 中 CD 段所示，成为第一降速阶段。

(2) 汽化面的内移　当多孔物料全部表面都成为干区后，水分的汽化面逐渐向物料内部移动。此时固体内部的热、质传递途径加长，造成干燥速率下降。此为干燥曲线中的 DE 段，也称为第二降速阶段。

(3) 平衡蒸气压下降　当物料中非结合水已被除尽，所汽化的已是各种形式的结合水时，平衡蒸气压将逐渐下降，使传质推动力减小，干燥速率也随之降低。

多孔性物料在干燥过程中水分残留的情况如图 6-17 所示。

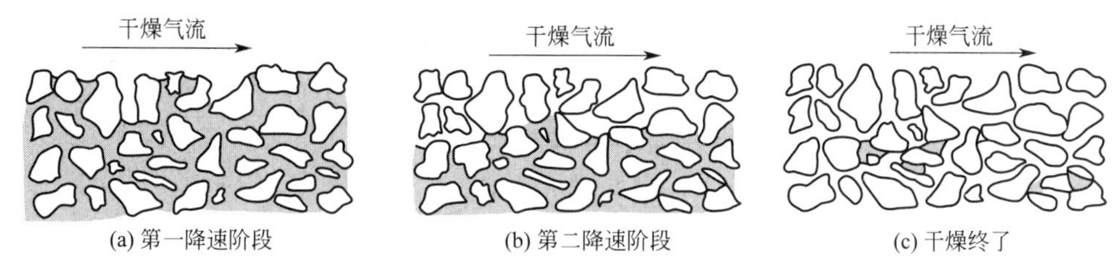

(a) 第一降速阶段　(b) 第二降速阶段　(c) 干燥终了

图 6-17　水分在多孔物料中的分布

(4) 固体内部水分的扩散极慢　对非多孔性物料，如肥皂、木材、皮革等，汽化表面只能是物料的外表面，汽化面不可能内移。当表面水分去除后，干燥速率取决于固体内部水分的扩散。内扩散是个速率极慢的过程，且扩散速率随含水量的减少而不断下降。此时干燥速率将与气速无关，与表面气-固两相的传质系数 k_H 无关。

固体内水分扩散的理论推导表明，扩散速率与物料厚度的平方成反比。因此，减薄物料厚度将有效地提高干燥速率。

临界含水量　固体物料在恒速干燥终了时的含水量称为临界含水量，而从中扣除平衡含水量后则称为临界自由含水量 X_c。同一物料的临界含水量不是一定的，其大小不但与物料本身的结构、分散程度有关，也受干燥介质条件（流速、温度、湿度）的影响。通常，物料层越厚，堆积颗粒的粒度越大，临界含水量越高。恒速阶段的干燥速率越大（比如提高干燥介质的温度），临界含水量越高，即降速阶段较早地开始（如图 6-16 所示）。表 6-1 给出某些物料的临界含水量。

必须注意，物料干燥至临界含水量时，物料仍含少量非结合水。临界含水量只是等速阶段和降速阶段的分界点。

干燥操作条件对产品性质的影响　在恒速阶段，物料表面温度维持在湿球温度。因此，即使在高温下易于变质、破坏的物料（塑料、药物、食品等）仍然允许在恒速阶段采用较高的气流温度，以提高干燥速率和热的利用率。在降速阶段，物料温度逐渐升高，故在干燥后期须注意不使物料温度过高。

表 6-1 某些物料的临界含水量（大约值）

物料		空气条件			临界含水量/(kg/kg 干料)
品种	厚度/mm	速度/(m/s)	温度/℃	相对湿度 φ	
黏土	6.4	1.0	37	0.10	0.11
黏土	15.9	1.0	32	0.15	0.13
黏土	25.4	10.6	25	0.40	0.17
高岭土	30	2.1	40	0.40	0.181
铬革	10	1.5	49	—	1.25
砂<0.044mm	25	2.0	54	0.17	0.21
0.044～0.074mm	25	3.4	53	0.14	0.10
0.149～0.177mm	25	3.5	53	0.15	0.053
0.208～0.295mm	25	3.5	55	0.17	0.053
新闻纸	—	0	19	0.35	1.00
铁杉木	25	4.0	22	0.34	1.28
羊毛织物	—	—	25	—	0.31
白垩粉	31.8	1.0	39	0.20	0.084
白垩粉	6.4	1.0	37	—	0.04
白垩粉	16	9～11	26	0.40	0.13

物料性质可因脱水而产生种种物理的、化学的以致生物的变化。木材脱水收缩，内部产生应力，严重时可使木材沿薄弱面开裂。某些物料因降速初期干燥过快，在表面结成一坚硬的外壳，内部水分几乎无法通过此层硬壳，干燥难以继续进行。为避免产生表面硬化、干裂、起皱等不良现象，常需对降速阶段的干燥条件严格加以控制，通常减缓干燥速率，使物料内部水分分布比较均匀，可以防止发生上述现象。

6.3.2 间歇干燥过程的干燥时间

干燥时间 一批物料在恒定空气条件下干燥所需的时间原则上应由该物料的干燥实验确定，且实验物料的分散程度（或堆积厚度）必须与生产时相同。当生产条件与实验差别不大时，可根据下述方法对物料干燥时间进行估算。

恒速阶段的干燥时间 τ_1 如物料在干燥之前的自由含水量 X_1 大于临界自由含水量 X_c，则干燥必先有一恒速阶段。忽略物料的预热阶段，恒速阶段的干燥时间 τ_1 可由式(6-25)积分求出。

$$\tau_1=\int_0^{\tau_1}\mathrm{d}\tau=-\frac{G_c}{A}\int_{X_1}^{X_c}\frac{\mathrm{d}X}{N_A}$$

因干燥速率 N_A 为一常数

$$\tau_1=\frac{G_c}{A}\times\frac{X_1-X_c}{N_A} \tag{6-27}$$

速率 N_A 由实验决定，也可按传质或传热速率式估算，即

$$N_A=k_H(H_w-H)=\frac{\alpha}{r_w}(t-t_w) \tag{6-28}$$

传质系数 k_H 的测量技术不及给热系数测量那样成熟与准确，在干燥计算中常用经验的给热系数进行计算。气流与物料的接触方式对给热系数影响很大，以下是几种典型接触方式的给热系数经验式。

（1）空气平行于物料表面流动［见图 6-18(a)］

$$\alpha=0.0143G^{0.8}\quad \text{kW/(m}^2\cdot\text{℃)} \tag{6-29}$$

式中，G 为气体的质量流速，kg/(m^2·s)。式(6-29) 的实验条件为 $G=0.68\sim8.14$kg/(m^2·s)，气温 $t=45\sim150$℃。

（2）空气自上而下或自下而上穿过颗粒堆积层［见图 6-18(b)］

$$\alpha=0.0189\frac{G^{0.59}}{d_p^{0.41}}\quad\left(\frac{d_pG}{\mu}>350\right) \tag{6-30}$$

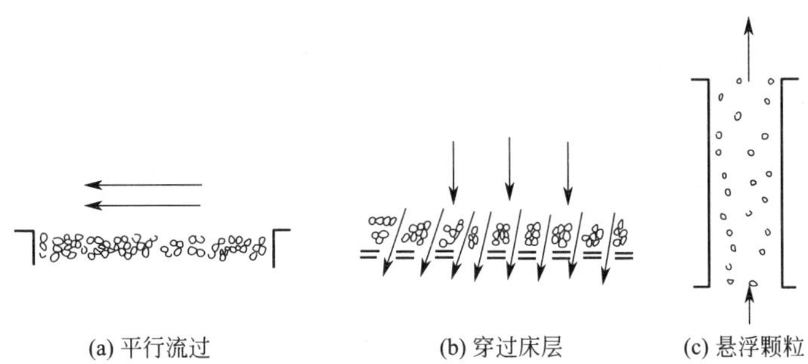

图 6-18 气流与物料的相对运动方式

$$\alpha=0.0118\frac{G^{0.49}}{d_p^{0.51}}\quad\left(\frac{d_pG}{\mu}<350\right) \tag{6-31}$$

式中，G 为气体质量流速，kg/(m^2·s)；d_p为具有与实际颗粒相同表面的球的直径，m。α 的单位与式(6-29) 相同。

（3）单一球形颗粒悬浮于气流中［见图 6-18(c)］

$$\frac{\alpha d_p}{\lambda}=2+0.65Re_p^{1/2}Pr^{1/3} \tag{6-32}$$

$$Re_p=\frac{d_pu\rho}{\mu} \tag{6-33}$$

式中，u 为气体与颗粒的相对运动速度；ρ、μ、Pr 分别为为气体的密度、黏度和普朗特数。

【例 6-4】 恒速干燥速率的计算

在总压 100kPa 下将温度为 23℃、相对湿度 φ 为 60%的空气预热至 80℃后送入间歇干燥器，空气以 7m/s 的流速平行流过物料表面。试估计恒速阶段的干燥速率。

若空气的预热温度改为 90℃，恒速干燥速率有何变化？

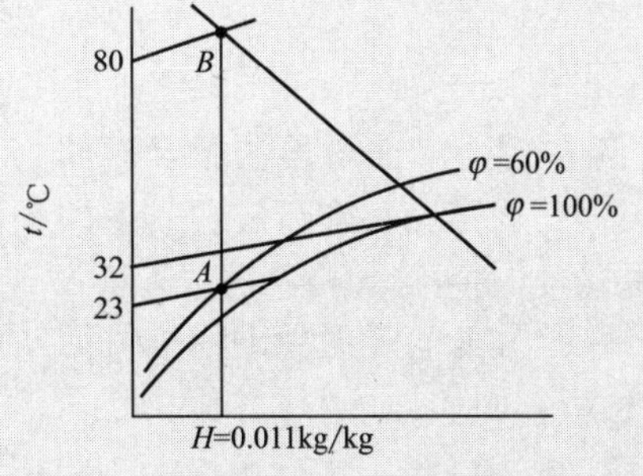

图 6-19 例 6-4 附图

解：（1）在 $I\sim H$ 图上查得空气预热前的状态如图 6-19 中 A 点所示，加热至 $t=80$℃移至 B 点，此时空气的湿度 $H=0.011$kg/kg，湿球温度 $t_w=32$℃。查表得 $r_w=2421$kJ/kg。

进干燥器空气的湿比体积为

$$\begin{aligned}v_H&=(2.83\times10^{-3}+4.56\times10^{-3}H)(t+273)\\&=(2.83\times10^{-3}+4.56\times10^{-3}\times0.011)\times(80+273)=1.017\text{m}^3/\text{kg 干气}\end{aligned}$$

密度

$$\rho=\frac{1.0+H}{v_H}=\frac{1+0.011}{1.017}=0.994\text{kg/m}^3$$

质量流速 $G=\rho u=0.994\times7=6.96\text{kg/(s}\cdot\text{m}^2)$

给热系数 $\alpha=0.0143G^{0.8}=0.0143\times6.96^{0.8}=0.0675\text{kW/(m}^2\cdot℃)$

干燥速率 $N_A=\frac{\alpha(t-t_w)}{r_w}=\frac{0.0675\times(80-32)}{2421}=1.339\times10^{-3}\text{kg/(s}\cdot\text{m}^2)$

(2) 预热温度为 90℃时，查得空气进入干燥器的湿球温度 $t_w=34.3$℃，则干燥速率为

$$N_A=\frac{\alpha(t-t_w)}{r_w}=\frac{0.0675\times(90-34.3)}{2414}=1.557\times10^{-3}\text{kg/(s}\cdot\text{m}^2)$$

可见，提高空气的预热温度，恒速阶段的干燥速率增大。

降速阶段的干燥时间 τ_2 当物料的自由含水量减至临界自由含水量时，降速阶段开始。物料从临界自由含水量 X_c 减至 X_2 所需时间 τ_2 为

$$\tau_2=\int_0^{\tau_2}\mathrm{d}\tau=-\frac{G_c}{A}\int_{X_c}^{X_2}\frac{\mathrm{d}X}{N_A}$$

因降速段干燥速率 N_A 与自由含水量有关，若写成 $N_A=f(X)$，则

$$\tau_2=\frac{G_c}{A}\int_{X_2}^{X_c}\frac{\mathrm{d}X}{f(X)} \tag{6-34}$$

若物料在降速阶段的干燥曲线可近似作为通过临界点与坐标原点的直线处理（参见图6-20），则降速阶段的干燥速率可写成

$$N_A=K_X X \tag{6-35}$$

式中，比例系数 K_X 可由物料的临界自由含水量与物料的恒速干燥速率 $(N_A)_{恒}$ 求取，即

$$K_X=\frac{(N_A)_{恒}}{X_c} \tag{6-36}$$

于是

$$\tau_2=\frac{G_c}{AK_X}\ln\frac{X_c}{X_2} \tag{6-37}$$

物料经恒速及降速阶段的总干燥时间为

$$\tau=\tau_1+\tau_2 \tag{6-38}$$

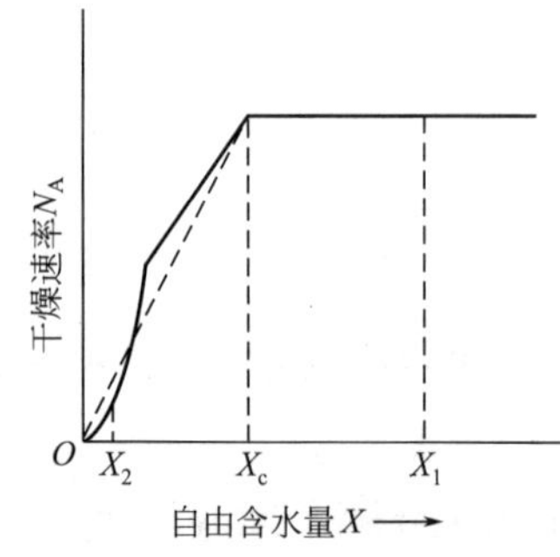

图 6-20 将降速干燥速率曲线处理为直线

【例 6-5】 降速阶段的干燥时间

已知某物料在恒定空气条件下从自由含水量 0.15kg/kg 干料干燥至 0.05kg/kg 干料共需 4h，问将此物料继续干燥至自由含水量为 0.02kg/kg 干料还需多少时间？

已知此干燥条件下物料的临界自由含水量 $X_c=0.09$kg/kg 干料，降速阶段的速率曲线可按过原点的直线处理。

解：(1) X 由 0.15kg/kg 降至 0.05kg/kg 经历两个干燥阶段

$$\tau_1=\frac{G_c}{A(N_A)_{恒}}(X_1-X_c)$$

$$\tau_2=\frac{G_c X_c}{A(N_A)_{恒}}\ln\frac{X_c}{X_2}$$

$$\frac{\tau_1}{\tau_2}=\frac{X_1-X_c}{X_c\ln\frac{X_c}{X_2}}=\frac{0.15-0.09}{0.09\times\ln\frac{0.09}{0.05}}=1.134$$

已知 $$\tau_1+\tau_2=4\text{h}$$

解得 $$\tau_1=2.13\text{h};\tau_2=1.87\text{h}$$

（2）继续干燥所需的时间

设从临界自由含水量 X_c 干燥至 $X_3=0.02\text{kg/kg}$ 干料所需时间为 τ_3，则

$$\frac{\tau_3}{\tau_2}=\frac{\ln\frac{X_c}{X_3}}{\ln\frac{X_c}{X_2}}=\frac{\ln\frac{0.09}{0.02}}{\ln\frac{0.09}{0.05}}=2.56$$

$$\tau_3=2.56\tau_2$$

继续干燥尚需时间 $$\tau_3-\tau_2=1.56\times1.87=2.92\text{h}$$

6.3.3 连续干燥过程一般特性

在连续干燥器中，气流与物料的接触方式可为并流、逆流、错流或其他更为复杂的形式（参见图 6-21）。

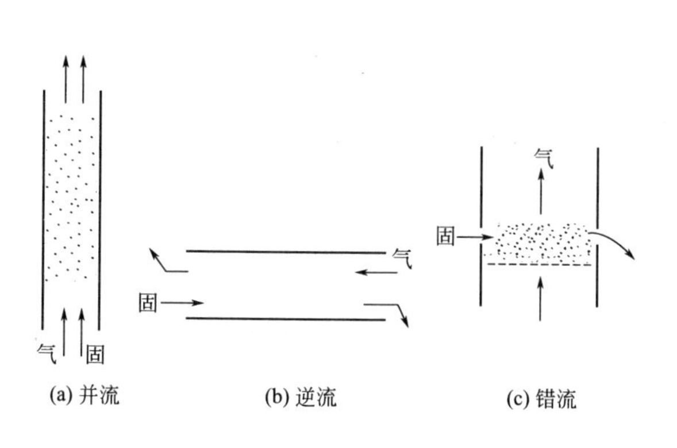

图 6-21　连续干燥器中的气固接触方式

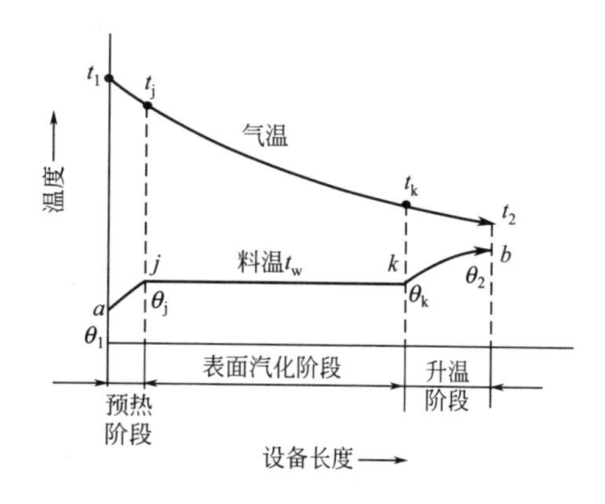

图 6-22　并流干燥器内气、固两相温度的变化

连续干燥过程的特点　现以并流连续干燥为例加以说明，图 6-22 为此种干燥器内气、固两相温度沿流动途径（设备长度）的变化情况。

当物料的含水量大于临界含水量时，物料的温度在进入干燥器一小段距离后即可由初温 θ_1 升到气流的湿球温度，此为物料预热段，如图中 aj 所示。由于水分汽化，沿途空气的湿度增加，温度降低。在连续干燥器内，因物料在设备的不同部位与之接触的空气状态不同，即使物料含水量大于临界值，也不存在恒速干燥阶段，而只有一个表面水分的汽化阶段，如

图中 jk 段所示。若忽略设备的热损失，在此表面汽化段中气体绝热增湿，物料温度维持不变。k 点以后，表面水分汽化完毕，干燥速率进一步下降，物料温度逐渐升高至出口温度 θ_2。但须注意，连续干燥器中的这一升温阶段与定态空气条件下的降速阶段不同，此时与同一物料接触的空气状态不断变化，其干燥速率不能假设与物料的自由含水量成正比。

连续干燥过程的数学描述 连续干燥中，设备中的湿空气与物料状态沿途不断变化，但流经干燥器任一确定部位的空气和物料状态不随时间而变。所以仍然为一定态过程。在对连续干燥过程进行数学描述时，涉及物料衡算式、热量衡算式及相际传热与传质速率方程式。其中相际传热与传质速率还与物料内部的导热和水分扩散情况有关，其确定十分复杂。因此，以下先对干燥过程作物料和热量衡算，然后在作出简化的基础上，讨论干燥过程的计算。

6.3.4 干燥过程的物料衡算与热量衡算

图 6-23 为一典型的对流式干燥器。空气经预热后进入干燥器与湿物料相遇，将固体物料的含水量由 X_1 降为 X_2[1]，物料温度则由 θ_1 升高为 θ_2。根据需要，干燥器内可对空气补充加热。干燥过程的物料衡算和热量衡算是确定空气用量、分析干燥过程的热效率以及计算干燥器的基础。

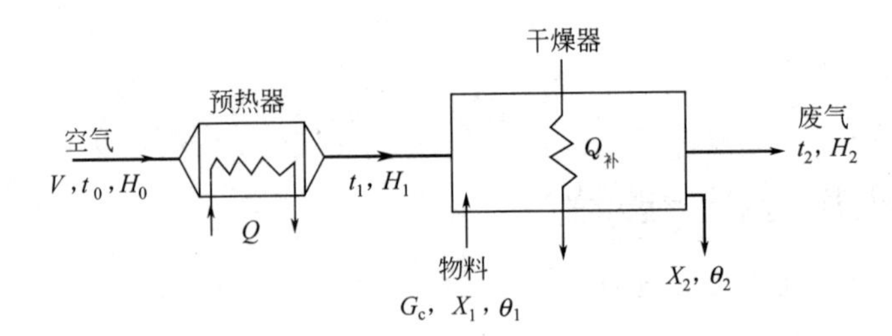

图 6-23 干燥过程的物料与热量衡算

物料衡算 参见图 6-23 所列参数，以干燥器为控制体对水分作物料衡算可得

$$W=G_c(X_1-X_2)=V(H_2-H_1)=V(H_2-H_0) \tag{6-39}$$

式中，W 为在干燥过程中被除掉的水分，kg/s；V 为以绝对干气体计的空气流量，kg 干气/s；H_1、H_2 为空气进、出干燥器的湿度，kg 水/kg 干气。

如果给出的物料含水量是湿基含水量，则湿物料量与绝干物料量 G_c 的关系为

$$G_c=G_1(1-w_1)=G_2(1-w_2) \tag{6-40}$$

式中，G_1、G_2 分别为进、出干燥器的物料量，kg/s；w_1、w_2 分别为进、出干燥器物料的含水量，kg/kg 湿物料。

干燥器中物料失去的水分 W 为

$$W=G_1-G_2=G_1\frac{w_1-w_2}{1-w_2} \tag{6-41}$$

预热器的热量衡算 以图 6-23 中的预热器为控制体作热量衡算可得

$$Q_{预}=V(I_1-I_0)=Vc_{pH1}(t_1-t_0) \tag{6-42}$$

式中，$Q_{预}$ 为空气在预热器中获得的热量，kW；I_0、I_1 分别为空气进、出预热器的焓，kJ/kg 干气；c_{pH1} 为湿空气的比热容，即 $(c_{pg}+c_{pv}H_1)$，kJ/(kg·℃)。

---

[1] 为简化起见，含水量 X_t 的下标 t 在不发生混淆时常被忽略。

干燥器的热量衡算　取图 6-23 所示的干燥器作控制体作热量衡算可得

$$VI_1+G_c c_{pm1}\theta_1+Q_{补}=VI_2+G_c c_{pm2}\theta_2+Q_{损} \tag{6-43}$$

式中，$Q_{补}$ 为干燥器中的补充加热量，kW；$Q_{损}$ 为干燥器中的热损失，kW；c_{pm} 为湿物料的比热容，kJ/(kg 干料・℃)；可按式(6-44) 计算

$$c_{pm}=c_{pS}+c_{pL}X_t \tag{6-44}$$

式中，c_{pS} 为绝干物料比热容；c_{pL} 为液体比热容。

物料衡算与热量衡算的联立求解　在设计型问题中，G_c、θ_1、X_1、X_2 是干燥任务规定的，气体湿度 $H_1=H_0$ 由空气初始状态决定，$Q_{损}$ 可按传热章有关公式求取，一般可按规模设备假定为预热器热负荷的 5%～10%。干燥终了时的物料温度 θ_2 是干燥后期气固两相间及物料内部热、质传递的必然结果，不能任意选择，应在一定条件下由实验测出或按经验判断确定。气体进干燥器的温度 t_1 可以选定。这样，干燥过程的物料和热量衡算常遇以下两种情况：

① 选择气体出干燥器的状态（如 t_2 及 φ_2），求解空气用量 V 及补充加热量 $Q_{补}$；

② 选定补充的加热量（如在许多干燥器中 $Q_{补}=0$）及气体出干燥器状态的一个参数（H_2、φ_2、t_2 中的一个），求 V 及另一个气体出口参数（如 H_2）。

在第①种情况下，气体的出口状态已知，可根据物料衡算式计算空气用量 V，再根据热量衡算计算补充加热量 $Q_{补}$。在第②种情况下，由于出口气体状态参数之一是未知数，联立求解式(6-39) 和式(6-43) 的计算比较繁复，因而常对干燥过程作出简化，以便于初步估算。

理想干燥过程的物料和热量衡算　若在干燥过程中物料汽化的水分都是在表面汽化阶段除去的，忽略设备的热损失（$Q_{损}=0$）及物料升温（$\theta_1=\theta_2$），没有补充热量（$Q_{补}=0$），此时干燥器内气体传给固体的热量全部用于汽化水分，并带入气相，且忽略汽化水分液态时的焓。由热量衡算式(6-43) 可知，气体在干燥过程中的状态变化为等焓过程，这种简化的干燥过程称为理想干燥过程。

图 6-24 表示气体状态的变化过程。由室外空气的状态 t_0、H_0 决定 A 点。在预热器中空气沿等湿度线升温至 t_1，即 B 点。进入干燥器后气体沿等焓线降温、增湿至出口状态 t_2，即图中 C 点。这样，气体出口的状态参数便可方便地确定，然后可由物料衡算式计算空气用量 V。

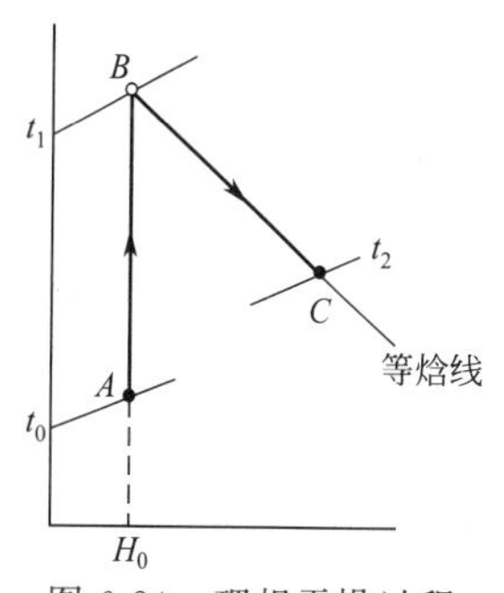

图 6-24　理想干燥过程的气体状态的变化过程

【例 6-6】　理想干燥过程的物料衡算与热量衡算

在常压下将含水量为 10%的湿物料以 5kg/s 的速率送入干燥器，干燥产物的含水量为 1%。所用空气的温度为 20℃、湿度为 0.007kg/kg 干气，预热温度为 130℃，废气出口温度为 70℃，设为理想干燥过程，试求：(1) 空气用量 V；(2) 预热器的热负荷 $Q_{预}$。

解：(1) 绝对干物料的处理量为

$$G_c=G_1(1-w_1)=5\times(1-0.1)=4.5\text{kg 干料/s}$$

进、出干燥器的含水量为

$$X_1=\frac{w_1}{1-w_1}=\frac{0.10}{1-0.10}=0.1111\text{kg/kg 干料}$$

$$X_2=\frac{w_2}{1-w_2}=\frac{0.01}{1-0.01}=0.0101\text{kg/kg 干料}$$

水分汽化量为 $W=G_c(X_1-X_2)$

$=4.5\times(0.1111-0.0101)=0.4545\text{kg/s}$

气体进干燥器的状态为

$$H_1=H_0=0.007\text{kg/kg 干气}$$

$$I_1=(1.01+1.88H_1)t_1+2500H_1$$
$$=(1.01+1.88\times0.007)\times130+2500\times0.007=151\text{kJ/kg 干气}$$

气体出干燥器的状态为 $t_2=70℃$，$I_2=I_1=151\text{kJ/kg}$ 干气。

出口气体的湿度为

$$H_2=\frac{I_2-1.01t_2}{1.88t_2+2500}=\frac{151-1.01\times70}{1.88\times70+2500}=0.0303\text{kg/kg 干气}$$

空气用量为 $$V=\frac{W}{H_2-H_1}=\frac{0.4545}{0.0303-0.007}=19.48\text{kg 干气/s}$$

（2）预热器的热负荷为 $Q_预=V(I_1-I_0)$

式中 $$I_0=(1.01+1.88H_0)t_0+2500H_0$$
$$=(1.01+1.88\times0.007)\times20+2500\times0.007=38.0\text{kJ/kg 干气}$$
$$Q_预=19.48\times(151-38)=2202\text{kW}$$

实际干燥过程的物料和热量衡算 干燥过程中若不向干燥器补充热量或补充的热量 $Q_补$ 不足以抵偿物料带走热量 $G_c(c_{pm2}\theta_2-c_{pm1}\theta_1)$ 与热损失之和，则出口气体的焓将低于进口气体的焓，出口气体的状态如图 6-25 中 D 点所示。若规定气体出干燥器的温度 t_2 相同，则 D 点的湿度较理想干燥过程的出口湿度（图中 C 点）为低，按物料衡算求出的空气用量较多。反之，当向干燥器补充加热量较多时，则出口气体的焓将大于进口气体的焓，如图 6-25 中 E 点所示。对相同的出口温度 t_2，E 点的湿度较大，物料衡算求得的空气用量较少。实际干燥过程气体出干燥器的状态需由物料衡算式(6-39) 和热量衡算式(6-43) 联立求解决定。

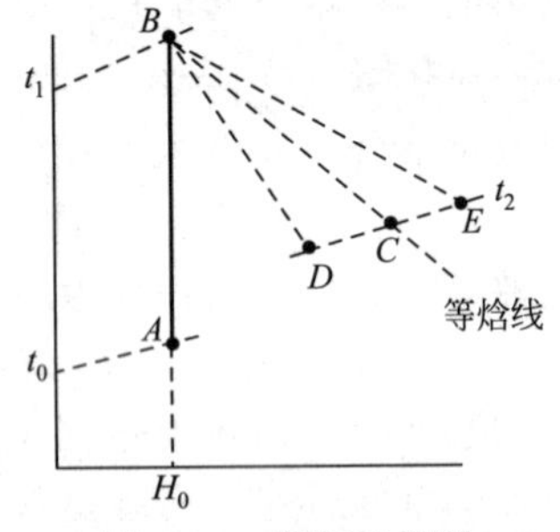

图 6-25 实际干燥过程的出口气体状态

【例 6-7】 实际干燥过程中气体出口状态的计算

已知某连续干燥过程的有关参数如下：

物料：$G_c=4.5$kg 干料/s；$X_1=0.1111$kg 水/kg 干料；$X_2=0.0101$kg 水/kg 干料；$\theta_1=20℃$；$\theta_2=65℃$；干料比热容 $c_{pS}=2.0\text{kJ/(kg·℃)}$

空气：$t_0=20℃$；$H_0=0.007$kg 水/kg 干气；预热至 $t_1=130℃$后进入干燥器，离开干燥器时的温度 $t_2=70℃$

若热损失按空气在预热气体中获得热量的 5%计算，干燥器中不补充加热。试求：(1) 空气用量 V；(2) 预热器的热负荷 $Q_预$。

解： (1) 水分汽化量为

$$W=G_c(X_1-X_2)=4.5\times(0.1111-0.0101)=0.4545\text{kg/s}$$

湿物料比热容为

$$c_{pm1}=c_{pS}+c_{pL}X_1=2.0+4.18\times0.1111=2.46\text{kJ/(kg·℃)}$$

$$c_{pm2}=c_{pS}+c_{pL}X_2=2.0+4.18\times0.0101=2.04\text{kJ/(kg}\cdot\text{℃)}$$

气体的焓为

$$I_0=(1.01+1.88H_0)t_0+2500H_0$$
$$=(1.01+1.88\times0.007)\times20+2500\times0.007=38\text{kJ/kg 干气}$$

$$I_1=(1.01+1.88H_1)t_1+2500H_1$$
$$=(1.01+1.88\times0.007)\times130+2500\times0.007=151\text{kJ/kg 干气}$$

热量衡算式可写为

$$VI_1=VI_2+G_c(c_{pm2}\theta_2-c_{pm1}\theta_1)+0.05V(I_1-I_0) \quad \text{(a)}$$

物料衡算式为

$$V=\frac{W}{H_2-H_0} \quad \text{(b)}$$

将 $I_2=(1.01+1.88H_2)t_2+2500H_2$ 和式(b) 代入式(a)，经整理后得

$$H_2=\frac{0.95I_1+0.05I_0+H_0G_c(c_{pm2}\theta_2-c_{pm1}\theta_1)/W-1.01t_2}{2500+1.88t_2+G_c(c_{pm2}Q_2-c_{pm1}Q_1)/W}$$
$$=\frac{0.95\times151+0.05\times38+0.007\times4.5\times(2.04\times65-2.46\times20)/0.4545-1.01\times70}{2500+1.88\times70+4.5\times(2.04\times65-2.46\times20)/0.4545}$$
$$=0.0233\text{kg/kg 干气}$$

空气用量

$$V=\frac{W}{H_2-H_0}=\frac{0.4545}{0.0233-0.007}=27.95\text{kg 干气/s}$$

(2) 预热器的热负荷为

$$Q_{预}=V(I_1-I_0)=27.95\times(151-38)=3158\text{kW}$$

将本例与例 6-6 比较可知，在物料的干燥要求相同，气体进出干燥器的温度也相同的条件下，因热损失及物料带走热量，空气用量及预热器的热负荷将显著增加。

本例条件下出口气体的焓为

$$I_2=(1.01+1.88H_2)t_2+2500H_2$$
$$=(1.01+1.88\times0.0233)\times70+2500\times0.0233=132\text{kJ/kg 干气}$$

出口气体的焓 I_2 明显低于进干燥器的焓 I_1，达到同一温度 t_2 的出口气体湿度 H_2 比例 6-6 中明显降低（参见图 6-25 中 D 点）。因此需要更多的空气用量。

6.3.5 干燥过程的热效率

干燥器的热量分析 为分析热空气在干燥器中所放热量的有效利用程度，可将热量衡算式(6-43) 中的焓 I_1、I_2 及湿物料比热容 c_{pm1} 用各自的定义代入

$$V(c_{pH1}t_1+r_0H_1)+(G_cc_{pm2}\theta_1+Wc_{pL}\theta_1)+Q_{补}=$$
$$[V(c_{pH1}t_2+r_0H_1)+W(r_0+c_{pV}t_2)]+G_cc_{pm2}\theta_2+Q_{损}$$

经整理可得

$$\underset{Q_{放}}{\underline{Vc_{pH1}(t_1-t_2)}}=\underset{Q_1}{\underline{W(r_0+c_{pv}t_2-c_{pL}\theta_1)}}+\underset{Q_2}{\underline{G_cc_{pm2}(\theta_2-\theta_1)}}+Q_{损}-Q_{补} \quad (6\text{-}45)$$

式中，$Q_{放}$为气体在干燥器中放出的热量；Q_1 为汽化水分（将进口态的水变成出口态的水汽）所消耗的热量；Q_2 为物料升温所带走的热量。

将式(6-42) 空气在预热器中获得的热量分解成两部分，即

$$Q_{预}=\underset{Q_{放}}{\underline{Vc_{pH1}(t_1-t_2)}}+\underset{Q_3}{\underline{Vc_{pH1}(t_2-t_0)}} \quad (6\text{-}46)$$

式中，Q_3 为废气离干燥器时带走的热量。将式(6-45) 代入式(6-46) 得

$$Q_{预}+Q_{补}=Q_1+Q_2+Q_3+Q_{损} \tag{6-47}$$

干燥过程中空气受热和放热的分配表示于图 6-26 中。

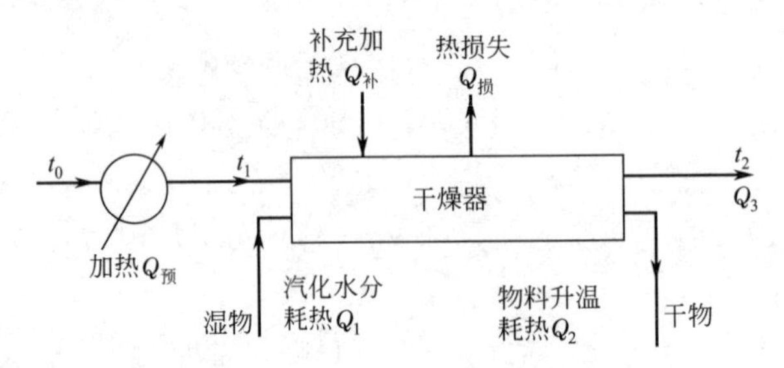

图 6-26　干燥过程的热量分配

干燥过程中热量的有效利用程度是决定过程经济性的重要方面。由式(6-47) 可知，空气在预热器及干燥器中加入的热量消耗于四个方面，其中 Q_1 直接用于干燥目的，Q_2 是为达到规定含水量所不可避免的。因此，干燥过程热量利用的经济性可用如下定义的热效率来表示

$$\eta=\frac{Q_1+Q_2}{Q_{预}+Q_{补}} \tag{6-48}$$

若干燥器内未补充加热，热损失也可忽略，$Q_{补}=Q_{损}=0$，则上式中分子 Q_1+Q_2 可用式(6-45) 代入，而分母用式(6-42) 代入，得

$$\eta=\frac{t_1-t_2}{t_1-t_0} \tag{6-49}$$

显然，提高热效率可从提高预热温度 t_1 及降低废气出口温度 t_2 两方面着手。

降低废气出口温度 t_2 可以提高热效率，但也降低了干燥速率，延长了干燥时间，增加了设备容积。同时，废气出口温度不能过低以致接近饱和。否则，气流易在设备及管道出口处散热而析出水滴。通常为安全起见，废气出口温度须比出干燥器气体的湿球温度高 20～50℃。

提高空气的预热温度 t_1，也可提高热效率。空气预热温度高，单位质量干空气携带的热量多，干燥过程所需要的空气用量少，废气带走的热量相对减少，故热效率得以提高。但是，空气的预热温度应以物料不致在高温下受热破坏为限。对不能经受高温的物料，可在干燥器内设置一个或多个中间加热器，以提高热效率。

【例 6-8】　预热温度 t_1 对热效率的影响

已知某实际干燥过程的有关参数如下。

物料：$G_c=4.5$kg 干料/s；$X_1=0.1111$kg/kg 干料；$X_2=0.0101$kg/kg 干料；

$\theta_1=20$℃；$\theta_2=65$℃；干料比热容 $c_{pS}=2.0$kJ/(kg·℃)

空气：$t_0=20$℃；$H_0=0.007$kg 水/kg 干气；离开干燥器的气温 $t_2=70$℃。空气经预热至 $t_1=140$℃进入干燥器。在干燥器内不补加热量（$Q_{补}=0$），热损失取预热器中空气获得热量的 6%，即 $Q_{损}=0.06Q_{预}$。

试求：(1) 空气用量 V；(2) 热效率 η。

解：(1) 水分汽化量　$W=G_c(X_1-X_2)=4.5\times(0.1111-0.0101)=0.4545$kg/s

汽化水分耗热　　$Q_1=W(r_0+c_{pv}t_2-c_{pL}\theta_1)$

$$=0.4545\times(2500+1.88\times70-4.18\times20)=1158\text{kW}$$

物料升温耗热 $Q_2=G_c c_{pm2}(\theta_2-\theta_1)$

其中 $c_{pm2}=c_{pS}+c_{pL}X_2=2.0+4.18\times0.0101=2.04\text{kJ/(kg·℃)}$

因此 $Q_2=4.5\times2.04\times(65-20)=413\text{kW}$

废气带走热量 $Q_3=Vc_{pH1}(t_2-t_0)$

式中 $c_{pH1}=1.01+1.88H_1=1.01+1.88\times0.007=1.02\text{kJ/(kg·℃)}$

因此 $Q_3=V\times1.02\times(70-20)=51V$ (a)

由热量衡算式(6-47) 得

$$Q_{预}=Q_1+Q_2+Q_3+0.06Q_{预}$$

移项并将式(a) 代入上式得

$$0.94Q_{预}=Q_1+Q_2+51V \tag{b}$$

为计算预热器中的加热量，先算出气体进、出预热器的焓

$$I_0=(1.01+1.88H_0)t_0+2500H_0$$
$$=(1.01+1.88\times0.007)\times20+2500\times0.007=38\text{kJ/kg 干气}$$
$$I_1=(1.01+1.88H_1)t_1+2500H_1$$
$$=(1.01+1.88\times0.007)\times140+2500\times0.007=161\text{kJ/kg 干气}$$

代入式(b)

$$V=\frac{Q_1+Q_2}{0.94(I_1-I_0)-51}=\frac{1158+413}{0.94\times(161-38)-51}=24.31\text{kg 干气/s}$$

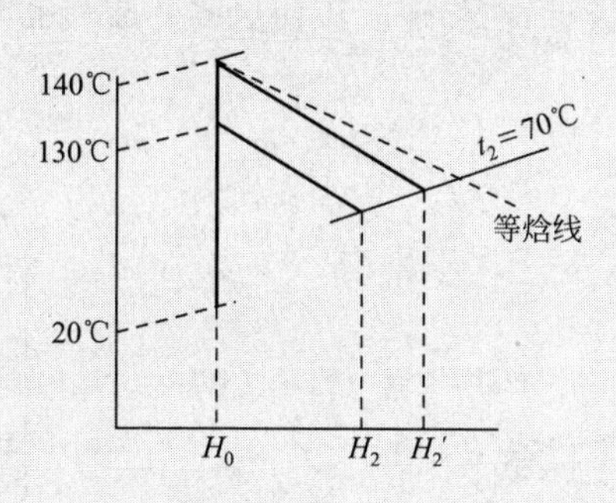

图 6-27　例 6-8 附图

(2) 空气在预热器中获得热量

$$Q_{预}=V(I_1-I_0)=24.31\times(161-38)=2990\text{kW}$$

废气带走热量 $Q_3=51V=51\times24.31=1240\text{kW}$

热效率 $\eta=\frac{Q_1+Q_2}{Q_{预}}=\frac{1158+413}{2990}=0.525$

现将本例所得结果与例 6-7 比较如下：

	例 6-7	例 6-8
预热温度/℃	$t_1=130$	$t_1=140$
假定热损失	$Q_{损}=5\%Q$	$Q_{损}=6\%Q$
空气用量/(kg/s)	$V=27.95$	$V=24.31$
出干燥器空气湿度/(kg/kg)	$H_2=0.0233$	$H_2=0.0257$

预热器加热量/kW	$Q_{预}=3158$	$Q_{预}=2990$
废气带走热量/kW	$Q_3=1425$	$Q_3=1240$
热损失/kW	$Q_{损}=158$	$Q_{损}=179$
热效率	$\eta=0.499$	$\eta=0.525$

比较可知，由于预热温度 t_1 升高，达到相同出口温度 t_2 的湿度 H_2 增大（参见图 6-27），使空气用量减少，废气带走热量减少，热效率提高。

6.4 干燥器

6.4.1 常用干燥器

药物种类繁多，物理和化学性质复杂多样，质量标准和工艺对干燥的要求各不相同，相应的干燥方式和设备也是多种多样的。按供热方式的不同，干燥设备可分为对流式干燥器、传导干燥器、辐射干燥器和介电干燥器四大类。

评价干燥器优劣的主要指标是：对被干燥物料的适应性、生产能力（处理量）、能耗（热效率）。

1. 常用对流式干燥器

厢式干燥器 厢式干燥器亦称烘房，其结构如图 6-28 所示。干燥器外壁由砖墙并覆以适当的绝热材料构成。厢内支架上放有许多矩形浅盘，湿物料置于盘中，物料在盘中的堆放厚度为 10～100mm。厢内设有翅片式空气加热器，并用风机造成气体循环流动。调节风门，可在恒速阶段排出较多的废气，而在降速阶段使更多的废气循环。

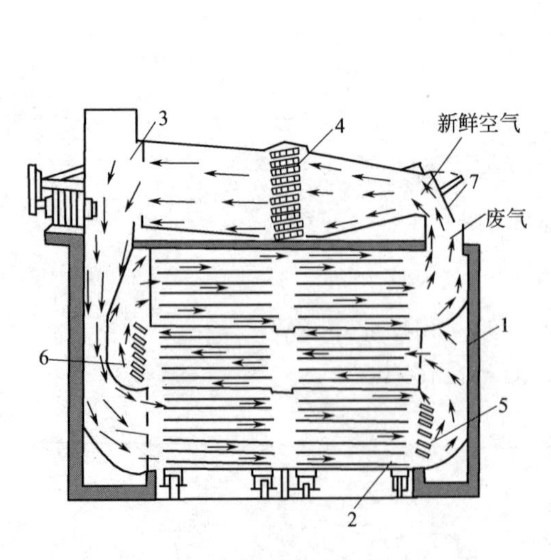

图 6-28 厢式干燥器

1—干燥室；2—小板车；3—送风机；4～6—空气预热器；7—调节门

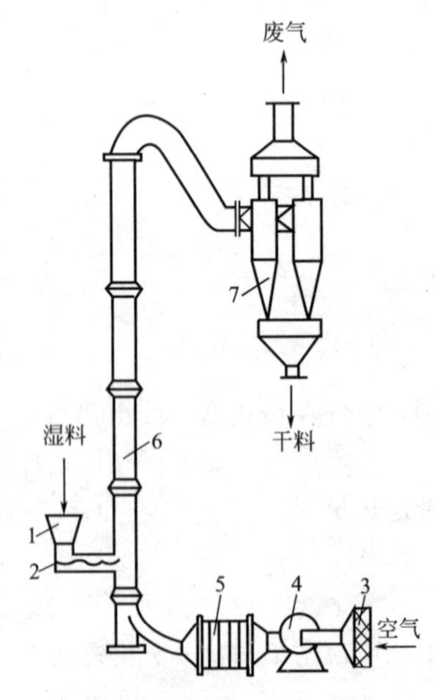

图 6-29 气流干燥器

1—料斗；2—螺旋加料器；3—空气过滤器；4—风机；5—预热器；6—干燥管；7—旋风分离器

厢式干燥器一般为间歇式，但也有连续式的。此时堆物盘架搁置在可移动的小车上，或将物料直接铺在缓缓移动的传送网上。

厢式干燥器的最大特点是对各种物料的适应性强，干燥产物易于进一步粉碎。但湿物料得不到分散，干燥时间长，完成一定干燥任务所需的设备容积及占地面积大，热损失多。因此，主要用于产量不大、品种需要更换的物料的干燥。

若所干燥的物料热敏性强、易氧化及易燃烧，或排出的尾气需要回收以防污染环境，则在生产中可采用真空厢式干燥器。

气流干燥器 若湿物料为粉粒体，经离心脱水后可在气流干燥器中以悬浮的状态进行干燥。气流干燥器的主要部件如图 6-29 所示。

空气由风机吸入，经翅片加热器预热至指定温度，然后进入干燥管底部。物料由加料器连续送入，在干燥管中被高速气流分散。在干燥管内气固并流流动，水分汽化。干物料随气流进入旋风分离器，与湿空气分离后被收集。

气流干燥器操作的关键是连续而均匀地加料，并将物料分散于气流中。连续加料可使用各种型式的加料器，图 6-30 为常用的几种固体加料器。但是，黏并成团的潮湿粉粒往往难于分散。为使湿物料在入口处借气流获得必要的分散，管内的气速应大大超过单个颗粒的沉降速度，常用的气速约在 10～20m/s 以上。由于干燥管的高度有限，颗粒在管内的停留时间很短，一般仅 2s 左右。因颗粒尺寸很小，在此短暂时间内可将颗粒中的大部分水汽化，使含水量降至临界值以下。

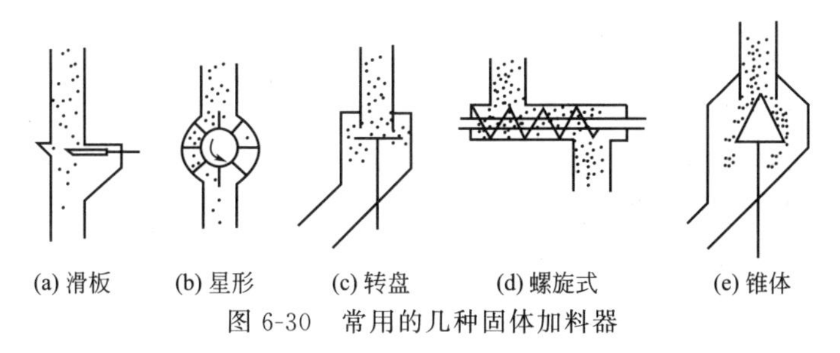

图 6-30 常用的几种固体加料器

须指出，在整个干燥管的高度范围内，并不是每一段都同样有效。在加料口以上 1m 左右，物料被加速，气固相对速度最大，给热系数和干燥速率亦最大，是整个干燥管中最有效的部分。在干燥管上部，物料已接近或低于临界含水量，即使管子很高，仍不足以提供物料升温阶段缓慢干燥所需要的时间。因此，气流干燥器适用于以非结合水为主的颗粒状物料的干燥，但不适合对于晶体形状有一定要求的物料干燥。

流化床干燥器 物料处于流化阶段，可以获得足够的停留时间，将含水量降至规定值。图 6-31 是常用的几种流化床干燥器。

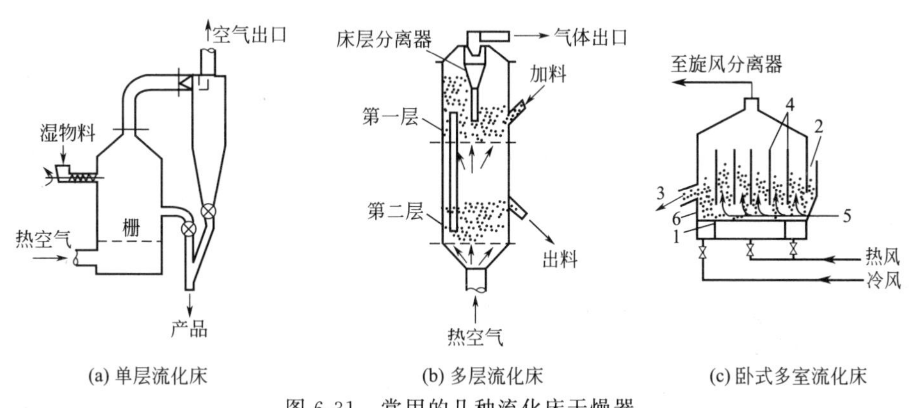

图 6-31 常用的几种流化床干燥器

1—多孔分布器；2—加料口；3—出料口；4—挡板；5—物料通道（间隙）；6—出口堰板

工业用单层流化床多数为连续操作。物料从圆形或矩形筒体的一侧加入，从另一侧连续排出。颗粒在床层内的平均停留时间（即平均干燥时间）τ 为

$$\tau=\frac{\text{床内固体量}}{\text{加料速率}}$$

由于流化床内固体颗粒的均匀混合，每个颗粒在床内的停留时间并不相同，这使部分湿物料未经充分干燥即从出口溢出，而另一些颗粒将在床内高温条件下停留过长。

为避免颗粒完全混合，可使用多层床。湿物料逐层下落，自最下层连续排出。也可采用卧式多室流化床，此床为矩形截面，床内设有若干纵向挡板，将床层分成多个室。挡板与床底部水平分布板之间留有足够的间距，供物料逐室通过，但又不致完全混合。将床层分成多室不但可使产物含水量均匀，且各室的气温和流量可分别调节，有利于热量的充分利用。一般在最后一室吹入冷空气，使产物冷却而便于包装和储藏。

流化床干燥器对气体分布板的要求不如反应器那样苛刻。在操作气速下，通常具有1kPa压降（或为床层压降的20%～100%）的多孔板已可满足要求。对易于黏结的粉体，在床层进口处可附设3～30r/min的搅拌器，以帮助物料分散。

除了以上三种常见流化床，制药工业中针对不同物料和干燥要求，还可采用震动流化床干燥器、塞流式流化床干燥器和闭路循环流化床干燥器。

流化床干燥在制药工业中的一个典型应用是流化床制粒机，其工作原理是物料粉末粒子在原料容器（流化床）中，与净化的加热空气混合，呈流化状态，黏合剂溶液雾化喷入后，使若干粒子聚集成含有黏合剂的团粒，由于热空气对物料的不断干燥，使团粒中的水分蒸发，黏合剂凝固，此过程不断重复进行，形成均匀的多微孔球状颗粒。

喷雾干燥器 黏性溶液、悬浮液以至糊状物等可用泵输送的物料，以分散成粒、滴进行干燥最为有利。所用设备为喷雾干燥器，如图6-32、图6-33所示。喷雾干燥器是将流态化技术应用于液态干燥的一种有效设备。

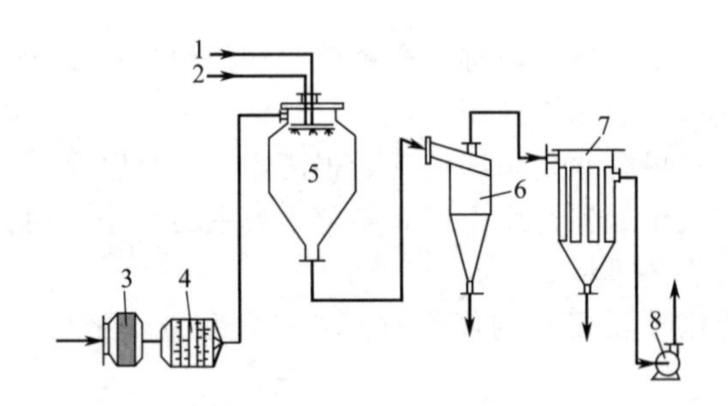

图6-32 喷雾干燥流程

1—料液；2—压缩空气；3—空气过滤器；4—翅片加热器；5—喷雾干燥器；6—旋风分离器；7—袋滤器；8—风机

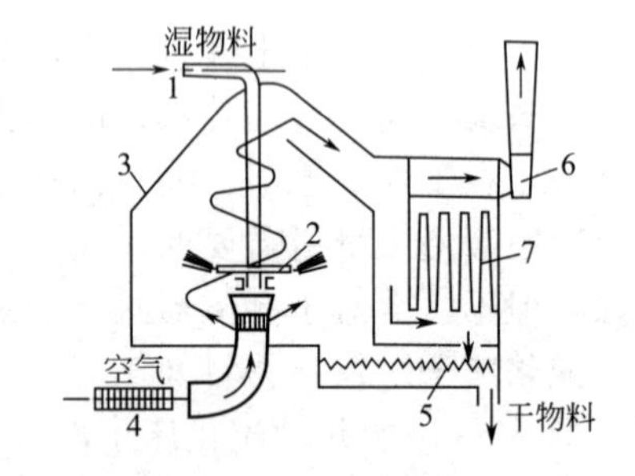

图6-33 离心式喷雾干燥器

1—加料管；2—喷雾盘；3—干燥室；4—空气预热器；5—运输器；6—送风机；7—袋滤器

喷雾干燥器由雾化器、干燥室、产品回收系统、供料及热风系统等部分组成。雾化器的作用是将物料喷洒成直径为10～60μm的细滴，从而获得很大的汽化表面（约100～600m^2/L溶液）。常用的雾化器有三种：

（1）压力喷嘴［见图6-34(a)］ 用高压泵使液体在3～20MPa的压强下通过孔径为0.25～0.5mm的喷嘴。由于料液通过喷嘴时的速度很高，孔口常易磨损，故喷嘴应使用碳化钨等耐磨材料制造。此种喷嘴不能处理含固体颗粒的液体，否则易堵塞。

（2）离心转盘［见图6-34(b)］ 将物料注于5000～20000r/min的旋转圆盘上，借离心力使料液向四周抛出、分散成滴。此雾化器对悬浮液或黏稠液体均适用，但传动装置要求

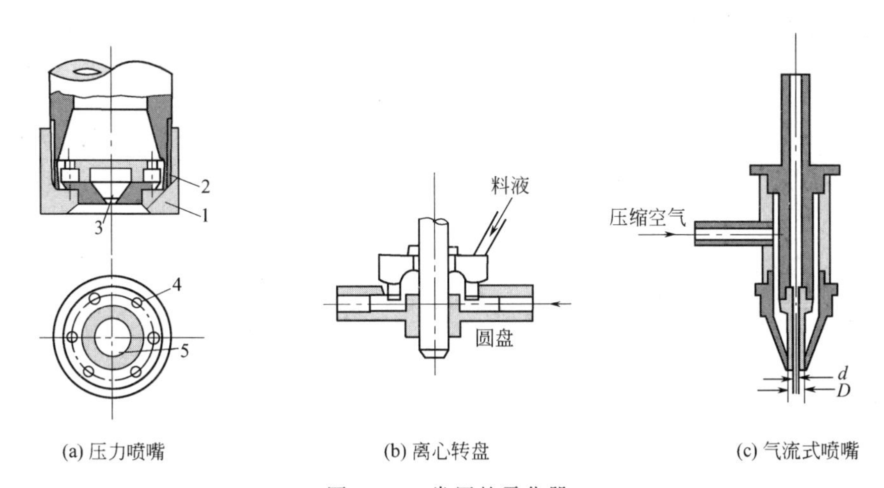

(a) 压力喷嘴　　(b) 离心转盘　　(c) 气流式喷嘴

图 6-34 常用的雾化器

1—外套；2—圆板；3—旋涡室；4—小孔；5—喷出口

较高。

(3) 气流式喷嘴［见图 6-34(c)］ 0.1～0.5MPa 的压缩空气与料液同时通过喷嘴，在喷嘴出口处料液分散成雾滴。此方法常用于溶液和乳浊液的喷洒，也可用于含固体颗粒的浆料。其缺点是要消耗压缩空气，动力费用较大。

液体雾化的优劣直接影响产品的色泽、密度、含水量等品质。一般来说，向雾化器输入的能量越多（如压力喷嘴使用的压强越高)，所得液滴群的平均直径越小，分布范围也小，即液滴较为均匀。

干燥室的基本要求是提供有利的气液接触，使液滴在到达器壁之前已获得相当程度的干燥，同时使物料与高温气流的接触时间不致过长。因此，离心转盘造成的雾矩范围大，干燥室的高径比则应较小。反之，压力喷嘴则须采用高径比很大的柱形干燥室。

热气流与液滴的流向可作多种安排（见图 6-35)，应按物料性质妥善选择。

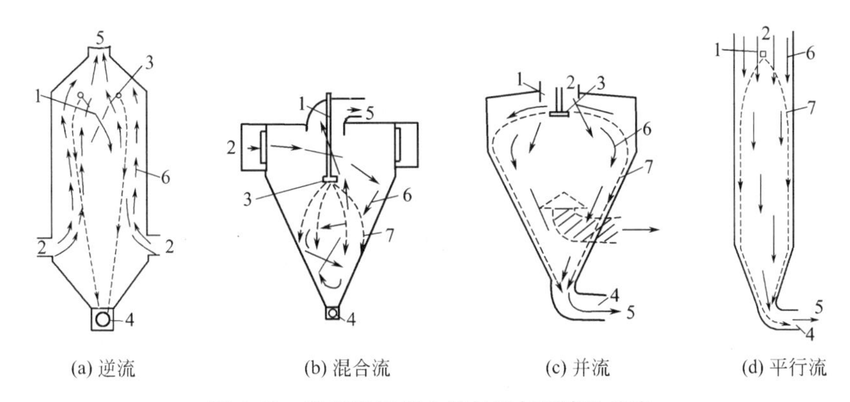

(a) 逆流　　(b) 混合流　　(c) 并流　　(d) 平行流

图 6-35 喷雾干燥器中热气流与液滴的流向

1—物料；2—热空气；3—喷嘴；4—产品；5—废气；6—气流；7—雾滴

总的说来，喷雾干燥的设备尺寸大，能量消耗多。但物料停留时间很短（一般只需 3～10s)，适用于热敏物料的干燥，可由液态直接加工成固体产品。喷雾干燥在制药等工业中得到广泛的应用。

转筒干燥器 经真空过滤所得的滤渣、团块物料以及颗粒较大而难以流化的物料，可在转筒干燥器内获得一定程度的分散，使干燥产品的含水量能够降至较低的数值。

干燥器的主体是一个与水平略成倾斜的圆筒［参见图 6-36(a)、(b)］，圆筒的倾斜度约为 1/50～1/15，物料自高端送入，低端排出，转筒以 0.5～4r/min 缓缓地旋转。转筒内设置各种抄板，在旋转过程中将物料不断举起、撒下，使物料分散并与气流密切接触，同时也使物料向低处移动。常见的抄板如图 6-36(c) 所示。

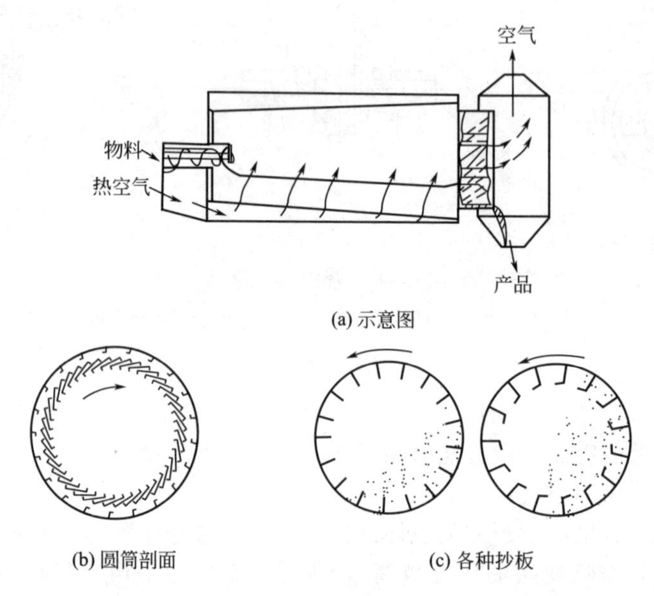

图 6-36　转筒干燥器

热空气或燃烧气可在器内与物料作总体上的并流或逆流。为便于气固分离，通常转筒内的气速并不高。对粒径小于 1mm 的颗粒，气速为 0.3～1m/s；对于 5mm 左右的颗粒，气速约在 3m/s 以下。

物料在干燥器内的停留时间可借转速调节，通常停留时间为 5min 乃至数小时，产品的含水量可降至很低。转筒干燥器的处理量大，对物料的适应性强，应用很广。

2. 非对流式干燥器

耙式真空干燥器　这是一种以传导供热、间歇操作的干燥器，结构如图 6-37 所示。

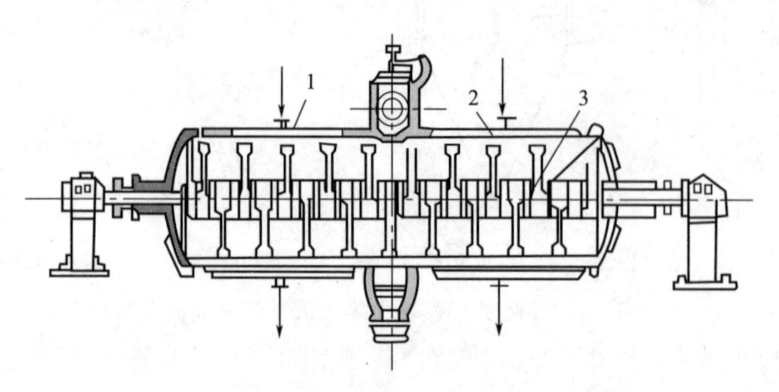

图 6-37　耙式真空干燥器

1—外壳；2—蒸汽夹套；3—水平搅拌器

在一个带有蒸汽夹套的圆筒中装有一水平搅拌轴，轴上有许多叶片以不断地翻动物料。汽化的水分和不凝性气体由真空系统排出，干燥完毕时切断真空并停止加热，使干燥器与大气相通，然后将物料由底部卸料口卸出。

耙式真空干燥器通过间壁传导供热，操作密闭，无需空气作为干燥介质，故适用于在空气中易氧化的药物的干燥。此种干燥器对糊状物料适应性强，物料的初始含水量允许在很宽的范围内变动，但生产能力很低。

红外线干燥器 红外线干燥器是一种典型的辐射供热干燥设备。利用红外线辐射源发出波长为 0.72～1000μm 的红外线，投射于被干燥物体上，可使物体温度升高，水分或溶剂汽化。通常把波长为 5.6～1000μm 范围的红外线称为远红外线。

不同气体分子吸收红外线的能力不同。如氢、氮、氧等双原子的分子不吸收红外线，而水、溶剂、树脂等有机物则能很好地吸收红外线。此外，当物体表面被干燥之后，红外线难以穿透干固体层深入物料内部，故适用于薄层物料的干燥。

目前常用的红外线辐射源有两种。一种是红外线灯，可辐射 0.6～3μm 的红外线。红外线灯也可制成管状或板状等。灯与物体的距离直接影响物体的干燥温度和干燥时间。单个灯或干燥装置中还带有各种反光罩，使红外线集中于物体的某一局部或平行投射于整个物体。另一种辐射源是使煤气与空气的混合气（一般空气量是煤气量的 3.5～3.7 倍）在薄金属板或钻了许多小孔的陶瓷板的背面发生无烟燃烧，当板的温度达到 340～800℃时（一般是400～500℃）即放出红外线。

间歇式的红外线干燥器可随时启闭辐射源；也可以制成连续的隧道式干燥器，用运输带连续地移动干燥物料。红外线干燥器的特点是：

① 设备简单，操作方便灵活，适应干燥物品的变化。

② 能保持系统的密闭性，可避免溶剂挥发物对人体的危害、空气中尘粒污染物料。

③ 耗能大，但在某些情况下这一缺点可被干燥速率快所补偿。

带式干燥器 带式干燥器在制药生产中是一类常用的连续干燥设备，简称带干机。其基本工作原理是将湿物料置于连续传动的运送带上，用红外线、热空气或微波辐射对运动的物体加热，使物料温度升高，其中的水分汽化而被干燥。

转鼓干燥器 转鼓干燥器是一种间接加热、连续热传导的干燥器，常用于溶液、悬浮液及胶体溶液等流动性物料的干燥。转鼓干燥器分为单转鼓和双转鼓两种。

如图 6-38 所示，双转鼓干燥器工作时，两转鼓反向旋转且部分浸没于料槽中。从料槽中出来的转鼓表面沾上了厚度为 0.3～5mm 的料浆。加热蒸汽通入转鼓内部，通过转鼓壁的热传导，将料浆中水分加热汽化，水汽与其夹带的粉尘由上方排出。转鼓转一周，料浆即被干燥，并由转鼓壁上的刮刀刮下，经螺旋输送器送出。

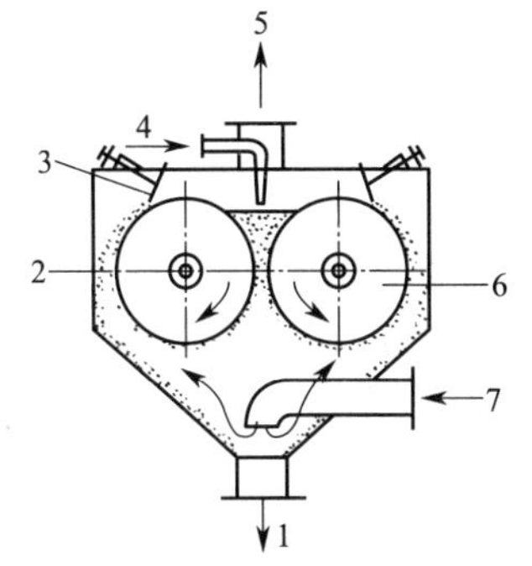

图 6-38 中心进料双转鼓干燥器
1—干物料；2—空心转轴；3—刮刀；4—原料液；5—尾气；6—转鼓；7—空气

冷冻干燥器 冷冻干燥是使物料在低温下将其中水分由固态直接升华进入气相而达到干燥目的。

图 6-39 为冷冻干燥器示意图。湿物料置于干燥箱内的若干层搁板上。首先用冷冻剂预冷，将物料中的水冻结成冰。由于物料中的水溶液的冰点较纯水为低，预冷温度应比溶液冰点低 5℃左右，一般约为－30～－5℃。随后对系统抽真空，使干燥器内的绝对压强约保持为 130Pa，物料中的水分由冰升华为水汽并进入冷凝器中冻结成霜。此阶段应向物料供热以补偿冰的升华所需的热量，而物料温度几乎不变，是一恒速阶段。供热的方式可用电热元件辐射加热，也可通入热媒加热。干燥后期，为一升温阶段，可将物料升温至 30～40℃并保

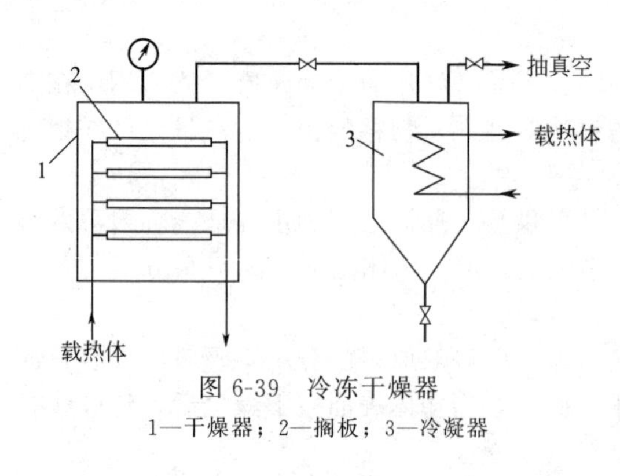

图 6-39 冷冻干燥器
1—干燥器；2—搁板；3—冷凝器

持 2～3h，使物料中的剩余水分去除干净。

冷冻干燥器主要用于生物制品、药物、食品等热敏物料的脱水，以保持酶、天然香料等有效成分不受高温或氧化破坏。在冷冻干燥过程中物料的物理结构未遭破坏，产品加水后易于恢复原有的组织状态。但冷冻干燥费用很高，只用于少量贵重产品的干燥。

微波干燥 微波干燥属于介电加热干燥。物料中的水分子是一种极性很大的小分子物质，在微波辐射的作用下，极易发生取向转动，分子间产生摩擦，辐射能转换成热能，温度升高使水分汽化，物料被干燥。

微波炉是最常用的微波干燥器，由于炉内的物料受到来自各个方向的微波反射，使微波几乎全部用于湿物料中水分的加热。

微波干燥具有物料内外受热均匀、干燥速率快、热效率较高、环境温度低等优点。

6.4.2 干燥器的选型

制药干燥设备不仅要满足化工设备的强度、精度及运转可靠性要求，还要从结构上考虑可拆卸，易清洗，密封性好等特殊行业要求。由于制药生产中的许多产品要求无菌、避免高温分解及污染，故制药生产中所用的干燥器常以不锈钢材料制造，以保证产品的质量。

设备的生产能力 设备的生产能力取决于物料达到指定干燥要求所需的时间。由 6.3.1 节可知，物料在降速阶段的干燥速率缓慢，费时较多。缩短降速阶段的干燥时间可从两方面着手：①降低物料的临界含水量，使更多的水分在速率较高的恒速阶段除去；②提高降速阶段本身的速率。将物料尽可能地分散，可以兼达上述两个目的。许多干燥器（如气流式、流化床、喷雾式等）的设计思想就在于此。

能耗的经济性 干燥是种耗能较多的单元操作，提高干燥过程的热效率是至关重要的。在对流干燥中，提高热效率的主要途径是减少废气带热。干燥器结构应能提供有利的气固接触，在物料耐热允许的条件下应使用尽可能高的入口气温，或在干燥器内设置加热面进行中间加热。这两者均可降低干燥介质的用量，减少废气带走的热量。

为提高热效率，物料在不同的干燥阶段可采用不同类型的干燥器加以组合。

干燥器选型的原则 对于特定的干燥任务，常可选出几种适用的干燥器。此时应通过经济核算来确定。干燥过程的操作费用往往较高，因此可选择设备费用在某种程度上高一些，而操作费用较低的设备。

从操作方式的角度，间歇干燥器适用于小批量、多品种、干燥条件变化大、干燥时间长的物料干燥。而连续干燥器可缩短干燥时间，提高产品质量，适用于品种单一、大批量的物料干燥。从物料的角度，对于热敏性、易氧化及要求含水量较低的物料，宜选用真空干燥器；对于生物制品等冻结物料，宜选用冷冻干燥器；对于液状或悬浮液状物料，宜选用喷雾干燥器；对于形状有要求的物料，宜选用厢式、带式或微波干燥器；对于糊状物料，宜选用转筒干燥器、气流干燥器和流化床干燥器；对于颗粒状、块状物料，宜选用气流干燥器、流化床干燥器等。

习 题

湿空气的性质

6-1 将干球温度27℃、露点为22℃的空气加热至80℃，试求加热前后空气相对湿度的变化。

6-2 总压为100kPa的湿空气，试用焓-湿度图填充附表。

6-3 在温度为80℃、湿度为0.01kg水/kg干气的空气流中喷入0.1kg水/s的水滴。水滴温度为30℃，全部汽化被气流带走。气体的流量为10kg干气/s，不计热损失。试求：(1) 喷水后气体的热焓增加了多少？(2) 喷水后气体的温度降低到多少？(3) 如果忽略水滴带入的热焓，即把气体的增湿过程当作等焓变化过程，则增湿后气体的温度降到多少？

6-4 某干燥作业如附图所示。现测得温度为30℃，露点为20℃，流量为1000m^3湿空气/h的湿空气在冷却器中除去水分2.5kg/h后，再经预热器预热到60℃后进入干燥器。操作在常压下进行。

试求：(1) 出冷却器的空气的温度和湿度；(2) 出预热器的空气的相对湿度。

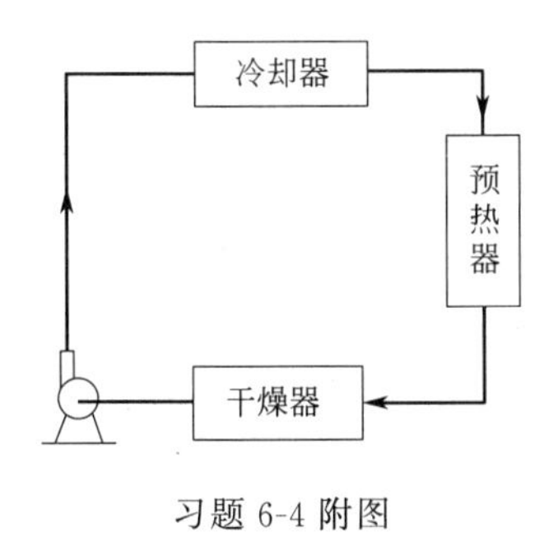

习题6-4附图

间歇干燥过程计算

6-5 已知在常压下、25℃下水分在氧化锌与空气之间的平衡关系为：

相对湿度 $\varphi=100\%$ 时，

平衡含水量 $X^*=0.02$kg水/kg干料

相对湿度 $\varphi=40\%$ 时，

平衡含水量 $X^*=0.007$kg水/kg干料

现氧化锌的含水量为0.25kg水/kg干料，令其在25℃、$\varphi=40\%$的空气接触。试问物料的自由含水量、结合水及非结合水的含量各为多少？

6-6 某物料在定态空气条件下作间歇干燥。已知恒速干燥阶段的干燥速率为1.1kg水/(m^2·h)，每批物料的处理量为1000kg干料，干燥面积为55m^2。试估计将物料从0.15kg水/kg干料干燥到0.005kg水/kg干料所需的时间。

物料的平衡含水量为零，临界含水量为0.125kg水/kg干料。作为粗略估计，可设降速阶段的干燥速率与自由含水量成正比。

6-7 某厢式干燥器内有盛物浅盘50只，盘的底面积为70cm×70cm，每盘内堆放厚20mm的湿物料。湿物料的堆积密度为1600kg/m^3，含水量由0.5kg水/kg干料干燥到0.005kg水/kg干料。器内空气平行流过物料表面，空气的平均温度为77℃，相对湿度为10%，气速2m/s。物料的临界自由含水量为0.3kg水/kg干料，平衡含水量为零。设降速阶段的干燥速率与物料的自由含水量成正比。求每批物料的干燥时间。

习题6-2附表

干球温度/℃	湿球温度/℃	湿度/(kg水/kg干气)	相对湿度/%	热焓/(kJ/kg干气)	水汽分压/kPa	露点/℃
80	40					
60						29
40			43			
		0.024		120		
50					3.0	

连续干燥过程的计算

6-8 某常压操作的干燥器的参数如附图所示，其中：空气状况 $t_0=20℃$，$H_0=0.01$kg/kg 干气，$t_1=120℃$，$t_2=70℃$，$H_2=0.05$kg/kg 干气；物料状况 $\theta_1=30℃$，含水量 $w_1=20\%$，$\theta_2=50℃$，$w_2=5\%$，绝对干物料比热容 $c_{pS}=1.5$kg/(kg·℃)；干燥器的生产能力为 53.5kg/h（以出干燥器的产物计），干燥器的热损失忽略不计，试求：(1) 空气用量；(2) 预热器的热负荷；(3) 应向干燥器补充的热量。

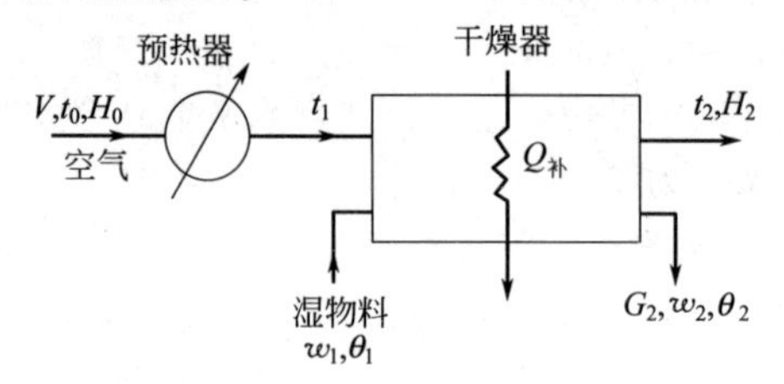

习题 6-8 附图

6-9 一理想干燥器在总压 100kPa 下将物料由含水 50%干燥至含水 1%，湿物料的处理量为 20kg/s。室外空气温度为 25℃，湿度为 0.005kg 水/kg 干气，经预热后送入干燥器。废气排出温度为 50℃，相对湿度 60%。试求：(1) 湿空气用量；(2) 预热温度；(3) 干燥器的热效率。

6-10 从废气中取 80%（质量分数）与湿度为 0.0033kg 水/kg 干气、温度为 16℃的新鲜空气混合后进入预热器（如附图所示）。已知废气的温度为 67℃，湿度为 0.03 kg 水/kg 干气。物料最初含水量为 47%，最终含水量为 5%，干燥器的生产能力为 1500kg 湿物料/h。

试求干燥器每小时消耗的湿空气量和预热器的耗热量。设干燥器是理想干燥器。

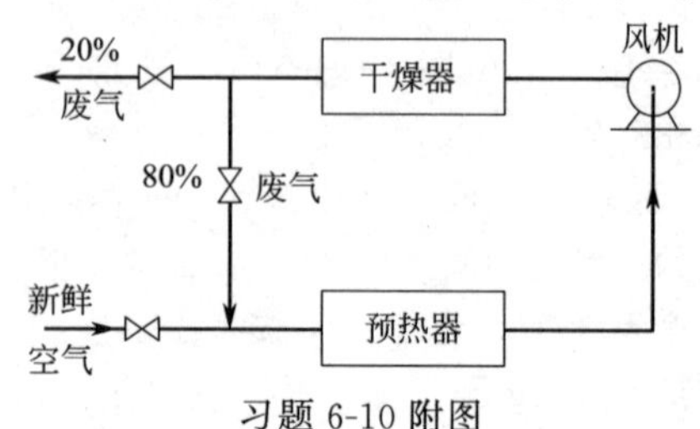

习题 6-10 附图

6-11 如附图所示，某常压操作的理想干燥器处理物料量为 500kg 绝干料/h，物料进、出口的含水量分别为 $X_1=0.3$kg 水/kg 干料，$X_2=0.05$ 水/kg 干料。新鲜空气的温度 t_0 为 20℃，露点 t_d 为 10℃，经预热至 96℃后进入干燥器。干空气的流量为 6000 kg 干气/h。试求：(1) 进预热器前风机的流量，m^3/h；(2) 预热器传热量（忽略预热器的热损失），kW；(3) 干燥过程的热效率 η。

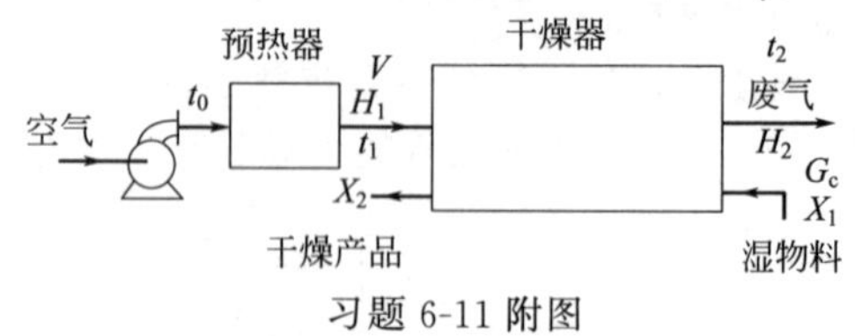

习题 6-11 附图

思 考 题

6-1 通常物料去湿的方法有哪些?

6-2 对流干燥过程的特点是什么?

6-3 通常露点温度、湿球温度、干球温度的大小关系如何? 什么时候三者相等?

6-4 结合水与非结合水有什么区别?

6-5 何谓平衡含水量、自由含水量?

6-6 何谓临界含水量? 它受哪些因素影响?

6-7 干燥速率对产品物料的性质会有什么影响?

6-8 连续干燥过程的热效率是如何定义的?

6-9 理想干燥过程有哪些假定条件?

6-10 为提高干燥热效率可采取哪些措施?

6-11 评价干燥器技术性能的主要指标有哪些?

本章符号说明

符号	意义	SI 单位
A	气固接触表面，即干燥面积	m^2
c_p	比热容	kJ/(kg·℃)
d_p	颗粒或液滴直径	m
G	干燥器中气体的质量流速	kg/(m^2·s)
G_1	进干燥器湿物料量	kg/s

符号	意义	SI 单位
G_2	出干燥器干燥产品量	kg/s
G_c	绝对干物料的量（间歇过程）或流率（连续过程）	kg 或 kg/s
H	气体湿度	kg 汽/kg 干气
H_s	气体的饱和湿度	kg 汽/kg 干气
I	热焓	kJ/kg 干气
k_H	以湿度差为推动力的气相传质系数	kg/(s・m²)
N_A	传质速率，即汽化速率或干燥速率	kg/(s・m²)
p	总压	kPa
p_s	水的饱和蒸气压	kPa
Q	预热器耗热量	kW
r	汽化热	kJ/kg
t	气体温度	℃
V	干燥用气量	kg 干气/s
W	水分汽化量	kg/s
w	湿物料含水质量分数	kg/kg 湿物料
X_t	物料干基含水量	kg 水/kg 干料
X	物料的干基自由含水量，即 X_t-X^*	kg 水/kg 干料
X^*	干基平衡含水量	kg 水/kg 干料
希腊字母		
α	给热系数	kW/(m²・℃)
θ	物料温度	℃
φ	气体的相对湿度	
下标		
as	绝热饱和温度	
d	露点	
g	干气体	
H	湿气体	
L	液体	
m	湿物料	
S	干物料	
v	湿蒸汽	
w	湿球温度	

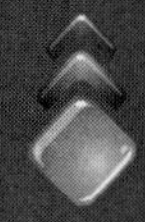

第 7 章 其他单元操作

7.1 搅拌

液体搅拌是制药生产中经常使用的一种单元操作。通常借助搅拌要达到的目的是：

① 使两种或多种可互溶的液体彼此混合均匀；

② 使不互溶的两相液体充分分散和接触；

③ 使固体颗粒在液体中悬浮；

④ 强化液体与器壁间的传热。

7.1.1 搅拌设备

常用的搅拌设备是由以下几部分组成：①盛装被搅拌液体的容器，称为搅拌釜。搅拌釜一般为直立的圆筒形，也可在圆筒形的内壁上设置四块垂直的挡板。釜底的构形一般以有利于流体流动为宜，多采用椭圆形底，但也有用平底的。②一根旋转的中心轴及安装在轴上的搅拌器。③辅助部件，如密封装置，减速器及支架，釜壁上的挡板等。图 7-1 所示即为生产中典型的搅拌设备。

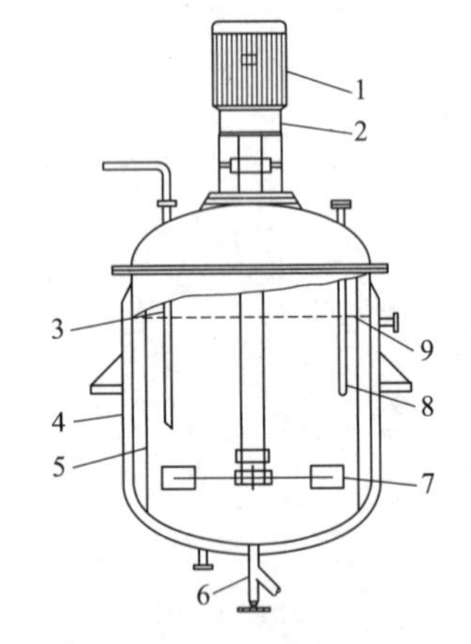

图 7-1 典型的搅拌设备

1—电动机；2—减速器；3—加料管；4—夹套；5—挡板；6—放料阀；7—搅拌器；8—温度计套管；9—液面

搅拌系统的主件是搅拌器，它将机械能施加于液体，推动液体运动。但应指出，搅拌装置的性能如何，它消耗的功率多少，不仅取决于搅拌器的形状、大小和转速，也取决于所搅拌液体的物性以及搅拌釜的形状和大小，釜壁上有无安装挡板等因素。下面详细叙述搅拌器的作用原理。

总体流动和湍流流动 流体在管内不论是作层流流动，还是作湍流流动，流体在管截面各处都有一个向前的运动。这种流动，通常称为总体流动。在搅拌过程中，总体流动的途径相当复杂，不同型式的搅拌器各不相同。总体流动的循环量和阻力损失是由搅拌器和总体流动途径共同决定的。

如果流体在管内作湍流流动，那么除了上述总体流动以外，在湍流主体中还存在湍流运动。湍流运动可以看成是由流体的平均流速与大量不同尺寸、不同强度的旋涡叠加而成。它是由大量流体微团在作总体流动的流体内各处叠加，上下、左右、前后各方向随机的、瞬变的脉动速度的运动。总体流动具有一定的方向，但组成总体流动的流体却是大量随机运动着的流体微团，这些流体微团的运动方向可与总体流动的方向一致，但也可以不一致，甚至相反。

总之，总体流动的特点是流体以较大的尺度（相当于设备的尺寸）运动，具有一定的方向，流动范围较大。湍流运动的特点是以很小的流体微团（远远小于总体流动）尺度运动，运动不规则，运动距离短。

搅拌器的作用　搅拌器在液体做旋转运动中的作用与泵的叶轮相似，都是将机械能施加给液体，推动流体流动。对于高黏度的液体，总体流动常处于层流状态。主体流动中存在着速度梯度，从而形成液体相互分散所需的剪切力，使两种流体间达到一定程度的调匀。对于低黏度的流体，总体流动常处于湍流状态。总体流动中充满了大大小小的旋涡，这些旋涡随湍动而加剧，旋涡的尺寸越小、数量越多、强度也就越高。但这些旋涡随在总体流动中位置不同，其湍动的程度也不同。通常，在桨叶出口附近湍动程度最高，而在离开桨叶后，由于黏性力的影响，湍动程度急剧下降。在湍动最激烈的桨叶出口处，旋涡程度十分强烈，速度梯度很大，产生很大的剪应力。在这种剪应力的作用下，液体被撕成微小液团，被总体流动带至搅拌釜各处，达到均匀混合的目的。

由上可知，搅拌器的作用可概括为以下两点：

① 产生强大的总体流动，将流体均布于容器各处，以达到宏观均匀。

② 产生强烈的湍动，使流体微团尺寸减小。

打漩现象　如果搅拌釜是平底圆形槽，釜壁光滑且没有安装任何障碍物，当液体黏度不大，搅拌器装在釜中心线上时，液体将随着搅拌器旋转的方向循着釜壁滑动。这种旋转运动产生所谓打漩现象，可造成以下不良后果：

① 液体只是随着搅拌器团团转而不产生径向的或轴向的运动，没有发生混合的机会。

② 搅拌器轴周围的液面下降，形成一个漩涡，旋转速度越大，则漩涡中心下凹的程度越深，最后可下凹到与搅拌器接触。此时，外面的空气可以进入搅拌器，液体中吸入空气后，搅拌器接触的是密度较小的气液混合物，所需的搅拌功率反而下降。这表明了打漩现象会限制施加于液体的搅拌功率，从而限制搅拌效果。

③ 打漩时搅拌功率不稳定，易使搅拌轴受损。

在搅拌操作中应避免发生打漩现象。通常采取的措施有：

① 在釜内设置挡板；

② 把搅拌器安装在偏离轴心的位置上。

打漩现象消除后，釜内液体的流型取决于搅拌器的型式。液体的流型一般分为径向流型和轴向流型两种。径向流型中，流体的流动主要与釜壁和叶轮轴垂直，并在釜壁和搅拌轴附近折返而向上下垂直流动，如图 7-2 所示。此时，既有垂直液流，也有径向液流，因此，产生良好的液体混合。轴向流型中，流体的流动主要与釜壁和搅拌轴平行，如图 7-3 所示。

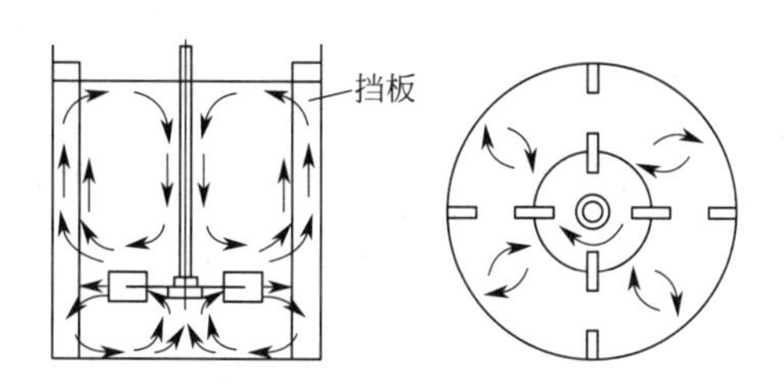

图 7-2　径向流型（侧视图，俯视图）

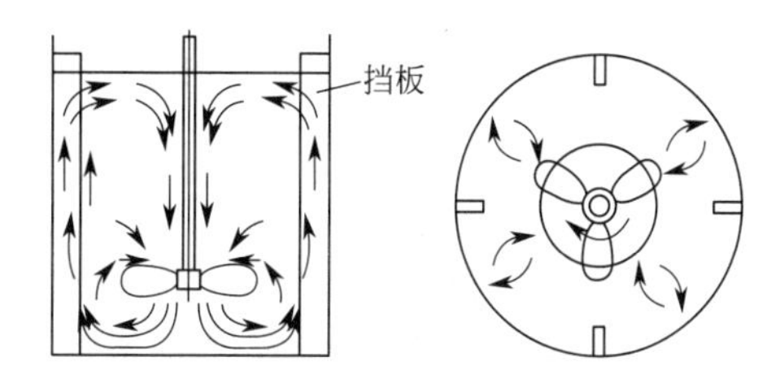

图 7-3　轴向流型（侧视图，俯视图）

7.1.2　搅拌器的类型和性能特点

针对不同的物料系统和搅拌目的，搅拌器有不同的类型、不同的结构型式。表 7-1 列出了几种常用搅拌器的结构型式及相关参数。

旋桨式（或螺旋推进式） 这种搅拌器的结构类似于飞机的螺旋桨推进器的桨叶，通常由三片桨叶构成。一般采用铸造法制成，也可用模锻。

桨式（平直叶和折叶） 这是一种结构和加工都非常简单的搅拌器，共有两片桨叶。最常用的加工方法是用扁钢锻造成型。折叶桨式搅拌器为平直叶式的变形，通常是将平直叶的桨叶折成45°的角。

涡轮式 该搅拌器通常由六片桨叶构成。涡轮式搅拌器又包括了几种不同的型式。在表7-1中列出了常见的几种。开启平直叶式和开启弯叶式搅拌器实质上与平直叶桨式搅拌器没有本质差别。只是习惯上将四叶以下的搅拌器称桨式，把四叶以上的称为涡轮式。圆盘涡轮式搅拌器的桨叶也分平直叶和弯曲叶两种，通常采用螺钉或焊接的方式将桨叶连接在与搅拌轴相连的圆盘上。

表7-1 搅拌器的结构型式及相关参数

搅拌器的型式		结构简图	典型尺寸	典型操作参数	常用介质黏度范围	流动状态	备注
桨式	平直叶	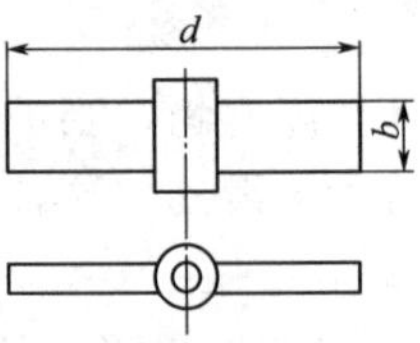	$d/D=0.35\sim0.8$；$b/d=0.10\sim0.25$；$z=2$；折叶角 $\theta=45°,60°$	$n=1\sim100$r/min；$u_T=1.0\sim5.0$m/s	<2Pa·s	低速时以水平环向流为主；高速时以径向流为主；有挡板时以上下循环流为主	当 $d/D\geqslant0.9$，且设置多层桨叶时，可用高黏度流体的低速搅拌。在层流区操作，其适用的介质的黏度可达100Pa·s，而叶端线速度 $u_T=1.0\sim3.0$m/s
	折叶	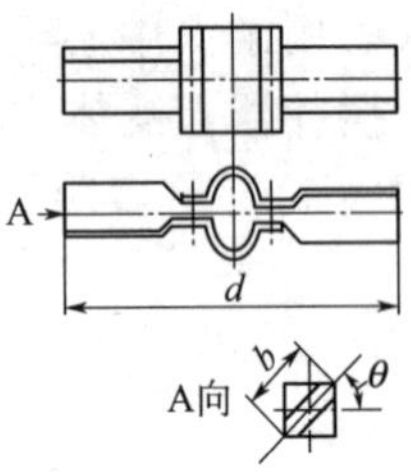				有轴向分流，环向分流。多在层流和过渡流状态下操作	
开启涡轮式	平直叶	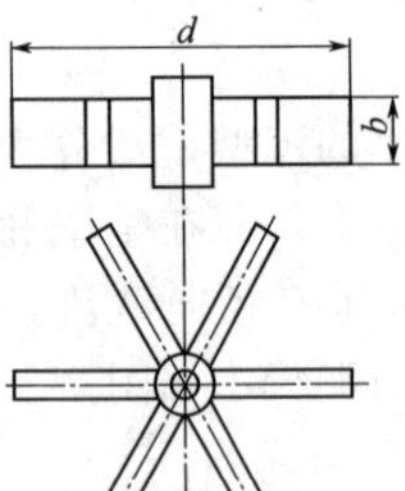	$d/D=0.2\sim0.5$（一般取为0.33）；$b/d=0.15\sim0.3$（一般取为0.2）；$z=3\sim16$，以3、4、6、8居多；折叶角 $\theta=24°,45°,60°$ 后弯角 $\alpha=30°,50°,60°,80°$	$n=10\sim300$r/min；$u_T=4.0\sim10$m/s；折叶式桨叶 $u_T=2.0\sim6$m/s	<500Pa·s；折叶和后弯叶 <10Pa·s	平直叶和后弯叶为径向流。在有挡板时，可自桨叶为界分开成上下两个循环流。折叶搅拌器还有轴向分流，接近轴流型	最高转速可达600r/min。折叶角为24°时，用于三叶开启涡轮，其搅拌效果类似于三叶推进式搅拌器。流体黏度较高时，后弯角 α 取值要大，以降低功率消耗
	折叶	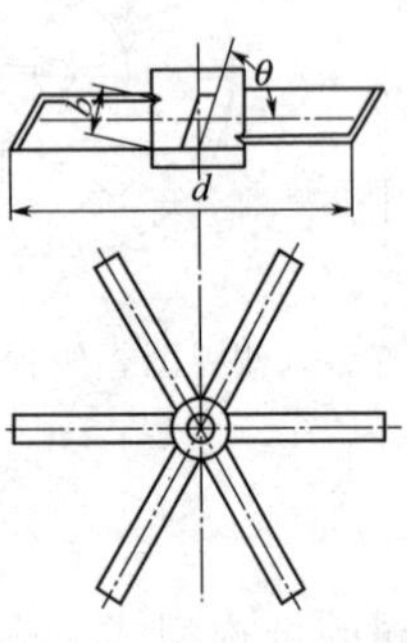					

续表

搅拌器的型式		结构简图	典型尺寸	典型操作参数	常用介质黏度范围	流动状态	备注
开启涡轮式	后弯叶	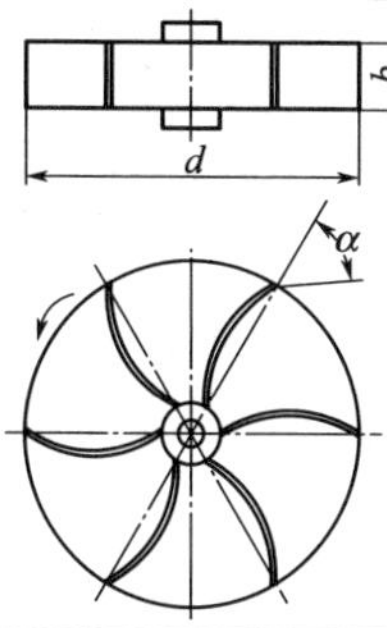	$d/D=0.2\sim0.5$（一般取为 0.33）；$b/d=0.15\sim0.3$（一般取为 0.2）；$z=3\sim16$，以 3、4、6、8 居多；折叶角 $\theta=24°,45°,60°$ 后弯角 $\alpha=30°,50°,60°,80°$	$n=10\sim300\text{r/min}$ $u_T=4.0\sim10\text{m/s}$ 折叶式桨叶 $u_T=2.0\sim6\text{m/s}$	<500Pa·s 折叶和后弯叶<10Pa·s	平直叶和后弯叶为径向流。在有挡板时，可自桨叶为界分开成上下两个循环流。折叶搅拌器还有轴向分流，接近轴流型	最高转速可达 600r/min。折叶角为 24°时，用于三叶开启涡轮，其搅拌效果类似于三叶推进式搅拌器。流体黏度较高时，后弯角 α 取值要大，以降低功率消耗
圆盘涡轮式	平直叶	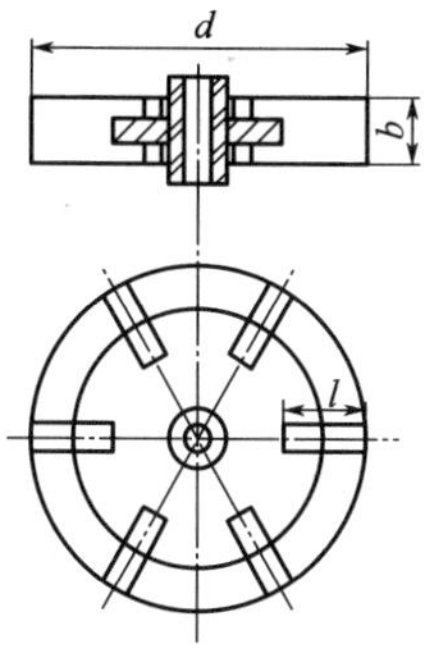					
	折叶	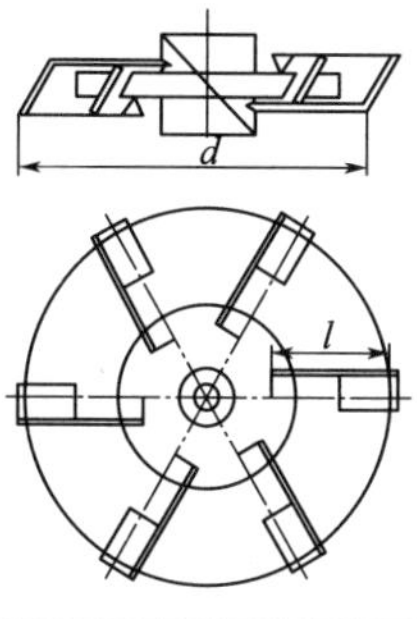	$d/D=0.2\sim0.5$（一般取为 0.33）；$z=4,6,8$；折叶角 $\theta=40°,60°$ 后弯角 $\alpha=45°$	$n=10\sim300\text{r/min}$ $u_T=4.0\sim10\text{m/s}$ 折叶式桨叶 $u_T=2.0\sim6\text{m/s}$	<500Pa·s 折叶和后弯叶<10Pa·s	平直叶和后弯叶为径向流。在有挡板时，可自桨叶为界开成上下两个循环流。折叶搅拌器还有轴向分流，圆盘上下流体的混合效果不如开启涡轮式	最高转速可达 600r/min
	后弯叶	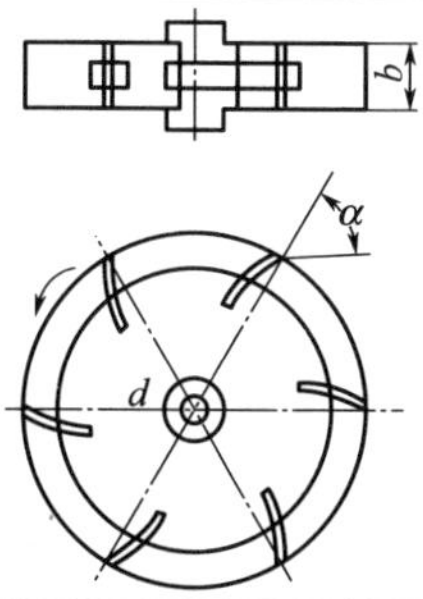					
旋桨式		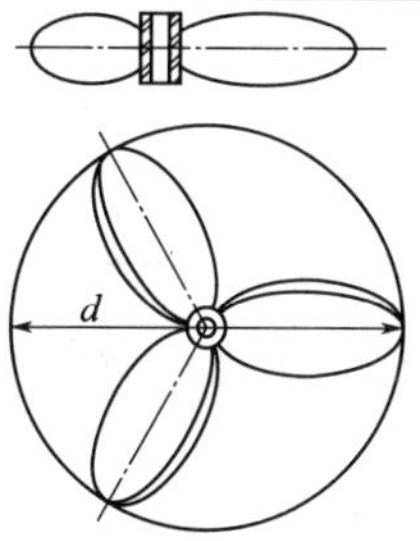	$d/D=0.2\sim0.5$（一般取为 0.33）；桨叶数 $z=2,3,4$，以 3 叶居多	$n=100\sim500\text{r/min}$ $u_T=3.0\sim15\text{m/s}$	<2Pa·s	轴流型，循环速率高，剪切力小。当安装挡板或导流筒时，轴向循环更强	最高转速可达 1750r/min；最高 u_T 可达 25m/s；转速在 500r/min 以下时，适用介质黏度可达 50Pa·s

续表

搅拌器的型式	结构简图	典型尺寸	典型操作参数	常用介质黏度范围	流动状态	备注
锚式	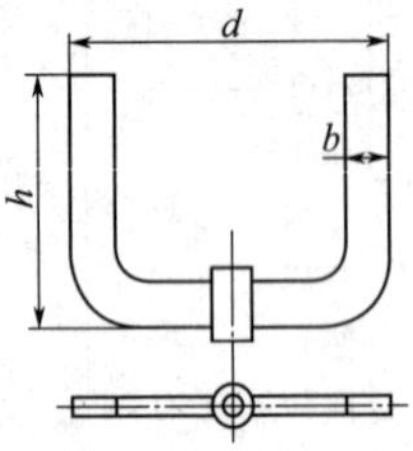	$d/D=0.9\sim0.98$ $b/d=0.1$ $h/D=0.48\sim1.0$	$n=1\sim100r/min$ $u_T=1\sim5m/s$	<100Pa·s	水平环向流，如采用折叶或角钢型叶可增加桨叶附近的涡流。层流状态下操作	为了增大搅拌范围，可根据需要在桨叶上增加立叶或横梁
框式	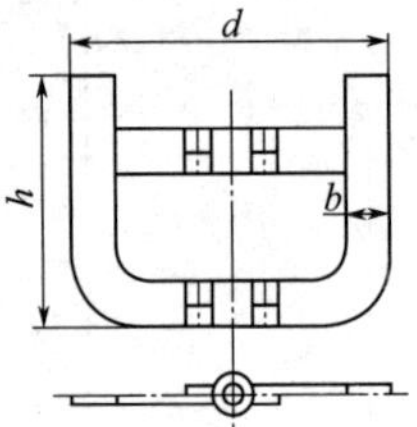	$d/D=0.9\sim0.98$； $b/d=0.1$； $h/d=0.48\sim1.0$	$n=1\sim100r/min$ $u_T=1\sim5m/s$	<100Pa·s	水平环向流，如采用折叶或角钢型叶可增加桨叶附近的涡流。层流状态下操作	为了增大搅拌范围，可根据需要在桨叶上增加立叶或横梁
螺带式	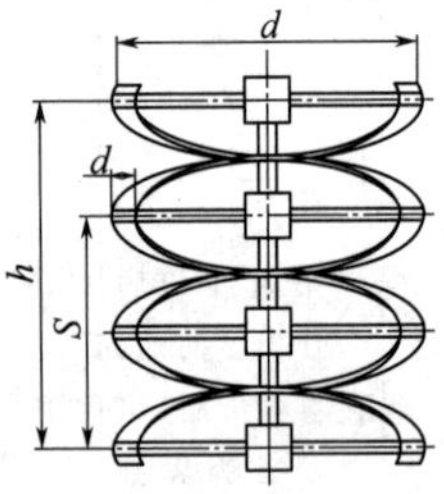	$d/D=0.9\sim0.98$； $S/d=0.5,1,1.5$； $b/D=0.1$； $h/D=1.0\sim3.0$ （可根据液层高度增大）； 螺带条数一般为1或2条	$n=0.5\sim50r/min$ $u_T=2m/s$	<100Pa·s	轴流型。一般流体沿槽壁面螺旋上升，再沿桨轴下降。层流状态下操作	可偏心安装，这时桨叶距槽壁面距离<0.05d，槽壁可起到挡板作用
螺杆式	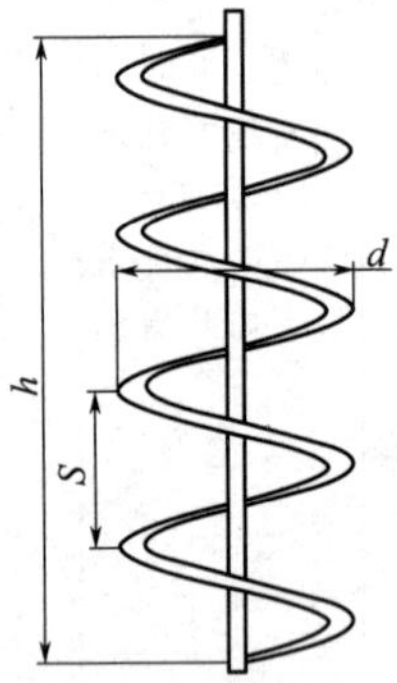	$d/D=0.4\sim0.5$； $S/d=1,1.5$； $b/D=0.1$； $h/D=1.0\sim3.0$ （可根据液层高度增大）	$n=0.5\sim50r/min$ $u_T=2m/s$	<100Pa·s	轴流型。当安装导流筒时，一般流体在导流筒内向下流动，在导流筒外侧环隙向上流动。层流状态下操作	可偏心安装，这时桨叶距槽壁距离<0.05d，槽壁可起到挡板作用
三叶后掠式	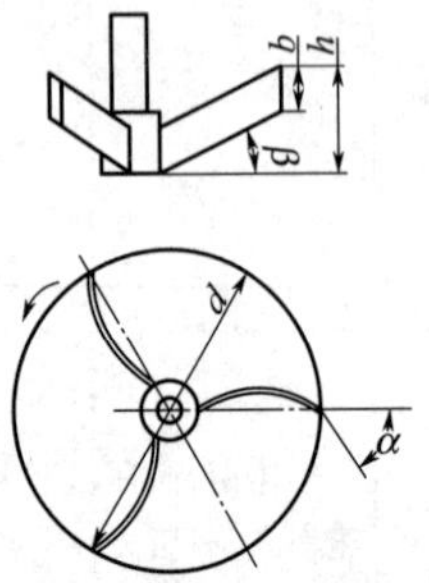	$d/D=0.5$； $b/h=0.4$； $b/D=0.05$； 后弯角 $\alpha=30°,50°$； 上翘角 $\beta=15°\sim20°$； 桨叶数$Z=3$	$n=80\sim150r/min$ $u_T\leqslant10m/s$	<10Pa·s	径向流型，配合指型挡板可形成上下循环流。循环流量较大，在挡板配合下，剪切作用较好	最高线速度可达15m/s

锚式和框式 该类型搅拌器的直径很接近釜的内径，其外缘形状则根据釜壁的形状可制成锚形或框形。

螺带式 该搅拌器是由螺距一定的螺旋形钢带制成，钢带的外缘接近搅拌釜的内径，钢带固定在搅拌轴上。

除以上介绍的机械搅拌器以外，有时还会用到其他型式的搅拌器，如气流搅拌器，它是利用气流鼓泡通过液体层，从而对液体产生搅拌作用。

按工艺过程的要求，又可将常用的机械搅拌器分为以下两种类型：

(1) 小叶片高速搅拌器 该类型搅拌器的特点是叶片面积小而转速高，主要包括桨式搅拌器和涡轮式搅拌器。

(2) 大叶片低速搅拌器 该类搅拌器的特点是叶片面积大而转速低，主要包括锚式搅拌器、框式搅拌器和螺带式搅拌器。

前者主要用于液体黏度较低的场合，后者主要用于液体黏度较高的场合。下面就具体搅拌器分别讨论一下搅拌性能。

旋桨式搅拌器 旋桨式搅拌器实质上是一个无外壳的轴流泵。这类搅拌器的构造简单，安装容易。叶轮直径比桨式搅拌器小。这类搅拌器的旋转速度快，末梢速度（叶片端部的圆周速度）一般可达 5～15m/s，最大可达 25m/s。小型旋桨式搅拌器可由电机直接带动旋转，转速一般为 1750r/min。这类搅拌器可在搅拌釜内移动并调节任意角度，以达很高的搅拌效果，大的则通常是固定架式的，转速可达 400～800r/min。

液体在高速旋转的叶轮作用下作轴向和切向运动。因此，当液体离开桨叶后呈螺旋线运动。轴向分速度使液体沿轴向下运动，达釜底后沿壁向上运动，最后沿轴返回桨叶入口，形成如图 7-4 所示的总体循环流动。可见，旋桨式搅拌器属于轴向流式，其总体流动中所造成的湍动程度不高。因此，适用于液体循环量较大，黏度较低（μ<10Pa・s），且要求宏观均匀为目的的液体搅拌过程。但是，切向分速度使整个液体在容器内作圆周运动。由于是等角速度的缘故，因此不能使液体各层之间造成相对运动，即没有速度梯度，从而不能提供分散流体的剪切力。若液体中含有固体颗粒，在圆周运动的作用下，会把颗粒抛向壁面，然后沉积到容器底部。同时，这种圆周运动又易导致液体打漩。因此，旋桨式搅拌器内的圆周运动对液体的混合来说一般是不利的，应设法进行抑制。

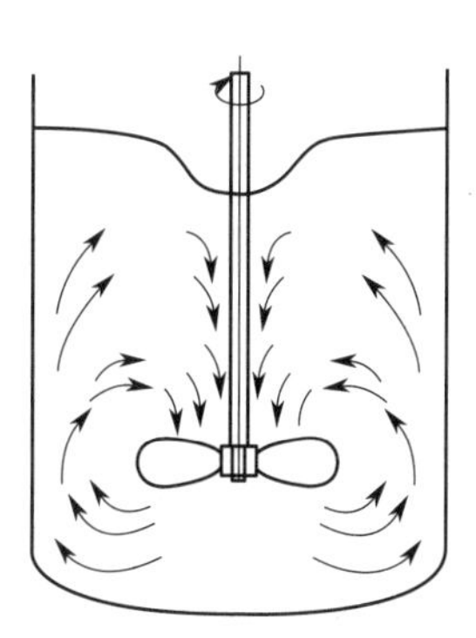

图 7-4 旋桨式搅拌器的搅拌状态

涡轮式搅拌器 涡轮式搅拌器实质上是一个无泵壳的离心泵，其工作原理与双吸式离心泵的叶轮极为相似，是制药工业中使用最广泛的搅拌器。涡轮式搅拌器的直径一般只有搅拌釜直径的 0.3～0.5 倍。转速较高，叶片的端速度一般为 3～8m/s，适用于低黏度或中黏度（μ<50Pa・s）的液体搅拌。

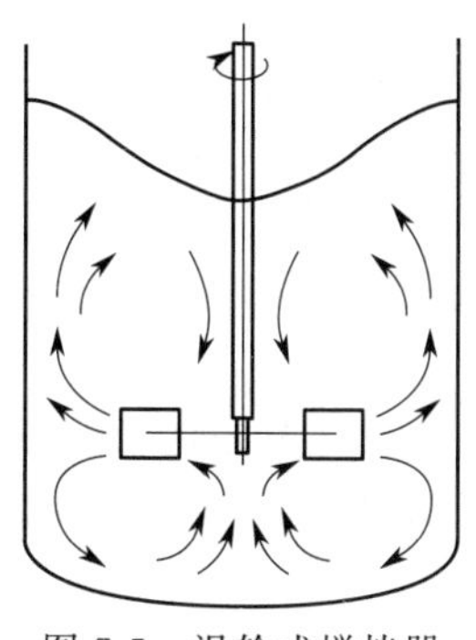

图 7-5 涡轮式搅拌器的搅拌状态

在涡轮式搅拌器中，液体能有效地产生径向流动，但同时也会产生轴向流动。当液体以很高的绝对速度由搅拌器出口冲出时，径向分速度就使液体流向容器壁面，然后分成上、下两个回路流回搅拌器，形成如图 7-5 所示的总体流动。与旋桨式相比，涡轮式搅拌器所造成的总体流动回路较为曲折，出口速度较大，在桨叶外端附近形成激烈的旋涡运动和很大的剪应力，这样就可将液体微团分散得更细。但涡轮式搅拌器使容器内的液体形成两个循环回路，故对易分层的物料（如含有较重颗粒的悬浮液）不适用。涡轮式搅拌器对混合密度大致相同，且要求微观均匀的液体较为适用。

桨式搅拌器 由上所述，旋桨式和涡轮式搅拌器只适用于黏度不高的液体的搅拌。如果遇到高黏度液体，这两种搅拌器对液体提供的机械能将会被黏性力消耗，从而使总体流动的范围大大缩小，使湍流程度随离叶轮出口距离的增大而急剧下降。例如，与水黏度相近的低黏度液体，若不受固体壁面的约束，涡轮式搅拌器可使其沿轴上下运动的范围为容器直径的四倍，但当液体的黏度为50Pa·s时，上下搅动的范围只有容器直径的一半。此时，容器内距搅拌器远的液体流速就非常缓慢，甚至接近静止状态。

桨式搅拌器的桨叶尺寸大，桨叶的直径一般为容器直径的0.5～0.8倍，桨叶的宽度一般为其长度的1/16～1/10。旋转速度较低，一般为20～150r/min，叶片端速度为1.5～3.0m/s。这类搅拌器由于产生的轴向流较小，使固体悬浮的效果较差，所以可采用折叶式桨叶。如果容器内的液体较深时，可在同一轴上安装几层桨叶，也可与旋桨式搅拌器配合使用。由于桨式搅拌器是靠桨叶的低速旋转直接拨动液体使其混合，因此，非常适合处理黏度较高的液体。

当液体黏度更大时，则可根据容器底部的形状，把桨式搅拌器换成锚式、框式或螺带式。锚式搅拌器可用于黏度接近100Pa·s液体的混合。如在转速为40r/min时，锚式搅拌器能混合黏度为40Pa·s的液体，而平桨只能混合黏度为15Pa·s的液体。螺带式搅拌器可用于黏度更高（500Pa·s）的液体混合。这类搅拌器的旋转直径与容器内径基本相同，旋转速度很低，叶片端速度只有0.5～1.5m/s。这种搅拌器对液体的剪切作用很小，搅动范围大，不易产生死区。用于传热操作时，由于搅拌器有刮扫作用，可防止在搅拌器与容器壁之间形成一层静止膜或物料沉积层，从而促进了传热过程。

因此，对于高黏度液体的混合，采用大叶片低速搅拌器是合适的。

搅拌器的强化措施 由上述可知，搅拌器提供给液体的能量，必定全部消耗在液体循环回路的阻力损失上。液体在循环回路中消耗的能量越大，说明液体在循环流动中产生的湍动程度越激烈，混合效果越好。所以，要想强化搅拌效果，就应设法提高液体的湍动程度，也就是应设法增加液体循环回路的阻力。通常可采取以下措施：

(1) *提高搅拌器的转速* 由于搅拌器的工作原理与泵的叶轮相似，因而搅拌器施加于液体的能量同样与搅拌器转速的平方成正比。因此，提高搅拌器的转速，实质上是提高搅拌器向液体提供的能量，这样就可以增加液体的湍动程度，提高液体的混合效果。但液体在混合过程中实际所需能耗，是由液体在循环回路中的阻力损失所决定的。

(2) *防止搅拌釜内产生打漩现象* 液体在容器内产生打漩现象，会使搅拌效果明显下降，而阻止打漩现象产生的实质就是设法提高液体在循环回路中的阻力。通常采用的方法有以下两种：

① 在搅拌釜内设置挡板。最常采用的方法是沿搅拌釜壁面垂直安装条形钢板，挡板的数目通常为4块。挡板的宽度通常为搅拌釜直径的1/12～1/10。挡板的长度一般要使其下端通到搅拌釜底部，上端露出液体表面。视液体黏度不同，挡板可稍离壁面或与壁面成45°。设置挡板可有效地限制打漩现象。同时，液体又可在挡板后形成旋涡，这些旋涡又可随液体的总体流动遍及搅拌釜，从而提高混合效果。搅拌釜内设置的温度计插管以及各种型式的换热管都可起到类似挡板的作用。

② 破坏循环回路的对称性。通常采用的措施是把搅拌器安装在偏离中心的位置上。借以破坏系统的对称性，增强液流的湍动程度，防止液面下凹，有效地防止打漩现象的产生。

搅拌器的选型 前已述及，针对不同的物料系统和不同的搅拌目的，搅拌器的类型也是非常多的。对某一具体的工艺过程，欲选一合适的搅拌器，首选应了解工艺过程对被搅拌液体流动条件的要求，或了解工艺过程对搅拌过程控制因素的要求。如果某搅拌过程主要依靠液体的总体流动达到宏观混合的目的，而对依靠湍动达到微观混合的要求不高，则把这样的搅拌过程称为总体流动控制过程。例如互溶液体的搅拌，传热过程的搅拌等均属于总体流动控制过程。如果某搅拌过程主要依靠液体的湍动达到微观混合的目的，而对总体流动的要求不高，这样的搅拌过程就称为湍动控制过程。当然，这种说法也不是绝对的。一个通常由湍动控制的过程，如果总体流量太小，那也有可能转化为总体流动控制过程。所以，对具体工艺要作具体分析，弄清过程的控制因素。

根据过程控制因素选择搅拌器时，还必须注意以下两个问题：即液体的黏度和搅拌器的特性。

一般液体的黏度对搅拌器的选型有较大影响。通常认为旋桨式搅拌器适用于较低的黏度；桨式搅拌器适用于较高的黏度；涡轮式搅拌器介于两者之间，适用于高强度搅拌（如要求气体高度分散在液体中）。除特殊情况外，绝大多数普通液体的搅拌操作均可用这三种型式的搅拌器完成。

一般来说，不同型式的搅拌器在不同转速、不同直径时，可以给液体提供不同的流动特性。旋桨式、桨式、涡轮式三种搅拌器在装有挡板时，可使流体的湍动大大加强，其中又以涡轮式更有利于获得高强度的湍动，因而适用于单位体积能耗较大的场合。对于一定型式的搅拌器，当搅拌器的直径一定时，如果增加转速，则增加的输入功率就有较大部分消耗在液体湍动上，小部分消耗在液体的总体流动上。反之，当搅拌器的速度一定时，如果增加搅拌器的直径，则所增加的输入功率大部分消耗在液体的总体流动上，较小部分消耗在液体的湍动上。因此，对一些主要控制因素是总体流动的过程，采用大叶片低速搅拌器为宜；对一些主要控制因素是湍动的过程，采用小叶片高速搅拌器为宜。根据搅拌釜的适应条件来选择搅拌器可参考表 7-2。

表 7-2 搅拌器型式和适应条件

搅拌器型式	流动状态			搅拌目的									搅拌容器容积/m^3	转速范围/(r/min)	最高黏度/Pa·s
	对流循环	湍流扩散	剪切流	低黏度混合	高黏度液混合传热反应	分散	溶解	固体悬浮	气体吸收	结晶	传热	液相反应			
涡轮式	◎	◎	◎	◎	◎	◎	◎	◎	◎	◎	◎	◎	1～100	10～300	50
桨式	◎	◎	◎	◎	◎		◎	◎		◎	◎	◎	1～200	10～300	50
旋桨式	◎	◎		◎		◎	◎	◎		◎	◎	◎	1～1000	10～500	2
折叶开启涡轮式	◎	◎		◎		◎	◎	◎			◎	◎			
锚式	◎				◎		◎						1～100	1～100	100
螺杆式	◎				◎		◎						1～50	0.5～50	100
螺带式	◎				◎		◎						1～50	0.5～50	100

7.1.3 搅拌功率

搅拌器的功率与生产操作中的能量消耗有关。因此，搅拌功率是衡量搅拌器性能好坏的重要参数之一。

标准搅拌釜 图 7-6 给出了在制药生产中能满足多数液体混合要求的所谓“标准”搅拌釜的构型。

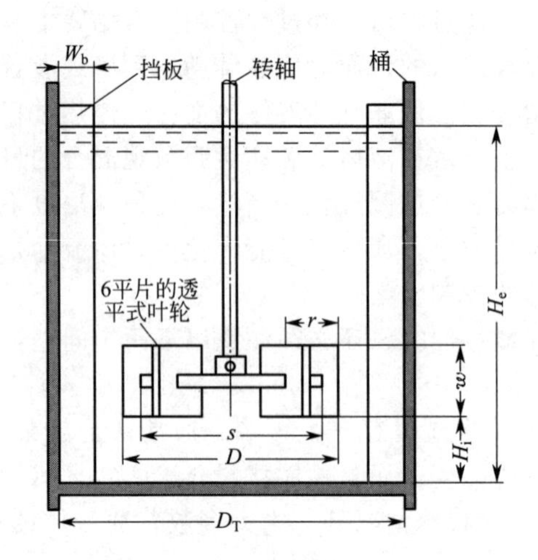

图 7-6 标准搅拌釜构型

① 叶轮为涡轮式，有 6 个叶片，安装在直径为 s 的中心片上；

② 叶轮直径 $D=D_T/3$，其中 D_T 是搅拌釜的直径；

③ 叶轮离釜底的高度 $H_i=1.0D$；

④ 叶片的宽度 $w=D/5$；

⑤ 叶片长度 $r=D/4$；

⑥ 液体深度 $H_e=1.0D_T$；

⑦ 挡板数目为 4，垂直安装于釜壁上，并从釜底延伸至液面上；

⑧ 挡板宽度 $W_b=D_T/10$。

但应当指出，上述所谓标准只是为了实验有所依据而规定的，对某些场合，也并非是最适宜的构型。

假如有一搅拌器就在上述“标准”釜内使液体混合，其搅拌功率的消耗取决于下列因素：叶轮的直径 D 和转速 N，液体的密度 ρ 和黏度 μ，重力加速度 g，以及搅拌釜的直径 D_T，液体的深度 H_e，挡板数目、大小和位置。在标准釜内这些尺寸又与叶轮的直径有一定的比例关系，可将这些比值定为形状因素。通常考虑重力的原因是当液体产生打漩现象时，将会有一部分液体被举过平均液面之上的位置，这部分液体就必须克服重力做功。由此可写出“标准”釜内，液体混合时搅拌功率与各影响因素间的函数关系式

$$P=f(N,D,\rho,\mu,g) \tag{7-1}$$

利用量纲分析法，可将式(7-1) 转化为无量纲数群的形式

$$\frac{P}{\rho N^3 D^5}=K\left(\frac{\rho N D^2}{\mu}\right)^x\left(\frac{N^2 D}{g}\right)^y \tag{7-2}$$

或

$$N_P=KRe^x Fr^y \tag{7-3}$$

式中，$N_P=\dfrac{P}{\rho N^3 D^5}$称功率数；$Re=\dfrac{\rho N D^2}{\mu}$ 称搅拌雷诺数；$Fr=\dfrac{N^2 D}{g}$称弗劳德数。

式(7-2) 也可写成 $\Phi=\dfrac{N_P}{Fr^y}=KRe^x$，式中 Φ 称功率函数。常数 K 代表系统几何构型的总形状系数。设置挡板的搅拌釜消除了打漩现象，则功率消耗可忽略重力的影响，弗劳德数指数

y 为 0，则

$$\Phi = N_P = KRe^x \tag{7-4}$$

搅拌釜中流动状态可按搅拌雷诺数大小划分为层流区、过渡区和湍流区。不同的流动状态，相应的功率消耗也不同，这体现在雷诺数幂指数 x 值上。层流区 $Re<10$，此时 $x=-1$；湍流区 $Re>10^4$，此时 $x=0$，表明功率数与雷诺数变化无关；当 $10<Re<10^4$，为过渡区，x 值随 Re 变化，且因不同桨叶而异。

功率曲线 把 Φ 或 N_P 值与 Re 在双对数坐标纸上标绘得出的曲线称为功率曲线，它与搅拌釜的大小无关，只要搅拌釜几何相似，就可以用同一条功率曲线。文献上发表了许多不同的功率曲线，它们代表了许多不同几何形状的搅拌器。图 7-7 为前述的标准搅拌釜构型的功率曲线，可用它来说明一些共同规律。由图 7-7 可见，该功率曲线大体分为三个区域：

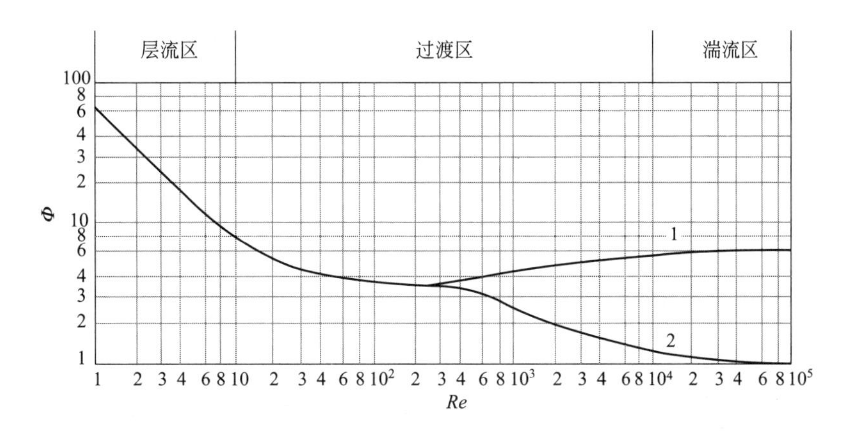

图 7-7 标准搅拌釜构型的功率曲线（1 线）和无挡板釜的功率曲线（2 线）

（1）*层流区* 雷诺数较低（$Re<10$），此范围内功率曲线是一段斜率为 -1 的直线。其截距为 71.0，所以公式(7-4) 可表达为

$$\Phi = N_P = 71.0Re^{-1}$$

即

$$P = 71.0\mu N^2 D^3$$

（2）*过渡区* $10<Re<10^4$，随着 Re 的增加，流体从层流区逐渐转为过渡区。当 $Re<300$ 时，功率和流体流动特征只取决于雷诺数。在 $Re \geqslant 300$ 以后，有足够的能量给液体引起打漩现象，但由于用挡板加以抑制，故功率仍取决于雷诺数，直到 $Re=10000$ 为止，可根据图 7-7 由 Re 求 Φ。

（3）*湍流区* $Re>10^4$，此时，随着 Re 的增加，曲线逐渐趋于水平。说明流体变为充分湍动时，流体与雷诺数和弗劳德数都无关，液体黏度无影响，由曲线可得

$$\Phi = N_P = 6.1 \tag{7-5}$$

$$P = 6.1\rho N^3 D^5 \tag{7-6}$$

由以上各式所求功率都为搅拌器消耗的净功率。选择电机时，应考虑各种能量损失，可按下式计算电动机的功率 $P_{电} = P/\eta$，式中 η 为电机效率。

从图 7-7 可以看出，无挡板搅拌釜，在 $Re<300$ 时，功率曲线与挡板釜具有相同的规

律。在无挡板搅拌釜中，雷诺数继续加大，功率曲线陡然下降，这是由于发生了打漩现象，随雷诺数增大而逐渐显著，从而导致吸入大量气体（表面卷吸），降低了液体的密度。雷诺数越大，液体密度降得越低。此时，弗劳德数变得重要了，功率计算必须予以考虑。功率函数可写作

$$\Phi=\frac{N_{\mathrm{P}}}{Fr^{\frac{\alpha-\lg Re}{\beta}}} \tag{7-7}$$

一些搅拌釜的α与β值见表7-3。各种构型不同的搅拌器，均有各自不同的功率曲线和α与β值，切不可混用，需要时，可从有关手册中查取。

表7-3　几种搅拌器的α与β值

D/D_{T}	α	β
螺旋桨式：0.48	2.6	18.0
螺旋桨式：0.37	2.3	18.0
螺旋桨式：0.33	2.1	18.0
螺旋桨式：0.30	1.7	18.0
螺旋桨式：0.22	0	18.0
涡轮桨式：0.30	1.0	40.0
六叶平桨：0.33	1.0	40.0

7.1.4　搅拌器的放大

搅拌器的设计主要包括以下两方面：

① 确定搅拌器的类型以及搅拌器的几何形状，以满足工艺过程对混合的要求；

② 确定搅拌器的具体尺寸、转速和功率。

若完全从理论出发，完成这一设计任务则是非常困难的。因为实际问题变化无穷，许多具体情况和特殊条件都很难考虑，现有的经验公式或关系曲线也不见得都能适用。可以解决问题的办法之一就是以小型设备进行实验，在实验中使表示工艺特征的参数达到生产要求，然后将小型设备放大到生产规模。这种放大并非单纯地将体积增加若干倍，还应包括一系列操作条件的相应变化。

相似理论的要求　根据相似理论，要放大推广实验参数，就必须使两个系统具有相似性，譬如：

① 几何相似。实验模型与生产设备的相应几何尺寸的比例都相等。

② 运动相似。两系统在几何相似的前提下，还要求对应位置上流体的运动速度之比相等。

③ 动力相似。两系统除满足几何相似与运动相似的要求外，对应位置上所受力的比值也相等。

④ 热相似。两系统除满足上述三个相似的要求外，对应位置上的温差也应相等。

由于相似条件很多，有些条件对同一过程还存在相互矛盾的影响。因此，在放大过程中，要做到所有条件都相似是不可能的。这就要根据具体的搅拌过程，以达到工艺要求为前提条件，寻求对该过程最有影响的相似条件，而舍弃次要因素，即要把复杂的范畴变成相对简单的范畴。两个系统几何相似是相似放大的基本要求。

应予指出，动力相似的条件是两个系统中对应点上力的比值相等，而搅拌操作中的各种

力之比恰好组成了不同的量纲为一的数群。如搅拌雷诺数代表了流体惯性力与黏滞力之比，弗劳德数代表了流体惯性力与重力之比等。因此，两个系统动力相似时，其量纲为一数群必相等。量纲为一数群相等，本身就代表一种放大规律，而这些规律间往往又是相互矛盾的。搅拌功率特征数关联式的通式为

$$N_P=f(Re,Fr) \tag{7-8}$$

若搅拌系统不止一个相，则混合时还要克服界面之间的抗拒力，即界面张力 σ，于是还要考虑表示施加力与界面张力之比的特征数，即韦伯数对搅拌功率的影响，韦伯数定义为 $We=\frac{\rho N^2 D^3}{\sigma}$。此时搅拌功率特性关联式应改写为

$$N_P=f(Re,Fr,We) \tag{7-9}$$

由雷诺数、弗劳德数和韦伯数的定义可知，它们分别与 ND^2，N^2D，N^2D^3 成正比。在两个几何相似的系统中搅拌同一种液体时，若实现两个系统动力相似，则两个系统代表各种力之比的特征应相等，即必须同时满足下列关系：

当 $Re_1=Re_2$ 时，$N_1D_1^2=N_2D_2^2$；

当 $Fr_1=Fr_2$ 时，$N_1^2D_1=N_2^2D_2$；

当 $We_1=We_2$ 时，$N_1^2D_1^3=N_2^2D_2^3$。

对同一种流体而言，物性常数 ρ，μ 和 σ 在两个系统中均为定值，上述三个等式不可能同时满足。因此，应尽量抑制或消除某些次要因素的影响，从而减少相似条件，突出关键的特征数。例如，对于均相的搅拌系统，可以不考虑韦伯数的影响，若在搅拌釜中装有适当的挡板，能有效地抑制打漩现象，则可以不考虑弗劳德数，这样就把雷诺数相等作为两个系统动力相似的单一条件。

为了完成可靠的放大工作，有两个必要条件：一是所遇到的体系必须是相当单一的。例如，即使在流体动力范围内，应当是由黏性力、表面张力、重力三者之一所决定，而不是由这三方面共同决定，这样根据动力相似放大就取决于一个单独代表作用力与阻力之比的量纲为一的特征数。二是当设备尺寸由小放大时，上述条件不应改变，至少应变化很小。

(1) 按功率数放大　若两个搅拌系统的构型相同，则它们可以使用同一功率曲线，即它们的功率特征数符合同一个特征数关联式，通式为

$$N_P=f(Re,Fr,We) \tag{7-10}$$

如果两个搅拌系统的构型相同，搅拌釜具有全挡板条件，则搅拌时不产生打漩现象，若被搅拌的流体是单一相，两个系统的量纲为一的功率特征数关联式可简化为

$$N_P=f(Re) \tag{7-11}$$

这样通过测量小型设备的搅拌功率便可推算出生产设备的搅拌功率。

(2) 按工艺过程结果放大　在设计生产设备时，进行中间实验的目的是为了寻找一种具体工艺过程所要求的最适宜的搅拌器型式、几何尺寸、操作条件等。具体做法是在若干不同类型的小型实验模型中，加入与实际生产相同的物料，在不同搅拌速度下进行实验，从中确定能满足工艺要求的搅拌器类型。类型一经确定，就依据相似的原则把选中的实验模型按一定特征数放大为实际生产装置，即确定尺寸、转速、功率。所用准则应保证在放大时混合效果不变，对不同目的的搅拌过程，有以下准则可供选择。（对同一种液体，物性常数 ρ，μ 和 σ 不变，下标 1 代表实验设备，2 代表生产设备。）

① 保持雷诺特征数 $Re=\frac{\rho ND^2}{\mu}$不变，要求 $N_1D_1^2=N_2D_2^2$；

② 保持弗劳德特征数 $Fr=\frac{N^2D}{g}$不变，要求 $N_1^2D_1=N_2^2D_2$；

③ 保持韦伯特征数 $We=\frac{\rho N^2D^3}{\sigma}$不变，要求 $N_1^2D_1^3=N_2^2D_2^3$；

④ 保持叶片端速度不变 $u_T=\pi ND$ 不变，要求 $N_1D_1=N_2D_2$；

⑤ 保持单位流体体积的搅拌功率 N/V 不变，要求 $N_1^3D_1^2=N_2^3D_2^2$。

至于具体的搅拌过程，究竟选择哪个放大判据需要通过放大试验来确定。若采用三个构型相同、容积不同的小型设备进行试验，可在获得所要求的工艺过程结果时，测定其搅拌转速 N 等。由这些实验的 D、N 等数据，可找出哪一种判据在三个设备中最接近于保持恒定，从而确定出在放大时应取其保持不变的判据，并确定出生产设备的操作参数。

【例 7-1】 某种合成药物生产，已在小型试验装置上取得满意的搅拌效果。试验参数：设备的容积为 9.36L，釜内径为 229mm。采用折叶开启涡轮式搅拌器搅拌，搅拌器直径为 76mm，搅拌转速为 1273r/min。流体密度为 $\rho=1400\text{kg/m}^3$，黏度 $\mu=1\text{Pa}\cdot\text{s}$。生产釜内径取 2.7m。欲按几何相似放大到生产规模，试通过实验确定取何种放大判据为宜，并确定生产设备中搅拌器直径、搅拌转速及搅拌功率。

解：(1) 通过试验确定放大基准　按几何相似放大倍数 2 和 4 取两个试验设备，其搅拌釜内径分别为 457mm 和 915mm，桨径也按同一比例放大。在各釜中对原物料进行搅拌，分别测定达到相同搅拌效果时的操作参数，其结果列于表 7-4。

表 7-4　试验模型的结构参数与操作参数

设备编号	釜径 D/mm	釜容积 V/L	转速 N/(r/min)	桨径 d/mm	桨径与釜径比
1 号釜	229	9.4	1273	76	0.332
2 号釜	457	75	650	152	0.332
3 号釜	915	600	318	304	0.332

根据试验结果计算各放大判据的相对值，计算结果列于表 7-5。

表 7-5　各放大基准的相对值

放大基准	$Re\propto ND^2$	$Fr\propto N^2D$	$We\propto N^2D^3$	$\frac{P}{V}\propto N^3D^2$	$u_T\propto ND$
1 号釜	7.35	1.23×10^5	7.11×10^2	1.19×10^7	96.75
2 号釜	15.02	6.42×10^4	1.48×10^3	6.35×10^6	98.80
3 号釜	29.39	3.07×10^4	2.84×10^3	2.97×10^6	96.67

由表 7-5 数据可见，在达到相同搅拌效果时，各放大判据中唯独叶片端速度 u_T 基本保持不变，因此，应以保持叶片端速度不变作为放大依据。

(2) 生产设备中搅拌器的直径和转速　叶片端速度的平均值为

$$u_T=\pi\left(\frac{N_1D_1+N_2D_2+N_3D_3}{3}\right)=3.14\times\left(\frac{96.7+98.8+96.7}{3\times60}\right)=5.1\text{m/s}$$

叶轮直径与釜径比为 $d/D=0.332$

所以生产设备叶轮的直径为 $d=2.7\times0.332=0.896\text{m}$

生产设备的搅拌速度 $N=\frac{u_T}{\pi D}=\frac{5.1}{3.14\times0.896}=1.81\text{r/s}=109\text{r/min}$

（3）生产设备的搅拌功率　生产设备搅拌雷诺数为

$$Re=\frac{\rho ND^2}{\mu}=\frac{1400\times0.896^2\times1.81}{1}=2034$$

查相关功率曲线图，得 $\Phi=3.8$。则

$$P=\Phi\rho N^3D^5=3.8\times1400\times1.81^3\times0.896^5=1.822\times10^4=18.22\text{kW}$$

7.2 蒸发

7.2.1 蒸发过程分析

蒸发操作的目的　蒸发操作是在沸腾条件下加热含不挥发性溶质（如盐类）的溶液，使部分溶剂汽化为蒸汽的操作。蒸发操作的目的是分离，制药生产中的具体情况有：

① 获得浓缩的溶液直接作为产品或半成品；

② 脱除溶剂，将溶液增浓至饱和状态，随后冷却结晶，以获得固体溶质；

③ 脱除杂质，获得纯净的溶剂。

图7-8为典型的蒸发装置示意图。用来自锅炉的加热蒸汽作加热剂使溶液受热沸腾。溶液在蒸发器内各处因密度的差异而形成循环流动，被浓缩到规定浓度后（完成液）排出蒸发器。汽化的蒸汽常夹带有较多的雾沫和液滴，蒸发器内须备有足够的汽液分离空间，可装除沫器以除去液沫。若蒸发出的二次蒸汽不再利用，应将其在冷凝器中加以冷凝。这种蒸发装置称为单效蒸发。蒸发操作可连续或间歇地进行。

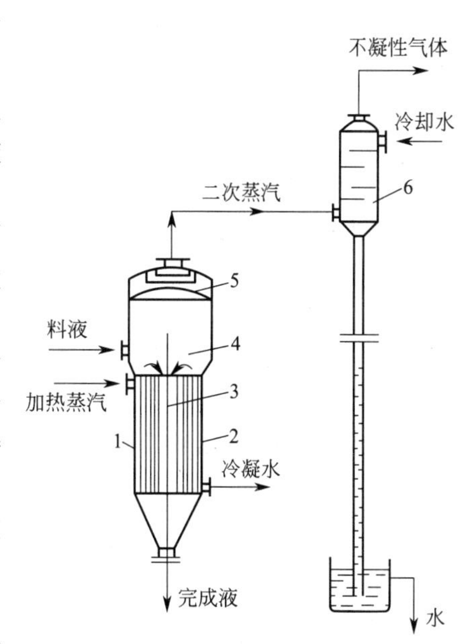

图7-8　蒸发装置示意图

1—加热室；2—加热管；3—中央循环管；4—蒸发室；5—除沫器；6—冷凝器

蒸发操作的特点　蒸发操作过程的实质是热量传递，溶剂汽化的速率取决于传热速率。蒸发操作属于传热过程，但它具有某些不同于一般传热过程的特殊性。

① 因溶质的存在，溶液在沸腾汽化过程中常在加热表面上析出溶质而形成垢层，使传热过程恶化。例如，水溶液中往往或多或少地溶有某些盐类［如 $CaSO_4$、$CaCO_3$、$Mg(OH)_2$ 等］，溶液在加热表面汽化使这些盐类的局部浓度达到过饱和状态，从而在加热面上析出、形成垢层。特别是 $CaSO_4$，其溶解度随温度升高而下降，更易在加热面上结垢。

② 溶液的物性对蒸发器有特殊要求。许多药物制品和有机溶液等是热敏性的，蒸发器的结构应使物料在器内受热的时间尽量缩短，以免物料变质。有些物系具有发泡性，使气、液两相的分离困难。溶液增浓后黏度大为增加，使器内液体的流动和传热条件恶化。

③ 溶剂汽化需吸收大量热量，节能在蒸发操作中非常重要。

多数蒸发所处理的是水溶液，热源是加热蒸汽，产生的二次蒸汽仍是水蒸气，两者的区别是温位（或压强）不同。导致蒸汽温位降低的主要原因有两个：①传热温差推动力；②溶

质的存在造成溶液的沸点升高。

例如，以133℃（约0.2MPa表压）的饱和水蒸气作加热剂在常压下蒸发NaOH水溶液，当蒸发器内溶液浓度为30%时，溶液的沸点为120℃。二次蒸汽刚离开液面时虽为120℃的过热蒸汽，但因设备的热损失，此过热蒸汽很快成为操作压强下的饱和蒸汽，故二次蒸汽的温度为100℃。与加热蒸汽比较，二次蒸汽的温位降低了33℃，其中20℃是由于沸点升高所造成的，13℃是传热推动力。

由此可知，蒸发操作是高温位的蒸汽向低温位转化，温位较低的二次蒸汽的利用在很大程度上决定了蒸发操作的经济性。

7.2.2 单效蒸发

物料衡算 图7-9所示为连续定态操作的单效蒸发过程。因溶质在蒸发过程中不挥发，单位时间进入和离开蒸发器的溶质量应相等，即

$$Fw_0=(F-W)w \tag{7-12}$$

水分蒸发量

$$W=F\left(1-\frac{w_0}{w}\right) \tag{7-13}$$

式中，F 为溶液的加料量，kg/s；W 为水分蒸发量，kg/s；w_0、w 为料液与完成液（产物）的溶质质量分数。

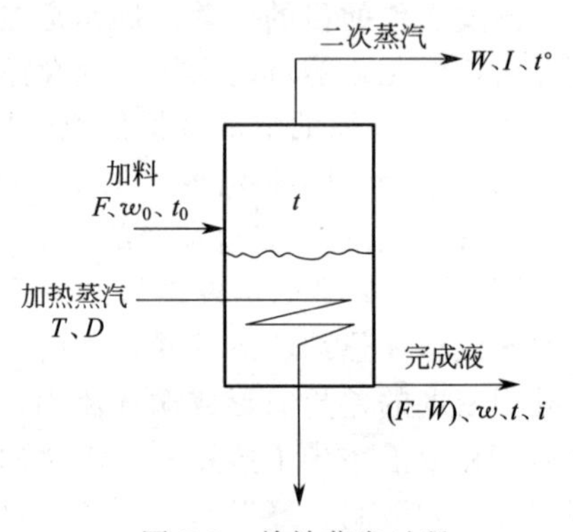

图7-9 单效蒸发过程

（图中 $t°$ 是二次蒸汽冷凝温度）

上式表示了初始浓度 w_0、完成液浓度 w 及蒸发率（比值 W/F）之间的关系。对浓缩要求较高（W/F 较大）的蒸发操作，常分段操作，以便使大部分水分的蒸发在浓度较低、黏度较小的条件下进行。

热量衡算 对蒸发器作热量衡算，可得

$$Dr_0+Fi_0=(F-W)i+WI+Q_{损} \tag{7-14}$$

热负荷

$$Q=Dr_0=F(i-i_0)+W(I-i)+Q_{损}=FC_0(t-t_0)+Wr+Q_{损} \tag{7-15}$$

式中，D 为加热蒸汽消耗量，kg/s；i_0、i 为加料液与完成液的热焓，kJ/kg；r_0、r 为加热蒸汽与二次蒸汽的汽化热，kJ/kg；I 为二次蒸汽的热焓[1]，kJ/kg；t_0、t 为加料液与完成液的温度，℃；C_0 为料液的比热容。在式(7-15)推导中忽略了浓缩热，大多物系的浓缩热不大，不会引起大的误差。热损失 $Q_{损}$ 可视具体条件取加热蒸汽放热量（Dr_0）的某一百分数。

由式(7-15)可简便地计算加热蒸汽的消耗量。定义每1kg加热蒸汽所蒸发的水量为加热蒸汽的经济性，即 W/D。

蒸发速率 蒸发过程的速率由传热速率决定。在蒸发过程中，热流体是温度为 T 的饱和蒸汽，冷流体是沸点为 t 的沸腾溶液，故传热推动力沿传热面不变，传热速率可由下式计算

$$Q=Dr_0=KA(T-t) \tag{7-16}$$

当加热蒸汽的压强一定时，传热推动力决定于溶液的沸点 t。

蒸发器的传热系数 蒸发器的传热热阻可由下式计算

---

[1] 由于溶液的沸点升高，二次蒸汽的温度应高于操作压强下的饱和温度 $t°$，即蒸发器液面上方的二次蒸汽本是过热蒸汽。但此过热度因设备热损失很快地消除，故以下均将二次蒸汽焓当作操作压强下的饱和蒸汽焓。

$$\frac{1}{K}=\frac{1}{\alpha_0}+\frac{\delta}{\lambda}\times\frac{d_0}{d_m}+\left(\frac{1}{\alpha_i}+R_i\right)\frac{d_0}{d_i} \tag{7-17}$$

① 管外蒸汽冷凝的热阻 $1/\alpha_0$ 一般很小，但须注意及时排出加热室中的不凝性气体，否则不凝性气体在加热室内不断积累将使此项热阻明显增加。

② 加热管壁的热阻 δ/λ 一般可以忽略。

③ 管内壁液体一侧的垢层热阻 R_i 取决于溶液的性质、垢层的结构及管内液体运动的状况。垢层的多孔性是热导率较低的原因，即使厚度为 1～2mm 也具有较大的热阻。降低垢层热阻的方法是定期清理加热管；加快流体的循环运动速度；加入微量阻垢剂以延缓形成垢层。

④ 管内沸腾给热的热阻 $1/\alpha_i$ 主要决定于沸腾液体的流动情况。对清洁的加热面，此项热阻是影响总传热系数的主要因素。

管内沸腾给热　图 7-10 表示加热管内气液两相流动的状况，流体自下而上通过加热管。在加热管底部，液体尚未沸腾，液体与管壁之间的传热是单相对流给热。在沸腾区内，沿管长气泡逐渐增多，给热系数也依次增大，当两相流动处于环状流时，流动液膜与管壁之间的给热系数达最大值。如果加热管足够长，液膜最终被蒸干而出现雾流，给热系数又趋下降。因此，为提高全管长内的平均给热系数，应尽可能扩大环状流动的区域。

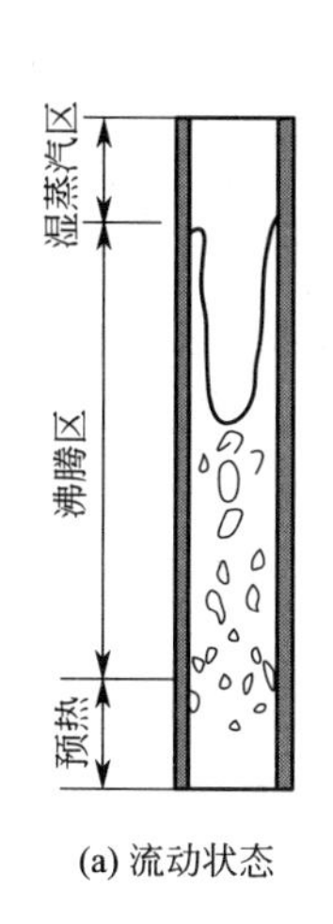

(a) 流动状态

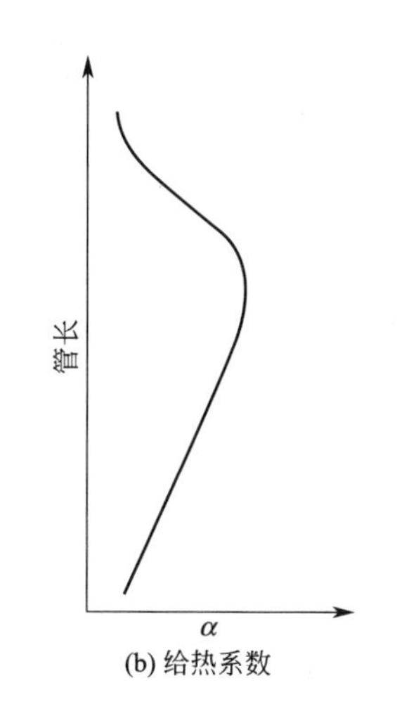

(b) 给热系数

图 7-10　加热管内的沸腾给热

表 7-6　常用蒸发器传热系数的经验值

蒸发器型式	传热系数 K/[W/(m²·K)]
垂直短管型：	
中央循环管式、悬筐式	800～2500
垂直长管型：	
自然循环	1000～3000
强制循环	2000～10000
旋转刮板式(液体黏度)：	
1mPa·s	2000
100mPa·s	1500
10000mPa·s	600

传热系数的经验值　蒸发器的传热系数主要靠现场实际测定，表 7-6 列出常用蒸发器传热系数的经验值。

溶液的沸点　溶液的沸点与蒸发器的操作压强、溶质存在使溶液的沸点升高和蒸发器内液柱（液位）高的静压强有关。

(1) 溶质造成的沸点升高 Δ'　溶质的存在使溶液的蒸气压降低而沸点升高。不同性质的溶液在不同的浓度范围内，沸点上升的数值（以 Δ' 表示）是不同的。稀溶液及有机胶体溶液的沸点升高并不显著，但高浓度无机盐溶液的沸点升高却相当可观。

不同浓度的溶液在大气压下的沸点不难通过实验测定，部分常遇溶液的沸点也可在有关书籍或手册中查得。常压下确定溶液的沸点升高值较易查到。但是，溶液的沸点与压强有关，蒸发器中的操作压强不会与文献的指定值完全相同。为估计不同压强下溶液的沸点以计算沸点升高，提出了某些经验法则。

杜林（Duhring）曾发现在相当宽的压强范围内，溶液的沸点与同压强下溶剂的沸点呈线性关系。图 7-11 为不同浓度 NaOH 水溶液的沸点与对应压强下纯水沸点的关系。图 7-11 中浓度为零的沸点线即为一条 45°对角线，低浓度下溶液的沸点线大致与 45°线平行，高浓度下沸点线为直线。由此可得杜林法则：①在浓度不太高的范围内，可认为溶液的沸点升高与压强无关，可取大气压下的沸点升高数值。②在高浓度范围内，只要已知两个不同压强下溶液的沸点，则其他压强下溶液的沸点可按水的沸点作线性内插（或外推）。

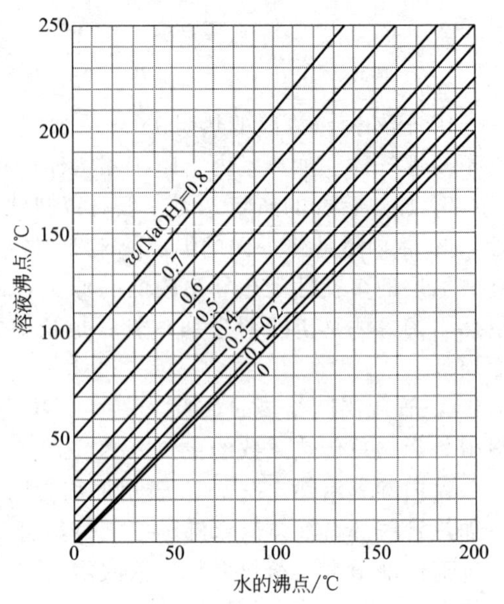

图 7-11 不同浓度 NaOH 水溶液的沸点与对应压强下纯水沸点的关系

(2) *蒸发器内液柱的静压头使溶液沸点升高* Δ'' 循环型蒸发器在操作时必须维持一定的液位，尤其是某些具有长加热管的蒸发器，液面深度可达 3～6m。在这类蒸发器中，由于液柱本身的静压强及溶液在管内流动的阻力损失，溶液压强沿管长是变化的，相应的沸点温度也是不同的。作为平均温度的粗略估计，可按液面下 $L/5$ 处的溶液沸腾温度来计算，先求取液体在平均温度下的饱和压力

$$p_m = p + \frac{1}{5}L\rho g \tag{7-18}$$

式中，p 为液面上方二次蒸汽的压强（通常可以冷凝器压强代替），Pa；L 为蒸发器内的液面高度，m。由水蒸气表查出压强 p_m、p 所对应的饱和蒸汽温度，两者之差可作为液柱静压强引起的沸点升高 Δ''。

设在冷凝器操作压力下水的饱和温度为 $t°$，由上述两个原因，溶液的沸点为

$$t = t° + \Delta' + \Delta'' = t° + \Delta \tag{7-19}$$

温度差损失和传热温差 蒸发过程的传热温差为

$$\Delta t = T - t = (T - t°) - \Delta \tag{7-20}$$

由于溶液的沸点升高使蒸发过程的传热温度差减小，故 Δ 称为温度差损失。

【例 7-2】 温度差损失的计算

用一垂直长管蒸发器增浓 NaOH 水溶液，蒸发器内的液面高度约 2m。已知完成液的浓度为 30%（质量分数），密度为 1300kg/m³，加热用压强为 0.1MPa（表压）的饱和蒸汽，冷凝器真空度为 60kPa，求传热温差。

解： 由附录查出水蒸气的饱和温度为：0.1MPa（表压）下，$T=120.4$℃；41.3kPa 绝对压下，$t°=76.6$℃。

蒸发器内的液体充分混合，器内溶液浓度即为完成液浓度。由图 7-11 可查得水的沸点为 76.6℃时 30%NaOH 溶液沸点为 95℃。溶液的沸点升高

$$\Delta' = 95 - 76.6 = 18.4℃$$

液面高度为 2m，取

$$p_m = p + \frac{1}{5}\rho g L = 41.3\times10^3 + \frac{1}{5}\times2\times1300\times9.81 = 46.4\times10^3\,\text{Pa}$$

在此压强下水的沸点为79.5℃，故因溶液静压头而引起的沸点升高

$$\Delta''=79.5-76.6=2.9℃$$

总温差损失　$\Delta=\Delta'+\Delta''=18.4+2.9=21.3℃$

有效传热温差　$\Delta t=(T_0-t^{\circ})-\Delta=(120.4-76.6)-21.3=22.5℃$

单效蒸发过程的计算　单效蒸发过程的计算问题可联立求解物料衡算式(7-13)、热量衡算式(7-15) 及过程速率方程式(7-16) 获得解决。在联立求解过程中，还必须具备溶液沸点上升和其他有关物性的数据。

(1) 设计型计算问题

已知条件：料液的流量 F、浓度 w_0、温度 t_0 及完成液的浓度 w；加热蒸汽的压强及冷凝器的操作压强（主要由冷却水温度决定）。

计算目的：根据选用的蒸发器型式确定传热系数 K，计算所需的传热面积 A 及加热蒸汽用量 D。

(2) 操作型计算问题

已知条件：蒸发器的传热面积 A 与传热系数 K、料液的进口状态 w_0 与 t_0、完成液的浓度要求 w、加热蒸汽与冷凝器压强。

计算目的：核算蒸发器的处理能力 F 和加热蒸汽用量 D。

【例 7-3】　设计型计算

用真空蒸发器将浓度为10%的NaOH水溶液在上例的蒸发器中浓缩至30%，进料温度为30℃，加料量为1.2kg/s。已知蒸发器的传热系数为1500W/(m²·K)，料液的比热容 C_0 为4200J/(kg·K)，操作条件同上例，求加热蒸汽消耗量及蒸发器的传热面积。

设蒸发器的热损失为加热蒸汽放热量的3%。

解：由物料衡算式(7-2) 可求出水分蒸发量

$$W=F\left(1-\frac{w_0}{w}\right)=1.2\times\left(1-\frac{0.1}{0.3}\right)=0.8\text{kg/s}$$

按上例，蒸发器中溶液的温度（完成液的沸点）为

$$t=t^{\circ}+\Delta=76.6+21.3=97.9℃$$

由水蒸气表查得：

0.1MPa（表压）下，水蒸气的汽化热　$r_0=2205\text{kJ/kg}$

41.3kPa（绝压）下，水蒸气的汽化热　$r=2315\text{kJ/kg}$

由热量衡算式(7-4) 可得加热蒸汽用量

$$Dr_0=FC_0(t-t_0)+Wr+0.03Dr_0$$

$$D=\frac{1}{0.97r_0}[FC_0(t-t_0)+Wr]$$

$$=\frac{1}{0.97\times2205}\times[1.2\times4.2\times(97.9-30)+0.8\times2315]$$

$$=1.026\text{kg/s}$$

加热蒸汽的经济性

$$\frac{W}{D}=\frac{0.8}{1.026}=0.780$$

蒸发器热负荷

$$Q=Dr_0=1.026\times2205=2262\text{kW}$$

由过程速率方程式(7-5) 可求出传热面积

$$A=\frac{Q}{K\Delta t}=\frac{2262\times10^3}{1500\times22.5}=67.0\text{m}^2$$

7.2.3 蒸发操作的经济性和多效蒸发

蒸发操作的费用包括设备费和操作费（主要是能耗）两部分。

加热蒸汽的经济性 蒸发装置的操作费主要是汽化大量溶剂所需消耗的能量。每 1kg 加热蒸汽所能蒸发的水量 W/D 称为加热蒸汽的经济性，它是蒸发操作是否经济的重要标志。对大规模工业蒸发，溶剂汽化量 W 很大，加热蒸汽消耗在全厂蒸汽动力费中占很大比例。为提高加热蒸汽的利用率，可对蒸发操作采取多种措施。

蒸发设备的生产强度 蒸发装置设备费大小直接与传热面积有关，通常将蒸发装置（包括冷凝器、泵等辅助设备）的总投资折算成单位传热面的设备费来表示。对于给定的蒸发任务（蒸发量 W 一定），所需的传热面小说明设备的生产强度高。定义单位传热面的蒸发量为蒸发器的生产强度 U，即

$$U=\frac{W}{A} \tag{7-21}$$

对多效蒸发，W 为各效水分蒸发量的总和，A 为各效传热面积之和。

若不计热损失和浓缩热、料液预热至沸点加入，蒸发器传热速率 $Q=Wr$，则

$$U=\frac{Q}{Ar}=\frac{1}{r}K\Delta t \tag{7-22}$$

可见蒸发设备的生产强度 U 的大小取决于传热温差和传热系数的乘积。由此可通过加大传热温差、提高蒸发器的传热系数来提高生产强度。

多效蒸发 二次蒸汽的利用是提高过程经济性的重要方面。若将第一个蒸发器的二次蒸汽作为加热剂通入第二个蒸发器的加热室，称为双效蒸发。再将第二效的二次蒸汽通入第三效加热室，如此可串接多个。图 7-12～图 7-14 为三效蒸发的流程示意图。在多效蒸发中，后一效蒸发器的操作压强及其对应的饱和温度必较前一效为低，即二次蒸汽的温度必然逐级降低。

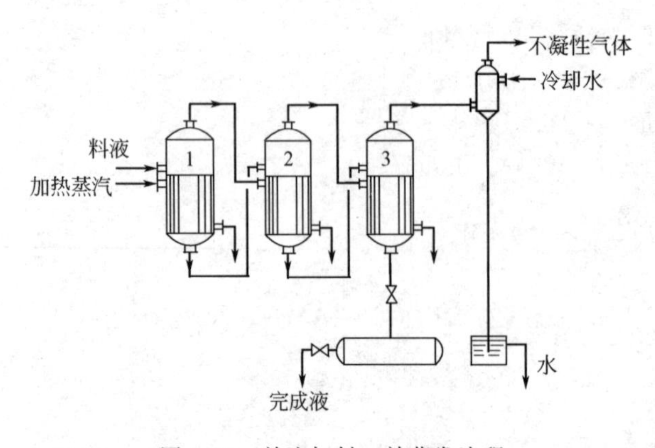

图 7-12 并流加料三效蒸发流程

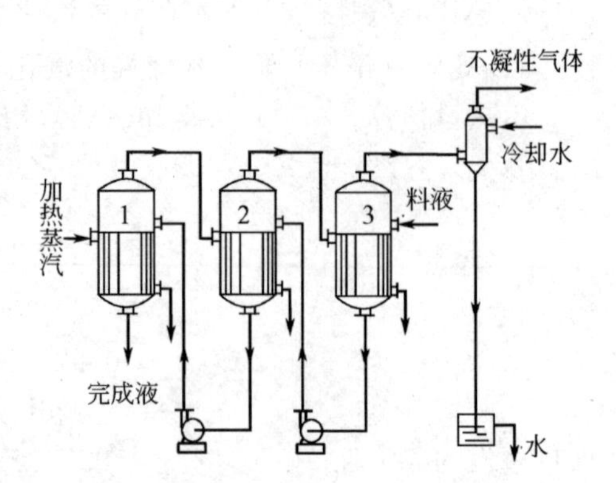

图 7-13 逆流加料三效蒸发流程

多效蒸发中物料与二次蒸汽的流向可有多种组合，常用的有：

(1) 并流加料 并流加料如图 7-12 所示，此时物料与二次蒸汽同方向相继通过各效。

由于前效压强较后效高，料液可借此压强差自动地流向后一效而无须泵送。末效常处于负压下操作，完成液的温度较低，系统的能量利用较为合理。但末效溶液浓度高、温度低、黏度大，传热条件较劣。

（2）*逆流加料*　逆流加料流程如图7-13所示，料液与二次蒸汽流向相反，各效的浓度和温度对液体黏度的影响大致相消，各效的传热条件相近。逆流加料时溶液在各效之间的流动必须泵送。

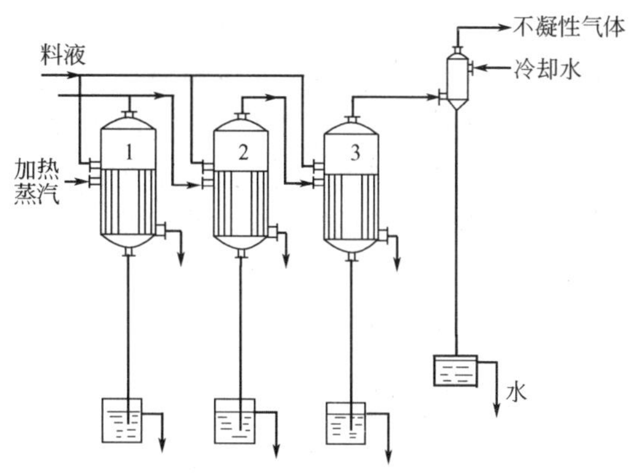

图7-14　平流加料三效蒸发流程

（3）*平流加料*　平流加料如图7-14所示，此时二次蒸汽多次利用，但料液每效单独进出。此种加料方式对易结晶的物料较为适合。

在多效蒸发中，由生产任务规定的总蒸发量W分配于各个蒸发器，只有第一效才使用加热蒸汽，故加热蒸汽的利用率大为提高。多效蒸发的另一优点是将物料分段浓缩，最初溶液中的大部分水分可在浓度和黏度变化不大的条件下除去，传热条件得以改善。

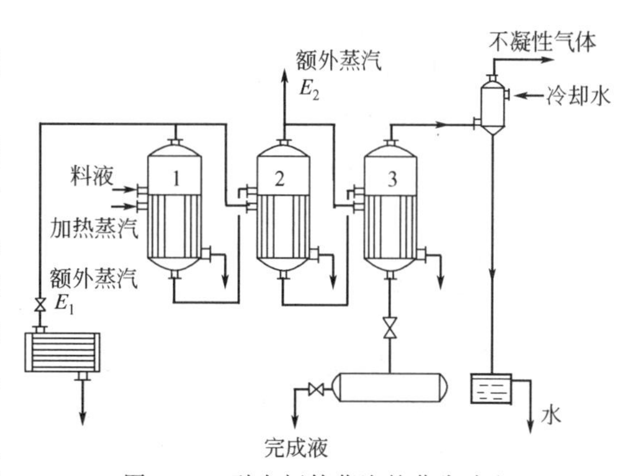

图7-15　引出额外蒸汽的蒸发流程

额外蒸汽的引出　若能将二次蒸汽移至其他加热设备作热源加以利用（如预热料液），可降低能耗。对于多效蒸发，可在前几效蒸发器中引出部分二次蒸汽（称为额外蒸汽）移作它用，如图7-15所示。

热泵蒸发　在单效蒸发中，可将二次蒸汽绝热压缩，随后将其送入蒸发器的加热室。二次蒸汽经压缩后温度升高，与器内沸腾液体形成足够的传热温差，故可重新作加热剂用。这样，只须补充一定量的压缩功，便可将二次蒸汽的大量潜热加以利用。

热泵蒸发的方法有两种。图7-16(a)所示为机械压缩，一般可用轴流式或离心式压缩机完成；图7-16(b)所示为蒸汽动力压缩，即使用蒸汽喷射泵，以少量高压蒸汽为动力将部分二次蒸汽压缩并混合后一起进入加热室作加热剂用。

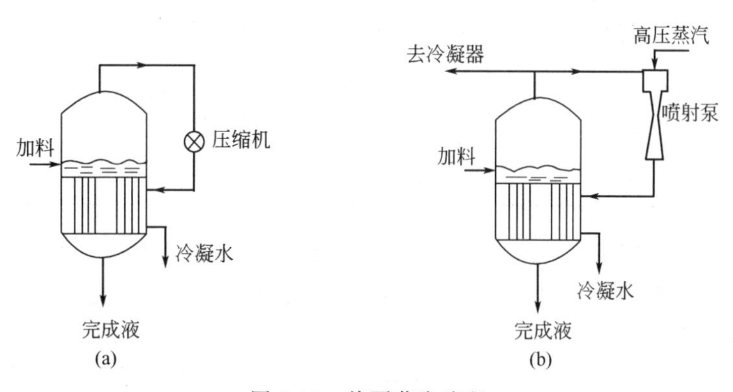

图7-16　热泵蒸发流程

实践表明，妥善设计的蒸汽再压缩蒸发器的能量利用可胜过3～5效的多效蒸发装置。此种蒸发器只在启动阶段需要加热蒸汽。但是，要达到较好的经济效益，压缩机的压缩比不能太大。若溶液的沸点升高大（所需的压缩比大），则经济上就会变得不合理。

冷凝水热量的利用 蒸发装置消耗大量加热蒸汽必随之产生数量可观的冷凝水。此凝液排出加热室后可用于预热料液，也可采用图7-17所示方式将排出的冷凝水减压，使减压后的冷凝水因过热产生自蒸发现象。汽化的蒸汽可与二次蒸汽一并进入后一效的加热室，冷凝水的显热得以部分地回收利用。

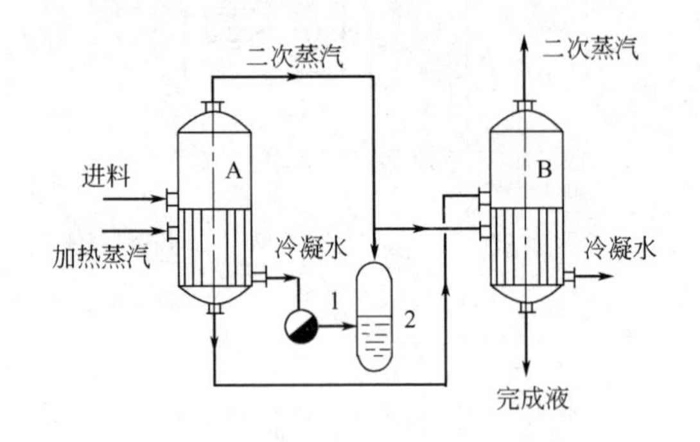

图7-17 冷凝水自蒸发的应用

A，B—蒸发器；1—冷凝水排出器；2—冷凝水自蒸发器

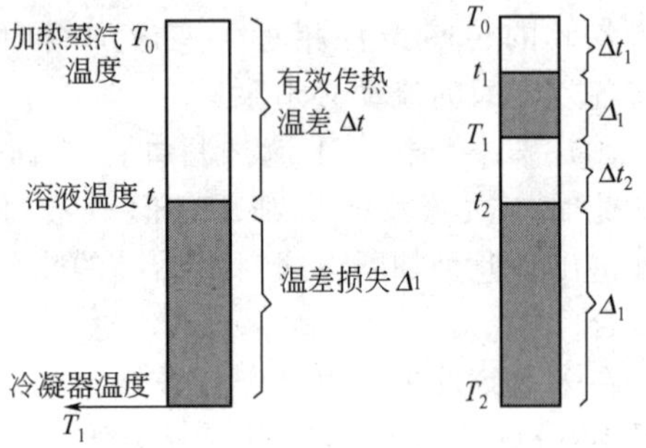

加热蒸汽 T_0 温度
有效传热温差 Δt
溶液温度 t
温差损失 Δ
冷凝器温度 T_1
T_0 Δt_1 t_1 Δ_1 T_1 Δt_2 t_2 Δ_1 T_2

图7-18 单效蒸发与双效蒸发的有效温差比较

多效蒸发中效数的限制 对同一蒸发任务，增加效数可以提高加热蒸汽的经济性（W/D）。但是，实际蒸发操作因存在温度差损失，效数的增加受到技术上的限制。现分析溶液的温度差损失对选择效数的影响。图7-18表示两端温度（加热蒸汽温度与冷凝器温度）固定的条件下，单效蒸发改为双效蒸发时传热温差变化的情况。效数增加，各效的传热温差损失的总和也将随之增加，致使有效的传热温差减少。

在设计过程中选择效数时，各效的温度差损失之和应小于两端点的总温差；反之，在操作时若多效蒸发器两端点温度差过低，操作结果必定是出口浓度达不到指定要求。

蒸发操作最优化 设备生产强度的提高和减少操作费用往往存在着矛盾。前已说明，蒸发器的生产强度直接与传热面上的热流密度 Q/A 相联系。对多效蒸发，且假定各效传热温差 Δt_i 及传热系数 K_i 各自相等，则多效蒸发装置的热流密度为 $K_i \Delta t_i$。

当加热蒸汽和冷凝器压强已定，装置的总传热温差 $\Delta t_{总}$ 也随之而定，对于多效蒸发，Δt_i 远小于 $\Delta t_{总}$，多效蒸发的生产强度远小于单效蒸发。因此，多效蒸发是以牺牲设备生产强度来提高加热蒸汽的经济性的。实际蒸发操作的经济性大致如表7-7所示。

表7-7 多效蒸发加热蒸汽经济性（W/D）的经验值

效 数	单 效	双 效	三 效	四 效	五 效
W/D	0.91	1.75	2.5	3.33	3.70

表7-7说明，效数增加，W/D 并不按比例增加，但设备费却成倍提高。因此，必须对设备费和操作费进行权衡以决定最合理的效数。总的原则仍然是比较各种方案，以设备费和操作费之和最少为最优方案。

目前，对无机盐溶液的蒸发常为2～3效；对糖和有机溶液的蒸发，因其沸点上升不大，可用至4～6效；只有对海水淡化等极稀溶液的蒸发才用至6效以上。

7.2.4 蒸发设备

有多种不同结构的蒸发器，以适应不同物料的需要。以下简要说明工业常用的几种蒸发器的结构特点及流体流动状况。

循环型蒸发器

(1) 垂直短管式　垂直短管式蒸发器的一种典型结构如图 7-19 所示。加热室由管径 25～75mm、长 1～2m 的垂直列管组成，管外（壳程）通加热蒸汽。管束中央有一根直径较大的管子称中央循环管，其截面积为其余加热管总横截面积的 40%～100%。这种构型称为中央循环管式蒸发器。液体在管内受热沸腾，产生气泡。细管内单位体积的溶液受热面较大，汽化后的气液混合物中含汽率高，平均密度小，而在中央循环管内的情况则相反，致使流体密度有较大差别，产生循环流动，称为热虹吸。循环流动的速度可达 0.1～0.5m/s。

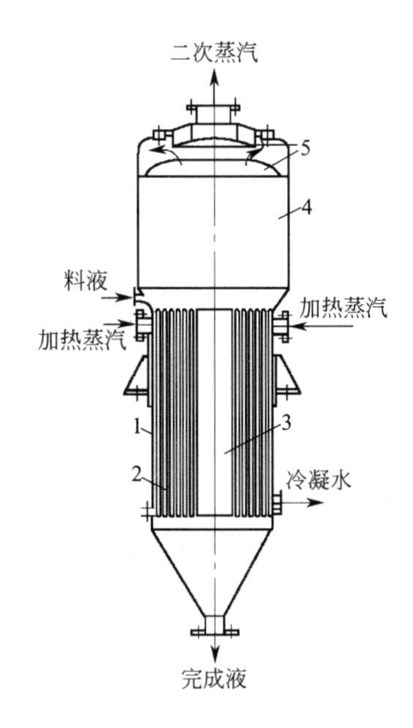

图 7-19　中央循环管式蒸发器

1—外壳；2—加热室；3—中央循环管；4—蒸发室；5—除沫器

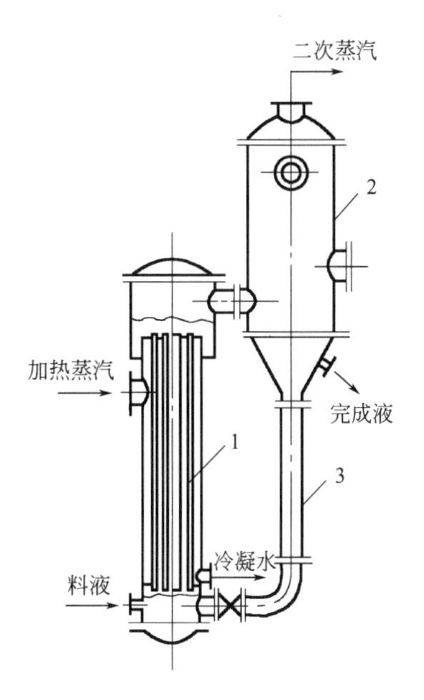

图 7-20　外加热式蒸发器

1—加热室；2—蒸发室；3—循环管

(2) 外加热式　图 7-20 为常用的外加热式蒸发器，其主要特点是采用了长加热管（管长与直径之比 $l/d=50\sim100$），且液体下降管（又称循环管）不再受热，循环速度可达 1.5m/s。

提高循环速度不仅提高了沸腾给热系数，而且降低了单程汽化率。这样可减轻溶液在加热壁面附近的局部浓度增高现象，以延缓加热面上的结垢现象。此外，高速流体对管壁的冲刷也使污垢不易沉积。

单程型蒸发器　此类蒸发器中，物料单程通过加热室后蒸发达到指定浓度。器内液体滞留量少，物料的受热时间大为缩短，特别适合热敏性物料的蒸发。

(1) 升膜式蒸发器　图 7-21 为升膜式蒸发器示意图。这种蒸发器的加热管束可长达 3～10m。溶液由加热管底部进入，经一段距离加热、汽化后，管内气泡逐渐增多，最终液体被上升的蒸汽拉成环状薄膜，沿壁向上运动，气液混合物由管口高速冲出。被浓缩的液体经气液分离后排出蒸发器。

设计和操作这种蒸发器时要有较大的传热温差，使加热管内上升的二次蒸汽具有较高的速度以拉升液膜，并获得较高的传热系数，使溶液一次通过加热管即达预定的浓缩要求。在常压下，管上端出口速度以保持 20～50m/s 为宜。

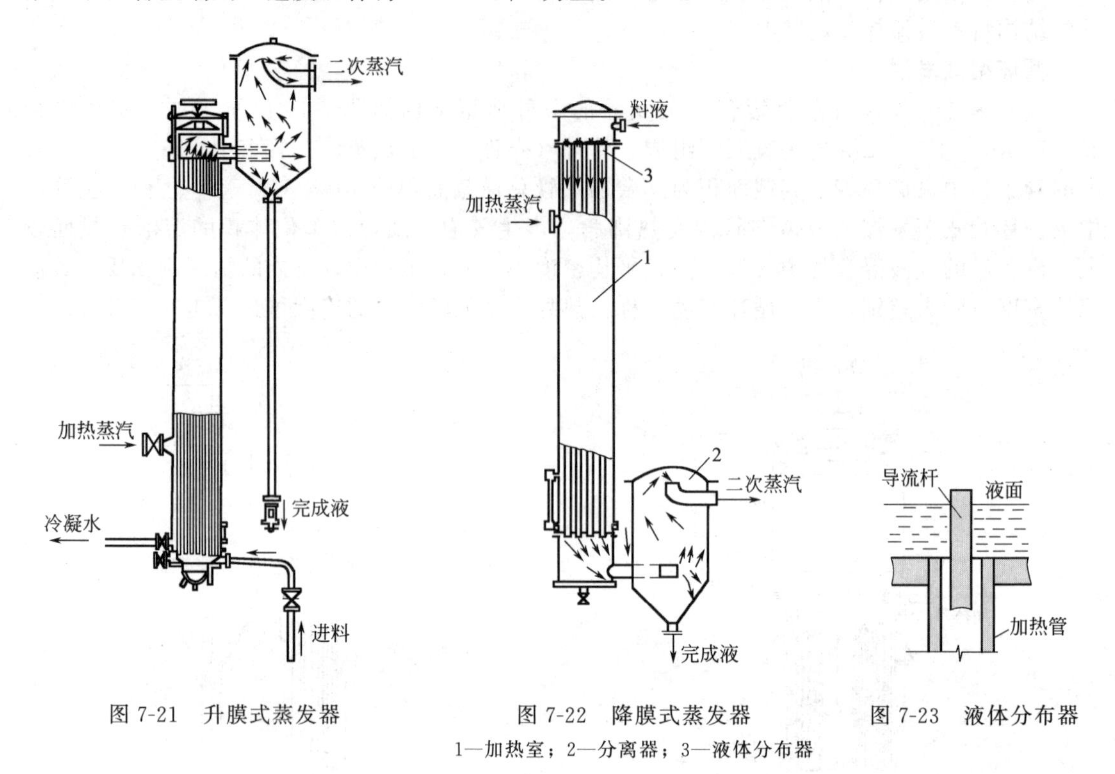

图 7-21 升膜式蒸发器

图 7-22 降膜式蒸发器

1—加热室；2—分离器；3—液体分布器

图 7-23 液体分布器

(2) 降膜式蒸发器 降膜式蒸发器结构如图 7-22 所示。料液由加热室顶部加入，经液体分布器分布后呈膜状向下流动。气液混合物由加热管下端引出，经气液分离即得完成液。

降膜式蒸发器中必须采用适当的液体分布器使溶液在整个加热管长的内壁形成均匀液膜。图 7-23 为常用的一种液体分布器。

降膜式蒸发器中由于蒸发温和，液体的滞留量少，当加料、浓度、压强等操作条件变化时，过程变化灵敏而易于控制，有利于提高产物的质量。此外，它还可用于含少量固体物和有轻度结垢倾向的溶液。

(3) 旋转刮板式蒸发器 此种蒸发器专为高黏度溶液或浆状物料的蒸发而设计。蒸发器的加热管为一根较粗的直立圆管，中、下部设有两个夹套进行加热，圆管中心装有旋转刮板，刮板借旋转离心力紧压于液膜表面（见图 7-24）。料液自顶部进入蒸发器后，在刮板的搅动下分布于加热管内壁，并呈膜状旋转向下流动。二次蒸汽在加热管上部抽出并加以冷凝。浓缩液由蒸发器底部放出。

旋转刮板式蒸发器的主要特点是借外力使料液成膜状流动，可适应高黏度、易结晶、结垢的浓溶液的蒸发。在某些场合下，可将溶液蒸干，而由底部直接获得粉末状固体产物。这种蒸发器的缺点是结构稍复杂，制造要求高，加热面不大，且需消耗一定的动力。

蒸发器的辅助设备主要有除沫器、冷凝器等。

除沫器 蒸发器内产生的二次蒸汽夹带着许多液沫，尤其是处理易产生泡沫的液体，夹带现象更为严重。一般蒸发器均带有足够大的气液分离空间，并设置各种型式的除沫器，借惯性或离心力分离液沫。

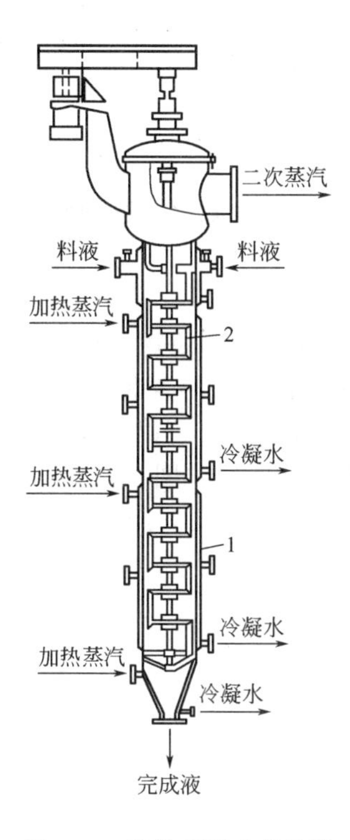

图 7-24　旋转刮板式蒸发器

1—夹套；2—刮板

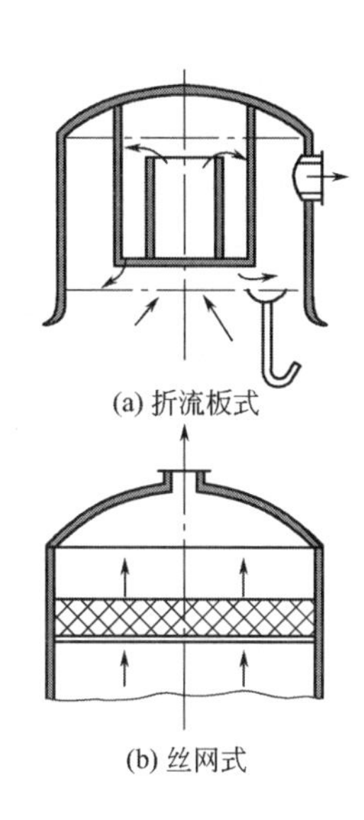

图 7-25　除沫器

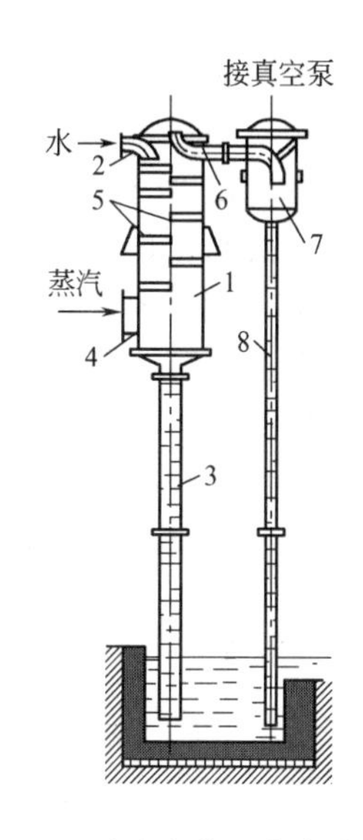

图 7-26　逆流高位混合式冷凝器

1—外壳；2—进水口；
3，8—气压管；4—蒸汽进口；
5—淋水板；6—不凝性气体导管；
7—分离器

图 7-25 为常用的两种除沫器结构，它们都是借液滴运动的惯性撞击金属物或壁面而被捕集。在几种除沫器中，丝网式除沫器的分离效果最好。丝网式除沫器通常是将金属或合成纤维丝网叠合或卷制成整体后装入筒体而成，必要时可以更换。

冷凝器　产生的二次蒸汽若不再利用，则必须加以冷凝。传热章中所述的各种间壁式冷凝器固然可用，因二次蒸汽多为水蒸气，一般情况下多用直接接触式(即混合式) 冷凝器。

图 7-26 为逆流高位混合式冷凝器，顶部用冷却水喷淋，使之与二次蒸汽直接接触将其冷凝。这种冷凝器一般均处于负压下操作，为将混合冷凝水克服压差排向大气，冷凝器的安装须足够高。冷凝器底部所连接的长管称为大气腿。

7.3　溶液结晶

溶液结晶是利用固体物质在液体中的溶解度不同的性质使物质从溶液中析出，从而实现分离的过程。在这一过程中，物质都是从均一物系中，以晶体状态析出。制药工业生产中，所谓结晶，是指溶质以晶体状态从过饱和溶液中析出的操作。

晶体为化学均一的固体，且具有规则的晶形，其结构是以其各原子、离子和分子在空间晶格的结点上的对称排布为特征。物质在不同的情况下进行结晶时，所得晶体的形状、大小、颜色等可能不同，所得晶体的晶型也可能不同，同一种药物晶型不同，会导致其稳定性、溶解度、生物利用度和机械加工性能不同。例如，因结晶温度不同，碘化汞晶体有黄色或红色；因所选结晶溶剂不同，药物拉米呋定可能是双锥型晶体，也可能是柱状晶体。

在制药工业中原料药的精制几乎都要用到结晶操作，该过程可以控制颗粒的大小、晶习、晶型和产品纯度，从而提高药物质量，使其便于储存、运输和使用。

7.3.1 结晶基本原理

实验证明，在温度一定时，将某固体物质溶于溶液中，存在一个最大限度。达到此限度时，固液两相达到平衡，此平衡状态为动态平衡，即由固体进入溶液的物质的量与由溶液中析出的物质的量相等。通常，固体与溶液间的平衡关系是用溶解度表示的。

在一定温度下，某固体物质在一定量的溶剂中所能溶解的最大量，称为该物质在这一温度下在该溶剂中的溶解度（一般用质量分数表示）。溶解度与物质种类、溶剂种类和性质（如 pH）及温度有关。一般随着温度的升高溶解度增大。压力的影响较小，可以不计。

溶解度由实验测定，并将其对应的温度标绘成曲线，得到溶解度曲线。图 7-27 给出了几种物质的溶解度曲线，由图 7-27 可见，这些物质的溶解度的特征为以下几类：

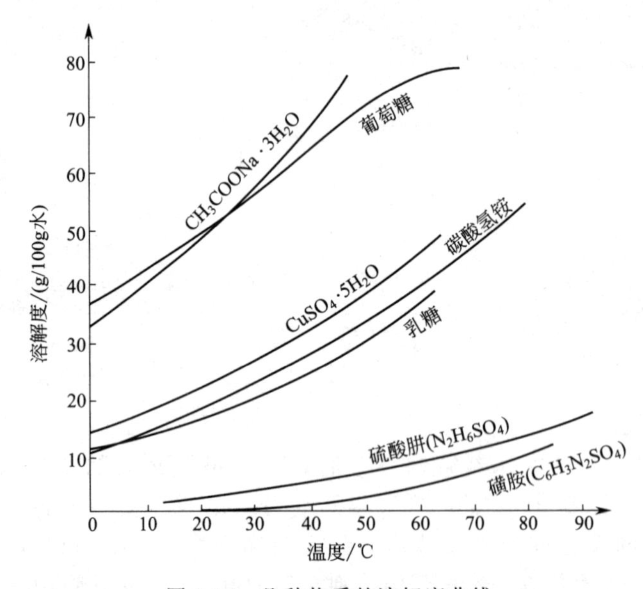

图 7-27　几种物质的溶解度曲线

① 溶解度对温度不太敏感，如硫酸肼、磺胺；

② 溶解度对温度变化有中等程度敏感，如乳糖；

③ 溶解度对温度十分敏感，如葡萄糖；

④ 溶解度随温度升高而减小，如 $Ca(OH)_2$、$CaCrO_4$ 等（图中未给出）。

不同物质的结晶操作应根据其不同特点，采用相应的结晶方法。

7.3.2 饱和溶液和过饱和溶液

过饱和度与结晶的关系如图 7-28 所示，AB 线为溶解度曲线（饱和曲线）。AB 线以下为稳定区，无结晶析出。CD 线是达到一定饱和后可自发地析出晶体的浓度曲线，称超溶解度曲线。AB 线与 CD 线大致平行，两线之间为介稳区，在此区域内不会自发产生晶核，一旦受到某种刺激，如震动、摩擦、搅拌和加入晶粒，均会破坏过饱和状态，析出结晶，直至溶液达到饱和状态。

图中 E 点即表示不饱和溶液。若将温度降低，则溶解度下降，溶液浓度不变，当温度降至 F 点时，溶液浓度等于该温度下的溶解度，则溶液达到饱和；若保持溶液温度不变，去除溶剂，则溶液浓度增加，当增浓至 F' 点时，溶液的浓度恰好等于溶质的溶解度，即得饱和溶液；若溶液状态超过溶解度曲线，即得过饱和溶液；处于过饱和状态下的溶液，可能会有晶体析出，但也不尽然。若溶液纯净、无杂质和尘粒、无搅动、缓慢冷却，即使低于饱和温度也不产生晶核，更不会析出晶体，实际上只有达到 CD 线（图中 G 点或 G' 点）才能产生晶核，而后才会有晶体析出。溶解度曲线 AB 和超溶解度曲线 CD 将上述图形分为三个区域。实验表明，该三个区域分别具有以下特点：

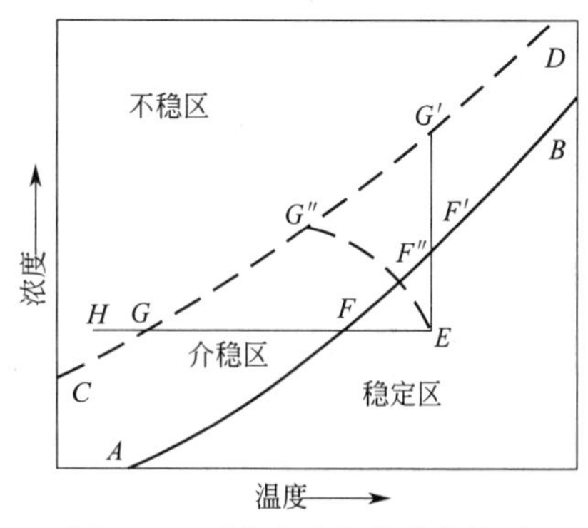

图 7-28 过饱和度与结晶的关系

① AB 线之下为不饱和区或稳定区，在此区域内不可能发生结晶析出的现象。

② CD 线与 AB 线之间的区域为介稳区，在此区域内，溶液已达过饱和，不会自发形成晶核，但若有晶种存在，也可诱导产生少量晶核，且可析出晶体使晶体和晶核成长。此区适合晶体的成长。

③ CD 线之上为不稳区，在此区内瞬时即可产生较多的晶核。该区决定晶核的形成。

应该指出，纯净的溶液、无外界干扰的情况是很少见的，因此 CD 线可能提前或稍后出现，它实际上的位置与结晶器的操作条件有关。

由上述分析不难看出，只有溶液过饱和时，才能有形成晶核及晶体成长的可能性，所以过饱和是结晶的必要条件，且过饱和的程度越高，成核越多或晶体成长越迅速。因此，过饱和的程度是结晶过程的推动力，它决定过程的速率。

7.3.3 结晶动力学

结晶过程是一个传热与传质同时进行的过程。溶液冷却到过饱和，或加热去除溶剂使其达到过饱和，都需要热量的移出或输入。同时，又存在物质由液相转入固相。热量的传递过程如传热章所述，这里仅介绍物质的传递过程，即结晶过程。

溶液的结晶过程通常要经历两个阶段，即晶核形成和晶体成长。

晶核形成 在过饱和溶液中新生成的结晶微粒称为晶核。晶核形成是指在溶液中生成一定数量的结晶微粒的过程。

晶核形成
- 初级成核
  - 均相初级成核
  - 非均相初级成核
- 二次成核

根据过程的机理不同，晶核形成可分为两大类：一种是在溶液过饱和之后、无晶体存在条件下自发地形成晶核，称为“初级成核”，按照饱和溶液中有无自生的或者外来微粒又分为均相初级成核与非均相初级成核两类。另一种是有晶体存在条件下（如加入晶种）的“二次成核”。工业结晶通常采用二次成核技术。

晶核形成的机理较为复杂，至今尚未认识得非常清晰，在此不做过多讨论。

晶体成长 一旦晶核在溶液中生成，溶质分子或离子会继续一层层排列上去而形成晶粒，这就是晶体成长。在过饱和度的推动下，晶体成长，其成长过程分以下三个步骤：

① 扩散过程：溶质靠扩散作用，通过靠近晶体表面的液体层，从溶液转移至晶体表面上；

② 表面反应过程：到达晶体表面的溶质，长入晶面，使晶体长大，并放出结晶热；

③ 传热过程：放出的结晶热传递到溶液主体中。

通常，最后一步较快，结晶过程受到前两个步骤控制。视具体情况，有时是扩散控制，有时是表面反应控制。

结晶过程的控制 前述介稳区的概念，对工业上的结晶操作具有实际意义。在结晶过程中，若将溶液控制在靠近溶解度曲线的介稳区内，由于过饱和度较低，则在较长时间内只能有少量的晶核产生，溶质也只会在晶种的表面上沉积，而不会产生新的晶核，主要过程是原有晶种的成长，于是可得颗粒较大而整齐的结晶产品，如图 7-29(a) 所示，这往往是工业上所采用的操作方法。反之，若将溶液控制在介稳区，且在较高的过饱和度下，或使之达到不稳区，则将有大量的晶核产生，于是所得产品中的晶体必定很小，如图 7-29(b) 所示。图中的 ab 线为溶液温度与浓度改变的路线。所以，适当控制溶液的过饱和度，可以很大程度上帮助控制结晶操作。

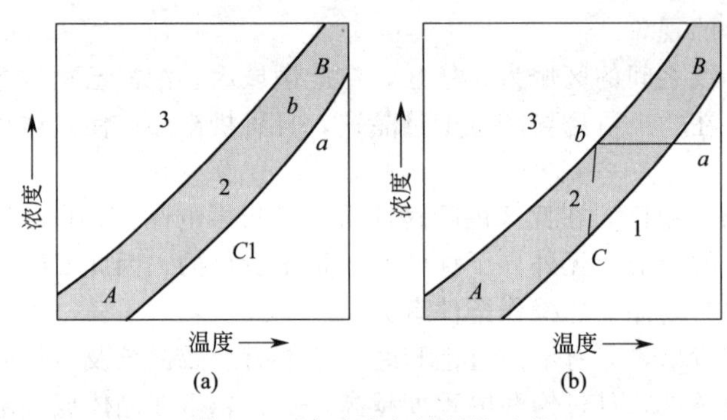

图 7-29 溶液冷却结晶的过程

实践表明，迅速的冷却、剧烈的搅拌、高的温度及溶质的分子量不大时，均有利于形成大量的晶核；而缓慢的冷却及温和的搅拌，则是晶体均匀成长的主要条件。

7.3.4 结晶过程的物料衡算与热量衡算

溶液结晶过程计算的基础是物料和热量衡算。在结晶操作中，原料液中溶质的含量已知。对于大多数物系，结晶过程终了时母液与晶体达到了平衡状态，可由溶解度曲线图查得母液中溶质的含量。对于结晶过程终了时仍有剩余过饱和度的物系，终了母液中溶质的含量需由实验测定。当原料液及母液中溶质含量均为已知时，则可计算结晶过程产量。

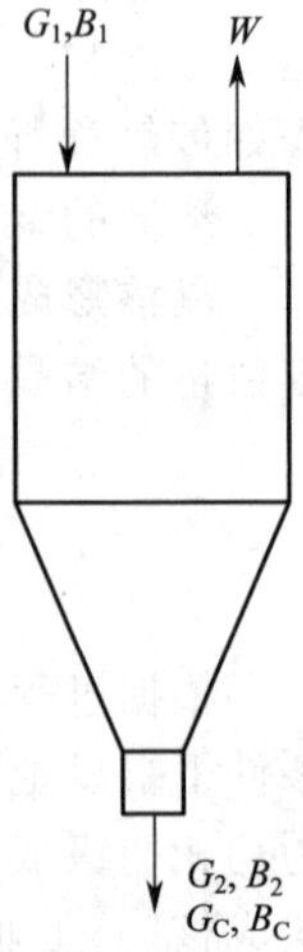

1. 物料衡算

进、出结晶器的物料如图 7-30 所示。进行物料衡算的基本依据是，进入结晶器的物料总质量等于从结晶器排出的物料总质量，并且进入结晶器的溶液中所含溶质的总质量应等于母液中溶质的质量与结晶产品中溶质质量之和。

G_1, B_1　W

G_2, B_2　G_C, B_C

图 7-30 结晶产量计算示意图

总物料衡算为

$$G_1 = G_2 + G_C + W \tag{7-23}$$

式中，G_1 为原料液的质量流量，kg/h；G_2 为母液的质量流量，kg/h；G_C 为晶体的质量流量，kg/h；W 为汽化的水分流量，kg/h。

对于溶质的物料衡算为

$$G_1 B_1 = G_2 B_2 + G_C B_C \tag{7-24}$$

式中，B_1 为原料液的质量分数，kg/kg；B_2 为母液的质量分数，kg/kg；B_C 为结晶中溶质的含量，kg/kg。$B_C=\frac{M}{M_C}$，为溶质分子量与晶体水合物分子量之比。当结晶不含结晶水时，$B_C=1$。

联解式(7-23) 与式(7-24) 得

$$G_C=\frac{G_1(B_1-B_2)+WB_2}{B_C-B_2} \tag{7-25}$$

对于不移除溶剂的冷却结晶器，$W=0$，则

$$G_C=\frac{G_1(B_1-B_2)}{B_C-B_2} \tag{7-26}$$

对于移除溶剂的结晶器，可分以下两种情形。

① 蒸发结晶：在蒸发结晶器中，如移除的溶剂量（W）被预先规定，则可依式(7-25) 求得结晶量；反之，可根据结晶产量 G_C 求得溶剂蒸发量 W。

② 真空结晶：须将式(7-25) 与结晶过程中的热量衡算结合，方可求得结晶产量 G_C 及溶剂蒸发量 W。

2. 热量衡算

所谓热量衡算，是指引入结晶器的热量应等于从结晶器取出的热量。

1）引入结晶器的热量

(1) 随料液带入的显热 Q_1

$$Q_1=G_1C_1t_1 \tag{7-27}$$

式中，C_1 为原料液的平均比热容，kJ/(kg·K)；t_1 为原料液的温度，K。

(2) 结晶热 Q_2

结晶热一般是物质在结晶过程中放出的潜热。数值可近似地取溶质的溶解热，而改变其正负号即可，因为结晶可视为溶解的相反过程。此处忽略了稀释热，但误差往往很小。所以

$$Q_2=G_Cq_C \tag{7-28}$$

式中，q_C 为结晶潜热，kJ/kg。

(3) 加热传给溶液的热量 Q_3

此项热量可用一般的方法计算。例如在蒸发结晶中所加热量可由水蒸气用量及其最初和最终的热焓算出，或由加热蒸汽与溶液间的传热方程式算出。这项热量经常是结晶过程中需要通过热量衡算求解的热量。

2）自结晶器取出的热量

(1) 随母液带出的显热 Q_4

$$Q_4=G_2C_2t_2 \tag{7-29}$$

式中，C_2 为母液的平均比热容，kJ/(kg·K)；t_2 为母液及晶体的温度，K。

(2) 随晶体带出的显热 Q_5

$$Q_5=G_CC_Ct_2 \tag{7-30}$$

式中，C_C 为晶体的平均比热容，kJ/(kg·K)。

(3) 随溶剂蒸汽带走的热量 Q_6

$$Q_6=WI \tag{7-31}$$

式中，I 为溶剂蒸汽的焓值，kJ/kg。

(4) 冷却剂所取走的热量 Q_7

当冷却剂为冷水或冷冻盐水时

$$Q_7=G_wC_w(t_{2w}-t_{1w}) \tag{7-32}$$

式中，G_w 为冷却水的用量，kg/h；C_w 为冷却水的平均比热容，kJ/(kg·K)；t_{1w} 和 t_{2w} 分别为冷却水（或冷冻盐水）的最初及最终温度，K。

当冷却剂为空气时，则

$$Q_7=L(I_2-I_1) \tag{7-33}$$

式中，L 为空气消耗量，kg/h；I_1、I_2 分别为空气进、出口焓值，kJ/kg 空气。

此项热量 Q_7 亦可由溶液与冷却剂之间的传热方程式算得。Q_7 往往也是结晶过程中需经热量衡算求解的热量。

（5）结晶器向周围环境散失的热量 Q_8

此项热量可根据经验进行估算，亦可按传热方程式求得。

如此，结晶过程的热量衡算式可以表示如下

$$Q_1+Q_2+Q_3=Q_4+Q_5+Q_6+Q_7+Q_8 \tag{7-34}$$

对于各种不同情况，式(7-34) 可作简化：

蒸发结晶时，不用冷却剂，$Q_7=0$；

不移除溶剂的冷却结晶时，$Q_3=0$ 及 $Q_6=0$，且散失于周围环境的热量可忽略不计，故 $Q_8=0$；

若为真空结晶，$Q_3=0$，$Q_7=0$，且因为是绝热过程，所以 $Q_8=0$。

【例 7-4】 每小时使 5000kg $NaNO_3$ 的水溶液自 90℃冷却到 40℃而结晶，所用设备为连续式敞口搅拌结晶器。如溶液在 90℃时，每 1000g 水中含有 16mol 的 $NaNO_3$。溶液在结晶器内冷却时，所汽化的水分为料液质量的 3%。冷却水进入夹套时温度为 15℃，出口温度为 25℃。结晶器散失于外界的热量可以忽略不计。$NaNO_3$ 固体的比热容可取为 1.172kJ/(kg·K)，其结晶的潜热为 247.87kJ/kg，其在 40℃时的溶解度为 12.2mol/kg H_2O。试求此结晶器每小时的生产能力和冷却水消耗量。

解： 以 1h 为基准。

（1）生产能力

因 $NaNO_3$ 在 40℃时的溶解度为 12.2mol/kg H_2O，$NaNO_3$ 的分子量为 85，则

$$B_1=\frac{16\times85}{1000+16\times85}=0.576$$

$$B_2=\frac{12.2\times85}{1000+12.2\times85}=0.509$$

$$W=5000\times0.03=150\text{kg}$$

根据式(7-25) 得

$$G_C=\frac{5000\times(0.576-0.509)+150\times0.509}{1-0.509}=838\text{kg}$$

母液量为

$$G_2=5000-838-150=4012\text{kg}$$

（2）冷却水消耗量

在所述条件下，$Q_3=0$，$Q_8=0$，故热量衡算式(7-34) 可简化为

$$Q_1+Q_2=Q_4+Q_5+Q_6+Q_7$$

溶液的比热容为

最初 $C_1=1.172\times0.576+4.208\times(1-0.576)=2.46\text{kJ/(kg·K)}$

$C_2=1.172\times0.509+4.174\times(1-0.509)=2.65\text{kJ/(kg·K)}$

随溶液带入的热量 $Q_1=5000\times2.46\times90=1107000\text{kJ}$

结晶热 $Q_2=838\times247.87=207715\text{kJ}$

随母液带出的热量 $Q_4=4012\times2.65\times40=42527\text{kJ}$

随晶体带出的热量 $Q_5=838\times1.172\times40=39285\text{kJ}$

随二次蒸汽带出的热量 $Q_6=150\times2614.5=392175\text{kJ}$

其中 2614.5kJ/kg 为水蒸气在 40℃和 90℃时焓值的平均值。如此得

$$
\begin{aligned}
Q_7&=Q_1+Q_2-Q_4-Q_5-Q_6\\
&=1107000+207715-42527-39285-392175\\
&=457983\text{kJ}
\end{aligned}
$$

因为 $Q_7=G_wC_w(t_{2w}-t_{1w})$，所以冷却水消耗量为

$$G_w=\frac{Q_7}{C_w(t_{2w}-t_{1w})}=\frac{457983}{4.183\times(25-15)}=10949\text{kg}$$

7.3.5 工业结晶方法与设备

1. 结晶的工业方法

溶质从溶液中结晶析出主要依赖于溶液的过饱和度，而溶液达到一定的过饱和度，则是通过控制温度或去除部分溶剂的办法实现。据此，结晶的方法分为：

① 冷却结晶：此方法不移除溶剂，适用于溶解度随温度降低而显著降低的溶质的结晶；

② 蒸发结晶：此方法将移除部分溶剂，适用于溶解度随温度变化不大的溶质的结晶。

2. 工业结晶设备

按不同的结晶方法，工业结晶设备基本上有以下四种类型：①冷却结晶器；②蒸发结晶器；③真空结晶器；④其他类型，如喷雾结晶器等。

1）冷却结晶器

常用的有以下几种。

（1）结晶罐　结晶罐结构简单，应用最早。如图 7-31 所示，它的内部设有蛇管，亦可做成夹套进行换热。据结晶要求在夹套或蛇管内交替通以热水、冷水或冷冻盐水，以维持一定的结晶温度。

一般还设有锚式或框式搅拌器。搅拌器的作用不仅能加速传热，还能使器内的温度趋于一致，促进晶核的形成，并使晶体均匀地成长。因此，该类结晶器产生的晶粒小而均匀。在操作过程中，应随时清除蛇管壁及器壁上积结的晶体，以防影响传热效果。并应适时调整冷却速率，以避免进入不稳区。

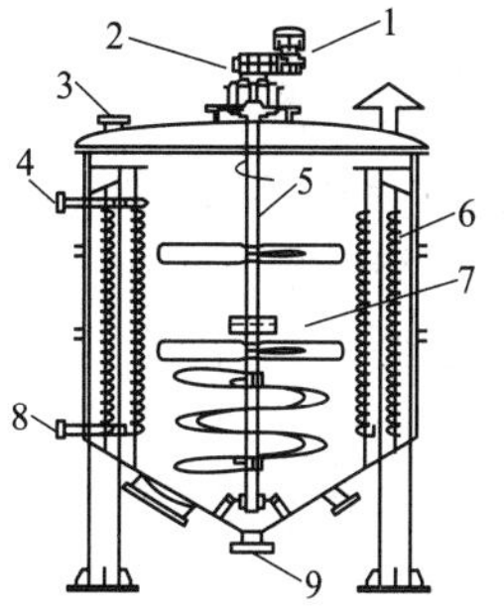

图 7-31　蛇管式结晶罐

1—马达；2—减速器；3—进料口；4—循环水出口；5—搅拌轴；6—冷却蛇管；7—搅拌器；8—循环水入口；9—出料口

（2）连续式结晶器　如图 7-32 所示，连续式结晶器为一敞式或闭式长槽，底为半圆扇形，内设有低速螺带式搅拌器，外设夹套通以冷却剂。螺带式搅拌器的作用，一是输送晶体，二是防止晶体聚积在冷却面上，使晶体悬浮成长，以获得中等大小而粒度均匀的晶粒。通常，螺带式搅拌器与器底保留 13～25mm 的间隙，以免搅拌器刮底，引起晶体磨损，而产生不需要的细晶。

此类结晶器生产能力大，还可连续进料和出料。对于高黏度、高固液比的特殊结晶是十分有效的，在葡萄糖厂广泛采用。其缺点是无法控制过饱和度，冷却面积受到限制，机械部分与搅拌部分结构复杂，设备费用较高。

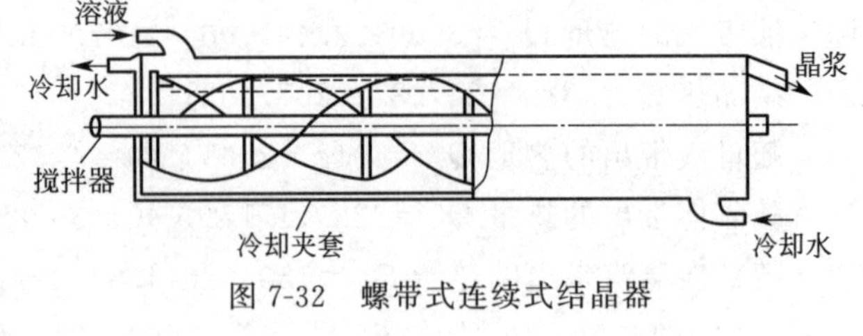

图 7-32 螺带式连续式结晶器

(3) 粒析式结晶器 该设备的特点是溶液在器内循环，溶液的过饱和及解除过饱和分别在冷却器和结晶器（槽）内进行，且在结晶器内由于大小晶粒沉降速度不同，而造成粒度分级，大颗粒从底部排出作为产品，使所得产品粒度均一。如图 7-33 所示，饱和溶液由进料管 1 加入，经循环管在冷却器 3 内达到过饱和而处于介稳状态。此过饱和溶液再沿管 4 进入结晶器（槽）5 的底部，由此往上流动，与众多的悬浮晶粒接触，以进行结晶而解除过饱和。所得晶体与溶液一同循环，直至其沉降速度大于溶液的循环速度，才沉降于器底，由出口 8 排出。小的晶粒与溶液一起循环直至长大为止。极细的晶粒浮在液面上，经分离器 7 排出，如此可增大产品的粒度。

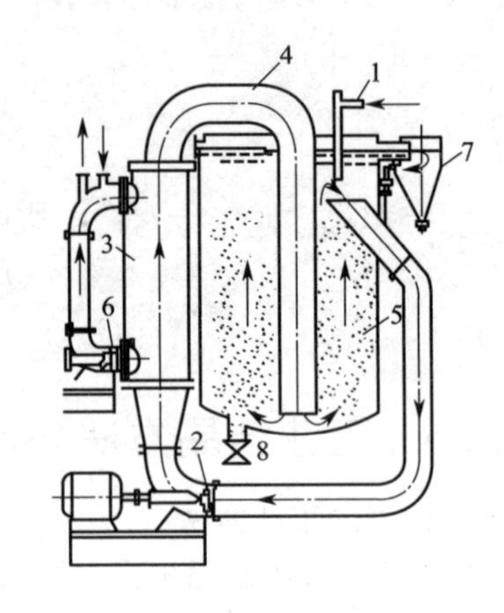

图 7-33 粒析式结晶器

1—进料管；2—循环管；3—冷却器；4—料管；5—结晶器；6—泵；7—分离器；8—出口

2）蒸发结晶器

蒸发结晶器是利用各种流程使溶剂蒸发汽化，从而使溶液浓缩而达到过饱和。其设备特点是结晶装置本身附有蒸发器。此蒸发器可为单效、多效或强制循环蒸发器。图 7-34 为一典型蒸发结晶器。料液由 G 处加入，经循环泵进入加热器，在此过饱和状态，并控制在介稳区内。此溶液在蒸发室内蒸发产生的蒸汽由顶部导出。过饱和溶液由中央下行管送到结晶生成段的底部（E 点），然后再向上方流经晶体流化床层，其过饱和度消失，床层中的晶粒长大。当晶体粒度达到一定大小时，从产品取出口排出。排出的晶浆经稠厚器增浓及离心分离。母液可以送回结晶器，固体颗粒可直接作为产品，或进一步干燥。

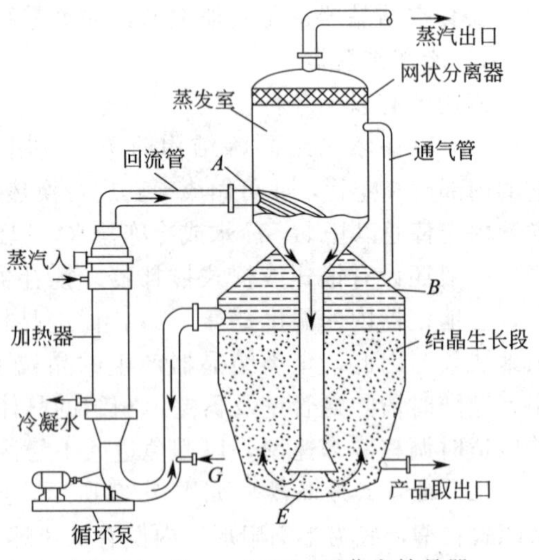

图 7-34 Krystal-Oslo 型蒸发结晶器

3）真空结晶器

(1) 间歇式真空结晶器 冷却结晶过程所需冷量由夹套或外部换热器提供。内循环式结晶器由于受换热面积的限制，换热量不能太大。而外循环式结晶器通过外加换热器传热，由于溶液的强制循环，传热系数较大，还可根据需要加大换热面积。但必须选用合适的循环泵，以避免悬浮晶体的磨损破碎。这两种结晶器既可连续操作，也可间歇操作。常用的间歇式真空结晶器如图 7-35 所示。

(2) 连续式真空结晶器 图 7-36 为 DTB（drabt tube babbled）型连续式真空结晶器。内设螺旋桨代替循环泵，减少了外部循环系统的阻力损失，节省驱动功率，且使晶浆循环完全，过饱和度较低，成核速度亦低，因此，晶粒大而均匀。循环管外设有折流圈，可将结晶沉降区及晶浆循环区隔开，有利于晶粒的生长及沉降。充分长大的晶体颗粒经下部分级腿下落，排出罐外，进行分离，所得微晶重新溶解随母液返回罐内；带有细小颗粒的母液自沉降区顶部溢流至罐外，经循环泵送至加热器，补充蒸发所需热量后，再进入罐内。

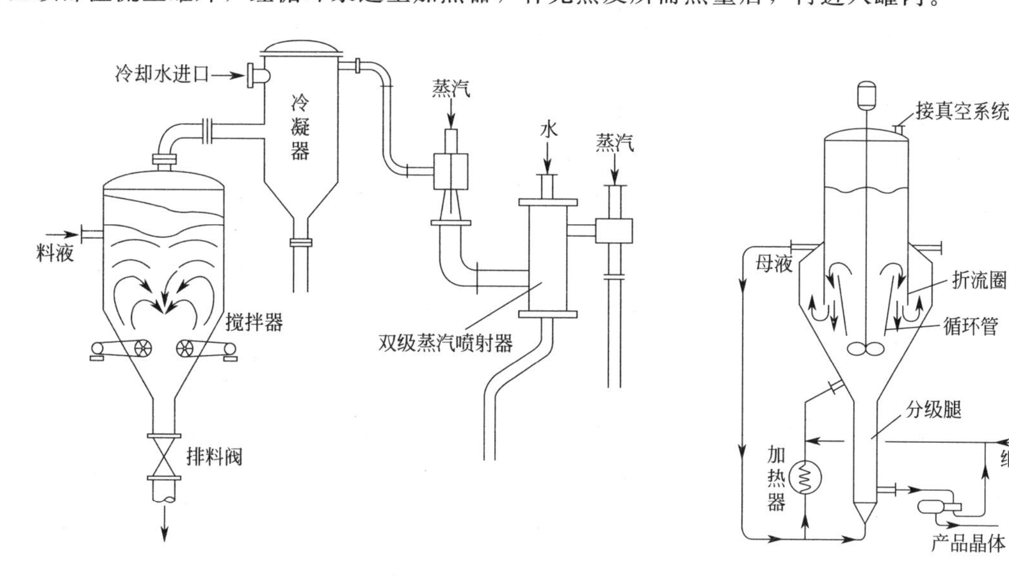

图 7-35 间歇式真空结晶器

图 7-36 连续式真空结晶器

4）喷雾结晶器

喷雾结晶器是将溶液喷成雾状进行绝热闪蒸而获得结晶产品的。图 7-37 为喷雾式蒸发结晶器，冷空气以 25～40m/s 的高速送入，溶液由中心部位吸入并雾化，且立即进行闪蒸。雾滴可被高度浓缩而直接得到结晶产品，附着在闪蒸的硬质玻璃管内，或得到浓缩的晶浆由末端排出，再经后续处理。该设备紧凑，缺点是晶粒细小。

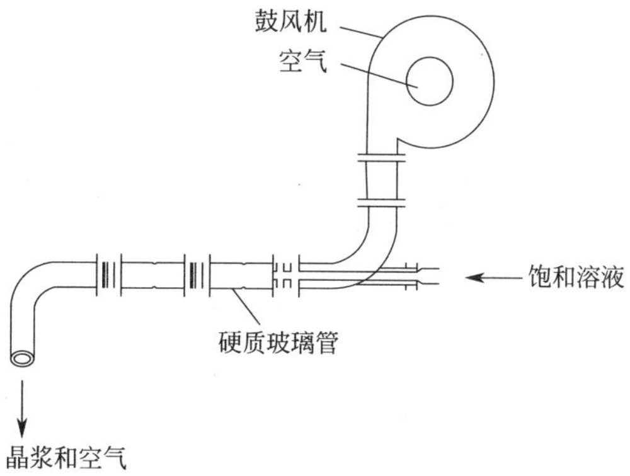

图 7-37 喷雾式蒸发结晶器

7.4 吸附分离

7.4.1 吸附过程分析

吸附与脱附 利用多孔固体颗粒选择性地吸附流体中的一个或几个组分，从而使流体混合物得以分离的方法称为吸附操作。通常称被吸附的物质为吸附质，用作吸附的多孔固体颗粒称为吸附剂。

吸附作用起因于固体颗粒的表面力。此表面力可以是由于范德华力的作用使吸附质分子单层或多层地覆盖于吸附剂的表面，这种吸附属物理吸附。吸附时所放出的热量称为吸附热。物理吸附的吸附热在数量上与组分的冷凝热相当，大致为 42～62kJ/mol。吸附也可因吸附质与吸附剂表面原子间的化学键合作用造成，这种吸附属化学吸附，吸附热相对较高。制药吸附分离多为物理吸附。

与吸附相反，组分脱离固体吸附剂表面的现象称为脱附。吸附-脱附的循环操作构成一个完整的工业吸附过程。

脱附的方法有多种，原则上是升温和降低流体相吸附质的浓度以改变平衡条件使吸附质脱附。工业上根据不同的脱附方法，赋予吸附-脱附循环操作以不同的名称。

(1) 变温吸附　用升高温度的方法使吸附剂的吸附能力降低，从而达到脱附的作用，也即利用温度变化来完成循环操作。小型吸附设备常直接通入蒸汽加热床层，它具有传热系数高，升温快，又可以清扫床层的优点。

(2) 变压吸附　对于气固系统，降低压力或抽真空使吸附质脱附，升高压力使之吸附，利用压力的变化完成循环操作。

(3) 变浓度吸附　利用惰性溶剂冲洗或萃取剂抽提而使吸附质脱附，从而完成循环操作。

(4) 置换吸附　用其他吸附质把原吸附质从吸附剂上置换下来，从而完成循环操作。

除此之外，改变其他影响吸附质在流固两相之间分配的参数，如 pH 值、电磁场强度等都可实现吸附脱附循环操作。另外，也可同时改变多个参数，如变温变压吸附、变温变浓度吸附等。

常用吸附剂　工业生产中常用天然和人工制作的两类吸附剂。天然矿物吸附剂有硅藻土、白土、天然沸石等。虽然其吸附能力小，选择吸附分离能力低，但价廉易得，常在简易加工精制中采用，而且一般使用一次后即舍弃，不再进行回收。人工吸附剂则有活性炭、硅胶、活性氧化铝、合成沸石等。

(1) 活性炭　将煤、椰子壳、果核、木材等进行炭化，再经活化处理，可制成各种不同性能的活性炭，其比表面积可达 $1500m^2/g$。活性炭具有非极性表面，为疏水性和亲有机物的吸附剂。它可用于回收混合气体中的溶剂蒸气，糖液的脱色，水的净化，气体的脱臭等。将超细的活性炭微粒加入纤维中，或将合成纤维炭化后可制得活性炭纤维吸附剂。这种吸附剂可以编织成各种织物，因而减少对流体的阻力，使装置更为紧凑。活性炭纤维的吸附能力比一般的活性炭高 1～10 倍。活性炭也可制成炭分子筛，可用于空气分离中氮的吸附。

分子筛是晶格结构一定、具有许多孔径大小均一微孔的物质，能选择性地将小于晶格内微孔的分子吸附于其中，起到筛选分子的作用。

(2) 硅胶　硅酸钠溶液用酸处理，沉淀所得的胶状物经老化、水洗、干燥后，制得硅胶。硅胶是一种亲水性的吸附剂，其比表面积可达 $600m^2/g$。硅胶是无定形水合二氧化硅，其表面羟基产生一定的极性，使硅胶对极性分子和不饱和烃具有明显的选择性。它可用于气体的干燥脱水、脱甲醇等。

(3) 活性氧化铝　由含水氧化铝加热活化而制得活性氧化铝，其比表面积可达 $350m^2/g$。活性氧化铝是一种极性吸附剂，它对水分的吸附能力大，且循环使用后，其物化性能变化不大。它可用于气体的干燥、液体的脱水等。

(4) 各种活性土（如漂白土、铁矾土、酸性白土等）　由天然矿物（主要成分是硅藻土）在 80～110℃下经硫酸处理活化后制得，其比表面积可达 $250m^2/g$。制药生产中，活性土可用于脱色精制等。

(5) 合成沸石和天然沸石分子筛　沸石是一种硅铝酸金属盐的晶体，其比表面积可达 $750m^2/g$。它具有高的化学稳定性，微孔尺寸大小均一，是强极性吸附剂。随着晶体中的硅铝比的增加，极性逐渐减弱。它的吸附选择性强，能起筛选分子的作用。

(6) 吸附树脂　高分子物质，如纤维素、木质素、甲壳素和淀粉等，经过反应交联或引进官能团，可制成吸附树脂。吸附树脂有非极性、中极性、极性和强极性之分。它的性能是由孔径、骨架结构、官能团基的性质和它的极性所决定的。吸附树脂可用于维生素的分离、过氧化氢的精制等。

吸附剂的基本特性

(1) 吸附剂的比表面积 吸附剂的比表面积 a 是指单位质量吸附剂所具有的吸附表面积，它是衡量吸附剂性能的重要参数。吸附剂的比表面主要是由颗粒内的孔道内表面构成的。孔的大小可分为三类：即微孔（孔径<2nm），中孔（孔径为 2～200nm）和大孔（孔径>200nm）。以活性炭为例，微孔的比表面积占总比表面积的 95%以上，而中孔与大孔主要是为吸附质提供进入内部的通道。

(2) 吸附容量 吸附容量 x_m 为吸附表面每个空位都单层吸满吸附质分子时的吸附量。吸附量 x 指单位质量吸附剂所吸附的吸附质的质量，即 kg 吸附质/kg 吸附剂。吸附量也称为吸附质在固体相中的浓度。观察吸附前后吸附气体体积的变化，或者确定吸附剂经吸附后固体颗粒的增重量，即可确定吸附量。吸附容量与温度、吸附剂的孔径大小和孔隙结构形状、吸附剂的性质有关系。吸附容量表示了吸附剂的吸附能力。

(3) 吸附剂密度 根据不同需要，吸附剂密度有不同的表达方式。

① 装填密度 ρ_B 与空隙率 ε_B 装填密度指单位填充体积的吸附剂质量。通常，将烘干的吸附剂颗粒放入量筒中摇实至体积不变，吸附剂质量与量筒所测体积之比即为装填密度。吸附剂颗粒与颗粒之间的空隙体积与量筒所测体积之比为空隙率 ε_B。用汞置换法置换颗粒与颗粒之间的空气，即可测得空隙率。

② 颗粒密度 ρ_p 又称表观密度，它是单位颗粒体积（包括颗粒内孔腔体积）吸附剂的质量。显然

$$\rho_p(1-\varepsilon_B)=\rho_B \tag{7-35}$$

③ 真密度 ρ_t 指单位颗粒体积（扣除颗粒内孔腔体积）吸附剂的质量。内孔腔体积与颗粒总体积之比为内孔隙率 ε_p，即

$$\rho_t(1-\varepsilon_p)=\rho_p \tag{7-36}$$

工业吸附对吸附剂的要求 吸附剂应满足下列要求：

① 有较大的内表面：比表面越大吸附容量越大。

② 活性高：内表面都能起到吸附的作用。

③ 选择性高：吸附剂对不同的吸附质具有选择性吸附作用。不同的吸附剂由于结构、吸附机理不同，对吸附质的选择性有显著的差别。

④ 具有一定的机械强度和物理特性（如颗粒大小）。

⑤ 具有良好的化学稳定性、热稳定性以及价廉易得。

7.4.2 吸附相平衡

吸附等温线 气体吸附质在一定温度、分压（或浓度）下与固体吸附剂长时间接触，吸附质在气、固两相中的浓度达到平衡。平衡时吸附剂的吸附量 x 与气相中的吸附质组分分压 p（或浓度 c）的关系曲线称为吸附等温线。图 7-38 为活性炭吸附空气中单个溶剂蒸气组分的吸附等温线，图 7-39 为不同温度下水在 5A 分子筛上的吸附等温线。由图可见，提高组分分压和降低温度有利于吸附。常见的吸附等温线可粗分为三种类型，见图 7-40。类型Ⅰ表示平衡吸附量随气相浓度上升起先增加较快，后来较慢，曲线呈向上凸形状。类型Ⅰ在气相吸附质浓度很低时，仍有相当高的平衡吸附量，称为有利的吸附等温线。类型Ⅱ则表示平衡吸附量随气相浓度上升起先增加较慢，后来较快，曲线呈向下凹形状，称为不利的吸附等温线。类型Ⅲ是平衡吸附量与气相浓度呈线性关系。

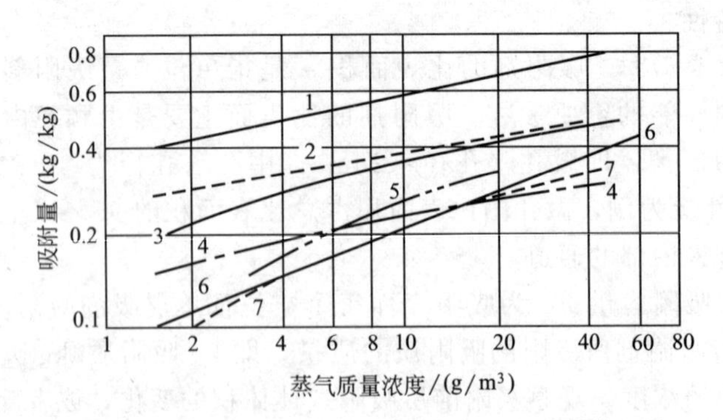

图 7-38 活性炭吸附空气中单个溶剂蒸气组分的吸附等温线（20℃）

1—CCl_4；2—醋酸乙酯；3—苯；4—乙醚；5—乙醇；6—氯甲烷；7—丙酮

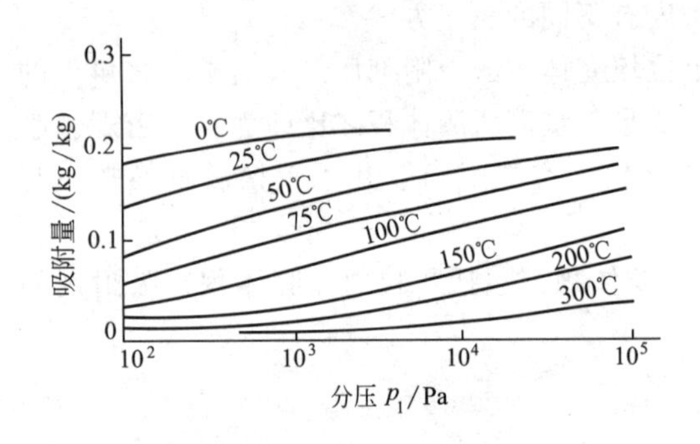

图 7-39 水在 5A 分子筛上的吸附等温线

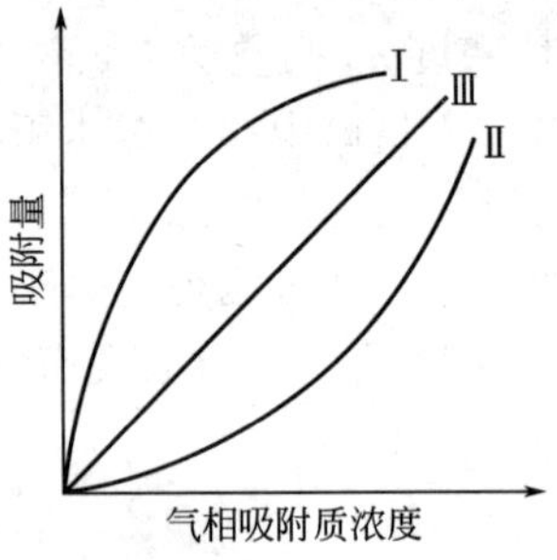

图 7-40 气固吸附等温线的分类

液固吸附平衡 与气固吸附相比，液固吸附平衡的影响因素较多。溶液中吸附质是否为电解质，pH 值大小，都会影响吸附机理。温度、浓度和吸附剂的结构性能，以及吸附质的溶解度和溶剂的性质对吸附机理、吸附等温线的形状都有影响。图 7-41 所示为 4A 分子筛对溶剂中水分的吸附等温线。

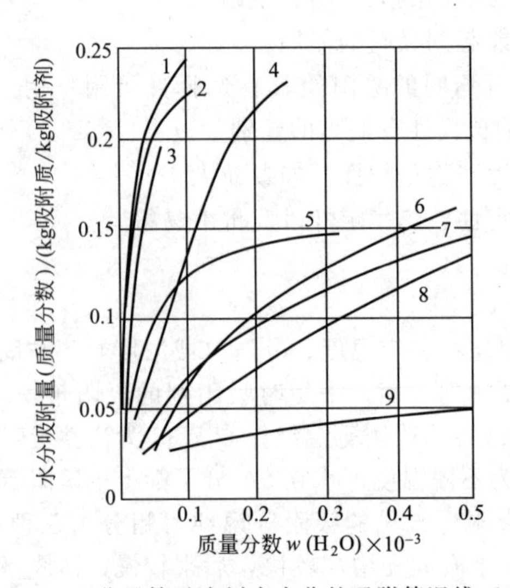

图 7-41 4A 分子筛对溶剂中水分的吸附等温线（25℃）

1—苯；2—甲苯；3—二甲苯；4—砒啶；5—甲基乙基甲酮；6—丁醇；7—丙醇；8—丁醇；9—乙醇

吸附平衡关系式　基于对吸附机理的不同假设，可以导出相应的吸附模型和平衡关系式。常见的有以下几种。

(1) *低浓度吸附*　当低浓度气体在均一的吸附剂表面发生物理吸附时，相邻的分子之间互相独立，气相与吸附剂固体相之间的平衡浓度是线性关系，即

$$x=Hc \tag{7-37}$$

或

$$x=H'p \tag{7-38}$$

式中，c 为浓度，kg吸附质/m^3 流体；p 为吸附质分压，Pa；H 为比例常数，m^3/kg；H' 为比例常数，1/Pa。

(2) *单分子层吸附——朗格缪尔方程*　当气相浓度较高时，相平衡不再服从线性关系。记 $\theta(=x/x_m)$ 为吸附表面遮盖率。吸附速率可表示为 $k_a p(1-\theta)$，脱附速率为 $k_d\theta$，当吸附速率与脱附速率相等时，达到吸附平衡，这时

$$\frac{\theta}{1-\theta}=\frac{k_a}{k_d}p=k_L p \tag{7-39}$$

式中，k_L 为朗格缪尔吸附平衡常数。式(7-39) 经整理后可得

$$\theta=\frac{x}{x_m}=\frac{k_L p}{1+k_L p} \tag{7-40}$$

此式即为单分子层吸附朗格缪尔方程，此方程能较好地描述图 7-40 中类型Ⅰ在中、低浓度下的等温吸附平衡。但当气相中吸附质浓度很高、分压接近饱和蒸气压时，蒸气在毛细管中冷凝而偏离了单分子层吸附的假设，朗格缪尔方程不再适用。当气相吸附质浓度很低时，式(7-40) 可简化为式(7-38)。朗格缪尔方程中的模型参数 x_m 和 k_L，可通过实验确定。

(3) *多分子层吸附——BET 方程*　Brunauer，Emmet 和 Teller 提出固体表面吸附了第一层分子后对气相中的吸附质仍有引力，由此而形成了第二、第三乃至多层分子的吸附。据此导出了如下关系式

$$x=x_m\frac{bp/p^\circ}{(1-p/p^\circ)[1+(b-1)p/p^\circ]} \tag{7-41}$$

此式即为 BET 方程，其中 p°为吸附质的饱和蒸气压；b 为常数；p/p°通常称为比压。BET 方程常用氮、氧、乙烷、苯作吸附质以测量吸附剂或其他细粉的比表面积，通常适用于比压（p/p°）为 0.05～0.35 的范围。用 BET 方程进行比表面积求算时，将式(7-41) 改写成直线形式

$$\frac{p/p^\circ}{x(1-p/p^\circ)}=\frac{1}{x_m b}+\frac{b-1}{x_m b}\left(\frac{p}{p^\circ}\right)=A+B\left(\frac{p}{p^\circ}\right) \tag{7-42}$$

其中 A、B 分别为直线的截距和斜率。由截距和斜率可求出模型参数 x_m 为

$$x_m=\frac{1}{A+B} \tag{7-43}$$

比表面积为

$$a=N_0A_0x_m/M \tag{7-44}$$

式中，N_0 为阿伏伽德罗常数 6.023×10^{23}；A_0 为分子的截面积；M 为相对分子质量。

【例 7-5】 比表面积测定

在 78.6K、不同 N_2 分压下，测得某种硅胶的 N_2 吸附量如下：

p/kPa	9.03	11.51	18.61	26.28	29.66
x/(mg/g)	18.78	19.29	22.49	24.37	26.30

已知 78.6K 时 N_2 的饱和蒸气压为 118.8kPa，每个氮分子的截面积 A_0 为 $0.16nm^2$，试求这种硅胶的比表面积。

解：可用 BET 方程进行求算。以$\dfrac{p/p^\circ}{x(1-p/p^\circ)}$对 p/p°作图，应为一条直线。由题给数据可算出相应数值如下：

p/p°	0.07603	0.09687	0.1567	0.2213	0.2497
$\dfrac{p/p^\circ}{x(1-p/p^\circ)}$/(g/mg)	0.004382	0.005560	0.008262	0.01166	0.01265

作图（见图 7-42）可得斜率 $B=0.04761$g/mg，截距 $A=7.7\times10^{-4}$g/mg，则

$$x_m=\frac{1}{A+B}=\frac{1}{0.04761+7.7\times10^{-4}}=20.70\ (\text{mg/g})$$

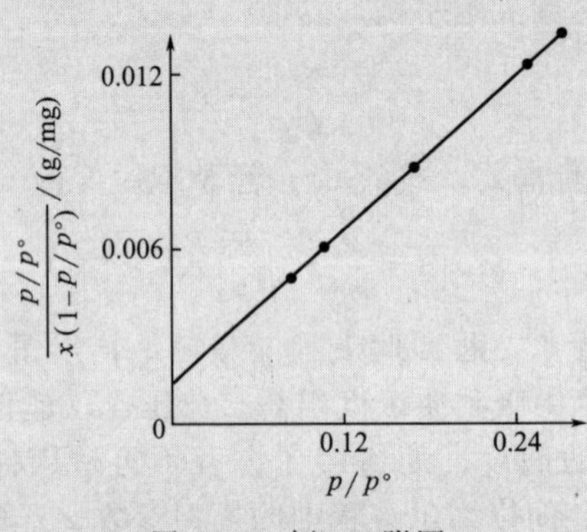

图 7-42 例 7-5 附图

比表面积 $a=N_0A_0x_m/M=6.023\times10^{23}\times16\times10^{-20}\times20.70\times10^{-3}/28=71.2\ (\text{m}^2/\text{g})$

7.4.3 传质及吸附速率

吸附传质机理 组分的吸附传质分外扩散、内扩散及吸附三个步骤。吸附质首先从流体主体通过固体颗粒周围的气膜（或液膜）对流扩散至固体颗粒的外表面，这一传质步骤称为组分的外扩散；然后，吸附质从固体颗粒外表面沿固体内部微孔扩散至固体的内表面，称为组分的内扩散；最后，组分被固体吸附剂吸附。对多数吸附过程，组分的内扩散是吸附传质的主要阻力所在，吸附过程为内扩散控制。

因吸附剂颗粒孔道的大小及表面性质的不同，内扩散有以下四种类型：

(1) *分子扩散* 当孔道的直径远比扩散分子的平均自由程大时，其扩散为一般的分子扩散。

(2) *努森（Knudsen）扩散* 当孔道的直径比扩散分子的平均自由程小时，则为努森（Knudsen）扩散。此时，扩散因分子与孔道壁碰撞而影响扩散系数的大小。通常，用努森数 Kn 作为判据，即

$$Kn=\lambda/d \tag{7-45}$$

式中，λ 为分子平均自由程；d 为孔道直径。努森理论认为在混合气体中的每个分子的动能是相等的，即

$$\frac{1}{2}m_1u_1^2=\frac{1}{2}m_2u_2^2 \tag{7-46}$$

式中，m_1、m_2 为分子相对质量；u_1、u_2 为分子的平均速度。上式说明质量大的分子平均速度小。当 $Kn\gg1$ 时，分子在孔道入口和孔道内不经过碰撞而通过孔道的分子数与分子的

平均速度成正比，这一流量称为努森流（Knudsen flow）。因此，微孔中的努森流对不同分子量的气体混合物有一定程度的分离作用，见图7-43。

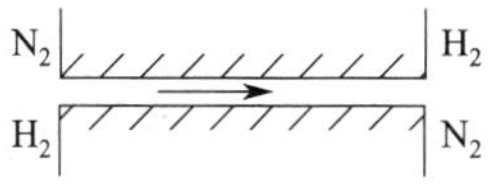

图7-43　努森流的分离作用

(3) *表面扩散*　吸附质分子沿着孔道壁表面移动形成表面扩散。

(4) *固体（晶体）扩散*　吸附质分子在固体颗粒（晶体）内进行扩散。

吸附速率　吸附速率 N_A 表示单位时间，单位吸附剂外表面所传递吸附质的质量，kg/(s·m)。对外扩散过程（参见图7-44），吸附速率的推动力用流体主体浓度 c 与颗粒外表面的流体浓度 c_i 之差表示，即

$$N_A=k_f(c-c_i) \tag{7-47}$$

式中，k_f 为外扩散传质分系数，m/s。

内扩散过程的传质速率用与颗粒外表面流体浓度呈平衡的吸附相浓度 x_i 和吸附相平均浓度 x 之差作推动力来表示，即

$$N_A=k_s(x_i-x) \tag{7-48}$$

式中，k_s 为内扩散传质分系数，kg/(m²·s)。

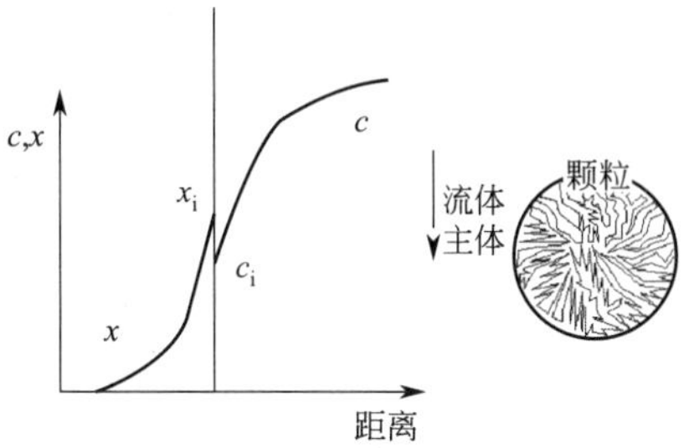

图7-44　吸附浓度差推动力

为方便起见，常使用总传质系数来表示传质速率，即

$$N_A=K_f(c-c_e)=K_s(x_e-x) \tag{7-49}$$

式中，K_f 是以流体相总浓度差为推动力的总传质系数；K_s 是以固体相总浓度差为推动力的总传质系数；c_e 为与 x 达到相平衡的流体相浓度；x_e 为与 c 达到相平衡的固体相浓度。

显然，对于内扩散控制的吸附过程，总传质系数 $K_s \approx k_s$。

7.4.4　固定床吸附过程

理想吸附过程　本节讨论固定床吸附器中的理想吸附过程，它满足下列简化假定：①流体混合物仅含一个可吸附组分，其他为惰性组分，且吸附等温线为有利的相平衡线；②床层中吸附剂装填均匀，即各处的吸附剂初始浓度、温度均一；③流体定态加料，即进入床层的流体浓度、温度和流量不随时间而变；④吸附热可忽略不计，流体温度与吸附剂温度相等，不需要作热量衡算和传热速率计算。

吸附相的负荷曲线　设一固定床吸附器在恒温下操作，参见图7-45。初始时床内吸附剂经再生脱附后的浓度为 x_2，入口流体浓度为 c_1。经操作一段时间后，入口处吸附相浓度将逐渐增大并达到与 c_1 成平衡的浓度 x_1。在后继一段床层（L_0）中，吸附相浓度沿轴向降低至 x_2。床层中吸附相浓度沿流体流动方向的变化曲线称为负荷曲线。显然，负荷曲线的波形随操作时间的延续而不断向前移动。吸附相饱和段 L_1 与时增长，而未吸附的床层长度 L_2 不断减小。在 L_1、L_2 床层段中气固两相各自达到平衡，唯有在负荷曲线 L_0 段中发生吸附传质，故 L_0 称为传质区或传质前沿。

流体相的浓度波与透过曲线　与上述吸附相的负荷曲线相对应，流体中的吸附质浓度沿轴向的变化有类似于图7-45所示的波形，即在 L_0 段内流体的浓度由 c_1 降至与 x_2 成平衡的浓度 c_2，该波形称为流体相的浓度波。

浓度波和负荷曲线均恒速向前移动直至达到出口，此后出口流体的浓度将与时增高。若考察出口处流体浓度随时间的变化，则有图7-46所示的曲线，称为透过曲线。该曲线上流体的浓度开始明显升高时的点称为透过点，一般规定出口流体浓度为进口流体浓度的5%时为透过点（$c_B=0.05c_1$）。操作达到透过点的时间为透过时间 τ_B。若继续操作，出口流体浓

度不断增加，直至接近进口浓度，该点称为饱和点，相应的操作时间为饱和时间 τ_S。一般取出口流体浓度为进口流体浓度的95%时为饱和点（$c_S=0.95c_1$）。

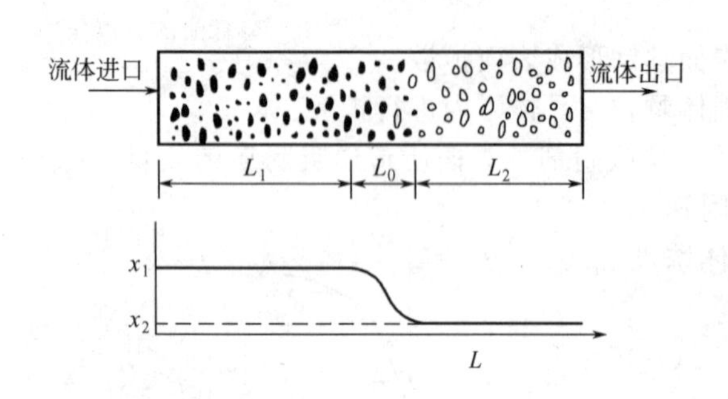

图 7-45 固定床吸附的负荷曲线

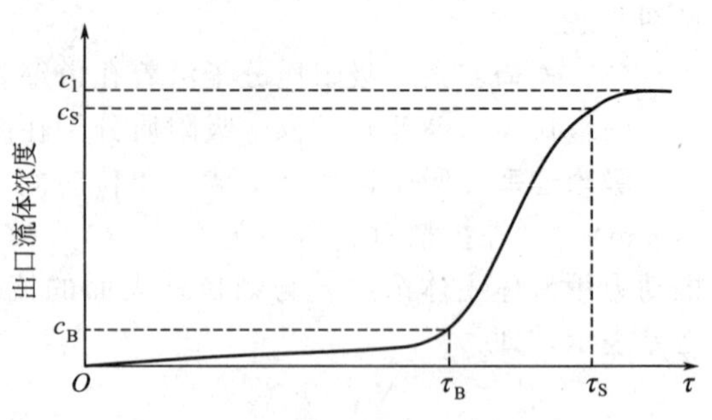

图 7-46 恒温固定床的透过曲线

显然，透过曲线是流体相浓度波在出口处的体现，透过曲线与浓度波成镜面对称关系。因此，可用实验测定透过曲线的方法来确定浓度波、传质区床层厚度，以及确定总传质系数。

负荷曲线或透过曲线的形状与吸附传质速率、流体流速以及相平衡有关。操作完毕时，传质区厚度的床层未吸附至饱和，当传质区负荷曲线为180°旋转对称曲线时，未被利用的床层相当于传质区厚度的一半。因此，传质区越薄，床层的利用率就越高。若以床内全部吸附剂达到饱和时的吸附量为饱和吸附量，则用硅胶作吸附剂时，操作结束时的吸附量可达饱和吸附量的60%～70%；用活性炭作吸附剂时，可以增大到85%～95%。

固定床吸附过程的数学描述

(1) *物料衡算微分方程式* 床层内流体的浓度 c 和吸附相浓度 x 随时间和距离而变，是二维函数。为了便于考察，可取传质区为控制体，使控制体具有与浓度波相同的速度 u_c 向前移动。这样，控制体内的 c 分布和 x 分布均与时间无关，c 和 x 只是传质区内相对位置的函数（见图 7-47）。若床截面积为 A，空塔速度为 u，流体在床层空隙中的速度 u_0 为

$$u_0=\frac{q_V}{A\varepsilon_B}=\frac{u}{\varepsilon_B} \tag{7-50}$$

流体进入控制体的速度应为 u_0-u_c，体积流量为 $(u_0-u_c)A\varepsilon_B$。吸附剂进入控制体的速度为 u_c，质量流量为 $u_cA(1-\varepsilon_B)\rho_p$，即 $u_cA\rho_B$。单位床体积吸附剂颗粒的外表面积为 a_B(m^2/m^3)。以图 7-47 中虚线部分的微元段为控制体，其中的传质面积为 $a_BA\mathrm{d}z$、传质量为 $N_Aa_BA\mathrm{d}z$，对流体相作物料衡算可得

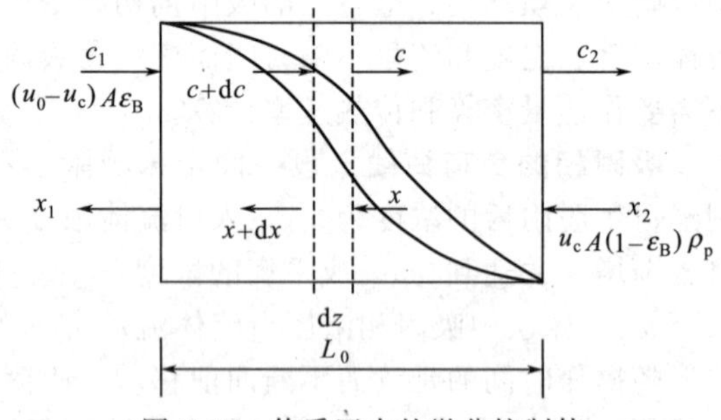

图 7-47 传质区内的微分控制体

$$(u_0-u_c)A\varepsilon_B\mathrm{d}c=N_Aa_BA\mathrm{d}z \tag{7-51}$$

对吸附相作物料衡算可得

$$u_cA\rho_B\mathrm{d}x=N_Aa_BA\mathrm{d}z \tag{7-52}$$

(2) *相际传质速率方程式* 式(7-49)即为相际传质速率方程式。

固定床吸附过程的计算

(1) *吸附过程的积分表达式* 将式(7-49)代入式(7-51)并写成积分式，可得

$$\int \mathrm{d}z=\frac{(u_0-u_c)\varepsilon_B}{K_f a_B}\int \frac{\mathrm{d}c}{c-c_e}=\frac{u-u_c\varepsilon_B}{K_f a_B}\int \frac{\mathrm{d}c}{c-c_e} \tag{7-53}$$

为了既能使积分式具有实际意义又能使浓度波的绝大部分变化曲线包含在传质区内，视 z 从 0 至 L_0 变化时，c 从 c_B 至 c_S 变化，由此可得积分式

$$L_0=\frac{u-u_c\varepsilon_B}{K_f a_B}\int_{c_B}^{c_S}\frac{\mathrm{d}c}{c-c_e} \tag{7-54}$$

（2）浓度波移动速度　将式(7-51) 和式(7-52) 联立可得

$$(u-u_c\varepsilon_B)A\,\mathrm{d}c=u_c A\rho_B\,\mathrm{d}x \tag{7-55}$$

对应于 c 从 c_1 变化至 c_2，x 从 x_1 变化至 x_2，积分可得

$$(u-u_c\varepsilon_B)(c_1-c_2)=u_c\rho_B(x_1-x_2) \tag{7-56}$$

可得浓度波的移动速度表达式，它与进料速度成正比。

$$u_c=\frac{u}{\varepsilon_B+\rho_B\dfrac{x_1-x_2}{c_1-c_2}} \tag{7-57}$$

（3）传质单元数与传质单元高度　通常浓度波的移动速度 u_c 远小于流体的空塔速度 u，因此，式(7-54) 可写成

$$L_0=\frac{u}{K_f a_B}\int_{c_B}^{c_S}\frac{\mathrm{d}c}{c-c_e}=H_{OF}N_{OF} \tag{7-58}$$

式中，$H_{OF}=\dfrac{u}{K_f a_B}$为传质单元高度；$N_{OF}=\displaystyle\int_{c_B}^{c_S}\frac{\mathrm{d}c}{c-c_e}$ 为传质单元数。

（4）传质区两相浓度关系——操作线方程　仍取传质区作考察对象，对图 7-47 所示的 $c\sim c_2$，$x\sim x_2$ 部分作控制体进行物料衡算，可得

$$(u-u_c\varepsilon_B)(c-c_2)=u_c\rho_B(x-x_2) \tag{7-59}$$

将式(7-59) 与式(7-56) 相除，经整理可得

$$x=x_2+\frac{x_1-x_2}{c_1-c_2}(c-c_2) \tag{7-60}$$

此式即为操作线方程，它表示了同一床截面上两相浓度之间的关系。由式(7-60) 可知，操作线方程为一直线。图 7-48 表示了操作线和平衡线的关系，两线之间的垂直距离表示了吸附相总浓度差推动力 (x_e-x)，两线之间的水平距离表示了流体相总浓度差推动力 ($c-c_e$)。

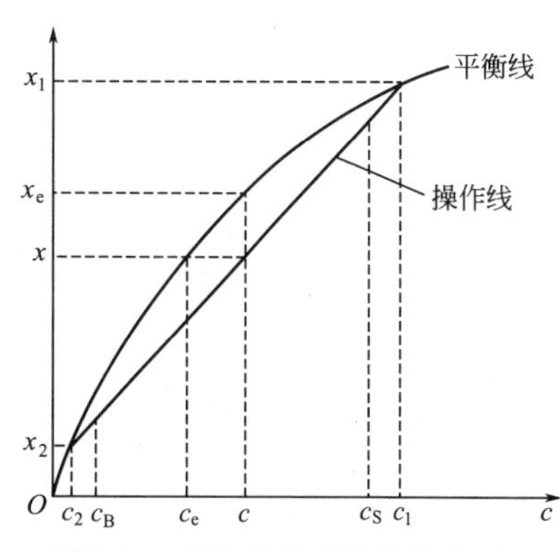

图 7-48　操作线和平衡线的关系

（5）总物料衡算　当固定床吸附塔操作至透过点时，未被利用的床层高度相当于传质区高度的某一分率，这一分率一般为 0.5 左右。对透过时间段内的流体相和吸附相作物料衡算可得

$$\tau_B q_V(c_1-c_2)=(L-0.5L_0)A\rho_B(x_1-x_2) \tag{7-61}$$

式中，L 为床层高度，m。

(6) 过程的计算　固定床吸附塔的计算可分为设计型、操作型计算，皆可使用下列四式进行计算：

总物料衡算式　$$\tau_B u(c_1-c_2)=(L-0.5L_0)\rho_B(x_1-x_2) \tag{7-62}$$

传质区计算式　$$L_0=H_{OF}N_{OF}=\frac{u}{K_f a_B}\int_{c_B}^{c_S}\frac{dc}{c-c_e} \tag{7-63}$$

相平衡方程式　$$c_e=f(x)\quad 或\quad x=F(c_e) \tag{7-64}$$

操作线方程式　$$x=x_2+\frac{x_1-x_2}{c_1-c_2}(c-c_2) \tag{7-65}$$

对具体的吸附分离任务，处理量、流体进出口浓度、工艺条件等都是确定的。设计型计算主要解决在一定操作时间下的吸附剂用量 m、设备的直径和床层高度；操作型计算主要解决在一定的设备直径和床层高度下的操作时间。

【例 7-6】　吸附剂用量的确定

含有微量苯蒸气的气体恒温下流过纯净活性炭床层，床层直径 0.3m，吸附温度为 20℃。吸附等温线为 $x=204c/(1+429c)$，式中，x 单位为 kg 苯/kg 活性炭，c 单位为 kg 苯/m^3 气体。气体密度为 1.2kg/m^3，进塔气体浓度为 0.04kg/m^3。活性炭装填密度为 550kg/m^3。容积总传质系数 $K_f a_B=15s^{-1}$，气体处理量为 60m^3/h。试求在操作时间为 6h 的条件下，活性炭用量至少为多少（kg）？

解：

$$u=\frac{q_V}{\frac{\pi}{4}D^2}=\frac{60}{3600\times0.785\times0.3^2}=0.236\text{m/s}$$

$$H_{OF}=\frac{u}{K_f a_B}=\frac{0.236}{15}=0.0157\text{m}$$

由 $c_1=0.04$kg/m^3 求得相平衡条件下

$$x_1=\frac{204c_1}{1+429c_1}=\frac{204\times0.04}{1+429\times0.04}=0.449\text{kg/kg}$$

由 $x_2=0$ 得 $c_2=0$，由式(7-60) 可得操作线

$$x=x_2+\frac{x_1-x_2}{c_1-c_2}(c-c_2)=\frac{0.449}{0.04}c=11.2c$$

$$c_B=0.05c_1=0.05\times0.04=0.002\text{kg/m}^3$$

$$c_S=0.95c_1=0.95\times0.04=0.038\text{kg/m}^3$$

由 $x=204c_e/(1+429c_e)=11.2c$ 可得

$$c-c_e=c-\frac{11.2c}{204-4805c}$$

$$N_{OF}=\int_{c_B}^{c_S}\frac{dc}{c-c_e}=\int_{0.002}^{0.038}\frac{dc}{c-\dfrac{11.2c}{204-4805c}}=3.28$$[1]

---

[1] 积分式 $\int\frac{dx}{x-\dfrac{ax}{b-cx}}=\ln(b-a-cx)-\frac{b}{b-a}\ln\frac{b-a-cx}{x}$。

$$L_0 = H_{OF}N_{OF} = 0.0157 \times 3.28 = 0.0515\text{m}$$

由式(7-62) 可得

$$L = \frac{\tau_B u(c_1 - c_2)}{\rho_B(x_1 - x_2)} + 0.5L_0 = \frac{6 \times 3600 \times 0.236 \times 0.04}{550 \times 0.449} + 0.5 \times 0.0515 = 0.851\text{m}$$

活性炭用量 $m = L\dfrac{\pi}{4}D^2\rho_B = 0.851 \times 0.785 \times 0.3^2 \times 550 = 33.0\text{kg}$

7.4.5 吸附分离设备

工业吸附器有固定床吸附器、釜式(混合过滤式)吸附器、流化床吸附器等，操作方式因设备不同而异。

固定床吸附器 图7-49举例说明用固定床吸附器以回收工业废气中的苯蒸气。用活性炭作吸附剂。先使混合气进入吸附器1，苯被吸附截留，废气则放空。操作一段时间后，活性炭上所吸附的苯逐渐增多，在放空废气中出现了苯蒸气且其浓度达到限定数值后，即切换使用吸附器2。同时在吸附器1中送入水蒸气使苯脱附，苯随水蒸气一起在冷凝器中冷凝，凝液经分层后回收苯。然后在吸附器1中通入空气将活性炭干燥并冷却以备再用。

固定床吸附器广泛用于气体或液体的深度脱水、从废气中除去有害物或回收有机蒸气、污水处理等场合。

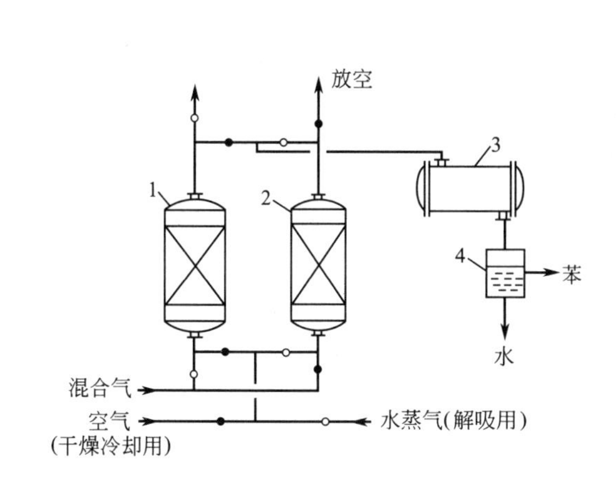

图7-49 固定床吸附流程

1，2—装有活性炭的吸附器；3—冷凝器；4—分层器

(图中○表示开着的阀门；●表示关着的阀门)

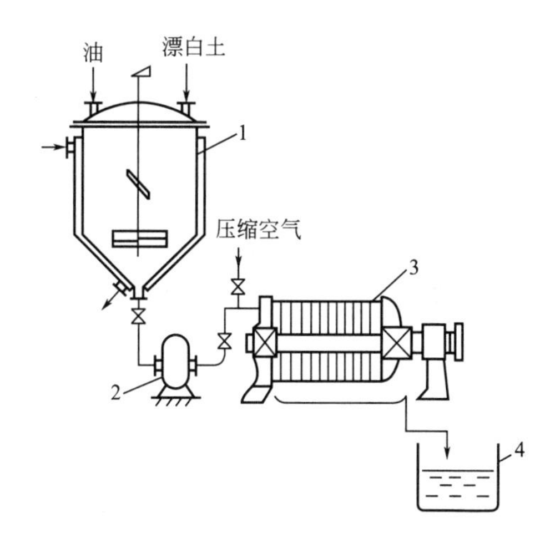

图7-50 植物油脱色吸附装置

1—釜式吸附器；2—齿轮泵；3—压滤机；4—油槽

釜式吸附器 图7-50是以植物油脱色为例的吸附设备。将植物油在釜内加热以降低黏度，在搅拌状态下加入酸性漂白土作吸附剂以吸附除去油脂中的色素。经一定接触时间后，将混合物用泵打入压滤机进行过滤，除去漂白土的精制油收集于储槽中。作为滤渣的吸附剂原则上可脱附再次使用，但由于漂白土价廉易得，一般不再脱附，可另行处理或作他用。

流化床吸附器 被处理的混合气连续通过流化床吸附器进行吸附，吸附剂颗粒在床内停留一段时间后流入另一个流化床中进行脱附，恢复吸附能力的吸附剂颗粒借气力送返流化床吸附器中。

连续式吸附设备 图7-51所示为一连续再生吸附塔，用于回收混合气体中的有机溶剂。该塔由三部分组成，上部为吸附段；中部为二次吸附段；下部为脱附段。含溶剂废气经过冷却、滤去雾滴后，从吸附段的下部进入塔内。塔的吸附段是由筛板和活性炭颗粒组成的多层流化床。混合气体通过吸附段时，气体中的溶剂被活性炭吸附，净化了的气体从塔顶排出。在吸附段底部有一底板将吸附段与二次吸附段分开，吸附了溶剂的活性炭颗粒在底板中被收集管收集并送入二次吸附段。在二次吸附段，自脱附段上来的带溶剂惰性气体与活性炭相遇，惰性气体被吸附去溶剂后循环使用，活性炭颗粒则被送入脱附段。惰性气体脱附段是由三层串联排列的管束换热器组成的，在上两层管束换热器的壳程中用蒸汽或热油加热，管程中颗粒缓慢向下移动并被加热。逆向流动的惰性气体将颗粒在加热过程中脱附出来的溶剂带走，溶剂在外部的冷凝器内析出，而惰性气体则被风机送回塔内。再生后的活性炭继续移动至下部的冷却段换热器，该壳程中通冷却水冷却。管程中的活性炭被冷却后，经收集用气力输送至塔顶，从塔顶再次加入。

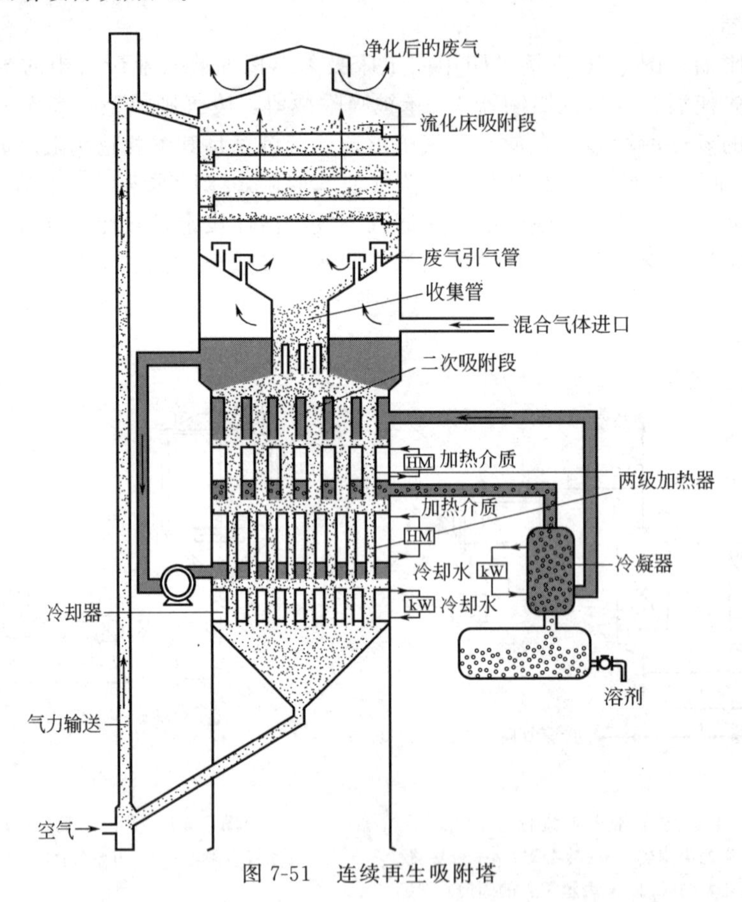

图 7-51　连续再生吸附塔

7.5　膜分离

7.5.1　概述

膜分离及其特点　膜分离是利用经特殊制造的薄膜，在压力差、浓度差或电位差等推动下，对流体混合物中各组分的选择性渗透，从而实现分离、分级、提纯、浓缩而获得目标产品的过程。相对于传统消耗大量热量的分离过程，膜分离具有以下特点：

① 不需要大量热能，能耗低；

② 可在常温下进行，对食品及生物药品的加工特别适合；

③ 膜分离过程不仅可除去病毒、细菌等微粒，而且也可除去溶液中的大分子和无机盐，还可分离共沸物或沸点相近的组分；

④ 以压差及电位差为推动力，装置简单，操作方便。

膜分离过程的这些特点对制药工业极具吸引力。在不受热的条件下可以滤除药液中的微粒和细菌，可以进行液体药制剂的澄清，和药物的浓缩精制等，分离效率高。利用膜分离技术还可针对性地改善我国中药制药传统工艺中诸多问题，缩短生产周期，节省工时，最后产品除菌、澄清，且可最大限度地保留有效成分。

膜分离过程 常用的膜分离过程及分类如表 7-8 所示。若干常见物料的离子、分子、微粒、颗粒尺寸范围如图 7-52 所示。

表 7-8 几种主要的膜分离过程

过程	示意图	膜内孔径	推动力	透过物	截留物
微孔过滤	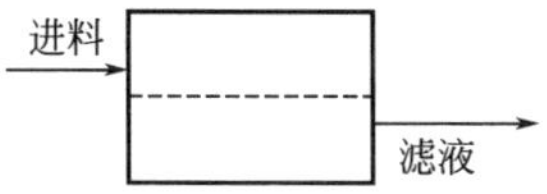 进料 滤液	0.08～12μm	压差 0.1～0.3MPa	水、溶剂溶解物	悬浮物颗粒
超滤	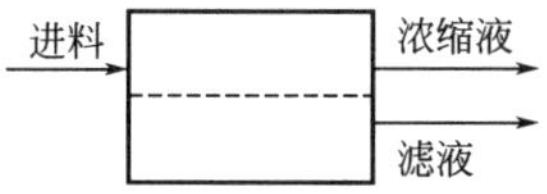 进料 浓缩液 滤液	5～80nm	压差 0.3～1.0MPa	水、溶剂、小分子溶解物	胶体大分子、细菌等
纳滤	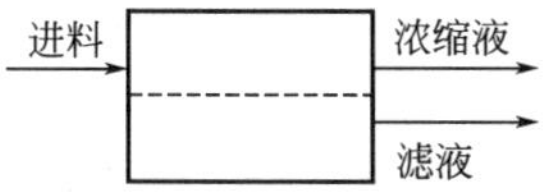 进料 浓缩液 滤液	0.9～9nm	压差 0.5～3MPa	水、溶剂、小分子溶解物	胶体分子、有机物、病毒、色素等
反渗透	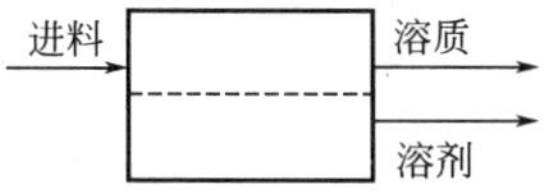 进料 溶质 溶剂	0.2～4nm	压差 1～10MPa	水、溶剂	溶质、盐（悬浮物、大分子、离子）
电渗析	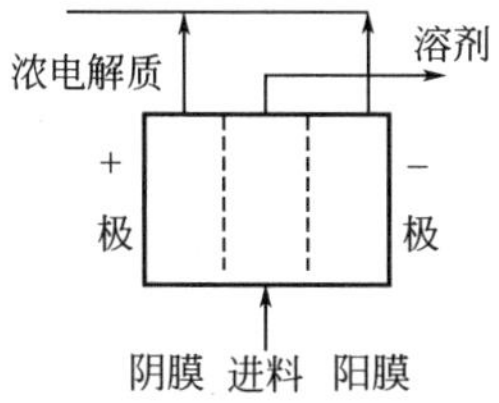 浓电解质 溶剂 + 极 － 极 阴膜 进料 阳膜	1～10nm	电位差	电解质离子	非电解质溶剂
混合气体的分离	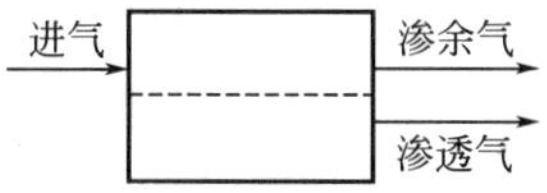 进气 渗余气 渗透气	＜50nm	压差 1～10MPa 浓度差	易渗透的气体	难渗透性的气体
渗透汽化	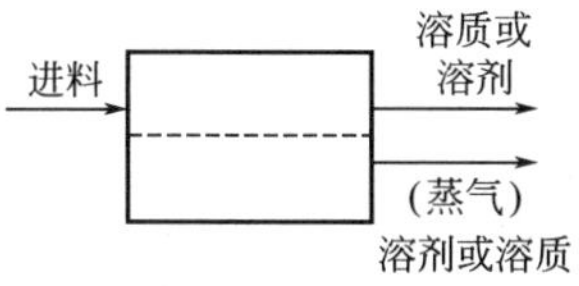 进料 溶质或溶剂 （蒸气） 溶剂或溶质	均质膜（孔径＜1nm）、复合膜、非对称性膜（孔径 0.3～0.5μm）	分压差	溶液中的易透过组分（蒸气）	溶液中的难透过组分（液体）

医药领域主要应用的膜分离过程有微滤、超滤、纳滤和反渗透等。

膜的分类和性能 膜分离过程使用的膜根据性质、相态、材料、用途、形状、分离机制、结构和制备方法等的不同，有多种不同的分类方法。

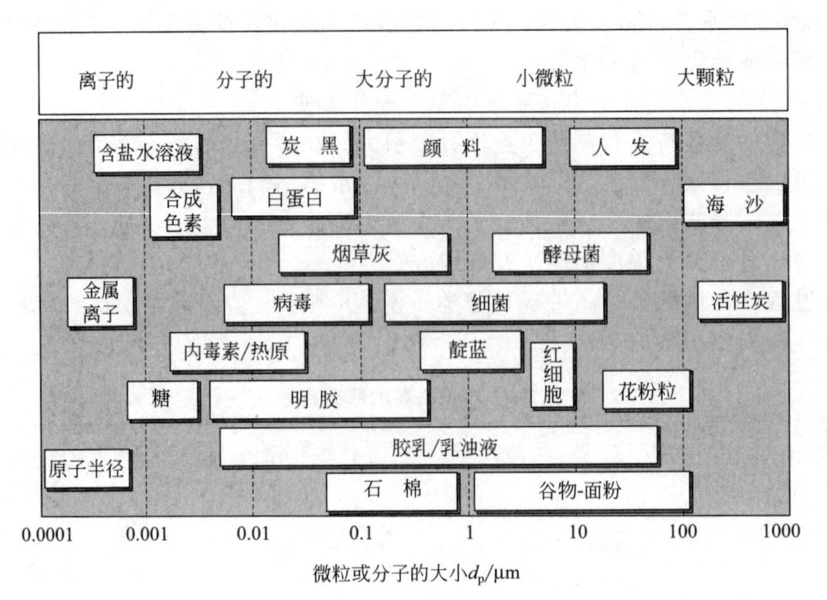

图 7-52 不同微粒的大小数量级范围

比如按形状分有平板膜、管式膜和中空纤维膜；按结构形态有对称膜、非对称膜和复合膜；按膜材料不同可分为有机高分子材料膜和无机材料膜；按膜上负载电荷的情况分为荷电膜和非荷电膜。

分离用膜的形态结构和材料化学性质对膜的性能有决定性的作用。从结构上说，对称膜是各向均质的多孔膜或致密膜，其断面的结构形态是均一的；非对称膜由致密的表皮层和疏松的多孔支撑层组成，表皮层和支撑层之间有时也会有过渡层。表皮层薄，起分离作用；支撑层使膜具有足够的机械强度。非对称膜表皮层与支撑层材质相同，并在制膜过程中同时形成。复合膜与非对称膜相似，也有表皮层和支撑层，但表皮层与支撑层的材料不同，在制膜时先制成支撑膜再在其上复合表皮层。复合膜可以用有特殊功能的皮层与支撑层进行复合，使膜具有不同的性能。一般表皮层越薄越好，同时孔径大小分布要均匀，以保证膜的分离性能。

膜的性能还与膜材料化学特性密切有关。总体上膜材质可分为无机膜及有机聚合物膜两大类，目前实际使用以有机聚合物膜为多。聚合物膜通常用醋酸纤维素、芳香族、聚酰胺、聚砜、聚四氟乙烯、聚丙烯等材料制成；无机膜由陶瓷、玻璃、金属等材料制成。比较而言，无机膜的耐热性、化学稳定性更好，孔径均匀，但不易成型加工，造价更高。

选择膜时通常需要比较以下几个方面膜的性能：

(1) *分离能力* 选择性透过某些物质的能力。通常用截留率或截留分子量反映膜的分离能力。截留率 R 的定义为

$$R=\frac{c_1-c_2}{c_1}\times 100\% \tag{7-66}$$

式中，c_1，c_2 分别表示料液主体和透过液中被分离物质（盐、微粒或大分子等）的浓度。当分离溶液中的大分子物质时，也用截留分子量反映膜的分离能力。一般取截留率为 90% 的物质的分子量为膜的截留分子量。

(2) *透过能力* 即膜通量大小，可用透过速率（通量）J 表示，即单位时间、单位膜面积的透过物量，常用的单位为 $\text{kmol}/(\text{m}^2\cdot\text{s})$。一般操作过程中由于膜的压密、堵塞等多种

原因，膜的透过速率将随时间增长而衰减。截留率大、截留分子量小的膜往往透过通量低。因此，在选择膜时需在两者之间作出权衡。

(3) 理化稳定性 耐热性，耐酸性，耐碱性，抗氧化性，抗微生物分解性和机械强度等。

(4) 经济性 取决于分离膜的材料和制造工艺。

膜的分离装置和膜组件 膜分离装置包括膜分离组件、泵、阀门、仪表和管道，以及需要配备的常规预滤器、储液罐和自动化控制装置等。膜分离组件简称膜组件，是膜分离装置的核心部件，它将分离膜以某种形式组装在一个基本单元设备内，其基本要素包括膜、膜的支撑体或连接物、流体通道、密封件、壳体及外接口等。常见的膜组件有平板式、管式、螺旋卷式和中空纤维式四类。工业规模的膜分离过程通常由数个甚至数百个膜组件组合而成。

(1) 平板式膜组件 其结构与板框压滤机类似，将固体膜覆在多孔支撑板的两侧构成平板膜，然后将许多个这样的平板膜以一定的模式组装在一起构成膜组件，不同组装模式主要差别在于料液和透过液通道的结构。如图 7-53 所示，待分离液进入容器后沿膜表面逐层横向流过，穿过膜的透过液在多孔板中流动并在板端部流出。浓缩液流经许多平板膜表面后流出容器。

平板式膜分离器的原料流动截面大，不易堵塞，压降较小，单位设备内的膜面积可达 160 ～500m^2/m^3，膜易于更换。缺点是安装、密封要求高。

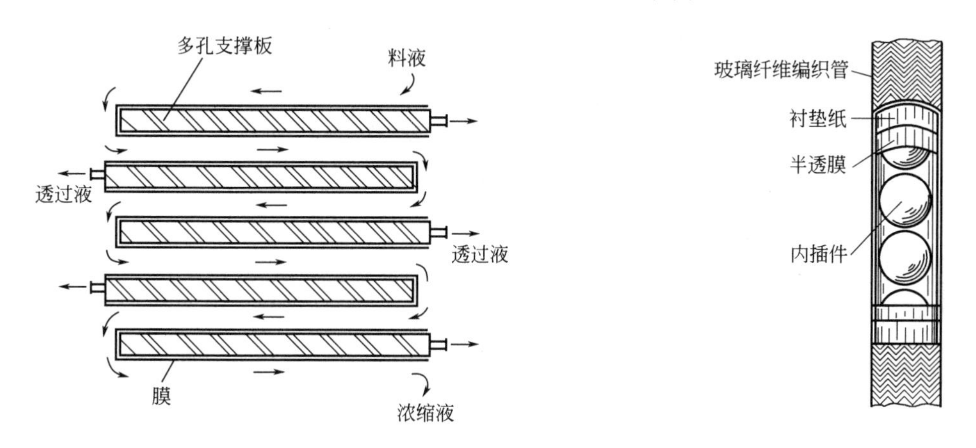

图 7-53 平板式膜分离器

图 7-54 内压式膜分离管

(2) 管式膜分离器 管式膜组件有内压式和外压式两种。内压式膜组件是膜覆盖于支撑管的内表面，加压的原料液在管内通过，透过液在管外侧被收集，参见图 7-54。图中管内放有内插件以提高传质系数。反之，若管外通原料液，则在多孔支撑管外侧覆膜，透过液由管内流出。无论是内压式还是外压式，为提高膜面积，都可根据需要将多根管式组件进行串联或并联组合。

管式膜分离器的组件结构简单，安装、操作方便，对料液的预处理要求不高，膜上生成污垢时清洗也比较方便，但单位设备体积的膜面积较少，约为 33 ～ 330 m^2/m^3。

(3) 螺旋卷式膜分离器 其构造原理与螺旋板式换热器类似，见图 7-55。在多孔支撑板的两面覆以平板膜，然后铺一层隔网材料，一并卷成柱状放入压力容器内。原料液由侧边沿隔网流动，穿过膜的透过液则在多孔支撑板中流动，并在中心管汇集流出。

螺旋卷式膜分离器结构紧凑，膜面积可达 650～1600 m^2/m^3；缺点是制造成本高，膜清洗困难。

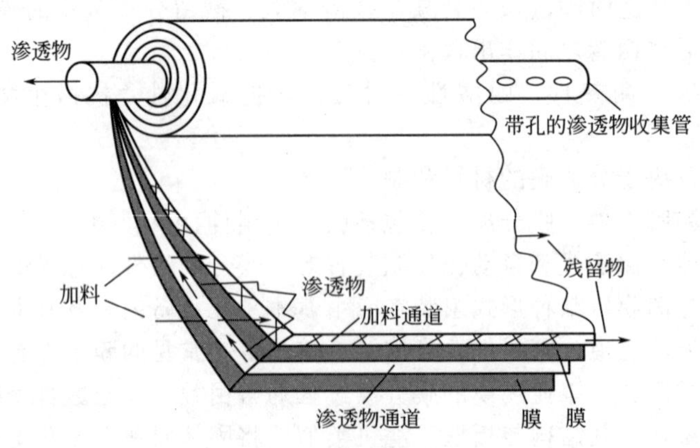

图 7-55　螺旋卷式膜分离器

(4) **中空纤维式膜分离器**　将膜材料直接制成极细的中空纤维，外径约 40～250μm，外径与内径之比约为 2～4。由于中空纤维极细，可以耐压而无需支撑材料。将数量为几十万根的一束中空纤维一端封死，另一端固定在管板上，构成外压式膜分离器，参见图 7-56。原料液在中空纤维外空间流动，穿过纤维膜的透过液在纤维中空腔内流出。

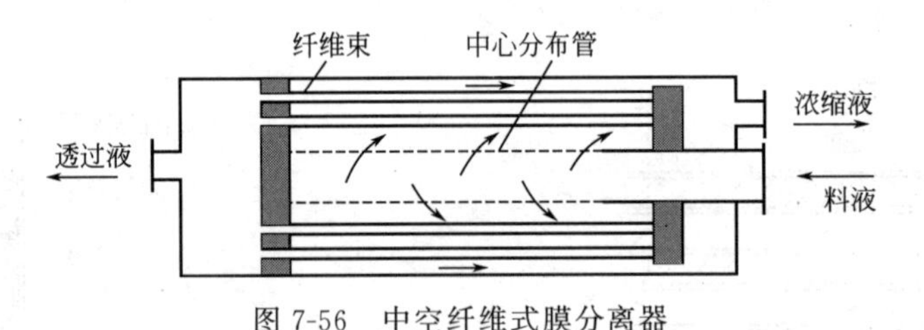

图 7-56　中空纤维式膜分离器

中空纤维式膜分离器结构紧凑，膜面积可达 $(1.6\sim3)\times10^4 m^2/m^3$；缺点是透过液侧的流动阻力大，清洗困难，更换组件困难。

下面重点介绍几种典型的膜分离过程原理和过程特点。

7.5.2　反渗透

原理　用一张半透膜（大体只透水而不透溶质）将水和盐水隔开，若开始时水和盐水的液面等高，则纯水将透过膜向盐水侧移动，这一现象称为渗透，如图 7-57(a) 所示。随着水的不断渗透，盐水侧的液面将不断升高直至渗透过程达到平衡，如图 7-57(b) 所示，此时盐水侧的液位比纯水侧液位高 h，并不再变动，ρgh 即表示盐水的渗透压 π。若在膜两侧施加压差 Δp，且 $\Delta p>\pi$，如图 7-57(c) 所示，水将从盐水侧向纯水侧作反向移动，此现象称为反渗透。利用反渗透现象可截留盐（溶质）而获取纯水（溶剂），同时也可以使盐溶液进一步浓缩，实现溶液中溶质和溶剂的分离。

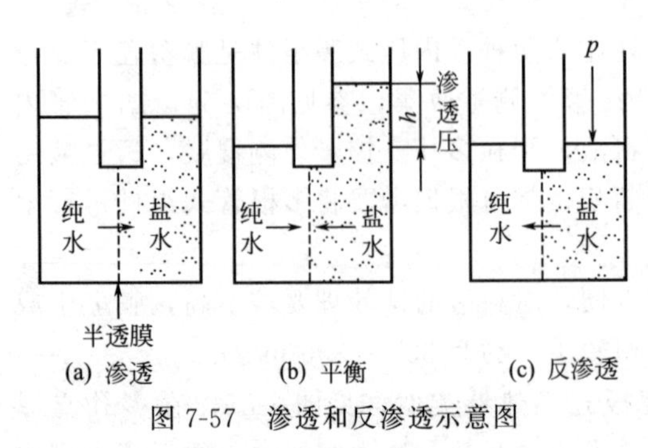

图 7-57　渗透和反渗透示意图

渗透压 π 的大小是溶液的物性，且与溶质的浓度有关，表 7-9 给出了不同浓度下氯化钠水溶液的渗透压。

表 7-9 氯化钠水溶液在 25℃ 下的渗透压

盐水浓度(质量分数)/%	0	1.1555	2.2846	3.3882	6.5543	12.3022	25.3179
渗透压/MPa	0	0.923	1.82	2.74	5.61	12.0	36.5

若反渗透膜的两侧是浓度不同的溶液，则反渗透所需的外压 Δp 应大于膜两侧溶液渗透压之差 $\Delta\pi$。实际反渗透过程所用的压差 Δp 比渗透压高许多倍。

反渗透膜对溶质的截留机理并非按尺度大小的筛分作用，膜对溶剂（水）和溶质（盐）的选择性是由于水和膜之间存在各种亲和力使水分子优先吸附，结合或溶解于膜表面，且水比溶质具有更高的扩散速率，因而易于在膜中扩散透过。

浓差极化 反渗透过程中，大部分溶质在膜表面截留，从而在膜的一侧形成溶质的高浓度区。如图 7-58 所示，当过程达到定态时，料液侧膜表面溶液的浓度 x_3 显著高于主体溶液浓度 x_1。这一现象称为浓差极化，x_3/x_1 称为浓差极化比。近膜处溶质的浓度高，将反向扩散进入料液主体。由于膜的半透性，能够通过膜进入透过液的溶质浓度 x_2 是远低于原料液浓度 x_1 的。

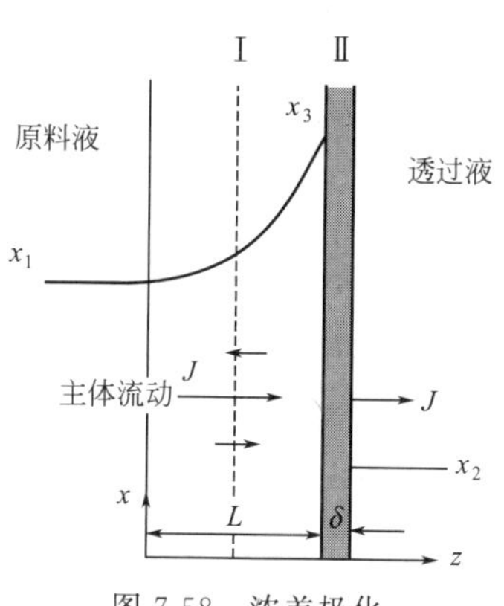

图 7-58 浓差极化

透过速率 当膜两侧溶液的渗透压之差为 $\Delta\pi$ 时，反渗透的推动力为 $(\Delta p-\Delta\pi)$。故可将溶剂（水）的透过速率 J_V 表示为

$$J_V=A(\Delta p-\Delta\pi) \tag{7-67}$$

式中，A 为纯溶剂（水）的透过系数，其值表示单位时间、单位膜表面在单位压差下的水透过量，是表征膜性能的重要参数。

与此同时，少量溶质也将由于膜两侧溶液有浓度差而扩散透过薄膜。溶质的透过速率 J_S 与膜两侧溶液的浓度差有关，通常写成如下形式

$$J_S=B(c_3-c_2) \tag{7-68}$$

式中，B 为溶质的透过系数；c_3，c_2 的意义与 x_3，x_2 相同，但单位为 $kmol/m^3$。

透过系数 A、B 主要取决于膜的结构，同时也受温度、压力等操作条件的影响。

总透过速率 J 为

$$J=J_V+J_S \tag{7-69}$$

由以上分析可知，影响反渗透速率的主要因素如下。

(1) *膜的性能* 具体表现为透过系数 A、B 值的大小。显然，对膜分离过程希望 A 值大而 B 值小。

(2) *混合液的浓缩程度* 浓缩程度高，膜两侧浓度差大，渗透压差 $\Delta\pi$ 大。有效推动力降低使溶剂的透过通量减少。料液浓度高还易使膜堵塞而引起膜的污染。

(3) *浓差极化* 浓差极化使膜面浓度 x_3 增高，加大了渗透压 $\Delta\pi$。在一定压差 Δp 下使溶剂的透过速率下降。同时 x_3 的增高使溶质的透过速率提高，即截留率下降。由此可知，在一定的截留率下由于浓差极化的存在使透过速率受到限制。此外，膜面浓度 x_3 升高，可能导致溶质的沉淀，额外增加了膜的透过阻力。因此，浓差极化是反渗透过程中的一个不利因素。

减轻浓差极化的根本途径是改善料液这侧的流动状况，如提高料液的流速和在流道中加入内插件以增加湍流程度。也可加脉冲流动或反冲流动。此外，可以在管状组件内放入玻璃珠，它在流动时呈流化状态，玻璃珠不断撞击膜壁从而使传质系数大为增加。

反渗透的工业应用 海水脱盐是反渗透技术使用得最广泛的领域之一。使用的膜分离器件多数为螺旋卷式和中空纤维式。典型的装置可将含盐 3.5%（质量分数）的海水淡化至含

盐 500ppm 以下供饮用或锅炉给水，日产量达 2 万吨，操作初期的脱盐率（盐截留率）达 98%以上，初期的透过速率可大于 4.17×10^{-6}m/s。

此外，反渗透也用于浓缩蔗糖、牛奶和果汁，除去工业废水中的有害物等。

7.5.3 超滤

原理 超滤是以压差为推动力、用固体多孔膜截留混合物中的微粒和大分子溶质而使溶剂透过膜孔的分离操作。图 7-59 表示超滤的操作原理。一般认为超滤的分离机理主要是多孔膜表面的筛分作用。当液体在压力差的推动下流过膜表面时，直径比膜孔小的分子将透过膜，而比膜孔大的分子被截留下来。大分子溶质在膜表面及孔内的吸附和滞留虽然也起截留作用，但易造成膜污染，使膜通量下降。在操作中必须采用适当措施减少膜污染，如进行预处理，控制料液流速、操作压力和操作温度等条件，并定期反冲（见图 7-60）或清洗。

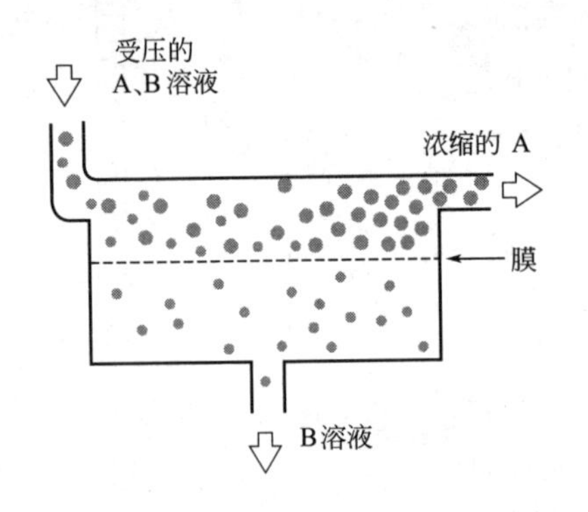

图 7-59 超滤的操作原理

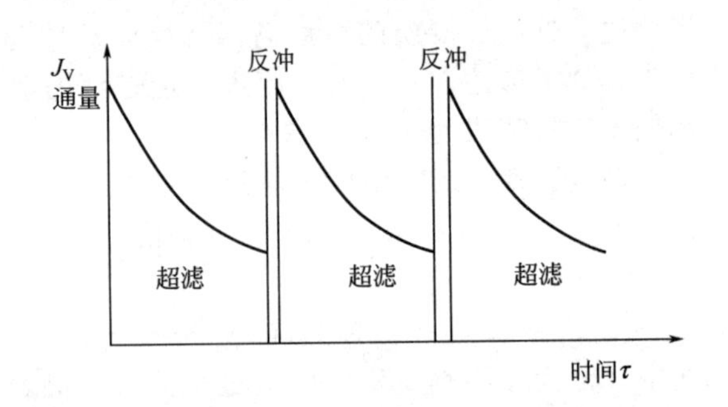

图 7-60 超滤操作中的反冲

常用超滤膜为非对称膜，截留分子量为 $500\sim5\times10^5$，对水中的胶体、细菌、热原质和各种有机物均可有效去除，但对无机离子几乎不能截留。操作压差通常为 0.3 ～ 1.0MPa，相比反渗透过程，操作使用的压强要低得多。

透过速率和浓差极化 超滤的透过速率仍可用式(7-67) 表示。当大分子溶液浓度低、渗透压可以忽略时，超滤的透过速率与操作压差成正比

$$J_V=A\Delta p \tag{7-70}$$

有时用 $R_m=1/A$ 表示透过阻力，称为膜阻。透过系数 A 和膜阻 R_m 是膜的性能参数。

超滤也会发生浓差极化现象。由于实际超滤的透过速率约为 $(7\sim35)\times10^{-6}$m/s，比反渗透速率大得多，浓差极化现象也会更严重。当膜表面大分子浓度达到凝胶化浓度 c_g 时，膜表面形成一不流动的凝胶层，参见图 7-61。凝胶层的存在会大大增加膜的阻力，将引起膜通量的急速降低，对操作产生非常不利的影响。

图 7-62 表示操作压差 Δp 与超滤通量 J_V 之间的关系。对纯水的超滤，J_V 与 Δp 成正比，图中直线的斜率是膜的透过系数 A。但对蛋白质溶液超滤时，透过速率随压差的增加为一曲线。在一定范围内，膜通量随操作压差增大而增大；但当压差增大到足够大时，由于凝胶层的形成，继续增加操作压差膜通量将不会增加而趋于恒定，此时的膜通量称为极限通量 J_{lim}。极限通量 J_{lim} 与凝胶化浓度和料液浓度 x_1（或 c_1），以及大分子溶质的传质系数有关。料液浓度 c_1 越大，对应的极限通量越小。由此可知，超滤中料液浓度 c_1 对操作特性有很大影响。对一定浓度的料液，为提高透过速率，可适当提高操作压强，但操作压强不宜过高。一般情况下，实际超滤操作可在极限通量附近进行，操作压强应根据溶液浓度和膜的性质由实验决定。

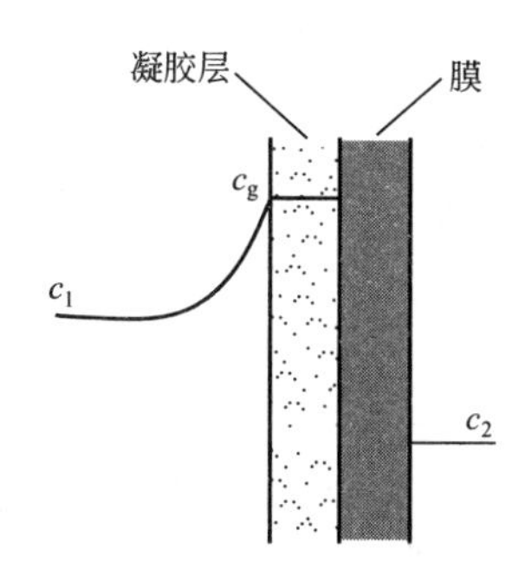

图 7-61 形成凝胶层时的浓差极化

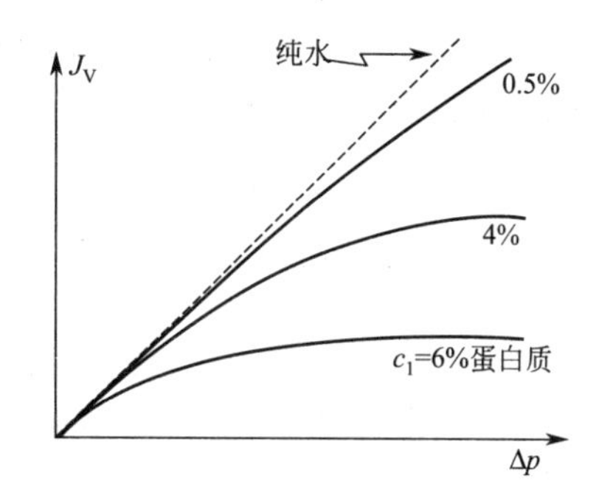

图 7-62 超滤的操作压差与超滤通量的关系

超滤的工业应用 超滤主要适用于热敏物、生物活性物等含大分子物质的溶液分离和浓缩。

① 在食品工业中用于果汁、牛奶的浓缩和其他乳制品加工。超滤可截留牛奶中几乎全部的脂肪及 90%以上的蛋白质。从而可使浓缩牛奶中的脂肪和蛋白质含量提高三倍左右，且操作费和设备投资都比双效蒸发明显降低。

② 在纯水制备过程中使用超滤可以除去水中的大分子有机物（分子量大于 6000）及微粒、细菌、热原等有害物。因此可用于注射液的净化。

此外，超滤可用于生物酶的浓缩精制，从血液中除去尿毒素以及工业废水中除去蛋白质及高分子物质等；在生物制药领域，可用于人血浆白蛋白、病毒及病毒蛋白的浓缩精制等；在中药提取中也有着广泛应用，包括提取中药有效成分、制备中药注射剂、制备中药口服液和制备中药浸膏等。

7.5.4 电渗析

原理 电渗析是以电位差为推动力、利用离子交换膜的选择透过特性使溶液中的离子或带电粒子作定向移动以达到脱除或富集电解质的膜分离操作。

离子交换膜有两种类型：基本上只允许阳离子透过的阳膜和只允许阴离子透过的阴膜。它们平行交替排列于两极之间，组成若干平行通道，见图 7-63。

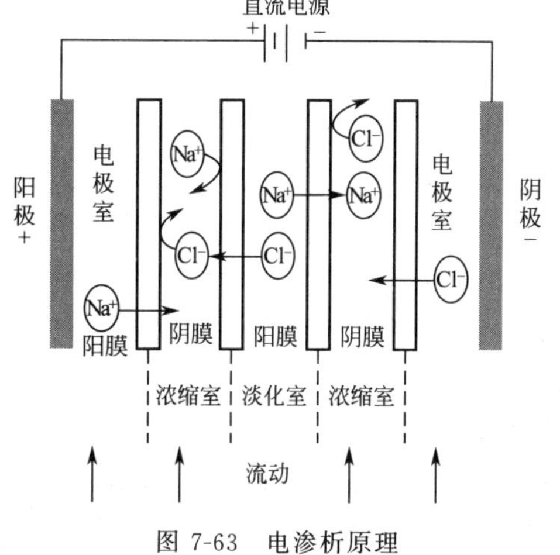

图 7-63 电渗析原理

通道宽度约 1～2mm，其中放有隔网以免阳膜和阴膜接触。在外加直流电场的作用下，料液流过通道时 Na^+ 之类的阳离子向阴极移动，穿过阳膜，进入浓缩室；而浓缩室中的 Na^+ 继续向阴极移动时受阻于阴膜而被截留。同理，Cl^- 之类的阴离子穿过阴膜向阳极方向移动，进入浓缩室；而浓缩室中的 Cl^- 继续向阳极移动时则受阻于阳膜而被截留。于是形成浓缩室和淡化室，浓缩室内离子浓度逐渐升高形成浓缩液，淡化室内离子浓度降低，达到脱盐目的。浓缩液和淡化液得以分别收集。

离子交换膜用高分子材料为基体，在其分子链上接了一些可电离的活性基团。阳膜的活性基团常为磺酸基，在水溶液中电离后的固定性基团带负电；阴膜中的活性基团常为季铵，电离后的固定性基团带正电。

阳膜 $R—SO_3^-—H^+$

阴膜 $R—CH_2N^+(CH_3)_3—OH^-$

产生的反离子（H^+、OH^-）进入水溶液。阳膜中带负电的固定基团吸引溶液中的阳离子（如 Na^+）并允许它透过，而排斥溶液中带负电荷的离子。类似地，阴膜中带正电的固定基团吸引阴离子（如 Cl^-）并允许其透过，而排斥带正电的离子透过。由此形成离子交换膜的选择性。

电渗析中非理想传递现象 电渗析过程之所以能起到分离作用就是因为离子交换膜的选择性透过的性质。与膜所带电荷相反的离子穿过膜的现象称为反离子透过。实际电渗析过程中也存在一些不利于分离的传递现象。

① 实际上与固定基团相同电荷的离子不可能完全被截留，同性离子也会在电场作用下少量地透过，称为同性离子透过。

② 由于膜两侧存在电解质（盐）的浓度差，一方面产生电解质由浓缩室向淡化室的扩散；另一方面，淡化室中的水在渗透压作用下也会向浓缩室渗透。两者都与分离背离。

此外，水电离产生 H^+ 和 OH^- 造成电渗析，以及淡化室与浓缩室之间的压差造成泄漏，都是电渗析中的非理想流动现象，加大过程能耗和降低截留率。

电渗析的应用 电渗析可同时去除溶液中的各种阴阳离子，具有分离效率高、操作简便和运行费用低等优点，是一种重要的膜分离技术。脱盐是电渗析应用的重要方面。如对苦咸水的淡化，以及在临床治疗中电渗析作为人工肾使用。将人血经动脉引出，通过电渗析器以除去血中盐类和尿素，净化后的血由静脉返回人体。此外在废水处理方面的应用，如可从电镀废水中回收铜、镍、铬等重金属离子。

习　题

搅拌

7-1 有一个六叶平片涡轮式搅拌器，直径 3m，转速 10r/min，搅拌釜直径 9m，叶片距釜底高度 3m，釜壁上有四块挡板，挡板宽度为 0.9m。液体深度为 9m，液体黏度为 1Pa·s（1000cP），密度为 $960kg/m^3$。计算搅拌功率 P。

物料衡算

7-2 在一套三效蒸发器内将 2000kg/h 的某种料液由浓度 10%（质量分数，下同）浓缩至 40%。设第二效蒸出的水量比第一效多 15%，第三效蒸出的水量比第一效多 30%，求总蒸发量及各效溶液的浓度。

单效蒸发计算

7-3 在单效蒸发器中，每小时将 5000kg 的氢氧化钠水溶液从 10%（质量分数，下同）浓缩到 30%，原料液的温度为 50℃，料液的比热容 $C_0=4200J/(kg·℃)$，蒸发室的真空度为 67kPa，加热蒸汽的表压为 50kPa。蒸发器的传热系数为 $2000W/(m^2·K)$。热损失为加热蒸汽放热量的 5%。试求蒸发器的传热面积和加热蒸汽的经济性。

设由于溶液静压强引起的温度差损失可不考虑。当地大气压为 101.3kPa。

7-4 浓度为 2.0%（质量分数）的盐溶液，在 28℃下连续进入一单效蒸发器中被浓缩至

3.0%。蒸发器的传热面积为 69.7m^2，加热蒸汽为 110℃饱和水蒸气。加料量为 4500kg/h，料液的比热容 $C_0=4100$J/(kg·℃)。因是稀溶液，沸点升高可以忽略，操作在 101.3kPa 下进行。试求：(1) 蒸发的水量及蒸发器的传热系数；(2) 在上述蒸发器中，将加料量提高至 6800kg/h，其他操作条件（加热蒸汽及进料温度、进料浓度、操作压强）不变时，可将溶液浓缩至多少？

结晶

7-5 一连续操作的真空结晶器，每小时加料 5000kg，料液为 84℃的质量分数为 35%的 $MgSO_4$ 水溶液。结晶器内维持绝对压强为 10mmHg，在此压强下水的沸点为 11.4℃，溶液的沸点升高为 5.6℃。已知晶粒的比热容为 1.51kJ/(kg·K)；原料液的比热容为 3.06kJ/(kg·K)；母液的比热容为 3.35kJ/(kg·K)；结晶热为 53.6kJ/kg 晶体，10mmHg 压力下饱和水蒸气的焓为 2470kJ/kg；17℃时 $MgSO_4$ 的溶解度为 33.33g/100g H_2O。试求每小时产生的 $MgSO_4 \cdot 7H_2O$ 的晶粒量。

吸附

7-6 用 BET 法测量某种硅胶的比表面积。在−195℃、不同 N_2 分压下，硅胶的 N_2 平衡吸附量如下：

p/kPa	9.13	11.59	17.07	23.89	26.71
q/(mg/g)	40.14	43.60	47.20	51.96	52.76

已知−195℃时 N_2 的饱和蒸气压为 111.0kPa，每个氮分子的截面积 A_0 为 0.154nm^2，试求这种硅胶的比表面积。

7-7 将含有微量丙酮蒸气的气体恒温下通入纯净活性炭固定床，床层直径 0.2m，床层高度为 0.6m。吸附温度为 20℃。吸附等温线为 $q=104c/(1+417c)$，式中，q 单位为 kg 丙酮/kg 活性炭，c 单位为 kg 丙酮/m^3 气体。气体密度为 1.2kg/m^3，进塔气体浓度为 0.01kg 丙酮/m^3。活性炭装填密度为 600kg/m^3。容积总传质系数 $K_f a_B=10$l/s，气体处理量为 30m^3/h。试求透过时间为多少小时？

思考题

7-1 用螺旋桨式搅拌器在圆筒形搅拌釜内搅拌某液体，欲避免打旋现象发生，应采取哪些措施。

7-2 对于分散和乳化搅拌过程，搅拌功率主要消耗在哪些方面。

7-3 在搅拌放大的过程中，可能的放大基准很多，说明如何通过实验的方法寻找放大基准。

7-4 蒸发操作不同于一般换热过程的主要点有哪些？

7-5 提高蒸发器内液体循环速度的意义在哪？降低单程汽化率的目的是什么？

7-6 提高蒸发器生产强度的途径有哪些？

7-7 多效蒸发的效数受哪些限制？

7-8 试比较单效与多效蒸发之优缺点。

7-9 什么是吸附现象？吸附分离的基本原理是什么？

7-10 有哪几种常用的吸附脱附循环操作？

7-11 有哪几种常用的吸附剂？各有什么特点？什么是分子筛？

7-12 工业吸附对吸附剂有哪些基本要求？

7-13 吸附床中的传质扩散可分为哪几种方式？

7-14 吸附过程有哪几个传质步骤？

7-15 何谓负荷曲线、透过曲线？什么是透过点、饱和点？

7-16 常用的吸附分离设备有哪几种类型？

7-17 什么是膜分离？有哪几种常用的膜分离过程？

7-18 膜分离有哪些特点？

7-19 反渗透的基本原理是什么？

7-20 什么是浓差极化？

7-21 超滤的分离机理是什么？

7-22 电渗析的分离机理是什么？阴膜、阳膜各有什么特点？

本章符号说明

符号	意义	SI 单位
a	比表面积	m^2/m^3
A	传热面积，吸附床截面积，膜面积	m^2
A	纯溶剂透过系数	$kmol/(m^2 \cdot s \cdot Pa)$
B_C	结晶产品中溶质的量	kg/kg
B	溶质透过系数	m/s
C_0、C	溶液的比热容	kJ/(kg·℃)
Δc	过饱和度	$kmol/m^3$
c	浓度	$kmol/m^3$
c	吸附流体相浓度	kg/m^3
D	叶轮直径	m
D	加热蒸汽消耗量	kg/s
D_T	搅拌釜的直径	m
E	额外蒸汽引出量	kg/s
F	加料量，进料质量流量	kg/s
g	重力加速度	m/s^2
G	料液量	kg/s 或 kg/h
H_i	叶轮距釜底的高度	m
H_e	釜内液体深度	m
H	亨利常数	$Pa \cdot m^3/kmol$
H_{OF}	传质单元高度	m
i	溶液的热焓	kJ/kg
I	蒸汽的焓，二次蒸汽的热焓，空气的热焓	kJ/kg
J	透过速率（通量）	$kmol/(m^2 \cdot s)$
k	传质系数	m/s
k_f	外扩散传质分系数	m/s
k_H	亨利常数	m^3/kg
k_L	朗格缪尔常数	m^2/N
k_s	内扩散传质分系数	$kg/(m^2 \cdot s)$
K	传热系数	$W/(m^2 \cdot ℃)$
K	常数	
K_f	流体相总传质系数	m/s
K_s	吸附相总传质系数	$kg/(m^2 \cdot s)$
L	蒸发器内的液面高度，吸附床层高度	m
L_0	吸附传质区床层高度	m
M	分子量	
m	吸附剂用量	kg
m	膜衰减指数	
N_P	功率数	W
N	叶轮转速	r/min
N_{OF}	吸附传质单元数	
p	蒸发器内液面上方的蒸汽压强，压强，吸附质分压	Pa
q_C	结晶潜热	kJ/kg
q_V	流体体积流量	m^3/s
Q	传热速率，热（流）量	kW 或 W
Q	加热量	kJ
r	叶片长度	m
r	溶剂汽化热	kJ/kg
R	截留率	
R_i	管内侧的垢层热阻	$m^2 \cdot ℃/W$
S	叶轮中心盘的直径	m
S	过饱和度比	
t	温度，溶液温度	℃或 K
Δt	传热温度差	℃或 K
T	蒸汽温度	℃或 K
u	空塔流速	m/s
u_c	浓度波移动速度	m/s
u_T	叶片端速度	m/s
U	蒸发器的生产强度	$kg/(m^2 \cdot s)$
V	搅拌釜中液体体积	m^3
w	叶片宽度	m
w	溶液的浓度（溶质的质量分数）	
W	蒸发量，蒸发的水分量	kg/s 或 kg
W_b	挡板宽度	m
x	吸附容量	kg/kg
x	溶质的摩尔分数	
z	床层高度坐标，距离	m
α	指数，分离系数	
α	给热系数	$W/(m^2 \cdot ℃)$
β	指数	
μ	液体黏度	Pa·s
δ	加热管壁厚，膜厚度	m
δ	相对过饱和度	

符号	意义	SI 单位
ε_B	床层空隙率	
Δ	传热温度差损失	℃
λ	热导率	W/(m·℃)
ρ	密度，液体密度，溶液密度，流体密度	kg/m^3
ρ_B	吸附剂颗粒装填密度	kg/m^3
σ	液体表面张力	N/m
θ	吸附表面覆盖率	
τ	操作时间	s
Φ	功率函数	
Fr	弗劳德数	
Re	雷诺数	
We	韦伯数	

附 赠

化工原理实验

化工原理实验目录如下，详细内容请扫描二维码下载 PDF 文件。

化工原理实验（PDF 版）

附　录

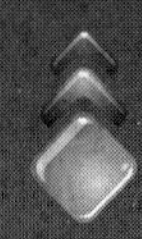

一、部分物理量的单位和量纲

物理量的名称	SI 单位		
	单位名称	单位符号	量　纲
长度	米	m	[L]
时间	秒	s	[T]
质量	千克(公斤)	kg	[M]
力，重量	牛[顿]	N(kg·m·s^{-2})	[MLT^{-2}]
速度	米每秒	m/s	[LT^{-1}]
加速度	米每二次方秒	m/s^2	[LT^{-2}]
密度	千克每立方米	kg/m^3	[ML^{-3}]
压力，压强	帕[斯卡]	Pa(N/m^2)	[$ML^{-1}T^{-2}$]
能[量]，功，热量	焦[耳]	J(kg·m^2·s^{-2})	[ML^2T^{-2}]
功率	瓦[特]	W(J/s)	[ML^2T^{-3}]
[动力]黏度	帕[斯卡]·秒	Pa·s(kg·m^{-1}·s^{-1})	[$ML^{-1}T^{-1}$]
运动黏度	二次方米每秒	m^2/s	[L^2T^{-1}]
表面张力，界面张力	牛[顿]每米	N/m(kg·s^{-2})	[MT^{-2}]
扩散系数	二次方米每秒	m^2/s	[L^2T^{-1}]

二、水与蒸汽的物理性质

1. 水的物理性质

温度 t/℃	压力 p /kPa	密度 ρ /(kg/m^3)	焓 i /(J/kg)	比热容 c_p /kJ·kg^{-1}·K^{-1}	热导率 λ /W·m^{-1}·K^{-1}	导温系数 $a\times10^6$ /(m^2/s)	动力黏度 μ /μPa·s	运动黏度 $\nu\times10^6$ /(m^2/s)	体积膨胀系数 $\beta\times10^3$ /K^{-1}	表面张力 σ /(mN/m)	普朗特数 Pr
0	101	999.9	0	4.212	0.5508	0.131	1788	1.789	-0.063	75.61	13.67
10	101	999.7	42.04	4.191	0.5741	0.137	1305	1.306	+0.070	74.14	9.52
20	101	998.2	83.90	4.183	0.5985	0.143	1004	1.006	0.182	72.67	7.02
30	101	995.7	125.69	4.174	0.6171	0.149	801.2	0.805	0.321	71.20	5.42
40	101	992.2	165.71	4.174	0.6333	0.153	653.2	0.659	0.387	69.63	4.31
50	101	988.1	209.30	4.174	0.6473	0.157	549.2	0.556	0.449	67.67	3.54
60	101	983.2	211.12	4.178	0.6589	0.161	469.8	0.478	0.511	66.20	2.98

续表

温度 t/℃	压力 p /kPa	密度 ρ /(kg/m^3)	焓 i /(J/kg)	比热容 c_p /kJ·kg^{-1}·K^{-1}	热导率 λ /W·m^{-1}·K^{-1}	导温系数 $a\times10^6$ /(m^2/s)	动力黏度 μ /μPa·s	运动黏度 $\nu\times10^6$ /(m^2/s)	体积膨胀系数 $\beta\times10^3$ /K^{-1}	表面张力 σ /(mN/m)	普朗特数 Pr
70	101	977.8	292.99	4.167	0.6670	0.163	406.0	0.415	0.570	64.33	2.55
80	101	971.8	334.94	4.195	0.6740	0.166	355	0.365	0.632	62.57	2.21
90	101	965.3	376.98	4.208	0.6798	0.168	314.8	0.326	0.695	60.71	1.95
100	101	958.4	419.19	4.220	0.6821	0.169	282.4	0.295	0.752	58.84	1.75
110	143	951.0	461.34	4.233	0.6844	0.170	258.9	0.272	0.808	56.88	1.60
120	199	943.1	503.67	4.250	0.6856	0.171	237.3	0.252	0.864	54.82	1.47
130	270	934.8	546.38	4.266	0.6856	0.172	217.7	0.233	0.917	52.86	1.36
140	362	926.1	589.08	4.287	0.6844	0.173	201.0	0.217	0.972	50.70	1.26
150	476	917.0	632.20	4.312	0.6833	0.173	186.3	0.203	1.03	48.64	1.17
160	618	907.4	675.33	4.346	0.6821	0.173	173.6	0.191	1.07	46.58	1.10
170	792	897.3	719.29	4.379	0.6786	0.173	162.8	0.181	1.13	44.33	1.05
180	1003	886.9	763.25	4.417	0.6740	0.172	153.0	0.173	1.19	42.27	1.00
190	1255	876.0	807.63	4.460	0.6693	0.171	144.2	0.165	1.26	40.01	0.96
200	1555	863.0	852.43	4.505	0.6624	0.170	136.3	0.158	1.33	37.66	0.93
210	1908	852.8	897.65	4.555	0.6548	0.169	130.4	0.153	1.41	35.40	0.91
220	2320	840.3	943.71	4.614	0.6649	0.166	124.6	0.148	1.48	33.15	0.89
230	2798	827.3	990.18	4.681	0.6368	0.164	119.7	0.145	1.59	30.99	0.88
240	3348	813.6	1037.49	4.756	0.6275	0.162	114.7	0.141	1.68	28.54	0.87
250	3978	799.0	1085.64	4.844	0.6271	0.159	109.8	0.137	1.81	26.19	0.86
260	4695	784.0	1135.04	4.949	0.6043	0.156	105.9	0.135	1.97	23.73	0.87
270	5506	767.9	1185.28	5.070	0.5892	0.151	102.0	0.133	2.16	21.48	0.88
280	6420	750.7	1236.28	5.229	0.5741	0.146	98.1	0.131	2.37	19.12	0.90
290	7446	732.3	1289.95	5.485	0.5578	0.139	94.2	0.129	2.62	16.87	0.93
300	8592	712.5	1344.80	5.736	0.5392	0.132	91.2	0.128	2.92	14.42	0.97
310	9870	691.1	1402.16	6.071	0.5229	0.125	88.3	0.128	3.29	12.06	1.03
320	11290	667.1	1462.03	6.573	0.5055	0.115	85.3	0.128	3.82	9.81	1.11
330	12865	640.2	1526.19	7.243	0.4834	0.104	81.4	0.127	4.33	7.67	1.22
340	14609	610.1	1594.75	8.164	0.4567	0.092	77.5	0.127	5.34	5.67	1.39
350	16538	574.4	1671.37	9.504	0.4300	0.079	72.6	0.126	6.68	3.82	1.60
360	18675	528.0	1761.39	13.984	0.3951	0.054	66.7	0.126	10.9	2.02	2.35
370	21054	450.5	1892.43	40.319	0.3370	0.019	56.9	0.126	26.4	0.47	6.79

2. 饱和水蒸气

温度 t/℃	绝对压强 /kPa	蒸汽的比体积 /(m^3/kg)	蒸汽的密度 /(kg/m^3)	焓(液体) /(kJ/kg)	焓(蒸汽) /(kJ/kg)	汽化热 /(kJ/kg)
0	0.6082	206.5	0.00484	0	2491.3	2491.3
5	0.8730	147.1	0.00680	20.94	2500.9	2480.0
10	1.2262	106.4	0.00940	41.87	2510.5	2468.6
15	1.7068	77.9	0.01283	62.81	2520.6	2457.8
20	2.3346	57.8	0.01719	83.74	2530.1	2446.3
25	3.1684	43.40	0.02304	104.68	2538.6	2433.9
30	4.2474	32.93	0.03036	125.60	2549.5	2423.7
35	5.6207	25.25	0.03960	146.55	2559.1	2412.6
40	7.3766	19.55	0.05114	167.47	2568.7	2401.1
45	9.5837	15.28	0.06543	188.42	2577.9	2389.5
50	12.340	12.054	0.0830	209.34	2587.6	2378.1
55	15.744	9.589	0.1043	230.29	2596.8	2366.5
60	19.923	7.687	0.1301	251.21	2606.3	2355.1
65	25.014	6.209	0.1611	272.16	2615.6	2343.4
70	31.164	5.052	0.1979	293.08	2624.4	2331.2
75	38.551	4.139	0.2416	314.03	2629.7	2315.7
80	47.379	3.414	0.2929	334.94	2642.4	2307.3
85	57.875	2.832	0.3531	355.90	2651.2	2295.3
90	70.136	2.365	0.4229	376.81	2660.0	2283.1
95	84.556	1.985	0.5039	397.77	2668.8	2271.0
100	101.33	1.675	0.5970	418.68	2677.2	2258.4
105	120.85	1.421	0.7036	439.64	2685.1	2245.5
110	143.31	1.212	0.8254	460.97	2693.5	2232.4
115	169.11	1.038	0.9635	481.51	2702.5	2221.0
120	198.64	0.893	1.1199	503.67	2708.9	2205.2
125	232.19	0.7715	1.296	523.38	2716.5	2193.1
130	270.25	0.6693	1.494	546.38	2723.9	2177.6
135	313.11	0.5831	1.715	565.25	2731.2	2166.0
140	361.47	0.5096	1.962	589.08	2737.8	2148.7
145	415.72	0.4469	2.238	607.12	2744.6	2137.5
150	476.24	0.3933	2.543	632.21	2750.7	2118.5
160	618.28	0.3075	3.252	675.75	2762.9	2087.1
170	792.59	0.2431	4.113	719.29	2773.3	2054.0
180	1003.5	0.1944	5.145	763.25	2782.6	2019.3
190	1255.6	0.1568	6.378	807.63	2790.1	1982.5
200	1554.8	0.1276	7.840	852.01	2795.5	1943.5
210	1917.7	0.1045	9.567	897.23	2799.3	1902.1
220	2320.9	0.0862	11.600	942.45	2801.0	1858.5
230	2798.6	0.07155	13.98	988.50	2800.1	1811.6

续表

温度 t/℃	绝对压强 /kPa	蒸汽的比体积 /(m^3/kg)	蒸汽的密度 /(kg/m^3)	焓(液体) /(kJ/kg)	焓(蒸汽) /(kJ/kg)	汽化热 /(kJ/kg)
240	3347.9	0.05967	16.76	1034.56	2796.8	1762.2
250	3977.7	0.04998	20.01	1081.45	2790.1	1708.6
260	4693.7	0.04199	23.82	1128.76	2780.9	1652.1
270	5504.0	0.03538	28.27	1176.91	2760.3	1591.4
280	6417.2	0.02988	33.47	1225.48	2752.0	1526.5
290	7443.3	0.02525	39.60	1274.46	2732.3	1457.8
300	8592.9	0.02131	46.93	1325.54	2708.0	1382.5
310	9878.0	0.01799	55.59	1378.71	2680.0	1301.3
320	11300	0.01516	65.95	1436.07	2648.2	1212.1
330	12880	0.01273	78.53	1446.78	2610.5	1113.7
340	14616	0.01064	93.98	1562.93	2568.6	1005.7
350	16538	0.00884	113.2	1632.20	2516.7	880.5
360	18667	0.00716	139.6	1729.15	2442.6	713.4
370	21041	0.00585	171.0	1888.25	2301.9	411.1
374	22071	0.00310	322.6	2098.0	2098.0	0

三、干空气的物理性质（p＝101.33kPa）

温度 t/℃	密度 ρ /(kg/m^3)	比热容 c_p /$kJ \cdot kg^{-1} \cdot K^{-1}$	热导率 λ /$mW \cdot m^{-1} \cdot K^{-1}$	导温系数 $a \times 10^6$ /(m^2/s)	动力黏度 μ /$\mu Pa \cdot s$	运动黏度 $\nu \times 10^6$ /(m^2/s)	普朗特数 Pr
−50	1.584	1.013	20.34	12.7	14.6	9.23	0.728
−40	1.515	1.013	21.15	13.8	15.2	10.04	0.728
−30	1.453	1.013	21.96	14.9	15.7	10.80	0.723
−20	1.395	1.009	22.78	16.2	16.2	11.60	0.716
−10	1.342	1.009	23.59	17.4	16.7	12.43	0.712
0	1.293	1.005	24.40	18.8	17.2	13.28	0.707
10	1.247	1.005	25.10	20.1	17.7	14.16	0.705
20	1.205	1.005	25.91	21.4	18.1	15.06	0.703
30	1.165	1.005	26.73	22.9	18.6	16.00	0.701
40	1.128	1.005	27.54	24.3	19.1	16.96	0.699
60	1.060	1.005	28.93	27.2	20.1	18.97	0.696
80	1.000	1.009	30.44	30.2	21.1	21.09	0.692
100	0.946	1.009	32.07	33.6	21.9	23.13	0.688
140	0.854	1.013	31.86	40.3	23.7	27.80	0.684
180	0.779	1.022	37.77	47.5	25.3	32.49	0.681
200	0.746	1.026	39.28	51.4	26.0	34.85	0.680
300	0.615	1.047	46.02	71.6	29.7	48.33	0.674
400	0.524	1.068	52.06	93.1	33.1	63.09	0.678
500	0.456	1.093	57.40	115.3	36.2	79.38	0.687
600	0.404	1.114	62.17	138.3	39.1	96.89	0.699
700	0.362	1.135	67.0	163.4	41.8	115.4	0.706
800	0.329	1.156	71.70	188.8	44.3	134.8	0.713
900	0.301	1.172	76.23	216.2	46.7	155.1	0.717
1000	0.277	1.185	80.64	245.9	49.0	177.1	0.719
1100	0.257	1.197	84.94	276.3	51.2	199.3	0.722
1200	0.239	1.210	91.45	316.5	53.5	233.7	0.724

四、液体及水溶液的物理性质

1. 某些液体的重要物理性质

序号	名　称	分子式	相对分子质量	密度(20℃)/(kg/m³)	沸点(101.3kPa)/℃	汽化热(101.3kPa)/(kJ/kg)	比热容(20℃)/kJ·kg⁻¹·K⁻¹	黏度(20℃)/mPa·s	热导率(20℃)/W·m⁻¹·K⁻¹	体积膨胀系数×10³(20℃)/℃⁻¹	表面张力(20℃)/(mN/m)
1	水	H_2O	18.02	998	100	2258	4.183	1.005	0.599	0.182	72.8
2	盐水(25%NaCl)	—	—	1186(25℃)	107	—	3.39	2.3	0.57(30℃)	0.44	
3	盐水(25%$CaCl_2$)	—	—	1228	107	—	2.89	2.5	0.57	0.34	
4	硫酸	H_2SO_4	98.08	1831	340(分解)	—	1.47(98%)	23	0.38	0.57	
5	硝酸	HNO_3	63.02	1513	86	481.1		1.17(10℃)			
6	盐酸(30%)	HCl	36.47	1149			2.55	2(31.5%)	0.42	1.21	
7	二硫化碳	CS_2	76.13	1262	46.3	352	1.00	0.38	0.16	1.59	32
8	戊烷	C_5H_{12}	72.15	626	36.07	357.5	2.25(15.6℃)	0.229	0.113		16.2
9	己烷	C_6H_{14}	86.17	659	68.74	335.1	2.31(15.6℃)	0.313	0.119		18.2
10	庚烷	C_7H_{16}	100.20	684	98.43	316.5	2.21(15.6℃)	0.411	0.123		20.1
11	辛烷	C_8H_{18}	114.22	703	125.67	306.4	2.19(15.6℃)	0.540	0.131		21.8
12	三氯甲烷	$CHCl_3$	119.38	1489	61.2	254	0.992	0.58	0.138(30℃)	1.26	28.5(10℃)
13	四氯化碳	CCl_4	153.82	1594	76.8	195	0.850	1.0	0.12		26.8
14	1,2-二氯乙烷	$C_2H_4Cl_2$	98.96	1253	83.6	324	1.26	0.83	0.14(50℃)		30.8
15	苯	C_6H_6	78.11	879	80.10	394	1.70	0.737	0.148	1.24	28.6
16	甲苯	C_7H_8	92.13	867	110.63	363	1.70	0.675	0.138	1.09	27.9
17	甲醇	CH_3OH	32.04	791	64.7	1101	2.495	0.6	0.212	1.22	22.6
18	乙醇	C_2H_5OH	46.07	789	78.3	846	2.395	1.15	0.172	1.16	22.8
19	乙醇(95%)	—	—	804	78.2			1.4			
20	甘油	$C_3H_5(OH)_3$	92.09	1261	290(分解)	—		1499	0.59	0.53	63
21	乙醚	$(C_2H_5)_2O$	74.12	714	84.6	360	2.336	0.24	0.14	1.63	18
22	丙酮	CH_3COCH_3	58.08	792	56.2	523	2.349	0.32	0.174		23.7
23	甲酸	$HCOOH$	46.03	1220	100.7	494	2.169	1.9	0.256		27.8
24	醋酸	CH_3COOH	60.03	1049	118.1	406	1.997	1.3	0.174	1.07	23.9
25	醋酸乙酯	$CH_3COOC_2H_5$	88.11	901	77.1	368	1.992	0.48	0.14(10℃)		

2. 有机液体相对密度（液体密度与4℃水的密度之比）**共线图**

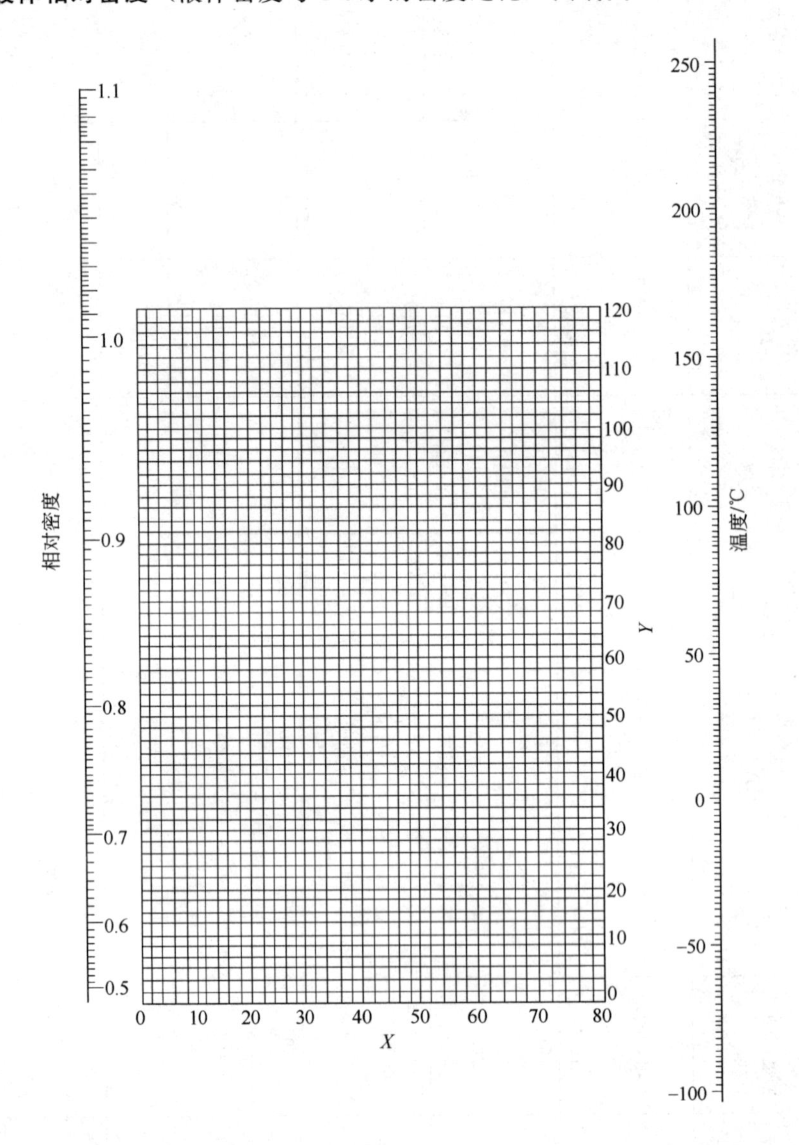

各种液体在图中的 X、Y 值如下表所列。

名称	X	Y	名称	X	Y
乙炔	20.8	10.1	十一烷	14.4	39.2
乙烷	10.3	4.4	十二烷	14.3	41.4
乙烯	17.0	3.5	十三烷	15.3	42.4
乙醇	24.2	48.6	十四烷	15.8	43.3
乙醚	22.6	35.8	三乙胺	17.9	37.0
乙丙醚	20.0	37.0	三氢化磷	28.0	22.1
乙硫醇	32.0	55.5	己烷	13.5	27.0
乙硫醚	25.7	55.3	壬烷	16.2	36.5
二乙胺	17.8	33.5	六氢吡啶	27.5	60.0
二硫化碳	18.6	45.4	甲乙醚	25.0	34.4
异丁烷	13.7	16.5	甲醇	25.8	49.1
丁酸	31.3	78.7	甲硫醇	37.3	59.6
丁酸甲酯	31.5	65.5	甲硫醚	31.9	57.4
异丁酸	31.5	75.9	甲醚	27.2	30.1
丁酸(异)甲酯	33.0	64.1	甲酸甲酯	46.4	74.6

续表

名　称	X	Y	名　称	X	Y
甲酸乙酯	37.6	68.4	氟苯	41.9	86.7
甲酸丙酯	33.8	66.7	癸烷	16.0	38.2
丙烷	14.2	12.2	氨	22.4	24.6
丙酮	26.1	47.8	氯乙烷	42.7	62.4
丙醇	23.8	50.8	氯甲烷	52.3	62.9
丙酸	35.0	83.5	氯苯	41.7	105.0
丙酸甲酯	36.5	68.3	氰丙烷	20.1	44.6
丙酸乙酯	32.1	63.9	氰甲烷	21.8	44.9
戊烷	12.6	22.6	环己烷	19.6	44.0
异戊烷	13.5	22.5	醋酸	40.6	93.5
辛烷	12.7	32.5	醋酸甲酯	40.1	70.3
庚烷	12.6	29.8	醋酸乙酯	35.0	65.0
苯	32.7	63.0	醋酸丙酯	33.0	65.5
苯酚	35.7	103.8	甲苯	27.0	61.0
苯胺	33.5	92.5	异戊醇	20.5	52.0

3. 液体黏度共线图

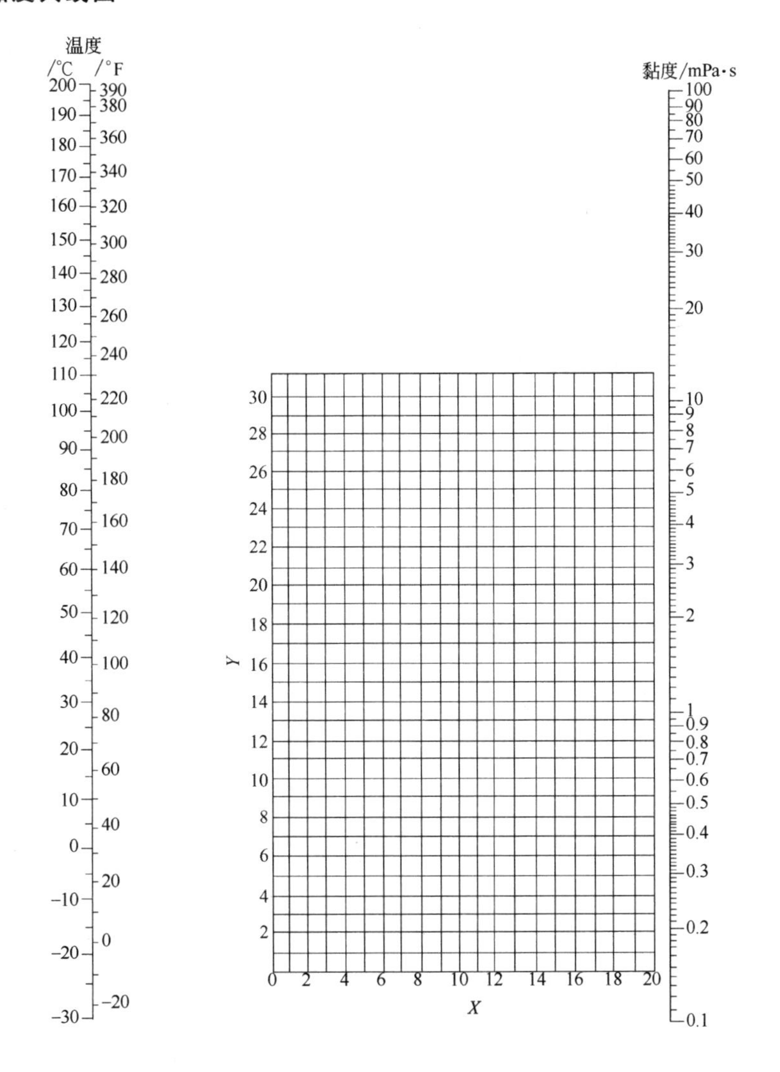

液体黏度共线图坐标值如下表所示。

用法举例：求苯在50℃时的黏度，从本表序号26查得苯的 $X=12.5$，$Y=10.9$。把这两个数值标在前页共线图的 X-Y 坐标上得一点，把这点与图中左方温度标尺上50℃的点联成一直线，延长，与右方黏度标尺相交，由此交点定出50℃苯的黏度为0.44mPa·s。

序号	名　称	X	Y	序号	名　称	X	Y
1	水	10.2	13.0	31	乙苯	13.2	11.5
2	盐水(25%NaCl)	10.2	16.6	32	氯苯	12.3	12.4
3	盐水(25%$CaCl_2$)	6.6	15.9	33	硝基苯	10.6	16.2
4	氨	12.6	2.2	34	苯胺	8.1	18.7
5	氨水(26%)	10.1	13.9	35	酚	6.9	20.8
6	二氧化碳	11.6	0.3	36	联苯	12.0	18.3
7	二氧化硫	15.2	7.1	37	萘	7.9	18.1
8	二硫化碳	16.1	7.5	38	甲醇(100%)	12.4	10.5
9	溴	14.2	18.2	39	甲醇(90%)	12.3	11.8
10	汞	18.4	16.4	40	甲醇(40%)	7.8	15.5
11	硫酸(110%)	7.2	27.4	41	乙醇(100%)	10.5	13.8
12	硫酸(100%)	8.0	25.1	42	乙醇(95%)	9.8	14.3
13	硫酸(98%)	7.0	24.8	43	乙醇(40%)	6.5	16.6
14	硫酸(60%)	10.2	21.3	44	乙二醇	6.0	23.6
15	硝酸(95%)	12.8	13.8	45	甘油(100%)	2.0	30.0
16	硝酸(60%)	10.8	17.0	46	甘油(50%)	6.9	19.6
17	盐酸(31.5%)	13.0	16.6	47	乙醚	14.5	5.3
18	氢氧化钠(50%)	3.2	25.8	48	乙醛	15.2	14.8
19	戊烷	14.9	5.2	49	丙酮	14.5	7.2
20	己烷	14.7	7.0	50	甲酸	10.7	15.8
21	庚烷	14.1	8.4	51	醋酸(100%)	12.1	14.2
22	辛烷	13.7	10.0	52	醋酸(70%)	9.5	17.0
23	三氯甲烷	14.4	10.2	53	醋酸酐	12.7	12.8
24	四氯化碳	12.7	13.1	54	醋酸乙酯	13.7	9.1
25	二氯乙烷	13.2	12.2	55	醋酸戊酯	11.8	12.5
26	苯	12.5	10.9	56	氟利昂-11	14.4	9.0
27	甲苯	13.7	10.4	57	氟利昂-12	16.8	5.6
28	邻二甲苯	13.5	12.1	58	氟利昂-21	15.7	7.5
29	间二甲苯	13.9	10.6	59	氟利昂-22	17.2	4.7
30	对二甲苯	13.9	10.9	60	煤油	10.2	16.9

4. 液体比热容共线图

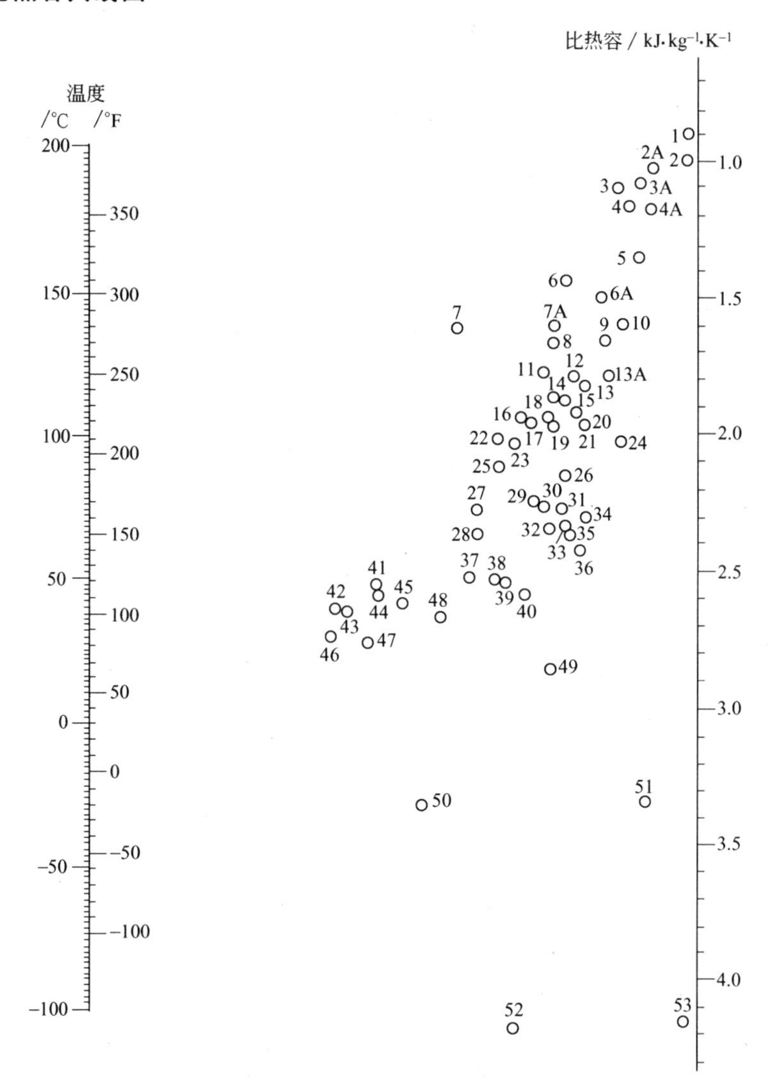

根据相似三角形原理，当共线图的两边标尺均为等距刻度时，可用 $c_p = At + B$ 的关系式来表示因变量与自变量的关系，式中的 A、B 值列于下表中，式中 c_p 单位为 $kJ \cdot kg^{-1} \cdot K^{-1}$；$t$ 单位为℃。

液体比热容共线图中的编号如下表所示。

编号	名　称	温度范围/℃	拟合参数		编号	名　称	温度范围/℃	拟合参数	
			A	B				A	B
1	溴乙烷	5～25	1.333×10^{-3}	0.843	6	氟利昂-12	−40～15	3.0×10^{-3}	0.99
2	二氧化碳	−100～25	1.667×10^{-3}	0.967	7A	氟利昂-22	−20～60	3.0×10^{-3}	1.16
2A	氟利昂-11	−20～70	8.889×10^{-4}	0.858	7	碘乙烷	0～100	6.6×10^{-3}	0.67
3	四氯化碳	10～60	2.0×10^{-3}	0.78	8	氯苯	0～100	3.3×10^{-3}	1.22
3	过氯乙烯	−30～140	1.647×10^{-3}	0.789	9	硫酸(98%)	10～45	1.429×10^{-3}	1.405
3A	氟利昂-113	−20～70	3.333×10^{-3}	0.867	10	苯甲基氯	−30～30	1.667×10^{-3}	1.39
4A	氟利昂-21	−20～70	8.889×10^{-4}	1.028	11	二氧化硫	−20～100	3.75×10^{-3}	1.325
4	三氯甲烷	0～50	1.2×10^{-3}	0.94	12	硝基苯	0～100	2.7×10^{-3}	1.46
5	二氯甲烷	−40～50	1.0×10^{-3}	1.17	13A	氯甲烷	−80～20	1.7×10^{-3}	1.566
6A	二氯乙烷	−30～60	1.778×10^{-3}	1.203	13	氯乙烷	−30～40	2.286×10^{-3}	1.539

续表

编号	名　　称	温度范围/℃	拟合参数		编号	名　　称	温度范围/℃	拟合参数	
			A	B				A	B
14	萘	90～200	3.182×10^{-3}	1.514	33	辛烷	－50～25	3.143×10^{-3}	2.127
15	联苯	80～120	5.75×10^{-3}	2.19	34	壬烷	－50～25	2.286×10^{-3}	2.134
16	联苯醚	0～200	4.25×10^{-3}	1.49	35	己烷	－80～20	2.7×10^{-3}	2.176
16	联苯-联苯醚	0～200	4.25×10^{-3}	1.49	36	乙醚	－100～25	2.5×10^{-3}	2.27
17	对二甲苯	0～100	4.0×10^{-3}	1.55	37	戊醇	－50～25	5.858×10^{-3}	2.203
18	间二甲苯	0～100	3.4×10^{-3}	1.58	38	甘油	－40～20	5.168×10^{-3}	2.267
19	邻二甲苯	0～100	3.4×10^{-3}	1.62	39	乙二醇	－40～200	4.789×10^{-3}	2.312
20	吡啶	－50～25	2.428×10^{-3}	1.621	40	甲醇	－40～20	4.0×10^{-3}	2.40
21	癸烷	－80～25	2.6×10^{-3}	1.728	41	异戊醇	10～100	1.144×10^{-2}	1.986
22	二苯基甲烷	30～100	5.285×10^{-3}	1.501	42	乙醇(100%)	30～80	1.56×10^{-2}	2.012
23	苯	10～80	4.429×10^{-3}	1.606	43	异丁醇	0～100	1.41×10^{-2}	2.13
23	甲苯	0～60	4.667×10^{-3}	1.60	44	丁醇	0～100	1.14×10^{-2}	2.09
24	醋酸乙酯	－50～25	1.57×10^{-3}	1.879	45	丙醇	－20～100	9.497×10^{-3}	0.19
25	乙苯	0～100	5.099×10^{-3}	1.67	46	乙醇(95%)	20～80	1.58×10^{-2}	2.264
26	醋酸戊酯	0～100	2.9×10^{-3}	1.9	47	异丙醇	20～50	1.167×10^{-2}	2.447
27	苯甲醇	－20～30	5.8×10^{-3}	1.836	48	盐酸(30%)	20～100	7.375×10^{-3}	2.393
28	庚烷	0～60	5.834×10^{-3}	1.98	49	盐水(25% $CaCl_2$)	－40～20	3.5×10^{-3}	2.79
29	醋酸	0～80	3.75×10^{-3}	1.94	50	乙醇(50%)	20～80	8.333×10^{-3}	3.633
30	苯胺	0～130	4.693×10^{-3}	1.99	51	盐水(25% NaCl)	－40～20	1.167×10^{-3}	3.367
31	异丙醚	－80～200	3.0×10^{-3}	2.04	52	氨	－70～50	4.715×10^{-3}	4.68
32	丙酮	20～50	3.0×10^{-3}	2.13	53	水	10～200	2.143×10^{-4}	4.198

5. 某些液体的热导率 λ

单位：$W\cdot m^{-1}\cdot K^{-1}$

液体名称	温　　度/℃						
	0	25	50	75	100	125	150
丁醇	0.156	0.152	0.1483	0.144			
异丙醇	0.154	0.150	0.1460	0.142			
甲醇	0.214	0.2107	0.2070	0.205			
乙醇	0.189	0.1832	0.1774	0.1715			
醋酸	0.177	0.1715	0.1663	0.162			
蚁酸(无水甲酸)	0.2605	0.256	0.2518	0.2471			
丙酮	0.1745	0.169	0.163	0.1576	0.151		
硝基苯	0.1541	0.150	0.147	0.143	0.140	0.136	
二甲苯	0.1367	0.131	0.127	0.1215	0.117	0.111	
甲苯	0.1413	0.136	0.129	0.123	0.119	0.112	
苯	0.151	0.1448	0.138	0.132	0.126	0.1204	
苯胺	0.186	0.181	0.177	0.172	0.1681	0.1634	0.159
甘油	0.277	0.2797	0.2832	0.286	0.289	0.292	0.295
凡士林	0.125	0.1204	0.122	0.121	0.119	0.117	0.1157
蓖麻油	0.184	0.1808	0.1774	0.174	0.171	0.1680	0.165

6. 液体汽化热共线图

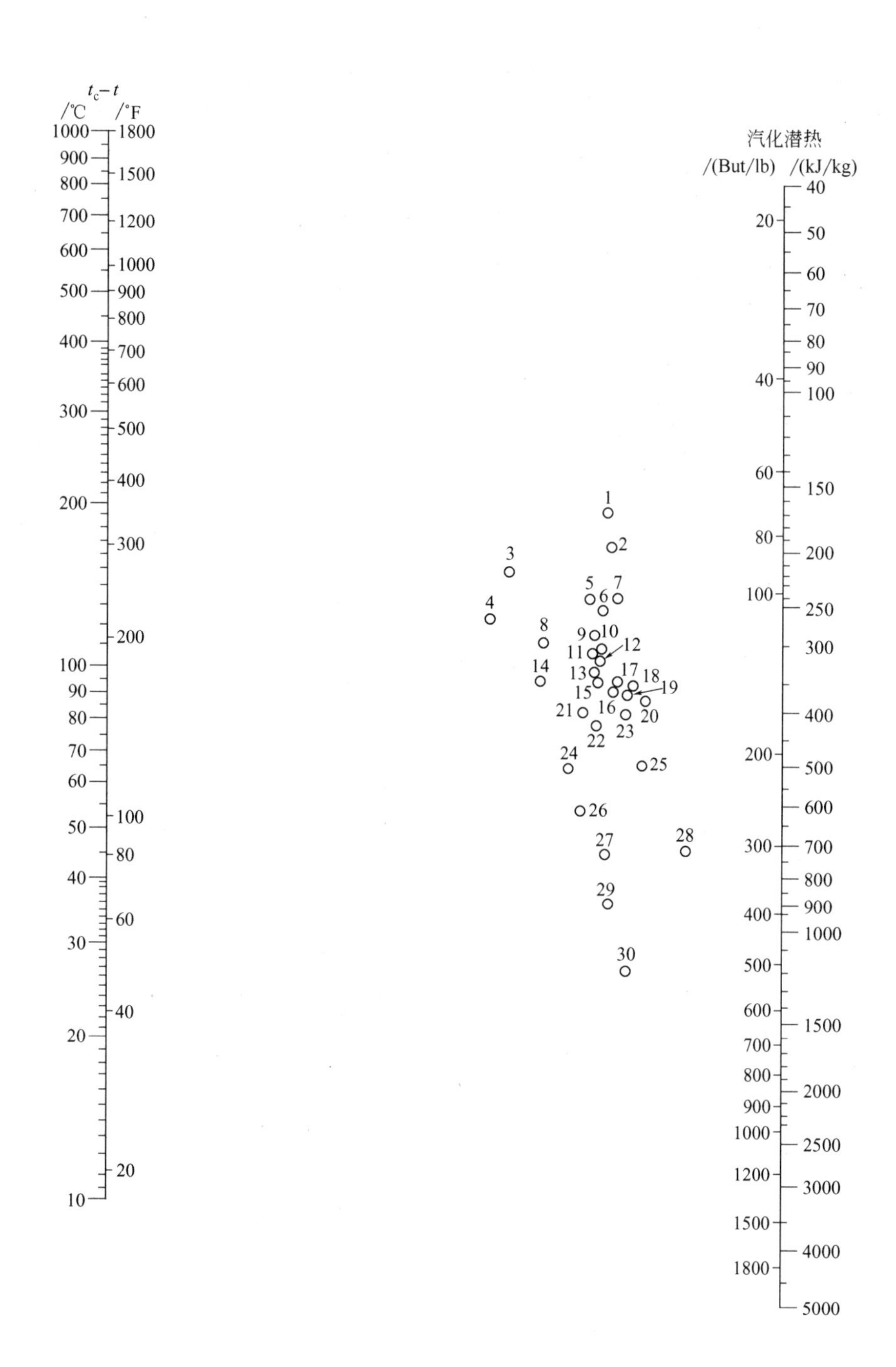

根据相似三角形原理，当共线图的两边标尺均为对数刻度时，可用 $r=A(t_c-t)^B$ 的关系式来表示变量间的关系，式中的 A、B 值列于下表中。式中 r 单位为 $kJ \cdot kg^{-1}$；t 单位为℃。

液体汽化热共线图的编号如下表所示。

用法举例：求水在 t=100℃时的汽化潜热，从下表查得水的编号为 30，又查得水的 t_c=374℃，故得 t_c-t=374－100=274℃，在共线图的 t_c-t 标尺定出 274℃的点，与图中编号为 30 的圆圈中心点连一直线，延长到汽化潜热的标尺上，读出交点读数为 2300kJ/kg。

编号	名　称	t_c/℃	(t_c-t)/℃	拟合参数		编号	名　称	t_c/℃	(t_c-t)/℃	拟合参数	
				A	B					A	B
1	氟利昂-113	214	90～250	28.18	0.336	15	异丁烷	134	80～200	64.27	0.3736
2	四氯化碳	283	30～250	34.59	0.337	16	丁烷	153	90～200	77.27	0.3419
2	氟利昂-11	198	70～250	34.51	0.3377	17	氯乙烷	187	100～250	79.07	0.3258
2	氟利昂-12	111	40～200	32.43	0.35	18	醋酸	321	100～225	95.72	0.2877
3	联苯	527	175～400	6.855	0.6882	19	一氧化碳	36	25～150	101.6	0.2921
4	二硫化碳	273	140～275	6.252	0.7764	20	一氯甲烷	143	70～250	115.9	0.2633
5	氟利昂-21	178	70～250	34.59	0.4011	21	二氧化碳	31	10～100	64.0	0.4136
6	氟利昂-22	96	50～170	43.45	0.363	22	丙酮	235	120～210	75.34	0.3912
7	三氯甲烷	263	140～275	50.00	0.3239	23	丙烷	96	40～200	106.4	0.3027
8	二氯甲烷	216	150～250	21.43	0.5546	24	丙醇	264	20～200	74.13	0.461
9	辛烷	296	30～300	23.88	0.5811	25	乙烷	32	25～150	169.4	0.2593
10	庚烷	267	20～300	56.10	0.36	26	乙醇	243	20～140	113	0.4218
11	己烷	235	50～225	47.64	0.4027	27	甲醇	240	40～250	188.4	0.3557
12	戊烷	197	20～200	59.16	0.3674	28	乙醇	243	140～300	429.7	0.1428
13	苯	289	10～400	57.54	0.3828	29	氨	133	50～200	235.1	0.3676
13	乙醚	194	10～400	57.54	0.3827	30	水	374	100～500	445.6	0.3003
14	二氧化硫	157	90～160	26.92	0.5637						

7. 无机溶液在 101.3kPa 下的沸点

温度/℃ 溶液	101	102	103	104	105	107	110	115	120	125	140	160	180	200	220	240	260	280	300	340
	质量分数/%																			
$CaCl_2$	5.66	10.31	14.16	17.36	20.00	24.24	29.33	35.68	40.83	54.80	57.89	68.94	75.85	64.91	68.73	72.64	75.76	78.95	81.63	86.18
KOH	4.49	8.51	11.96	14.82	17.01	20.88	25.65	31.97	36.51	40.23	48.05	54.89	60.41							
KCl	8.42	14.31	18.96	23.02	26.57	32.62	36.47		(近于108.5)											
K_2CO_3	10.31	18.37	24.20	28.57	32.24	37.69	43.67	50.86	56.04	60.40	66.94		(近于133.5)							
KNO_3	13.19	23.66	32.23	39.20	45.10	54.65	65.34	79.53												
$MgCl_2$	4.67	8.42	11.66	14.31	16.59	20.23	24.41	29.48	33.07	36.02	38.61									
$MgSO_4$	14.31	22.78	28.31	32.23	35.32	42.86			(近于108)											
NaOH	4.12	7.40	10.15	12.51	14.53	18.32	23.08	26.21	33.77	37.58	48.32	60.13	69.97	77.53	84.03	88.89	93.02	95.92	98.47	(近于314)
NaCl	6.19	11.03	14.67	17.69	20.32	25.09	28.92													
$NaNO_3$	8.26	15.61	21.87	17.53	32.45	40.47	49.87	60.94	68.94											
Na_2SO_4	15.26	24.81	30.73	31.83		(近于103.2)														
Na_2CO_3	9.42	17.22	23.72	29.18	33.66															
$CuSO_4$	26.95	39.98	40.83	44.47	45.12			(近于104.2)												
$ZnSO_4$	20.00	31.22	37.89	42.92	46.15															
NH_4NO_3	9.09	16.66	23.08	29.08	34.21	42.52	51.92	63.24	71.26	77.11	87.09	93.20	69.00	97.61	98.94	10.0				
NH_4Cl	6.10	11.35	15.96	19.80	22.89	28.37	35.98	46.94												
$(NH_4)_2SO_4$	13.34	23.41	30.65	36.71	41.79	49.73	49.77	53.55				(近于108.2)								

注：括号内的数值为饱和溶液的沸点。

五、气体的重要物理性质

名称	化学符号	密度(0℃,101.3kPa)/(kg/m³)	相对分子质量	比热容(20℃,101.3kPa)/kJ·kg⁻¹·K⁻¹		$k=\frac{c_p}{c_V}$	黏度(0℃,101.3kPa)/μPa·s	沸点(101.3kPa)/℃	蒸发热(101.3kPa)/(kJ/kg)	临界点		热导率(0℃,101.3kPa)/W·m⁻¹·K⁻¹
				c_p	c_V					温度/℃	压强/MPa	
氮	N_2	1.2507	28.02	1.047	0.745	1.40	17.0	−195.78	199.2	−147.13	3.39	0.0228
氨	NH_3	0.771	17.03	2.22	1.67	1.29	9.18	−33.4	1373	+132.4	11.29	0.0215
氩	Ar	1.7820	39.94	0.532	0.322	1.66	20.9	−185.87	162.9	−122.44	4.86	0.0173
乙炔	C_2H_2	1.171	26.04	1.683	1.352	1.24	9.35	−83.66(升华)	829	+35.7	6.24	0.0184
苯	C_6H_6	—	78.11	1.252	1.139	1.1	7.2	+80.2	394	+288.5	4.83	0.0088
丁烷(正)	C_4H_{10}	2.673	58.12	1.918	1.733	1.108	8.10	−0.5	386	+152	3.80	0.0135
空气	—	1.293	(28.95)	1.009	0.720	1.40	17.3	−195	197	−140.7	3.77	0.024
氢	H_2	0.08985	2.016	14.27	10.13	1.407	8.42	−252.754	454	−239.9	1.30	0.163
氦	He	0.1785	4.00	5.275	3.182	1.66	18.8	−268.85	19.5	−267.96	0.229	0.144
二氧化氮	NO_2	—	46.01	0.804	0.615	1.31	—	+21.2	711.8	+158.2	10.13	0.0400
二氧化硫	SO_2	2.867	64.07	0.632	0.502	1.25	11.7	−10.8	394	+157.5	7.88	0.0077
二氧化碳	CO_2	1.96	44.01	0.837	0.653	1.30	13.7	−782(升华)	574	+31.1	7.38	0.0137
氧	O_2	1.42895	32	0.913	0.653	1.40	20.3	−182.98	213.2	−118.82	5.04	0.0240
甲烷	CH_4	0.717	16.04	2.223	1.700	1.31	10.3	−161.58	511	−82.15	4.62	0.0300
一氧化碳	CO	1.250	28.01	1.047	0.754	1.40	16.6	−101.48	211	−140.2	3.50	0.0226
戊烷(正)	C_5H_{12}	—	72.15	1.72	1.574	1.09	8.74	+36.08	360	+917.1	3.34	0.0128
丙烷	C_3H_8	2.020	44.1	1.863	1.650	1.13	7.95(18℃)	−42.1	427	+95.6	4.36	0.0148
丙烯	C_3H_6	1.914	42.08	1.633	1.436	1.17	8.35(20℃)	−47.7	440	+91.4	4.60	—
硫化氢	H_2S	1.589	34.08	1.059	0.804	1.30	11.66	−60.2	548	+100.4	19.14	0.0131
氯	Cl_2	3.217	70.91	0.481	0.355	1.36	12.9(16℃)	−33.8	305.4	+144.0	7.71	0.0072
氯甲烷	CH_3Cl	2.308	50.49	0.741	0.582	1.28	9.89	−24.1	405.7	+148	6.69	0.0085
乙烷	C_2H_6	1.357	30.07	1.729	1.444	1.20	8.50	−88.50	486	+32.1	4.95	0.0180
乙烯	C_2H_4	1.261	28.05	1.528	1.222	1.25	9.85	−103.7	481	+9.7	5.14	0.0164

六、固体性质

名　称	$\rho/(kg/m^3)$	$\lambda/W\cdot m^{-1}\cdot K^{-1}$	$c_p/kJ\cdot kg^{-1}\cdot K^{-1}$
(1) 金属			
钢	7850	45.4	0.46
不锈钢	7900	17.4	0.50
铸铁	7220	62.8	0.50
铜	8800	383.8	0.406
青铜	8000	64.0	0.381
黄铜	8600	85.5	0.38
铝	2670	203.5	0.92
镍	9000	58.2	0.46
铅	11400	34.9	0.130
(2) 塑料			
酚醛	1250～1300	0.13～0.26	1.3～1.7
脲醛	1400～1500	0.30	1.3～1.7
聚氯乙烯	1380～1400	0.16	1.84
聚苯乙烯	1050～1070	0.08	1.34
低压聚乙烯	940	0.29	2.55
高压聚乙烯	920	0.26	2.22
有机玻璃	1180～1190	0.14～0.20	
(3) 建筑材料、绝热材料、耐酸材料及其他			
干砂	1500～1700	0.45～0.58	0.75 (−20～20℃)
黏土	1600～1800	0.47～0.53	
锅炉炉渣	700～1100	0.19～0.30	
黏土砖	1600～1900	0.47～0.67	0.92
耐火砖	1840	1.0 (800～1100℃)	0.96～1.00
绝热砖 (多孔)	600～1400	0.16～0.37	
混凝土	2000～2400	1.3～1.55	0.84
松木	500～600	0.07～0.10	2.72 (0～100℃)
软木	100～300	0.041～0.064	0.96
石棉板	700	0.12	0.816
石棉水泥板	1600～1900	0.35	
玻璃	2500	0.74	0.67
耐酸陶瓷制品	2200～2300	0.9～1.0	0.75～0.80
耐酸砖和板	2100～2400.		
耐酸搪瓷	2300～2700	0.99～1.05	0.84～1.26
橡胶	1200	0.16	1.38
冰	900	2.3	2.11

七、管子规格

1. 水煤气输送钢管（摘自 GB/T 3091—2008）

公称直径 DN /mm(in)	外径 /mm	普通管壁厚 /mm	加厚管壁厚 /mm	公称直径 DN /mm(in)	外径 /mm	普通管壁厚 /mm	加厚管壁厚 /mm
$8\left(\frac{1}{4}\right)$	13.5	2.6	2.8	$40\left(1\frac{1}{2}\right)$	48.0	3.5	4.5
$10\left(\frac{3}{8}\right)$	17.2	2.6	2.8	50(2)	60.3	3.8	4.5
$15\left(\frac{1}{2}\right)$	21.3	2.8	3.5	$65\left(2\frac{1}{2}\right)$	76.1	4.0	4.5
$20\left(\frac{3}{4}\right)$	26.9	2.8	3.5	80(3)	88.9	4.0	5.0
25(1)	33.7	3.2	4.0	100(4)	114.3	4.0	5.0
$32\left(1\frac{1}{4}\right)$	42.4	3.5	4.0	125(5)	139.7	4.0	5.5
				150(6)	165.3	4.5	6.0

2. 无缝钢管规格

普通无缝钢管（摘自 GB/T 17395—2008）

外径 /mm	壁厚/mm		外径 /mm	壁厚/mm		外径 /mm	壁厚/mm	
	从	到		从	到		从	到
6	0.25	2.0	70	1.0	17	325	7.5	100
7	0.25	2.5	73	1.0	19	340	8.0	100
8	0.25	2.5	76	1.0	20	351	8.0	100
9	0.25	2.8	77	1.4	20	356	9.0	100
10	0.25	3.5	80	1.4	20	368	9.0	100
11	0.25	3.5	83	1.4	22	377	9.0	100
12	0.25	4.0	85	1.4	22	402	9.0	100
14	0.25	4.0	89	1.4	24	406	9.0	100
16	0.25	5.0	95	1.4	24	419	9.0	100
18	0.25	5.0	102	1.4	28	426	9.0	100
19	0.25	6.0	108	1.4	30	450	9.0	100
20	0.25	6.0	114	1.5	30	457	9.0	100
22	0.40	6.0	121	1.5	32	473	9.0	100
25	0.40	7.0	127	1.8	32	480	9.0	100
27	0.40	7.0	133	2.5	36	500	9.0	110
28	0.40	7.0	140	3.0	36	508	9.0	110
30	0.40	8.0	142	3.0	36	530	9.0	120
32	0.40	8.0	152	3.0	40	560	9.0	120
34	0.40	8.0	159	3.5	45	610	9.0	120
35	0.40	9.0	168	3.5	45	630	9.0	120
38	0.40	10.0	180	3.5	50	660	9.0	120
40	0.40	10.0	194	3.5	50	699	12	120
45	1.0	12	203	3.5	55	711	12	120
48	1.0	12	219	6.0	55	720	12	120
51	1.0	12	232	6.0	65	762	20	120
54	1.0	14	245	6.0	65	788.5	20	120
57	1.0	14	267	6.0	65	813	20	120
60	1.0	16	273	6.5	85	864	20	120
63	1.0	16	299	7.5	100	914	25	120
65	1.0	16	302	7.5	100	965	25	120
68	1.0	16	318.5	7.5	100	1016	25	120

注：壁厚/mm：0.25，0.30，0.40，0.50，0.60，0.80，1.0，1.2，1.4，1.5，1.6，1.8，2.0，2.2，2.5，2.8，3.0，3.2，3.5，4.0，4.5，5.0，5.5，6.0，6.5，7.0，7.5，8.0，8.5，9，9.5，10，11，12，13，14，15，16，17，18，19，20，22，24，25，26，28，30，32，34，36，38，40，42，45，48，50，55，60，65，70，75，80，85，90，95，100，110，120。

3. 管法兰

*PN*0.6MPa 突面板式平焊钢制管法兰（GB/T 9119—2000）

单位：mm

公称直径 *DN*	管子外径 *A*	连接尺寸					密封面		法兰厚度 *C*	法兰内径 *B*
		法兰外径 *D*	螺栓孔中心圆直径 *K*	螺栓孔径 *L*	螺栓		*d*	*f*		
					数量 *n*	螺纹规格				
10	17.2	75	50	11	4	M10	33	2	12	18.0
15	21.3	80	55	11	4	M10	38	2	12	22.0
20	26.9	90	65	11	4	M10	48	2	14	27.5
25	33.7	100	75	11	4	M10	58	3	14	34.5
32	42.4	120	90	14	4	M12	69	3	16	43.5
40	48.3	130	100	14	4	M12	78	3	16	49.5
50	60.3	140	110	14	4	M12	88	3	16	61.5
65	76.1	160	130	14	4	M12	108	3	16	77.5
80	88.9	190	150	18	4	M16	124	3	18	90.5
100	114.3	210	170	18	4	M16	144	3	18	116.0
125	139.7	240	200	18	8	M16	174	3	20	141.5
150	168.3	265	225	18	8	M16	199	3	20	170.5
200	219.1	320	280	18	8	M16	254	3	22	221.5
250	273.0	375	335	18	12	M16	309	3	24	276.5
300	323.9	440	395	22	12	M20	363	3	24	327.5
350	355.6	490	445	22	12	M20	413	4	26	359.5
400	406.4	540	495	22	16	M20	463	4	28	411.0
450	457.0	595	550	22	16	M20	518	4	30	462.0
500	508.0	645	600	22	20	M20	568	4	32	513.5
600	610.0	755	705	26	20	M24	667	5	36	616.5
700	711.0	860	810	26	24	M24	772	5	40	715
800	813.0	975	920	30	24	M27	878	5	44	817
900	914.0	1075	1020	30	24	M27	978	5	48	918
1000	1016.0	1175	1120	30	28	M27	1078	5	52	1020
1200	1220.0	1405	1340	33	32	M30	1295	5	60	1224
1400	1420.0	1630	1560	36	36	M33	1510	5	68	1434
1600	1620.0	1830	1760	36	40	M33	1710	5	76	1624
1800	1820.0	2045	1970	39	44	M36	1918	5	84	1824
2000	2020.0	2265	2180	42	48	M39	2125	5	92	2024

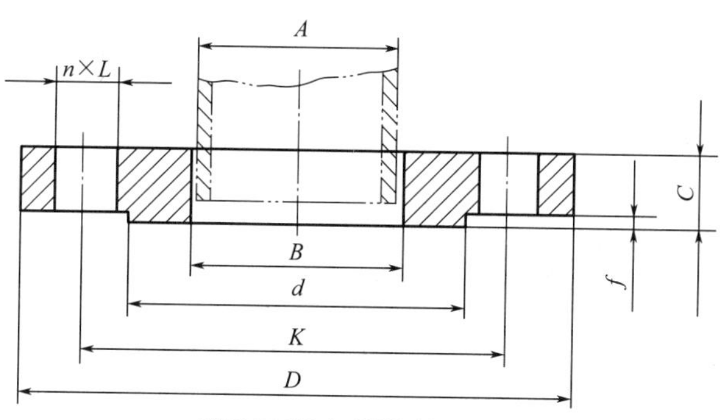

突面(RF)板式平焊钢制管法兰

八、泵与风机

1. IS 型单级单吸离心泵性能表（摘录）

型号	转速 n /(r/min)	流量 /(m^3/h)	流量 /(L/s)	扬程 H /m	效率 η/%	功率/kW 轴功率	功率/kW 电机功率	必需汽蚀余量 $(NPSH)_r$ /m	质量(泵/底座)/kg
IS50-32-125	2900	7.5 12.5 15	2.08 3.47 4.17	22 20 18.5	47 60 60	0.96 1.13 1.26	2.2	2.0 2.0 2.5	32/46
	1450	3.75 6.3 7.5	1.04 1.74 2.08	5.4 5 4.6	43 54 55	0.13 0.16 0.17	0.55	2.0 2.0 2.5	32/38
IS50-32-160	2900	7.5 12.5 15	2.08 3.47 4.17	34.3 32 29.6	44 54 56	1.59 2.02 2.16	3	2.0 2.0 2.5	50/46
	1450	3.75 6.3 7.5	1.04 1.74 2.08	8.5 8 7.5	35 4.8 49	0.25 0.29 0.31	0.55	2.0 2.0 2.5	50/38
IS50-32-250	2900	7.5 12.5 15	2.08 3.47 4.17	82 80 78.5	23.5 38 41	5.87 7.16 7.83	11	2.0 2.0 2.5	88/110
	1450	3.75 6.3 7.5	1.04 1.74 2.08	20.5 20 19.5	23 32 35	0.91 1.07 1.14	1.5	2.0 2.0 3.0	88/64
IS65-40-250	2900	15 25 30	4.17 6.94 8.33	82 80 78	37 50 53	9.05 10.89 12.02	15	2.0 2.0 2.5	82/110
	1450	7.5 12.5 15	2.08 3.47 4.17	21 20 19.4	35 46 48	1.23 1.48 1.65	2.2	2.0 2.0 2.5	82/67
IS80-50-250	2900	30 50 60	8.33 13.9 16.7	84 80 75	52 63 64	13.2 17.3 19.2	22	2.5 2.5 3.0	90/110
	1450	15 25 30	4.17 6.94 8.33	21 20 18.8	49 60 61	1.75 2.27 2.52	3	2.5 2.5 3.0	90/64
IS125-100-250	2900	120 200 240	33.3 55.6 66.7	87 80 72	66 78 75	43.0 55.9 62.8	75	3.8 4.2 5.0	166/295
	1450	60 100 120	16.7 27.8 33.3	21.5 20 18.5	63 76 77	5.59 7.17 7.84	11	2.5 2.5 3.0	166/112
IS150-125-315	1450	120 200 240	33.3 55.6 66.7	34 32 29	70 79 80	15.9 22.1 23.7	30	2.5 2.5 3.0	192/233
IS150-125-400	1450	120 200 240	33.3 55.6 66.7	53 50 46	62 75 74	27.9 36.3 40.6	45	2.0 2.8 3.5	223/233
IS200-150-400	1450	240 400 460	66.7 111.1 127.8	55 50 48	74 81 76	48.6 67.2 74.2	90	3.0 3.8 4.5	295/298

2. 8-18、9-27 离心通风机综合特性曲线图

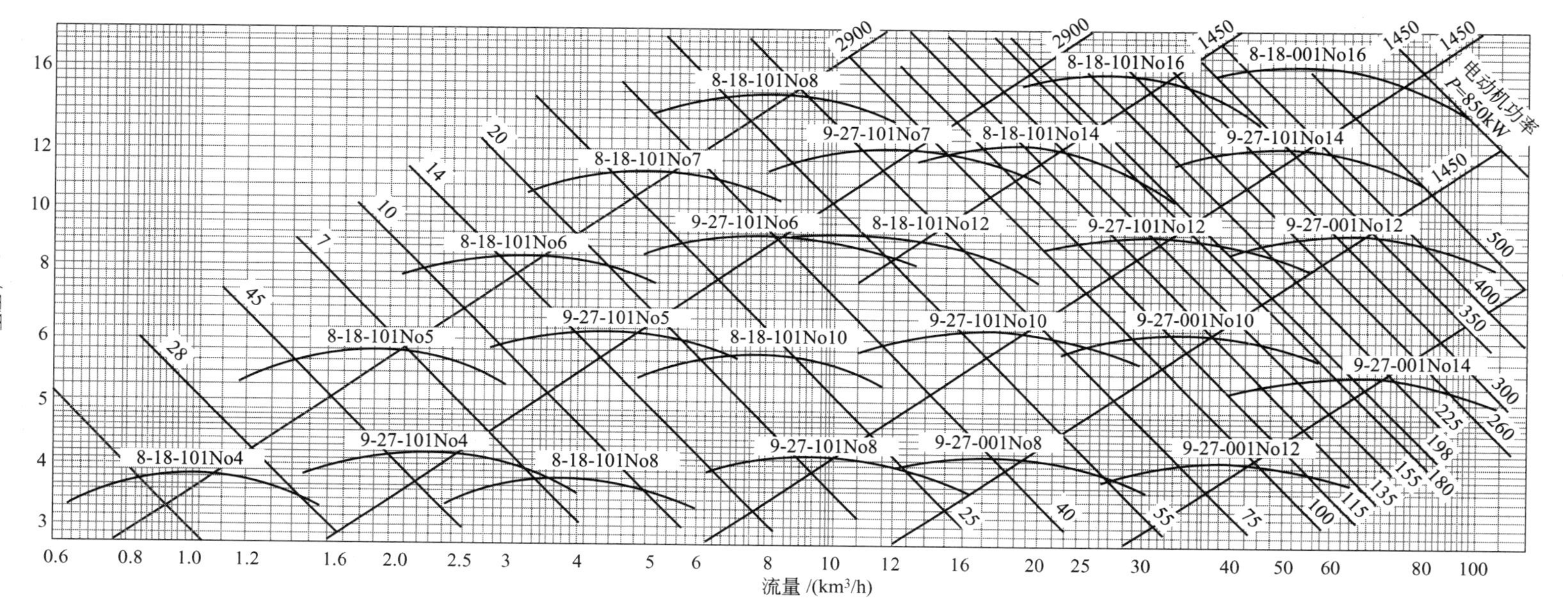

九、换热器

1. 管壳式换热器系列标准（摘自 JB/T 4714—92，JB/T 4715—92）

固定管板式，换热管为 ϕ19mm 的换热器基本参数（管心距 25mm）

公称直径 DN/mm	公称压力 PN/MPa	管程数 N	管子根数 n	中心排管数	管程流通面积/m²	计算换热面积/m² 换热管长度 L/mm					
						1500	2000	3000	4500	6000	9000
159	1.60 2.50 4.00 6.40	1	15	5	0.0027	1.3	1.7	2.6	—	—	—
219			33	7	0.0058	2.8	3.7	5.7	—	—	—
273		1	65	9	0.0115	5.4	7.4	11.3	17.1	22.9	—
		2	56	8	0.0049	4.7	6.4	9.7	14.7	19.7	—
325		1	99	11	0.0175	8.3	11.2	17.1	26.0	34.9	—
		2	88	10	0.0078	7.4	10.0	15.2	23.1	31.0	—
		4	68	11	0.0030	5.7	7.7	11.8	17.9	23.9	—
400	0.60 1.00 1.60 2.50 4.00	1	174	14	0.0307	14.5	19.7	30.1	45.7	61.3	—
		2	164	15	0.0145	13.7	18.6	28.4	43.1	57.8	—
		4	146	14	0.0065	12.2	16.6	25.3	38.3	51.4	—
450		1	237	17	0.0419	19.8	26.9	41.0	62.2	83.5	—
		2	220	16	0.0194	18.4	25.0	38.1	57.8	77.5	—
		4	200	16	0.0088	16.7	22.7	34.6	52.5	70.4	—
500		1	275	19	0.0486	—	31.2	47.6	72.2	96.8	—
		2	256	18	0.0226	—	29.0	44.3	67.2	90.2	—
		4	222	18	0.0098	—	25.2	38.4	58.3	78.2	—
600		1	430	22	0.0760	—	48.8	74.4	112.9	151.4	—
		2	416	23	0.0368	—	47.2	72.0	109.3	146.5	—
		4	370	22	0.0163	—	42.0	64.0	97.2	130.3	—
		6	360	20	0.0106	—	40.8	62.3	94.5	126.8	—
700		1	607	27	0.1073	—	—	105.1	159.4	213.8	—
		2	574	27	0.0507	—	—	99.4	150.8	202.1	—
		4	542	27	0.0239	—	—	93.8	142.3	190.9	—
		6	518	24	0.0153	—	—	89.7	136.0	182.4	—
800	0.60 1.00 1.60 2.50 4.00	1	797	31	0.1408	—	—	138.0	209.3	280.7	—
		2	776	31	0.0686	—	—	134.3	203.8	273.3	—
		4	722	31	0.0319	—	—	125.0	189.8	254.3	—
		6	710	30	0.0209	—	—	122.9	186.5	250.0	—

续表

公称直径 DN/mm	公称压力 PN/MPa	管程数 N	管子根数 n	中心排管数	管程流通面积/m²	计算换热面积/m² 换热管长度 L/mm					
						1500	2000	3000	4500	6000	9000
900	0.60	1	1009	35	0.1783	—	—	174.7	265.0	355.3	536.0
		2	988	35	0.0873	—	—	171.0	259.5	347.9	524.9
	1.00	4	938	35	0.0414	—	—	162.4	246.4	330.3	498.3
		6	914	34	0.0269	—	—	158.2	240.0	321.9	485.6
1000	1.60	1	1267	39	0.2239	—	—	219.3	332.8	446.2	673.1
		2	1234	39	0.1090	—	—	213.6	324.1	434.6	655.6
		4	1186	39	0.0524	—	—	205.3	311.5	417.7	630.1
	2.50	6	1148	38	0.0338	—	—	198.7	301.5	404.3	609.9
(1100)		1	1501	43	0.2652	—	—	—	394.2	528.6	797.4
		2	1470	43	0.1299	—	—	—	386.1	517.7	780.9
	4.00	4	1450	43	0.0641	—	—	—	380.8	510.6	770.3
		6	1380	42	0.0406	—	—	—	362.4	486.0	733.1

注：表中的管程流通面积为各程平均值。括号内公称直径不推荐使用。管子为正三角形排列。

换热管为 ϕ25mm 的换热器基本参数（管心距 32mm）

公称直径 DN/mm	公称压力 PN/MPa	管程数 N	管子根数 n	中心排管数	管程流通面积/m²		计算换热面积/m² 换热管长度 L/mm					
					ϕ25×2	ϕ25×2.5	1500	2000	3000	4500	6000	9000
159	1.60 2.50 4.00 6.40	1	11	3	0.0038	0.0035	1.2	1.6	2.5	—	—	—
219			25	5	0.0087	0.0079	2.7	3.7	5.7	—	—	—
273		1	38	6	0.0132	0.0119	4.2	5.7	8.7	13.1	17.6	—
		2	32	7	0.0055	0.0050	3.5	4.8	7.3	11.1	14.8	—
325		1	57	9	0.0197	0.0179	6.3	8.5	13.0	19.7	26.4	—
		2	56	9	0.0097	0.0088	6.2	8.4	12.7	19.3	25.9	—
		4	40	9	0.0035	0.0031	4.4	6.0	9.1	13.8	18.5	—
400	0.60 1.00 1.60 2.50 4.00	1	98	12	0.0339	0.0308	10.8	14.6	22.3	33.8	45.4	—
		2	94	11	0.0163	0.0148	10.3	14.0	21.4	32.5	43.5	—
		4	76	11	0.0066	0.0060	8.4	11.3	17.3	26.3	35.2	—
450		1	135	13	0.0468	0.0424	14.8	20.1	30.7	46.6	62.5	—
		2	126	12	0.0218	0.0198	13.9	18.8	28.7	43.5	58.4	—
		4	106	13	0.0092	0.0083	11.7	15.8	24.1	36.6	49.1	—

续表

公称直径 DN/mm	公称压力 PN/MPa	管程数 N	管子根数 n	中心排管数	管程流通面积/m²		计算换热面积/m²					
							换热管长度 L/mm					
					ϕ25×2	ϕ25×2.5	1500	2000	3000	4500	6000	9000
500	0.60 1.00 1.60 2.50 4.00	1	174	14	0.0603	0.0546	—	26.0	39.6	60.1	80.6	—
		2	164	15	0.0284	0.0257	—	24.5	37.3	56.6	76.0	—
		4	144	15	0.0125	0.0113	—	21.4	32.8	49.7	66.7	—
600		1	245	17	0.0849	0.0769	—	36.5	55.8	84.6	113.5	—
		2	232	16	0.0402	0.0364	—	34.6	52.8	80.1	107.5	—
		4	222	17	0.0192	0.0174	—	33.1	50.5	76.7	102.8	—
		6	216	16	0.0125	0.0113	—	32.2	49.2	74.6	100.0	—
700		1	355	21	0.1230	0.1115	—	—	80.0	122.6	164.4	—
		2	342	21	0.0592	0.0537	—	—	77.9	118.1	158.4	—
		4	322	21	0.0279	0.0253	—	—	73.3	111.2	149.1	—
		6	304	20	0.0175	0.0159	—	—	69.2	105.0	140.8	—
800	0.60 1.60 2.50 4.00	1	467	23	0.1618	0.1466	—	—	106.3	161.3	216.3	—
		2	450	23	0.0779	0.0707	—	—	102.4	155.4	208.5	—
		4	442	23	0.0383	0.0347	—	—	100.6	152.7	204.7	—
		6	430	24	0.0248	0.0225	—	—	97.9	148.5	119.2	—
900		1	605	27	0.2095	0.1900	—	—	137.8	209.0	280.2	422.7
		2	588	27	0.1018	0.0923	—	—	133.9	203.1	272.3	410.8
		4	554	27	0.0480	0.0435	—	—	126.1	191.4	256.6	387.1
		6	538	26	0.0311	0.0282	—	—	122.5	185.8	249.2	375.9
1000		1	749	30	0.2594	0.2352	—	—	170.5	258.7	346.9	523.3
		2	742	29	0.1285	0.1165	—	—	168.9	256.3	343.7	518.4
		4	710	29	0.0615	0.0557	—	—	161.6	245.2	328.8	496.0
		6	698	30	0.0403	0.0365	—	—	158.9	241.1	323.3	487.7
(1100)		1	931	33	0.3225	0.2923	—	—	—	321.6	431.2	650.4
		2	894	33	0.1548	0.1404	—	—	—	308.8	414.1	624.6
		4	848	33	0.0734	0.0666	—	—	—	292.9	392.8	592.5
		6	830	32	0.0479	0.0434	—	—	—	286.7	384.4	579.9

注：表中的管程流通面积为各程平均值。管子为正三角形排列。

2. 管壳式换热器型号的表示方法

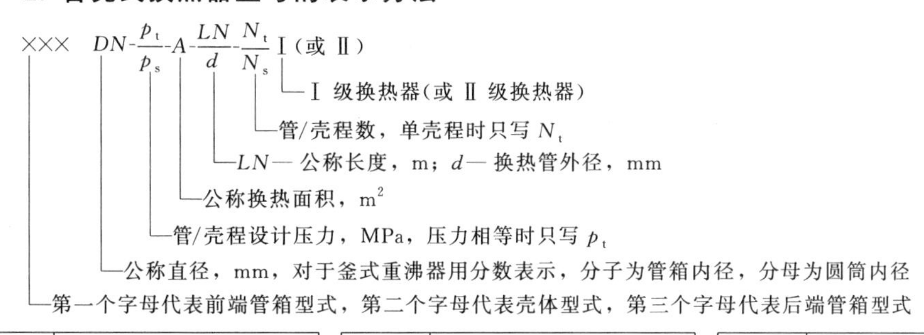

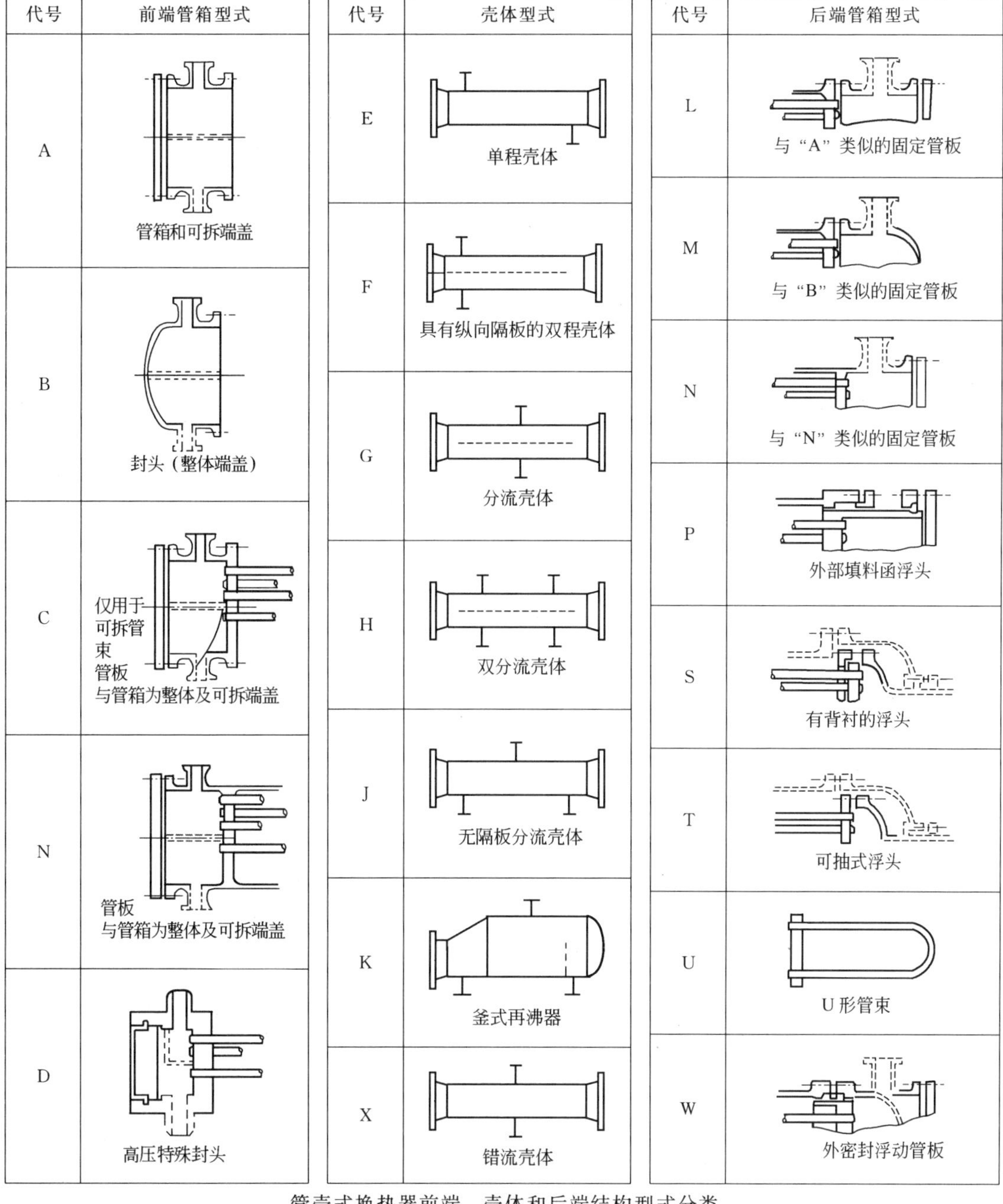

管壳式换热器前端、壳体和后端结构型式分类

十、标准筛目

1. 国内常用筛

目数	筛孔尺寸/mm	目数	筛孔尺寸/mm	目数	筛孔尺寸/mm	目数	筛孔尺寸/mm
8	2.5	32	0.56	75	0.200	160	0.090
10	2.00	35	0.50	80	0.180	190	0.080
12	1.60	40	0.45	90	0.160	200	0.071
16	1.25	45	0.40	100	0.154	240	0.063
18	1.00	50	0.355	110	0.140	260	0.056
20	0.900	55	0.315	120	0.125	300	0.050
24	0.800	60	0.28	130	0.112	320	0.045
26	0.700	65	0.25	150	0.100	360	0.040
28	0.63	70	0.224				

注：目数为每英寸（25.4mm）长度的筛孔数。

2. 各种筛系比较

国际筛	美国筛（E11-70）		泰勒筛		英国筛		日本筛（1982年新标准）	德国筛		法国筛	
筛孔尺寸/mm	筛号	筛孔尺寸/mm	筛号	筛孔尺寸/mm	筛号	筛孔尺寸/mm	筛孔尺寸/mm	筛号	筛孔尺寸/mm	筛号	筛孔尺寸/mm
	$3\frac{1}{2}$	5.6	$3\frac{1}{2}$	5.613	3	5.6	5.6				
	4	4.75	4	4.699	$3\frac{1}{2}$	4.75	4.75				
4.00	5	4.00	5	3.962	4	4.00	4.00			37	4.00
	6	3.35	6	3.327	5	3.35	3.35				
2.80	7	2.80	7	2.794	6	2.80	2.80				
	8	2.36	8	2.362	7	2.36	2.36			35	2.500
2.00	10	2.00	9	1.981	8	2.00	2.00			34	2.000
	12	1.70	10	1.651	10	1.70	1.70			33	1.600
1.40	14	1.40	12	1.397	12	1.40	1.40	4	1.5		
	16	1.18	14	1.168	14	1.18	1.18	5	1.2		
1.00	18	1.00	16	0.991	16	1.00	1.00	6	1.02	31	1.000
	20	0.850	20	0.833	18	0.850	0.850	8	0.75		
0.710	25	0.710	24	0.701	22	0.710	0.710	10	0.60		
0.710	30	0.600	28	0.589	25	0.600	0.600	11	0.54		
0.500	35	0.500	32	0.495	30	0.500	0.500	12	0.49	28	0.500
	40	0.425	35	0.417	36	0.425	0.425	14	0.43		
0.355	45	0.355	42	0.351	44	0.355	0.355	16	0.385		
	50	0.300	48	0.295	52	0.300	0.300	20	0.300		

续表

国际筛	美国筛（E11-70）		泰勒筛		英国筛		日本筛（1982年新标准）	德国筛		法国筛	
筛孔尺寸/mm	筛号	筛孔尺寸/mm	筛号	筛孔尺寸/mm	筛号	筛孔尺寸/mm	筛孔尺寸/mm	筛号	筛孔尺寸/mm	筛号	筛孔尺寸/mm
0.25	60	0.250	60	0.246	60	0.250	0.250	24	0.250	25	0.250
	70	0.212	65	0.208	72	0.212	0.212	30	0.200		
0.18	80	0.180	80	0.175	85	0.180	0.180				
	100	0.150	100	0.167	100	0.150	0.150	40	0.150		
0.125	120	0.125	115	0.124	120	0.125	0.125	50	0.120	22	0.125
	140	0.106	150	0.104	150	0.106	0.106	60	0.102		
0.090	170	0.090	170	0.088	170	0.090	0.090	70	0.088		
	200	0.075	200	0.074	220	0.075	0.075	80	0.075		
0.063	230	0.063	250	0.061	240	0.063	0.063	90	0.066	19	0.063
	270	0.053	270	0.053	300	0.053	0.053	100	0.060		
0.045	325	0.045	325	0.043	350	0.045	0.045				
	400	0.038	400	0.038	400	0.038	0.038				

十一、气体常数 *R*

$$
\begin{aligned}
R &= 8.314\text{kJ}/(\text{kmol}\cdot\text{K}) \\
&= 848\text{kg}\cdot\text{m}/(\text{kg}\cdot\text{mol}\cdot\text{K}) \\
&= 82.06\text{atm}\cdot\text{cm}^3/(\text{g}\cdot\text{mol}\cdot\text{K}) \\
&= 0.08206\text{atm}\cdot\text{m}^3/(\text{kg}\cdot\text{mol}\cdot\text{K}) \\
&= 1.987\text{kcal}/(\text{kg}\cdot\text{mol}\cdot\text{K})
\end{aligned}
$$

十二、某些二元物系的汽-液平衡组成

1. 乙醇-水（101.3kPa）

乙醇摩尔分数		温度/℃	乙醇摩尔分数		温度/℃
液 相	气 相		液 相	气 相	
0.00	0.00	100	0.3273	0.5826	81.5
0.0190	0.1700	95.5	0.3965	0.6122	80.7
0.0721	0.3891	89.0	0.5079	0.6564	79.8
0.0966	0.4375	86.7	0.5198	0.6599	79.7
0.1238	0.4704	85.3	0.5732	0.6841	79.3
0.1661	0.5089	84.1	0.6763	0.7385	78.74
0.2337	0.5445	82.7	0.7472	0.7815	78.41
0.2608	0.5580	82.3	0.8943	0.8943	78.15

2. 甲醇-水 （101.3kPa）

甲醇摩尔分数		温度/℃	甲醇摩尔分数		温度/℃
液相	气相		液相	气相	
0.0531	0.2834	92.9	0.2909	0.6801	77.8
0.0767	0.4001	90.3	0.3333	0.6918	76.7
0.0926	0.4353	88.9	0.3513	0.7347	76.2
0.1257	0.4831	86.6	0.4620	0.7756	73.8
0.1315	0.5455	85.0	0.5292	0.7971	72.7
0.1674	0.5585	83.2	0.5937	0.8183	71.3
0.1818	0.5775	82.3	0.6849	0.8492	70.0
0.2083	0.6273	81.6	0.7701	0.8962	68.0
0.2319	0.6485	80.2	0.8741	0.9194	66.9
0.2818	0.6775	78.0			

十三、填料的特性

（尺寸以 mm 计）

填料的种类及尺寸	比表面积/(m^2/m^3)	空隙率/(m^2/m^3)	堆积密度/(kg/m^3)
整砌的填料			
拉西环(瓷环)			
50×50×5.0	110	0.735	650
80×80×8	80	0.72	670
100×100×1	60	0.72	670
螺旋环			
75×75	140	0.59	930
100×75	100	0.6	900
150×150	65	0.67	750
有隔板的瓷环			
75×75	135	0.44	1250
100×75	110	0.53	940
100×100	105	0.58	940
150×100	72	0.5	1120
150×150	65	0.52	1070
陶瓷波纹填料	500～600	0.6～0.7	600～700
金属波纹填料	1000～1100	约 0.9	
木栅填料 10×100			
节距 10	100	0.55	210
节距 20	65	0.68	145
节距 30	48	0.77	110
金属丝网填料	160	0.95	390
乱堆的填料			
瓷环			
6.5×6.5×1	584	0.66	860
8.5×8.5×1	482	0.67	750
10×10×1.5	440	0.7	700
15×15×2	330	0.7	690
25×25×3	200	0.74	530
35×35×4	140	0.78	530
50×50×5	90	0.785	530
钢质填圈			
8×8×0.3	630	0.9	750
10×10×0.5	500	0.88	960
15×15×0.5	350	0.92	660
25×25×0.3	220	0.92	640
50×50×1	110	0.95	430

续表

填料的种类及尺寸	比表面积/(m^2/m^3)	空隙率/(m^2/m^3)	堆积密度/(kg/m^3)
整 砌 的 填 料			
鞍形填料			
12.5	460	0.68	720
25	260	0.69	670
38	165	0.70	670
焦块			
块子大小 25	120	0.53	600
块子大小 40	85	0.55	590
块子大小 75	42	0.58	650
石英			
块子大小 25	120	0.37	1600
块子大小 40	85	0.43	1450
块子大小 75	42	0.46	1380

习题答案

第 1 章

1-1　(1) p_A（绝）$=1.28\times10^5$ Pa；

　　(2) p_A（表）$=2.66\times10^4$ Pa

1-2　(1) 1.42×10^4 N；(2) 7.77×10^4 Pa

1-3　0.39m

1-4　2.41×10^5 Pa

1-5　18kPa（绝压），8.36m

1-6　11.0m/s，261.9kg/(m^2·s)，2.27kg/s

1-7　(1) 340mm；(2) R 不变

1-8　2284m^3/h

1-9　1466s

1-10　0.26 J/N

1-11　151N

1-12　5.5×10^{-6} m^2/s

1-13　略

1-14　95kPa（真），p（真）变大

1-15　12.4m

1-16　(1) 3.39m^3/h；

　　(2) p_1 变小，p_2 变大

1-17　1.81m^3/h

1-18　2104s

1-19　38.1J/N

1-20　(1) 4.31m^3/h，5.39m^3/h，

　　9.70m^3/h；(2) 5.59m^3/h

1-21　5.35×10^5 Pa（绝压）

1-22　13.0m/s

1-23　7.9m^3/h

1-24　3248L/h

1-25　(1) $H_e=15.1+4.36\times10^5 q_V^2$；

　　(2) 45.4m，4.5kW

1-26　34.6m，64%

1-27　(1) 14.8m^3/h；(2) 13.5m^3/h

1-28　串联

1-29　不能正常工作，会汽蚀

1-30　安装不适宜，泵下移或设备上移

1-31　IS80-65-160 或 IS100-65-315

1-32　96.6%

1-33　此风机不适用

第 2 章

2-1　1.5L

2-2　13L

2-3　2.424m^3

2-4　(1) 58.4L/m^2；(2) 6.4min

2-5　(1) 1261s；(2) 1863s；(3) 5.1m^3/h；

　　(4) 1/2

2-6　4.5r/min，2/3

2-7　7.86×10^{-4} m/s，0.07m/s

2-8　88.8 μm

2-9　3.6μm

2-10　(1) 64.7μm；(2) 60%

2-11　A，B 可完全分开

第 3 章

3-1　0.22m，0.1m

3-2　800℃

3-3　405℃

3-4　50mm

3-5　330W/(m^2·K)

3-6 253W/(m^2·K)

3-7 (1) 0.3%；(2) 49.0 W/(m^2·K)；(3) 82.1W/(m^2·K)

3-8 6.3×10^{-3} m^2·K/W

3-9 31，1.65m

3-10 0.048kg/s

3-11 76.5℃，17.9℃

第4章

4-1 (1) 2.370；(2) 2.596

4-2 (1) 65.33℃；(2) 0.512

4-3 (1) 81.36℃；(2) 0.187

4-4 1.35

4-5 (1) 0.228；(2) 0.667，0.470；(3) 0.8，0.595

4-6 10.59kmol/h

4-7 (1) 10kmol/h；(2) 16，0.941

4-8 0.758

4-9 16，第8块

4-10 $m=5$，$N=7$，12.8kmol/h，92.5%

4-11 0.356m

第5章

5-1 (1) 0.0298，0.0410；(2) 0.727

5-2 (1) $y_A=0.0854$，119kg；(2) 89kg，130kg

5-3 0.18，0.513

5-4 24.9，5.13

5-5 (1) 36.47kg/h；(2) 5.1

5-6 1015.8kg

5-7 1.2kg，0.24kg

5-8 93.6%

第6章

6-1 74.1%，5.6%

6-2 略

6-3 (1) 1.25kJ/kg干气；(2) 55.9℃；(3) 54.7℃

6-4 (1) 17.5℃，0.0125；(2) 10%

6-5 0.243kg水/kg干料，0.02kg水/kg干料，0.23kg水/kg干料

6-6 7.06h

6-7 21.08h

6-8 (1) 250.75kg干气；(2) 25798kJ/h；(3) 13984kJ/h

6-9 (1) 223kg/s；(2) 163℃；(3) 81.1%

6-10 2.49×10^4kg/h，3.01×10^6kJ/h

6-11 (1) 5037m^3/h；(2) 130kW；(3) 69.3%

第7章

7-1 4860W

7-2 1500kg/h，12.8%，18.8%，40%

7-3 57.7m^2，0.837

7-4 (1) 0.417kg/s，1.81×10^3W/(m^2·℃)；(2) 2.4%

7-5 1155.36kg

7-6 138.3m^2/g

7-7 6.83h

参考文献

[1] John J E A，Haberman W L. Introduction to fluid mechanics. 2nd ed. Upper Saddle River：Prentice-Hall Inc，1980.

[2] Fried E，Idelchik I E. Flow resistance—A design guide for engineers. New York：Hemisphere Publishing Co，1989.

[3] （德）普朗特等．流体力学概论．郭永怀等译．北京：科学出版社，1981.

[4] 时钧等．化学工程手册．第2版．北京：化学工业出版社，1996.

[5] 第一机械工业部．泵类产品样本．北京：机械工业出版社，1973.

[6] 第一机械工业部．机械工程手册．第77篇．泵、真空泵．北京：机械工业出版社，1980.

[7] 第一机械工业部．机械工程手册．第76篇．通风机、鼓风机、压缩机．北京：机械工业出版社，1980.

[8] 国家标准局．离心泵、混流泵和轴流泵　汽蚀余量．北京：中国标准出版社，1991.

[9] Foust A S. Principles of unit operations. 2nd ed. John Wiley and Sons Inc，1980.

[10] （英）L. 斯瓦洛夫斯基等．固液分离．王梦剑等译．北京：原子能出版社，1982.

[11] 上海化工学院等．化学工程．第一册．北京：化学工业出版社，1980.

[12] （美）奥尔．过滤理论与实践．邵启祥译．北京：国防工业出版社，1982.

[13] 陈敏恒，丛德滋，方图南等．化工原理．第4版．北京：化学工业出版社，2015.

[14] 刘小平，李湘南，徐海星．中药分离工程．北京：化学工业出版社，2005.

[15] 郭立玮．中药分离原理与技术．北京：人民卫生出版社，2010.

[16] 王志祥等．制药工程原理与设备．第3版．北京：人民卫生出版社，2016.

[17] Kern D L. Process heat transfer. McGraw-Hill，1950.

[18] （苏）M. A. 米海耶夫．传热学基础．王补宣译．北京：高等教育出版社，1954.

[19] 杨世铭．传热学．北京：高等教育出版社，1987.

[20] Coulson J M，J F Richardson. Chemical engineering. 3rd ed. Vol I，1977.

[21] 钱伯章．无相变液液换热设备的优化设计和强化技术．化工机械，1996，23（2）.

[22] 王志祥，黄德春．制药化工原理．第2版．北京：化学工业出版社，2014.

[23] 谭天恩，窦梅等．化工原理．第4版．北京：化学工业出版社，2013.

[24] 柴诚敬，贾绍义等．化工原理．第3版．北京：高等教育出版社，2016.

[25] Hala E，et al. Vapour-liquid equilibrium. 2nd ed. Oxford：Pergamon，1967.

[26] 上海化工学院．基础化学工程．中册．上海：上海科技出版社，1978.

[27] 北京大学化学系《化学工程基础》编写组．化学工程基础．第2版．北京：高等教育出版社，1983.

[28] 陈英南，刘玉兰．常用化工单元设备的设计．上海：华东理工大学出版社，2005.

[29] 杨村等．分子蒸馏技术．北京：化学工业出版社，2003.

[30] Francis A W. Liquid-liquid equilibriums. John Wiley and Sons Inc，1963.

[31] Treybal R B. Liquid extraction. 2nd ed. McGraw-Hill，1963.

[32] Perry and Green. Perry's chemical engineers' handbook. 6th ed. McGraw-Hill，1984.

[33] 陈维钮．超临界流体萃取的原理和应用．北京：化学工业出版社，1998.

[34] 吴俊生，邓修，陈同芸．分离工程．上海：华东化工学院出版社，1992.

[35] Keey R B. Introduction to industrial drying operations. Pergamon Press，1978.

[36] Geankoplis C J. Transport processes and separation process principles. 4th ed. Prentice Hall，2003.

[37] 王沛等．制药原理与设备．上海：上海科学技术出版社，2014.

[38] 柴诚敬，张国亮．化工流体流动与传热．第2版．北京：化学工业出版社，2016.

[39] 徐志远．化工单元操作．北京：化学工业出版社，1986.

[40] 郑津洋，董其伍，桑芝富．过程设备设计．北京：化学工业出版社，2010.
[41] Perry R H. 化学工程手册．第6版．北京：化学工业出版社，1992.
[42] Diran Basmadjian. Little adsorption book. CRC Press Inc，1997.
[43] 叶振华．化工吸附分离过程．北京：中国石化出版社，1992.
[44] 王学松．膜分离技术与应用．北京：科学出版社，1994.
[45] 冯年平，郁威．中药提取分离技术原理与应用．北京：中国医药科技出版社，2005.